智能系统与技术丛书

Reinforcement Learning

Theory and Python Implementation

强化学习

原理与Python实战

肖智清 ◎ 著

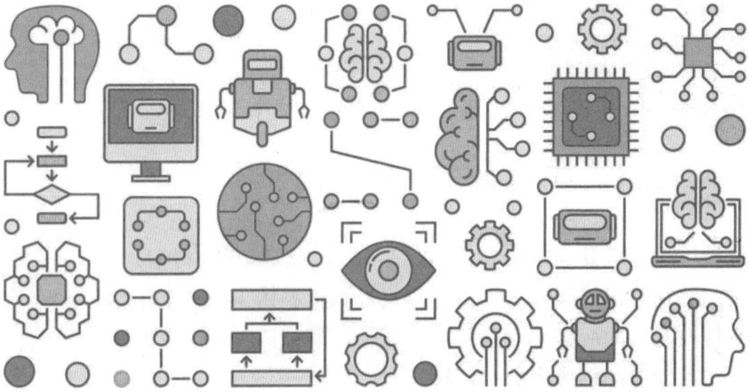

机械工业出版社
CHINA MACHINE PRESS

图书在版编目（CIP）数据

强化学习：原理与 Python 实战/肖智清著. —北京：机械工业出版社，2023.6
（智能系统与技术丛书）
ISBN 978-7-111-72891-7

Ⅰ.①强…　Ⅱ.①肖…　Ⅲ.①软件工具－程序设计　Ⅳ.①TP311.561

中国国家版本馆 CIP 数据核字（2023）第 051299 号

机械工业出版社（北京市百万庄大街 22 号　邮政编码 100037）
策划编辑：杨福川　　　　　责任编辑：杨福川　李　乐
责任校对：薄萌钰　卢志坚　　责任印制：郜　敏
三河市宏达印刷有限公司印刷
2023 年 7 月第 1 版第 1 次印刷
186mm×240mm · 31.5 印张 · 666 千字
标准书号：ISBN 978-7-111-72891-7
定价：129.00 元

电话服务　　　　　　　　网络服务
客服电话：010-88361066　　机　工　官　网：www.cmpbook.com
　　　　　010-88379833　　机　工　官　博：weibo.com/cmp1952
　　　　　010-68326294　　金　　书　　网：www.golden-book.com
封底无防伪标均为盗版　　机工教育服务网：www.cmpedu.com

数学符号表

本书数学符号表约定的一般规则：

- 大写是随机事件或随机变量，小写是确定性事件或确定性变量。
- 衬线体（如 X）是数值，非衬线体（如 X）则不一定是数值。
- 粗体是向量（如 $\boldsymbol{w}$）或矩阵（如 $\boldsymbol{F}$）（矩阵用大写，即使确定量也是如此）。
- 花体（如 $\mathcal{X}$）是集合。
- 哥特体（如 $\mathfrak{f}$）是映射。
- 为概率计算统计量的算子（包括 E、Pr、Var、H）不斜体。

下面列出常用字母。若部分章节有局部定义的字母，则以该局部定义为准。

1. 拉丁字母

A、a：优势。

A、a：动作。

$\mathcal{A}$：动作空间。

B、b：异策学习时的行为策略；部分可观测任务中的数值化信念；小写的 b 还表示额外量。

B、b：部分可观测任务中的信念。

$\mathfrak{B}_\pi$、$\mathfrak{b}_\pi$：策略 $\boldsymbol{\pi}$ 的 Bellman 期望算子（大写只用于值分布学习）。

$\mathfrak{B}_*$、$\mathfrak{b}_*$：Bellman 最优算子（大写只用于值分布学习）。

$\mathcal{B}$：经验回放中抽取的一批经验；部分可观测任务中的信念空间。

$\mathcal{B}^+$：部分可观测任务中带终止信念的信念空间。

c：计数值；线性规划的目标系数。

d、d_∞：度量。

d_f：f 散度。

d_{KL}：KL 散度。

d_{JS}：JS 散度。

d_{TV}：全变差。

D_t：回合结束指示。

$\mathcal{D}$：经验集。

e：自然常数（约2.72）。

e：资格迹。

E：期望。

$\mathfrak{f}$：一般的映射。

$\boldsymbol{F}$：Fisher 信息矩阵。

G、g：回报。

$\boldsymbol{g}$：梯度向量。

h：动作偏好。

H：熵。

k：迭代次数指标。

ℓ：损失。

p：概率值，动力。

$\boldsymbol{P}$：转移矩阵。

o：部分可观测环境的观测概率。

O、$\tilde{O}$：渐近记号。

O、o：观测。

Pr：概率。

Q、q：动作价值。

Q_π、q_π：策略 π 的动作价值（大写只用于值分布学习）。

Q_*、q_*：最优动作价值（大写只用于值分布学习）。

$\boldsymbol{q}$：动作价值的向量表示。

R、r：奖励。

$\mathcal{R}$：奖励空间。

S、s：状态。

$\mathcal{S}$：状态空间。

$\mathcal{S}^+$：带终止状态的状态空间。

T：回合步数。

T、t：轨迹。

$\mathfrak{u}$：部分可观测任务中的信念更新算子。

U、u：用自益得到的回报估计随机变量；小写的 u 还表示置信上界。

V、v：状态价值。

V_π、v_π：策略 π 的状态价值（大写只用于值分布学习）。

V_*、v_*：最优状态价值（大写只用于值分布学习）。

$\boldsymbol{v}$：状态价值的向量表示。

Var：方差。

$\boldsymbol{w}$：价值估计参数。

X、x：一般的事件。

$\mathcal{X}$：一般的事件空间。

z：资格迹参数。

2. 希腊字母

α：学习率。

β：资格迹算法中的强化强度；值分布学习中的扭曲函数。

γ：折扣因子。

Δ、δ：时序差分误差。

ε：探索参数。

λ：资格迹衰减强度。

$\mathrm{\pi}$：圆周率（约 3.14）。

Π、π：策略。

π_*：最优策略。

$\boldsymbol{\theta}$：策略估计参数。

ϑ：价值迭代终止阈值。

ρ：访问频次；异策算法中的重要性采样比率。

$\boldsymbol{\rho}$：访问频次的向量表示。

$\boldsymbol{\tau}$、τ：半 Markov 决策过程中的逗留时间。

Ω、ω：值分布学习中的累积概率；（仅小写）部分可观测任务中的条件概率。

Ψ：扩展的优势估计。

3. 其他符号

$<$、$\leq$、$\geq$、$>$：普通数值比较；向量逐元素比较。

$\prec$、$\preccurlyeq$、$\succcurlyeq$、$\succ$：策略的偏序关系。

$\ll$、$\gg$：绝对连续。

$\varnothing$：空集。

∇：梯度。

$\sim$：服从分布。

$|\ |$：实数的绝对值；向量或矩阵的逐元素求绝对值；集合的元素个数。

PREFACE

前　言

为什么要写作本书

强化学习正在改变人类社会的方方面面：基于强化学习的游戏 AI 已经在围棋、《星际争霸》等游戏上全面碾压人类顶尖选手，基于强化学习的控制算法已经运用于机器人、无人机等设备，基于强化学习的交易算法已经部署在金融平台上并取得了超额收益。由于同一套强化学习代码在同一套参数设置下能解决多个看起来毫无关联的问题，因此强化学习常被认为是迈向通用人工智能的重要途径。

本书特色

本书完整地介绍了主流强化学习理论。

- 选用现代强化学习理论体系，突出主干，主要定理均给出证明过程。基于理论讲解强化学习算法，全面覆盖主流强化学习算法，包括资格迹等经典算法和 MuZero 等深度强化学习算法。
- 全书采用完整的数学体系各章内容循序渐进。全书采用一致的数学符号，并兼容主流强化学习教程。

本书各章均提供 Python 代码，实战性强。

- 简洁易懂：全书代码统一规范，简约完备，与算法讲解直接对应。
- 查阅、运行方便：所有代码及运行结果均在 GitHub 上展示，既可以在浏览器上查阅，也可以下载到本地运行。各算法实现放在单独的文件里，可单独查阅和运行。
- 环境全面：既有 Gym 的内置环境，也有在 Gym 基础上进一步扩展的第三方环境，还带领读者一起实现自定义的环境。
- 兼容性好：所有代码在三大操作系统（Windows、macOS、Linux）上均可运行，书中给出了环境的安装和配置方法。深度强化学习代码还提供了 TensorFlow 2 和

PyTorch 对照代码。读者可任选其一。

- 版本新：全书代码基于最新版本的 Python 及其扩展库。作者会在 GitHub 上更新代码以适应版本升级。
- 硬件要求低：所有代码均可在没有 GPU 的个人计算机上运行。

本书主要内容

本书介绍强化学习理论及其 Python 实现。

- 第 1 章：从零开始介绍强化学习的背景知识，以及环境库 Gym 的使用。
- 第 2～15 章：基于折扣奖励离散时间 Markov 决策过程模型，介绍强化学习的主干理论和常见算法。采用数学语言推导强化学习的基础理论，进而在理论的基础上讲解算法，并为算法提供配套代码实现。基础理论的讲解突出主干部分，算法讲解全面覆盖主流的强化学习算法，包括经典的非深度强化学习算法和近年流行的深度强化学习算法。Python 实现和算法讲解一一对应，对于深度强化学习算法还给出了基于 TensorFlow 2 和 PyTorch 的对照实现。
- 第 16 章：介绍其他强化学习模型，包括平均奖励模型、连续时间模型、非齐次模型、半 Markov 模型、部分可观测模型等，以便让读者更好地了解强化学习研究的全貌。

勘误与支持

本书配套 GitHub 仓库 https://github.com/zhiqingxiao/rl-book 提供勘误、代码、习题答案、本书涉及的参考资料的具体信息、读者交流群等资源。我会在 GitHub 上不定期更新内容。

作者的电子邮箱是：xzq.xiaozhiqing@gmail.com。

致谢

在此感谢为本书出版做出贡献的所有工作人员。本书还采纳了童峥岩、赵永进、黄永杰、李伟、马云龙、黄俊峰、李岳铸、李柯、龙涛、陈庆虎等专家的意见。向他们表示感谢。

特别要感谢我父母的无私支持，感谢我的上司与同事对本书出版的关心和支持。

感谢你选择本书。祝学习快乐！

肖智清

CONTENTS

目 录

CHAPTER 1

第 1 章

初识强化学习

本章将学习以下内容。

- 强化学习的定义。
- 强化学习的关键元素。
- 强化学习的应用。
- 强化学习的分类。
- 强化学习算法的性能指标。
- 强化学习环境库 Gym 库的使用方法。

1.1 强化学习及其关键元素

强化学习(Reinforcement Learning，RL)是一类特定的机器学习问题。在一个强化学习系统中，决策者可以观察环境，并根据观测行动。在行动之后，能够获得奖励或付出代价。强化学习通过智能体与环境的交互记录来学习如何最大化奖励或最小化代价。强化学习的最大特点是在学习过程中没有正确答案，而是通过奖励信号来学习。

例如，如图 1-1 所示，一个走迷宫的机器人在迷宫里游荡。机器人观察周围的环境，并且根据观测来决定如何移动。错误的移动会让机器人浪费宝贵的时间和能量，正确的移动会让机器人成功走出迷宫。在这个例子中，机器人的移动就是它根据观测而采取的行动，浪费的时间和能量与走出迷宫的成功就是给机器人的奖励(时间能量的浪费可以看作负奖励)。机器人不会知道每次移动是否正确，只能通过花费的时间和能量及是否走出迷宫来判断移动的合理性。

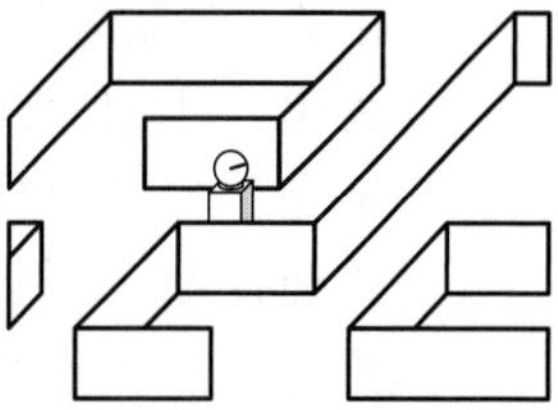

图 1-1　机器人走迷宫

知识卡片：行为心理学

强化学习

生物懂得学习如何趋利避害。例如，在每天工作中我会根据策略做出各种决定。如果我的某种决定使我升职加薪，或者使我免遭处罚，那么我在以后的工作中会更多采用这样的策略。据此，生理学家 I. Pavlov 用“强化”(reinforcement)这一名词来描述特定刺激使生物更趋向于采用某些策略的现象。强化行为的刺激可以称为“强化物”(reinforcer)。因为强化物导致策略的改变被称为“强化学习”。

心理学家 J. Michael 撰文介绍了正强化(positive reinforcement)和负强化(negative reinforcement)这两种强化的形式，其中正强化使得生物趋向于获得更多利益，负强化使得生物趋向于避免损害。在前面的例子中，升职加薪就是正强化，避免被解雇就是负强化。正强化和负强化都能够起到强化的效果。

人工智能领域中有许多类似的趋利避害的问题。例如，著名的围棋 AI 程序 AlphaGo 可以根据不同的围棋局势下不同的棋。如果它下得好，就会赢；如果它下得不好，就会输。它根据下棋的经验不断改进自己的棋艺，这就和行为心理学中的情况如出一辙。所以，人工智能借用了行为心理学的这一概念，把与环境交互中趋利避害的学习过程称为强化学习。

强化学习系统有以下关键元素。

- **奖励**(reward)或**代价**(cost)：奖励或代价是强化学习系统的学习目标。奖励和代价在数学上互为相反数，是等效的。学习者在行动后会接收到环境发来的奖励或代价，而强化学习的目标就是要最大化在长时间里的总奖励，最小化代价。在机器人走迷宫的例子中，机器人花费的时间和能量就是负奖励，机器人走出迷宫就可以得到正奖励。
- **策略**(policy)：决策者会根据不同的观测决定采用不同的动作，这种从观测到动作的关系称为策略。强化学习的学习对象就是策略。强化学习通过改进策略以期最大化总奖励。策略可以是确定性的，也可以不是确定性的。在机器人走迷宫的例子中，机器人根据当前的策略来决定如何移动。

强化学习试图修改策略以最大化奖励。例如，机器人在学习过程中不断改进策略，以后才能更快地、更节能地走出迷宫。

强化学习与监督学习和非监督学习有着本质的区别。

- 强化学习与监督学习的区别在于：对于监督学习，学习者知道每个动作的正确答案是什么，可以通过逐步比对来学习；对于强化学习，学习者不知道每个动作的正确答案，只能通过奖励信号来学习。强化学习要最大化一段时间内的奖励，需要关注更加长远的性能。与此同时，监督学习希望能将学习的结果运用到未知的数据，要求结果可推广、可泛化；强化学习的结果却可以用在训练的环境中。所以，监督学习一般运用于判断、预测等任务，如判断图片的内容、预测股票价格等；而强化学习不适用于这样的任务。

- 强化学习与非监督学习的区别在于：非监督学习旨在发现数据之间隐含的结构；而强化学习有着明确的数值目标，即奖励。它们的研究目的不同。所以，非监督学习一般用于聚类等任务，而强化学习不适用于这样的任务。

1.2　强化学习的应用

基于强化学习的人工智能已经有了许多成功的应用。本节将介绍强化学习的一些成功案例，让你更直观地理解强化学习，感受强化学习的强大。

- 电动游戏：电动游戏主要指玩家需要根据屏幕画面的内容进行操作的游戏，包括主机游戏《吃豆人》（*PacMan*，见图 1-2）、PC 游戏《星际争霸》（*StarCraft*）、手机游戏《像素鸟》（*Flappy Bird*）等。很多游戏需要得到尽可能高的分数，或是要在多方对抗中获得胜利。同时，这些游戏很难在每一步获得应该如何操作的标准答案。从这个角度看，这些游戏的游戏 AI 需要使用强化学习。基于强化学习，研发人员已经开发出了许多强大的游戏 AI，超越了人类能够得到的最佳结果。例如，在主机 Atari 2600 的数十个经典游戏中，基于强化学习的游戏 AI 已经在将近一半的游戏中超过人类的历史最佳结果。

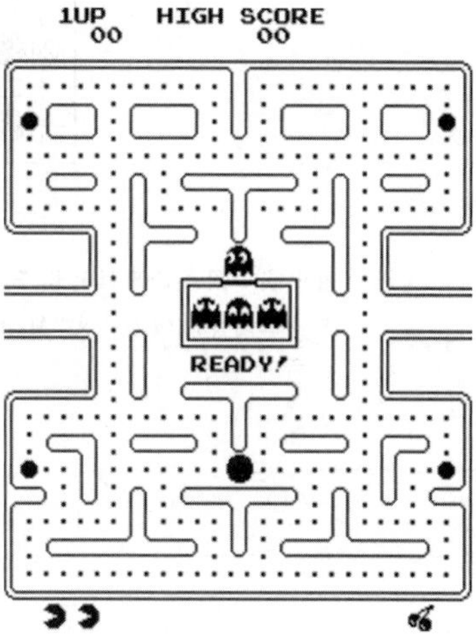

图 1-2　主机游戏《吃豆人》

注：本图片改编自网络。

- 棋盘游戏：棋盘游戏是围棋（见图 1-3）、黑白翻转棋、五子棋等桌上游戏的统称。通过强化学习可以实现各种棋盘运动的 AI。棋盘 AI 有着明确的目标——提高胜率，但是每一步往往没有绝对正确的答案，这正是强化学习所针对的场景。DeepMind 公司使用强化学习研发出围棋 AI AlphaGo 先后战胜李世石、柯洁等围棋顶尖选手，引起了全社会的关注。后来，DeepMind 又研发了棋盘游戏 AI 如 AlphaZero 和 MuZero，它可以在围棋、日本将棋、国际象棋等多个棋盘游戏上达到最高水平，并远远超出人类的最高水平。
- 自动控制：自动控制问题通过控制机械设备（如机器人、机器手、平衡设备等）的行为来完成平衡、移动、抓取等任务。例如，让机器人在固定时间内跑得尽可能远（见图 1-4），使得某个平衡系统尽可能长时间保持平衡，或控制机械手尽可能旋转笔。自动控制问题既可能是虚拟仿真环境中的问题，也可能是现实世界中出现的问题。基于强化学习的控制策略可以帮助解决这类控制问题，并已经获得了许多很好的结果。

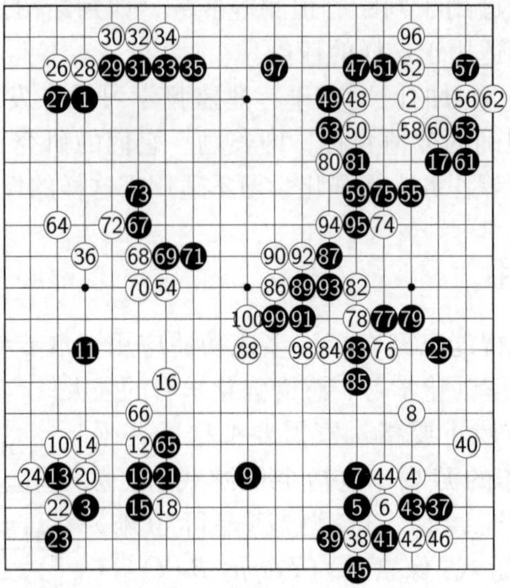

图 1-3　一局围棋棋谱

注：图中实心圆表示黑棋的棋子，空心圆表示白棋的棋子。圆里的数字记录棋子是在第几步被放在棋盘上。本图片改编自论文“Mastering the game of Go without human knowledge”。

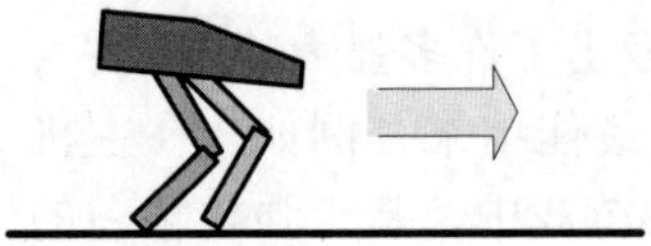

图 1-4　双足机器人

注：本图改编自 https://www.gymlibrary.dev/environments/box2d/bipedal_walker/。

1.3　智能体/环境接口

强化学习问题常用**智能体/环境接口**(agent-environment interface)来研究(见图 1-5)。智能体/环境接口将系统划分为智能体和环境两个部分。

- **智能体**(agent)是强化学习系统中的决策者和学习者。作为决策者，它可以决定要做什么动作；作为学习者，它可以改变决定动作的策略。一个强化学习系统里可以有一个或多个智能体。
- **环境**(environment)是强化系统中除智能体以外的所有东西，它是智能体交互的对象。

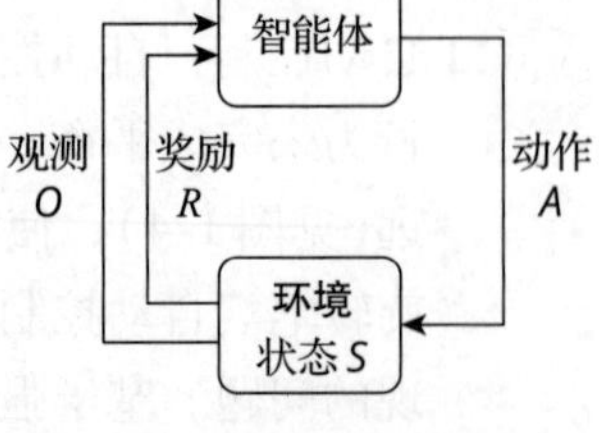

图 1-5　智能体/环境接口

智能体/环境接口的核心思想在于分隔主观可以控制的部分和客观不能改变的部分。

例如，在工作的时候，我是决策者和学习者。我可以决定自己要做什么，并且能感知到获得的奖励。我的决策部分和学习部分就是智能体。同时，我的健康状况、困倦程度、饥饿状况则是我不能控制的部分，这部分则应当视作环境。我可以根据我的健康状况、困倦程度和饥饿状况来进行决策。

注意：强化学习问题不一定要借助智能体/环境接口来研究。

在智能体/环境接口中，智能体和环境的交互主要有以下两个环节：

- 智能体观测环境，可以获得环境的观测(observation)，记为 O，接着智能体决定要对环境施加的**动作**(action)，记为 A；
- 环境受智能体动作的影响，给出**奖励**(reward)，记为 R，并改变自己的**状态**(state)，记为 S。

在交互中，观测 O、动作 A 和奖励 R 是智能体可以直接观测到的。

注意：状态、观测、动作不一定是数量(例如标量或矢量)，也可以是“感觉到饿”“吃饭”这样一般的量。在本书中用无衬线字体表示这样的量。奖励总是数量(而且往往是数量中的标量)，本书中用衬线字体表示数量(包括标量或矢量)。

绝大多数的强化学习问题是按时间顺序或因果顺序发生的问题。这类问题的特点是具有先后顺序，并且先前的状态和动作会影响后续的状态等。例如，在玩电脑游戏时，之前玩家的每个动作都可能会影响后续的局势。对于这样的问题，我们可以引入时间指标 t，记 t 时刻的状态为 S_t，观测为 O_t，动作为 A_t，奖励为 R_t。

注意：用智能体/环境接口建模的问题并不一定要建模成和时间有关的问题。有些问题一共只需要和环境交互一次，就没有必要引入时间指标。例如，以不同的方式投掷一个给定的骰子并以点数作为奖励，就没有必要引入时间指标。

如果智能体和环境的交互时间指标是可数的，那么这样的智能体/环境接口称为离散时间智能体/环境接口。如果交互次数无限多，时间指标可以依次映射为 $t=0,1,2,3,\cdots$；如果交互次数为 T，时间指标可以依次映射为 $t=0,1,\cdots,T-1$。在时刻 t，依次发生的事情如下：

- 环境给予智能体奖励 R_t 并进入下一步的状态 S_t。
- 智能体观察环境得到观测 O_t，决定做出动作 A_t。

注意

① 智能体和环境的交互时机不一定是确定且可数的。比如，有些问题的时间指标是非负实数集，这样的智能体/环境接口属于连续时间智能体/环境接口。

② 这里的离散时间并不一定是间隔相同或是间隔预先设定好的时间。只要时间指标是可数集，就可以映射到非负整数集中。假设时间指标 $t=0,1,2,\cdots$ 不失一般性。

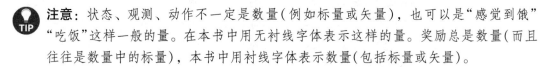

③ 不同的文献可能会用不同的数学记号。例如，有些文献会将动作 A_t 后得到的奖赏记为 R_t，而本书记为 R_{t+1}。本书采用这样的字母是考虑到 R_{t+1} 和 S_{t+1} 是在同一个交互步骤中确定的。

在智能体/环境接口的基础上，研究人员常常将强化学习进一步建模为 Markov 决策过程。本书第 2 章会介绍 Markov 决策过程。

1.4 强化学习的分类

强化学习的任务和算法多种多样。本节介绍一些常见的分类(见图 1-6)。

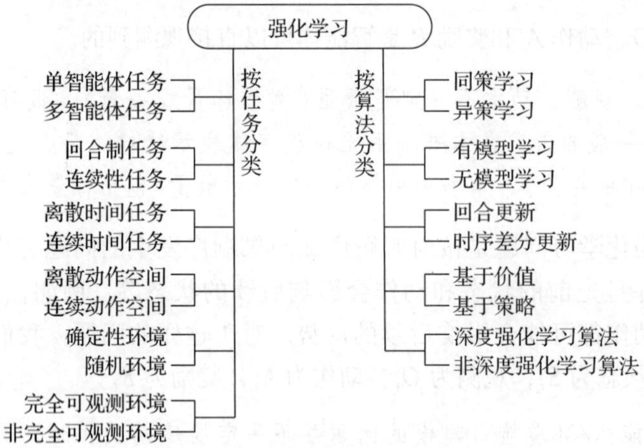

图 1-6 强化学习的分类

注：每种分法并没有做到不重不漏，详见正文解释。

1.4.1 按任务分类

根据强化学习的任务和环境，可以将强化学习任务进行以下分类。

- **单智能体任务**(single agent task)和**多智能体任务**(multi-agent task)：顾名思义，根据系统中的智能体数量，可以将任务划分为单智能体任务和多智能体任务。单智能体任务中只有一个决策者，它能得到所有可以观察到的观测，并能感知全局的奖励值；多智能体任务中有多个决策者，它们只能知道自己的观测，感受到环境给它的奖励。当然，在有需要的情况下，多个智能体间可以交换信息。在多智能体任务中，不同智能体奖励函数的不同会导致它们有不同的(甚至是互相对抗的)学习目标。在本书没有特别说明的情况下，一般都是指单智能体任务。
- **回合制任务**(episodic task)和**连续性任务**(sequential task)：对于回合制任务，可以有明确的开始状态和结束状态。例如在下围棋的时候，刚开始棋盘空空如也，最后棋盘都摆满了。一局棋就可以看作一个回合。下一个回合开始时，一切重新开始。也有一些问题没有明确的开始和结束，这样的任务称为连续性任务。例如机房的资源调度问题就是一个连续性任务。机房从启用起就要不间断地处理各种信息，没有确定什么时候结束并重新开始。

- **离散时间任务**(discrete-time task)和**连续时间任务**(continuous-time task)：如果智能体和环境的交互时间指标是可数的，那么这样的任务就是离散时间任务，时间指标可以映射为 $t=0,1,2,\cdots$(如果交互次数无限)或 $t=0,1,\cdots,T-1$(如果交互次数有限，这里的 T 可以是随机变量)。如果智能体和环境的交互时间指标是不可数的(比如非负实数集或一个非空区间)，那么这样的任务就是连续时间任务。这并不是一种不遗漏的分类方式。交互的时间间隔还可能是随机的，并且后续的演化可能与交互时间间隔有关。
- **离散动作空间**(discrete action space)和**连续动作空间**(continuous action space)：这个是根据决策者可以做出的动作数量来划分的。如果决策得到的动作数目是有限的，则为离散动作空间，否则为连续动作空间。例如，走迷宫机器人如果只有东南西北这四种移动方式，则其为离散动作空间；如果机器人往任意角度都可以移动，则为连续动作空间。这也不是一种不遗漏的分类方式。
- **确定性环境**(deterministic environment)和**随机环境**(stochastic environment)：按照环境是否具有随机性，可以将强化学习的环境分为确定性环境和随机环境。例如，对于机器人走迷宫，如果迷宫是固定不变的，只要机器人确定了移动方案，那么结果就总是一成不变的。这样的环境就是确定性的。但是，如果迷宫会时刻随机变化，那么机器人面对的环境就是随机的。
- **完全可观测环境**(fully observable environment)和**非完全可观测环境**(partially observable environment)：如果智能体可以观测到环境的全部知识，则环境是完全可观测的；如果智能体只能观测到环境的部分知识，则环境不是完全可观测的。例如，围棋就可以看作一个完全可观测的问题，因为我们可以看到棋盘的所有内容，并且假设对手总是用最优方法执行；扑克则不是完全可观测的，因为我们不知道对手手里有哪些牌。

此外，有些问题需要同时考虑多个任务。同时针对多个任务的学习称为**多任务强化学习**(Multi-Task Reinforcement Learning，MTRL)。如果多个任务只是奖励的参数不同而其他方面都相同，则对这些任务的学习可以称为**以目标为条件的强化学习**(goal-conditioned reinforcement learning)。例如，有多个任务想要让机器人到达目的地，不同任务的目的地各不相同。那么这个目的地就可以看作每个任务的目标(goal)，这多个任务合起来就可以看作以目标为条件的强化学习。如果要试图通过对某些任务进行学习，然后将学习的成果应用于其他任务，这样就和迁移学习结合起来，称为**迁移强化学习**(transfer reinforcement learning)。如果要通过学习其他任务的过程了解如何在未知的新任务中进行学习的知识，则称为**元强化学习**(meta reinforcement learning)。在多任务学习中，多个任务可能是随时间不断变化的。需要不断适应随时间变化的任务，称为**在线学习**(online reinforcement learning)或终身强化学习(lifelong reinforcement learning)。不过，在线学习并不是和离线学习相对的概念。实际上，**离线强化学习**(offline reinforcement learning)是**批强化学习**(batch reinforcement learning)的另外一种说法，是指在学习过程中不能和环境交互，只能通过其他智能体与环境的交互历史来学习。

1.4.2　按算法分类

从算法角度，可以对强化学习算法作以下分类。

- **同策学习**(on policy)和**异策学习**(off policy)：同策学习从正在执行的策略中学习。异策学习则是从当前策略以外的策略中学习，例如通过之前的历史(可以是自己的历史，也可以是别人的历史)进行学习。在异策学习的过程中，学习者并不一定要知道当时的决策。例如，围棋 AI 可以边对弈边学习，这就算同策学习；围棋 AI 也可以通过之前的对弈历史来学习，这就算异策学习。对于离线学习任务，由于算法无法使用最新的策略和环境交互，只能使用异策学习。请注意，在线学习和同策学习是不同的概念。
- **有模型**(model-based)**学习**和**无模型**(model free)**学习**：在学习的过程中，如果用到了环境的数学模型，则是有模型学习；如果没有用到环境的数学模型，则是无模型学习。对于有模型学习，可能是在学习前环境的模型就已经知道，也可能是环境的模型也是通过学习来的。例如，对于某个围棋 AI，它在下棋的时候可以在完全了解游戏规则的基础上虚拟出另外一个棋盘并在虚拟棋盘上试下，并通过试下来学习，这就是有模型学习。与之相对，无模型学习不需要关于环境的信息，不需要搭建假的环境模型，所有经验都是通过与真实环境交互得到的。
- **回合更新**(Monte Carlo update)和**时序差分更新**(temporal difference update)：回合更新是在回合结束后利用整个回合的信息进行更新学习，并且不使用局部信息；而时序差分更新不需要等回合结束，可以综合利用现有的信息和现有的估计进行更新学习。
- **基于价值**(value based)、**基于策略**(policy based)和**执行者/评论者**(actor-critic)算法：基于价值的强化学习定义了状态或动作的价值，来表示到达某种状态或执行某种动作后可以达到的长期奖励(本书会在 2.2 节定义价值)。基于价值的强化学习倾向于选择价值最大的状态或动作；基于策略的强化学习算法不需要定义价值函数，它可以为动作分配概率分布，按照概率分布来执行动作。执行者/评论者算法同时利用了基于价值和基于策略的方法。**策略梯度**(policy gradient)**算法**是基于策略算法中最重要的一类，此外还有**无梯度**(gradient-free)**算法**。
- **深度强化学习**(Deep Reinforcement Learning，DRL)**算法**和**非深度强化学习算法**：如

果强化学习算法用到了深度学习，则这种强化学习可以称为深度强化学习算法。值得一提的是，强化学习和深度学习是独立的两个概念(见图 1-7)。如果一个算法解决了强化学习的问题，这个算法就是强化学习的算法；如果一个算法用到了深度神经网络，这个算法就是深度学习算法。一个强化学习算法可以是深度学习算法，也可以不是深度学习算法；一个深度学习算法可以是强化学习算法，也可以不是强化学习算法。如果一个算法既是强化学习算法，又是深度学习算法，那么它是深度强化学习算法。例如，很多电动游戏 AI 需要读取屏幕显示并据此做出决策。对屏幕数据的解读可以采用卷积神经网络这一深度学习算法。这样的学习算法就是深度强化学习算法。

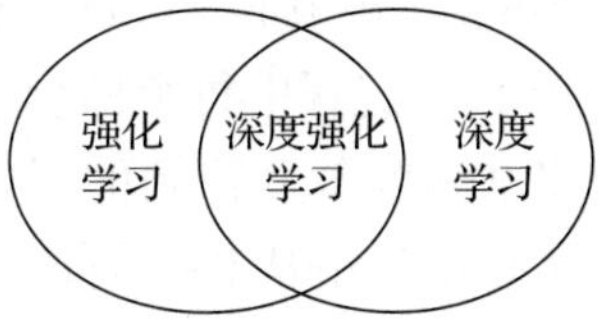

图 1-7　强化学习、深度学习和深度强化学习之间的关系

1.5　强化学习算法的性能指标

强化学习任务各种各样，每个算法都有自己的适用范围。有些强化学习算法对于某些任务性能好，而对于另外一些任务根本就不适用。比如回合更新算法，它可能在某些回合制的任务上表现还行，但是它根本就不适用于连续性任务。所以这个指标和选取的任务直接有关。如果我们要解决某个特定的任务，那么我们最应该关注在这个特定任务下的性能。对于纯粹的学术研究而言，也常常选用一些学界通用的基准任务，比如 Gym 库里的各种任务。如果某个算法是针对某些特定的任务特别有效，那么就常常定制出一些特定的任务来体现这个算法的优势。所以有句话说："一千篇声称自己达到最优性能(State-Of-The-Art，SOTA)的论文实际上达到的是一千种不同的最优性能。"

一般而言，我们会看长期奖励及长期奖励在训练过程中的收敛状况，最常见的是给出长期奖励和学习曲线。学习曲线不是一个定量的东西，但是它可以进一步定量化。另外，对于不同类型的强化学习的任务，特别是在线学习任务、离线学习任务、多任务等，每个类型也可能会有自己独特的性能指标。

按通常情况下的重要性排序，我们会关注下列指标。

- **长期奖励**：这个指标是指将强化学习应用到目标任务或基准任务时，可以得到的长期奖励。它的定义有回报、平均奖励等。16.1 节比较了几种不同的定义。我们希望这个值的期望越大越好。对这个值的其他统计量往往也有要求，比如在均值相同的条件下会希望它的方差越小越好。

- ❑ 最优性和收敛性：在理论上，特别关注强化学习算法是否能在给定的任务上收敛到最优解。能收敛到最优解自然是好的。
- ❑ 样本复杂度(sample complexity)：智能体和环境交互往往非常耗费资源，收集样本往往代价高昂。利用尽可能少的样本完成学习非常有价值。值得一提的是，还有一些算法可以利用环境的数学描述或已有的一些历史样本来提高样本的利用率，这样的算法可能会大大降低样本复杂度。甚至有些算法(比如模型价值迭代)仅仅靠模型就能得到最优策略，这种情况下不需要样本，严格来说它就不算强化学习算法。对于离线强化学习算法，它仅仅使用历史样本就可以完成学习，并不需要与环境交互，这样的算法可以认为其“在线的”样本复杂度为0。但是，离线强化学习算法往往只能获得有限的历史样本，所以“离线的”样本复杂度就非常关键。其中，样本复杂度越小越好。
- ❑ 遗憾(regret)：这个指标指在训练过程中每个回合的遗憾之和，其中每个回合的遗憾定义为实际获得的回合奖励和收敛后得到的回合奖励的差。遗憾越小越好。在线的任务会关注这个指标。有些算法从0开始训练，关注的遗憾可能是从一开始训练就开始统计了。有些任务可能是先在一个环境下预训练，然后换一个环境再进行训练，并且只关注切换环境后的遗憾。比如，预训练的环境可以是仿真环境，而真正要用的环境是现实生活中的环境，而在现实环境中的失败代价比较大，所以主要关注现实环境中的遗憾值。再例如，预训练的环境可以是研发人员实验室里的可控环境，而真正要用的环境是在客户办公室里的演示，所以需要在客户办公室里训练的遗憾值比较小。
- ❑ 并行扩展性(scalability)：有些强化学习算法可以利用多个副本加快学习。我们遇到的强化学习任务往往比较复杂，如果能并行加速学习是很有帮助的。
- ❑ 收敛速度、训练时间与时间复杂度(time complexity)：在理论上，特别关注强化学习算法收敛速度是什么。如果用复杂度的记号来表示，则可以表示为时间复杂度。收敛速度越快越好，时间复杂度越小越好。
- ❑ 占用空间和空间复杂度(space complexity)：占用空间显然越小越好。有些应用场景比较关注用来存储和回放历史样本占用的空间，另外一些应用场景更在乎需要放置在GPU等特定计算硬件上的存储空间。

1.6　案例：基于Gym库的智能体/环境接口

Gym库(网址为https://www.gymlibrary.dev/)是OpenAI推出的强化学习实验环境库。它是目前最有影响力的强化学习环境库。它用Python语言实现了离散时间智能体/环境接口中的环境部分。整个项目是开源免费的。在这一节，我们将安装和使用Gym库，并通过一个完整的实例来演示智能体与环境的交互。

Gym库实现了上百种环境，还支持自定义环境的扩展。Gym库内置的环境包括以下几类。

- 简单文本环境：包括几个用文本表示的简单游戏。
- 经典控制环境：包括一些简单几何体的运动，常用于经典强化学习算法的研究。
- 二维方块(Box2D)环境：基于 Box2D 库开发的环境。这些环境利用 Box2D 库来构造物体、提供图形化界面。
- Atari 游戏环境：包括数十个 Atari 2600 游戏，它们有像素化的图形界面，希望玩家尽可能争夺高分。

Gym 的代码在 GitHub 上开源，网址为 https://github.com/openai/gym。

1.6.1 安装 Gym 库

Gym 库在 Windows 系统、Linux 系统和 macOS 系统上都可以安装。本节展示如何在 Anaconda 3 环境里安装 Gym 库。

安装 Gym 时，可以选择只进行最小安装，也可以进行更完整的安装。本书大多数内容只需要 Gym 及其简单文本环境、经典控制环境和 Atari 子包。安装 Gym 和这些环境的方法是在安装环境(比如 Anaconda 3 的管理员模式)里输入下列命令：

```
pip install gym[toy_text, classic_control, atari, accept-rom-license, other]
```

注意：本书后续章节的实战环节将反复使用到 Gym 库(见表 1-1)，请务必安装 Gym 库。上述安装命令已经可以完全满足本书前 9 章对 Gym 库的需求。后续章节用到其他扩展库时会介绍更多的安装方法。Gym 库也在不断更新中，推荐按需安装，不需要追求大而全。完整的安装方法会在 GitHub 上更新。

表 1-1 本书实例的智能体和环境依赖的主要 Python 扩展库

实例所在章	智能体主要依赖的库	环境主要依赖的库
第 1 章	NumPy	带经典控制环境的 Gym 库(即 gym[classic_control])
第 2 ~ 5 章	NumPy	带简单文本环境的 Gym 库(即 gym[toy_text])
第 6 ~ 9 章	TensorFlow 或 PyTorch	带经典控制环境的 Gym 库(即 gym[classic_control])
第 10 章	TensorFlow 或 PyTorch	带 Box2D 的 Gym 库(即 gym[box2d])
第 11 章	NumPy	带 Box2D 的 Gym 库(即 gym[box2d])
第 12 章	TensorFlow 或 PyTorch	带 Atari 的 Gym 库(即 gym[atari])
第 13 章	NumPy	基于最小安装的 Gym 库进行自定义扩展
第 14 章	TensorFlow 或 PyTorch	基于最小安装的 Gym 库进行自定义扩展
第 15 章	TensorFlow 或 PyTorch	PyBullet(依赖于最小安装的 Gym 库)
第 16 章	NumPy	基于最小安装的 Gym 库进行自定义扩展

1.6.2 使用 Gym 库

本节介绍 Gym 库的使用。

要使用 Gym 库，首先要导入 Gym 库。导入 Gym 库的方法如下：

```
import gym
```

在导入 Gym 库后，可以通过 gym.make()函数来得到环境对象。每一个环境任务都有一个 ID，它是形如“Xxxxx-vd”的 Python 字符串，如'CartPole-v0'、'Taxi-v3'等。任务名称最后的部分表示版本号，不同版本的任务可能有不同的行为。获得任务'CartPole-v0'的一个环境对象的代码为：

```
env = gym.make('CartPole-v0')
```

想要查看当前 Gym 库已经注册了哪些任务，可以使用以下代码：

```
print(gym.envs.registry)
```

每个任务都定义了自己的观测空间和动作空间。环境 env 的观测空间用 env.observation_space 表示，动作空间用 env.action_space 表示。Gym 库提供了 gym.spaces.Box 类来表示空间，空间中的元素类型为 np.array。元素个数有限的空间也可以用 gym.spaces.Discrete 类表示，空间中的元素类型为 int。Gym 还定义了其他空间类型。例如，环境'CartPole-v0'的观测空间是 Box(4,)，表示观测可以用形状为 (4,) 的 np.array 对象表示；环境'CartPole-v0'的动作空间是 Discrete(2)，表示动作取值自{0,1}。对于 Box 对象表示的空间，可以用成员 low 和 high 查看每个浮点数的取值范围，对于 Discrete 对象表示的空间，可以用成员 n 查看有几个可能的取值。

接下来使用环境对象 env。首先我们初始化环境对象。初始化环境对象 env 的代码为：

```
env.reset()
```

该调用能返回初始观测 observation 和信息 info。观测的类型是和 env.observation_space 兼容的。比如，'CartPole-v0'的 observation_space 是 Box(4,)，所以观测的类型是形状为 (4,) 的 np.array 对象。

接下来我们使用环境对象的 step()方法来完成每一次的交互。step()方法有一个参数，是动作空间中的一个动作。该方法返回值包括以下五个部分。

- 观测(observation)：表示观测，与 env.reset()第一个返回值的含义相同。
- 奖励(reward)：float 类型的值。
- 回合终止指示(terminated)：bool 类型的数值。Gym 库里的实验环境大多都是回合制的。这个返回值可以指示在当前动作后回合是否结束。如果回合结束了，可以通过 env.reset()开始下一回合。
- 回合截断指示(truncated)：bool 类型的数值。无论是回合制任务还是连续型任务，我们都可以限制回合的最大步数，使其成为一个回合步数有限的回合制任务。当一个回合内的步数达到最大步数时，回合截断，该指示为 True。还有一些情况，由于环境实现的限制，回合运行到某个步骤后资源不够了(比如内存不够了，或是超出了预先设计好的数据范围)，这时只好对回合进行截断。

- 其他信息(info)：dict 类型的值，含有一些调试信息。不一定要使用这个信息。与 env.reset()第二个返回值的含义相同。

每次调用 env.step()只会让环境前进一步。所以，env.step()往往放在循环结构里，通过循环调用来完成整个回合。

在 env.reset()或 env.step()后，可以用下列语句以图形化的方法显示当前环境。

```
env.render()
```

环境使用完后，可以使用下列语句关闭环境。

```
env.close()
```

注意：如果你绘制了实验的图形界面窗口，那么关闭该窗口的最佳方式是调用 env.close()。直接试图关闭图形界面窗口可能会导致内存不能释放，甚至会导致死机。

学术界在测试智能体在 Gym 库中某个任务的性能时，一般最关心 100 个回合的平均回合奖励。至于为什么是 100 个回合而不是其他回合数(比如 128 个回合)，完全是习惯使然，没有什么特别的原因。对于有些环境，还会指定一个参考的回合奖励值，当连续 100 个回合的奖励大于指定的值时，认为这个任务被解决了。但是，并不是所有的任务都指定了这样的值。对于没有指定值的任务，就无所谓任务被解决了或是没有被解决。

对于有参考回合奖励参考阈值的环境，回合奖励参考阈值存储在下列变量中：

```
env.spec.reward_threshold
```

在线内容：本书 GitHub 给出了 Gym 库部分内容的源码解读，供学有余力的读者查阅。本节涉及的类包括 gym.Env 类、gym.space.Space 类、gym.space.Box 类、gym.space.Discrete 类、gym.Wrapper 类、gym.wrapper.TimeLimit 类。

1.6.3 小车上山

本节通过一个完整的例子来学习如何与 Gym 库中的环境交互。本节选用的例子是一套经典的控制任务：小车上山。这套任务有两个版本，版本 MountainCar-v0 的动作空间是有限集，版本 MountainCarContinuous-v0 的动作空间是连续动作空间。本节主要关心交互的 Gym 的 API 的使用，而不详细介绍这个任务的内容及其求解方法。任务的具体描述和求解方式会在后文中介绍。

首先我们来关注有限动作空间的版本 MountainCar-v0。每接触到一个新的任务，一定要试图了解任务。首先要了解的就是这个任务的观测空间是什么、动作空间是什么。我们可以用代码清单 1-1 查看这个任务的观测空间和动作空间。

值得一提的是，本书使用 logging 模块来打印，而不是直接使用 print() 函数。logging 模块在输出时可以同时输出时间戳，有助于了解程序运行时间。

代码清单 1-1 查看 MountainCar-v0 的观测空间和动作空间

```
代码文件名：MountainCar-v0_ClosedForm.ipynb。
import gym
env = gym.make('MountainCar-v0')
for key in vars(env.spec):
    logging.info('%s: %s', key, vars(env.spec)[key])
for key in vars(env.unwrapped):
    logging.info('%s: %s', key, vars(env.unwrapped)[key])
```

上述代码的运行结果为：

```
00:00:00 [INFO] entry_point: gym.envs.classic_control:MountainCarEnv
00:00:00 [INFO] reward_threshold: -110.0
00:00:00 [INFO] nondeterministic: False
00:00:00 [INFO] max_episode_steps: 200
00:00:00 [INFO] order_enforce: True
00:00:00 [INFO] kwargs: {}
00:00:00 [INFO] namespace: None
00:00:00 [INFO] name: MountainCar
00:00:00 [INFO] version: 0
00:00:00 [INFO] min_position: -1.2
00:00:00 [INFO] max_position: 0.6
00:00:00 [INFO] max_speed: 0.07
00:00:00 [INFO] goal_position: 0.5
00:00:00 [INFO] goal_velocity: 0
00:00:00 [INFO] force: 0.001
00:00:00 [INFO] gravity: 0.0025
00:00:00 [INFO] low: [-1.2  -0.07]
00:00:00 [INFO] high: [0.6  0.07]
00:00:00 [INFO] screen: None
00:00:00 [INFO] clock: None
00:00:00 [INFO] isopen: True
00:00:00 [INFO] action_space: Discrete(3)
00:00:00 [INFO] observation_space: Box([-1.2  -0.07], [0.6  0.07], (2,), float32)
00:00:00 [INFO] spec: EnvSpec(entry_point='gym.envs.classic_control:MountainCarEnv',
    reward_threshold=-110.0, nondeterministic=False, max_episode_steps=200, order_
    enforce=True, kwargs={}, namespace=None, name='MountainCar', version=0)
00:00:00 [INFO] _np_random: RandomNumberGenerator(PCG64)
```

运行结果告诉我们：

- 动作空间 action_space 是 Discrete(3)，所以动作是取自{0,1,2}的 int 型数值。
- 观测空间 observation_space 是 Box(2,)，所以观测是形状为（2,）的浮点型 np.array。

- 每个回合的最大步数 max_episode_steps 是 200。
- 参考的回合奖励值 reward_threshold 是 -110，如果连续 100 个回合的平均回合奖励大于 -110，则认为这个任务被解决了。

接下来我们准备一个和环境交互的智能体。Gym 里面一般没有智能体，智能体需要我们自己实现。代码清单 1-2 给出了一个针对这个任务的智能体 ClosedFormAgent 类。智能体的 step() 方法实现了决策功能。ClosedFormAgent 类是一个比较简单的类，它只能根据给定的数学表达式进行决策，并且不能有效学习，所以它并不是一个真正意义上的强化学习智能体类。但是，用于演示智能体和环境的交互已经足够了。

代码清单 1-2 根据指定确定性策略决定动作的智能体，用于 MountainCar-v0

代码文件名：MountainCar-v0_ClosedForm.ipynb。

```
class CloseFormAgent:
    def __init__(self, _):
        pass

    def reset(self, mode=None):
        pass

    def step(self, observation, reward, terminated):
        position, velocity = observation
        lb = min(-0.09 * (position + 0.25) ** 2 + 0.03,
        0.3 * (position + 0.9) ** 4 - 0.008)
        ub = -0.07 * (position + 0.38) ** 2 + 0.07
        if lb < velocity < ub:
            action = 2     # 右推
        else:
            action = 0     # 左推
        return action

    def close(self):
        pass

agent = CloseFormAgent(env)
```

接下来我们试图让智能体与环境交互。代码清单 1-3 中的 play_episode() 函数可以让智能体和环境交互一个回合。这个函数可以接受以下参数。

- 参数 env 是环境类。
- 参数 agent 是智能体类。
- 参数 seed 可以是 None 或是一个 int 类型的变量，用作初始化回合的随机数种子。
- 参数 mode 是 None 或是 str 类型的变量 'train'。如果是 'train'，则试图让智能体进行学习。当然，如果智能体没有学习功能，这个参数就没有作用。
- 参数 render 是 bool 类型变量，指示在运行过程中是否要图形化显示。如果函数参数 render 为 True，那么在交互过程中会调用 env.render() 以显示图形化界面。

这个函数返回 episode_reward 和 elapsed_step，它们分别是 float 类型和 int 类型，表示智能体与环境交互一个回合的回合总奖励和交互步数。

代码清单 1-3　智能体和环境交互一个回合的代码

```
代码文件名：MountainCar-v0_ClosedForm.ipynb。
def play_episode(env, agent, seed=None, mode=None, render=False):
    observation, _ = env.reset(seed=seed)
    reward, terminated, truncated = 0., False, False
    agent.reset(mode=mode)
    episode_reward, elapsed_steps = 0., 0
    while True:
        action = agent.step(observation, reward, terminated)
        if render:
            env.render()
        if terminated or truncated:
            break
        observation, reward, terminated, truncated, _ = env.step(action)
        episode_reward += reward
        elapsed_steps += 1
    agent.close()
    return episode_reward, elapsed_steps
```

借助于代码清单 1-1 给出的环境、代码清单 1-2 给出的智能体和代码清单 1-3 给出的交互函数，我们可以用下列代码让智能体和环境交互一个回合，并在交互过程中图形化显示。交互完毕后，可用 env.close() 关闭图形化界面。然后，我们使用了 Python 语言内置的 logging 模块来输出运行的结果。您也可以使用 print() 函数来输出结果。不过，我还是推荐您使用 logging 模块来输出，因为它能帮助我们了解每个输出语句是什么时候输出的，让我们更好地估计程序的运行时间。很多强化学习的算法运行时间很长，了解输出的时间便于我们估计程序的运行进度。

```
episode_reward, elapsed_steps = play_episode(env, agent, render=True)
env.close()
logging.info('episode reward = %.2f, steps = %d', episode_reward, elapsed_steps)
```

为了系统性地评估智能体的性能，代码清单 1-4 求了连续 100 个回合交互的平均回合奖励。ClosedFormAgent 类对应的策略的平均回合奖励大概在 -103，超过了奖励阈值 -110。所以，智能体 ClosedFormAgent 解决了这个任务。

代码清单 1-4　运行 100 回合交互求平均回合奖励

```
代码文件名：MountainCar-v0_ClosedForm.ipynb。
episode_rewards = []
for episode in range(100):
    episode_reward, elapsed_steps = play_episode(env, agent)
    episode_rewards.append(episode_reward)
```

```
    logging.info('测试回合%d:奖励 = %.2f,步数 = %d',
            episode, episode_reward, elapsed_steps)
logging.info('平均回合奖励 = %.2f ± %.2f',
        np.mean(episode_rewards), np.std(episode_rewards))
```

接下来我们来看连续动作空间的任务 MountainCarContinuous-v0。我们将代码清单 1-1 略作改动，使用代码清单 1-5 导入环境。

代码清单 1-5　查看 MountainCarContinuous-v0 的观测空间和动作空间

代码文件名：MountainCarContinuous-v0_ClosedForm.ipynb。

```
env = gym.make('MountainCarContinuous-v0')
for key in vars(env):
    logging.info('%s: %s', key, vars(env)[key])
for key in vars(env.spec):
    logging.info('%s: %s', key, vars(env.spec)[key])
```

这样得到的输出为：

```
00:00:00 [INFO] entry_point: gym.envs.classic_control:Continuous_MountainCarEnv
00:00:00 [INFO] reward_threshold: 90.0
00:00:00 [INFO] nondeterministic: False
00:00:00 [INFO] max_episode_steps: 999
00:00:00 [INFO] order_enforce: True
00:00:00 [INFO] kwargs: {}
00:00:00 [INFO] namespace: None
00:00:00 [INFO] name: MountainCarContinuous
00:00:00 [INFO] version: 0
00:00:00 [INFO] min_action: -1.0
00:00:00 [INFO] max_action: 1.0
00:00:00 [INFO] min_position: -1.2
00:00:00 [INFO] max_position: 0.6
00:00:00 [INFO] max_speed: 0.07
00:00:00 [INFO] goal_position: 0.45
00:00:00 [INFO] goal_velocity: 0
00:00:00 [INFO] power: 0.0015
00:00:00 [INFO] low_state: [-1.2  -0.07]
00:00:00 [INFO] high_state: [0.6  0.07]
00:00:00 [INFO] screen: None
00:00:00 [INFO] clock: None
00:00:00 [INFO] isopen: True
00:00:00 [INFO] action_space: Box(-1.0, 1.0, (1,), float32)
00:00:00 [INFO] observation_space: Box([-1.2  -0.07], [0.6  0.07], (2,), float32)
00:00:00 [INFO] spec:
EnvSpec(entry_point='gym.envs.classic_control:Continuous_MountainCarEnv', reward_
    threshold=90.0, nondeterministic=False, max_episode_steps=999, order_enforce=True,
    kwargs={}, namespace=None, name='MountainCarContinuous', version=0)
00:00:00 [INFO] _np_random: RandomNumberGenerator(PCG64)
```

这个环境的动作空间是 Box(1,)，动作是形状为 (1,) 的 np.array 对象；观测空间仍然是 Box(2,)，观测是形状为 (2,) 的 np.array 对象。回合最大步数变为 999 步。成功求解的阈值变为 90，即需要在连续 100 回合的平均回合奖励超过 90。

不同的任务往往需要使用不同的智能体来求解。代码清单 1-6 给出了用于求解 MountainCarContinuous-v0的智能体。在成员 step()中，观测 observation 分解为位置 position 和速度 velocity 两个分量，然后用这两个分量决定的大小关系决定采用何种动作 action。我们可以再用代码清单 1-3 和代码清单 1-4 来测试这个智能体的性能，可以知道这个智能体平均回合奖励大概在 93 左右，大于阈值 90。所以，代码清单 1-6 给出的这个智能体成功求解了 MountainCarContinuous-v0 任务。

代码清单 1-6　用于求解 MountainCarContinuous-v0 的智能体

代码文件名：MountainCarContinuous-v0_ClosedForm.ipynb。

```
class ClosedFormAgent:
    def __init__(self, _):
        pass

    def reset(self, mode=None):
        pass

    def step(self, observation, reward, terminated):
        position, velocity = observation
        if position > -4 * velocity or position < 13 * velocity - 0.6:
            force = 1.
        else:
            force = -1.
        action = np.array([force,])
        return action

    def close(self):
        pass

agent = ClosedFormAgent(env)
```

1.7 本章小结

本章介绍了强化学习的概念和应用，学习了强化学习的分类，了解了强化学习的学习路线和学习资源。我们还学习了强化学习环境库 Gym 的使用。后文将系统介绍强化学习的理论和算法，并且利用 Gym 库实践相关算法。

本章要点

- 强化学习是根据奖励信号来改进策略的机器学习方法。策略和奖励是强化学习的核心元素。强化学习试图最大化长期奖励或最小化长期损失。
- 强化学习不是监督学习，因为强化学习的学习过程中没有参考答案；强化学习也不是非监督学习，因为强化学习需要利用奖励信号来学习。

- 强化学习任务常用智能体/环境接口建模。学习和决策的部分称为智能体，其他部分称为环境。智能体向环境执行动作，从环境得到奖励和反馈。
- 按智能体的数量分，强化学习任务可以分为单智能体任务和多智能体任务。按环境是否有明确的终止状态分，强化学习任务可以分为回合制任务和连续性任务。按照时间是否离散，强化学习任务可以分为离散时间任务和连续时间任务。强化学习的动作空间可以划分为离散动作空间和连续动作空间。强化学习的环境可以划分为确定性环境和随机环境。按照环境是否完全可以观测分，强化学习的环境可以分为完全可观测环境和非完全可观测环境。
- 需要考虑多个任务的学习是多任务强化学习。多任务强化学习下还有以目标为条件的强化学习、迁移学习、元强化学习等子类别。
- 在线强化学习又称终身学习，旨在适应不断变化的任务。离线强化学习又称批强化学习，它在不和环境交互的情况下学习。
- 强化学习算法可以按照学习的策略和决策的行为策略是否相同分为同策学习和异策学习。按照是否需要环境模型，强化学习算法分为有模型学习和无模型学习。按照策略更新时机，强化学习算法可以分为回合更新和时序差分更新。更新价值函数的学习方法称为基于价值的学习，直接更新策略的概率分布的学习方法称为基于策略的学习。执行者/评论者方法同时使用了基于价值的方法和策略梯度方法。
- 如果一个强化学习算法用到了深度学习，则它是深度强化学习算法。
- Python 扩展库 Gym 提供了免费开源的强化学习实验环境。Gym 库的使用方法是：用 `env = gym.make(任务名)`取出环境，用 `env.reset()`初始化环境，用 `env.step(动作)`执行一步环境，用 `env.render()`显示环境，用 `env.close()`关闭环境。

1.8　练习与模拟面试

1. 单选题

(1) 关于强化学习的目标，描述最为全面的一项是(　　)。

A. 强化学习试图最大化长期奖励或长期损失

B. 强化学习试图最小化长期奖励或长期损失

C. 强化学习试图最大化长期奖励，或最小化长期损失

(2) 关于智能体/环境接口，描述正确的一项是(　　)。

A. 强化学习问题一定要建模为智能体/环境接口

B. 智能体/环境接口的核心思想是用来分隔主观可以控制的部分和客观不能改变的部分

C. 智能体/环境接口中，智能体和环境的交互时机是事先确定的

(3)关于强化学习的分类，下列说法正确的是(　　)。

A. 强化学习任务可以是回合制任务，也可以是连续性任务

B. 同策学习指在线学习，异策学习指离线学习

C. 离散时间环境指动作空间是离散的环境，连续时间环境指动作空间是连续的环境

(4)关于强化学习的分类，下列说法正确的是(　　)。

A. 强化学习可以分为有模型学习和无模型学习

B. 在环境模型未知的情况下只能用无模型学习，在环境模型已知的情况下只能用有模型学习

C. 有模型学习只适用于确定性环境，而不适用于随机环境

2. 编程练习

调用 Gym API，了解环境 `CartPole-v0` 的观测空间、动作空间、每个回合的最大步数。观测对象和动作对象都是什么数据类型的？回合奖励的阈值是多少？使用下列求解方法求解这个任务：记环境对象的四个分量为 x、v、θ、ω，当 $3\theta + \omega > 0$ 时，用动作 1，否则用动作 0。

3. 模拟面试

(1)强化学习与监督学习和非监督学习有何区别？

(2)为什么要使用智能体/环境接口研究强化学习问题？

CHAPTER 2

第 2 章

Markov 决策过程

本章将学习以下内容。

- 离散时间 Markov 决策过程。
- 折扣回报。
- 价值及其性质，包括 Bellman 期望方程。
- 策略的偏序。
- 策略改进定理。
- 带折扣的分布与带折扣的期望及其性质。
- 最优策略、最优策略的存在性、最优策略的性质。
- 最优价值、最优价值的存在性、最优价值的性质，包括 Bellman 最优方程。
- 用线性规划法求解最优价值。
- 从最优价值求解最优策略的方法。

本章介绍强化学习最经典、最重要的数学模型——离散时间 Markov 决策过程。首先我们定义离散时间 Markov 决策过程，然后介绍在求解离散时间 Markov 决策过程时会用到的重要性质，最后介绍一种求解离散时间 Markov 决策过程最优策略的方法。本章是全书最重要的一章，涉及的概念大都非常重要，建议读者深刻理解。

2.1 Markov 决策过程模型

本节学习 Markov 决策过程模型的定义和常见概念。

2.1.1 离散时间 Markov 决策过程

本节来定义离散时间 Markov 决策过程。在离散时间智能体/环境接口的基础上进一步引入具有 Markov 性的概率模型，即可得到离散时间 Markov 决策过程模型。

首先我们来回顾第1 章提到的离散时间智能体/环境接口。在离散时间智能体/环境接口中，智能体可以向环境发送动作，并从环境得到观测和奖励信息。令智能体和环境交互的时刻为$\{0,1,2,3,\cdots\}$。在时刻 t，依次发生以下事情。

- 环境给出奖励 $R_t \in \mathcal{R}$，并到达状态 $S_t \in \mathcal{S}$。其中，$\mathcal{R}$ 是**奖励空间**(reward space)，它是实数集的子集；$\mathcal{S}$ 是**状态空间**(state space)，它是所有可能的状态的集合。
- 智能体观察环境，得到观测 $O_t \in \mathcal{O}$。其中，$\mathcal{O}$ 是**观测空间**(observation space)，它是所有可能的观测的集合。然后智能体根据观测决定做出动作 $A_t \in \mathcal{A}$，其中 $\mathcal{A}$ 是**动作空间**(action space)，它是所有可能的动作集合。

TIP **注意**：对于不同的 t，实际上取到的状态、观测、动作或奖励可能并不相同。为了在数学上表示方便，往往用一个包括所有可能取值的更大的集合来表示，使得每一步的空间都可以用相同的字母表示。

一个离散时间智能体/环境接口可以用这样的**轨迹**(trajectory)表示：

$$R_0, S_0, O_0, A_0, R_1, S_1, O_1, A_1, R_2, S_2, O_2, A_2, \cdots。$$

对于回合制的任务，可能会有一个终止状态 $s_{终止}$。终止状态和其他普通的状态有着本质的不同：当达到终止状态时，回合结束，不再有任何观测或动作。所以，状态空间 $\mathcal{S}$ 里默认不包括终止状态。含有终止状态的状态空间则记为 $\mathcal{S}^+$。

回合制任务的轨迹具有以下形式：

$$R_0, S_0, O_0, A_0, R_1, S_1, O_1, A_1, R_2, S_2, O_2, A_2, R_3, \cdots, R_T, S_T = s_{终止},$$

其中 T 是达到终止状态的步数。在回合制任务中，回合的步数 T 是一个随机变量，它在随机过程中可以视为一个**停时**(stop time)。

在离散时间智能体/环境接口中，如果智能体可以完全观察到环境的状态，则称环境是完全可观测的。这时，不失一般性的，可以令 $O_t = S_t (t=0,1,2,\cdots)$，完全可观测任务的轨迹可以简化为

$$R_0, S_0, A_0, R_1, S_1, A_1, R_2, S_2, A_2, R_3, \cdots, S_T = s_{终止}。$$

这样就不需要再使用字母 O_t 和 $\mathcal{O}$ 了。

TIP **注意**：智能体/环境接口没有假设状态是完全可观测的。部分不完全可观测的问题可以建模为部分可观测的 Markov 决策过程等其他模型，详见 16.5 节。

在上述基础上进一步引入具有 Markov 性的概率模型，就可以得到离散时间 Markov 决策过程模型。

知识卡片：随机过程

Markov 过程

考虑时间指标集 $\mathcal{T}$(可以为自然数集 $\mathbb{N}$、$[0, +\infty)$等)。对于随机过程$\{S_t : t \in \mathcal{T}\}$，如

果对于任意的 $i \in \mathbb{N}$，$t_0, t_1, \cdots, t_i, t_{i+1} \in \mathcal{T}$（不失一般性，可假设 $t_0 < t_1 < \cdots < t_i < t_{i+1}$），$s_0, s_1, \cdots, s_{i+1} \in \mathcal{S}$，均有

$$\Pr[S_{t_{i+1}} = s_{t_{i+1}} | S_{t_0} = s_0, S_{t_1} = s_1, \cdots, S_{t_i} = s_i] = \Pr[S_{t_{i+1}} = s_{i+1} | S_{t_i} = s_i],$$

则称 $\{S_t : t \geqslant 0\}$ 是 **Markov 过程**（Markov Process，MP），或者随机过程 $\{S_t : t \geqslant 0\}$ 具有 Markov 性。进一步的，如果对于任意的 t，$\tau \in \mathcal{T}$ 和 s，$s' \in \mathcal{S}$，均有 $t + \tau \in \mathcal{T}$ 且

$$\Pr[S_{t+\tau} = s' | S_t = s] = \Pr[S_\tau = s' | S_0 = s],$$

则称 $\{S_t : t \in \mathcal{T}\}$ 是齐次的 Markov 过程。本书中说的 Markov 过程，默认指齐次的 Markov 过程。

给定 $\tau \in \mathcal{T}$，可以定义 τ 步转移概率

$$p^{[\tau]}(s'|s) = \Pr[S_\tau = s' | S_0 = s], \quad s, s' \in \mathcal{S}。$$

转移概率满足以下性质：

$$p^{[0]}(s'|s) = 1_{[s'=s]}, \qquad s, s' \in \mathcal{S},$$

$$p^{[\tau'+\tau'']}(s'|s) = \sum_{s''} p^{[\tau']}(s'|s'') p^{[\tau'']}(s''|s), \quad \tau', \tau'' \in \mathcal{T}, \quad s, s' \in \mathcal{S},$$

其中 $1_{[\cdot]}$ 为示性函数。如果把 τ 步转移概率写为 $|\mathcal{S}| \times |\mathcal{S}|$ 维的矩阵 $\boldsymbol{P}^{[\tau]}$（这里的 $|\mathcal{S}|$ 可以是无穷大），上述关系可写为

$$\boldsymbol{P}^{[0]} = \boldsymbol{I},$$

$$\boldsymbol{P}^{[\tau'+\tau'']} = \boldsymbol{P}^{[\tau']} \boldsymbol{P}^{[\tau'']}, \quad \tau', \tau'' \in \mathcal{T}。$$

其中 $\boldsymbol{I}$ 是单位矩阵。

如果时间指标 $\mathcal{T}$ 是自然数集 $\mathbb{N}$，这个 Markov 过程就是**离散时间 Markov 过程**（Discrete-Time Markov Process，DTMP）。如果时间指标 $\mathcal{T}$ 是非负实数集 $[0, +\infty)$，这个 Markov 过程是**连续时间 Markov 过程**（Continuous-Time Markov Process，CTMP）。

TIP **注意**：这里的矩阵使用了大写字母，但它是确定性的量。本书用大写字母表示确定性矩阵。

在完全可观测的离散时间智能体/环境接口中，如果在时间 t 时从状态 $S_t = s$ 和动作 $A_t = a$ 跳转到奖励 $R_{t+1} = r$ 和下一状态 $S_{t+1} = s'$ 的概率为

$$\Pr[S_{t+1} = s', R_{t+1} = r | S_t = s, A_t = a],$$

那么这个智能体/环境接口就可以建模为**离散时间 Markov 决策过程**（Discrete-Time MDP，DTMDP）**模型**。这样的概率假设认为奖励 R_{t+1} 和下一状态 S_{t+1} 仅仅依赖于当前的状态 S_t 和动作 A_t，而不依赖于更早的状态和动作。这样的性质称为 Markov 性。Markov 性是 Markov 决策过程模型的重要特征，它要求状态必须含有可能对未来产生影响的所有过去信息。

TIP **注意**：

①智能体/环境接口没有假设状态满足 Markov 性。如果环境没有 Markov 性，可以尝试从不满足 Markov 性的观测中构造满足 Markov 性的状态，或者去学习 Markov 性。

②在连续时间智能体/环境接口的基础上做出类似的限制，可以得到连续时间Markov决策过程。可参阅16.2节。

在离散时间Markov决策过程中，首个奖励R_0不受智能体的控制，而且在环境给出首个状态S_0后，奖励R_0也不会影响后续过程，所以，就不再考虑R_0。这样，离散时间Markov决策过程的轨迹可以表示为

$$S_0, A_0, R_1, S_1, A_1, R_2, S_2, A_2, R_3, \cdots, S_T = s_{终止}。$$

动作和奖励是Markov决策过程的重要特征。如果删去Markov决策过程轨迹中的所有动作，就得到了**Markov奖励过程**(Markov Reward Process，MRP)的轨迹。如果再删去Markov奖励过程轨迹中的所有奖励，就得到Markov过程的轨迹。图2-1比较了离散时间Markov过程、离散时间Markov奖励过程和离散时间Markov决策过程的轨迹。

离散时间Markov过程	S_0,	S_1,	S_2,	$\cdots$
离散时间Markov奖励过程	S_0,	R_1, S_1,	R_2, S_2,	$R_3, \cdots$
离散时间Markov决策过程	$S_0, A_0, R_1, S_1, A_1, R_2, S_2, A_2, R_3, \cdots$			

图2-1　Markov过程、Markov奖励过程、Markov决策过程的轨迹比较

如果一个离散时间Markov决策过程的状态空间$\mathcal{S}$、动作空间$\mathcal{A}$、奖励空间$\mathcal{R}$都是有限集，这样的Markov决策过程就称为**有限Markov决策过程**(Finite Markov Decision Process，Finite MDP)。

2.1.2　环境与动力

本节介绍离散时间Markov决策过程中环境的数学表示。

Markov决策过程中的环境可以由初始状态分布和动力刻画。

- **初始状态分布**(initial state distribution)定义为函数p_{S_0}：

$$p_{S_0}(s) = \Pr[S_0 = s],\ s \in \mathcal{S}。$$

- **动力**(dynamics，又称为转移概率transition probability)定义为函数p

$$p(s', r \mid s, a) = \Pr[S_{t+1} = s', R_{t+1} = r \mid S_t = s, A_t = a],$$
$$s \in \mathcal{S},\ a \in \mathcal{A}(s),\ r \in \mathcal{R},\ s' \in \mathcal{S}^{+}。$$

p函数中间的竖线“|”取材于条件概率中间的竖线。

注意：本书为了简化书写，用Pr[ ]表示概率或概率密度，需要根据实际情况解读Pr[ ]的含义。例如，在初始状态分布的定义中，如果状态空间$\mathcal{S}$是可数集，则应将Pr[ ]理解成概率分布；如果$\mathcal{S}$是实数集，则应将Pr[ ]理解成概率密度。如果读者理解起来有困难，可以先考虑状态空间、动作空间、奖励空间都是有限集的有限Markov决策过程，以后再思考空间非有限集的情况。

利用动力的定义，可以得到其他导出量，包括：

- 状态转移概率

$$p(s' \mid s, a) = \Pr[S_{t+1} = s' \mid S_t = s, A_t = a],\ s \in \mathcal{S},\ a \in \mathcal{A},\ s' \in \mathcal{S}^{+}。$$

可以证明

$$p(s'|s,a) = \sum_{r\in\mathcal{R}} p(s',r|s,a), \ s \in \mathcal{S}, \ a \in \mathcal{A}, \ s' \in \mathcal{S}^+。$$

❑ 给定状态动作对的期望奖励

$$r(s,a) = \mathrm{E}[R_{t+1}|S_t = s, A_t = a], \ s \in \mathcal{S}, \ a \in \mathcal{A}。$$

可以证明

$$r(s,a) = \sum_{r\in\mathcal{R}} r \sum_{s'\in\mathcal{S}} p(s',r|s,a), \ s \in \mathcal{S}, \ a \in \mathcal{A}。$$

❑ 给定“状态/动作/下一状态”的期望奖励

$$r(s,a,s') = \mathrm{E}[R_{t+1}|S_t = s, A_t = a, S_{t+1} = s'], \ s \in \mathcal{S}, \ a \in \mathcal{A}, \ s' \in \mathcal{S}^+。$$

可以证明

$$r(s,a,s') = \sum_{r\in\mathcal{R}} r \frac{p(s',r|s,a)}{p(s'|s,a)}, \ s \in \mathcal{S}, \ a \in \mathcal{A}, \ s' \in \mathcal{S}^+。$$

注意：

①在本书中，同一个字母搭配不同的参数可以表示不同的函数。例如，字母 p 采用 $p(s',r|s,a)$ 形式和 $p(s'|s,a)$ 形式表示不同的概率。

②在求和的范围不是有限集的情况下，求和可能不收敛，期望可能不存在。为了简化书写，本书直接假定求和都收敛，期望都存在。对连续空间内的元素求和实际上就是在计算积分。

我们来看一个有限 Markov 决策过程的例子。某个任务的状态空间为 $\mathcal{S}$ = {饿,饱}，动作空间为 $\mathcal{A}$ = {不吃,吃}，奖励空间为 $\mathcal{R} = \{-3, -2, -1, +1, +2, +3\}$，转移概率见表 2-1。该 Markov 决策过程如图 2-2 所示。

表 2-1 动力系统示例(其中 $\alpha, \beta \in (0,1)$ 是参数)

s'	r	s	a	$p(s',r\|s,a)$
饿	−2	饿	不吃	1
饿	−3	饿	吃	$1-\alpha$
饱	+1	饿	吃	α
饿	−2	饱	不吃	β
饱	+2	饱	不吃	$1-\beta$
饱	+1	饱	吃	1
其他				0

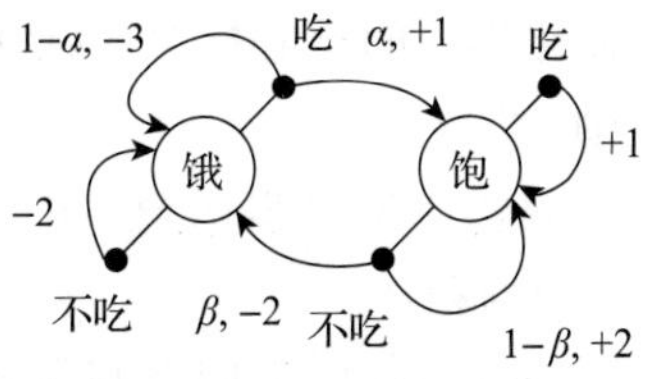

图 2-2 示例的状态转移图

2.1.3 策略

智能体根据其观测决定其行为。在 Markov 决策过程中，定义**策略**(policy)为从状态到动作的转移概率。Markov 决策过程上的策略 π 可以定义为

$$\pi(a|s) = \Pr_{\pi}[A_t = a|S_t = s], s \in \mathcal{S}, a \in \mathcal{A}。$$

注意：概率 $\Pr_{\pi}[\,]$表示在计算概率时使用了策略 π 所确定的轨迹。Pr 的下标 π 指概率是针对策略 π 生成的轨迹而言的。这个下标实际上是概率的条件。用类似的方法可以定义策略 π 下的期望 $\mathrm{E}_{\pi}[\,]$等统计量。概率、期望等统计量有时不仅取决于策略 π，也可能取决于环境的初始状态分布和动力。但是，在一般情况下，我们只考虑某个特定的环境，所以就进行了简化，不在期望算子上写明初始状态分布和动力，而只写明策略 π。另外，当期望等统计量与策略无关时，策略 π 也常常不写。

如果某个策略 π 对于任意的 $s \in \mathcal{S}$，均存在一个 $a \in \mathcal{A}$，使得

$$\pi(a'|s) = 0,\ a' \neq a,$$

则这样的策略被称为确定性策略。这个策略可以简记为 $\pi:\mathcal{S}\to\mathcal{A}$，即 $\pi: s \mapsto \pi(s)$。

例如，对于表 2-1 的环境，某个智能体可以采用表 2-2 中的策略。

表 2-2 表 2-1 对应的策略示例(其中 $x,y \in (0,1)$是参数)

s	a	$\pi(a\|s)$
饿	不吃	$1-x$
饿	吃	x
饱	不吃	y
饱	吃	$1-y$

将动力和策略综合考虑，我们可以定义以下转移概率：

- 从状态到下一状态的转移概率为

$$p_{\pi}(s' \mid s) = \sum_{a} p(s'|s,a)\pi(a|s),\quad s \in \mathcal{S}, s' \in \mathcal{S}^{+}。$$

- 从状态动作对到下一状态动作对的转移概率为

$$p_{\pi}(s',a'|s,a) = \pi(a'|s')p(s'|s,a),\quad s \in \mathcal{S}, a \in \mathcal{A}(s), s' \in \mathcal{S}, a' \in \mathcal{A}(s')。$$

2.1.4 带折扣的回报

在第 1 章已经知道，奖励是强化学习的核心概念，强化学习的目标是最大化长期的奖励。本节就来定义这个长期的奖励。

对于回合制的任务，假设某一回合在第 T 步达到终止状态，则从步骤 $t(t<T)$以后的**回报**(return)G_t 可以定义为未来奖励的和：

$$G_t = R_{t+1} + R_{t+2} + \cdots + R_T \quad 回合制任务,无折扣时。$$

注意：回合的步数 T 可以是一个随机变量。所以，在 G_t 的定义式中，不仅每一项是随机变量，而且含有的项数也是随机变量。

对于连续性的任务，上述 G_t 的定义会带来一些麻烦。由于连续性的任务没有终止时间，所以 G_t 会包括 t 时刻以后所有的奖励信息。但是，如果将未来的奖励信息简单求和，那么未来奖励信息的总和往往是无穷大。为了解决这一问题，引入了**折扣**(discount)这一概念，进而定义带折扣的回报为

$$G_t = R_{t+1} + \gamma R_{t+2} + \gamma^2 R_{t+3} + \cdots = \sum_{\tau=0}^{+\infty} \gamma^\tau R_{t+\tau+1},$$

其中**折扣因子**(discount factor)$\gamma \in [0,1]$。折扣因子决定了如何在最近的奖励和未来的奖励间进行折中：未来 τ 步后得到的 1 单位奖励相当于现在得到的 γ^τ 单位奖励。若指定 $\gamma=0$，智能体会只考虑眼前利益，完全无视远期利益，就相当于贪心算法的效果；若指定 $\gamma=1$，智能体会认为当前的 1 单位奖励和未来的 1 单位奖励是一样重要的。对于连续性任务，一般设定$\gamma \in (0,1)$。这时，如果未来每一步的奖励都有界，则回报也是有界的。

我们已经讨论了回合制任务和连续型任务的回报的定义。事实上，可以把两个定义用统一的形式表示为

$$G_t = \sum_{\tau=0}^{+\infty} \gamma^\tau R_{t+\tau+1}。$$

在这种统一表示中，对于回合制任务，当 $t>T$ 时，令 $R_t=0$。其实，回合制任务也可以取小于 1 的值作为折扣。综合以上讨论，回合制任务可取折扣因子 $\gamma \in (0,1]$，连续型任务可取折扣因子 $\gamma \in (0,1)$。本书将采用这种统一的表示。

注意：Markov 决策过程的性能指标可以采用折扣回报期望以外的其他指标，例如 16.1 节会介绍平均奖励 Markov 决策过程。

折扣回报具有递推关系：

$$G_t = R_{t+1} + \gamma G_{t+1}。$$

(证明：$G_t = \sum_{\tau=0}^{+\infty} \gamma^\tau R_{t+\tau+1} = R_{t+1} + \sum_{\tau=1}^{+\infty} \gamma^\tau R_{t+\tau+1} = R_{t+1} + \gamma \sum_{\tau=1}^{+\infty} \gamma^\tau R_{(t+1)+\tau+1} = R_{t+1} + \gamma G_{t+1}$。)

整条轨迹的折扣回报是 G_0，它的期望是

$$g_\pi = \mathrm{E}_\pi[G_0]。$$

智能体往往希望通过使用合适的策略来最大化 g_π。有时为了突出这一点，将这样的 Markov 决策过程称为带折扣的 Markov 决策过程。

2.2 价值

基于回报的定义，可以进一步定义价值。价值是强化学习理论中非常重要的概念。

本节讨论价值的定义及其性质。

2.2.1 价值的定义

给定 Markov 决策过程的动力，可以定义策略 π 的**价值**(value)。价值的定义包括以下两种形式。

- **状态价值**(state value)v_π 的定义为

$$v_\pi(s) = \mathrm{E}_\pi[G_t | S_t = s], \quad s \in \mathcal{S}。$$

表示从状态 s 开始采用策略 π 的预期回报。

- **动作价值**(action value)q_π 的定义为

$$q_\pi(s,a) = \mathrm{E}_\pi[G_t | S_t = s, A_t = a], \quad s \in \mathcal{S}, a \in \mathcal{A}(s),$$

表示在状态 s 采用动作 a 后，采用策略 π 的预期回报。

终止状态 $s_{终止}$不是一般的状态，终止状态后没有动作。为了在数学上有统一的形式，一般定义 $v_\pi(s_{终止})=0$，$q_\pi(s_{终止},a)=0(a\in\mathcal{A})$。

例如，对于表 2-1 和表 2-2 的例子，有

$$v_\pi(饿) = \mathrm{E}_\pi[G_t | S_t = 饿],$$
$$v_\pi(饱) = \mathrm{E}_\pi[G_t | S_t = 饱],$$
$$q_\pi(饿,吃) = \mathrm{E}_\pi[G_t | S_t = 饿,A_t = 吃],$$
$$q_\pi(饿,不吃) = \mathrm{E}_\pi[G_t | S_t = 饿,A_t = 不吃],$$
$$q_\pi(饱,吃) = \mathrm{E}_\pi[G_t | S_t = 饱,A_t = 吃],$$
$$q_\pi(饱,不吃) = \mathrm{E}_\pi[G_t | S_t = 饱,A_t = 不吃]。$$

计算价值是一个非常重要的事情。强化学习理论中很大一部分内容就在求价值。计算给定策略的价值被称为**策略评估**(policy evaluation)问题。为了能够求出价值，我们接下来学习价值的性质。

2.2.2 价值的性质

本节我们考虑同一策略的价值之间的关系，特别是著名的 Bellman 期望方程。这些性质可以用来评估策略。我们还将证明，价值与初始状态分布无关。

首先我们来考虑状态价值和动作价值之间的关系。状态价值与动作价值之间可以用以下两种方法互相表示。

- 用动作价值表示状态价值：

$$v_\pi(s) = \sum_a \pi(a|s) q_\pi(s,a), \quad s \in \mathcal{S}。$$

（证明：对任一状态 $s\in\mathcal{S}$，有

$$
\begin{aligned}
v_\pi(s) &= \mathrm{E}_\pi[G_t | S_t = s] \\
&= \sum_g g \Pr_\pi[G_t = g | S_t = s] \\
&= \sum_g g \sum_a \Pr_\pi[G_t = g, A_t = a | S_t = s] \\
&= \sum_g g \sum_a \Pr_\pi[A_t = a | S_t = s] \Pr_\pi[G_t = g | S_t = s, A_t = a] \\
&= \sum_a \Pr_\pi[A_t = a | S_t = s] \sum_g g \Pr_\pi[G_t = g | S_t = s, A_t = a] \\
&= \sum_a \Pr_\pi[A_t = a | S_t = s] \mathrm{E}_\pi[G_t | S_t = s, A_t = a] \\
&= \sum_a \pi(a|s) q_\pi(s,a)。
\end{aligned}
$$

这样就得到了结果。)在推导过程中可以看出，实际上等号左边用到了 t 时刻的状态价值，等号右边用到了 t 时刻的动作价值。所以，这个关系又可以不严格地称为用 t 时刻的动作价值表示 t 时刻的状态价值，简写为

$$
v_\pi(S_t) = \mathrm{E}_\pi[q_\pi(S_t, A_t)]。
$$

如果用空心圆圈代表状态，实心圆圈表示状态动作对，则在用动作价值表示状态价值的过程中，可以用**备份图**(backup diagram)，如图 2-3a 所示。

- 用状态价值表示动作价值：

$$
\begin{aligned}
q_\pi(s,a) &= r(s,a) + \gamma \sum_{s'} p(s'|s,a) v_\pi(s') \\
&= \sum_{s',r} p(s',r|s,a)[r + \gamma v_\pi(s')], \quad s \in \mathcal{S},\ a \in \mathcal{A}。
\end{aligned}
$$

(证明：对任意的状态 $s \in \mathcal{S}$ 和动作 $a \in \mathcal{A}$，有

$$
\begin{aligned}
&\mathrm{E}_\pi[G_{t+1} | S_t = s, A_t = a] \\
&= \sum_g g \Pr_\pi[G_{t+1} = g | S_t = s, A_t = a] \\
&= \sum_g g \sum_{s'} \Pr_\pi[S_{t+1} = s', G_{t+1} = g | S_t = s, A_t = a] \\
&= \sum_g g \sum_{s'} \Pr[S_{t+1} = s' | S_t = s, A_t = a] \Pr_\pi[G_{t+1} = g | S_t = s, A_t = a, S_{t+1} = s'] \\
&= \sum_g g \sum_{s'} \Pr[S_{t+1} = s' | S_t = s, A_t = a] \Pr_\pi[G_{t+1} = g | S_{t+1} = s'] \\
&= \sum_{s'} \Pr[S_{t+1} = s' | S_t = s, A_t = a] \sum_g g \Pr_\pi[G_{t+1} = g | S_{t+1} = s'] \\
&= \sum_{s'} \Pr[S_{t+1} = s' | S_t = s, A_t = a] \mathrm{E}_\pi[G_{t+1} | S_{t+1} = s'] \\
&= \sum_{s'} p(s'|s,a) v_\pi(s'),
\end{aligned}
$$

其中 $\Pr_\pi[G_{t+1}=g \mid S_t=s, A_t=a, S_{t+1}=s'] = \Pr_\pi[G_{t+1}=g \mid S_{t+1}=s']$ 用到了 Markov 性。利用上式，有

$$\begin{aligned} q_\pi(s,a) &= \mathrm{E}_\pi[G_t \mid S_t = s, A_t = a] \\ &= \mathrm{E}_\pi[R_{t+1} + \gamma G_{t+1} \mid S_t = s, A_t = a] \\ &= \mathrm{E}_\pi[R_{t+1} \mid S_t = s, A_t = a] + \gamma \mathrm{E}_\pi[G_{t+1} \mid S_t = s, A_t = a] \\ &= \sum_{s',r} p(s',r \mid s,a)[r + \gamma v_\pi(s')]。\end{aligned}$$

这样就得到了结果。）在推导过程中可以看出，等号左边实际上是用 t 时刻的动作价值，等号右边实际用到了 $t+1$ 时刻的状态价值。所以，这个关系又可以不严格地称为用 $t+1$ 时刻的状态价值表示 t 时刻的动作价值，简写为

$$q_\pi(S_t,A_t) = \mathrm{E}_\pi[R_{t+1} + \gamma v_\pi(S_{t+1})]。$$

用状态价值表示动作价值时，备份图见图 2-3b。

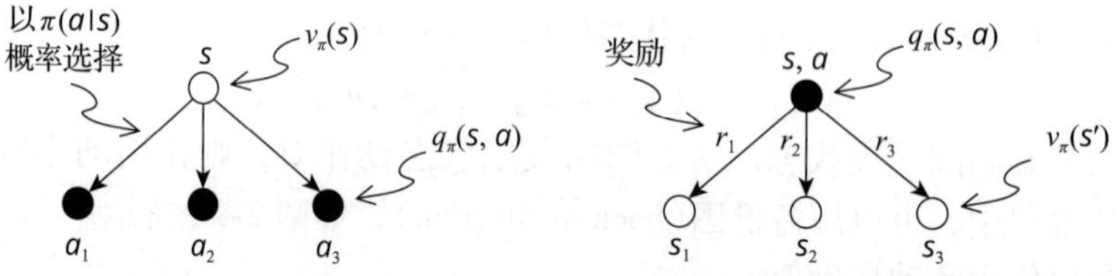

a) 用动作价值表示状态价值　　b) 用状态价值表示动作价值

图 2-3　动作价值和状态价值互相表示的备份图

注意：严格地说，上述关系的简写形式和原来的形式不完全等价。这样简写的原因在于：从 $v_\pi(s) = \sum_a \pi(a \mid s) q_\pi(s,a)$ 可以得到 $v_\pi(s) = \mathrm{E}_\pi[q_\pi(S_t,A_t) \mid S_t = s]$，由于其对任意的 $s \in \mathcal{S}$ 都成立，那么对于 $S_t \in \mathcal{S}$ 也成立，所以简写为 $v_\pi(S_t) = \mathrm{E}_\pi[q_\pi(S_t,A_t)]$。本节只考虑齐次的 Markov 决策过程，其最优价值不随时间变化。所以，t 时刻的状态价值就是 $t+1$ 时刻的状态价值，t 时刻的动作价值就是 $t+1$ 时刻的动作价值。

从状态价值和动作价值的互相表示出发，用代入法消除其中一种价值，就可以得到 **Bellman 期望方程**（Bellman Expectation Equations）。它有以下两种形式：

- 用 $t+1$ 时刻的状态价值表示 t 时刻的状态价值，备份图如图 2-4a 所示。

$$v_\pi(s) = \sum_a \pi(a \mid s)\left[r(s,a) + \gamma \sum_{s'} p(s' \mid s,a) v_\pi(s')\right], s \in \mathcal{S}。$$

该式可以简写为

$$v_\pi(S_t) = \mathrm{E}_\pi[R_{t+1} + \gamma v_\pi(S_{t+1})]。$$

❑ 用 $t+1$ 时刻的动作价值表示 t 时刻的动作价值，备份图如图 2-4b 所示。

$$q_\pi(s,a) = \sum_{s',r} p(s',r|s,a)\left[r + \gamma \sum_{a'} \pi(a'|s') q_\pi(s',a')\right],\quad s \in \mathcal{S},\ a \in \mathcal{A}。$$

该式可以简写为

$$q_\pi(S_t,A_t) = \mathrm{E}_\pi[R_{t+1} + \gamma q_\pi(S_{t+1},A_{t+1})]。$$

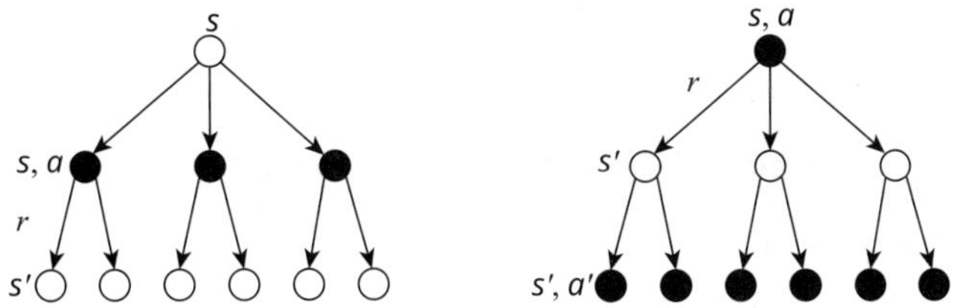

图 2-4 状态价值和动作价值自我表示的备份图

例如，对于表 2-1 和表 2-2 的例子，状态价值和动作价值有以下关系：

$$v_\pi(饿) = (1-x)q_\pi(饿,不吃) + xq_\pi(饿,吃),$$
$$v_\pi(饱) = yq_\pi(饱,不吃) + (1-y)q_\pi(饱,吃),$$
$$q_\pi(饿,不吃) = 1 \cdot (-2 + \gamma v_\pi(饿)) + 0,$$
$$q_\pi(饿,吃) = (1-\alpha)(-3 + \gamma v_\pi(饿)) + \alpha(+1 + \gamma v_\pi(饱)),$$
$$q_\pi(饱,不吃) = \beta(-2 + \gamma v_\pi(饿)) + (1-\beta)(+2 + \gamma v_\pi(饱)),$$
$$q_\pi(饱,吃) = 0 + 1 \cdot (+1 + \gamma v_\pi(饱))。$$

用这个方程组可以求得价值。

接下来演示如何通过 sympy 求解上述方程组，获得策略价值。不失一般性，假设 $0<\alpha,\beta,\gamma<1$。由于这个方程组是含有字母的线性方程组，我们用 sympy 的 `solve_linear_system()` 函数来求解它。`solve_linear_system()` 函数可以接受整理成标准形式的线性方程组，它有以下参数：

❑ 矩阵参数 `system`。对于有 n 个等式、m 个待求变量的线性方程组，`system` 是一个 $n\times(m+1)$ 的 `sympy.Matrix` 对象。

❑ 可变列表参数 `symbols`。对于有 m 个待求变量的线性方程组，此处是 m 个 `sympy.Symbol` 对象。

❑ 可变关键字参数 `flags`。

该函数返回一个 `dict`，为每个待求变量给出结果。我们把待求的线性方程组整理成标准形式，得到

$$\begin{pmatrix} 1 & 0 & x-1 & -x & 0 & 0 \\ 0 & 1 & 0 & 0 & -y & y-1 \\ -\gamma & 0 & 1 & 0 & 0 & 0 \\ (\alpha-1)\gamma & -\alpha\gamma & 0 & 1 & 0 & 0 \\ -\beta\gamma & (\beta-1)\gamma & 0 & 0 & 1 & 0 \\ 0 & -\gamma & 0 & 0 & 0 & 1 \end{pmatrix} \begin{pmatrix} v_\pi(\text{饿}) \\ v_\pi(\text{饱}) \\ q_\pi(\text{饿},\text{不吃}) \\ q_\pi(\text{饿},\text{吃}) \\ q_\pi(\text{饱},\text{不吃}) \\ q_\pi(\text{饱},\text{吃}) \end{pmatrix} = \begin{pmatrix} 0 \\ 0 \\ -2 \\ 4\alpha-3 \\ -4\beta+2 \\ 1 \end{pmatrix}。$$

用代码清单 2-1 可以求解上述方程。

代码清单 2-1　求解示例 Bellman 期望方程

代码文件名：HungryFull_demo.ipynb。

```
import sympy
from sympy import symbols
sympy.init_printing()
v_hungry, v_full = symbols('v_hungry v_full')
q_hungry_eat, q_hungry_none, q_full_eat, q_full_none = \
    symbols('q_hungry_eat q_hungry_none q_full_eat q_full_none')
alpha, beta, gamma = symbols('alpha beta gamma')
x, y = symbols('x y')
system = sympy.Matrix((
    (1, 0, x-1, -x, 0, 0, 0),
    (0, 1, 0, 0, -y, y-1, 0),
    (-gamma, 0, 1, 0, 0, 0, -2),
    ((alpha-1)*gamma, -alpha*gamma, 0, 1, 0, 0, 4*alpha-3),
    (-beta*gamma, (beta-1)*gamma, 0, 0, 1, 0, -4*beta+2),
    (0, -gamma, 0, 0, 0, 1, 1) ))
sympy.solve_linear_system(system,
    v_hungry, v_full,
    q_hungry_none, q_hungry_eat, q_full_none, q_full_eat)
```

代码清单 2-1 求得的状态价值和动作价值为

$$v_\pi(\text{饿}) = \frac{1}{\Delta}(\alpha\gamma xy - 3\alpha\gamma x + 4\alpha x - \beta\gamma xy - 2\beta\gamma y + \gamma x + 2\gamma - x - 2),$$

$$v_\pi(\text{饱}) = \frac{1}{\Delta}(\alpha\gamma xy + \alpha\gamma x - \beta\gamma xy + 2\beta\gamma y - 4\beta y - \gamma y - \gamma + y + 1),$$

$$q_\pi(\text{饿},\text{不吃}) = \frac{1}{\Delta}(\alpha\gamma^2 xy - \alpha\gamma^2 x + 2\alpha\gamma x - \beta\gamma^2 xy - 2\beta\gamma y + \gamma^2 x - \gamma x + 2\gamma - 2),$$

$$q_\pi(\text{饿},\text{吃}) = \frac{1}{\Delta}(\alpha\gamma^2 xy - \alpha\gamma^2 x - \alpha\gamma^2 y + \alpha\gamma^2 + 2\alpha\gamma x + \alpha\gamma y - 5\alpha\gamma + 4\alpha - \beta\gamma^2 xy + \beta\gamma^2 y - 3\beta\gamma y + \gamma^2 x - \gamma^2 - \gamma x + 4\gamma - 3),$$

$$q_\pi(\text{饱},\text{不吃}) = \frac{1}{\Delta}(\alpha\gamma^2 xy - \alpha\gamma^2 x + 2\alpha\gamma x - \beta\gamma^2 xy + \beta\gamma^2 x + \beta\gamma^2 y - \beta\gamma^2 - \beta\gamma x - 3\beta\gamma y + 5\beta y - 4\beta - \gamma^2 y + \gamma^2 + \gamma y - 3\gamma + 2),$$

$$q_\pi(饱,吃)=\frac{1}{\Delta}(\alpha\gamma^2xy+\alpha\gamma x-\beta\gamma^2xy+\beta\gamma^2y-3\beta\gamma y-\gamma^2y+\gamma y-\gamma+1),$$

其中，

$$\Delta=(1-\gamma)(1-(1-\alpha x-\beta y)\gamma)。$$

本节的最后，我们来看价值之间关系的向量表示。

- 用 $t+1$ 时刻的状态价值表示 t 时刻的状态价值

$$v_\pi(s)=r_\pi(s)+\gamma\sum_{s'}p_\pi(s'|s)v_\pi(s'),\quad s\in\mathcal{S},$$

(其中 $r_\pi(s)=\sum_a\pi(a|s)r(s,a)(s\in\mathcal{S})$) 可以写为

$$\boldsymbol{v}_\pi=\boldsymbol{r}_\pi+\gamma\boldsymbol{P}_\pi\boldsymbol{v}_\pi。$$

其中，列向量 $\boldsymbol{v}_\pi=(v_\pi(s):s\in\mathcal{S})^{\mathrm{T}}$ 有 $|\mathcal{S}|$ 个元素，列向量 $\boldsymbol{r}_\pi=(r_\pi(s):s\in\mathcal{S})^{\mathrm{T}}$ 有 $|\mathcal{S}|$ 个元素，单步转移概率矩阵 $\boldsymbol{P}_\pi=(p_\pi(s'|s):s,s'\in\mathcal{S})$ 是 $|\mathcal{S}|\times|\mathcal{S}|$ 维的矩阵。

- 用 $t+1$ 时刻的动作价值表示 t 时刻的动作价值

$$q_\pi(s,a)=r(s,a)+\gamma\sum_{s',a'}p_\pi(s',a'|s,a)q_\pi(s',a'),\quad s\in\mathcal{S},a\in\mathcal{A},$$

可以写为

$$\boldsymbol{q}_\pi=\boldsymbol{r}+\gamma\boldsymbol{P}_\pi\boldsymbol{q}_\pi。$$

其中，列向量 $\boldsymbol{q}_\pi=(q_\pi(s,a):s\in\mathcal{S},a\in\mathcal{A})^{\mathrm{T}}$ 有 $|\mathcal{S}||\mathcal{A}|$ 个元素，列向量 $\boldsymbol{r}=(r(s,a):s\in\mathcal{S},\ a\in\mathcal{A})^{\mathrm{T}}$ 有 $|\mathcal{S}||\mathcal{A}|$ 个元素，单步转移概率矩阵 $\boldsymbol{P}_\pi=(p_\pi(s',a'|s,a):s\in\mathcal{S},\ a\in\mathcal{A},\ s'\in\mathcal{S},\ a'\in\mathcal{A})$ 是 $|\mathcal{S}||\mathcal{A}|\times|\mathcal{S}||\mathcal{A}|$ 维的矩阵。

注意：

①在以上两个式子中，字母 $\boldsymbol{P}_\pi$ 的含义不同。其他字母也有类似的情况。在关于矩阵的表示中，我们都会临时定义字母，字母的含义仅在局部可用。

②向量和矩阵的维度 $|\mathcal{S}|$ 或 $|\mathcal{S}||\mathcal{A}|$ 不一定是有限的数。矢量表示的关键在于表示加法和乘法的组织形式。

③本书大多数情形不用向量表示，但是有些时候用向量表示会方便很多。请尽可能掌握这种表示。

在使用向量表示后，状态价值的 Bellman 期望方程和动作价值的 Bellman 期望方程都可以表示为形如 $\boldsymbol{x}_\pi=\boldsymbol{r}_\pi+\gamma\boldsymbol{P}_\pi\boldsymbol{x}_\pi$ 的关系。由于 $\boldsymbol{I}-\gamma\boldsymbol{P}_\pi$ 往往是可逆的，这时可以用 $\boldsymbol{x}_\pi=(\boldsymbol{I}-\gamma\boldsymbol{P}_\pi)^{-1}\boldsymbol{r}_\pi$ 反解出价值。

本节的分析告诉我们，价值由策略 π 和动力 p 完全确定。价值与初始状态的分布无关。

2.2.3 策略的偏序和改进

可以利用价值定义出策略的一个偏序关系。用状态价值定义的偏序关系如下：对于两个策略 π 和 π'，如果对于任意的 $s\in\mathcal{S}$ 都满足 $v_\pi(s)\leqslant v_{\pi'}(s)$，则称策略 π 不优于策略 π'，记作 $\pi\leqslant\pi'$。

接下来，我们来介绍策略改进定理。策略改进定理有很多形式，这里介绍一个最常用的形式。

策略改进定理(policy improvement theorem)：对于两个策略 π 和 π'，如果

$$v_\pi(s)\leqslant\sum_a\pi'(a|s)q_\pi(s,a),\quad s\in\mathcal{S},$$

则 $\pi\leqslant\pi'$，即

$$v_\pi(s)\leqslant v_{\pi'}(s),\quad s\in\mathcal{S}。$$

在此基础上，如果存在状态，使得前一个不等式的不等号是严格小于号，那么就存在状态，使得后一个不等式中的不等号也是严格小于号。

（证明：前一个不等式等价于

$$v_\pi(s)=\mathrm{E}_{\pi'}[v_\pi(S_t)|S_t=s]\leqslant\mathrm{E}_{\pi'}[q_\pi(S_t,A_t)|S_t=s],\quad s\in\mathcal{S},$$

其中的期望是针对从 $S_t=s$ 开始并用策略 π'决定后续动作的那些轨迹。进而有

$$\begin{aligned}&\mathrm{E}_{\pi'}[v_\pi(S_{t+\tau})|S_t=s]\\&=\mathrm{E}_{\pi'}[\mathrm{E}_{\pi'}[v_\pi(S_{t+\tau})|S_{t+\tau}]|S_t=s]\\&\leqslant\mathrm{E}_{\pi'}[\mathrm{E}_{\pi'}[q_\pi(S_{t+\tau},A_{t+\tau})|S_{t+\tau}]|S_t=s]\\&=\mathrm{E}_{\pi'}[q_\pi(S_{t+\tau},A_{t+\tau})|S_t=s],\quad s\in\mathcal{S},\tau=0,1,2,\cdots。\end{aligned}$$

考虑到

$$\mathrm{E}_{\pi'}[q_\pi(S_{t+\tau},A_{t+\tau})|S_t=s]=\mathrm{E}_{\pi'}[R_{t+\tau+1}+\gamma v_\pi(S_{t+\tau+1})|S_t=s],\quad s\in\mathcal{S},\tau=0,1,2,\cdots,$$

所以

$$\mathrm{E}_{\pi'}[v_\pi(S_{t+\tau})|S_t=s]\leqslant\mathrm{E}_{\pi'}[R_{t+\tau+1}+\gamma v_\pi(S_{t+\tau+1})|S_t=s],\quad s\in\mathcal{S},\tau=0,1,2,\cdots。$$

进而有

$$\begin{aligned}v_\pi(s)&=\mathrm{E}_{\pi'}[v_\pi(S_t)|S_t=s]\\&\leqslant\mathrm{E}_{\pi'}[R_{t+1}+\gamma v_\pi(S_{t+1})|S_t=s]\\&\leqslant\mathrm{E}_{\pi'}[R_{t+1}+\gamma\mathrm{E}_{\pi'}[R_{t+2}+\gamma v_\pi(S_{t+2})|S_t=s]|S_t=s]\\&\leqslant\mathrm{E}_{\pi'}[R_{t+1}+\gamma R_{t+2}+\gamma^2v_\pi(S_{t+2})|S_t=s]\\&\leqslant\mathrm{E}_{\pi'}[R_{t+1}+\gamma R_{t+2}+\gamma^2R_{t+3}+\gamma^3v_\pi(S_{t+4})|S_t=s]\\&\ \ \vdots\\&\leqslant\mathrm{E}_{\pi'}[R_{t+1}+\gamma R_{t+2}+\gamma^2R_{t+3}+\gamma^3R_{t+4}+\cdots|S_t=s]\\&=\mathrm{E}_{\pi'}[G_t|S_t=s]\\&=v_{\pi'}(s),\quad s\in\mathcal{S}。\end{aligned}$$

严格不等号的证明类似。）

注意：上述定理的证明大量使用了期望的性质。在阅读证明时，需要看清每一个期望是对什么策略而言的，并领会其中期望的用法。类似的证明方法在强化学习中非常常用。

策略改进定理告诉我们：对于任意一个策略 π，如果存在 $s\in\mathcal{S}$、$a\in\mathcal{A}$，使得 $q_\pi(s,a)>v_\pi(s)$，那么就可以构造一个新的确定策略 π'，它在状态 s 下做动作 a，而在除状态 s 以外的状态下的动作都和策略 π 一样。可以验证，策略 π 和 π'满足策略改进定理的条件。这样，我们就得到了一个比策略 π 更优的策略 π'。这样的策略改进算法可以用算法 2-1 来表示。

算法 2-1 策略改进算法

输入：策略 π 及其动作价值 q_π。

输出：改进的策略 π'或策略 π 已经达到最优的指示。

1 对于每个状态 $s\in\mathcal{S}$，找到使得 $q_\pi(s,a)$ 最大的动作 a。令新策略 $\pi'(s)\leftarrow\mathop{\arg\max}\limits_a q_\pi(s,a)$。

2 如果新策略 π'和旧策略 π 相同，则说明旧策略已是最优；否则，输出改进的新策略 π'。

既然对于任意一个策略 π，如果存在着 $s\in\mathcal{S}$，$a\in\mathcal{A}$，使得 $q_\pi(s,a)>v_\pi(s)$，那么我们就可以构造一个更优的策略 π'，不断进行这样的优化，就可以得到越来越好的策略。如果对于所有的 $s\in\mathcal{S}$，$a\in\mathcal{A}$，都满足 $q_\pi(s,a)\leqslant v_\pi(s)$，这样的优化就结束了。

优化结束后得到的策略为偏序关系上的一个极大元。我们可以证明，偏序关系上任意一个极大元 π_* 满足

$$v_{\pi_*}(s)=\max_a q_{\pi_*}(s,a),\quad s\in\mathcal{S}。$$

（证明：利用 2.2.2 节的知识我们知道

$$v_{\pi_*}(s)=\sum_a \pi_*(a|s)q_{\pi_*}(s,a)\leqslant\sum_a \pi_*(a|s)\max_{a'} q_{\pi_*}(s,a')=\max_{a'} q_{\pi_*}(s,a'),\ s\in\mathcal{S}。$$

所以优化结束时有

$$v_{\pi_*}(s)\leqslant\max_a q_{\pi_*}(s,a)\leqslant\max_a v_{\pi_*}(s)=v_{\pi_*}(s),\quad s\in\mathcal{S}$$

进而得证。）

2.3 带折扣的分布

在 2.2 节中我们学习了非常重要的概念：价值。本节将学习和价值对偶的量：带折扣的分布。基于带折扣的分布，还可以进一步定义带折扣的期望。带折扣的分布及其期望在强化学习的理论中也非常重要。

2.3.1 带折扣的分布的定义

给定 Markov 决策过程的环境和策略，可以确定出每个状态或每个状态动作对会被访

问的次数。将这个概念与折扣因子结合，可以定义**带折扣的分布**(discounted visitation frequency或 discounted distribution)。它有以下两种形式。

- **带折扣的状态分布**(discounted state visitation frequency 或 discounted state distribution)：对于回合制任务的定义为

$$\rho_\pi(s) = \sum_{t=1}^{+\infty} \Pr_\pi[T = t] \sum_{\tau=0}^{t-1} \gamma^\tau \Pr_\pi[S_\tau = s], \quad s \in \mathcal{S};$$

对于连续性任务的定义为

$$\rho_\pi(s) = \sum_{\tau=0}^{+\infty} \gamma^\tau \Pr_\pi[S_\tau = s], \quad s \in \mathcal{S}。$$

- **带折扣的状态动作对分布**(discounted state-action visitation frequency 或 discounted state-action distribution)：对于回合制任务的定义为

$$\rho_\pi(s,a) = \sum_{t=1}^{+\infty} \Pr_\pi[T = t] \sum_{\tau=0}^{t-1} \gamma^\tau \Pr_\pi[S_\tau = s, A_\tau = a], \quad s \in \mathcal{S}, a \in \mathcal{A}(s);$$

对于连续性任务的定义为

$$\rho_\pi(s,a) = \sum_{\tau=0}^{+\infty} \gamma^\tau \Pr_\pi[S_\tau = s, A_\tau = a], \quad s \in \mathcal{S}, a \in \mathcal{A}(s)。$$

TIP **注意**：带折扣的分布只是访问次数的理论值，而不一定是概率分布。我们可以验证，对于回合制任务，有

$$\sum_{s \in \mathcal{S}} \rho_\pi(s) = \sum_{s \in \mathcal{S}, a \in \mathcal{A}(s)} \rho_\pi(s,a) = \mathrm{E}_\pi\left[\frac{1-\gamma^T}{1-\gamma}\right], \quad s \in \mathcal{S};$$

对于连续性任务，有

$$\sum_{s \in \mathcal{S}} \rho_\pi(s) = \sum_{s \in \mathcal{S}, a \in \mathcal{A}(s)} \rho_\pi(s,a) = \frac{1}{1-\gamma}, \quad s \in \mathcal{S}。$$

以回合制的带折扣的状态分布为例，证明如下：

$$\begin{aligned}
\sum_{s \in \mathcal{S}} \rho_\pi(s) &= \sum_{s \in \mathcal{S}} \sum_{t=1}^{+\infty} \Pr_\pi[T = t] \sum_{\tau=0}^{t-1} \gamma^\tau \Pr_\pi[S_\tau = s] \\
&= \sum_{t=1}^{+\infty} \Pr_\pi[T = t] \sum_{\tau=0}^{t-1} \gamma^\tau \sum_{s \in \mathcal{S}} \Pr_\pi[S_t = s] \\
&= \sum_{t=1}^{+\infty} \Pr_\pi[T = t] \sum_{\tau=0}^{t-1} \gamma^\tau \\
&= \sum_{t=1}^{+\infty} \Pr_\pi[T = t] \frac{1-\gamma^t}{1-\gamma} \\
&= \mathrm{E}_\pi\left[\frac{1-\gamma^T}{1-\gamma}\right]。
\end{aligned}$$

它不总是等于1，所以带折扣的分布不一定是概率分布。

带折扣分布的定义中并没有直接使用奖励。所以，带折扣分布与奖励没有直接关系。

2.3.2 带折扣的分布的性质

带折扣的动作对分布和带折扣的状态分布有以下关系：

- 用带折扣的状态分布和策略表示带折扣的状态动作对分布：

$$\rho_\pi(s,a)=\rho_\pi(s)\pi(a|s),\quad s\in\mathcal{S},a\in\mathcal{A}(s)。$$

（证明：以连续性任务为例，

$$\begin{aligned}\rho_\pi(s,a)&=\sum_{t=0}^{+\infty}\gamma^t\Pr_\pi[S_t=s,A_t=a]\\&=\sum_{t=0}^{+\infty}\gamma^t\Pr_\pi[S_t=s]\pi(a|s)=\rho_\pi(s)\pi(a|s)。\end{aligned}$$

用类似的方法可以证明回合制任务的情况。）

- 用带折扣的状态动作对分布表示带折扣的状态分布：

$$\rho_\pi(s)=\sum_{a\in\mathcal{A}(s)}\rho_\pi(s,a),\quad s\in\mathcal{S}。$$

（证明：以连续性任务为例，

$$\begin{aligned}\rho_\pi(s)&=\sum_{t=0}^{+\infty}\gamma^t\Pr_\pi[S_t=s]\\&=\sum_{t=0}^{+\infty}\gamma^t\sum_{a\in\mathcal{A}(s)}\Pr_\pi[S_t=s,A_t=a]\\&=\sum_{a\in\mathcal{A}(s)}\sum_{t=0}^{+\infty}\gamma^t\Pr_\pi[S_t=s,A_t=a]\\&=\sum_{a\in\mathcal{A}(s)}\rho_\pi(s,a)。\end{aligned}$$

用类似的方法可以证明回合制任务的情况。）

- 用带折扣的状态动作对分布和 Markov 决策过程的动力表示带折扣的状态分布：

$$\rho_\pi(s')=p_{S_0}(s')+\sum_{s\in\mathcal{S},a\in\mathcal{A}(s)}\gamma p(s'|s,a)\rho_\pi(s,a),\quad s'\in\mathcal{S}。$$

（证明：以连续性任务为例，考虑到 $\rho_\pi(s,a)$ 的定义，有

$$\begin{aligned}&\sum_{s\in\mathcal{S},a\in\mathcal{A}(s)}\gamma p(s'|s,a)\rho_\pi(s,a)\\&=\sum_{s\in\mathcal{S},a\in\mathcal{A}(s)}\gamma p(s'|s,a)\sum_{t=0}^{+\infty}\gamma^t\Pr_\pi[S_t=s,A_t=a]\\&=\sum_{s\in\mathcal{S},a\in\mathcal{A}(s)}\gamma p(s'|s,a)\sum_{s_0\in\mathcal{S}}p_{S_0}(s_0)\sum_{t=1}^{+\infty}\gamma^t\Pr_\pi[S_t=s,A_t=a|S_0=s_0]\end{aligned}$$

$$= \sum_{s_0 \in \mathcal{S}} p_{S_0}(s_0) \sum_{t=1}^{+\infty} \gamma^{t+1} \sum_{s \in \mathcal{S}, a \in \mathcal{A}(s)} p(s' | s, a) \Pr_\pi[S_t = s, A_t = a | S_0 = s_0]$$

$$= \sum_{s_0 \in \mathcal{S}} p_{S_0}(s_0) \sum_{t=1}^{+\infty} \gamma^{t+1} \sum_{s \in \mathcal{S}, a \in \mathcal{A}(s)} \Pr_\pi[S_{t+1} = s', S_t = s, A_t = a | S_0 = s_0]$$

$$= \sum_{s_0 \in \mathcal{S}} p_{S_0}(s_0) \sum_{t=1}^{+\infty} \gamma^{t+1} \Pr_\pi[S_{t+1} = s' | S_0 = s_0]。$$

定义$1_{[\cdot]}$为示性函数，有

$$\sum_{t=0}^{+\infty} \gamma^t \Pr_\pi[S_t = s' | S_0 = s_0]$$

$$= \Pr_\pi[S_0 = s' | S_0 = s_0] + \sum_{t=1}^{+\infty} \gamma^t \Pr_\pi[S_t = s' | S_0 = s_0]$$

$$= 1_{[s' = s_0]} + \sum_{t=0}^{+\infty} \gamma^{t+1} \Pr_\pi[S_{t+1} = s' | S_0 = s_0],$$

可知

$$\sum_{t=0}^{+\infty} \gamma^{t+1} \Pr_\pi[S_{t+1} = s' | S_0 = s_0] = \left(\sum_{t=0}^{+\infty} \gamma^t \Pr_\pi[S_t = s' | S_0 = s_0] \right) - 1_{[s' = s_0]}。$$

将上式代入证明最开始的式子，有

$$\sum_{s \in \mathcal{S}, a \in \mathcal{A}(s)} \gamma p(s' | s, a) \rho_\pi(s, a)$$

$$= \sum_{s_0 \in \mathcal{S}} p_{S_0}(s_0) \left(\sum_{t=0}^{+\infty} \gamma^t \Pr_\pi[S_t = s' | S_0 = s_0] - 1_{[s' = s_0]} \right)$$

$$= \sum_{s_0 \in \mathcal{S}} p_{S_0}(s_0) \sum_{t=0}^{+\infty} \gamma^t \Pr_\pi[S_t = s' | S_0 = s_0] - p_{S_0}(s')$$

$$= \rho_\pi(s') - p_{S_0}(s')。$$

得证。）

带折扣的分布满足的 Bellman 期望方程如下。

- 用 t 时刻的带折扣的状态分布表示 $t+1$ 时刻的带折扣的状态分布：

$$\rho_\pi(s) = p_{S_0}(s) + \sum_{s' \in \mathcal{S}} \gamma p_\pi(s | s') \rho_\pi(s'), \quad s \in \mathcal{S}。$$

（证明：将 $\rho_\pi(s', a') = \rho_\pi(s') \pi(a' | s')$ $(s' \in \mathcal{S},\ a' \in \mathcal{A}(s'))$ 代入

$$\rho_\pi(s) = p_{S_0}(s) + \sum_{s' \in \mathcal{S}, a' \in \mathcal{A}(s')} \gamma p(s | s', a') \rho_\pi(s', a') \ (s' \in \mathcal{S}),$$

再利用

$$p_\pi(s | s') = \sum_{a'} p(s | s', a') \pi(a' | s'), \ s \in \mathcal{S}, s' \in \mathcal{S}$$

化简可得。)

- 用 t 时刻的带折扣的状态动作对分布表示 $t+1$ 时刻的带折扣的状态动作对分布：

$$\rho_\pi(s,a) = p_{0,\pi}(s,a) + \sum_{s' \in \mathcal{S}, a' \in \mathcal{A}(s')} \gamma p_\pi(s,a|s',a')\rho_\pi(s',a'), \quad s \in \mathcal{S}, a \in \mathcal{A}(s),$$

其中

$$p_{0,\pi}(s,a) = \pi(a|s)p_{S_0}(s), \quad s \in \mathcal{S}, a \in \mathcal{A}(s)。$$

(证明：在 $\rho_\pi(s) = p_{S_0}(s) + \sum_{s' \in \mathcal{S}, a' \in \mathcal{A}(s')} \gamma p(s|s',a')\rho_\pi(s',a')(s \in \mathcal{S})$ 两边乘上 $\pi(a|s)$，再利用 $\rho_\pi(s,a) = \rho_\pi(s)\pi(a|s)(s \in \mathcal{S}, a \in \mathcal{A}(s))$ 和 $p_\pi(s,a|s',a') = \pi(a|s)p(s|s',a')(s \in \mathcal{S}, a \in \mathcal{A}, s' \in \mathcal{S}, a' \in \mathcal{A})$ 化简可得。)

2.2.2 节介绍过价值的 Bellman 期望方程的向量表示。带折扣的分布的 Bellman 期望方程同样也有向量表示。

- 用 t 时刻的带折扣的状态分布表示 $t+1$ 时刻的带折扣的状态分布：

$$\boldsymbol{\rho}_\pi = \boldsymbol{p}_{S_0} + \gamma \boldsymbol{P}_\pi \boldsymbol{\rho}_\pi,$$

其中 $\boldsymbol{p}_{S_0} = (p_{S_0}(s): s \in \mathcal{S})^{\mathrm{T}}$ 是 $|\mathcal{S}|$ 维列向量，$\boldsymbol{\rho}_\pi = (\rho_\pi(s): s \in \mathcal{S})^{\mathrm{T}}$ 是 $|\mathcal{S}|$ 维列向量，$\boldsymbol{P}_\pi = (p_\pi(s|s'):\ s \in \mathcal{S},\ s' \in \mathcal{S})$ 是 $|\mathcal{S}| \times |\mathcal{S}|$ 矩阵。

- 用 t 时刻的带折扣的状态动作对分布表示 $t+1$ 时刻的带折扣的状态动作对分布：

$$\boldsymbol{\rho}_\pi = \boldsymbol{p}_0 + \gamma \boldsymbol{P}_\pi \boldsymbol{\rho}_\pi,$$

其中 $\boldsymbol{p}_0 = (\pi(a|s)p_{S_0}(s): s \in \mathcal{S},\ a \in \mathcal{A})^{\mathrm{T}}$ 是 $|\mathcal{S}||\mathcal{A}|$ 维列向量，$\boldsymbol{\rho}_\pi = (\rho_\pi(s,a): s \in \mathcal{S},\ a \in \mathcal{A})^{\mathrm{T}}$ 是 $|\mathcal{S}||\mathcal{A}|$ 维列向量，$\boldsymbol{P}_\pi = (p_\pi(s,a|s',a'): s \in \mathcal{S},\ a \in \mathcal{A},\ s' \in \mathcal{S},\ a' \in \mathcal{A})$ 是 $|\mathcal{S}||\mathcal{A}| \times |\mathcal{S}||\mathcal{A}|$ 矩阵。

2.3.3 带折扣的分布和策略的等价性

2.3.2 节的分析告诉我们，对于任一策略 π，其带折扣的分布均满足以下关系：

$$\begin{aligned}
&\rho_\pi(s') = p_{S_0}(s') + \sum_{s \in \mathcal{S}, a \in \mathcal{A}(s)} \gamma p(s'|s,a)\rho_\pi(s,a), && s' \in \mathcal{S} \\
&\rho_\pi(s) = \sum_{a \in \mathcal{A}(s)} \rho_\pi(s,a), && s \in \mathcal{S} \\
&\rho_\pi(s,a) \geqslant 0, && s \in \mathcal{S}, a \in \mathcal{A}(s)。
\end{aligned}$$

这些关系里不显含 π。事实上，上述关系刻画的带折扣的分布和策略是一一对应的。具体而言，如果某个函数组 $\rho(s)(s \in \mathcal{S})$ 和 $\rho(s,a)(s \in \mathcal{S},\ a \in \mathcal{A}(s))$ 满足上述不等式组，那么用 $\rho(s)(s \in \mathcal{S})$ 和 $\rho(s,a)(s \in \mathcal{S},\ a \in \mathcal{A}(s))$ 确定出的策略 π

$$\pi(a|s) = \frac{\rho(s,a)}{\rho(s)}$$

就满足：(1) $\rho_\pi(s)=\rho(s)(s \in \mathcal{S})$；(2)$\rho_\pi(s,a)=\rho(s,a)(s \in \mathcal{S},\ a \in \mathcal{A}(s))$。

(证明：考虑连续性任务的情况。

（1）对于任意的$s' \in \mathcal{S}$，利用策略π的确定方式，可知

$$\begin{aligned}\rho(s') &= p_{S_0}(s') + \sum_{s \in \mathcal{S}, a \in \mathcal{A}(s)} \gamma p(s' \mid s,a)\rho(s,a) \\ &= p_{S_0}(s') + \sum_{s \in \mathcal{S}, a \in \mathcal{A}(s)} \gamma p(s' \mid s,a)\rho(s)\pi(a \mid s) \\ &= p_{S_0}(s') + \sum_{s \in \mathcal{S}} \gamma p_\pi(s' \mid s)\rho(s)。\end{aligned}$$

所以$\rho(s)(s \in \mathcal{S})$满足 Bellman 期望方程。考虑其向量形式，把$\rho(s)(s \in \mathcal{S})$写成形状为$|\mathcal{S}|$的向量$\boldsymbol{\rho}$，初始分布$p_{S_0}(s)(s \in \mathcal{S})$写成形状为$|\mathcal{S}|$的向量$\boldsymbol{p}_0$，单步转移概率$p_\pi(s' \mid s)$$(s,s' \in \mathcal{S})$写成形状为$|\mathcal{S}| \times |\mathcal{S}|$的矩阵$\boldsymbol{P}_\pi$，那么上式可以表示为

$$\boldsymbol{\rho} = \boldsymbol{p}_0 + \gamma \boldsymbol{P}_\pi \boldsymbol{\rho}。$$

进而可知，

$$\boldsymbol{\rho} = (\boldsymbol{I} - \gamma \boldsymbol{P}_\pi)^{-1} \boldsymbol{p}_0,$$

其中$\boldsymbol{I}$是单位矩阵。注意到$(\boldsymbol{I} - \gamma \boldsymbol{P}_\pi)^{-1} = \sum_{t=0}^{+\infty} (\gamma \boldsymbol{P}_\pi)^t = \sum_{t=0}^{+\infty} \gamma^t \boldsymbol{P}_\pi^t$，可知

$$\boldsymbol{\rho} = \sum_{t=0}^{+\infty} \gamma^t \boldsymbol{P}_\pi^t \boldsymbol{p}_0,$$

其中$\boldsymbol{P}_\pi^t$可以看作多步转移矩阵。所以有

$$\rho(s') = \sum_{s_0 \in \mathcal{S}} p_{S_0}(s) \sum_{t=0}^{+\infty} \sum_{s \in \mathcal{S}, a \in \mathcal{A}(s)} \gamma^t \Pr_\pi[S_t = s' \mid S_0 = s] = \rho_\pi(s')。$$

（2）对于任意的$s \in \mathcal{S}$，$a \in \mathcal{A}(s)$，均有$\rho_\pi(s,a)=\rho_\pi(s)\pi(a \mid s)$，$\rho(s,a)=\rho(s)$$\pi(a \mid s)$，所以$\rho_\pi(s,a)=\rho(s,a)$。）

注意：这个证明用到了向量表示。向量表示最常用于反解形如$\boldsymbol{y} = (\boldsymbol{I} - \gamma \boldsymbol{P}_\pi)\boldsymbol{x}$的等式。这时候往往还会用到关系$(\boldsymbol{I} - \gamma \boldsymbol{P}_\pi)^{-1} = \sum_{t=0}^{+\infty} (\gamma \boldsymbol{P}_\pi)^t = \sum_{t=0}^{+\infty} \gamma^t \boldsymbol{P}_\pi^t$。

2.3.4 带折扣的分布下的期望

虽然带折扣的分布并不一定是概率分布，我们还是可以在形式上定义基于带折扣分布的期望。例如，给定确定性函数f，可以定义带折扣的分布下的期望为

$$\mathrm{E}_{S \sim \rho_\pi}[f(S)] = \sum_{s \in \mathcal{S}} \rho_\pi(s) f(s),$$

$$\mathrm{E}_{(S,A) \sim \rho_\pi}[f(S,A)] = \sum_{s \in \mathcal{S}, a \in \mathcal{A}(s)} \rho_\pi(s,a) f(s,a)。$$

许多统计量可以用带折扣的分布下的期望来表示。

例如，回报的期望可以表示为

$$g_\pi = \mathrm{E}_{(S,A) \sim \rho_\pi}[r(S,A)]。$$

（证明：

$$
\begin{aligned}
g_\pi &= \mathrm{E}_\pi[G_0] \\
&= \mathrm{E}_\pi\left[\sum_{t=0}^{+\infty} \gamma^t R_{t+1}\right] \\
&= \sum_{t=0}^{+\infty} \gamma^t \mathrm{E}_\pi[R_{t+1}] \\
&= \sum_{t=0}^{+\infty} \gamma^t \mathrm{E}_\pi[\mathrm{E}_\pi[R_{t+1} | S_t, A_t]] \quad \text{（这里用到了全概率公式。）} \\
&= \sum_{t=0}^{+\infty} \gamma^t \mathrm{E}_\pi[r(S_t, A_t)] \quad \text{（这里用到了 } r(S_t, A_t) \text{ 的定义。）} \\
&= \sum_{t=0}^{+\infty} \gamma^t \sum_{s \in \mathcal{S}, a \in \mathcal{A}(s)} \Pr_\pi[S_t = s, A_t = a] r(s, a) \\
&= \sum_{s \in \mathcal{S}, a \in \mathcal{A}(s)} \left(\sum_{t=0}^{+\infty} \gamma^t \Pr_\pi[S_t = s, A_t = a] \right) r(s, a) \\
&= \sum_{s \in \mathcal{S}, a \in \mathcal{A}(s)} \left(\sum_{t=0}^{+\infty} \gamma^t \Pr_\pi[S_t = s, A_t = a] \right) r(s, a) \\
&= \sum_{s \in \mathcal{S}, a \in \mathcal{A}(s)} \rho_\pi(s, a) r(s, a) \quad \text{（这里用到了 } \rho_\pi(s, a) \text{ 的定义。）} \\
&= \mathrm{E}_{(S, A) \sim \rho_\pi}[r(S, A)]。
\end{aligned}
$$

得证。）

注意： 掌握这个证明方法，能够对策略分布下的期望和带折扣分布下的期望进行互相转化。这样的转化在本书后文中会多次用到。

2.4　最优策略与最优价值

本节学习最优策略和最优价值的概念和性质，并介绍一种求解有限 Markov 决策过程最优价值和最优策略的方法。

2.4.1　从最优策略到最优价值

2.2 节定义了价值以及价值之间的偏序关系。利用这个定义，我们可以定义出最优策略：对于一个环境而言，如果存在一个策略 π_*，使得所有的策略都小于等于这个策略，那么策略 π_* 就称为**最优策略**（optimal policy）。

将动力和最优策略综合考虑，我们可以定义以下转移概率：

❑ 从状态到状态的转移概率

$$p_*(s'|s) = \sum_{r,a} p(s',r|s,a)\pi_*(a|s), \quad s\in\mathcal{S},\ s'\in\mathcal{S}^+。$$

❑ 从状态动作对到状态动作对的转移概率

$$p_*(s',a'|s,a) = \sum_{a'} \pi_*(a'|s') \sum_{a} p(s'|s,a),$$
$$s\in\mathcal{S},\ a\in\mathcal{A}(s),\ s'\in\mathcal{S},\ a\in\mathcal{A}(s')。$$

对于任一最优策略 π_*，它的价值一定满足以下关系：

❑ 最优策略的状态价值满足关系

$$v_{\pi_*}(s) = \max_{\pi} v_\pi(s), \quad s\in\mathcal{S}。$$

（证明：用反证法。如果上式不成立，则存在策略 π 和状态 s 使得 $v_\pi(s) > v_{\pi_*}(s)$，这样 $v_\pi \leqslant v_{\pi_*}$ 不成立，这与策略 π_* 是最优策略矛盾。）

❑ 最优策略的动作价值满足关系

$$q_{\pi_*}(s,a) = \max_{\pi} q_\pi(s,a), \quad s\in\mathcal{S},\ a\in\mathcal{A}(s)。$$

受到最优策略的价值满足的关系启发，我们可以定义**最优价值**（optimal value）。最优价值包括以下两种形式。

❑ **最优状态价值**（optimal state value）：

$$v_*(s) = \sup_{\pi} v_\pi(s), \quad s\in\mathcal{S}。$$

❑ **最优动作价值**（optimal action value）：

$$q_*(s,a) = \sup_{\pi} q_\pi(s,a), \quad s\in\mathcal{S},\ a\in\mathcal{A}(s)。$$

显然，如果最优策略存在，那么最优策略的价值一定等于最优价值。

值得一提的是，并不是所有的环境都存在最优价值。下面给一个不存在最优价值的环境的例子。考虑一个只交互一次的环境：状态空间里只有一种状态，动作空间 $\mathcal{A}=[0,1]$ 是一个闭区间，奖励 R_1 由动作 A_0 完全确定且确定方式为，当 $A_0=0$ 时，$R_1=0$，当 $A_0>0$ 时，$R_1=1/A_0$。这个奖励函数是无界的，所以最优状态价值不存在。

2.4.2 最优策略的存在性

2.4.1 节提到，并不是所有的环境都存在最优价值。即使某个环境存在最优价值，它也不一定存在最优策略。本节先来看一个存在最优价值但不存在最优策略的 Markov 决策过程的例子，再讨论存在最优策略的充分条件。

首先来看一个存在最优价值但是不存在最优策略的环境的例子。考虑只有一步的环境：状态空间只有一个状态，动作空间 $\mathcal{A}\subseteq\mathbb{R}$ 是一个有界开区间（如 $(0,1)$），奖励就是动作的值 $R_0=A$，一个动作后总是到终止状态。对于这样的环境，任意策略 π 的状态价值为 $v_\pi(s)=\mathrm{E}_\pi[a]=\sum_{a\in\mathcal{A}} a\pi(a|s)$，动作价值为 $q_\pi(s,a)=a$。现在我们求这个环境的最优价值。

先看最优状态价值。由于任意策略的状态价值满足 $v_\pi(s)=\sum_{a\in\mathcal{A}} a\pi(a|s)\leqslant\sum_{a\in\mathcal{A}}(\sup\mathcal{A})\pi(a|s)=\sup\mathcal{A}$，所以 $v_*(s)=\sup_\pi v_\pi(s)\leqslant\sup_\pi(\sup\mathcal{A})=\sup\mathcal{A}$。对于任意的 $a\in\mathcal{A}$，可以构造确定性策略 $\pi:s\mapsto a$，其状态价值为 $v_\pi(s)=a$。所以 $v_*(s)\geqslant a$。考虑到 a 是在 $\mathcal{A}$ 中任取的，所以最优状态价值为 $v_*(s)=\sup\mathcal{A}$。接下来看最优动作价值。固定动作 $a\in\mathcal{A}$ 后，无论策略是什么，动作价值都是 a，所以最优动作价值为 $q_*(s,a)=a$。在这个例子中，如果我们进一步规定动作空间是 $\mathcal{A}=(0,1)$，则有 $v_*(s)=\sup\mathcal{A}=1$。与此同时，任意策略 π 的状态价值都有 $v_\pi(s)=\sum_{a\in\mathcal{A}} a\pi(a|s)<\sum_{a\in\mathcal{A}}\pi(a|s)=1$，均不满足 $v_\pi(s)=v_*(s)$，所以最优策略不存在。

最优策略存在的条件十分复杂。例如，当以下任一条件成立时，最优策略存在。

- 状态空间 $\mathcal{S}$ 是离散的(例如有限集都是离散的)，动作空间 $\mathcal{A}(s)\ (s\in\mathcal{S})$ 是有限的。
- 状态空间 $\mathcal{S}$ 是离散的，动作空间 $\mathcal{A}(s)\ (s\in\mathcal{S})$ 是紧的(例如实数轴上的有界闭区间都是紧的)，转移概率 $p(s'|s,a)\ (s,s'\in\mathcal{S})$ 对 a 连续。
- 状态空间 $\mathcal{S}$ 是 Polish 空间(常见的 Polish 空间包括 n 维实数空间 $\mathbb{R}^n$ 和闭区间 $[0,1]$)，动作空间 $\mathcal{A}(s)\ (s\in\mathcal{S})$ 是有限的。
- 状态空间 $\mathcal{S}$ 是 Polish 空间，动作空间 $\mathcal{A}(s)\ (s\in\mathcal{S})$ 是紧的度量空间，并且 $r(s,a)$ 有界。

这些条件及其证明都很复杂。一般情况下，为了简化分析，往往直接假定最优策略存在。

TIP **注意**：对于最优策略不存在的情况，可以考虑 ε 最优策略。给定 $\varepsilon>0$，如果策略 π_* 的价值满足

$$v_{\pi_*}(s)>v_*(s)-\varepsilon,\qquad s\in\mathcal{S},$$

$$q_{\pi_*}(s,a)>q_*(s,a)-\varepsilon,\quad s\in\mathcal{S},a\in\mathcal{A}。$$

那么称策略 π_* 为 ε **最优策略**(ε-optimal policy)。ε 最优策略这一概念在强化学习的样本复杂度等理论分析中有重要的作用。所有的最优策略都是 ε 最优策略。不过，即使最优价值存在，也不一定存在 ε 最优策略。

2.4.3 最优价值的性质与 Bellman 最优方程

本节在假定最优价值和最优策略都存在的条件下，讨论最优价值之间的关系。

首先来看最优状态价值和最优动作价值之间的关系。它包括以下两个部分。

- 用 t 时刻的最优动作价值表示 t 时刻的最优状态价值(备份图见图 2-5a)：

$$v_*(s)=\max_{a\in\mathcal{A}} q_*(s,a),\quad s\in\mathcal{S}。$$

(证明：用反证法。反设上式不成立，则存在状态 s'，使得 $v_*(s')<\max_{a\in\mathcal{A}} q_*(s',a)$。另外，还存在动作 a'，使得 $q_*(s',a')=\max_{a\in\mathcal{A}} q_*(s',a)$。可知 $v_*(s')<q_*(s',a')$。现在考虑另外一个策略 π'：

$$\pi'(a|s)=\begin{cases}1, & s=s',\ a=a',\\ 0, & s=s',\ a\neq a',\\ \pi_*(a|s), & \text{其他。}\end{cases}$$

通过验证策略改进定理的条件，可以知道 $\pi_* \prec \pi'$，这与 π_* 是最优策略矛盾。得证。）

- 用 $t+1$ 时刻的最优状态价值表示 t 时刻的最优动作价值（备份图见图 2-5b）：

$$\begin{aligned} q_*(s,a) &= r(s,a)+\gamma\sum_{s'}p(s'|s,a)v_*(s') \\ &= \sum_{s',r}p(s',r|s,a)\left[r+\gamma v_*(s')\right],\ s\in\mathcal{S},\ a\in\mathcal{A}。\end{aligned}$$

（证明：把最优价值代入用状态价值表示动作价值的关系即得。）该式可简写为

$$q_*(S_t,A_t)=\mathrm{E}\left[R_{t+1}+\gamma v_*(S_{t+1})\right]。$$

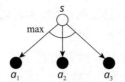

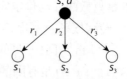

a) 用最优动作价值表示最优状态价值　　b) 用最优状态价值表示最优动作价值

图 2-5　最优状态价值和最优动作价值互相表示的备份图

注意：本节只考虑齐次的 Markov 决策过程，其最优价值不随时间变化。所以，t 时刻的最优状态价值就是 $t+1$ 时刻的最优状态价值，t 时刻的最优动作价值就是 $t+1$ 时刻的最优动作价值。

基于最优状态价值和最优动作价值互相表示的形式，可以导出 **Bellman 最优方程**（Bellman optimal equation）。它有以下两种形式：

- 用 $t+1$ 时刻的最优状态价值表示 t 时刻的最优状态价值（备份图见图 2-6a）：

$$v_*(s)=\max_{a\in\mathcal{A}}\left[r(s,a)+\gamma\sum_{s'}p(s'|s,a)v_*(s')\right],\quad s\in\mathcal{S}。$$

该式可简写为

$$v_*(S_t)=\max_a \mathrm{E}\left[R_{t+1}+\gamma v_*(S_{t+1})\right]。$$

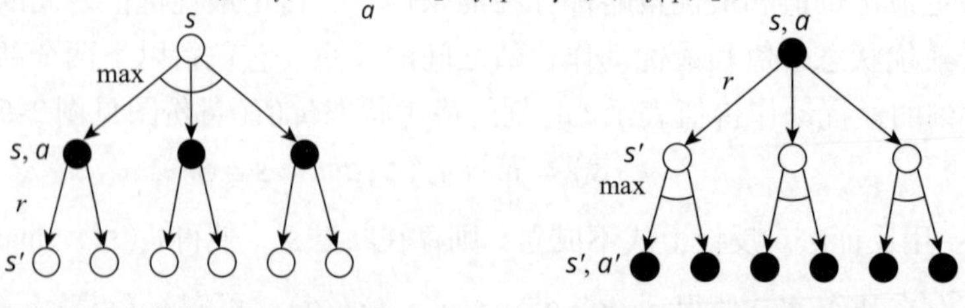

a) 用最优状态价值表示最优状态价值　　b) 用最优动作价值表示最优动作价值

图 2-6　最优状态价值和最优动作价值自我表示的备份图

- 用 $t+1$ 时刻的最优动作价值表示 t 时刻的最优动作价值（备份图见图 2-6b）：

$$q_*(s,a)=r(s,a)+\gamma\sum_{s'}p(s'|s,a)\max_{a'}q_*(s',a'),\quad s\in\mathcal{S},\ a\in\mathcal{A}。$$

该式可简写为

$$q_*(S_t,A_t)=\mathrm{E}[R_{t+1}+\gamma\max_{a'}q_*(S_{t+1},a')]。$$

例如，对于表 2-1 的动力系统，其最优价值满足：

$$\begin{aligned}
v_*(饿) &= \max\{q_*(饿,不吃),q_*(饿,吃)\},\\
v_*(饱) &= \max\{q_*(饱,不吃),q_*(饱,吃)\},\\
q_*(饿,不吃) &= 1\cdot(-2+\gamma v_*(饿))+0,\\
q_*(饿,吃) &= (1-\alpha)(-3+\gamma v_*(饿))+\alpha(+1+\gamma v_*(饱)),\\
q_*(饱,不吃) &= \beta(-2+\gamma v_*(饿))+(1-\beta)(+2+\gamma v_*(饱)),\\
q_*(饱,吃) &= 0+1\cdot(+1+\gamma v_*(饱))。
\end{aligned}$$

用这个方程可以求得最优价值。

接下来我们用 sympy 求解这个方程组。这个方程组里含有 max( ) 运算，是一个非线性方程组。我们可以通过分类讨论来化解这个 max( ) 运算，将其转化为多个线性方程组分别求解。具体而言，这个方程组可以分为四类情况讨论，用代码清单 2-2 求解。

代码清单 2-2　求解示例 Bellman 最优方程

```
代码文件名：HungryFull_demo.ipynb。
import sympy
from sympy import symbols
sympy.init_printing()
v_hungry, v_full = symbols('v_hungry v_full')
q_hungry_eat, q_hungry_none, q_full_eat, q_full_none = \
    symbols('q_hungry_eat q_hungry_none q_full_eat q_full_none')
alpha, beta, gamma = symbols('alpha beta gamma')
x, y = symbols('x y')
xy_tuples = ((0, 0), (1, 0), (0, 1), (1, 1))
for x, y in xy_tuples:
    system = sympy.Matrix((
        (1, 0, x-1, -x, 0, 0, 0),
        (0, 1, 0, 0, -y, y-1, 0),
        (-gamma, 0, 1, 0, 0, 0, -2),
        ((alpha-1) * gamma, -alpha * gamma, 0, 1, 0, 0, 4 * alpha-3),
        (-beta * gamma, (beta-1) * gamma, 0, 0, 1, 0, -4 * beta+2),
        (0, -gamma, 0, 0, 0, 1, 1) ))
    result = sympy.solve_linear_system(system,
        v_hungry, v_full,
        q_hungry_none, q_hungry_eat, q_full_none, q_full_eat, simplification=True)
msgx = 'v(hungry) = q(hungry,{}eat)'.format('' if x else 'not ')
msgy = 'v(full) = q(full,{}eat)'.format('not ' if y else '')
print('==== {}, {} ==== x = {}, y = {} ===='.format(msgx, msgy, x, y))
display(result)
```

接下来进一步分析这个方程组。比较最优价值满足的方程组和一般策略的价值方程组可以发现，最优价值方程组的解正是在一般策略价值方程组的解中(x,y)分别取$(0,0)$、$(0,1)$、$(1,0)$、$(1,1)$之后得到的。所以，我们用一般策略价值方程组的解的形式来表示最优价值方程组的解，并比较其中q_*(饱,不吃)和q_*(饱,吃)的大小，以及q_*(饿,不吃)和q_*(饿,吃)的大小。在比较时，注意到$x,y\in\{0,1\}$，并且已经假设$\alpha,\beta,\gamma\in(0,1)$，可以验证

$$\Delta = (1-\gamma)(1-(1-\alpha x-\beta y)\gamma) > 0。$$

所以，我们只需要比较分子部分。

首先来比较q_*(饿,不吃)和q_*(饿,吃)的大小。q_*(饿,不吃)$\leqslant q_*$(饿,吃)等价于

$$\begin{aligned}\alpha\gamma^2xy-\alpha\gamma^2x+2\alpha\gamma x-\beta\gamma^2xy-2\beta\gamma y+\gamma^2x-\gamma x+2\gamma-2\leqslant\\ \alpha\gamma^2xy-\alpha\gamma^2x-\alpha\gamma^2y+\alpha\gamma^2+2\alpha\gamma x+\alpha\gamma y-5\alpha\gamma+4\alpha-\beta\gamma^2xy+\beta\gamma^2y-\\ 3\beta\gamma y+\gamma^2x-\gamma^2-\gamma x+4\gamma-3,\end{aligned}$$

即

$$-\alpha\gamma^2y+\alpha\gamma^2+\alpha\gamma y-5\alpha\gamma+4\alpha+\beta\gamma^2y-\beta\gamma y-\gamma^2+2\gamma-1\geqslant 0,$$

两边除以$(1-\gamma)$可得

$$\alpha\gamma y-\alpha\gamma+4\alpha-\beta\gamma y+\gamma-1\geqslant 0,$$

注意到$1-\alpha+(\alpha-\beta)y>0$，上述不等式等价于

$$\gamma\geqslant\frac{1-4\alpha}{1-\alpha+(\alpha-\beta)y}。$$

接着来比较q_*(饱,不吃)和q_*(饱,吃)的大小。q_*(饱,不吃)$\leqslant q_*$(饱，吃)等价于

$$\begin{aligned}\alpha\gamma^2xy-\alpha\gamma^2x+2\alpha\gamma x-\beta\gamma^2xy+\beta\gamma^2x+\beta\gamma^2y-\beta\gamma^2-\beta\gamma x-3\beta\gamma y+\\ 5\beta\gamma-4\beta-\gamma^2y+\gamma^2+\gamma y-3\gamma+2\leqslant\\ \alpha\gamma^2xy+\alpha\gamma x-\beta\gamma^2xy+\beta\gamma^2y-3\beta\gamma y-\gamma^2y+\gamma y-\gamma+1,\end{aligned}$$

即

$$\alpha\gamma^2x-\alpha\gamma x-\beta\gamma^2x+\beta\gamma x+\beta\gamma^2-5\beta\gamma+4\beta-\gamma^2+2\gamma-1\geqslant 0。$$

两边除以$(1-\gamma)$可得

$$-\alpha\gamma x+\beta\gamma x-\beta\gamma+4\beta+\gamma-1\geqslant 0。$$

注意到$1-\beta+(\beta-\alpha)x>0$，上述不等式等价于

$$\gamma\geqslant\frac{1-4\beta}{1-\beta+(\beta-\alpha)x}。$$

综合以上分析，有以下四种情况：

情况I：q_*(饿,不吃)$>q_*$(饿,吃)且q_*(饱,不吃)$\leqslant q_*$(饱,吃)。这时有v_*(饿)$=q_*$(饿,不吃)且v_*(饱)$=q_*$(饱,吃)，以及$x=0$且$y=0$。相应条件简化为$\gamma<\frac{1-4\alpha}{1-\alpha}$且$\gamma\geqslant\frac{1-4\beta}{1-\beta}$，最优价值简化为

$$q_*(饿,吃) = \frac{1}{1-\gamma}(-\alpha\gamma + 4\alpha + \gamma - 3),$$

$$v_*(饿) = q_*(饿,不吃) = \frac{-2}{1-\gamma},$$

$$v_*(饱) = q_*(饱,吃) = \frac{1}{1-\gamma},$$

$$q_*(饱,不吃) = \frac{1}{1-\gamma}(\beta\gamma - 4\beta - \gamma + 2)。$$

情况Ⅱ：$q_*(饿,不吃) \leqslant q_*(饿,吃)$且$q_*(饱,不吃) \leqslant q_*(饱,吃)$。这时有$v_*(饿)=q_*(饿,吃)$且$v_*(饱)=q_*(饱,吃)$，以及$x=1$且$y=0$。相应条件简化为

$$\gamma < \frac{1-4\alpha}{1-\alpha}且\gamma \geqslant \frac{1-4\beta}{1-\alpha},$$

最优价值简化为

$$q_*(饿,不吃) = \frac{1}{\Delta_{Ⅱ}}(-\alpha\gamma^2 + 2\alpha\gamma + \gamma^2 + \gamma - 2),$$

$$v_*(饿) = q_*(饿,吃) = \frac{1}{\Delta_{Ⅱ}}(-3\alpha\gamma + 4\alpha + 3\gamma - 3),$$

$$q_*(饱,不吃) = \frac{1}{\Delta_{Ⅱ}}(-\alpha\gamma^2 + 2\alpha\gamma + 4\beta\gamma - 4\beta + \gamma^2 - 3\gamma + 2),$$

$$v_*(饱) = q_*(饱,吃) = \frac{1}{1-\gamma},$$

其中

$$\Delta_{Ⅱ} = (1-\gamma)(1-(1-\alpha)\gamma)。$$

情况Ⅲ：$q_*(饿,不吃) > q_*(饿,吃)$且$q_*(饱,不吃) > q_*(饱,吃)$。这时有$v_*(饿)=q_*(饿,不吃)$且$v_*(饱)=q_*(饱,不吃)$，以及$x=0$且$y=1$。相应条件简化为

$$\gamma < \frac{1-4\alpha}{1-\beta}且\gamma < \frac{1-4\beta}{1-\beta},$$

最优价值简化为

$$v_*(饿) = q_*(饿,不吃) = \frac{-2}{1-\gamma},$$

$$q_*(饿,吃) = \frac{1}{\Delta_{Ⅲ}}(-4\alpha\gamma + 4\alpha + \beta\gamma^2 - 3\beta\gamma - \gamma^2 + 4\gamma - 3),$$

$$v_*(饱) = q_*(饱,不吃) = \frac{1}{\Delta_{Ⅲ}}(2\beta\gamma - 4\beta - 2\gamma + 2),$$

$$q_*(饱,吃) = \frac{1}{\Delta_{Ⅲ}}(\beta\gamma^2 - 3\beta\gamma - \gamma^2 + 1),$$

其中

$$\Delta_{\mathrm{III}} = (1-\gamma)(1-(1-\beta)\gamma)。$$

情况Ⅳ：q_*(饿,不吃)$\leqslant q_*$(饿,吃)且q_*(饱,不吃)$>q_*$(饱,吃)。这时有v_*(饿)$=q_*$(饿,吃)且v_*(饱)$=q_*$(饱,不吃)，以及$x=1$且$y=1$。相应条件简化为

$$\gamma \geqslant \frac{1-4\alpha}{1-\beta} \text{且} \gamma < \frac{1-4\beta}{1-\alpha},$$

最优价值简化为

$$q_*(\text{饿,不吃}) = \frac{1}{\Delta_{\mathrm{IV}}}(2\alpha\gamma - \beta\gamma^2 - 2\beta\gamma + \gamma^2 + \gamma - 2),$$

$$v_*(\text{饿}) = q_*(\text{饿,吃}) = \frac{1}{\Delta_{\mathrm{IV}}}(-2\alpha\gamma + 4\alpha - 3\beta\gamma + 3\gamma - 3),$$

$$v_*(\text{饱}) = q_*(\text{饱,不吃}) = \frac{1}{\Delta_{\mathrm{IV}}}(2\alpha\gamma + \beta\gamma - 4\beta - 2\gamma + 2),$$

$$q_*(\text{饱,吃}) = \frac{1}{\Delta_{\mathrm{IV}}}(\alpha\gamma^2 + \alpha\gamma - 3\beta\gamma - \gamma^2 + 1),$$

其中

$$\Delta_{\mathrm{IV}} = (1-\gamma)(1-(1-\alpha-\beta)\gamma)。$$

值得一提的是，Bellman 最优方程只和环境的动力有关，而与环境的状态的初始分布无关。而 Bellman 最优方程可以完全确定最优价值，所以最优价值只与环境的动力有关，而与环境的初始状态分布无关。

2.4.4 用线性规划法求解最优价值

对于任意的策略π，它的回报的期望可以表示为

$$g_\pi = \sum_{s\in\mathcal{S}} p_{S_0}(s) v_\pi(s),$$

$$g_\pi = \sum_{s\in\mathcal{S},a\in\mathcal{A}(s)} r(s,a)\rho_\pi(s,a)。$$

我们希望优化策略π，使得回报的期望尽可能地大。

对于最优价值，其满足$v_*(s)=\max_{a\in\mathcal{A}} q_*(s,a)$ $(s\in\mathcal{S})$，可以松弛为$v_*(s)\geqslant q_*(s,a)$ $(s\in\mathcal{S},\ a\in\mathcal{A}(s))$，并消去$q_*(s,a)$以减少决策变量，得到新的线性规划

$$\begin{aligned}\underset{v(s),\,s\in\mathcal{S}}{\text{minimize}}\quad & \sum_{s\in\mathcal{S}} p_{S_0}(s)v(s)\\ \text{s.t.}\quad & v(s) - \gamma\sum_{s'\in\mathcal{S}} p(s'|s,a)v(s') \geqslant r(s,a),\quad s\in\mathcal{S},\ a\in\mathcal{A}(s)。\end{aligned}$$

它的对偶问题为

$$\begin{aligned}\underset{\rho(s,a),s\in\mathcal{S},a\in\mathcal{A}(s)}{\text{maximize}}\quad & \sum_{s\in\mathcal{S},a\in\mathcal{A}(s)} r(s,a)\rho(s,a)\\ \text{s.t.}\quad & \sum_{a'\in\mathcal{A}(s')} \rho(s',a') - \gamma\sum_{s\in\mathcal{S},a\in\mathcal{A}(s)} p(s'|s,a)\rho(s,a) = p_{S_0}(s'),\ s'\in\mathcal{S},\end{aligned}$$

$$\rho(s,a) \geqslant 0,\quad s \in \mathcal{S}, a \in \mathcal{A}(s)。$$

这两个线性规划问题的最优值是相同的。原问题的最优解就是最优状态价值，对偶问题的最优解就是最优策略导出的带折扣的状态动作对的分布。

知识卡片：优化

线性规划的对偶

以下两个线性规划问题互为对偶问题。

- 主问题：

$$\begin{aligned} \underset{\boldsymbol{x}}{\text{minimize}} \quad & \boldsymbol{c}^{\mathrm{T}}\boldsymbol{x} \\ \text{s. t.} \quad & \boldsymbol{A}\boldsymbol{x} \geqslant \boldsymbol{b} \end{aligned}$$

- 对偶问题：

$$\begin{aligned} \underset{\boldsymbol{y}}{\text{minimize}} \quad & \boldsymbol{b}^{\mathrm{T}}\boldsymbol{y} \\ \text{s. t.} \quad & \boldsymbol{A}^{\mathrm{T}}\boldsymbol{y} = \boldsymbol{c} \\ & \boldsymbol{y} \geqslant 0 \end{aligned}$$

线性规划法能够求得最优价值的原因如下：由于带折扣分布和策略的对应关系，以带折扣分布为决策变量的优化问题（即对偶问题）中，可行域里的任何一个可行解都对应着一个策略，而任意策略都可以在这个可行域里找到。所以对偶问题能够在所有的策略里找到使得期望折扣最大的策略。由于线性规划的强对偶性，对偶问题可以对偶为以状态价值为决策变量的优化问题（即主问题），所以我们就证明了这个主问题可以找到使得期望折扣最大的价值，也就是最优价值。

在实际应用中，人们更常使用主问题进行线性规划求解。原因有以下两点：其一，最优价值是唯一的，而最优策略可能不唯一；其二，主问题可以转化成不需要知道初始状态分布的优化问题，而对偶问题一定要用到初始状态分布。下面来看看如何在不知道初始状态分布的情况下也能求得最优价值。

由 2.4.3 节可知，最优价值和初始状态分布无关。如果把初始状态分布修改成其他分布，得到的最优价值是完全相同的。另外，2.3.3 节告诉我们，无论初始状态分布修改为何种分布，对偶问题都是可行的。这样，我们就可以直接使用线性规划灵敏度分析的结论：修改原问题中目标的系数，如果原问题和对偶问题都依然可行，那么修改前原问题的最优解依然为修改后原问题的最优解。这样，无论把初始状态分布修改为何种分布，原问题的最优解都不变。根据以上分析，我们可以将上述主问题和对偶问题中的初始状态分布 $p_{S_0}(s)$ 替换成任意分布 $c(s)\,(s \in \mathcal{S})$，这里的 $c(s)\,(s \in \mathcal{S})$ 须满足 $c(s) > 0\,(s \in \mathcal{S})$ 且 $\sum_{s \in \mathcal{S}} c(s) = 1$。替换后得到的主问题为

$$\begin{aligned}&\underset{v(s),\ s\in\mathcal{S}}{\text{minimize}} && \sum_{s\in\mathcal{S}}c(s)v(s)\\&\text{s. t.} && v(s)-\gamma\sum_{s'\in\mathcal{S}}p(s'|s,a)v(s')\geqslant r(s,a),\quad s\in\mathcal{S},\ a\in\mathcal{A}(s)。\end{aligned}$$

对偶问题为

$$\begin{aligned}&\underset{\rho(s,a),\ s\in\mathcal{S},a\in\mathcal{A}(s)}{\text{maximize}} && \sum_{s\in\mathcal{S},a\in\mathcal{A}(s)}r(s,a)\rho(s,a)\\&\text{s. t.} && \sum_{a'\in\mathcal{A}(s')}\rho(s',a')-\gamma\sum_{s\in\mathcal{S},a\in\mathcal{A}(s)}p(s'|s,a)\rho(s,a)=c(s'),\ s'\in\mathcal{S},\\& && \rho(s,a)\geqslant 0,\ s\in\mathcal{S},\ a\in\mathcal{A}(s)。\end{aligned}$$

这两个问题的解都和替换前的一致。还可以把 $c(s)\ (s\in\mathcal{S})$ 的条件中的 $\sum_{s\in\mathcal{S}}c(s)=1$ 放松为 $\sum_{s\in\mathcal{S}}c(s)>0$。这样的放松不会改变原问题的最优解，仅仅使得最优值增大了 $\sum_{s\in\mathcal{S}}c(s)$ 倍。所以，原问题可以进一步改为

$$\begin{aligned}&\underset{v(s),\ s\in\mathcal{S}}{\text{minimize}} && \sum_{s\in\mathcal{S}}c(s)v(s)\\&\text{s. t.} && v(s)-\gamma\sum_{s'\in\mathcal{S}}p(s'|s,a)v(s')\geqslant r(s,a),\ s\in\mathcal{S},\ a\in\mathcal{A}(s)。\end{aligned}$$

其中 $c(s)>0\ (s\in\mathcal{S})$。比如，我们可以取 $c(s)=1\ (s\in\mathcal{S})$。这是**线性规划法**(Linear Programming，LP)最常用的形式。

线性规划法最常用于动力的条件转移部分的数值完全已知的情况。将条件转移概率代入原问题中，可以求得最优状态价值。

例如，对于表 2-1 的动力系统，如果限定 $\alpha=2/3$，$\beta=3/4$，$\gamma=4/5$，我们用这个线性规划求得最优状态价值为

$$v_*(饿)=\frac{35}{11},\quad v_*(饱)=5。$$

进而由最优状态价值推算出最优动作价值为

$$q_*(饿,不吃)=\frac{6}{11},\quad q_*(饿,吃)=\frac{35}{11},\quad q_*(饱,不吃)=\frac{21}{11},\quad q_*(饱,吃)=5。$$

在实际问题中使用线性规划法求解最优价值可能会遇到下列困难：

- 难以列出线性规划问题。列出线性规划问题要求对动力系统的转移概率部分完全了解。在实际的问题中，环境往往十分复杂，很难非常周全地用概率模型完全建模。
- 线性规划求解复杂度高。线性规划原问题有 $|\mathcal{S}|$ 个决策变量，$|\mathcal{S}|\times|\mathcal{A}|$ 个约束。在实际问题中，状态空间往往非常巨大(甚至有无穷多的状态)，状态空间和

动作空间的组合更是巨大。这种情况下，没有足够的计算资源来求解线性规划问题，所以会考虑采用间接的方法求解最优价值，甚至是近似值。

2.4.5 用最优价值求解最优策略

前文介绍了最优价值的性质，以及如何求解最优价值。已知最优策略可以求得最优价值，已知最优价值也可以获得最优策略。本节介绍如何通过最优价值得到最优策略。

对于一个动力，可能存在多个最优策略。但是，由于最优价值是唯一的，所以这些最优策略的价值都相同。对于同时存在多个最优策略的情况，任取一个最优策略来考察不失一般性。其中一种选取方法如下：

$$\pi_*(\mathsf{s}) = \underset{\mathsf{a}\in\mathcal{A}}{\operatorname{argmax}}\, q_*(\mathsf{s},\mathsf{a}), \quad \mathsf{s}\in\mathcal{S}。$$

其中，如果有多个动作值 a 使得 $q_*(\mathsf{s},\mathsf{a})$ 取得最大值，则任选一个动作即可。

例如，对于表 2-1 的动力系统，我们已经通过分类讨论求得了最优价值，那么它的最优策略也可以通过分类讨论立即得到。

情况Ⅰ：当 $\gamma<\frac{1-4\alpha}{1-\alpha}$ 且 $\gamma\geqslant\frac{1-4\beta}{1-\beta}$ 时，最优策略为

$$\pi_*(饿) = 不吃, \quad \pi_*(饱) = 吃,$$

即饿时不吃，饱时吃。

情况Ⅱ：当 $\gamma\geqslant\frac{1-4\alpha}{1-\alpha}$ 且 $\gamma<\frac{1-4\beta}{1-\alpha}$ 时，最优策略为

$$\pi_*(饿) = 吃, \quad \pi_*(饱) = 吃,$$

即一直吃。

情况Ⅲ：当 $\gamma<\frac{1-4\alpha}{1-\beta}$ 且 $\gamma<\frac{1-4\beta}{1-\beta}$ 时，最优策略为

$$\pi_*(饿) = 不吃, \quad \pi_*(饱) = 不吃,$$

即一直不吃。

情况Ⅳ：当 $\gamma\geqslant\frac{1-4\alpha}{1-\beta}$ 且 $\gamma<\frac{1-4\beta}{1-\alpha}$ 时，最优策略为

$$\pi_*(饿) = 吃, \quad \pi_*(饱) = 不吃,$$

即饿时吃，饱时不吃。

对于一个特定的数值，求解则更加明显。例如，当 $\alpha=2/3$，$\beta=3/4$，$\gamma=4/5$ 时，2.4.4 节已经求得了最优动作价值，且最优动作价值满足 $q_*(饿,不吃)<q_*(饿,吃)$ 且 $q_*(饱,不吃)<q_*(饱,吃)$。所以，它对应的最优策略为 $\pi_*(饿)=\pi_*(饱)=吃$。

2.4.3 节告诉我们，最优价值完全由环境的动力决定，而与初始状态的分布无关。而在本节，我们通过最优价值确定了最优策略。所以，最优策略也完全由环境的动力决定，而与初始状态的分布无关。

2.5 案例：悬崖寻路

本节考虑悬崖寻路问题(`CliffWalking-v0`)。悬崖寻路问题是一个回合制问题。如图2-7 所示，在一个 4×12 的网格中，智能体最开始在左下角的网格(图2-7 中的状态36)。智能体每次可以在上、下、左、右这四个方向中移动一步，每移动一步会惩罚一个单位的奖励。另外，移动有以下限制：

- 智能体不能移除网格。如果智能体想执行某个动作移出网格，那么就让本步智能体不移动。但是这个操作依然会惩罚一个单位的奖励。
- 如果智能体将要到达最下一排网格(即状态37 到状态46，可以视为“悬崖”)，智能体会立即回到开始网格，并惩罚100 个单位的奖励。

当智能体移动到终点(状态47)时，回合结束。回合总奖励为各步奖励之和。

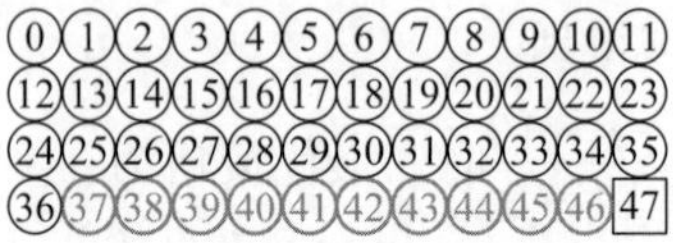

图2-7 悬崖寻路问题示意图

注：其中36 是起点，37 ~46 是悬崖，47 是终点。

对于这个任务，最优策略显然是这样的：最优策略是在开始处向上，接着一路向右，然后到最右边时向下。这个最优策略的回合奖励为 -13。

2.5.1 使用环境

本节介绍环境的使用。本节的大部分内容在1.6 节都介绍过，读者可以自行尝试摸索。例如，你可以尝试这个任务的观测空间、动作空间，并通过阅读源码理解它的动力，进而确定出一个最优策略。

代码清单2-3 演示了如何导入这个环境并查看这个环境的基本信息。

代码清单2-3 导入 `CliffWalking-v0` 环境并查看环境信息

代码文件名：CliffWalking-v0_Bellman_demo.ipynb。

```
import gym
import inspect
env = gym.make('CliffWalking-v0')
for key in vars(env):
    logging.info('%s: %s', key, vars(env)[key])
logging.info('type = %s', inspect.getmro(type(env)))
```

环境中的每个状态都是取自 $\mathcal{S}=\{0,1,\cdots,46\}$ 的 `int` 型数值(加上终止状态则为 $\mathcal{S}^+=$

{0,1,…,46,47}），表示当前智能体在图 2-7 中对应的位置上。动作是取自 $\mathcal{A}=\{0,1,2,3\}$ 的 `int` 型数值：0 表示向上，1 表示向右，2 表示向下，3 表示向左。奖励取自{-1，-100}，遇到悬崖为 -100，否则为 -1。

2.5.2 求解策略价值

接下来考虑策略评估。我们用 Bellman 期望方程求解给定策略的状态价值和动作价值。首先来看状态价值。用状态价值表示状态价值的 Bellman 期望方程为

$$v_\pi(s)=\sum_a \pi(a|s)\sum_{s',r}p(s',r|s,a)\left[r+\gamma v_\pi(s')\right],\quad s\in\mathcal{S}。$$

这是一个线性方程组，它的标准形式为

$$v_\pi(s)-\gamma\sum_a\sum_{s'}\pi(a|s)p(s'|s,a)v_\pi(s')=\sum_a\pi(a|s)\sum_{s',r}rp(s',r|s,a),\quad s\in\mathcal{S}。$$

得到标准形式后就可以调用相关函数直接求解。得到状态价值后，可以用下列关系来求动作价值：

$$q_\pi(s,a)=\sum_{s',r}p(s',r|s,a)\left[r+\gamma v_\pi(s')\right],\quad s\in\mathcal{S},\ a\in\mathcal{A}。$$

代码清单 2-4 中的函数 `evaluate_bellman()` 实现了上述功能。该函数先求解状态价值，再求解动作价值。状态价值求解部分用 `np.linalg.solve()` 函数求解标准形式的线性方程组。标准形式的线性方程组的系数矩阵和系数向量用 `a` 和 `b` 存储。得到状态价值后，直接计算得到动作价值。

代码清单 2-4 用 Bellman 方程求解状态价值和动作价值

代码文件名：CliffWalking-v0_Bellman_demo.ipynb。

```
def evaluate_bellman(env, policy, gamma=1., verbose=True):
    if verbose:
        logging.info('策略 = %s', policy)
    a, b = np.eye(env.nS), np.zeros((env.nS))
    for state in range(env.nS - 1):
        for action in range(env.nA):
            pi = policy[state][action]
            for p, next_state, reward, terminated in env.P[state][action]:
                a[state, next_state] -= (pi * gamma * p)
                b[state] += (pi * reward * p)
    v = np.linalg.solve(a, b)
    q = np.zeros((env.nS, env.nA))
    for state in range(env.nS - 1):
        for action in range(env.nA):
            for p, next_state, reward, terminated in env.P[state][action]:
                q[state][action] += ((reward + gamma * v[next_state]) * p)
    if verbose:
        logging.info('状态价值 = %s', v)
        logging.info('动作价值 = %s', q)
    return v, q
```

接下来我们用 evaluate_bellman()函数评估给定的策略。首先，我们先指定策略，比如可以用下列代码来指定一个随机选择动作的策略：

```
policy= np.ones((env.nS, env.nA)) / env.nA
```

或者用下列代码来指定最优策略：

```
actions = np.ones(env.nS, dtype=int)
actions[36] = 0
actions[11::12] = 2
policy = np.eye(env.nA)[actions]
```

或者用下列代码随机生成一个策略：

```
policy = np.random.uniform(size=(env.nS, env.nA))
policy = policy / np.sum(policy, axis=1, keepdims=True)
```

指定好策略后，我们可以用下列代码来评估指定的策略：

```
state_values, action_values = evaluate_bellman(env, policy)
```

2.5.3 求解最优价值

本节用线性规划法来找到悬崖寻路问题的最优价值和最优策略。

线性规划问题可表示为

$$\begin{aligned}\underset{v(s),s\in\mathcal{S}}{\text{minimize}}\quad & \sum_{s\in\mathcal{S}} v(s)\\ \text{s.t.}\quad & v(s)-\gamma\sum_{s',r}p(s',r|s,a)v(s')\geqslant\sum_{s',r}rp(s',r|s,a),\ s\in\mathcal{S},\ a\in\mathcal{A}。\end{aligned}$$

其中目标函数中状态价值的系数 $c(s)$ $(s\in\mathcal{S})$ 已经被固定为 1，也可以选其他正实数作为系数。

代码清单 2-5 使用 scipy.optimize.linprog()函数来计算这个线性规划问题。这个函数的第 0 个参数是目标函数中各决策变量在目标函数中的系数，本例中都取 1；第 1 个参数和第 2 个参数是形如 $\boldsymbol{A}\boldsymbol{x}\leqslant\boldsymbol{b}$ 这样的不等式约束的 $\boldsymbol{A}$ 和 $\boldsymbol{b}$ 的值。函数 optimal_bellman()刚开始就计算得到这些值。scipy.optimize.linprog()还有关键字参数 bounds，指定决策变量是不是有界的。本例中决策变量都是没有界的。没有界也要显示指定，不可以忽略。还有关键字参数 method 确定优化方法。默认的优化方法不能处理不等式约束，这里选择了能够处理不等式约束的内点法(interior-point method)。

代码清单 2-5 用线性规划求解最优价值

代码文件名：CliffWalking-v0_Bellman_demo.ipynb。

```
import scipy.optimize

def optimal_bellman(env, gamma=1., verbose=True):
    p = np.zeros((env.nS, env.nA, env.nS))
```

```
    r = np.zeros((env.nS, env.nA))
    for state in range(env.nS - 1):
        for action in range(env.nA):
            for prob, next_state, reward, terminated in env.P[state][action]:
                p[state, action, next_state] += prob
                r[state, action] += (reward * prob)
    c = np.ones(env.nS)
    a_ub = gamma *p.reshape(-1, env.nS) - \
            np.repeat(np.eye(env.nS), env.nA, axis=0)
    b_ub = -r.reshape(-1)
    a_eq = np.zeros((0, env.nS))
    b_eq = np.zeros(0)
    bounds = [(None, None),] *env.nS
    res = scipy.optimize.linprog(c, a_ub, b_ub, bounds=bounds,
            method='interior-point')
    v = res.x
    q = r + gamma * np.dot(p, v)
    if verbose:
        logging.info('最优状态价值 = %s', v)
        logging.info('最优动作价值 = %s', q)
    return v, q
```

2.5.4 求解最优策略

本节利用上节求得的最优价值求解最优策略。

代码清单 2-6 给出了从最优动作价值确定最优确定性策略的代码。它对最优动作价值进行 argmax 运算，就得到了最优确定性策略。

代码清单 2-6 用最优动作价值确定最优确定性策略

代码文件名：CliffWalking-v0_Bellman_demo.ipynb。

```
optimal_actions = optimal_action_values.argmax(axis=1)
logging.info('最优策略 = %s', optimal_actions)
```

2.6 本章小结

本章介绍了强化学习最重要的数学模型：离散时间 Markov 决策过程。离散时间 Markov 决策模型用动力系统来描述环境，用策略来描述智能体。本章还介绍了策略的价值以及离散时间 Markov 决策过程的最优策略和最优价值。理论上，策略的价值和离散时间 Markov决策过程最优价值可以分别通过 Bellman 期望方程和 Bellman 最优方程求解得到。最优价值还可以通过线性规划求解。但是在实际问题中，价值和最优价值往往难以获得或难以求解。在后文中将给出克服这些问题的方法。

本章要点

- 在完全可观测的离散时间智能体/环境接口中引入概率和 Markov 性，可以得到 Markov 决策过程。
- 在 Markov 决策过程中，$\mathcal{S}$是状态空间(包括终止状态 $s_{终止}$ 的状态空间 $\mathcal{S}^+$)，$\mathcal{A}$是动作空间，$\mathcal{R}$ 是奖励空间。环境可以用初始状态分布 p_{S_0} 和动力 p 指定。$p(s',r|s,a)$ 表示从状态 s 和动作 a 到奖励 r 和下一状态 s'的转移概率。策略用 π 指定。$\pi(a|s)$ 表示在状态 s 决定执行动作 a 的概率。
- 回报是未来奖励之和，每个求和项是被折扣因子 γ 折扣后的奖励。
- 策略 π 在状态 s 下的期望回报称为状态价值 $v_\pi(s)$，在某个状态动作对(s,a)下的期望回报称为动作价值 $q_\pi(s,a)$。
- 状态价值和动作价值满足关系：

$$v_\pi(s) = \sum_{a\in\mathcal{A}} \pi(a|s)q_\pi(s,a), \qquad s\in\mathcal{S},$$

$$q_\pi(s,a) = r(s,a) + \gamma\sum_{s'\in\mathcal{S}} p(s'|s,a)v_\pi(s'), \quad s\in\mathcal{S},\ a\in\mathcal{A}(s)。$$

- 策略 π 的带折扣的分布定义为某个状态或状态动作对带折扣的访问次数期望。
- 策略 π 的带折扣的分布满足关系：

$$\rho_\pi(s,a) = \rho_\pi(s)\pi(a|s), \qquad s\in\mathcal{S}, a\in\mathcal{A}(s),$$

$$\rho_\pi(s) = \sum_{a\in\mathcal{A}(s)} \rho_\pi(s,a), \qquad s\in\mathcal{S},$$

$$\rho_\pi(s') = p_{S_0}(s') + \sum_{s\in\mathcal{S}, a\in\mathcal{A}(s)} \gamma p(s'|s,a)\rho_\pi(s,a), \quad s'\in\mathcal{S}。$$

- 状态价值和动作价值与初始分布无关。带折扣的分布与直接奖励信号的分布无关。
- 可以用状态价值定义策略集上的偏序关系。对于一个环境，如果所有环境都不优于某个策略 π_*，则称 π_* 是一个最优策略。
- 一个环境的所有最优策略有着相同的状态价值和动作价值，分别称为最优状态价值(记为 v_*)和最优动作价值(记为 q_*)。
- 最优状态价值和最优动作价值满足：

$$v_*(s) = \max_{a\in\mathcal{A}(s)} q_*(s,a), \qquad s\in\mathcal{S}$$

$$q_*(s,a) = r(s,a) + \gamma\sum_{s'\in\mathcal{S}} p(s'|s,a)v_*(s'), \quad s\in\mathcal{S},\ a\in\mathcal{A}(s)。$$

- Bellman 方程的向量形式形如

$$\boldsymbol{x} = \boldsymbol{y} + \gamma\boldsymbol{P}_\pi\boldsymbol{x},$$

其中 $\boldsymbol{x}$ 可以为状态价值向量、动作价值向量、带折扣的状态分布向量、带折扣的状态动作对分布向量。

❑ 可以用下列线性规划求解最优状态价值：

$$\begin{aligned}&\underset{v(s),s\in\mathcal{S}}{\text{minimize}} && \sum_{s\in\mathcal{S}} c(s)v(s)\\ &\text{s. t.} && v(s)-\gamma\sum_{s'\in\mathcal{S}}p(s'|s,a)v(s')\geqslant r(s,a),\quad s\in\mathcal{S},\ a\in\mathcal{A}(s)。\end{aligned}$$

其中 $c(s)>0(s\in\mathcal{S})$。

❑ 求解出最优动作价值后，可以用

$$\pi_*(s)=\underset{a\in\mathcal{A}(s)}{\arg\max}\ q_*(s,a),\quad s\in\mathcal{S}$$

确定出一个确定性的最优策略。其中，对于某个 $s\in\mathcal{S}$，如果有多个动作值 a 使得 $q_*(s,a)$ 取得最大值，则任选一个动作即可。

❑ 最优价值和最优策略由环境的转移概率完全决定，而与初始状态的分布无关。

2.7 练习与模拟面试

1. 单选题

(1) 关于状态价值的定义，下列说法正确的是(　　)。

A. $v_\pi(s)=\mathrm{E}_\pi[G_t|S=s,\ A=a]$

B. $v_\pi(s)=\mathrm{E}_\pi[G_t|S=s]$

C. $v_\pi(s)=\mathrm{E}_\pi[G_t]$

(2) 关于动作价值的定义，下列说法正确的是(　　)。

A. $q_\pi(s,a)=\mathrm{E}_\pi[G_t|S=s,A=a]$

B. $q_\pi(s,a)=\mathrm{E}_\pi[G_t|S=s]$

C. $q_\pi(s,a)=\mathrm{E}_\pi[G_t]$

(3) 关于连续性任务的带折扣的分布，正确的是(　　)。

A. $\sum_{s\in\mathcal{S}}\rho_\pi(s)=1$

B. 对于任意的 $s\in\mathcal{S}$，均有 $\sum_{a\in\mathcal{A}(s)}\rho_\pi(s,a)=1$

C. 对任意的 $s\in\mathcal{S}$，$a\in\mathcal{A}(s)$，均有 $\rho_\pi(s,a)=\pi(a|s)\rho_\pi(s)$

(4) 下列哪个量和 $\mathrm{E}_\pi[G_0]$ 相等？(　　)

A. $\mathrm{E}_{S\sim\rho_\pi}[v(S)]$

B. $\mathrm{E}_{(S,A)\sim\rho_\pi}[q(S,A)]$

C. $\mathrm{E}_{(S,A)\sim\rho_\pi}[r(S,A)]$

(5) 关于最优价值，下列表述正确的是(　　)。

A. 最优价值的值和初始状态分布无关

B. 最优价值的值和动力无关

C. 最优价值的值与初始状态分布和动力都无关

(6)关于价值和最优价值的性质，下列等式正确的是(　　)。

A. $v_\pi(s)=\max_{a\in\mathcal{A}(s)}q_\pi(s,a)$

B. $v_*(s)=\max_{a\in\mathcal{A}(s)}q_*(s,a)$

C. $v_*(s)=\mathrm{E}_\pi[q_*(s,a)]$

(7)关于离散时间 Markov 决策过程，下列表述正确的是(　　)。

A. 任一环境均存在最优策略

B. 任一环境不一定存在最优策略，但是一定存在 ε 最优策略

C. 任一环境不一定存在最优策略，也不一定存在 ε 最优策略

2. 编程练习

使用 Gym 的 `RouletteEnv-v0` 环境，尝试和该环境交互并求解这个环境。(方法不限。)

3. 模拟面试

(1)什么是 Markov 决策过程？什么是离散时间 Markov 决策过程？

(2)什么是 Bellman 最优方程？为什么很多时候不直接求解 Bellman 最优方程而来求 Markov 决策过程的最优策略？

CHAPTER 3

第 3 章

有模型数值迭代

本章将学习以下内容。

- ❑ Bellman 算子及其性质。
- ❑ 有模型数值策略评估算法。
- ❑ 数值策略改进算法。
- ❑ 有模型数值策略迭代算法。
- ❑ 有模型价值改进算法。
- ❑ 自益及其优缺点。
- ❑ 用动态规划理解有模型数值迭代算法。

在实际问题中，直接求解 Bellman 期望方程和 Bellman 最优方程往往有困难。其中的一大困难在于直接求解 Bellman 方程需要极多的计算资源。本章在假设动力系统完全已知的情况下，用迭代的数值方法来求解 Bellman 方程，得到价值函数与最优策略。由于有模型迭代并没有从数据里学习，所以有模型迭代一般不认为是一种机器学习或强化学习方法。

3.1 Bellman 算子及其性质

本节介绍有模型策略迭代的理论基础：度量空间上的 Banach 不动点定理。度量空间和 Banach 不动点定理在一般的泛函分析教程中都会介绍。本节对必要的概念做简要的复习，然后证明 Bellman 算子是压缩映射，可以用 Banach 不动点定理迭代求解 Bellman 方程。

为了分析方便，本章只考虑有限 Markov 决策过程。

知识卡片：泛函分析

度量及其完备性

度量(metric，又称距离)，是定义在集合上的二元泛函。对于集合 $\mathcal{X}$，其上的度量 $d:\mathcal{X}\times\mathcal{X}\to\mathbb{R}$，需要满足：

- 非负性：对任意的 $x',x''\in\mathcal{X}$，有 $d(x',x'')\geqslant 0$。
- 同一性：对任意的 $x',x''\in\mathcal{X}$，如果 $d(x',x'')=0$，则 $x'=x''$。
- 对称性：对任意的 $x',x''\in\mathcal{X}$，有 $d(x',x'')=d(x'',x')$。
- 三角不等式：对任意的 $x',x'',x'''\in\mathcal{X}$，有 $d(x',x''')\leqslant d(x',x'')+d(x'',x''')$。

有序对 $(\mathcal{X},d)$ 又称为**度量空间**(metric space)。

对于一个度量空间，如果所有的 Cauchy 序列都收敛在该空间内，则称这个度量空间是**完备的**(complete)。例如，实数集 $\mathbb{R}$ 就是一个著名的完备空间。事实上实数集就是由完备性定义出来的。有理数集不完备，加上无理数集就完备了。

定义状态价值空间 $\mathcal{V}=\mathbb{R}^{|\mathcal{S}|}$为状态价值 $v(s)$ $(s\in\mathcal{S})$ 所有可能的取值组成的集合。在这个集合上定义二元算子 d_∞：

$$d_\infty(v',v'')=\max_{s\in\mathcal{S}}\left|v'(s)-v''(s)\right|,\quad v',v''\in\mathcal{V}。$$

可以证明，$(\mathcal{V},d_\infty)$是一个度量空间。

（证明：非负性、同一性、对称性是显然的。由于对于 $\forall s\in\mathcal{S}$ 有

$$\begin{aligned}\left|v'(s)-v'''(s)\right| &= \left|\left[v'(s)-v''(s)\right]+\left[v''(s)-v'''(s)\right]\right| \\ &\leqslant \left|v'(s)-v''(s)\right|+\left|v''(s)-v'''(s)\right| \\ &\leqslant \max_{s\in\mathcal{S}}\left|v'(s)-v''(s)\right|+\max_{s\in\mathcal{S}}\left|v''(s)-v'''(s)\right|,\end{aligned}$$

可得三角不等式。得证。）

度量空间$(\mathcal{V},d_\infty)$是完备的。

（证明：考虑其中任意 Cauchy 列$\{v_k:k=0,1,2,\cdots\}$，即对任意的正实数 $\varepsilon>0$，存在正整数 κ 使得任意的 $k',k''>\kappa$，均有 $d_\infty(v_{k'},v_{k''})<\varepsilon$。对于 $\forall s\in\mathcal{S}$，

$$\left|v_{k'}(s)-v_{k''}(s)\right|\leqslant d_\infty(v_{k'},v_{k''})<\varepsilon,$$

所以$\{v_k(s):k=0,1,2,\cdots\}$是 Cauchy 列。由实数集的完备性，可以知道$\{v_k(s):k=0,1,2,\cdots\}$收敛于某个实数，记这个实数为 $v_\infty(s)$。所以，对于 $\forall\varepsilon>0$，存在正整数 $\kappa(s)$，对于任意 $k>\kappa(s)$，有 $\left|v_k(s)-v_\infty(s)\right|<\varepsilon$。取 $\kappa(\mathcal{S})=\max_{s\in\mathcal{S}}\kappa(s)$，有 $d_\infty(v_k,v_\infty)<\varepsilon$，所以$\{v_k:k=0,1,2,\cdots\}$收敛于 v_∞，而 $v_\infty\in\mathcal{V}$，完备性得证。）

类似的，我们可以定义动作价值空间 $\mathcal{Q}=\mathbb{R}^{|\mathcal{S}|\times|\mathcal{A}|}$以及

$$d_\infty(q',q'')=\max_{s\in\mathcal{S},a\in\mathcal{A}}\left|q'(s,a)-q''(s,a)\right|,\quad q',q''\in\mathcal{Q}。$$

并且$(\mathcal{Q},d_\infty)$也是完备的度量空间。

接下来，我们要定义 Bellman 期望算子和 Bellman 最优算子。

给定环境动力 p 和策略 π，可以定义策略 π 的 Bellman 期望算子。Bellman 期望算子的定义有两种形式：

- 作用于状态价值空间 $\mathcal{V}$ 的 Bellman 期望算子 $\mathfrak{b}_\pi:\mathcal{V}\rightarrow\mathcal{V}$：

$$\mathfrak{b}_\pi(v)(\mathsf{s}) = \sum_{\mathsf{a}} \pi(\mathsf{a}|\mathsf{s})\left[r(\mathsf{s},\mathsf{a}) + \gamma \sum_{\mathsf{s}'} p(\mathsf{s}'|\mathsf{s},\mathsf{a})v(\mathsf{s}')\right], \quad \mathsf{s} \in \mathcal{S}。$$

- 作用于动作价值空间 $\mathcal{Q}$ 的 Bellman 期望算子 $\mathfrak{b}_\pi:\mathcal{Q}\rightarrow\mathcal{Q}$：

$$\mathfrak{b}_\pi(q)(\mathsf{s},\mathsf{a}) = r(\mathsf{s},\mathsf{a}) + \gamma \sum_{\mathsf{s}'} p(\mathsf{s}'|\mathsf{s},\mathsf{a}) \sum_{\mathsf{a}'} \pi(\mathsf{a}'|\mathsf{s}')q(\mathsf{s}',\mathsf{a}'), \quad \mathsf{s} \in \mathcal{S},\mathsf{a} \in \mathcal{A}(\mathsf{s})。$$

给定环境动力 p，可以定义 Bellman 最优算子，有两种形式：

- 作用于状态价值空间 $\mathcal{V}$ 的 Bellman 最优算子 $\mathfrak{b}_*$： $\mathcal{V}\rightarrow\mathcal{V}$：

$$\mathfrak{b}_*(v)(\mathsf{s}) = \max_{\mathsf{a}\in\mathcal{A}}\left[r(\mathsf{s},\mathsf{a}) + \gamma \sum_{\mathsf{s}'} p(\mathsf{s}'|\mathsf{s},\mathsf{a})v(\mathsf{s}')\right], \quad \mathsf{s} \in \mathcal{S}。$$

- 作用于动作价值空间 $\mathcal{Q}$ 的 Bellman 最优算子 $\mathfrak{b}_*:\mathcal{Q}\rightarrow\mathcal{Q}$：

$$\mathfrak{b}_*(q)(\mathsf{s},\mathsf{a}) = r(\mathsf{s},\mathsf{a}) + \gamma \sum_{\mathsf{s}'} p(\mathsf{s}'|\mathsf{s},\mathsf{a}) \max_{\mathsf{a}'} q(\mathsf{s}',\mathsf{a}'), \quad \mathsf{s} \in \mathcal{S},\mathsf{a} \in \mathcal{A}(\mathsf{s})。$$

接下来介绍 Bellman 算子的一个重要性质：它们都是$(\mathcal{V},d_\infty)$或$(\mathcal{Q},d_\infty)$上的压缩映射。

知识卡片：泛函分析

压缩映射

对于一个度量空间$(\mathcal{X},d)$和其上的一个映射 $\mathfrak{f}:\mathcal{X}\rightarrow\mathcal{X}$，如果存在某个实数 $\gamma\in(0,1)$，使得对于任意的 $\mathsf{x}',\mathsf{x}''\in\mathcal{X}$，都有

$$d(\mathfrak{f}(\mathsf{x}'),\mathfrak{f}(\mathsf{x}''))<\gamma d(\mathsf{x}',\mathsf{x}''),$$

则称映射 $\mathfrak{f}$ 是**压缩映射**(contractive mapping)。其中的实数 γ 被称为 Lipschitz 常数。

下面来证明作用在状态价值空间 $\mathcal{V}$ 上的 Bellman 期望算子 $\mathfrak{b}_\pi$ 是度量空间$(\mathcal{V},d_\infty)$上的压缩映射。由 $\mathfrak{b}_\pi$ 的定义可知，对任意的 $v',v''\in\mathcal{V}$，有

$$\mathfrak{b}_\pi(v')(\mathsf{s}) - \mathfrak{b}_\pi(v'')(\mathsf{s}) = \gamma \sum_{\mathsf{a}} \pi(\mathsf{a}|\mathsf{s}) \sum_{\mathsf{s}'} p(\mathsf{s}'|\mathsf{s},\mathsf{a})[v'(\mathsf{s}') - v''(\mathsf{s}')], \quad \mathsf{s} \in \mathcal{S},$$

所以有

$$\begin{aligned}|\mathfrak{b}_\pi(v')(\mathsf{s}) - \mathfrak{b}_\pi(v'')(\mathsf{s})| &\leqslant \gamma \sum_{\mathsf{a}} \pi(\mathsf{a}|\mathsf{s}) \sum_{\mathsf{s}'} p(\mathsf{s}'|\mathsf{s},\mathsf{a}) \max_{\mathsf{s}'} |v'(\mathsf{s}') - v''(\mathsf{s}')| \\ &= \gamma \sum_{\mathsf{a}} \pi(\mathsf{a}|\mathsf{s}) \sum_{\mathsf{s}'} p(\mathsf{s}'|\mathsf{s},\mathsf{a}) d_\infty(v',v'') \\ &= \gamma d_\infty(v',v''), \quad \mathsf{s} \in \mathcal{S}。\end{aligned}$$

考虑到 s 是任取的，所以有

$$d_{\infty}(\mathfrak{b}_{\pi}(v'),\mathfrak{b}_{\pi}(v''))=\max_{s\in\mathcal{S}}|\mathfrak{b}_{\pi}(v')(s)-\mathfrak{b}_{\pi}(v'')(s)|\leqslant\gamma d_{\infty}(v',v'')。$$

当$\gamma<1$时，$\mathfrak{b}_{\pi}$是压缩映射。

下面来证明作用在动作价值空间$\mathcal{Q}$上的Bellman期望算子$\mathfrak{b}_{\pi}$是度量空间$(\mathcal{Q},d_{\infty})$上的压缩映射。由$\mathfrak{b}_{\pi}$的定义可知，对任意的$q',q''\in\mathcal{Q}$，有

$$\begin{aligned}&\mathfrak{b}_{\pi}(q')(s,a)-\mathfrak{b}_{\pi}(q'')(s,a)\\&=\gamma\sum_{s'}p(s'|s,a)\sum_{a'}\pi(a|s')(q'(s,a)-q''(s,a)),\quad s\in\mathcal{S},a\in\mathcal{A}(s),\end{aligned}$$

所以有

$$\begin{aligned}&|\mathfrak{b}_{\pi}(q')(s,a)-\mathfrak{b}_{\pi}(q'')(s,a)|\\&\leqslant\gamma\sum_{s'}p(s'|s,a)\sum_{a'}\pi(a|s')\max_{s',a'}|q'(s,a)-q''(s,a)|\\&=\gamma\sum_{s'}p(s'|s,a)\sum_{a'}\pi(a|s')d_{\infty}(q',q'')\\&=\gamma d_{\infty}(q',q''),\quad s\in\mathcal{S},a\in\mathcal{A}(s)。\end{aligned}$$

考虑到s和a是任取的，所以有

$$d_{\infty}(\mathfrak{b}_{\pi}(q'),\mathfrak{b}_{\pi}(q''))\leqslant\gamma d_{\infty}(q',q'')。$$

当$\gamma<1$时，$\mathfrak{b}_{\pi}$是压缩映射。

下面来证明作用在状态价值空间上的Bellman最优算子$\mathfrak{b}_{*}$是度量空间$(\mathcal{V},d_{\infty})$上的压缩映射。证明过程需要用到下列不等式

$$\left|\max_{a}f'(a)-\max_{a}f''(a)\right|\leqslant\max_{a}|f'(a)-f''(a)|,$$

其中f'和f''是任意的以a为自变量的函数。

（证明：设$a'=\arg\max_{a}f'(a)$，则

$$\max_{a}f'(a)-\max_{a}f''(a)=f'(a')-\max_{a}f''(a)\leqslant f'(a')-f''(a')\leqslant\max_{a}|f'(a)-f''(a)|。$$

同理可证$\max_{a}f''(a)-\max_{a}f'(a)\leqslant\max_{a}|f'(a)-f''(a)|$，于是不等式得证。）利用这个不等式，对任意的$v',v''\in\mathcal{V}$，有

$$\begin{aligned}&\mathfrak{b}_{*}(v')(s)-\mathfrak{b}_{*}(v'')(s)\\&=\max_{a\in\mathcal{A}}\left[r(s,a)+\gamma\sum_{s'\in\mathcal{S}}p(s'|s,a)v'(s')\right]-\max_{a\in\mathcal{A}}\left[r(s,a)+\gamma\sum_{s'\in\mathcal{S}}p(s'|s,a)v''(s')\right]\\&\leqslant\max_{a'\in\mathcal{A}}\left|\gamma\sum_{s'\in\mathcal{S}}p(s'|s,a')(v'(s')-v''(s'))\right|\\&\leqslant\gamma\max_{a'\in\mathcal{A}}\left|\sum_{s'\in\mathcal{S}}p(s'|s,a')\right|\max_{s'\in\mathcal{S}}|v'(s')-v''(s')|\\&\leqslant\gamma d_{\infty}(v',v''),\quad s\in\mathcal{S}。\end{aligned}$$

进而易知$|\mathfrak{b}_{*}(v')(s)-\mathfrak{b}_{*}(v'')(s)|\leqslant\gamma d_{\infty}(v',v'')$。考虑到这对任意的$s$都成立，所以

$$d_\infty(\mathfrak{b}_*(v'),\mathfrak{b}_*(v''))=\max_{s\in\mathcal{S}}\left|\mathfrak{b}_*(v')(s)-\mathfrak{b}_*(v'')(s)\right|\leqslant\gamma d_\infty(v',v'')。$$

当 $\gamma<1$ 时，$\mathfrak{b}_*$ 是压缩映射。

下面来证明作用在动作价值空间上的 Bellman 最优算子 $\mathfrak{b}_*$ 是度量空间 $(\mathcal{Q},d_\infty)$ 上的压缩映射。利用刚刚已经证明的不等式 $\left|\max_a f'(a)-\max_a f''(a)\right|\leqslant\max_a\left|f'(a)-f''(a)\right|$（其中 f' 和 f'' 是任意的以 a 为自变量的函数），有

$$\begin{aligned}
&\left|\mathfrak{b}_*(q')(s,a)-\mathfrak{b}_*(q'')(s,a)\right|\\
&=\gamma\sum_{s'\in\mathcal{S}}p(s'|s,a)\left|\max_{a'\in\mathcal{A}}q'(s',a')-\max_{a'\in\mathcal{A}}q''(s',a')\right|\\
&\leqslant\gamma\sum_{s'\in\mathcal{S}}p(s'|s,a)\max_{a'\in\mathcal{A}}\left|q'(s',a')-q''(s',a')\right|\\
&=\gamma\sum_{s'\in\mathcal{S}}p(s'|s,a)d_\infty(q',q'')\\
&=\gamma d_\infty(q',q''),\quad s\in\mathcal{S},a\in\mathcal{A}(s)。
\end{aligned}$$

由于上式对任意的 s 和 a 都成立，所以 $\left|\mathfrak{b}_*(v')(s)-\mathfrak{b}_*(v'')(s)\right|\leqslant\gamma d_\infty(v',v'')$，所以有

$$d_\infty(\mathfrak{b}_*(q'),\mathfrak{b}_*(q''))=\max_{s\in\mathcal{S},a\in\mathcal{A}(s)}\left|\mathfrak{b}_*(q')(s,a)-\mathfrak{b}_*(q'')(s,a)\right|\leqslant\gamma d_\infty(q',q''),$$

当 $\gamma<1$ 时，$\mathfrak{b}_*$ 是压缩映射。

注意： 在强化学习的研究中常需要证明一个算子是压缩映射。

知识卡片：泛函分析

不动点

对于集合 $\mathcal{X}$ 上的映射 $\mathfrak{f}:\mathcal{X}\rightarrow\mathcal{X}$，如果集合内的某个点 $x\in\mathcal{X}$ 使得 $\mathfrak{f}(x)=x$，则称 x 是映射 $\mathfrak{f}$ 的**不动点**(fixed point)。

策略的状态价值满足用状态价值表示状态价值的 Bellman 期望方程，是作用在状态价值空间上的 Bellman 期望算子的不动点。策略的动作价值满足用动作价值表示动作价值的 Bellman 期望方程，是作用在动作价值空间上的 Bellman 期望算子的不动点。

最优状态价值满足用最优状态价值表示最优状态价值的 Bellman 最优方程，是作用在状态价值空间上的 Bellman 最优算子的不动点。最优动作价值满足用最优动作价值表示最优动作价值的 Bellman 最优方程，是作用在动作价值空间上的 Bellman 最优算子的不动点。

知识卡片：泛函分析

Banach 不动点定理

Banach 不动点定理又称压缩映射定理，是完备度量空间上的压缩映射的一个非常重要的性质。Banach 不动点定理给出了求完备度量空间中压缩映射不动点的方法。

Banach 不动点定理(Banach fixed-point theorem，又称压缩映射定理)的内容是：$(\mathcal{X}, d)$是非空的完备度量空间，$\mathfrak{f}:\mathcal{X}\rightarrow\mathcal{X}$是一个压缩映射，则映射$\mathfrak{f}$在$\mathcal{X}$内有且仅有一个不动点$x_{+\infty}$。更进一步，这个不动点可以通过下列方法求出：从$\mathcal{X}$内的任意一个元素$x_0$开始，定义迭代序列$x_k=\mathfrak{f}(x_{k-1})(k=1,2,3,\cdots)$，这个序列收敛，且极限为$x_{+\infty}$。

(证明：考虑任取的x_0及其确定的列$\{x_k:k=0,1,\cdots\}$，可以证明它是 Cauchy 序列。对于任意的k',k''且$k'<k''$，用距离的三角不等式和非负性可知

$$d(x_{k'},x_{k''})\leqslant d(x_{k'},x_{k'+1})+d(x_{k'+1},x_{k'+2})+\cdots+d(x_{k''-1},x_{k''})\leqslant\sum_{k=k'}^{+\infty}d(x_{k+1},x_k)。$$

再反复利用压缩映射可知对于任意的正整数k有$d(x_{k+1},x_k)\leqslant\gamma^k d(x_1,x_0)$，代入得

$$d(x_{k'},x_{k''})\leqslant\sum_{k=k'}^{+\infty}d(x_{k+1},x_k)\leqslant\sum_{k=k'}^{+\infty}\gamma^k d(x_1,x_0)=\frac{\gamma^{k'}}{1-\gamma}d(x_1,x_0)。$$

由于$\gamma\in(0,1)$，所以上述不等式右端可以任意小，所以$\{x_k:k=0,1,\cdots\}$是 Cauchy 序列，收敛到一个不动点。下面证明不动点唯一：考虑任意两个不动点x'和x''，则有

$$d(x',x'')=d(\mathfrak{f}(x'),\mathfrak{f}(x''))\leqslant\gamma d(x',x''),$$

进而有$d(x',x'')=0$，得到$x'=x''$。)

Banach 不动点定理告诉我们，从任意的起点开始，不断迭代使用压缩映射，最终就能收敛到不动点。并且在证明的过程中，还给出了收敛速度，即迭代正比于γ^k的速度收敛(其中k是迭代次数)。

至此，我们已经证明了 Bellman 期望算子和 Bellman 最优算子是完备度量空间$(\mathcal{V},d_\infty)$或$(\mathcal{Q},d_\infty)$上的压缩映射。而 Banach 不动点定理使得我们可以用迭代的方法求 Bellman 期望算子和 Bellman 最优算子的不动点。由于 Bellman 期望算子的不动点就是策略价值，Bellman 最优算子的不动点就是最优价值，所以这就意味着可以用迭代的方法求得策略的价值或最优价值。这就是有模型价值迭代的原理。在后面的小节中，我们就来看看具体的求解算法。

3.2 有模型策略迭代

前一节介绍了有模型数值迭代的理论原理。本节将基于这些原理，利用环境动力，迭代进行策略评估、策略改进和策略迭代。

本节介绍的算法将会包括以下三个方面：

- **策略评估**(policy evaluation)：对于给定的策略π，估计策略的价值，包括动作价值和状态价值。
- **策略改进**(policy improvement)：对于给定的策略π，在已知其价值的情况下，找到一个更优的策略。
- **策略迭代**(policy iteration)：综合利用策略评估和策略改进，找到最优策略。

3.2.1 策略评估

本节介绍如何用迭代方法估计给定策略的价值。这里先求解状态价值，原因有以下两点：其一，如果能求得状态价值，那么就能很容易地求出动作价值；其二，由于状态价值只有 $|\mathcal{S}|$ 个分量，而动作价值有 $|\mathcal{S}| \times |\mathcal{A}|$ 个分量，所以求解状态价值比较节约资源。

用迭代的方法评估给定策略的价值的算法如算法 3-1 所示。算法 3-1 一开始初始化状态价值 v_0，并在后续的迭代中用 Bellman 期望方程的表达式更新一轮所有状态的状态价值。这样对所有状态价值的一次更新又称为一次扫描(a sweep)。在第 k 次扫描时($k=1, 2, \cdots$)，用 v_{k-1}的值来更新 v_k 的值，最终得到一系列的 $v_0, v_1, v_2, \cdots$。

算法 3-1 有模型策略评估迭代算法

输入：动力系统 p，策略 π。

输出：状态价值估计。

参数：控制迭代次数的参数(如误差容忍度 $\vartheta_{\max}$或最大迭代次数 $k_{\max}$)。

1 (初始化)对于所有的 $\mathsf{s} \in \mathcal{S}$，将 $v_0(\mathsf{s})$初始化为任意值(比如 0)。如果有终止状态，将终止状态初始化为 0，即 $v_0(\mathsf{s}_{终止}) \leftarrow 0$。

2 (迭代)对于 $k \leftarrow 0, 1, 2, 3, \cdots$，迭代执行以下步骤：

2.1 对于 $\mathsf{s} \in \mathcal{S}$，逐一更新 $v_{k+1}(\mathsf{s}) \leftarrow \sum_{\mathsf{a}} \pi(\mathsf{a}|\mathsf{s}) q_k(\mathsf{s}, \mathsf{a})$，其中

$$q_k(\mathsf{s}, \mathsf{a}) \leftarrow r(\mathsf{s}, \mathsf{a}) + \gamma \sum_{\mathsf{s}'} p(\mathsf{s}'|\mathsf{s}, \mathsf{a}) v_k(\mathsf{s}')。$$

2.2 如果满足迭代终止条件(如对 $\mathsf{s} \in \mathcal{S}$ 均有 $|v_{k+1}(\mathsf{s}) - v_k(\mathsf{s})| < \vartheta_{\max}$，或者达到最大迭代次数 $k = k_{\max}$)，则跳出循环。

在实际迭代过程中，迭代不能无止境地进行下去。所以，需要设定迭代的终止条件。迭代的终止条件可以有多种形式，这里给出两种常见的形式：

- 迭代达到了给定的精度，例如某次迭代的所有状态价值的变化值都小于事先确定的容忍值 $\vartheta_{\max}$($\vartheta_{\max} > 0$)；
- 迭代次数达到了最大迭代次数 $k_{\max}$，这里 $k_{\max}$是一个比较大的正整数。

迭代终止条件可以仅使用精度限制或迭代次数限制中的一个，也可以同时使用两者。

我们可以对算法 3-1 进行改进以减小空间使用。改进的思路为：分配奇数次迭代更新的存储空间和偶数次迭代更新的存储空间，一开始(可视作 $k=0$，是偶数)，初始化偶数次存储空间。在后续迭代时，对于第 k 次迭代，当 k 是奇数时，用偶数次存储空间来更新奇数次存储空间；当 k 是偶数时，用奇数次存储空间来更新偶数次存储空间。这样，一共只需要两套存储空间就可以完成算法。

如果想进一步减少空间使用，可以考虑算法 3-2。算法 3-2 只使用一套存储空间。每次扫描时，它都及时更新状态价值。这样，在更新后续的状态时，用来更新的状态价值

有些是已经在本次迭代中更新了，有些在本次迭代中还没有更新。所以，算法 3-2 的计算结果和算法 3-1 的计算结果不完全相同。算法 3-2 也能收敛到状态价值。

算法 3-2　有模型策略评估迭代算法(节省空间的做法)

输入：动力系统 p，策略 π。

输出：状态价值估计 $v(\mathsf{s})(\mathsf{s}\in\mathcal{S})$。

参数：控制迭代次数的参数(如误差容忍度 $\vartheta_{\max}$ 或最大迭代次数 $k_{\max}$)。

1 (初始化)$v(\mathsf{s})\leftarrow$任意值($\mathsf{s}\in\mathcal{S}$)。如果有终止状态，将终止状态初始化为 0，即 $v(\mathsf{s}_{终止})\leftarrow 0$。

2 (迭代)对于 $k\leftarrow 0,1,2,3,\cdots$，迭代执行以下步骤：

2.1 对于使用误差容忍度的情况，初始化本次迭代观测到的最大误差 $\vartheta\leftarrow 0$。

2.2 对于 $\mathsf{s}\in\mathcal{S}$，执行以下步骤：

2.2.1 计算新状态价值 $v_{新}\leftarrow\sum_{\mathsf{a}}\pi(\mathsf{a}|\mathsf{s})\left[r(\mathsf{s},\mathsf{a})+\gamma\sum_{\mathsf{s}'}p(\mathsf{s}'|\mathsf{s},\mathsf{a})v(\mathsf{s}')\right]$。

2.2.2 对于使用误差容忍度的情况，更新本次迭代观测到的最大误差 $\vartheta\leftarrow\max\{\vartheta,|v_{新}-v(\mathsf{s})|\}$。

2.2.3 更新状态价值估计 $v(\mathsf{s})\leftarrow v_{新}$。

2.2.4 如果满足迭代终止条件(如 $\vartheta<\vartheta_{\max}$ 或 $k=k_{\max}$)，则跳出循环。

至此，我们已经学习了有模型迭代策略评估算法。在 3.2.3 节，这个策略评估算法将作为策略迭代算法的一部分，用于最优策略的求解。3.3 节将在这个策略评估算法的基础上进行修改，得到迭代求解最优策略的算法。

3.2.2 策略改进

2.2.3 节介绍过策略改进定理，并讨论了如何用策略改进定理改进策略。本节将回顾部分内容，并介绍如何在只知道策略和策略状态价值的情况下进行策略改进。

策略改进定理告诉我们，对于一个已知状态价值 v_π 和动作价值 q_π 的确定性策略 π，如果存在着 $\mathsf{s}\in\mathcal{S}$，$\mathsf{a}\in\mathcal{A}$，使得 $q_\pi(\mathsf{s},\mathsf{a})>v_\pi(\mathsf{s})$，那么我们可以构造出更好的确定性策略 π'，它在状态 s 做动作 a，而在除状态 s 以外的状态的动作都和策略 π 一样。进一步的，如果知道了状态价值和策略，也可以通过动作价值和状态价值之间的关系，利用状态价值求出动作价值。将动作价值的计算和算法 2-1 相结合，可以得到策略改进算法 3-3。

算法 3-3　有模型策略改进算法

输入：动力系统 p，策略 π 及其状态价值 v_π。

输出：改进的策略 π'，或者策略 π 已经达到最优的指示。

1 对于每个状态 $\mathsf{s}\in\mathcal{S}$，执行以下步骤：

1.1 为每个动作 $\mathsf{a}\in\mathcal{A}$，求得动作价值 $q_\pi(\mathsf{s},\mathsf{a})\leftarrow r(\mathsf{s},\mathsf{a})+\gamma\sum_{\mathsf{s}'}p(\mathsf{s}'|\mathsf{s},\mathsf{a})v_\pi(\mathsf{s}')$。

1.2 找到使得 $q_\pi(\mathsf{s},\mathsf{a})$ 最大的动作 a，即 $\pi'(\mathsf{s})=\underset{\mathsf{a}}{\arg\max}\,q(\mathsf{s},\mathsf{a})$。

1.3 如果新策略 π' 和旧策略 π 相同，则说明旧策略已是最优；否则，输出改进的新策略 π'。

值得一提的是，在算法 3-3 中，旧策略 π 和新策略 π' 只在某些状态上有不同的动作值，新策略 π' 可以很方便地在旧策略 π 的基础上修改得到。所以，如果在后续不需要使用旧策略的情况下，可以不为新策略分配空间。算法 3-4 就是基于这种思路的策略改进算法。

算法 3-4　有模型策略改进算法（直接修改旧策略以节约空间）

输入： 动力系统 p，策略 π 及其状态价值 v。

输出： 改进的策略（仍然存储为 π），或者输入策略已经达到最优的指示 o。

1　（初始化）初始化原策略是否为最优的标记 $\mathsf{o}\leftarrow$“是”。

2　对于每个状态 $\mathsf{s}\in\mathcal{S}$，执行以下步骤：

　2.1　计算每个动作 $\mathsf{a}\in\mathcal{A}$ 的动作价值 $q(\mathsf{s},\mathsf{a})\leftarrow r(\mathsf{s},\mathsf{a})+\gamma\sum_{\mathsf{s}'}p(\mathsf{s}'|\mathsf{s},\mathsf{a})v(\mathsf{s}')$。

　2.2　找到使得 $q(\mathsf{s},\mathsf{a})$ 最大的动作 a'，即 $\mathsf{a}'=\underset{\mathsf{a}}{\arg\max}\, q(\mathsf{s},\mathsf{a})$。

　2.3　如果 $\pi(\mathsf{s})\neq\mathsf{a}'$，则更新 $\pi(\mathsf{s})\leftarrow\mathsf{a}'$，$\mathsf{o}\leftarrow$“否”。

3.2.3　策略迭代

策略迭代是一种综合利用策略评估和策略改进求解最优策略的迭代方法。

如图 3-1 和算法 3-5 所示，策略迭代从一个任意的确定性策略 π_0 开始，交替进行策略评估和策略改进。这里的策略改进是严格的策略改进，即改进后的策略和改进前的策略是不同的。对于有限 Markov 决策过程，状态空间和动作空间均是有限集，可能的确定性策略数也是有限的。由于确定性策略总数是有限的，所以在迭代过程得到的策略序列 $\pi_0,\pi_1,\pi_2,\cdots$ 一定能收敛，既存在某个 k，有 $\pi_{k+1}=\pi_k$（即对任意的 $\mathsf{s}\in\mathcal{S}$ 均有 $\pi_{k+1}(\mathsf{s})=\pi_k(\mathsf{s})$）。由于在 $\pi_k=\pi_{k+1}$ 的情况下，$\pi_k(\mathsf{s})=\pi_{k+1}(\mathsf{s})=\underset{\mathsf{a}}{\arg\max}\, q_{\pi_k}(\mathsf{s},\mathsf{a})$，进而 $v_{\pi_k}(\mathsf{s})=\max\limits_{\mathsf{a}} q_{\pi_k}(\mathsf{s},\mathsf{a})$，满足 Bellman 最优方程。所以，$\pi_k$ 就是最优策略。这样就证明了策略迭代能够收敛到最优策略。

$$\pi_0\xrightarrow{\text{策略评估}}v_{\pi_0},q_{\pi_0}\xrightarrow{\text{策略改进}}\pi_1\xrightarrow{\text{策略评估}}v_{\pi_1},q_{\pi_1}\xrightarrow{\text{策略改进}}\pi_2\xrightarrow{\text{策略评估}}\cdots$$

图 3-1　策略迭代示意图

算法 3-5　有模型策略迭代算法

输入： 动力系统 p。

输出： 最优策略。

1　（初始化）将策略 π_0 初始化为一个任意的确定性策略。

2　（迭代）对于 $k\leftarrow0,1,2,3,\cdots$，执行以下步骤：

　2.1　（策略评估）使用策略评估算法，计算策略 π_k 的状态价值函数 v_{π_k}。

　2.2　（策略改进）利用状态价值函数 v_{π_k} 改进确定性策略 π_k，得到改进的确定性策略 π_{k+1}。如果 $\pi_{k+1}=\pi_k$（即对任意的 $\mathsf{s}\in\mathcal{S}$ 均有 $\pi_{k+1}(\mathsf{s})=\pi_k(\mathsf{s})$），则迭代完成，返回策略 π_k 为最终的最优策略。

策略迭代也可以通过重复利用空间来节约空间。在算法3-6 中，为了节省空间，在各次迭代中用相同的空间 $v(s)(s\in\mathcal{S})$来存储状态价值，用空间 $\pi(s)(s\in\mathcal{S})$来存储确定性策略。

算法 3-6　有模型策略迭代算法(节省空间的版本)

输入：动力系统 p。

输出：最优策略 π。

参数：策略评估需要的参数。

1 (初始化)将策略 π 初始化为一个任意的确定性策略。

2 (迭代)迭代执行以下步骤：

　2.1 (策略评估)使用策略评估算法，计算策略 π 的状态价值，并存在 v 中。

　2.2 (策略改进)利用 v 中存储的价值函数进行策略改进，将改进的策略存储在 π 中。如果本次策略改进算法指示当前策略 π 已经是最优策略，则迭代完成，返回策略 π 为最终的最优策略。

3.3　价值迭代

价值迭代(Value Iteration，VI)是一种迭代求解最优价值的方法。回顾3.2.1 节中，策略评估算法利用 Bellman 期望算子迭代求解出给定策略的状态价值。本节将利用类似的结构，用 Bellman 最优算子迭代求解最优状态价值，并进而求得最优策略。

与策略评估算法类似，价值迭代算法有参数来控制迭代的终止条件，可以是更新容忍度 $\vartheta_{\max}$或是最大迭代次数 $k_{\max}$。

算法3-7 给出了一个价值迭代算法。这个价值迭代算法中先初始化最优状态价值估计，然后用 Bellman 最优算子来更新最优状态价值估计。根据3.1 节的证明，只要迭代次数足够多，最终会收敛到最优价值。得到最优价值后，就能很轻易地给出确定性的最优策略。

算法 3-7　有模型价值迭代算法

输入：动力系统 p。

输出：最优策略估计 π。

参数：策略评估需要的参数。

1 (初始化)$v_0(s)\leftarrow$任意值，$s\in\mathcal{S}$。如果有终止状态，$v_0(s_{终止})\leftarrow 0$。

2 (迭代)对于 $k\leftarrow 0,1,2,3,\cdots$，执行以下步骤：

　2.1 对于 $s\in\mathcal{S}$，逐一更新 $v_{k+1}(s)\leftarrow\max\limits_{a}\left\{r(s,a)+\gamma\sum\limits_{s'}p(s'|s,a)v_k(s')\right\}$。

　2.2 如果满足误差容忍度(即对于 $s\in\mathcal{S}$ 均有 $\left|v_{k+1}(s)-v_k(s)\right|<\vartheta$)或达到最大迭代次数(即 $k=k_{\max}$)，则跳出循环。

3 (策略)根据价值估计输出确定性策略 π_*，使得

$$\pi_*(s)\leftarrow\arg\max_{a}\left\{r(s,a)+\gamma\sum_{s'}p(s'|s,a)v_{k+1}(s')\right\},\quad s\in\mathcal{S}。$$

与策略评估的迭代求解类似，价值迭代也可以在存储状态价值时重复使用空间。算法 3-8 给出了重复使用空间以节约空间的版本。

算法 3-8 有模型价值迭代（节约空间的版本）

输入：动力系统 p。

输出：最优策略估计。

参数：策略评估需要的参数。

1 （初始化）$v_0(\mathsf{s})\leftarrow$任意值（$\mathsf{s}\in\mathcal{S}$）。如果有终止状态，$v_0(\mathsf{s}_{终止})\leftarrow 0$。

2 （迭代）对于 $k\leftarrow 0,1,2,3,\cdots$，执行以下步骤：

  2.1 对于使用误差容忍度的情况，初始化本次迭代观测到的最大误差 $\vartheta\leftarrow 0$。

  2.2 对于 $\mathsf{s}\in\mathcal{S}$ 执行以下操作：

    2.2.1 计算新状态价值 $v_{新}\leftarrow\max\limits_{\mathsf{a}}\left\{r(\mathsf{s},\mathsf{a})+\gamma\sum\limits_{\mathsf{s}'}p(\mathsf{s}'|\mathsf{s},\mathsf{a})v(\mathsf{s}')\right\}$。

    2.2.2 对于使用误差容忍度的情况，更新本次迭代观测到的最大误差 $\vartheta\leftarrow\max\{\vartheta,|v_{新}-v(\mathsf{s})|\}$。

    2.2.3 更新状态价值函数 $v(\mathsf{s})\leftarrow v_{新}$。

  2.3 如果满足误差容忍度（即 $\vartheta<\vartheta_{\max}$）或达到最大迭代次数（即 $k=k_{\max}$），则跳出循环。

3 （策略）根据价值估计输出确定性策略

$$\pi(\mathsf{s})=\mathop{\arg\max}\limits_{\mathsf{a}}\left\{r(\mathsf{s},\mathsf{a})+\gamma\sum_{\mathsf{s}'}p(\mathsf{s}'|\mathsf{s},\mathsf{a})v(\mathsf{s}')\right\}。$$

3.4 自益与动态规划

3.2.1 节介绍的策略评估迭代算法和 3.3 节介绍的价值迭代算法都应用了动态规划这一方法。本节将介绍动态规划和自益的思想，并且指出动态规划的缺点和可能的改进方法。

自益（bootstrapping）用估计值来估计其他估计。在有模型数值迭代算法中，在第 k 步，我们用 v_k 来估计 v_{k+1}。因为估计值 v_k 本身是不准确的，可能会有偏差，所以在估计 v_{k+1} 时就可能把 v_k 的偏差引入 v_{k+1} 的估计值中，使得 v_{k+1} 的估计值也有偏差。所以，自益的最大坏处在于新的估计会受到旧的估计值的偏差的影响。自益的好处是可以用已有的估计进行估计。

在强化学习中，是否使用自益往往会对算法的行为造成重大影响。我们在后续章节中既会遇到不使用自益的算法，也会遇到使用自益的算法。

使用自益的方法求解 Bellman 期望方程和 Bellman 最优方程的迭代算法应用了动态规划的思想。

知识卡片：算法

动态规划

动态规划（Dynamic Programming，DP）是一种迭代求解方法，它的核心思想是：

- 将原问题分解成多个子问题，如果知道了子问题的解，就很容易知道原问题的解。
- 分解得到的多个子问题中，有许多子问题是相同的，不需要重复计算。

在第 k 次迭代的过程中（$k=0,1,2,3,\cdots$），计算（$v_{k+1}(s)$，$s \in \mathcal{S}$）中的每一个值，都需要用到（$v_k(s)$，$s \in \mathcal{S}$）中所有的数值。但是，考虑到求解 v_{k+1} 各个元素时使用了相同的 v_k 数值，所以并不需要重复计算 v_k。从这个角度看，这样的迭代算法就使用了动态规划的思想。

在实际问题中，直接使用这样的动态规划常出现困难。原因在于，许多实际问题有着非常大的状态空间（例如 AlphaGo 面对的围棋问题的状态数约为 $3^{19\times19}\approx10^{172}$ 种），仅仅扫描一遍所有状态都是不可能的事情。在一遍全面扫描中，很可能大多数时候都在做无意义的更新：例如，某个状态 s 所依赖的状态（即那些 $p(s\mid s',a)\neq0$ 的状态 s'）都还没被更新过。在这种情况下，我们可以考虑使用**异步动态规划**（asynchronous dynamic programming）来避免无意义的更新。异步动态规划在每次扫描时不再完整地更新一整套状态价值，而是只更新部分感兴趣的值。例如，有些状态 s 不会转移到另一些状态（例如对任意 $a \in \mathcal{A}$ 均有 $p(s'\mid s,a)=0$ 的状态 s'），那么更新状态 s 的价值后再更新 s' 的价值就没有意义。通过只做有意义的更新，可能会大大减小计算量。在异步动态规划中，优先扫描（prioritized sweeping）是一种根据 Bellman 误差来选择性更新状态的算法。在迭代过程中，当更新一个状态后，试图找到一个 Bellman 误差最大的状态并更新那个状态。具体而言，当更新一个状态价值后，针对这个状态价值会影响到的状态价值，计算 Bellman 误差。Bellman 误差的定义式为

$$\delta = \max_a \left(r(s,a) + \gamma \sum_{s'} p(s'\mid s,a) v(s') \right) - v(s),$$

Bellman 误差的绝对值越大，说明更新这个状态可能带来的影响越大。所以，我们选择目前 Bellman 误差绝对值最大的状态来更新状态价值。在实际操作中，可以用优先队列来维护 Bellman 误差的绝对值。

3.5 案例：冰面滑行

冰面滑行问题（`FrozenLake-v1`）是扩展库 Gym 里内置的一个文本环境任务。该问题的背景是这样的：在一个用 4×4 大小的湖面上，有些地方结冰了，有些地方没有结冰。湖面的情况由下列 4×4 的字符矩阵表示：

```
SFFF
FHFH
FFFH
HFFG
```

其中字母“`F`”（Frozen）表示结冰的区域，字母“`H`”（Hole）表示未结冰的冰窟窿，字母“`S`”

(Start)和字母“G”(Goal)分别表示移动任务的起点和目标。在这个湖面上要执行以下移动任务：要从“S”处移动到“G”处。每一次移动，可以选择“左”“下”“右”“上”四个方向之一进行移动，每次移动一格。由于冰面滑，所以实际移动的方向和想要移动的方向并不一定完全一致。例如，如果在某个地方想要左移，但是由于冰面滑，实际也可能下移、右移和上移。如果实际移动到“G”处，则回合结束，获得 1 个单位的奖励；如果实际移动到“H”处，则回合结束，没有获得奖励；如果实际移动到其他字母，暂不获得奖励，回合继续。

FrozenLake-v1 环境任务的回合奖励阈值为 0.70。连续 100 个回合平均奖励超过这个阈值，则认为问题已解决。理论计算表明，该问题的最优解平均回合奖励约为 0.74。

本节将利用基于策略迭代算法和价值迭代算法求解冰面滑行问题。通过这个 AI 的开发，我们将更好地理解有模型算法的原理及其实现。

3.5.1　使用环境

本节学习如何使用环境。

用代码清单 3-1 引入环境对象并查看基本信息。这个环境的状态空间有 16 个不同的状态$\{s_0, s_1, s_2, \cdots, s_{15}\}$(包括终止状态)，表示当前处在哪一个位置；动作空间有 4 个不同的动作$\{a_0, a_1, a_2, a_3\}$，分别表示“左”“下”“右”“上”四个方向。回合奖励的阈值为 0.7。回合最大步数为 100。

代码清单 3-1　导入 FrozenLake-v1 并查看基本信息

代码文件名：FrozenLake-v1_DP_demo.ipynb。

```
import gym
env = gym.make('FrozenLake-v1')
logging.info('观测空间 = %s', env.observation_space)
logging.info('动作空间 = %s', env.action_space)
logging.info('状态数 = %s', env.observation_space.n)
logging.info('动作数 = %s', env.action_space.n)
logging.info('奖励阈值 = %s', env.spec.reward_threshold)
logging.info('最大回合步数 = %s', env.spec.max_episode_steps)
```

这个环境类的动力系统存储在 env.P 里。可以用下列方法查看在某个状态(如状态 14)某个动作(例如右移)情况下的动力：

```
logging.info('P[14] = %s', env.P[14])
logging.info('P[14][2] = %s', env.P[14][2])
env.P[14][2]
```

它是一个元组列表，每个元组包括概率、下一状态、奖励值、回合结束指示这 4 个部分。例如，env.P[14][2] 是元组列表 [(0.3333333333333333, 14, 0.0, False), (0.3333333333333333, 15, 1.0, True), (0.3333333333333333, 10, 0.0, False)],

这表明：

$$p(s_{14},0|s_{14},a_2)=\frac{1}{3},$$

$$p(s_{15},1|s_{14},a_2)=\frac{1}{3},$$

$$p(s_{10},0|s_{14},a_2)=\frac{1}{3}。$$

这个环境使用包装类 TimeLimitWrapper 限制了回合的最大步数。由于限定了回合的最大步数，所以，严格地说，仅仅知道位置并不能完全确定当前环境，只有同时确定了环境和当前步数才能完全确定当前环境。例如，考虑当前处于左上角的开始位置的情况，如果只有三步回合就要结束了，那么肯定不可能在回合结束前到达终点；如果回合还有数百步才结束，那么还有很多机会可以到达终点。所以，严格地说，把位置确定的观测看作完全可观测的 Markov 决策过程的状态是错误的。如果没有考虑步数，那么环境实际上是部分可观测的。不过，故意把部分可观测的任务当作完全可观测的任务来求解，也常常能得到有意义的结果。俗话说："所有模型都是错的，但是有些模型有用。"（All models are wrong, but some are useful.）数学模型往往都是复杂问题的简化。只要模型能够反映主要矛盾，并且求解问题对求解原问题有帮助，那么这样的建模就是成功的。对于部分可观测的 Markov 问题，如果把它当作完全可观测的 Markov 决策过程来求解，并且求解得到的策略能够得到令人满意的效果，那么这样的误会是有意义的。

对于 FrozenLake-v1 这个任务，由于环境本身的随机性，即使采用最优策略，也不能保证在 100 步内到达目的地。限制回合最大步数，确实可能对最优策略带来影响。但是总体影响并不大。所以，我们可以在假装没有回合最大步数的限制下进行求解，然后求解得到策略。这个策略在步数有限的环境中可能是次优的。在测试策略性能时，需要在有回合步数限制的环境中进行测试。关于这个问题更进一步的讨论可以参见 16.3.2 节。

本节使用了代码清单 3-2 来使用环境。代码清单 3-2 中的 play_policy() 函数接收参数 policy，这是一个 16×4 的 np.array 对象，表示策略 π。play_policy() 函数返回一个浮点数，表示本回合的奖励。

代码清单 3-2　用策略执行一个回合

代码文件名：FrozenLake-v1_DP_demo.ipynb。

```
def play_policy(env, policy, render=False):
    episode_reward = 0.
    observation, _ = env.reset()
    while True:
        if render:
            env.render()  # 绘制环境
        action = np.random.choice(env.action_space.n, p=policy[observation])
        observation, reward, terminated, truncated, _ = env.step(action)
```

```
        episode_reward += reward
        if terminated or truncated:
            break
    return episode_reward
```

接下来用刚刚定义的 play_policy() 函数来测试随机策略的性能。代码清单 3-3 先构造了随机策略 random_policy，它对于任意的 $s \in \mathcal{S}$，$a \in \mathcal{A}$ 均有 $\pi(s,a)=\frac{1}{|\mathcal{A}|}$。接着交互 100 回合，并计算回合奖励的均值和方差。一般情况下均值基本接近 0，表示随机策略几乎不可能成功到达目的地。

代码清单 3-3 统计随机策略的回合奖励

代码文件名：FrozenLake-v1_DP_demo.ipynb。

```
random_policy = np.ones((env.observation_space.n, env.action_space.n)
        ) / env.action_space.n

episode_rewards = [play_policy(env, random_policy)  for _ in range(100)]
logging.info('平均回合奖励 = %.2f ± %.2f',
        np.mean(episode_rewards), np.std(episode_rewards))
```

3.5.2 有模型策略迭代求解

本节实现策略评估、策略改进和策略迭代。

首先来看策略评估。代码清单 3-4 给出了策略评估的代码。代码清单 3-4 首先定义了函数 v2q()，这个函数可以根据状态价值计算含有某个状态的动作价值。利用这个函数，evaluate_policy() 函数迭代计算了给定策略 policy 的状态价值。这个函数使用 tolerant作为控制迭代结束条件的参数。代码清单 3-5 测试了 evaluate_policy() 函数。它先求得了随机策略的状态价值，然后用函数 v2q()求得动作价值。

代码清单 3-4 策略评估的实现

代码文件名：FrozenLake-v1_DP_demo.ipynb。

```
def v2q(env, v, state=None, gamma=1.):     # 用状态价值计算动作价值
    if state is not None:     # 求解单个状态的动作价值
        q = np.zeros(env.action_space.n)
        for action in range(env.action_space.n):
            for prob, next_state, reward, terminated in env.P[state][action]:
                q[action] += prob * \
                        (reward + gamma * v[next_state] * (1. - terminated))
    else:  # 求解所有状态的动作价值
        q = np.zeros((env.observation_space.n, env.action_space.n))
        for state in range(env.observation_space.n):
            q[state] = v2q(env, v, state, gamma)
    return q

def evaluate_policy(env, policy, gamma=1., tolerant=1e-6):
```

```
    v = np.zeros(env.observation_space.n)  # 初始化状态价值
    while True:
        delta = 0
        for state in range(env.observation_space.n):
            vs = sum(policy[state] * v2q(env, v, state, gamma))  # 更新状态价值
            delta = max(delta, abs(v[state] - vs))  # 更新最大误差
            v[state]=vs
    if delta < tolerant:  # 检查迭代是否结束
        break
return v
```

代码清单 3-5 对随机策略进行策略评估

代码文件名：FrozenLake-v1_DP_demo.ipynb。

```
v_random = evaluate_policy(env, random_policy)
logging.info('状态价值：\n%s', v_random.reshape(4, 4))

q_random = v2q(env, v_random)
logging.info('动作价值：\n% s', q_random)
```

接下来来看策略改进。代码清单 3-6 的 improve_policy() 函数实现了策略改进算法。输入的策略是 policy，改进后的策略直接覆盖掉原有的 policy。该函数返回一个 bool 类型的值 optimal 来指示输入策略是否为最优策略。代码清单 3-7 测试了 improve_policy() 函数，它对随机策略进行改进，得到了一个确定性策略。

代码清单 3-6 策略改进的实现

代码文件名：FrozenLake-v1_DP_demo.ipynb。

```
def improve_policy(env, v, policy, gamma=1.):
    optimal = True
    for state in range(env.observation_space.n):
        q = v2q(env, v, state, gamma)
        action = np.argmax(q)
        if policy[state][action] != 1.:
            optimal = False
            policy[state] = 0.
            policy[state][action] = 1.
    return optimal
```

代码清单 3-7 对随机策略进行策略改进

代码文件名：FrozenLake-v1_DP_demo.ipynb。

```
policy = random_policy.copy()
optimal = improve_policy(env, v_random, policy)
if optimal:
    logging.info('无更新。最优策略为：\n%s', policy)
else:
    logging.info('更新完毕。更新后的策略为：\n%s', policy)
```

实现了策略评估和策略改进后，我们就可以实现策略迭代。代码清单 3-8 的 `iterate_policy()`函数实现了策略迭代算法。代码清单 3-9 用 `iterate_policy()`求得了冰面滑行问题的最优策略，并对这个策略的性能进行了测试。

代码清单 3-8 策略迭代的实现

代码文件名：FrozenLake-v1_DP_demo.ipynb。

```
def iterate_policy(env, gamma=1., tolerant=1e-6):
    policy = np.ones((env.observation_space.n,
        env.action_space.n)) / env.action_space.n  # 初始化
    while True:
        v = evaluate_policy(env, policy, gamma, tolerant)
        if improve_policy(env, v, policy):
            break
    return policy, v
```

代码清单 3-9 利用策略迭代求解最优策略并测试

代码文件名：FrozenLake-v1_DP_demo.ipynb。

```
policy_pi, v_pi = iterate_policy(env)
logging.info('最优状态价值 = \n%s', v_pi.reshape(4, 4))
logging.info('最优策略 = \n%s', np.argmax(policy_pi, axis=1).reshape(4, 4))

episode_rewards = [play_policy(env, policy_pi) for _ in range(100)]
logging.info('平均回合奖励 = %.2f ± %.2f',
        np.mean(episode_rewards), np.std(episode_rewards))
```

运行结果表明，最优状态价值为

$$\begin{pmatrix} 0.8235 & 0.8235 & 0.8235 & 0.8235 \\ 0.8235 & 0 & 0.5294 & 0 \\ 0.8235 & 0.8235 & 0.7647 & 0 \\ 0 & 0.8824 & 0.9412 & 0 \end{pmatrix}。$$

最优策略为

$$\begin{pmatrix} 0 & 3 & 3 & 3 \\ 0 & 0 & 0 & 0 \\ 3 & 1 & 0 & 0 \\ 0 & 2 & 1 & 0 \end{pmatrix}。$$

在上述结果中，开始状态的最优状态价值在 0.83 左右。但是，如果用这个最优策略进行测试，测试得到的平均回合奖励只有 0.75，小于 0.83。这个差异的原因在于，计算最优状态价值时假设回合没有最大步数限制，但是实际上回合有最大步数限制。所以测试得到的回合奖励比初始状态的最优状态价值小。

3.5.3 有模型价值迭代求解

现在我们用价值迭代算法求解冰面滑行问题的最优策略。代码清单 3-10 的 iterate_value() 函数实现了价值迭代算法。这个函数使用参数 tolerant 来控制价值迭代的结束。代码清单 3-11 在冰面滑行问题上测试了 iterate_value() 函数。

代码清单 3-10 价值迭代的实现

代码文件名：FrozenLake-v1_DP_demo.ipynb。

```
def iterate_value(env, gamma=1, tolerant=1e-6):
    v = np.zeros(env.observation_space.n)  # 初始化
    while True:
        delta = 0
        for state in range(env.observation_space.n):
            vmax = max(v2q(env, v, state, gamma)) # 更新状态价值
            delta = max(delta, abs(v[state] - vmax))
            v[state] = vmax
        if delta < tolerant:  # 检查迭代是否可停止
            break

    # 计算最优策略
    policy = np.zeros((env.observation_space.n, env.action_space.n))
    for state in range(env.observation_space.n):
        action = np.argmax(v2q(env, v, state, gamma))
        policy[state][action] = 1.
    return policy, v
```

代码清单 3-11 用价值迭代算法求解最优策略

代码文件名：FrozenLake-v1_DP_demo.ipynb。

```
policy_vi, v_vi = iterate_value(env)
ogging.info('最优状态价值 = \n%s', v_vi.reshape(4, 4))
logging.info('最优策略 = \n%s', np.argmax(policy_vi, axis=1).reshape(4, 4))
```

策略迭代和价值迭代得到的最优价值和最优策略应该是一致的。

3.6 本章小结

本章介绍适用于动力已知的离散 Markov 决策过程的数值迭代算法。我们学习了 Bellman 算子及其性质，并据此得到了策略评估算法、策略迭代算法和价值迭代算法。它们都用到了自益的思想，是动态规划算法。但是这些算法并不是从数据中进行学习的机器学习算法。第 4 章开始进入机器学习的部分，我们将利用智能体和环境交互的经验进行学习。

本章要点

- 策略评估是求解给定策略的价值。利用 Banach 不动点定理，可以用迭代的方法求

解 Bellman 期望方程，得到价值估计。

- 可以利用策略价值改进策略。策略改进的一种方法是为每个状态 s 选择动作 $\arg\max_{a} q_{\pi}(s,a)$。
- 策略迭代交替使用策略评估算法和策略改进算法求解给定环境的最优策略。
- 利用 Banach 不动点定理，价值迭代算法用迭代的方法求解 Bellman 最优方程，得到最优价值估计。可以用迭代得到的最优价值估计计算得到最优策略估计。
- 基于迭代的策略评估和最优价值估计都用到了自益和动态规划的思想。

3.7 练习与模拟面试

1. 单选题

(1)关于本章介绍的有模型算法，下列说法正确的是(　　)。

A. 利用策略评估算法，可以求得有限 Markov 决策过程的最优策略

B. 利用策略改进算法，可以求得有限 Markov 决策过程的最优策略

C. 利用策略迭代算法，可以求得有限 Markov 决策过程的最优策略

(2)关于本章介绍的有模型算法，下列说法正确的是(　　)。

A. 由于 Bellman 期望算子是压缩映射，根据 Banach 不动点定理，有模型策略评估算法一定能收敛

B. 由于 Bellman 期望算子是压缩映射，根据 Banach 不动点定理，有模型策略迭代算法一定能收敛

C. 由于 Bellman 期望算子是压缩映射，根据 Banach 不动点定理，有模型价值迭代算法一定能收敛

(3)关于本章介绍的有模型算法，下列说法正确的是(　　)。

A. 有模型策略评估算法用到了自益，有模型价值迭代算法用到了动态规划

B. 有模型策略评估算法用到了自益，策略改进算法用到了动态规划

C. 有模型价值迭代算法用到了自益，策略改进算法用到了动态规划

2. 编程练习

用本章介绍的有模型价值迭代算法求解 `FrozenLake8x8-v1` 问题。

3. 模拟面试

(1)为什么说有模型数值迭代算法并不是真正意义上的机器学习算法?

(2)用有模型数值迭代算法与直接求解 Bellman 方程相比有什么优势? 有模型数值迭代算法有什么局限性?

(3)什么是动态规划方法?

(4)什么是自益?

CHAPTER 4

第 4 章

回合更新价值迭代

本章将学习以下内容。

- 回合更新的思想。
- 首次访问和每次访问。
- 用回合更新进行策略评估。
- 用回合更新进行策略优化。
- 起始探索。
- 柔性策略。
- 重要性采样。

本章开始介绍无模型的强化学习算法。无模型的强化学习算法在没有环境的数学描述的情况下，只依靠经验(例如轨迹的样本)学习出策略价值或最优策略。在现实生活中，为环境建立精确的数学模型往往非常困难。所以，无模型的强化学习是强化学习的主要形式。

无模型强化学习主要有回合更新算法和时序差分更新算法这两类。本章将介绍回合更新算法，第 5 章介绍时序差分更新算法。回合更新算法运用了 Monte Carlo 方法，它在每个回合结束后更新价值。所以，它只能用于回合制任务。

知识卡片：统计

Monte Carlo 方法

Monte Carlo 方法使用随机数来估计确定性的数值。它既可以用于有随机性的问题，也可以用于具有概率解释的确定性问题。

例如，我们想要求在 $x\in[0,1]$ 范围内 $\dfrac{1-\mathrm{e}^{-x}}{\cos x}$ 和 x 围成的图形的面积。这个问题没

有解析解。但是可以用 Monte Carlo 方法求数值解。如图 4-1 所示，我们可以在区域[0,1]×[0,1]均匀采样出很多形如(x,y)的样本，并且计算这些样本中有多少样本满足$\frac{1-e^{-x}}{\cos x}\leqslant y<x$。满足这个不等式的样本的比率就是我们要求的量的一个估计。由于比率是有理数，但是面积是无理数，所以比率永远不会等于真实的面积。但是，随着样本数目的不断增大，这两个量的差别可以任意小。

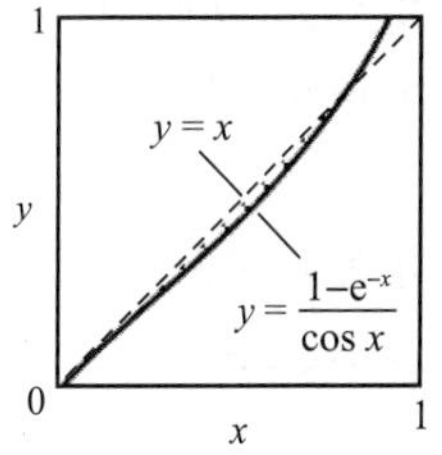

图 4-1　Monte Carlo 示例

4.1　同策回合更新

本节介绍同策回合更新算法。与有模型迭代更新的情况类似，我们也是先学习同策策略评估，再学习最优策略求解。我们先来看策略评估算法。

4.1.1　同策回合更新策略评估

本节考虑用回合更新的方法学习给定策略的价值。我们知道，状态价值和动作价值分别是在给定状态和状态动作对下回报的期望值。回合更新策略评估的基本思路是用 Monte Carlo 方法来估计这个期望值(这也是回合更新的英文为 Monte Carlo update 的原因)。具体而言，在许多轨迹样本中，如果某个状态(或状态动作对)出现了 c 次，其对应的回报值分别为 $g_1,g_2,\cdots,g_c$，那么可以估计其状态价值(或动作价值)为 $\frac{1}{c}\sum_{i=1}^{c}g_i$。

这一计算过程常用**增量法**实现：在前 $c-1$ 次观察到的回报样本记为 $g_1,g_2,\cdots,g_{c-1}$，则前 $c-1$ 次价值的估计值为 $\bar{g}_{c-1}=\frac{1}{c-1}\sum_{i=1}^{c-1}g_i$；在第 c 次的回报样本记为 g_c，则前 c 次价值的估计值为 $\bar{g}_c=\frac{1}{c}\sum_{i=1}^{c}g_i$。可以证明，$\bar{g}_c=\bar{g}_{c-1}+\frac{1}{c}(g_c-\bar{g}_{c-1})$。所以，当在第 c 次的回报样本 g_c 出现时，只要知道出现的次数 c，就可以用新的观测 g_c 来把旧的平均值 $\bar{g}_{c-1}$ 更新为新的平均值 $\bar{g}_c$。所以，增量法记录了样本个数，并得到新样本后立即用这个新样本更新估计，而不存储样本本身。这种做法在渐近时间复杂度不变的情况下大大节约了空间。

增量法还可以用**随机近似**(stochastic approximation)理论来解释。

知识卡片：随机近似

Robbins-Monro 算法

Robbins-Monro 算法是随机近似理论中最重要的结论之一。

Robbins-Monro 算法考虑以下问题：如何在只能获得随机函数 $F(x)$ 的样本的情况下，找到等式 $f(x)=0$ 的零点，其中 $f(x)=\mathrm{E}[F(x)]$。

Robbins-Monro 算法采用了迭代的方式来求解这个问题。迭代式为

$$X_k = X_{k-1} - \alpha_k F(X_{k-1})$$

其中学习率序列 $\{\alpha_k : k=1,2,3,\cdots\}$ 满足

- ❑ $\alpha_k \geqslant 0,\ k=1,2,3,\cdots$。
- ❑（不受起始点限制而可以达到任意收敛点的条件）$\sum_{k=1}^{+\infty} \alpha_k = +\infty$。
- ❑（不受噪声限制最终可以收敛的条件）$\sum_{k=1}^{+\infty} \alpha_k^2 < +\infty$。

在某些条件下，Robbins-Monro 算法能够收敛到解。

（证明：这里我们证明在 f 和 F 满足条件

$$(x - x_*)f(x) \geqslant b(x - x_*)^2, \quad x \in \mathcal{X},$$
$$|F(x)|^2 \leqslant \zeta, \quad x \in \mathcal{X}$$

的情况下均方收敛，其中 b 和 ζ 是两个正实数，x_* 是 f 的零点。考虑到 $X_k = X_{k-1} - \alpha_k F(X_{k-1})$，有

$$\begin{aligned} |X_k - x_*|^2 &= |X_{k-1} - \alpha_k F(X_{k-1}) - x_*|^2 \\ &= |X_{k-1} - x_*|^2 - 2\alpha_k (X_{k-1} - x_*) F(X_{k-1}) + \alpha_k^2 |F(X_{k-1})|^2。\end{aligned}$$

序列 $|X_k - x_*|^2$ 又被称为 Lyapunov 过程，其变化量为

$$|X_k - x_*|^2 - |X_{k-1} - x_*|^2 = -2\alpha_k (X_{k-1} - x_*) F(X_{k-1}) + \alpha_k^2 |F(X_{k-1})|^2。$$

对上式中求给定条件 X_{k-1} 的期望，并注意到 $\mathrm{E}[F(X_{k-1})|X_{k-1}] = f(X_{k-1})$，有

$$\begin{aligned} &\mathrm{E}[|X_k - x_*|^2 | X_{k-1}] - |X_{k-1} - x_*|^2 \\ &= -2\alpha_k (X_{k-1} - x_*) f(X_{k-1}) + \alpha_k^2 \mathrm{E}[|F(X_{k-1})^2| | X_{k-1}]。\end{aligned}$$

由于 $(X_{k-1} - x_*) f(X_{k-1}) \geqslant b|X_{k-1} - x_*|^2$，同时考虑到 $\mathrm{E}[|F(X_{k-1})^2| | X_{k-1}] \leqslant \zeta$，因此有

$$\mathrm{E}[|X_k - x_*|^2 | X_{k-1}] - |X_{k-1} - x_*|^2 \leqslant -2\alpha_k b |X_{k-1} - x_*|^2 + \alpha_k^2 \zeta。$$

进一步对 X_{k-1} 求期望可得

$$\mathrm{E}[|X_k - x_*|^2] - \mathrm{E}[|X_{k-1} - x_*|^2] \leqslant -2\alpha_k b \mathrm{E}[|X_{k-1} - x_*|^2] + \alpha_k^2 \zeta。$$

移项可得

$$2b\alpha_k \mathrm{E}[|X_{k-1} - x_*|^2] \leqslant \mathrm{E}[|X_{k-1} - x_*|^2] - \mathrm{E}[|X_k - x_*|^2] + \zeta \alpha_k^2。$$

对多个 k 求和，有

$$2b \sum_{k=1}^{\kappa} \alpha_k \mathrm{E}[|X_{k-1} - x_*|^2] \leqslant \mathrm{E}[|X_0 - x_*|^2] - \mathrm{E}[|X_\kappa - x_*|^2] + \zeta \sum_{k=1}^{\kappa} \alpha_k^2$$

$$\leqslant \mathrm{E}[\,|X_0 - x_*|^2] - 0 + \zeta\sum_{k=1}^{+\infty}\alpha_k^2$$

$$< +\infty。$$

所以 $\sum_{k=1}^{+\infty}\alpha_k \mathrm{E}[\,|X_k - x_*|^2]$ 收敛。又考虑到 $\sum_{k=1}^{+\infty}\alpha_k = +\infty$，所以 $\mathrm{E}[\,|X_k - x_*|^2]\to 0(k\to+\infty)$，即 $\{X_k: k=0,1,2,\cdots\}$ 均方收敛。)

后来有研究人员证明了，当 $f(x)$ 单调非降且有唯一解 x_*，并且 $f'(x_*)$ 存在且为正，并且 $F(x)$ 一致有界时，$X_k\to x_*$ 以概率1收敛。后来又有研究人员证明了，如果进一步限制 $f(x)$ 是凸函数，并且巧妙选择学习率序列 α_k，可以达到收敛速度 $O\left(\frac{1}{\sqrt{k}}\right)$。

增量法可以用 Robbins-Monro 算法做如下解释。以估计动作价值为例，令 $F(q)=G-q$，其中 q 是要估计的量。我们得到回报的许多观测 $g_1, g_2, \cdots$ 后，采用迭代式

$$q_k \leftarrow q_{k-1} + \alpha_k(g_k - q_{k-1}) \quad k = 1,2,\cdots$$

来更新估计 q，其中 q_0 是任意取定的迭代初始值，$\alpha_k = 1/k$ 是**学习率**(learning rate)序列。学习率序列 $\alpha_k = 1/k(k=1,2,\cdots)$ 满足 Robbins-Monro 算法的所有条件，可以保证算法收敛。当然，也可以选择其他满足条件的学习率序列。收敛后，$\mathrm{E}[F(q(\mathsf{s},\mathsf{a}))] = \mathrm{E}[G_t | S_t = \mathsf{s}, A_t = \mathsf{a}] - q(\mathsf{s},\mathsf{a}) = 0$。对于估计状态价值的情况，可以令 $F(v)=G-v$，并进行类似的分析。

从第3章中我们已经知道，策略评估算法可以直接评估状态价值，也可以直接评估动作价值。策略的价值应当满足 Bellman 期望方程。借助于动力 p 的表达式，则可以用状态价值表示动作价值；借助于策略 π 的表达式，则可以用动作价值表示状态价值。在有模型的情况下，状态价值和动作价值可以互相表示；但是在无模型的情况下，这种情况下 p 的表达式未知，所以只能用动作价值表示状态价值，而不能用状态价值表示动作价值。另外，由于策略改进可以仅由动作价值确定，所以在学习问题中动作价值往往比状态价值更加重要。

在同一个回合中，多个步骤可能会到达同一个状态(或状态动作对)，即同一状态(或状态动作对)可能会被多次访问。对于不同次的访问，计算得到的回报样本值很可能不相同。如果采用回合内全部的回报样本值更新价值，则称为**每次访问回合更新**(every visit Monte Carlo update)；如果每个回合只采用第一次访问的回报样本更新价值，则称为**首次访问回合更新**(first visit Monte Carlo update)。每次访问回合更新和首次访问回合更新在学习过程中的中间值并不相同，但是它们都能收敛到真实的价值函数。

首先来看每次访问回合更新策略评估算法。算法4-1给出了每次访问更新求动作价值的算法。我们来逐步分析算法4-1。第1步首先初始化动作价值估计 $q(\mathsf{s},\mathsf{a})(\mathsf{s}\in\mathcal{S},\mathsf{a}\in\mathcal{A})$。动作价值可以初始化为任意的值，因为在第一次更新后 $q(\mathsf{s},\mathsf{a})$ 的值就和初始化的值没有关系，所以将 $q(\mathsf{s},\mathsf{a})$ 初始化为什么数无关紧要。如果使用增量法，还需要将初始计

数值初始化为0。第2步进行回合更新。每次循环，先生成好回合的轨迹，然后采用逆序计算回报样本并更新 $q(s,a)$。这里采用逆序是为了使用 $G_t=R_{t+1}+\gamma G_{t+1}$ 这一关系来更新 G 值，以减小计算复杂度。如果使用增量法，状态动作对 (s,a) 的出现次数记录在 $c(s,a)$ 里，每次更新时将计数值加1。回合更新的循环退出条件与有模型数值迭代更新的情形类似，可以使用最大回合数 $k_{\max}$ 或是精度阈值 $\vartheta_{\max}$ 等。

算法 4-1　每次访问回合更新评估策略的动作价值

输入： 环境（无数学描述），策略 π。

输出： 动作价值估计 $q(s,a)(s\in\mathcal{S},a\in\mathcal{A})$。

1　（初始化）初始化动作价值估计 $q(s,a)\leftarrow$任意值$(s\in\mathcal{S},a\in\mathcal{A})$。如果用增量法，则还需要初始化计数器 $c(s,a)\leftarrow 0(s\in\mathcal{S},a\in\mathcal{A})$。

2　（回合更新）对于每个回合执行以下操作：

2.1　（采样）用策略 π 生成轨迹 $S_0,A_0,R_1,S_1,\cdots,S_{T-1},A_{T-1},R_T,S_T$。

2.2　（初始化回报）$G\leftarrow 0$。

2.3　（逐步更新）对 $t\leftarrow T-1,T-2,\cdots,0$，执行以下步骤：

2.3.1　（更新回报）$G\leftarrow\gamma G+R_{t+1}$。

2.3.2　（更新动作价值）更新 $q(S_t,A_t)$ 以减小 $[G-q(S_t,A_t)]^2$。如使用增量法：

$$c(S_t,A_t)\leftarrow c(S_t,A_t)+1,q(S_t,A_t)\leftarrow q(S_t,A_t)+\frac{1}{c(S_t,A_t)}[G-q(S_t,A_t)]。$$

算法4-1中的更新过程写为“$q(S_t,A_t)$ 以减小 $[G-q(S_t,A_t)]^2$”。这是一种比增量法更加通用的描述。我们知道，如果采用形如

$$q(S_t,A_t)\leftarrow q(S_t,A_t)+\alpha[G-q(S_t,A_t)]$$

的迭代式更新，就会减小 G 和 $q(S_t,A_t)$ 的差别，这和减小 $[G-q(S_t,A_t)]^2$ 是等价的。所以，更新的过程实际上也就是在减小 $[G-q(S_t,A_t)]^2$。但是，并不是所有减小 $[G-q(S_t,A_t)]^2$ 的过程都可以使用。例如，总是让 $G\leftarrow q(S_t,A_t)$ 是行不通的。这是因为，而 $G\leftarrow q(S_t,A_t)$ 相当于总是让 $\alpha=1$，使得学习率不满足 Robbins-Monro 条件，算法无法收敛。

求得动作价值后，可以用 Bellman 期望方程求得状态价值。状态价值也可以直接用回合更新的方法得到。

算法4-2给出了每次访问回合更新评估策略的状态价值的算法。它与算法4-1的区别在于将 $q(s,a)$ 替换为了 $v(s)$，计数也相应进行了修改。

算法 4-2　每次访问回合更新评估策略的状态价值

输入： 环境（无数学描述），策略 π。

输出： 状态价值估计 $v(s)(s\in\mathcal{S})$。

1　（初始化）初始化状态价值估计 $v(s)\leftarrow$任意值$(s\in\mathcal{S})$，若更新价值时需要使用计数器，则更新初始化

计数器 $c(s) \leftarrow 0(s \in \mathcal{S})$。

2 （回合更新）对于每个回合执行以下操作：

2.1 （采样）用策略 π 生成轨迹 $S_0, A_0, R_1, S_1, \cdots, S_{T-1}, A_{T-1}, R_T, S_T$。

2.2 （初始化回报）$G \leftarrow 0$。

2.3 （逐步更新）对 $t \leftarrow T-1, T-2, \cdots, 0$，执行以下步骤：

2.3.1 （更新回报）$G \leftarrow \gamma G + R_{t+1}$。

2.3.2 （更新状态价值）更新 $v(S_t)$ 以减小 $[G - v(S_t)]^2$。如

$$c(S_t) \leftarrow c(S_t) + 1, v(S_t) \leftarrow v(S_t) + \frac{1}{c(S_t)}[G - v(S_t)]。$$

首次访问回合更新策略评估是比每次访问回合更新策略评估更为历史悠久、更为全面研究的算法。算法 4-3 给出了首次访问回合更新求动作价值的算法。这个算法和算法 4-2 的区别在于，在每次得到轨迹样本后，先找出各状态分别在哪些步骤被首次访问。在后续的更新过程中，只在那些首次访问的步骤更新价值函数的估计值。

算法 4-3　首次访问回合更新评估策略的动作价值

输入：环境（无数学描述），策略 π。

输出：动作价值估计 $q(s,a)(s \in \mathcal{S}, a \in \mathcal{A})$。

1 （初始化）初始化动作价值估计 $q(s,a) \leftarrow$ 任意值 $(s \in \mathcal{S}, a \in \mathcal{A})$，若更新动作价值时需要使用计数器，则初始化计数器 $c(s,a) \leftarrow 0(s \in \mathcal{S}, a \in \mathcal{A})$。

2 （回合更新）对于每个回合执行以下操作：

2.1 （采样）用策略 π 生成轨迹 $S_0, A_0, R_1, S_1, \cdots, S_{T-1}, A_{T-1}, R_T, S_T$。

2.2 （初始化首次出现的步骤数）$f(s,a) \leftarrow -1(s \in \mathcal{S},\ a \in \mathcal{A})$。

2.3 （统计首次出现的步骤数）对于 $t \leftarrow 0, 1, \cdots, T-1$，执行以下步骤：

2.3.1 如果 $f(S_t, A_t) < 0$，则 $f(S_t, A_t) \leftarrow t$。

2.4 （初始化回报）$G \leftarrow 0$。

2.5 （逐步更新）对 $t \leftarrow T-1, T-2, \cdots, 0$，执行以下步骤：

2.5.1 （更新回报）$G \leftarrow \gamma G + R_{t+1}$。

2.5.2 （首次出现则更新）如果 $f(S_t, A_t) = t$，则更新 $q(S_t, A_t)$ 以减小 $[G - q(S_t, A_t)]^2$。如

$$c(S_t, A_t) \leftarrow c(S_t, A_t) + 1, q(S_t, A_t) \leftarrow q(S_t, A_t) + \frac{1}{c(S_t, A_t)}[G - q(S_t, A_t)]。$$

与每次访问的情形类似，首次访问也可以直接估计状态价值（见算法 4-4）。当然也可以借助 Bellman 期望方程用动作价值求得状态价值。

算法 4-4　首次访问回合更新评估策略的状态价值

输入：环境（无数学描述），策略 π。

输出：状态价值估计 $v(s)(s \in \mathcal{S})$。

1 （初始化）初始化状态价值估计 $v(s) \leftarrow$ 任意值 $(s \in \mathcal{S})$，若更新价值时需要使用计数器，则更新初始化

计数器 $c(s)\leftarrow 0(s\in\mathcal{S})$。

2　（回合更新）对于每个回合执行以下操作：

　2.1　（采样）用策略 π 生成轨迹 $S_0,A_0,R_1,S_1,\cdots,S_{T-1},A_{T-1},R_T,S_T$。

　2.2　（初始化首次出现的步骤数）$f(s)\leftarrow -1(s\in\mathcal{S})$。

　2.3　（统计首次出现的步骤数）对于 $t\leftarrow 0,1,\cdots,T-1$，执行以下步骤：

　　2.3.1　如果 $f(S_t)<0$，则 $f(S_t)\leftarrow t$。

　2.4　（初始化回报）$G\leftarrow 0$。

　2.5　（逐步更新）对 $t\leftarrow T-1,T-2,\cdots,0$，执行以下步骤：

　　2.5.1　（更新回报）$G\leftarrow \gamma G+R_{t+1}$。

　　2.5.2　（首次出现则更新）如果 $f(S_t)=t$，则更新 $v(S_t)$ 以减小 $[G-v(S_t)]^2$。如

$$c(S_t)\leftarrow c(S_t)+1,\ v(S_t)\leftarrow v(S_t)+\frac{1}{c(S_t)}[G-v(S_t)]。$$

4.1.2　带起始探索的同策回合更新

本节开始介绍寻找最优策略的同策回合更新算法。

寻找最优策略的同策回合更新算法的基本思想如下：在4.1.1节我们已经学会了如何用回合更新算法估计动作价值。如果在更新价值估计后，进行策略改进，那么就会得到新的策略。这样不断更新，有希望找到最优策略。

不幸的是，在直接用上述方法进行同策回合更新算法时，如果每次都从固定的状态出发，有可能会困于局部最优而找不到全局最优策略。原因在于，同策算法可能会从一个并不好的策略出发，只经过那些很差的状态，然后只为那些很差的状态更新价值。例如在图4-2中，从状态 $s_{开始}$ 到状态 $s_{终止}$ 可以获得奖励1，而从状态 $s_{中间}$ 到状态 $s_{终止}$ 可以获得奖励100。如果回合更新总是从 $s_{开始}$ 出发，并且初始化价值估计均为0，并且策略初始化为确定性策略 $\pi(s_{开始})=\pi(s_{中间})=a_{去终止}$，那么在同策学习得到的轨迹是 $s_{开始}$，$a_{去终止}$，$+1$，$s_{终止}$（并没有机会访问 $s_{中间}$），更新后的动作价值是 $q(s_{开始},a_{去终止})\leftarrow 1$，而 $q(s_{开始},a_{去中间})$ 没有更新仍然为0。基于更新后的动作价值更新策略，策略并没有变化。这样，无论进行多少次回合更新，都没办法找到最优策略 $\pi_*(s_{开始})=a_{去中间}$。

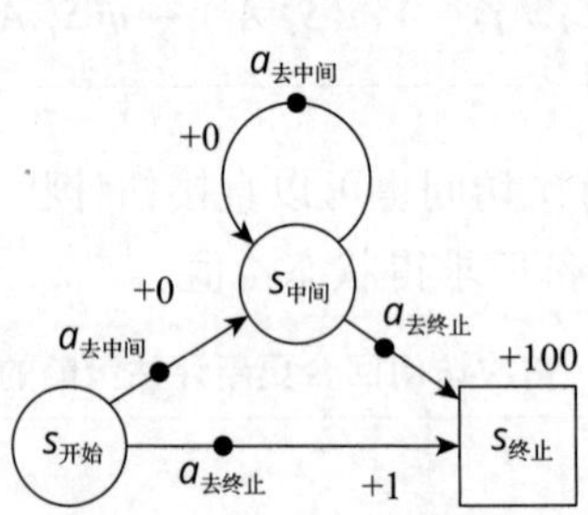

图4-2　没有探索起始就无法找到最优策略的例子

为了解决这一问题，研究人员提出了**起始探索**(exploring start)这一概念。起始探索修改初始状态分布，让所有可能的状态动作对都成为可能的回合起点。这样就不会遗漏任何状态动作对，避免出现某些状态没有被搜索到的情况。

算法 4-5 给出了带起始探索的同策回合更新的算法。这个算法也有每次访问和首次访问两个版本。这两个版本在 2.3 步和 2.5.2 步有区别。对于每次访问的版本，不需要进行 2.3 步，并且在 2.5.2 步总是更新动作价值；对于首次访问的版本，需要在 2.3 步统计每个状态动作对首次访问的步骤数，然后在 2.5.2 步进行判断，且仅在首次访问时更新。

算法 4-5 带起始探索的同策回合更新算法(显式维护策略)

1 (初始化)初始化动作价值估计 $q(s,a)\leftarrow$任意值($s\in\mathcal{S},a\in\mathcal{A}$)。若使用增量法进行更新价值，则需要初始化计数器 $c(s,a)\leftarrow 0$($s\in\mathcal{S},a\in\mathcal{A}$)。
初始化确定性策略 $\pi(s)\leftarrow$任意动作($s\in\mathcal{S}$)。

2 (回合更新)对于每个回合执行以下操作：

2.1 (起始探索)选择 $S_0\in\mathcal{S}$，$A_0\in\mathcal{A}$，使得每一个状态动作对都可能被选为(S_0,A_0)。

2.2 (采样)从(S_0,A_0)开始，用策略 π 生成轨迹 $S_0,A_0,R_1,S_1,\cdots,S_{T-1},A_{T-1},R_T,S_T$。

2.3 (如果是首次访问，统计首次出现的时刻)先初始化$f(s,a)\leftarrow -1$($s\in\mathcal{S},a\in\mathcal{A}$)，然后对于 $t\leftarrow 0,1,\cdots,T-1$，如果$f(S_t,A_t)<0$，则$f(S_t,A_t)\leftarrow t$。

2.4 (初始化回报)$G\leftarrow 0$。

2.5 (逐步更新)对 $t\leftarrow T-1,T-2,\cdots,0$，执行以下步骤：

2.5.1 (更新回报)$G\leftarrow\gamma G+R_{t+1}$。

2.5.2 (更新计数和动作价值估计)更新 $q(S_t,A_t)$ 以减小$[G-q(S_t,A_t)]^2$。若使用增量法更新，则

$$c(S_t,A_t)\leftarrow c(S_t,A_t)+1,\ q(S_t,A_t)\leftarrow q(S_t,A_t)+\frac{1}{c(S_t,A_t)}[G-q(S_t,A_t)]。$$

如果是首次访问仅在$f(S_t,A_t)=t$ 时更新。

2.5.3 (策略改进)$\pi(S_t)\leftarrow\underset{a}{\arg\max}\, q(S_t,a)$(若有多个 a 取到最大值，则在其中任选一个)。

我们也可以不显式维护策略，而是在决定动作时用动作价值隐含的贪心策略来决定动作。具体做法是：要在状态 S_t 下通过动作价值 $q(S_t,\cdot)$来产生贪心策略决定动作 A_t，就选择动作$\underset{a}{\arg\max}\, q(S_t,a)$作为动作 A_t。算法 4-6 给出了不显式维护策略的版本。不显式维护策略可以节约存储。

算法 4-6 带起始探索的同策回合更新算法(不显式维护策略)

1 (初始化)初始化动作价值估计 $q(s,a)\leftarrow$任意值($s\in\mathcal{S},a\in\mathcal{A}$)，若使用增量法进行更新价值，则需要初始化计数器 $c(s,a)\leftarrow 0$($s\in\mathcal{S},a\in\mathcal{A}$)。

2 (回合更新)对于每个回合执行以下操作：

2.1 (起始探索)选择 $S_0\in\mathcal{S}$，$A_0\in\mathcal{A}$，使得每一个状态动作对都可能被选为(S_0,A_0)。

2.2 （采样）从(S_0,A_0)开始，用动作价值 q 导出的策略生成轨迹 $S_0,A_0,R_1,S_1,\cdots,S_{T-1},A_{T-1},R_T,S_T$（即在确定动作时，选取使得动作价值最大的动作）。

2.3 （如果是首次访问，统计首次出现的时刻）先初始化$f(s,a)\leftarrow -1(s\in\mathcal{S},a\in\mathcal{A})$，然后对于 $t\leftarrow 0,1,\cdots,T-1$，如果$f(S_t,A_t)<0$，则$f(S_t,A_t)\leftarrow t$。

2.4 （初始化回报）$G\leftarrow 0$。

2.5 （逐步更新）对 $t\leftarrow T-1,T-2,\cdots,0$，执行以下步骤：

2.5.1 （更新回报）$G\leftarrow \gamma G+R_{t+1}$。

2.5.2 （更新计数和动作价值估计）更新 $q(S_t,A_t)$ 以减小$[G-q(S_t,A_t)]^2$。若使用增量法更新，则

$$c(S_t,A_t)\leftarrow c(S_t,A_t)+1,\ q(S_t,A_t)\leftarrow q(S_t,A_t)+\frac{1}{c(S_t,A_t)}[G-q(S_t,A_t)]。$$

如果是首次访问仅在$f(S_t,A_t)=t$ 时更新。

但是，在理论上目前并不清楚带起始探索的同策回合更新算法是否总能收敛到最优策略。

在实际应用中，带起始探索的算法有个很严重的限制：它要求能指定任意一个状态为回合的起始状态。这在很多环境中是很难做到的。例如，在开发电动游戏 AI 时，往往有着相对固定的起始状态，而不能从任意的中间状态开始。这种情况下起始探索算法就不能使用。

后续的小节会介绍不依赖于起始探索的探索算法。

4.1.3 基于柔性策略的同策回合更新

本节考虑不依赖于起始探索的回合更新算法——基于柔性策略的回合更新算法。

首先来看看什么是柔性策略。对于某个策略 π，如果它对任意的 $s\in\mathcal{S},a\in\mathcal{A}(s)$ 均有 $\pi(a|s)>0$，则称这个策略是**柔性策略**（soft policy）。柔性策略可以选择所有可能的动作，所以从一个状态出发可以达到这个状态能达到的所有状态和所有状态动作对。采用柔性策略，有助于全面覆盖状态或状态动作对。

对于任意策略 π，如果存在正数 ε，使得对于任意的 $s\in\mathcal{S}$，$a\in\mathcal{A}(s)$，均有 $\pi(a|s)>\varepsilon/|\mathcal{A}(s)|$，则称策略 π 是 **ε 柔性策略**（ε-soft policy）。

ε 柔性策略都是柔性策略。对于有限 Markov 决策过程，柔性策略都是 ε 柔性策略。

对于给定的环境上的某个确定性策略，在所有的 ε 柔性策略中有一个策略最接近这个确定性策略。这个策略称为 **ε 贪心策略**（ε-greedy policy）。具体而言，对于确定性策略

$$\pi(a|s)=\begin{cases}1, & a=a^*,\\ 0, & a\neq a^*,\end{cases}\quad s\in\mathcal{S},a\in\mathcal{A}(s),$$

对应的 ε 贪心策略是

$$\pi(a|s)=\begin{cases}1-\varepsilon+\dfrac{\varepsilon}{|\mathcal{A}(s)|}, & a=a^*,\\ \dfrac{\varepsilon}{|\mathcal{A}(s)|}, & a\neq a^*\end{cases}\qquad s\in\mathcal{S},a\in\mathcal{A}(s)。$$

这个 ε 贪心策略把其中 ε 概率平均分配在各动作上，剩下 $(1-\varepsilon)$ 的概率给动作 a^*。

ε 贪心策略都是 ε 柔性策略，进而也都是柔性策略。

基于柔性策略的回合更新在迭代过程中总是使用 ε 贪心策略。在策略改进时，也是从一个 ε 贪心策略更新为新的 ε 贪心策略。在 ε 贪心策略进行策略改进仍然符合策略改进定理。

（证明：考虑在 ε 柔性策略 π 上进行如下方式改进得到的柔性策略 π'：

$$\pi'(a|s)=\begin{cases}1-\varepsilon+\dfrac{\varepsilon}{|\mathcal{A}(s)|}, & a=\arg\max\limits_{a'} q_\pi(s,a'),\\ \dfrac{\varepsilon}{|\mathcal{A}(s)|}, & a\neq\arg\max\limits_{a'} q_\pi(s,a'),\end{cases}$$

根据策略改进定理，只要

$$\sum_a \pi'(a|s)q_\pi(s,a)\geqslant v_\pi(s),\quad s\in\mathcal{S},$$

就有 $\pi\leqslant\pi'$。接下来验证上述不等式。考虑到

$$\sum_a \pi'(a|s)q_\pi(s,a)=\frac{\varepsilon}{|\mathcal{A}(s)|}\sum_a q_\pi(s,a)+(1-\varepsilon)\max_a q_\pi(s,a)。$$

并注意到 $1-\varepsilon>0$ 且

$$1-\varepsilon=\sum_a\left(\pi(a|s)-\frac{\varepsilon}{|\mathcal{A}(s)|}\right),$$

所以

$$\begin{aligned}(1-\varepsilon)\max_a q_\pi(s,a)&=\sum_a\left(\pi(a|s)-\frac{\varepsilon}{|\mathcal{A}(s)|}\right)\max_a q_\pi(s,a)\\&\geqslant\sum_a\left(\pi(a|s)-\frac{\varepsilon}{|\mathcal{A}(s)|}\right)q_\pi(s,a)\\&=\sum_a\pi(a|s)q_\pi(s,a)-\frac{\varepsilon}{|\mathcal{A}(s)|}\sum_a q_\pi(s,a)。\end{aligned}$$

进而

$$\begin{aligned}\sum_a \pi'(a|s)q_\pi(s,a)&=\frac{\varepsilon}{|\mathcal{A}(s)|}\sum_a q_\pi(s,a)+(1-\varepsilon)\max_a q_\pi(s,a)\\&\geqslant\frac{\varepsilon}{|\mathcal{A}(s)|}\sum_a q_\pi(s,a)+\sum_a\pi(a|s)q_\pi(s,a)-\frac{\varepsilon}{|\mathcal{A}(s)|}\sum_a q_\pi(s,a)\\&=\sum_a\pi(a|s)q_\pi(s,a)\\&=v_\pi(s),\end{aligned}$$

这样就验证了策略改进定理的条件。）

算法4-7给出了基于柔性策略的同策回合更新算法。它同样有首次访问和每次访问两个版本，这两个版本在第2.2步和第2.4.2步有不同。第1步初始化动作价值估计，并将策略 π 初始化为 ε 柔性策略。为了保证每步更新都满足策略改进定理的条件，我们需要始终让策略为 ε 柔性策略，所以一开始初始化需要初始化为 ε 柔性策略，并且每次更新得到的策略也都是 ε 柔性策略。在学习过程中，由于使用了 ε 柔性策略来生成轨迹，所以可以覆盖所有可达的状态或状态动作对。这样能够促进探索，更可能求得全局最优 ε 柔性策略。

算法4-7　基于柔性策略的每次访问同策回合更新（显式维护策略）

1　（初始化）初始化动作价值估计 $q(s,a) \leftarrow$ 任意值（$s \in \mathcal{S}, a \in \mathcal{A}$），如果用增量法更新价值，则初始化计数器 $c(s,a) \leftarrow 0$（$s \in \mathcal{S}, a \in \mathcal{A}$）。
　初始化策略 $\pi(\cdot|\cdot)$ 为任意 ε 柔性策略。

2　（回合更新）对每个回合执行以下操作：

　2.1　（采样）用策略 π 生成轨迹：$S_0, A_0, R_1, S_1, A_1, R_2, \cdots, S_{T-1}, A_{T-1}, R_T, S_T$。

　2.2　（如果是首次访问，统计首次出现的时刻）先初始化 $f(s,a) \leftarrow -1$（$s \in \mathcal{S}, a \in \mathcal{A}$），然后对于 $t \leftarrow 0,1,\cdots,T-1$，如果 $f(S_t,A_t)<0$，则 $f(S_t,A_t) \leftarrow t$。

　2.3　（初始化回报）$G \leftarrow 0$。

　2.4　对 $t \leftarrow T-1, T-2, \cdots, 0$：

　　2.4.1　（更新回报）$G \leftarrow \gamma G + R_{t+1}$。

　　2.4.2　（更新计数和动作价值估计）更新 $q(S_t,A_t)$ 以减小 $[G-q(S_t,A_t)]^2$（若使用增量法，则 $c(S_t,A_t) \leftarrow c(S_t,A_t)+1$，$q(S_t,A_t) \leftarrow q(S_t,A_t) + \frac{1}{c(S_t,A_t)}[G-q(S_t,A_t)]$。）如果是首次访问仅在 $f(S_t,A_t)=t$ 时更新。

　　2.4.3　（策略改进）$A^* \leftarrow \arg\max_a q(S_t,a)$（如果有多个动作可取最大值，可任取一个动作），更新策略 $\pi(\cdot|S_t)$ 为贪心策略 $\pi(a|S_t)=0$，$a \neq A^*$ 对应的 ε 柔性策略。如

$$\pi(a|S_t) \leftarrow \frac{\varepsilon}{|\mathcal{A}(s)|},\ a \in \mathcal{A}(s),\ \pi(A^*|S_t) \leftarrow \pi(A^*|S_t) + (1-\varepsilon)。$$

我们也可以不显式维护策略，而是在决定动作时用动作价值隐含的 ε 柔性策略来决定动作。例如，要在状态 S_t 下通过动作价值 $q(S_t,\cdot)$ 来产生 ε 贪心策略决定动作 A_t，可以先在 $[0,1]$ 区间内均匀抽取一个随机数 X，如果 $X<\varepsilon$，则进行探索，从 $\mathcal{A}(s)$ 中等概率选一个动作作为 A_t；否则，选择最优动作 $\arg\max_a q(S_t,a)$ 作为动作 A_t。这样，我们就不必要显式存储和维护 π 了。

算法4-8　基于柔性策略的每次访问同策回合更新（不显式维护策略）

1　（初始化）初始化动作价值估计 $q(s,a) \leftarrow$ 任意值（$s \in \mathcal{S}, a \in \mathcal{A}$），如果用增量法更新价值，则初始化计

数器 $c(s,a) \leftarrow 0 (s \in \mathcal{S}, a \in \mathcal{A})$。

2 （回合更新）对每个回合执行以下操作：

2.1 （采样）用动作价值 q 导出的 ε 贪心策略 π 来生成轨迹：$S_0, A_0, R_1, S_1, A_1, R_2, \cdots, S_{T-1}, A_{T-1}, R_T, S_T$。

2.2 （如果是首次访问，统计首次出现的时刻）先初始化 $f(s,a) \leftarrow -1 (s \in \mathcal{S}, a \in \mathcal{A})$，然后对于 $t \leftarrow 0,1,\cdots,T-1$，如果 $f(S_t, A_t) < 0$，则 $f(S_t, A_t) \leftarrow t$。

2.3 （初始化回报）$G \leftarrow 0$。

2.4 对 $t \leftarrow T-1, T-2, \cdots, 0$：

2.4.1 （更新回报）$G \leftarrow \gamma G + R_{t+1}$。

2.4.2 （更新计数和动作价值估计）更新 $q(S_t, A_t)$ 以减小 $[G - q(S_t, A_t)]^2$。若使用增量法，则

$$c(S_t, A_t) \leftarrow c(S_t, A_t) + 1,\ q(S_t, A_t) \leftarrow q(S_t, A_t) + \frac{1}{c(S_t,\ A_t)}[G - q(S_t, A_t)]。$$

如果是首次访问仅在 $f(S_t, A_t) = t$ 时更新。

另外，策略改进的操作不一定要在每步更新价值后就立即进行。当回合步数较长，但是状态较少时，可以在价值完全更新完毕后统一进行以减小计算量。

4.2 异策回合更新

本节考虑异策回合更新。异策算法允许生成轨迹的策略和正在被评估或被优化的策略不是同一策略。本节将 Monte Carlo 方法中的技巧重要性采样引入回合更新学习中，并进行策略评估和求解最优策略。

4.2.1 重要性采样

本节考虑基于重要性采样的异策强化学习。重要性采样也是一种促进探索的方法。比如，我们估计某个策略在某个状态的状态价值。但是，如果直接用这个策略来生成轨迹，达到这个样本的概率可能很小。所以，我们可以考虑使用另外一个不同的策略来生成样本，来增加这个状态被访问到的概率，使得价值估计的过程更高效。

知识卡片：统计

重要性采样

重要性采样(importance sampling)是一种在回合更新方法中减小方差的技术。它改变样本的采样分布以提高采样效率。新的采样概率与旧的采样概率之比定义为重要性采样比例。

例如，回顾图4-1所示的求面积问题。之前我们在求 $\frac{1 - \mathrm{e}^{-x}}{\cos x}$ 和 x 围成的图形在 $x \in [0,1]$ 范围的面积时，在正方形区域 $[0,1] \times [0,1]$ 上均匀采样。但是这并不高效，因为

大多数的样本都不满足关系$\frac{1-\mathrm{e}^{-x}}{\cos x} \leqslant y < x$。在这个例子中，我们可以用重要性采样提高采样效率。由于对于所有的$x \in [0,1]$均满足$\frac{1-\mathrm{e}^{-x}}{\cos x} > x-0.06$，所以我们可以在范围$\{(x,y): x \in [0,1], y \in [x-0.06, x]\}$内均匀采样。这个新的范围的面积只有0.06。这样，落入范围$\frac{1-\mathrm{e}^{-x}}{\cos x} \leqslant y < x$的比例再乘以0.06后就是要估计的面积值。显然，新的样本命中目标区域概率是旧方法命中目标区域概率的比例的$\frac{1}{0.06}$倍。采用重要性采样后，我们可以用少得多的样本达到相同的预测精度。这样的性能增益可以用重要性采样比率$\frac{1}{0.06}$来表征。

我们把将要学习的策略 π 称为**目标策略**(target policy)，把用来生成样本的策略 b 称为**行为策略**(behavior policy)。同策学习中这两个策略是相同的，而基于重要性采样的异策算法中这两个策略不同。也就是说，对于重要性采样的异策算法，我们用了另外一个不同的行为策略来生成轨迹样本，再利用生成的轨迹样本来估计目标策略的统计量。

现在考虑从 t 开始的轨迹 $\mathsf{S}_t, \mathsf{A}_t, R_{t+1}, \mathsf{S}_{t+1}, \mathsf{A}_{t+1}, \cdots, \mathsf{S}_{T-1}, \mathsf{A}_{T-1}, R_T, \mathsf{S}_T$。在给定 S_t 的条件下，采用策略 π 和策略 b 生成这个轨迹的概率分别为

$$
\begin{aligned}
&\Pr_\pi[\mathsf{A}_t, R_{t+1}, \mathsf{S}_{t+1}, \mathsf{A}_{t+1}, \cdots, \mathsf{S}_{T-1}, \mathsf{A}_{T-1}, R_T, \mathsf{S}_T \mid \mathsf{S}_t] \\
&= \pi(\mathsf{A}_t \mid \mathsf{S}_t) p(\mathsf{S}_{t+1}, R_{t+1} \mid \mathsf{S}_t, \mathsf{A}_t) \pi(\mathsf{A}_{t+1} \mid \mathsf{S}_{t+1}) \cdots p(\mathsf{S}_T, R_T \mid \mathsf{S}_{T-1}, \mathsf{A}_{T-1}) \\
&= \prod_{\tau=t}^{T-1} \pi(\mathsf{A}_\tau \mid \mathsf{S}_\tau) \prod_{\tau=t}^{T-1} p(\mathsf{S}_{\tau+1}, R_{\tau+1} \mid \mathsf{S}_\tau, \mathsf{A}_\tau), \\
&\Pr_b[\mathsf{A}_t, R_{t+1}, \mathsf{S}_{t+1}, \mathsf{A}_{t+1}, \cdots, \mathsf{S}_{T-1}, \mathsf{A}_{T-1}, R_T, \mathsf{S}_T \mid \mathsf{S}_t] \\
&= b(\mathsf{A}_t \mid \mathsf{S}_t) p(\mathsf{S}_{t+1}, R_{t+1} \mid \mathsf{S}_t, \mathsf{A}_t) b(\mathsf{A}_{t+1} \mid \mathsf{S}_{t+1}) \cdots p(\mathsf{S}_T, R_T \mid \mathsf{S}_{T-1}, \mathsf{A}_{T-1}) \\
&= \prod_{\tau=t}^{T-1} b(\mathsf{A}_\tau \mid \mathsf{S}_\tau) \prod_{\tau=t}^{T-1} p(\mathsf{S}_{\tau+1}, R_{\tau+1} \mid \mathsf{S}_\tau, \mathsf{A}_\tau)。
\end{aligned}
$$

把这两个概率的比值定义为**重要性采样比率**(importance sample ratio)：

$$
\rho_{t:T-1} = \frac{\Pr_\pi[\mathsf{A}_t, R_{t+1}, \mathsf{S}_{t+1}, \mathsf{A}_{t+1}, \cdots, \mathsf{S}_{T-1}, \mathsf{A}_{T-1}, R_T, \mathsf{S}_T \mid \mathsf{S}_t]}{\Pr_b[\mathsf{A}_t, R_{t+1}, \mathsf{S}_{t+1}, \mathsf{A}_{t+1}, \cdots, \mathsf{S}_{T-1}, \mathsf{A}_{T-1}, R_T, \mathsf{S}_T \mid \mathsf{S}_t]} = \prod_{\tau=t}^{T-1} \frac{\pi(\mathsf{A}_\tau \mid \mathsf{S}_\tau)}{b(\mathsf{A}_\tau \mid \mathsf{S}_\tau)}。
$$

这个比率只和轨迹和策略有关，而与动力无关。为了让这个比率对不同的轨迹总是有意义，我们需要使得任何满足 $\pi(\mathsf{a} \mid \mathsf{s}) > 0$ 的 $\mathsf{s} \in \mathcal{S}$，$\mathsf{a} \in \mathcal{A}(\mathsf{s})$，均有 $b(\mathsf{a} \mid \mathsf{s}) > 0$。这样的关系称 π 对 b **绝对连续**(absolutely continuous)，记为 $\pi \ll b$。当 $\pi(\mathsf{a} \mid \mathsf{s}) = 0$ 时，无论 $b(\mathsf{a} \mid \mathsf{s})$ 取值是否为 0，$\frac{\pi(\mathsf{a} \mid \mathsf{s})}{b(\mathsf{a} \mid \mathsf{s})}$ 都看作 0。这样，比值 $\frac{\pi(\mathsf{a} \mid \mathsf{s})}{b(\mathsf{a} \mid \mathsf{s})}$ 总是有意义的。

对于给定状态动作对 $(\mathsf{S}_t, \mathsf{A}_t)$ 的条件概率也有类似的分析。在给定 $(\mathsf{S}_t, \mathsf{A}_t)$ 的条件下，

采用策略 π 和策略 b 生成轨迹 $S_t, A_t, R_{t+1}, S_{t+1}, A_{t+1}, \cdots, S_{T-1}, A_{T-1}, R_T, S_T$ 的概率分别为

$$\begin{aligned}
&\Pr_\pi[R_{t+1}, S_{t+1}, A_{t+1}, \cdots, S_{T-1}, A_{T-1}, R_T, S_T | S_t, A_t] \\
&= p(S_{t+1}, R_{t+1} | S_t, A_t)\pi(A_{t+1} | S_{t+1})\cdots p(S_T, R_T | S_{T-1}, A_{T-1}) \\
&= \prod_{\tau=t+1}^{T-1} \pi(A_\tau | S_\tau) \prod_{\tau=t}^{T-1} p(S_{\tau+1}, R_{\tau+1} | S_\tau, A_\tau), \\
&\Pr_b[R_{t+1}, S_{t+1}, A_{t+1}, \cdots, S_{T-1}, A_{T-1}, R_T, S_T | S_t, A_t] \\
&= p(S_{t+1}, R_{t+1} | S_t, A_t) b(A_{t+1} | S_{t+1})\cdots p(S_T, R_T | S_{T-1}, A_{T-1}) \\
&= \prod_{\tau=t+1}^{T-1} b(A_\tau | S_\tau) \prod_{\tau=t}^{T-1} p(S_{\tau+1}, R_{\tau+1} | S_\tau, A_\tau)。
\end{aligned}$$

重要性采样比率为

$$\rho_{t+1:T-1} = \prod_{\tau=t+1}^{T-1} \frac{\pi(A_\tau | S_\tau)}{b(A_\tau | S_\tau)}。$$

回顾在同策回合更新中，在得到回报样本 $g_1, g_2, \cdots, g_c$ 后，用平均值 $\frac{1}{c}\sum_{i=1}^{c} g_i$ 来作为价值的估计。这样的方法实际上默认了这 c 个回报是等概率出现的。类似的，异策回合更新用行为策略 b 得到 c 个回报样本 $g_1, g_2, \cdots, g_c$，这 c 个回报值对于行为策略 b 是等概率出现的。但是这 c 个回报值对于目标策略 π 不是等概率出现的。对于目标策略 π 而言，这 c 个回报值出现的概率正比于各轨迹的重要性采样比率。这样，我们可以用加权平均来完成估计。具体而言，若 $\rho_i(1 \leqslant i \leqslant c)$ 是回报样本 g_i 对应的权重（即轨迹的重要性采样比率），这样得到的加权平均为

$$\frac{\sum_{i=1}^{c} \rho_i g_i}{\sum_{i=1}^{c} \rho_i}。$$

重要性采样回合更新也可以使用增量法实现。采用重要性采样后，我们不再维护样本的个数，而维护样本的权重和。在更新的时候，先更新权重和，再更新价值估计。例如，更新状态价值的步骤可以写为

$$c \leftarrow c + \rho,$$

$$v \leftarrow v + \frac{\rho}{c}(g - v)。$$

其中这里的权重和依然记为 c（此处有字母滥用之嫌）；更新动作价值的步骤可以写为

$$c \leftarrow c + \rho,$$

$$q \leftarrow q + \frac{\rho}{c}(g - q)。$$

4.2.2 异策回合更新策略评估

对于4.1.1节的回合更新策略评估算法，它们总是用要评估的策略来生成样本，再用生成的样本更新策略价值估计。在这种情况下，生成样本的策略和要评估的策略是相同的策略，所以这样的算法是同策算法。本节我们要引入行为策略，进行基于重要性采样的异策回合更新策略评估。

算法4-9给出了加权重要性采样异策回合更新策略评估算法。按照惯例，我们把首次访问的版本和每次访问的版本写在了一起。第1步初始化了动作价值估计 $q(s,a)$（$s\in\mathcal{S}$, $a\in\mathcal{A}(s)$），第2步进行异策回合更新。异策回合更新的第一步是需要确定用于重要性采样的行为策略 b。行为策略 b 可以每个回合都单独设计，也可以为整个算法设计一个行为策略，而在所有回合中都使用同一个行为策略。行为策略 b 需要满足 $\pi\ll b$。所有柔性策略都满足这一要求。用行为策略生成轨迹样本后，逆序更新回报、价值估计和权重值。一开始权重值 ρ 设为1，以后会越来越小。如果某次权重值变为0（这往往是因为 $\pi(A_t|S_t)=0$），那么以后的权重值就都为0，再循环下去没有意义。所以这里设计了一个检查机制。事实上，这个检查机制保证了在更新 $q(s,a)$ 时权重和 $c(s,a)>0$，该检查机制是必需的。如果没有检查机制，则可能在更新 $c(s,a)$ 时，更新前和更新后的 $c(s,a)$ 值都是0，进而在更新 $q(s,a)$ 时出现除零错误。增加这个检查机制避免了这样的错误。

算法4-9　加权重要性采样异策回合更新策略评估的动作价值

1 （初始化）初始化动作价值估计 $q(s,a)\leftarrow$任意值（$s\in\mathcal{S},a\in\mathcal{A}$）。如果使用增量法，还需要初始化权重和 $c(s,a)\leftarrow 0$（$s\in\mathcal{S},a\in\mathcal{A}$）。

2 （回合更新）对每个回合执行以下操作：

2.1 （行为策略）指定行为策略 b，使得 $\pi\ll b$。

2.2 （采样）用策略 b 生成轨迹：$S_0,A_0,R_1,S_1,\cdots,S_{T-1},A_{T-1},R_T,S_T$。

2.3 （如果是首次访问，统计首次出现的时刻）先初始化 $f(s,a)\leftarrow -1$（$s\in\mathcal{S},a\in\mathcal{A}$），然后对于 $t\leftarrow 0,1,\cdots,T-1$，如果 $f(S_t,A_t)<0$，则 $f(S_t,A_t)\leftarrow t$。

2.4 （初始化回报和权重）$G\leftarrow 0$，$\rho\leftarrow 1$。

2.5 对于 $t\leftarrow T-1,T-2,\cdots,0$ 执行以下操作：

2.5.1 （更新回报）$G\leftarrow\gamma G+R_{t+1}$。

2.5.2 （更新价值）更新 $q(S_t,A_t)$ 以减小 $\rho\left[G-q(S_t,A_t)\right]^2$（若使用增量法，则 $c(S_t,A_t)\leftarrow c(S_t,A_t)+\rho$, $q(S_t,A_t)\leftarrow q(S_t,A_t)+\frac{\rho}{c(S_t,A_t)}\left[G-q(S_t,A_t)\right]$）；如果是首次访问仅在 $f(S_t,A_t)=t$ 时更新。

2.5.3 （更新权重）$\rho\leftarrow\rho\frac{\pi(A_t|S_t)}{b(A_t|S_t)}$。

2.5.4 （提前终止）如果 $\rho=0$，则结束步骤2.5的循环。

4.2.3 异策回合更新最优策略求解

对于4.1.2节和4.1.3节的回合更新最优策略的估计，总是用当前最优策略估计来生成样本，并用生成的样本来更新最优策略估计。这种情况下，生成样本的策略和要更新的策略是相同的策略，所以这样的算法是同策算法。本节我们要引入行为策略，进行基于重要性采样的异策回合更新最优策略求解。

算法4-10给出了加权重要性采样异策回合最优策略求解算法。依照惯例，我们把首次访问的版本和每次访问的版本写在了一起。这次我们更进一步，把显式维护策略的版本和隐式维护策略的版本写在了一起。显式维护策略的版本和隐式维护策略的版本在步骤1、步骤2.5.3和步骤2.5.4有不同。步骤1初始化价值估计。如果需要显式维护策略，我们还需要初始化策略。步骤2进行回合更新。回合更新的过程中，目标策略 π 可能会不断变化。为了让行为策略 b 总满足 $\pi \ll b$，我们一般选取 b 为柔性策略。我们可以在不同的回合选取不同的柔性策略作为行为策略，也可以整个程序用同一个柔性策略。在回合更新的过程中，我们还限定了目标策略为确定性策略，即对于每个状态 $s \in \mathcal{S}$ 都有一个 $a \in \mathcal{A}(s)$ 使得 $\pi(a|s)=1$，而其他 $\pi(\cdot|s)=0$。步骤2.5.4和步骤2.5.5利用这一性质来更新权重并判断权重是否为0。如果 $A_t \neq \pi(S_t)$，则意味着 $\pi(A_t|S_t)=0$，更新后的权重为0，需要退出循环以避免除零错误；若 $A_t=\pi(S_t)$，则意味着 $\pi(A_t|S_t)=1$，所以权重更新语句 $\rho \leftarrow \rho\frac{\pi(A_t|S_t)}{b(A_t|S_t)}$ 就可以简化为 $\rho \leftarrow \rho\frac{1}{b(A_t|S_t)}$。

算法4-10 加权重要性采样异策回合更新最优策略求解

1 (初始化)初始化动作价值估计 $q(s,a) \leftarrow$ 任意值 $(s \in \mathcal{S}, a \in \mathcal{A})$。如果使用增量法，则初始化权重和 $c(s,a) \leftarrow 0 (s \in \mathcal{S}, a \in \mathcal{A})$。

如果显式维护策略，则初始化策略 $\pi(s) \leftarrow \underset{a}{\arg\max}\, q(s,a) (s \in \mathcal{S})$。

2 (回合更新)对每个回合执行以下操作：

2.1 (柔性策略)指定 b 为任意柔性策略。

2.2 (采样)用策略 b 生成轨迹：$S_0, A_0, R_1, S_1, A_1, R_2, \cdots, S_{T-1}, A_{T-1}, R_T, S_T$。

2.3 (如果是首次访问，统计首次出现的时刻)先初始化 $f(s,a) \leftarrow -1 (s \in \mathcal{S}, a \in \mathcal{A})$，然后对于 $t \leftarrow 0,1,\cdots,T-1$，如果 $f(S_t,A_t)<0$，则 $f(S_t,A_t) \leftarrow t$。

2.4 (初始化回报和权重) $G \leftarrow 0$，$\rho \leftarrow 1$。

2.5 对 $t \leftarrow T-1, T-2, \cdots, 0$：

2.5.1 (更新回报) $G \leftarrow \gamma G + R_{t+1}$。

2.5.2 (更新价值)更新 $q(S_t,A_t)$ 以减小 $\rho[G-q(S_t,A_t)]^2$ (若使用增量法，则 $c(S_t,A_t) \leftarrow c(S_t,A_t)+\rho, q(S_t,A_t) \leftarrow q(S_t,A_t)+\frac{\rho}{c(S_t,A_t)}[G-q(S_t,A_t)]$)；如果是首次访问仅在 $f(S_t,A_t)=t$ 时更新。

2.5.3 （若显式维护策略，则更新策略）$\pi(S_t) \leftarrow \arg\max_a q(S_t, a)$。

2.5.4 （提前终止）若 $A_t \neq \pi(S_t)$，则退出步骤 2.5（隐式维护策略时也可以进行类似的判断）。

2.5.5 （更新权重）$\rho \leftarrow \rho \frac{1}{b(A_t | S_t)}$。

4.3 实验：21 点游戏

本节考虑纸牌游戏“21 点”（`Blackjack-v1`），并为其实现游戏 AI。

21 点的游戏规则是这样的：游戏里有一个玩家（player）和一个庄家（dealer），每个回合的结果可能是玩家获胜、庄家获胜或打成平手。回合开始时，玩家和庄家各有两张牌，玩家可以看到玩家的两张牌和庄家的其中一张牌。接着，玩家可以选择是不是要更多的牌。如果选择要更多的牌，玩家可以再得到一张牌，并统计玩家手上所有牌的点数之和。各牌面对应的点数见表 4-1，其中牌面 A 代表 1 点或 11 点。如果点数和大于 21，则称玩家输掉这个回合，庄家获胜；如果点数和小于等于 21，那么玩家可以再次决定是否要更多的牌，直到玩家不再要更多的牌。如果玩家在总点数小于等于 21 的情况下不要更多的牌，那么这时候玩家手上的总点数就是最终玩家的点数。接下来，庄家展示其没有显示的那张牌，并且在其点数小于 17 的情况下抽取更多的牌。如果庄家在抽取的过程中总点数超过 21，则庄家输掉这一回合，玩家获胜；如果最终庄家的总点数小于等于 21，则比较玩家的总点数和庄家的总点数。如果玩家的总点数大于庄家的总点数，则玩家获胜；如果玩家和庄家的总点数相同，则为平局；如果玩家的总点数小于庄家的总点数，则庄家获胜。

表 4-1　21 点各牌面对应的点数

牌面	点数
A	1 或 11
2	2
3	3
⋮	⋮
9	9
10、J、Q、K	10

4.3.1 使用环境

Gym 库的环境 `Blackjack-v1` 实现了上述 21 点游戏。这个环境的动作空间是 `Discrete(2)`。动作值为 `int` 型数值 0 或 1，其中 0 表示玩家不再要更多的牌，1 表示玩家再要一张牌。观测空间是 `Tuple(Discrete(32), Discrete(11), Discrete(2))`。观测是由三个值组成的 `tuple`，三个元素依次为：

- ❑ 玩家的点数和，范围为 4 ~ 21 的 int 型数值。如果玩家手上有 A 牌，那么会用以下规则确定 A 牌的点数：首先要保证玩家手上牌的总点数不超过 21（所以至多有一张 A 牌会算作 11），在此基础上让总点数尽量大。
- ❑ 庄家可见牌的点数，范围为 1 ~ 10 的 int 型数值。在计算庄家点数时，总是将 A 计算为 1 点。
- ❑ 在计算玩家点数和的时候，是否有将 A 牌计算为 11 点。bool 型数值。

在线内容：学有余力的读者可在本书 GitHub 仓库查阅对空间类 gym.spaces.Tuple 的源码解读。

代码清单 4-1 给出了函数 play_policy()，它可以用给定策略玩一个回合。参数 policy 传入策略，它是形状为（22,11,2,2）的 np.array 对象，表示在各个状态条件下各动作的概率。函数 ob2state()是将观测转化为状态的辅助函数。我们知道观测是个 tuple，且其中最后一个元素是 bool 类型。这样的数据类型不便于作为指标直接在 policy 中取概率。函数 ob2state()对观测 tuple 进行整理，使得其可以从 np.array 类型 policy 中得到当前状态对应的策略概率。根据这个概率，我们用 np.random.choice()函数根据策略指定的概率选择动作。np.random.choice()函数的第 0 个参数表示可能的取值。如果传入的是 int 数值 a，则输出在 np.arange(a)中选取。它还可能有一个关键字参数 p，表示选择各数据的概率。没有指定关键字参数 p 时，表示等概率选择数据。如果不为函数 play_policy()的参数 policy 传入 np.array 对象，则随机选择动作。

代码清单 4-1　玩一个回合

代码文件名：Blackjack-v1_MonteCarlo_demo.ipynb。

```
def ob2state(observation):
    return observation[0], observation[1], int(observation[2])

def play_policy(env, policy=None, verbose=False):
    observation, _ = env.reset()
    reward, terminated, truncated = 0., False, False
    episode_reward, elapsed_steps = 0., 0
    if verbose:
        logging.info('观测 = %s', observation)
    while True:
        if verbose:
            logging.info('玩家牌 = %s, 庄家牌 = %s', env.player, env.dealer)
        if policy is None:
            action = env.action_space.sample()
        else:
            state = ob2state(observation)
            action = np.random.choice(env.action_space.n, p=policy[state])
        if verbose:
            logging.info('动作 = %s', action)
```

```
            observation, reward, terminated, truncated, _ = env.step(action)
            if verbose:
                logging.info('观测 = %s', observation)
                logging.info('奖励 = %s', reward)
                logging.info('回合终止 = %s', terminated)
                logging.info('回合截断 = %s', truncated)
            episode_reward += reward
            elapsed_steps += 1
            if terminated or truncated:
                break
        return episode_reward, elapsed_steps

episode_reward, elapsed_steps = play_policy(env, verbose=True)
logging.info("回合奖励:%.2f", episode_reward)
```

4.3.2 同策策略评估

在 21 点游戏中的轨迹有以下特点：

- 在一个轨迹中不可能出现重复的状态。原因在于，在一个回合中，玩家在每一步都比上一步多了一张牌，所以总点数往往会增大，或者原来可以算作 11 点的 A 牌只能算作 1 点了。
- 在一个轨迹中只有最后的一个奖励值是非零值。

考虑到 21 点游戏具有以上特点，其同策回合更新算法可以进行以下简化：

- 同一回合中每个状态肯定都是首次访问，不需要区分首次访问和每次访问。
- 在折扣因子 $\gamma=1$ 的情况下，只要将回合最后一个奖励值作为回报值，同策更新不需要逆序求回报值。

利用以上两个简化，代码清单 4-2 给出了同策回合更新策略评估的算法。函数 `evaluate_action_monte_carlo()`根据环境 `env` 和策略 `policy`，求得动作价值 `q` 并返回。在这个函数中，不区分首次访问和每次访问，限定 $\gamma=1$ 并直接用最后的奖励值作为回报值 `g`，并且在更新状态时是顺序更新的。

代码清单 4-2　同策回合更新策略评估

代码文件名：Blackjack-v1_MonteCarlo_demo.ipynb。

```
def evaluate_action_monte_carlo(env, policy, episode_num=500000):
    q = np.zeros_like(policy)  # 动作价值
    c = np.zeros_like(policy)  # 计数值
    for _ in range(episode_num):
        # 玩一回合
        state_actions = []
        observation, _ = env.reset()
        while True:
            state = ob2state(observation)
```

```
            action = np.random.choice(env.action_space.n, p=policy[state])
            state_actions.append((state, action))
            observation, reward, terminated, truncated, _ = env.step(action)
            if terminated or truncated:
                break  # 回合结束
        g = reward  # 回报
        for state, action in state_actions:
            c[state][action] += 1.
            q[state][action] += (g - q[state][action]) / c[state][action]
    return q
```

下面我们来看一个 evaluate_action_monte_carlo() 函数的用法。下面这段代码评估了一个确定性算法 policy。算法 policy 在总点数 <20 时要牌，在总点数≥20 时不再要牌。通过调用 evaluate_action_monte_carlo() 函数，求得其动作价值为 q。接着，利用动作价值估计求出了状态价值估计 v。

```
policy = np.zeros((22, 11, 2, 2))
policy[20:, :, :, 0] = 1  # 大于等于 20 时不要牌
policy[:20, :, :, 1] = 1  # 小于 20 时要牌

q = evaluate_action_monte_carlo(env, policy) # 动作价值
v = (q *policy).sum(axis=-1)  # 状态价值
```

我们不妨对价值估计进行可视化。考虑到 q 是一个四维数组，而 v 是一个三维数组，所以可视化 v 比可视化 q 容易。这里仅可视化 v。代码清单 4-3 给出了可视化最后一维指标为 0 或 1 的三维数组的函数 plot()。函数 plot()绘制了含有两个子图的图像，两个子图分别绘制最后一维指标为 0 和最后一维指标为 1 的数组值。每个子图的横坐标表示玩家点数和，纵坐标表示庄家显示的牌面。值得一提的是，这里显示的玩家点数和范围只有 12 ~ 21，比实际可能出现的范围 3 ~ 21 小。实际上，12 ~ 21 这个范围是我们最为关心的范围。这是因为，如果玩家的点数和小于等于 11，那么再抽一张牌肯定不会超过 21 点，并且总是能得到更大的点数。所以，玩家在点数和小于等于 11 情况下的一定会选择继续抽牌，直到玩家总点数和大于等于 12。所以，我们更关心玩家点数和范围是 12 ~ 21 的情况。

代码清单 4-3 绘制以状态为指标的三维数组

代码文件名：Blackjack-v1_MonteCarlo_demo.ipynb。

```
def plot(data):
    fig, axes = plt.subplots(1, 2, figsize=(9, 4))
    titles = ['without ace', 'with ace']
    have_aces = [0, 1]
    extent = [12, 22, 1, 11]
    for title, have_ace, axis in zip(titles, have_aces, axes):
        dat = data[extent[0]:extent[1], extent[2]:extent[3], have_ace].T
```

```
    axis.imshow(dat, extent=extent, origin='lower')
    axis.set_xlabel('player sum')
    axis.set_ylabel('dealer showing')
    axis.set_title(title)
```

用下列代码调用 plot()函数，可以绘制得到状态价值的图像(见图 4-3)。由于环境具有随机性，所以每次运行的图像结果可能略有不同。增加回合数可以减小不同运行间的差距。

```
plot(v)
```

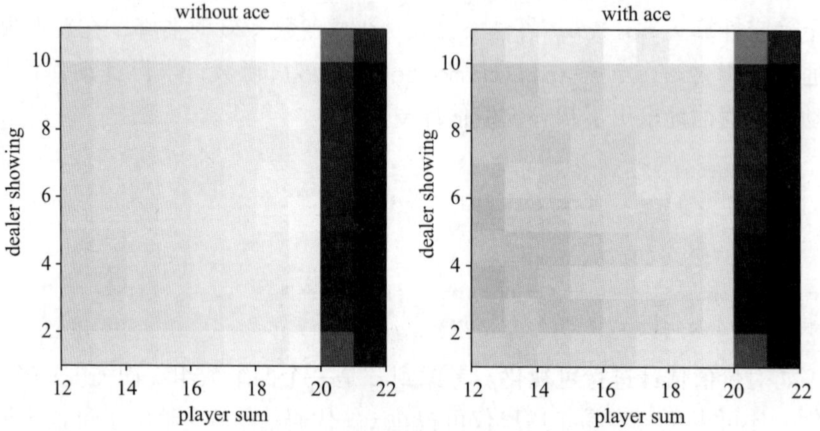

图 4-3　策略评估得到的状态函数估计

注：颜色越深价值越大。

4.3.3　同策最优策略求解

本节考虑利用同策回合更新求解最优价值和最优策略。

代码清单 4-4 给出了带起始探索的同策回合更新算法。起始探索要修改环境状态的初始分布。要完成这样的修改，往往需要了解环境的实现。Blackjack-v1 环境的源代码可以在下列地址找到：

```
https://github.com/openai/gym/blob/master/gym/envs/toy_text/blackjack.py
```

通过阅读环境源代码，我们知道了玩家和庄家的牌分别存在 env.player 和 env.dealer 中，它们都是有两个 int 元素的数组。只要修改这两个成员，就可以改变起始状态。代码清单 4-4 中 for 循环内部的前几行，就在试图修改起始状态。在 4.3.2 节我们知道，我们最为关心玩家点数和在 12～21 这个范围内的状态，所以其中的起始探索也只覆盖这个范围内的状态。利用产生的状态，可以反推出一种玩家的持牌可能性和庄家持有的明牌。考虑到所有对应到相同的状态的玩家持牌都是等价的，所以这里只需要任意指定一种玩家的持牌即可。计算得到玩家的持牌和庄家持有的明牌后，可以直接将牌面赋值给 env. player 和 env. dealer[0]，覆盖环境当前状态。这样，该回合游戏就可以从给定的起始状态开始了。

代码清单 4-4　带起始探索的同策回合更新

代码文件名:Blackjack-v1_MonteCarlo_demo.ipynb。

```
def monte_carlo_with_exploring_start(env, episode_num=500000):
    policy = np.zeros((22, 11, 2, 2))
    policy[:, :, :, 1] = 1.
    q = np.zeros_like(policy)  # 动作价值
    c = np.zeros_like(policy)  # 计数值
    for _ in range(episode_num):
        # 随机选择初始状态
        state = (np.random.randint(12, 22),
                np.random.randint(1, 11),
                np.random.randint(2))
        action = np.random.randint(2)
        # 玩一回合
        env.reset()
        if state[2]: # 有 A
            env.unwrapped.player = [1, state[0] - 11]
        else: # 没有 A
            if state[0] == 21:
                env.unwrapped.player = [10, 9, 2]
            else:
                env.unwrapped.player = [10, state[0] - 10]
        env.unwrapped.dealer[0] = state[1]
        state_actions = []
        while True:
            state_actions.append((state, action))
            observation, reward, terminated, truncated, _ = env.step(action)
            if terminated or truncated:
                break  # 回合结束
            state = ob2state(observation)
            action = np.random.choice(env.action_space.n, p = policy[state])
        g = reward  # 回报
        for state, action in state_actions:
            c[state][action] += 1.
            q[state][action] += (g - q[state][action]) / c[state][action]
            a = q[state].argmax()
            policy[state] = 0.
            policy[state][a] = 1.
    return policy, q
```

下面的代码调用 monte_carlo_with_exploring_start() 函数计算得到最优策略估计和最优状态价值估计。再调用 plot() 函数，绘制得到的最优策略估计如图 4-4 所示，最优状态价估值估计如图 4-5 所示。

```
policy, q = monte_carlo_with_exploring_start(env)
v = q.max(axis=-1)
plot(policy.argmax(-1))
plot(v)
```

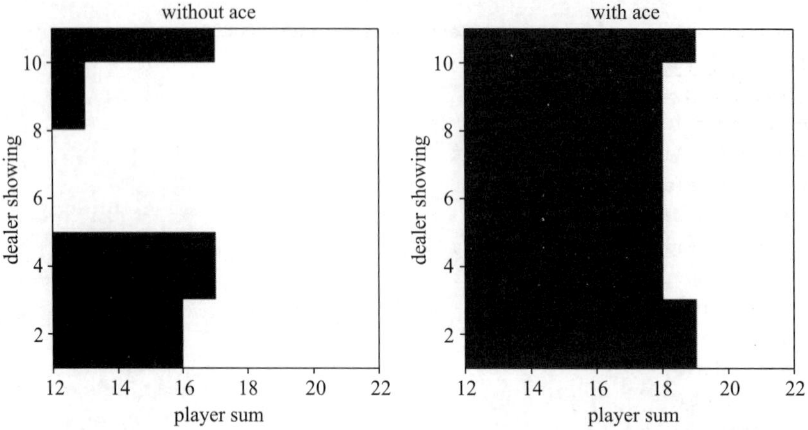

图 4-4 最优策略估计

注：黑色表示继续要牌，白色表示不要牌。

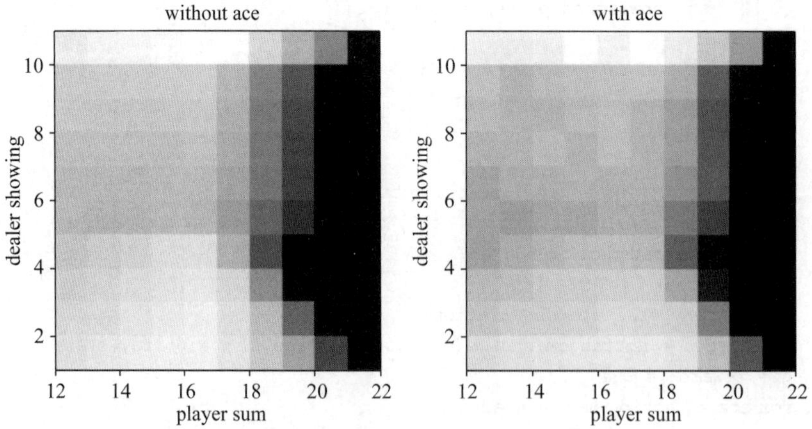

图 4-5 最优状态价值估计

注：颜色越深价值越大。

代码清单 4-5 实现了基于柔性策略的同策回合更新求解最优策略和最优价值。函数 `monte_carlo_with_soft()`有一个参数 `epsilon`，表示 ε 柔性策略中的 ε 值。在初始化策略时，将策略初始化为 $\pi(a|s)=0.5(s\in\mathcal{S},a\in\mathcal{A})$，这样可以确保在迭代开始前策略也是 ε 柔性策略。

代码清单 4-5 基于柔性策略的同策回合更新

代码文件名：Blackjack-v1_MonteCarlo_demo.ipynb。

```
def monte_carlo_with_soft(env, episode_num=500000, epsilon=0.1):
    policy = np.ones((22, 11, 2, 2)) *0.5  # 柔性策略
    q = np.zeros_like(policy)  # 动作价值
    c = np.zeros_like(policy)  # 计数值
    for _ in range(episode_num):
        # 玩一回合
        state_actions = []
        observation, _ = env.reset()
        while True:
            state = ob2state(observation)
            action = np.random.choice(env.action_space.n, p=policy[state])
            state_actions.append((state, action))
            observation, reward, terminated, truncated, _ = env.step(action)
            if terminated or truncated:
                break  # 回合结束
        g = reward  # 回报
        for state, action in state_actions:
            c[state][action] += 1.
            q[state][action] += (g - q[state][action]) / c[state][action]
            # 柔性更新
            a = q[state].argmax()
            policy[state] = epsilon / 2.
            policy[state][a] += (1. - epsilon)
    return policy, q
```

下列代码使用 monte_carlo_with_soft() 函数求得最优策略估计和最优价值估计，并绘制得到图 4-4 和图 4-5。

```
policy, q = monte_carlo_with_soft(env)
v = q.max(axis = -1)
plot(policy.argmax(-1))
plot(v)
```

4.3.4 异策策略评估

本节实现基于重要性采样的异策算法。

代码清单 4-6 给出了异策策略评估求解动作价值。函数 evaluate_monte_carlo_importance_sample() 的参数不仅有目标策略 policy，还有行为策略 behavior_policy。在回合更新的过程中采用了逆序更新来有效地更新重要性采样比率。

代码清单 4-6 重要性采样策略评估

代码文件名：Blackjack-v1_MonteCarlo_demo.ipynb。

```
def evaluate_monte_carlo_importance_sample(env, policy, behavior_policy,
```

```
        episode_num=500000):
    q = np.zeros_like(policy)  # 动作价值
    c = np.zeros_like(policy)  # 计数值
    for _ in range(episode_num):
        # 用行为策略玩一回合
        state_actions = []
        observation, _ = env.reset()
        while True:
            state = ob2state(observation)
            action = np.random.choice(env.action_space.n,
                    p = behavior_policy[state])
            state_actions.append((state, action))
            observation, reward, terminated, truncated, _ = env.step(action)
            if terminated or truncated:
                break  # 回合结束
        g = reward  # 回报
        rho = 1.  # 重要性采样比率
        for state, action in reversed(state_actions):
            c[state][action] += rho
            q[state][action] += (rho / c[state][action] *(g - q[state][action]))
            rho *= (policy[state][action] / behavior_policy[state][action])
            if rho == 0:
                break  # 提前退出
    return q
```

下列代码调用了 evaluate_monte_carlo_importance_sample()函数。其中的行为策略是 $\pi(a|s)=0.5(s\in\mathcal{S},a\in\mathcal{A})$。该代码可以生成和同策回合更新一致的结果(见图 4-3)。

```
policy = np.zeros((22, 11, 2, 2))
policy[20:, :, :, 0] = 1  # >= 20 则不再要牌
policy[:20, :, :, 1] = 1  # <20 则继续要牌
behavior_policy = np.ones_like(policy) * 0.5
q = evaluate_monte_carlo_importance_sample(env, policy, behavior_policy)
v = (q *policy).sum(axis =-1)
```

4.3.5 异策最优策略求解

最后来看异策回合更新的最优策略求解。代码清单 4-7 给出了基于重要性采样的最优策略求解。在函数的初始化阶段确定了行为策略为 $\pi(a|s)=0.5(s\in\mathcal{S},a\in\mathcal{A})$，这是一个柔性策略。在后续的回合更新中，无论目标策略如何更新，都使用这个策略作为行为策略。在更新阶段，同样使用逆序来有效更新重要性采样比率。

代码清单 4-7 柔性策略重要性采样最优策略求解

代码文件名：Blackjack-v1_MonteCarlo_demo.ipynb。

```
def monte_carlo_importance_sample(env, episode_num=500000):
    policy = np.zeros((22, 11, 2, 2))
    policy[:, :, :, 0] = 1.
    behavior_policy = np.ones_like(policy) *0.5  # 柔性策略
    q = np.zeros_like(policy)
    c = np.zeros_like(policy)
    for _ in range(episode_num):
        # 使用行为策略玩一回合
        state_actions = []
        observation, _ = env.reset()
        while True:
            state = ob2state(observation)
            action = np.random.choice(env.action_space.n,
                    p=behavior_policy[state])
            state_actions.append((state, action))
            observation, reward, terminated, truncated, _ = env.step(action)
            if terminated or truncated:
                break  # 回合结束
        g = reward  # 回报
        rho = 1.  # 重要性采样比率
        for state, action in reversed(state_actions):
            c[state][action] += rho
            q[state][action] += (rho / c[state][action] *(g - q[state][action]))
            # 策略改进
            a = q[state].argmax()
            policy[state] = 0.
            policy[state][a] = 1.
            if a != action:  # 提前退出
                break
            rho /= behavior_policy[state][action]
    return policy, q
```

下列代码调用了 monte_carlo_importance_sample() 函数得到了最优策略估计和最优价值估计。该代码可以生成和同策回合更新一致的结果(见图 4-4 和图 4-5)。

```
policy, q = monte_carlo_importance_sample(env)
v = q.max(axis=-1)
plot(policy.argmax(-1))
plot(v)
```

4.4　本章小结

本章介绍无模型回合更新方法。回合更新只能利用于回合制任务，它在每个回合完成后更新价值估计。无模型回合更新算法不能用于连续性任务。在第 5 章，我们将学习一种既可以用于回合制任务、也可以用于连续性任务的方法，它不需要等到回合结束就可以更新价值估计。

本章要点

- 无模型学习及其收敛性依赖于随机近似理论和 Robbins-Monro 算法。
- 回合更新采用了 Monte Carlo 方法，它用回报的平均值估计价值。实际实现常采用增量法，用前 $c-1$ 个样本得到的估值、计数值 c 和 c 个样本得到的估计值。
- 在一个回合内，同一状态(或同一状态动作对)可能被多次访问。如果每次访问的回报值都用于估计，则称为每次访问；如果只有第一次访问的回报值用于估计，则称为首次访问。
- 回合更新策略评估在每个回合后更新价值的估计。回合更新最优策略在每个回合后更新价值的估计并进行策略改进。
- 起始探索、柔性策略、重要性采样都是可以促进探索。
- 同策回合更新直接用目标策略生成的轨迹样本估计价值，异策回合更新可以用其他策略生成的轨迹估计目标策略的价值函数。
- 重要性采样通过行为策略 b 生成的轨迹来更新目标策略 π。重要性采样比率的定义为

$$\rho_{t:T-1} = \prod_{\tau=t}^{T-1} \frac{\pi(A_\tau \mid S_\tau)}{b(A_\tau \mid S_\tau)}。$$

4.5 练习与模拟面试

1. 单选题

(1)下列哪个学习率序列满足 Robbins-Monro 算法的条件：(　　)。

A. $\alpha_k = 1, k = 1,2,3,\cdots$

B. $\alpha_k = \frac{1}{k}, k = 1,2,3,\cdots$

C. $\alpha_k = \frac{1}{k^2}, k = 1,2,3,\cdots$

(2)关于探索和利用，下列说法正确的是(　　)。

A. 探索试图运用已知信息来最大化奖励，利用寻找更多的环境信息

B. 探索试图寻找更多的环境信息，利用试图运用已知信息来最大化奖励

C. 探索试图运用已知信息来最大化奖励，利用试图使用最优的策略

(3)关于探索，下列说法正确的是(　　)。

A. 起始探索需要能够修改环境，所以并不适合所有的任务

B. 柔性策略需要能够修改环境，所以并不适合所有的任务

C. 重要性采样需要能够修改环境，所以并不适合所有的任务

(4)关于重要性采样强化学习，下列说法正确的是(　　)。

A. 生成样本的策略称为行为策略，要学习的策略称为目标策略

B. 生成样本的策略称为行为策略，要学习的策略称为评估策略

C. 生成样本的策略称为评估策略，要学习的策略称为目标策略

(5) 关于重要性采样强化学习，下列说法正确的是(　　)。

A. 目标策略 π 需要对行为策略 b 绝对连续，记为 $\pi \ll b$

B. 行为策略 b 需要对目标策略 π 绝对连续，记为 $b \ll \pi$

C. 目标策略 π 需要对行为策略 b 绝对连续，记为 $b \ll \pi$

2. 编程练习

用本章介绍的回合更新价值迭代算法求解 `CliffWalking-v0` 问题。

3. 模拟面试

(1) 为什么强化学习里的回合更新价值迭代算法英文名是 Monte Carlo 学习？

(2) 为什么说重要性采样是一种异策算法？为什么要使用重要性采样？

CHAPTER 5

第 5 章

时序差分价值迭代

本章将学习以下内容。

- ❑ 时序差分目标的定义。
- ❑ 用时序差分更新进行策略评估。
- ❑ 用时序差分更新进行策略优化。
- ❑ SARSA 算法。
- ❑ 期望 SARSA 算法。
- ❑ 重要性采样时序差分学习。
- ❑ Q 学习算法。
- ❑ 双重 Q 学习算法。
- ❑ λ 回报。
- ❑ 资格迹。
- ❑ TD(λ) 算法。

时序差分更新和回合更新都是直接利用经验数据进行学习，而不需要环境模型。时序差分更新与回合更新的区别在于，时序差分更新汲取了动态规划方法中“自益”的思想，用现有的价值估计值来更新价值估计，不需要等到回合结束也可以更新价值估计。所以，时序差分更新既可以用于回合制任务，也可以用于连续性任务。

5.1 时序差分目标

在第 4 章的回合更新学习中，为了估计价值，我们要从状态 s 或状态动作对 (s,a) 出发一直采样到回合结束以得到 G_t 的样本，再利用 $v_\pi(s)=\mathrm{E}_\pi[G_t|S_t=s]$ 和 $q_\pi(s,a)=$

$\mathrm{E}_\pi[G_t|S_t=s,A_t=a]$估计价值。本节将引入一个新的量：时序差分目标(记为 U_t)。我们不需要到回合结束也能得到 U_t 的样本，并且 U_t 也满足$v_\pi(s)=\mathrm{E}_\pi[U_t|S_t=s]$和$q_\pi(s,a)=\mathrm{E}_\pi[U_t|S_t=s,A_t=a]$，使得我们可以通过 U_t 的样本来估计价值。

时序差分回报(TD return)的定义如下：给定正整数 $n(n=1,2,3,\cdots)$，我们可以定义以下两种 n 步时序差分目标。

- 由状态价值自益得到的 n 步时序差分目标：

$$U_{t:t+n}^{(v)}=\begin{cases}R_{t+1}+\gamma R_{t+2}+\cdots+\gamma^{n-1}R_{t+n}+\gamma^n v(S_{t+n}), & t+n<T,\\ R_{t+1}+\gamma R_{t+2}+\cdots+\gamma^{T-t-1}R_T, & t+n\geqslant T。\end{cases}$$

  其中 $U_{t:t+n}^{(v)}$的上标(v)表示是对动作价值定义的，下标 $t:t+n$ 表示是当 $S_{t+n}\neq s_{终止}$时，用 $v(S_{t+n})$来计算时序差分回报。在不致混淆的情况下，可以把 $U_{t:t+n}^{(v)}$简记为 U_t。

- 由动作价值自益得到的 n 步时序差分目标：

$$U_{t:t+n}^{(q)}=\begin{cases}R_{t+1}+\gamma R_{t+2}+\cdots+\gamma^{n-1}R_{t+n}+\gamma^n q(S_{t+n},A_{t+n}), & t+n<T,\\ R_{t+1}+\gamma R_{t+2}+\cdots+\gamma^{T-t-1}R_T, & t+n\geqslant T。\end{cases}$$

  在不致混淆的情况下，可以把 $U_{t:t+n}^{(q)}$简记为 U_t。

可以证明：

$$\begin{aligned}v_\pi(s)&=\mathrm{E}_\pi[U_t|S_t=s], & s\in\mathcal{S},\\ q_\pi(s,a)&=\mathrm{E}_\pi[U_t|S_t=s,A_t=a], & s\in\mathcal{S},\ a\in\mathcal{A}(s)。\end{aligned}$$

(证明：当$t+n\geqslant T$时，G_t 就是 U_t，显然成立。当 $t+n<T$ 时，$v_\pi(s)=\mathrm{E}_\pi[U_{t:t+n}^{(v)}|S_t=s]\,(s\in\mathcal{S})$可由下式得到

$$\begin{aligned}v_\pi(s)&=\mathrm{E}_\pi[G_t|S_t=s]\\&=\mathrm{E}_\pi[R_{t+1}+\gamma R_{t+2}+\cdots+\gamma^{n-1}R_{t+n}+\gamma^n G_{t+n}|S_t=s]\\&=\mathrm{E}_\pi[R_{t+1}+\gamma R_{t+2}+\cdots+\gamma^{n-1}R_{t+n}+\gamma^n \mathrm{E}_\pi[G_{t+n}|S_{t+n}]|S_t=s]\\&=\mathrm{E}_\pi[R_{t+1}+\gamma R_{t+2}+\cdots+\gamma^{n-1}R_{t+n}+\gamma^n v(S_{t+n})|S_t=s]\\&=\mathrm{E}_\pi[U_t|S_t=s]。\end{aligned}$$

其他情况的证明类似。)

n 最常见取 1，这时 n 步时序差分目标退化为**单步时序差分目标**。

- 由状态价值自益得到的单步时序差分目标：

$$U_{t:t+1}^{(v)}=\begin{cases}R_{t+1}+\gamma v(S_{t+1}), & S_{t+1}\neq s_{终止},\\ R_{t+1}, & S_{t+1}=s_{终止}。\end{cases}$$

- 由动作价值自益得到的单步时序差分目标：

$$U_{t:t+1}^{(q)}=\begin{cases}R_{t+1}+\gamma q(S_{t+1},A_{t+1}), & S_{t+1}\neq s_{终止},\\ R_{t+1}, & S_{t+1}=s_{终止}。\end{cases}$$

有些环境还会在交互时给出每个状态 S_t 是不是终止状态的指示 D_t（字母 D 是英文 done 的缩写），数学表达式为

$$D_t = \begin{cases} 1, & S_t = s_{终止}, \\ 0, & S_t \neq s_{终止}。 \end{cases}$$

我们可以利用这个指示简化时序差分目标的表达式。单步时序差分目标可以表示为

$$U_{t:t+1}^{(v)} = R_{t+1} + (1 - D_{t+1})\gamma v(S_{t+1}),$$

$$U_{t:t+1}^{(q)} = R_{t+1} + (1 - D_{t+1})\gamma q(S_{t+1}, A_{t+1})。$$

特别注意的是，$1 - D_{t+1}$ 和 $\gamma q(S_{t+1}, A_{t+1})$ 之间的乘法应当这样理解：如果 $1 - D_{t+1} = 0$，那么乘法的结果就是 0，而不需要在乎 $\gamma q(S_{t+1}, A_{t+1})$ 是否有定义。而 n 步时序差分目标（$n = 1, 2, \cdots$）可以表示为

$$U_{t:t+n}^{(v)} = R_{t+1} + (1 - D_{t+1})(\gamma R_{t+2} + \cdots + (1 - D_{t+n-1})(\gamma^{n-1} R_{t+n} + (1 - D_{t+n})\gamma^n v(S_{t+n}))),$$

$$U_{t:t+n}^{(q)} = R_{t+1} + (1 - D_{t+1})(\gamma R_{t+2} + \cdots + (1 - D_{t+n-1})(\gamma^{n-1} R_{t+n} + (1 - D_{t+n})\gamma^n q(S_{t+n}, A_{t+n})))。$$

乘法也应当进行类似的理解。

图 5-1 比较了用自益获得的时序差分目标和用回合更新获得回报的备份图。在备份图中，空心圆圈表示状态，实心圆圈表示状态动作对。图 5-1a 是动作价值估计的备份图。如果用未来第一个状态动作对的价值来估计当前状态动作对的价值，那就是单步自益，得到的目标就是单步时序差分目标；如果用未来第二个状态动作对来估计当前状态动作对的价值，那就是 2 步自益，得到的目标就是 2 步时序差分目标，以此类推。如果一直用到了终止状态，则就没有自益，估计的目标就是回报值。图 5-1b 是估计状态价值的备份图，也有类似的分析。

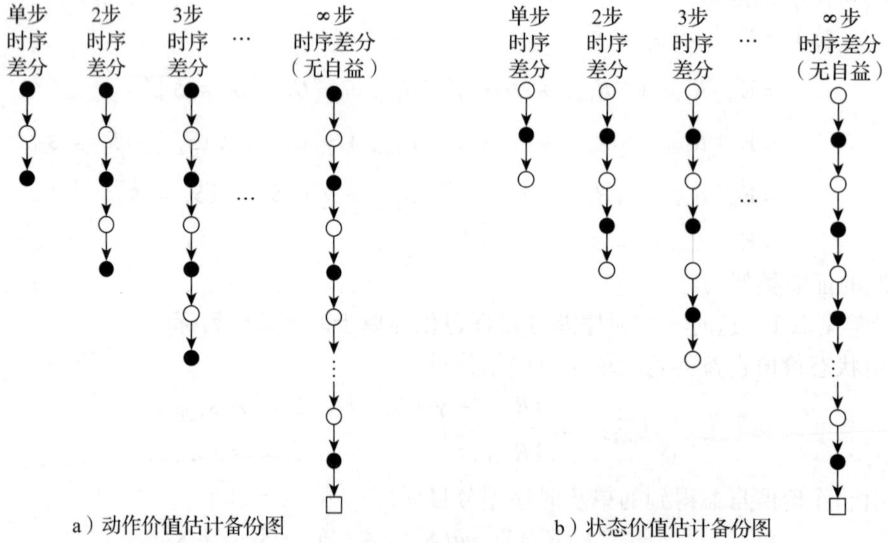

图 5-1　用自益获得时序差分目标和回合更新获得回报的备份图比较

注：本图改编自 *Reinforcement Learning: An Introduction*。

时序差分目标相比于回报而言，最大优势是：它只需要采样 n 步即可得到 n 步时序差分，而不需要等到回合结束才能得到。所以，时序差分回报既可以用于回合制任务，也可以用于连续性任务。

5.2　同策时序差分更新

本节学习同策时序差分更新算法。

5.2.1　时序差分更新策略评估

本节考虑利用时序差分目标来评估给定策略的价值。

和无模型回合更新的情况相同，在无模型的情况下动作价值比状态价值更为重要，因为动作价值能够决定策略和状态价值，但是状态价值得不到动作价值。

回顾在同策回合更新策略评估中，回合更新在更新 $q(S_t,A_t)$ 时试图减小 $[G_t - q(S_t, A_t)]^2$。如果用增量法，可以实现为形如

$$q(S_t,A_t) \leftarrow q(S_t,A_t) + \alpha[G_t - q(S_t,A_t)]$$

的更新式，其中 G_t 是回报的样本。回合更新中的回报样本是 G_t，而在时序差分中回报样本对应着 U_t。所以，只需要在回合更新策略评估算法的基础上，将回报 G_t 替换为时序差分目标 U_t，就可以得到时序差分策略评估算法了。

引入**时序差分误差**(TD error)：

$$\Delta_t = U_t - q(S_t,A_t)。$$

时序差分学习的更新式还可以表示为

$$q(S_t,A_t) \leftarrow q(S_t,A_t) + \alpha\Delta_t。$$

在更新价值的过程中，我们会用到一个学习率参数 α。在第 4 章的回合更新中，这个学习率往往是 $\frac{1}{c(S_t,A_t)}$，它和状态动作对有关，并且不断减小。在时序差分更新中，也可以采用这样不断减小的学习率。不过，考虑到在时序差分算法的执行的过程中价值会越来越准确，进而基于价值估计得到的价值也会越来越准确，所以估计值的权重可以越来越大。所以，采用固定的学习率也是可以的。无论是恒定的学习率还是不断下降的学习率，学习率取值总是要在(0,1]这个范围。巧妙的设计学习率序列，常常能有效地改善学习效果。

时序差分目标既可以是单步时序差分目标，也可以是多步时序差分目标。我们先来看单步时序差分目标。

算法 5-1 给出了用单步时序差分更新评估策略的动作价值的算法。算法的参数包括优化器、学习率等。优化器隐含了学习率。除了学习率 α 和折扣因子 γ 外，还有控制回合数和每个回合步数的参数。我们知道，时序差分更新不仅可以用于回合制任务，也可以

用于连续型任务。对于连续型任务，我们可以自行将某些时段抽出来当作多个回合，也可以不划分回合当作只有一个回合进行更新。步骤1进行初始化，步骤2进行时序差分更新。每一次执行动作都能得到一个新状态。如果这个状态不是终止状态，则用策略确定一个动作，并计算时序差分回报；如果这个状态是终止状态，那么直接计算时序差分回报(单步更新时这个回报样本就是单步奖励值)。然后，用这个回报样本来更新动作价值。

算法 5-1　单步时序差分更新评估策略的动作价值

输入：环境(无数学描述)、策略 π。

输出：动作价值估计 $q(s,a)(s\in\mathcal{S},a\in\mathcal{A})$。

参数：优化器(隐含学习率 α)，折扣因子 γ，控制回合数和回合内步数的参数。

1 (初始化)$q(s,a)\leftarrow$任意值$(s\in\mathcal{S},a\in\mathcal{A})$。

2 (时序差分更新)对每个回合执行以下操作：

2.1 (初始化状态动作对)选择状态 S，再根据输入策略 π 确定动作 A。

2.2 如果回合未结束(比如未达到最大步数、S 不是终止状态)，执行以下操作：

2.2.1 (采样)执行动作 A，观测得到奖励 R 和新状态 S'。

2.2.2 (决策)如果状态 S'不是终止状态，则用输入策略 π 确定动作 A'。

2.2.3 (计算回报的估计值)如果 S'不是终止状态，则 $U\leftarrow R+\gamma q(S',A')$；如果 S'是终止状态，则 $U\leftarrow R$。

2.2.4 (更新价值估计)更新 $q(S,A)$ 以减小 $[U-q(S,A)]^2$。如

$$q(S,A)\leftarrow q(S,A)+\alpha[U-q(S,A)]。$$

2.2.5 $S\leftarrow S'$，$A\leftarrow A'$。

对于在 Gym 库等能提供回合结束指示的环境，使用带回合结束指示的时序差分目标表示往往更加方便。算法5-2给出了利用回合结束指示简化判断步骤的实现方法。具体而言，在第2.2.1步，不仅得到新状态 S'，还得到了显示回合是否终止状态的指示 D'。在第2.2.3步计算时序差分估计时，如果状态 S'是终止状态，D'为1，进而 $U\leftarrow R$。这时，动作价值估计 $q(S',A')$并不起作用。所以，在第2.2.2步，无论新状态 S'是不是终止状态，我们都可以决定一个新动作。如果 S'实际上是终止状态，那么这个新动作不会有影响。在第1步，我们不仅初始化与状态空间里所有状态有关的动作价值估计，还为终止状态初始化动作价值估计。我们知道，与终止状态有关的动作价值实际上都是0，所以这样的初始化是不正确的。但是由于终止状态相关的动作价值估计并不会被用到，这里可以随便初始化。

算法 5-2　单步时序差分更新评估策略的动作价值(带有回合结束指示)

输入：环境(无数学描述)。

输出：动作价值估计 $q(s,a)(s\in\mathcal{S},a\in\mathcal{A})$。

参数：优化器(隐含学习率 α)，折扣因子 γ，控制回合数和回合步数的参数。

1 （初始化）$q(s,a) \leftarrow$任意值（$s \in \mathcal{S}^+, a \in \mathcal{A}$）。
2 （时序差分更新）对每个回合执行以下操作：
  2.1 （初始化状态动作对）选择状态 S，再用策略 π 确定动作 A。
  2.2 如果回合未结束（比如未达到最大步数、S 不是终止状态），执行以下操作：
    2.2.1 （采样）执行动作 A，观测得到奖励 R、新状态 S'、回合结束指示 D'。
    2.2.2 （决策）用输入策略 π 确定动作 A'（如果 $D'=1$，动作可任取）。
    2.2.3 （计算回报的估计值）则 $U \leftarrow R + \gamma q(S',A')(1-D')$。
    2.2.4 （更新价值）更新 $q(S,A)$ 以减小 $[U-q(S,A)]^2$。如

$$q(S,A) \leftarrow q(S,A) + \alpha[U - q(S,A)]。$$

    2.2.5 $S \leftarrow S'$，$A \leftarrow A'$。

类似的，算法5-3给出了用单步时序差分更新评估策略状态价值的算法。

算法5-3 单步时序差分更新评估策略的状态价值

输入：环境（无数学描述）、策略 π。
输出：状态价值估计 $v(s)$（$s \in \mathcal{S}$）。
参数：优化器（隐含学习率 α），折扣因子 γ，控制回合数和回合内步数的参数。
1 （初始化）$v(s) \leftarrow$任意值（$s \in \mathcal{S}^+$）。
2 （时序差分更新）对每个回合执行以下操作：
  2.1 （初始化状态）选择状态 S。
  2.2 如果回合未结束（比如未达到最大步数、S 不是终止状态），执行以下操作：
    2.2.1 根据输入策略 π 确定动作 A。
    2.2.2 （采样）执行动作 A，观测得到奖励 R、新状态 S'、回合结束指示 D'。
    2.2.3 （计算回报的估计值）$U \leftarrow R + \gamma v(S')(1-D')$。
    2.2.4 （更新价值）更新 $v(S)$ 以减小 $[U-v(S)]^2$。如

$$v(S) \leftarrow v(S) + \alpha[U - v(S)]。$$

    2.2.5 $S \leftarrow S'$。

回合结束指示 D' 常以 $\gamma(1-D')$ 的形式使用，所以有些实现也会计算回合继续指示 $1-D'$ 或是带折扣的回合继续指示 $\gamma(1-D')$ 作为中间结果。

本书总是认为环境在给出下一状态时也能给出回合结束的指示。对于环境没有给出该指示的情况，也可以通过判断状态是否为终止状态来得到这一指示。

用回合更新和时序差分更新来评估策略都能渐近得到真实的价值。它们各有优劣。目前并没有证明某种方法就比另外一种方法更好。根据经验，学习率为常数的时序差分更新常常比学习率为常数的回合更新收敛更快。不过时序差分更新对环境的 Markov 性要求更高。

我们通过一个例子比较回合更新和时序差分更新。例如，我们得到了某个离散时间

Markov 奖励过程的五个轨迹样本如下：

$s_A,0$。

$s_B,0,s_A,0$。

$s_A,1$。

$s_B,0,s_A,0$。

$s_A,1$。

使用回合更新得到的状态价值估计为 $v(s_A)=\frac{2}{5}$，$v(s_B)=0$，而使用时序差分更新得到的状态价值估计为 $v(s_A)=v(s_B)=\frac{2}{5}$。这两种方法对 $v(s_A)$ 的估计是一样的，但是对于 $v(s_B)$ 的估计有明显不同：回合更新只考虑其中两个含有 s_B 的轨迹样本，用这两个轨迹样本回报来估计状态价值；时序差分更新认为状态 s_B 下一步肯定会到达状态 s_A，所以可以利用全部轨迹样本来估计 $v(s_A)$，进而由 $v(s_A)$ 推出 $v(s_B)$。试想，如果这个随机过程真的是 Markov 奖励过程，并且我们正确地识别出了状态空间 $\mathcal{S}=\{s_A,s_B\}$，那么时序差分更新方法可以用更多的轨迹样本来帮助估计 s_B 的状态价值，这样可以更好地利用现有的样本得到更精确的估计。但是，如果这个环境并不是 Markov 奖励过程，或者 $\{s_A,s_B\}$ 并不是其真正的状态空间，那么也有可能 s_A 之后获得的奖励值和这个轨迹是否到达过 s_B 有关，如果达到过 s_B 那么奖励总是为 0。这种情况下，回合更新能够不受到这一错误的影响，只采用正确的信息；不受无关信息的干扰，得到正确的估计。这个例子比较了回合更新和时序差分更新的部分利弊。

接下来看如何用多步时序差分目标来评估策略价值。多步时序差分目标策略评估可以说是单步时序差分目标策略评估和回合更新时序差分目标策略评估的折中。算法 5-4 和算法 5-5 分别给出了用多步时序差分评估动作价值和状态价值的算法。实际实现时，可以让 S_t,A_t,R_t,D_t 和 $S_{t+n+1},A_{t+n+1},R_{t+n+1},D_{t+n+1}$ 共享同一存储空间，这样只需要 $n+1$ 份存储空间。

算法 5-4　n 步时序差分更新评估策略的动作价值

输入：环境（无数学描述）、策略 π。

输出：动作价值估计 $q(s,a)(s\in\mathcal{S},a\in\mathcal{A})$。

参数：步数 n，优化器（隐含学习率 α），折扣因子 γ，控制回合数和回合内步数的参数。

1 （初始化）$q(s,a)\leftarrow$任意值$(s\in\mathcal{S}^+,a\in\mathcal{A})$。

2 （时序差分更新）对每个回合执行以下操作：

　2.1 （生成 n 步）用策略 π 生成轨迹 $S_0,A_0,R_1,\cdots,R_n,S_n$（若遇到终止状态，则令后续奖励均为 0，状态均为 $s_{终止}$）。每个状态 $S_t(1\leqslant t\leqslant n)$ 还可以搭配是否是回合结束的指示 D_t。

　2.2 对于 $t=0,1,2,\cdots$ 依次执行以下操作，直到 $S_t=s_{终止}$。

　　2.2.1 （决策）根据 $\pi(\cdot|S_{t+n})$ 决定动作 A_{t+n}（如果 $D_{t+n}=1$ 动作可任选）。

2.2.2 （计算时序差分目标）

$$U \leftarrow R_{t+1} + \gamma R_{t+2}(1 - D_{t+1}) + \cdots + \gamma^{n-1} R_{t+n}(1 - D_{t+n-1}) + \gamma^n q(S_{t+n}, A_{t+n})(1 - D_{t+n})。$$

2.2.3 （更新价值估计）更新 $q(S_t, A_t)$ 以减小 $[U - q(S_t, A_t)]^2$。如

$$q(S, A) \leftarrow q(S, A) + \alpha[U - q(S, A)]。$$

2.2.4 （采样）若 $S_{t+n} \neq s_{终止}$，则执行 A_{t+n}，观测得到奖励 R_{t+n+1}、下一状态 S_{t+n+1}、回合结束指示 D_{t+n+1}；若 $S_{t+n} = s_{终止}$，令 $R_{t+n+1} \leftarrow 0$，$S_{t+n+1} \leftarrow s_{终止}$，$D_{t+n+1} \leftarrow 1$。

算法 5-5　*n* 步时序差分更新评估策略的状态价值

输入： 环境（无数学描述）、策略 π。

输出： 状态价值估计 $v(s)$ $(s \in \mathcal{S})$。

参数： 步数 n，优化器（隐含学习率 α），折扣因子 γ，控制回合数和回合内步数的参数。

1 （初始化）$v(s) \leftarrow$ 任意值 $(s \in \mathcal{S}^+)$。

2 （时序差分更新）对每个回合执行以下操作：

2.1 （生成 n 步）用策略 π 生成轨迹 $S_0, A_0, R_1, \cdots, R_n, S_n$（若遇到终止状态，则令后续奖励均为 0，状态均为 $s_{终止}$）。每个状态 $S_t (1 \leqslant t \leqslant n)$ 还可以搭配是否是回合结束的指示 D_t。

2.2 对于 $t = 0, 1, 2, \cdots$ 依次执行以下操作，直到 $S_t = s_{终止}$。

2.2.1 （计算时序差分目标）

$$U \leftarrow R_{t+1} + \gamma R_{t+2}(1 - D_{t+1}) + \cdots + \gamma^{n-1} R_{t+n}(1 - D_{t+n-1}) + \gamma^n v(S_{t+n})(1 - D_{t+n})。$$

2.2.2 （更新价值估计）更新 $v(S)$ 以减小 $[U - v(S)]^2$。

2.2.3 （决策）根据 $\pi(\cdot | S_{t+n})$ 决定动作 A_{t+n}（如果 $D_{t+n} = 1$ 动作可任选）。

2.2.4 （采样）若 $S_{t+n} \neq s_{终止}$，执行动作 A_{t+n}，观测得到奖励 R_{t+n+1}、下一状态 S_{t+n+1}、回合结束指示 D_{t+n+1}；若 $S_{t+n} = s_{终止}$，令 $R_{t+n+1} \leftarrow 0$，$S_{t+n+1} \leftarrow s_{终止}$，$D_{t+n+1} \leftarrow 1$。

5.2.2 SARSA 算法

本节我们用同策时序差分更新来求解最优策略。首先我们来看“**状态/动作/奖励/状态/动作**”（State-Action-Reward-State-Action，SARSA）算法。这个算法得名于更新涉及的随机变量 $(S_t, A_t, R_{t+1}, S_{t+1}, A_{t+1})$。该算法利用 $U_t = R_{t+1} + \gamma q_t(S_{t+1}, A_{t+1})(1 - D_{t+1})$ 得到单步时序差分目标 U_t，进而更新 $q(S_t, A_t)$。该算法的更新式为

$$q(S_t, A_t) \leftarrow q(S_t, A_t) + \alpha[U_t - q(S_t, A_t)],$$

其中 α 是学习率。

算法 5-6 给出了用 SARSA 算法求解最优策略的算法。SARSA 算法就是在单步动作价值估计算法的基础上，在更新价值估计后更新策略。在算法 5-6 中，每当最优动作价值估计 q 更新时，就进行策略改进，修改最优策略的估计 π。策略的提升方法可以采用 ε 贪心算法，使得 π 总是柔性策略。算法运行结束后，就得到最优动作价值估计和最优策略的估计。

算法 5-6 SARSA 算法求解最优策略(显式维护策略)

输入：环境(无数学描述)。

输出：最优动作价值估计 $q(s,a)(s\in\mathcal{S},a\in\mathcal{A})$，最优策略估计 $\pi(a|s)(s\in\mathcal{S},a\in\mathcal{A})$。

参数：优化器(隐含学习率 α)，折扣因子 γ，策略改进的参数(如 ε)，其他控制回合数和回合步数的参数。

1 (初始化)$q(s,a)\leftarrow$任意值($s\in\mathcal{S}^{+},a\in\mathcal{A}$。)
用动作价值估计 $q(s,a)(s\in\mathcal{S}^{+},a\in\mathcal{A})$ 确定策略 π(如使用 ε 贪心策略)。

2 (时序差分更新)对每个回合执行以下操作：

2.1 (初始化状态动作对)选择状态 S，再用策略 π 确定动作 A。

2.2 如果回合未结束(比如未达到最大步数、S 不是终止状态)，执行以下操作：

2.2.1 (采样)执行动作 A，观测得到奖励 R、新状态 S'、回合结束指示 D'。

2.2.2 (决策)用策略 $\pi(\cdot|S')$ 确定动作 A'(如果 $D'=1$，则动作可任取)。

2.2.3 (计算回报的估计值)$U\leftarrow R+\gamma q(S',A')(1-D')$。

2.2.4 (更新价值)更新 $q(S,A)$ 以减小 $[U-q(S,A)]^2$。如

$$q(S,A)\leftarrow q(S,A)+\alpha[U-q(S,A)]。$$

2.2.5 (策略改进)根据 $q(S,\cdot)$ 修改 $\pi(\cdot|S)$(如 ε 贪心策略)。

2.2.6 $S\leftarrow S'$，$A\leftarrow A'$。

在同策迭代的过程中也可以不显式存储最优策略。算法 5-7 给出了在迭代中间步骤不显式存储策略的 SARSA 算法。在没有显式存储策略的情况下，最优动作价值估计已经隐含了 ε 柔性策略，利用这个柔性策略可以确定出动作 A。例如，当我们用 ε 贪心策略决定某个状态 S 后的动作时，我们可以先生成一个 $[0,1]$ 上均匀分布的随机变量 X。如果 $X<\varepsilon$，则进行探索，随机选择动作；否则，选择让 $q(S,\cdot)$ 最大的动作。

算法 5-7 SARSA 算法求解最优策略(不显式维护策略)

输入：环境(无数学描述)。

输出：最优动作价值估计 $q(s,a)(s\in\mathcal{S},a\in\mathcal{A})$。用最优动作价值估计可以轻易得到最优策略估计 $\pi(a|s)(s\in\mathcal{S},a\in\mathcal{A})$。

参数：优化器(隐含学习率 α)，折扣因子 γ，策略改进的参数(如 ε)，其他控制回合数和回合步数的参数。

1 (初始化)$q(s,a)\leftarrow$任意值($s\in\mathcal{S}^{+},a\in\mathcal{A}$)。

2 (时序差分更新)对每个回合执行以下操作：

2.1 (初始化状态动作对)选择状态 S，再用策略 π 确定动作 A。

2.2 如果回合未结束(比如未达到最大步数、S 不是终止状态)，执行以下操作：

2.2.1 (采样)执行动作 A，观测得到奖励 R、新状态 S'、回合结束指示 D'。

2.2.2 (决策)用动作价值 $q(S',\cdot)$ 确定的策略(如 ε 贪心策略)决定动作 A'(如果 $D'=1$，则动作可任取)。

2.2.3 (计算回报的估计值)$U\leftarrow R+\gamma q(S',A')(1-D')$。

2.2.4 （更新价值）更新 $q(S,A)$ 以减小 $[U-q(S,A)]^2$。如

$$q(S,A) \leftarrow q(S,A) + \alpha[U - q(S,A)]。$$

2.2.5 $S \leftarrow S'$，$A \leftarrow A'$。

如果在 SARSA 算法中采用多步时序差分目标，就得到了多步 SARSA 算法。算法 5-8 给出了多步 SARSA 算法。它也仅仅是在多步时序差分动作价值估计算法的基础上加入了策略改进的步骤。

算法 5-8　n 步 SARSA 算法求解最优策略

输入：环境（无数学描述）。

输出：最优动作价值估计 $q(s,a)(s \in \mathcal{S}, a \in \mathcal{A})$。用最优动作价值估计可以轻易得到最优策略估计 $\pi(a|s)(s \in \mathcal{S}, a \in \mathcal{A})$。

参数：步数 n，优化器（隐含学习率 α），折扣因子 γ，控制回合数和回合内步数的参数。

1 （初始化）$q(s,a) \leftarrow$ 任意值 $(s \in \mathcal{S}^+, a \in \mathcal{A})$。

如果显式维护策略，还应该用 q 决定 π（如 ε 贪心策略）。

2 （时序差分更新）对每个回合执行以下操作：

2.1 （生成 n 步）根据动作价值估计 q 确定的策略（如 ε 贪心策略）生成轨迹 $S_0, A_0, R_1, \cdots, R_n, S_n$（若遇到终止状态，则令后续奖励均为 0，状态均为 $s_{终止}$）。每个状态 $S_t(1 \leqslant t \leqslant n)$ 还可以搭配是否是回合结束的指示 D_t。

2.2 对于 $t = 0, 1, 2, \cdots$ 依次执行以下操作，直到 $S_t = s_{终止}$。

2.2.1 （决策）若 $S_{t+n} \neq s_{终止}$，则根据 $q(S_{t+n}, \cdot)$ 确定的策略决定动作 A_{t+n}（如 ε 贪心策略）。（如 $D_{t+n} = 1$，则动作可任取）。

2.2.2 （计算时序差分目标）

$$U \leftarrow R_{t+1} + \gamma R_{t+2}(1 - D_{t+1}) + \cdots + \gamma^{n-1} R_{t+n}(1 - D_{t+n-1}) + \gamma^n q(S_{t+n}, A_{t+n})(1 - D_{t+n})。$$

2.2.3 （更新价值）更新 $q(S_t, A_t)$ 以减小 $[U - q(S_t, A_t)]^2$。

2.2.4 若 $S_{t+n} \neq s_{终止}$，则执行 A_{t+n}，观测得到奖励 R_{t+n+1}、下一状态 S_{t+n+1}、回合结束指示 D_{t+n+1}；若 $S_{t+n} = s_{终止}$，令 $R_{t+n+1} \leftarrow 0$，$S_{t+n+1} \leftarrow s_{终止}$，$D_{t+n+1} \leftarrow 1$。

5.2.3　期望 SARSA 算法

SARSA 算法有一种变化——**期望 SARSA 算法**（expected SARSA）。期望 SARSA 算法与 SARSA 算法的不同之处在于，它在估计 U_t 时，不使用基于动作价值的时序差分目标

$$U_{t:t+1}^{(q)} = R_{t+1} + \gamma q(S_{t+1}, A_{t+1})(1 - D_{t+1}),$$

而使用基于状态价值的时序差分目标

$$U_{t:t+1}^{(v)} = R_{t+1} + \gamma v(S_{t+1})(1 - D_{t+1})。$$

利用动作价值和状态价值之间的关系，这样的时序差分目标又可以表示为

$$U_t = R_{t+1} + \gamma \sum_{a \in \mathcal{A}(S_{t+1})} \pi(a|S_{t+1}) q(S_{t+1}, a)(1 - D_{t+1})。$$

与 SARSA 算法相比，期望 SARSA 算法需要计算 $\sum_a \pi(a|S_{t+1})q(S_{t+1},a)$，所以计算量比 SARSA 算法大。但是，这样的期望运算减小了 SARSA 算法中出现的个别不恰当决策。这可以避免在更新后期极个别不当决策对最终效果所带来不好的影响。所以，期望 SARSA 算法可能会比 SARSA 算法更加稳定，也常常用比 SARSA 算法更大的学习率。

算法 5-9 给出了期望 SARSA 算法求解最优策略。它可以视作在单步时序差分状态价值估计算法上修改得到。期望 SARSA 算法对回合数和回合内步数的控制方法等都和 SARSA 算法相同，但是由于期望 SARSA 算法在更新 $q(S_t,A_t)$ 时不需要 A_{t+1}，所以其循环结构有所简化。算法中让 π 保持为 ε 贪心策略。如果 ε 很小，那么这个 ε 贪心策略就很接近于确定性策略，那么期望 SARSA 算法计算的 $\sum_a \pi(a|S_{t+1})q(S_{t+1},a)$ 就很接近于 SARSA 算法计算的 $q(S_{t+1},A_{t+1})$。

算法 5-9 期望 SARSA 算法求解最优策略

1 （初始化）$q(s,a) \leftarrow$ 任意值（$s \in \mathcal{S}^+, a \in \mathcal{A}$）。
如果显式维护策略，则用 q 确定策略 π（如 ε 柔性策略）。
2 （时序差分更新）对每个回合执行以下操作：
  2.1 （初始化状态）选择状态 S。
  2.2 如果回合未结束（比如未达到最大步数、S 不是终止状态），执行以下操作：
    2.2.1 （决策）用策略 $\pi(\cdot|S)$ 确定动作 A；如果没有显式维护策略，则用动作价值 $q(S,\cdot)$ 确定的策略（如 ε 贪心策略）来确定动作。
    2.2.2 （采样）执行动作 A，观测得到奖励 R、新状态 S'、回合结束指示 D'。
    2.2.3 （用期望计算回报的估计值）$U \leftarrow R + \gamma \sum_{a \in \mathcal{A}(S')} \pi(a|S')q(S',a)(1-D')$。
    2.2.4 （更新价值）更新 $q(S,A)$ 以减小 $[U-q(S,A)]^2$。如
$$q(S,A) \leftarrow q(S,A) + \alpha[U-q(S,A)]。$$
    2.2.5 （策略改进）如果显式维护策略，需要根据 $q(S,\cdot)$ 修改 $\pi(\cdot|S)$。
    2.2.6 $S \leftarrow S'$。

期望 SARSA 算法也有多步版本，其目标为

$$U_t = R_{t+1} + \gamma R_{t+2}(1-D_{t+1}) + \cdots + \gamma^{n-1}R_{t+n}(1-D_{t+n-1}) + \gamma^n \sum_{a \in \mathcal{A}(S_{t+n})} \pi(a|S_{t+n})q(S_{t+n},a)(1-D_{t+n})。$$

算法 5-10 给出了多步期望 SARSA 算法求解最优策略。

算法 5-10 多步期望 SARSA 算法求解最优策略

1 （初始化）$q(s,a) \leftarrow$ 任意值（$s \in \mathcal{S}^+, a \in \mathcal{A}$）。
如果显式维护策略，则用最优动作价值估计 q 确定策略 π（如 ε 柔性策略）。
2 （时序差分更新）对每个回合执行以下操作：

2.1 (生成 n 步)如果显式维护策略，则用策略 π 生成轨迹 $S_0,A_0,R_1,\cdots,R_n,S_n$。如果没有显式维护策略，则用动作价值估计 q 导出的策略(如 ε 贪心策略)生成轨迹 $S_0,A_0,R_1,\cdots,R_n,S_n$。若遇到终止状态，则令后续奖励均为 0，状态均为 $s_{终止}$。每个状态 $S_t(1\leqslant t\leqslant n)$还可以搭配是否是回合结束的指示 D_t。

2.2 对于 $t=0,1,2,\cdots$依次执行以下操作，直到 $S_t=s_{终止}$。

2.2.1 (计算时序差分目标)

$$U\leftarrow R_{t+1}+\sum_{k=1}^{n-1}\gamma^k R_{t+k+1}(1-D_{t+k})+\gamma^n\sum_{a\in\mathcal{A}(S_{t+n})}\pi(a|S_{t+n})q(S_{t+n},a)(1-D_{t+n})。$$

在没有显式维护策略的情况下，π 可由动作价值导出。

2.2.2 (更新价值)更新 $q(S_t,A_t)$以减小$[U-q(S_t,A_t)]^2$。

2.2.3 (策略改进)如果显式维护策略，需要根据 $q(S,\cdot)$修改 $\pi(\cdot|S)$。

2.2.4 (决策和采样)若 $S_{t+n}\neq s_{终止}$，则根据显式维护的策略 $\pi(\cdot|S_{t+n})$或动作价值 $q(S_{t+n}|\cdot)$导出的策略决定动作 A_{t+n}并执行，观测得到奖励 R_{t+n+1}、下一状态 S_{t+n+1}、回合结束指示 D_{t+n+1}；若 $S_{t+n}=s_{终止}$，令 $R_{t+n+1}\leftarrow 0$，$S_{t+n+1}\leftarrow s_{终止}$，$D_{t+n+1}\leftarrow 1$。

5.3 异策时序差分更新

本节介绍异策时序差分更新。异策时序差分更新是比同策差分更新更加流行的算法。特别是 Q 学习算法，已经成为最重要的基础算法之一。

5.3.1 基于重要性采样的异策算法

时序差分更新也可以和重要性采样集合，进行异策的策略评估和最优策略求解。对于 n 步时序差分评估策略的动作价值和 SARSA 算法，其时序差分目标 $U_{t:t+n}^{(q)}$依赖于轨迹 $S_t,A_t,R_{t+1},S_{t+1},A_{t+1},\cdots,S_{t+n},A_{t+n}$。在给定状态动作对$(S_t,A_t)$的情况下，采用策略 π 和另外的行为策略 b 生成这个轨迹的概率分别为

$$\Pr_\pi[R_{t+1},S_{t+1},A_{t+1},\cdots,S_{t+n}|S_t,A_t]=\prod_{\tau=t+1}^{t+n-1}\pi(A_\tau|S_\tau)\prod_{\tau=t}^{t+n-1}p(S_{\tau+1},R_{\tau+1}|S_\tau,A_\tau)$$

$$\Pr_b[R_{t+1},S_{t+1},A_{t+1},\cdots,S_{t+n}|S_t,A_t]=\prod_{\tau=t+1}^{t+n-1}b(A_\tau|S_\tau)\prod_{\tau=t}^{t+n-1}p(S_{\tau+1},R_{\tau+1}|S_\tau,A_\tau)。$$

它们的比值就是重要性采样比率：

$$\rho_{t+1:t+n-1}=\frac{\Pr_\pi[R_{t+1},S_{t+1},A_{t+1},\cdots,S_{t+n}|S_t]}{\Pr_b[R_{t+1},S_{t+1},A_{t+1},\cdots,S_{t+n}|S_t]}=\prod_{\tau=t+1}^{t+n-1}\frac{\pi(A_\tau|S_\tau)}{b(A_\tau|S_\tau)}。$$

也就是说，通过行为策略 b 拿到的估计，在原策略 π 出现的概率是在策略 b 中出现概率的 $\rho_{t+1:t+n-1}$倍。所以，在学习过程中，这样的时序差分目标的权重为 $\rho_{t+1:t+n-1}$。将这个权重整合到时序差分策略评估动作价值算法或 SARSA 算法中，就可以得到它们的重要性采

样的版本。

算法 5-11 给出了多步时序差分的版本，单步版本请读者自行整理。

算法 5-11 重要性采样 n 步时序差分策略评估动作价值或 SARSA 算法

输入：环境（无数学描述），如果是策略评估，则还需要输入策略 π。

输出：动作价值估计 $q(s,a)(s\in\mathcal{S},a\in\mathcal{A})$，若是最优策略控制还可以输出最优策略估计 π。

参数：步数 n，优化器（隐含学习率 α），折扣因子 γ，控制回合数和回合内步数的参数。

1 （初始化）$q(s,a)\leftarrow$任意值$(s\in\mathcal{S}^+,a\in\mathcal{A})$。若是求解最优策略且显式维护策略，还应该用 q 决定 π（如 ε 贪心策略）。

2 （时序差分更新）对每个回合执行以下操作：

2.1 （行为策略）指定行为策略 b，使得 $\pi\ll b$。

2.2 （生成 n 步）用行为策略 b 生成轨迹 $S_0,A_0,R_1,\cdots,R_n,S_n$（若遇到终止状态，则令后续奖励均为 0，状态均为 $s_{终止}$）。每个状态 $S_t(1\leqslant t\leqslant n)$ 还可以搭配是否是回合结束的指示 D_t。

2.3 对于 $t=0,1,2,\cdots$ 依次执行以下操作，直到 $S_t=s_{终止}$。

2.3.1 （决策）若 $S_{t+n}\neq s_{终止}$，则根据 $b(\cdot|S_{t+n})$ 决定动作 A_{t+n}。

2.3.2 （计算时序差分目标）

$U\leftarrow R_{t+1}+\gamma R_{t+2}(1-D_{t+1})+\cdots+\gamma^{n-1}R_{t+n}(1-D_{t+n-1})+\gamma^n q(S_{t+n},A_{t+n})(1-D_{t+n})$。

2.3.3 （计算重要性采样比率）$\rho\leftarrow\prod_{\tau=t+1}^{\min\{t+n,T\}-1}\frac{\pi(A_\tau|S_\tau)}{b(A_\tau|S_\tau)}$；对于求解最优策略的情况，策略也可以用动作价值隐式维护。

2.3.4 （更新价值）更新 $q(S_t,A_t)$ 以减小 $\rho\left[U-q(S_t,A_t)\right]^2$。

2.3.5 （策略改进）如果是最优策略求解算法并且显式维护策略，需要根据 $q(S,\cdot)$ 修改 $\pi(\cdot|S)$。

2.3.6 （采样）若 $S_{t+n}\neq s_{终止}$，则执行 A_{t+n}，观测得到奖励 R_{t+n+1}、下一状态 S_{t+n+1}、回合结束指示 D_{t+n+1}；若 $S_{t+n}=s_{终止}$，令 $R_{t+n+1}\leftarrow 0$，$S_{t+n+1}\leftarrow s_{终止}$，$D_{t+n+1}\leftarrow 1$。

我们可以用类似的方法将重要性采样运用于时序差分状态价值估计和期望 SARSA 算法中。具体而言，考虑从 t 开始的 n 步轨迹 $S_t,A_t,R_{t+1},S_{t+1},A_{t+1},\cdots,S_{t+n}$。在给定 S_t 的条件下，采用策略 π 和策略 b 生成这个轨迹的概率分别为

$$\Pr_\pi[A_t,R_{t+1},S_{t+1},A_{t+1},\cdots,S_{t+n}|S_t]=\prod_{\tau=t}^{t+n-1}\pi(A_\tau|S_\tau)\prod_{\tau=t}^{t+n-1}p(S_{\tau+1},R_{\tau+1}|S_\tau,A_\tau),$$

$$\Pr_b[A_t,R_{t+1},S_{t+1},A_{t+1},\cdots,S_{t+n}|S_t]=\prod_{\tau=t}^{t+n-1}b(A_\tau|S_\tau)\prod_{\tau=t}^{t+n-1}p(S_{\tau+1},R_{\tau+1}|S_\tau,A_\tau)。$$

它们的比值就是时序差分状态评估和期望 SARSA 算法用的重要性采样比率：

$$\rho_{t:t+n-1}=\frac{\Pr_\pi[A_t,R_{t+1},S_{t+1},A_{t+1},\cdots,S_{t+n}|S_t]}{\Pr_b[A_t,R_{t+1},S_{t+1},A_{t+1},\cdots,S_{t+n}|S_t]}=\prod_{\tau=t}^{t+n-1}\frac{\pi(A_\tau|S_\tau)}{b(A_\tau|S_\tau)}。$$

5.3.2 Q 学习

在单步时序差分同策策略优化算法中，SARSA 算法使用 $U_t = R_{t+1} + \gamma q(S_{t+1}, A_{t+1})(1 - D_{t+1})$ 作为时序差分目标，期望 SARSA 算法使用 $U_t = R_{t+1} + \gamma v(S_{t+1})(1 - D_{t+1})$ 作为时序差分目标。这些时序差分目标的样本都是由当前维护的策略生成的。它们在更新价值后，再显式或隐式的更新策略。Q 学习则试图"一步到位"，直接用改进后的策略来生成动作样本，进而计算时序差分目标。这样更新的更新目标为

$$U_t = R_{t+1} + \gamma \max_{a \in \mathcal{A}(S_{t+1})} q(S_{t+1}, a)(1 - D_{t+1})。$$

这样做的依据是，在根据 S_{t+1} 估计 U_t 时，与其用 $q(S_{t+1}, A_{t+1})$ 或 $v(S_{t+1})$，还不如用根据 $q(S_{t+1}, \cdot)$ 改进后的策略来更新，毕竟这样可以更接近最优价值。这样，这个动作样本就可以由改进后的确定性策略来生成。不过，由于生成样本的确定性策略并不是正在维护的策略（这往往是一个 ε 柔性策略，而不是确定性策略），所以 Q 学习是一个异策算法。

算法 5-12 给出了 Q 学习求解最优策略。Q 学习和期望 SARSA 算法有完全相同的程序结构，只在更新最优动作价值的估计 $q(S_t, A_t)$ 时使用了不同的方法来计算目标。对于 Q 学习，一般都不显式维护策略。

算法 5-12　Q 学习求解最优策略

输入：环境（无数学描述）。

输出：最优动作价值估计 $q(s,a)(s \in \mathcal{S}, a \in \mathcal{A})$。用最优动作价值估计可以轻易得到最优策略估计 $\pi(a|s)(s \in \mathcal{S}, a \in \mathcal{A})$。

1　（初始化）$q(s,a) \leftarrow$ 任意值（$s \in \mathcal{S}^+, a \in \mathcal{A}$）。

2　（时序差分更新）对每个回合执行以下操作：

2.1　（初始化状态对）选择状态 S。

2.2　如果回合未结束（比如未达到最大步数、S 不是终止状态），执行以下操作：

2.2.1　用动作价值估计 $q(S, \cdot)$ 确定的策略决定动作 A（如 ε 贪心策略）。

2.2.2　（采样）执行动作 A，观测得到奖励 R、新状态 S'、回合结束指示 D'。

2.2.3　（用改进后的策略计算回报的估计值）$U \leftarrow R + \gamma \max_{a \in \mathcal{A}(S')} q(S', a)(1 - D')$。

2.2.4　（更新价值和策略）更新 $q(S,A)$ 以减小 $[U - q(S,A)]^2$。如

$$q(S,A) \leftarrow q(S,A) + \alpha[U - q(S,A)]。$$

2.2.5　$S \leftarrow S'$。

Q 学习也有多步的版本，时序差分目标为

$$U_t = R_{t+1} + \gamma R_{t+2}(1 - D_{t+1}) + \cdots + \gamma^{n-1} R_{t+n}(1 - D_{t+n-1}) + \gamma^n \max_{a \in \mathcal{A}(S_{t+n})} q(S_{t+n}, a)(1 - D_{t+n})。$$

其程序结构和算法 5-10 类似，这里就不再赘述。

5.3.3 双重Q学习

5.3.2 节介绍的 Q 学习在$\max_a q(S_{t+1},a)$基础上进行自益，用自益得到的目标来更新动作价值，会导致"最大化偏差"(maximization bias)，使得估计的动作价值偏大。

我们来看一个最大化偏差的例子。如图 5-2 所示的回合制任务，离散时间 Markov 决策过程的状态空间为$\mathcal{S}=\{s_{开始},s_{中间}\}$，回合开始时总是处在$s_{开始}$状态，可以选择的动作空间$\mathcal{A}(s_{开始})=\{a_{去中间},a_{去终止}\}$。如果选择动作$a_{去中间}$，则可以到达状态$s_{中间}$，该步奖励为0；如果选择动作$s_{去终止}$，则可以达到终止状态$s_{终止}$并获得奖励+1。从状态$s_{中间}$出发，有很多可选的动作(比如有 1000 个可选的动作)，但是这些动作都指向终止状态$s_{终止}$，并且奖励都服从均值为0、方差为100 的正态分布。从理论上说，这个例子的最优价值为：$v_*(s_{中间})=q_*(s_{中间},\cdot)=0$，$v_*(s_{开始})=q_*(s_{开始},a_{去终止})=1$，最优策略应当是$\pi_*(s_{开始})=a_{去终止}$。但是，如果采用 Q 学习，在中间过程会走一些弯路：在学习过程中，从$s_{中间}$出发的某些动作会采样到比较大的奖励值，从而导致$\max_{a\in\mathcal{A}(s_{中间})} q(s_{中间},a)$会比较大，使得从$s_{开始}$更倾向于选择$a_{去中间}$。这样的错误需要大量的数据才能纠正。

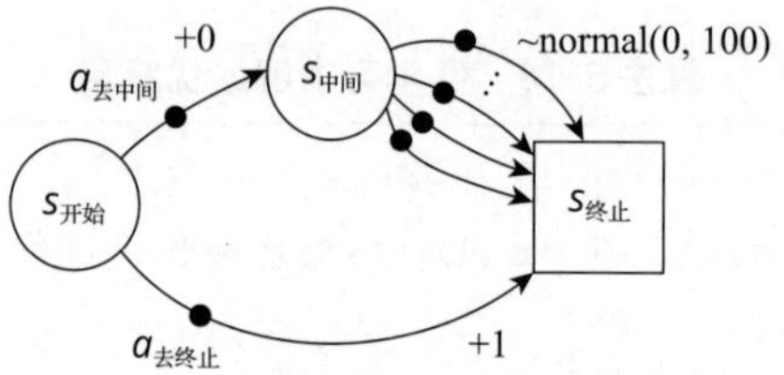

图 5-2 Q 学习带来最大化偏差的例子

为了解决这一问题，**双重 Q 学习**(double Q learning)使用两个独立的动作价值估计值$q^{(0)}$和$q^{(1)}$，用$q^{(0)}(S_{t+1},\arg\max_a q^{(1)}(S_{t+1},a))$或$q^{(1)}(S_{t+1},\arg\max_a q^{(0)}(S_{t+1},a))$来代替 Q 学习中的$\max_a q(S_{t+1},a)$。如果$q^{(0)}$和$q^{(1)}$是完全互相独立的估计，则有$\mathrm{E}[q^{(0)}(S_{t+1},A^*)]=q(S_{t+1},A^*)$，其中$A^*=\arg\max_a q^{(1)}(S_{t+1},a)$，这样就消除了偏差。在双重学习的过程中，$q^{(0)}$和$q^{(1)}$都需要逐渐更新，虽然可能不是完全独立的，但是已经比用一个估计的情况好得多了。

在双重 Q 学习中，每步学习可以等概率选择以下两个更新中的任意一个：

- 使用$U_t^{(0)}=R_{t+1}+\gamma q^{(1)}(S_{t+1},\arg\max_a q^{(0)}(S_{t+1},a))(1-D_{t+1})$来更新$q^{(0)}(S_t,A_t)$，以减小$U_t^{(0)}$和$q^{(0)}(S_t,A_t)$之间的差别。例如，设定损失为$[U_t^{(0)}-q^{(0)}(S_t,A_t)]^2$，或采用

$$q^{(0)}(S_t,A_t)\leftarrow q^{(0)}(S_t,A_t)+\alpha[U_t^{(0)}-q^{(0)}(S_t,A_t)]$$

更新。

- 使用 $U_t^{(1)} = R_{t+1} + \gamma q^{(0)}(S_{t+1}, \arg\max_a q^{(1)}(S_{t+1}, a))(1 - D_{t+1})$ 来更新 $q^{(1)}(S_t, A_t)$，以减小 $U_t^{(1)}$ 和 $q^{(1)}(S_t, A_t)$ 之间的差别。例如，设定损失为 $[U_t^{(1)} - q^{(1)}(S_t, A_t)]^2$，或采用
$$q^{(1)}(S_t, A_t) \leftarrow q^{(1)}(S_t, A_t) + \alpha[U_t^{(1)} - q^{(1)}(S_t, A_t)]$$
更新。

算法 5-13 给出了双重 Q 学习求解最优策略的算法。这个算法中的最终输出的动作价值估计是 $q^{(0)}$ 和 $q^{(1)}$ 的平均值，即 $\frac{1}{2}(q^{(0)} + q^{(1)})$。在算法的中间步骤，我们用这两个估计的和 $q^{(0)} + q^{(1)}$ 来代替平均值 $\frac{1}{2}(q^{(0)} + q^{(1)})$，在略微简化的计算下也可以达到相同的效果。

算法 5-13　双重 Q 学习求解最优策略

输入：环境（无数学描述）。

输出：最优动作价值估计 $\frac{1}{2}(q^{(0)} + q^{(1)})(s, a)(s \in \mathcal{S}, a \in \mathcal{A})$。用最优动作价值估计可以轻易得到最优策略估计 $\pi(a|s)(s \in \mathcal{S}^+, a \in \mathcal{A})$。

1　（初始化）$q^{(i)}(s, a) \leftarrow$ 任意值（$s \in \mathcal{S}^+, a \in \mathcal{A}, i \in \{0,1\}$）。

2　（时序差分更新）对每个回合执行以下操作：

　2.1　（初始化状态）选择状态 S。

　2.2　如果回合未结束（比如未达到最大步数、S 不是终止状态），执行以下操作：

　　2.2.1　（决策）用动作价值 $(q^{(0)} + q^{(1)})(S, \cdot)$ 确定的策略决定动作 A（如 ε 贪心策略）。

　　2.2.2　（采样）执行动作 A，观测得到奖励 R、新状态 S'、回合结束指示 D'。

　　2.2.3　（随机选择更新 $q^{(0)}$ 或 $q^{(1)}$）以等概率选择 $q^{(0)}$ 或 $q^{(1)}$ 中的一个动作价值作为更新对象，记选择的是 $q^{(i)}$，$i \in \{0,1\}$。

　　2.2.4　（用改进后的策略更新回报的估计）$U \leftarrow R + \gamma q^{(1-i)}(S', \arg\max_a q^{(i)}(S', a))(1 - D')$。

　　2.2.5　（更新动作价值估计）更新 $q^{(i)}(S, A)$ 以减小 $[U - q^{(i)}(S, A)]^2$。如
$$q^{(i)}(S, A) \leftarrow q^{(i)}(S, A) + \alpha[U - q^{(i)}(S, A)]。$$

　　2.2.6　$S \leftarrow S'$。

双重学习还有一种变体：维护两套动作价值估计 $q^{(0)}$ 和 $q^{(1)}$，每次学习时，用 $\min\{q^{(0)}, q^{(1)}\}$ 来更新时序差分目标，更新其中的一套价值估计。这种双重学习还可以进一步扩展为 n 重学习（$n = 1, 2, 3, \cdots$）：维护 n 套动作价值估计 $q^{(0)}, q^{(1)}, \cdots, q^{(n-1)}$，用 $\min_{0 \leqslant i < n} q^{(i)}$ 来更新时序差分目标。具体从略。

5.4　资格迹

资格迹是一种让时序差分学习更加有效的机制。它能在回合更新和单步时序差分更

新之间进行折中，并且实现简单，运行有效。

5.4.1 λ 回报

在正式介绍资格迹之前，我们先来学习 λ 回报(λ return)和基于 λ 回报的离线 λ 回报算法。

给定 $\lambda \in [0,1]$，**λ 回报**是时序差分目标 $U_{t:t+1}, U_{t:t+2}, U_{t:t+3}, \cdots$ 按 $(1-\lambda), (1-\lambda)\lambda, (1-\lambda)\lambda^2, \cdots$ 加权平均的结果，其数学表达式为

$$\text{回合制任务：} U_t^{\lambda} = (1-\lambda)\sum_{n=1}^{T-t-1}\lambda^{n-1}U_{t:t+n} + \lambda^{T-t-1}G_t,$$

$$\text{连续性任务：} U_t^{\lambda} = (1-\lambda)\sum_{n=1}^{+\infty}\lambda^{n-1}U_{t:t+n}\text{。}$$

λ 回报 U_t^{λ} 可以看作回合更新中的目标 G_t 和单步时序差分目标 $U_{t:t+1}$ 的折中和推广：当 $\lambda=1$ 时，$U_t^1 = G_t$ 就是回合更新的回报；当 $\lambda=0$ 时，$U_t^0 = U_{t:t+1}$ 就是单步时序差分目标。λ 回报的备份图如图 5-3 所示。

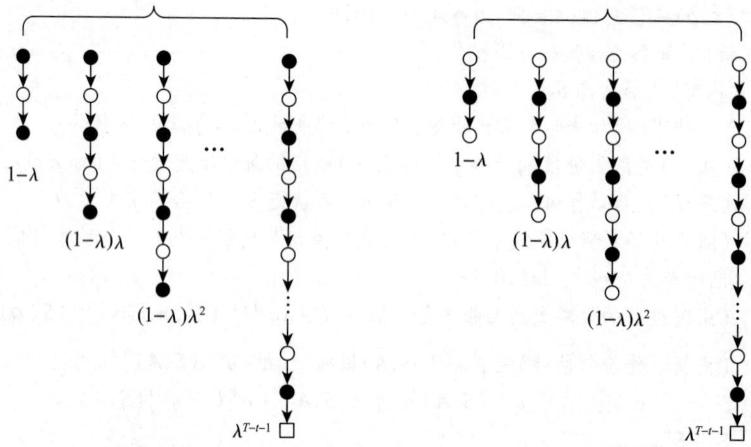

a）动作价值 λ 回报　　　　b）状态价值 λ 回报

图 5-3　λ 回报的备份图

注：本图改编自 *Reinforcement Learning: An Introduction*。

离线 λ 回报算法(offline λ-return algorithm)则是在更新价值估计。如动作价值 $q(S_t, A_t)$ 或状态价值 $v(S_t)$ 时，用 U_t^{λ} 作为目标，试图减小 $[U_t^{\lambda} - q(S_t,A_t)]^2$ 或 $[U_t^{\lambda} - v(S_t)]^2$。它与回合更新算法相比，只是将更新的目标从 G_t 换为了 U_t^{λ}。对于回合制任务，在回合结束后为每一步 $t=0,1,2,\cdots$ 计算 U_t^{λ}，并统一更新价值。对于连续性任务，没有办法计算 U_t^{λ}，所以无法使用离线 λ 回报算法。

离线 λ 回报算法名称中含有“离线”字样，是考虑到它需要像回合更新算法一样只能在和环境交互的结束后进行，所以适合离线任务。但是离线 λ 回报算法也可以用于一般的非离线任务。按现代的观点看，离线 λ 回报算法并不是一个专门用于离线任务的离线算法。

由于 λ 回报在 G_t 和 $U_{t:t+1}$ 间做了折中，所以离线 λ 回报算法在某些任务中的效果可能比回合更新和单步时序差分更新都要好。但是，离线 λ 回报算法也有明显的缺点：其一，它只能用于回合制任务，不能用于连续性任务；其二，在回合结束后要计算 $U_t^\lambda(t=0,1,\cdots,T-1)$，计算量巨大。在 5.4.2 节我们将采用资格迹来改正这两个缺点。

5.4.2　TD(λ)算法

TD(λ)算法是历史上具有重要影响力的强化学习算法之一。

TD(λ)算法是在离线 λ 回报算法的基础上改进而来。思路如下：在离线 λ 回报算法中，对任意的 $n=1,2,\cdots$，在更新最优价值估计 $q(\mathsf{S}_{t-n},\mathsf{A}_{t-n})$ 或 $v(\mathsf{S}_{t-n})$ 时，时序差分目标 $U_{t-n:t}$ 的权重是 $(1-\lambda)\lambda^{n-1}$。虽然需要等到回合结束才能计算 U_{t-n}^λ，但是在知道 $(\mathsf{S}_t,\mathsf{A}_t)$（或 S_t）后就能计算 $U_{t-n:t}$。所以我们在知道 $(\mathsf{S}_t,\mathsf{A}_t)$ 后，就可以试图部分更新 $q(\mathsf{S}_{t-n},\mathsf{A}_{t-n})$。考虑到对所有的 $n=1,2,\cdots$ 都是如此，所以在知道 $(\mathsf{S}_t,\mathsf{A}_t)$ 后就可以用 $q(\mathsf{S}_t,\mathsf{A}_t)$ 去更新所有的 $q(\mathsf{S}_\tau,\mathsf{A}_\tau)(\tau=0,1,\cdots,t-1)$，并且更新的权重与 $\lambda^{t-\tau}$ 成正比。

据此，给定轨迹 $\mathsf{S}_0,\mathsf{A}_0,R_1,\mathsf{S}_1,\mathsf{A}_1,R_2,\cdots$，可以引入资格迹 $e_t(\mathsf{s},\mathsf{a})(\mathsf{s}\in\mathcal{S},\mathsf{a}\in\mathcal{A}(\mathsf{s}))$ 来表示第 t 步的状态动作对 $(\mathsf{S}_t,\mathsf{A}_t)$ 的单步自益结果 $U_{t:t+1}=R_{t+1}+\gamma q(\mathsf{S}_{t+1},\mathsf{A}_{t+1})(1-D_{t+1})$ 对状态动作对 (s,a) 需要更新的权重。**资格迹**（eligibility trace）用下列递推式定义：当 $t=0$ 时，$e_0(\mathsf{s},\mathsf{a})=0(\mathsf{s}\in\mathcal{S},\mathsf{a}\in\mathcal{A}(\mathsf{s}))$；当 $t>0$ 时，

$$e_t(\mathsf{s},\mathsf{a})=\begin{cases}1+\beta\gamma\lambda e_{t-1}(\mathsf{s},\mathsf{a}), & \mathsf{S}_t=\mathsf{s},\mathsf{A}_t=\mathsf{a},\\ \gamma\lambda e_{t-1}(\mathsf{s},\mathsf{a}), & \text{其他},\end{cases}$$

其中 $\beta\in[0,1]$ 是事先给定的参数。资格迹的表达式应该这么理解：对于历史上的某个状态动作对 $(\mathsf{S}_\tau,\mathsf{A}_\tau)$，距离第 t 步间隔了 $t-\tau$ 步，$U_{\tau:t}$ 在 λ 回报 U_τ^λ 中的权重为 $(1-\lambda)\lambda^{t-\tau-1}$，并且 $U_{\tau:t}=R_{\tau+1}+\cdots+\gamma^{t-\tau-1}U_{t-1:t}$，所以 $U_{t-1:t}$ 是以 $(1-\lambda)(\lambda\gamma)^{t-\tau-1}$ 的比率折算到 U_τ^λ 中。间隔的步数每增加一步，原先的资格迹大致需要衰减为 $\gamma\lambda$ 倍。对当前最新出现的状态动作对 $(\mathsf{S}_t,\mathsf{A}_t)$，它的更新权重则要进行某种强化。强化的强度 β 常有以下取值：

- ❑ $\beta=1$，这时的资格迹称为**累积迹**（accumulating trace）；
- ❑ $\beta=1-\alpha$（其中 α 是学习率），这时的资格迹称为**荷兰迹**（dutch trace）；
- ❑ $\beta=0$，这时的资格迹称为**替换迹**（replacing trace）。

当 $\beta=1$ 时，直接将其资格迹加 1；当 $\beta=0$ 时，资格迹总是取值在 $[0,1]$ 范围内，所以让其资格迹直接等于 1 也实现了增加，只是增加的幅度没有 $\beta=1$ 时那么大；当 $\beta\in(0,1)$

时，增加的幅度在 $\beta=0$ 和 $\beta=1$ 之间。各种资格迹的比较如图 5-4 所示。

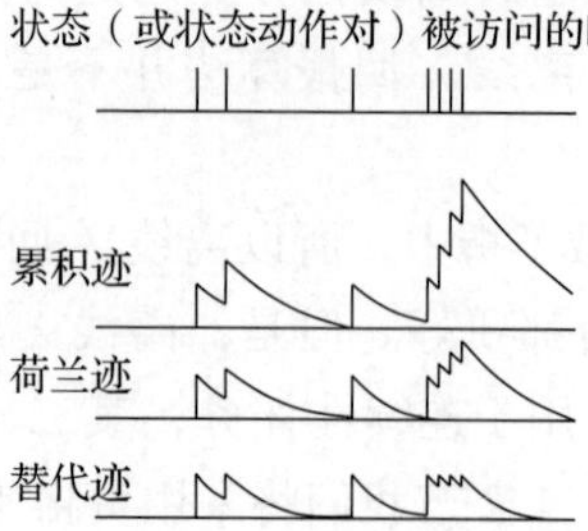

图 5-4　各种资格迹的比较

注：本图改编自论文"Reinforcement learning with replacing eligibility traces"。

资格迹和时序差分策略评估算法结合，得到策略评估算法。资格迹和 SARSA 等查找最优策略的算法结合，得到资格迹最优策略寻找算法(如 SARSA(λ)算法)。算法 5-14 给出了用 TD(λ)算法评估策略或寻找最优策略的 SARSA(λ)算法。它是在单步时序差分算法的基础上进行修改，加入资格迹来实现的。

算法 5-14　TD(λ)算法的动作价值评估或 SARSA(λ)算法学习

输入：环境(无数学描述)，若评估动作价值还需要输入策略 π。

输出：动作价值估计 $q(s,a)(s\in\mathcal{S},a\in\mathcal{A})$。

参数：资格迹参数 λ 和 β，优化器(隐含学习率 α)，折扣因子 γ，控制回合数和回合内步数的参数。

1　(初始化价值估计)$q(s,a)\leftarrow$任意值$(s\in\mathcal{S}^+,a\in\mathcal{A})$。

2　对每个回合执行以下操作：

2.1　(初始化资格迹)$e(s,a)\leftarrow 0(s\in\mathcal{S}^+,a\in\mathcal{A})$。

2.2　(初始化状态动作对)选择状态 S，在策略评估时根据输入策略 π 确定动作 A，在寻找最优策略时用动作价值估计导出的策略确定动作。

2.3　如果回合未结束(比如未达到最大步数、S 不是终止状态)，执行以下操作：

2.3.1　(采样)执行动作 A，观测得到奖励 R、新状态 S'、回合结束指示 D'。

2.3.2　(决策)根据输入策略 $\pi(\cdot|S')$ 或是迭代的最优价值估计 $q(S',\cdot)$ 导出的策略确定动作 A'。

2.3.3　(更新资格迹)$e(s,a)\leftarrow\gamma\lambda e(s,a)(s\in\mathcal{S},a\in\mathcal{A}(s))$，然后 $e(S,A)\leftarrow 1+\beta e(S,A)$。

2.3.4　(计算回报的估计值)$U\leftarrow R+\gamma q(S',A')(1-D')$。

2.3.5　(更新价值)$q(s,a)\leftarrow q(s,a)+\alpha e(s,a)[U-q(S,A)](s\in\mathcal{S},a\in\mathcal{A}(s))$。

2.3.6　若 $S'=s_{终止}$，则退出 2.3 步；否则 $S\leftarrow S'$，$A\leftarrow A'$。

状态价值也可以有资格迹。给定轨迹 $S_0,A_0,R_1,S_1,A_1,R_2,\cdots$，资格迹 $e_t(s)(s\in\mathcal{S})$ 来表示第 t 步的单步自益结果 $U_{t:t+1}=R_{t+1}+\gamma v(S_{t+1})(1-D_{t+1})$ 对每个状态 $s(s\in\mathcal{S})$ 需要更新的权重，其定义为：

当 $t=0$ 时，$e_0(\mathsf{s})=0(\mathsf{s}\in\mathcal{S})$；当 $t>0$ 时，

$$e_t(\mathsf{s}) = \begin{cases} 1+\beta\gamma\lambda e_{t-1}(\mathsf{s}), & S_t=\mathsf{s}, \\ \gamma\lambda e_{t-1}(\mathsf{s}), & \text{其他。} \end{cases}$$

算法 5-15 给出了用资格迹评估策略状态价值的算法。

算法 5-15　TD(λ)算法更新评估策略的状态价值

输入：环境(无数学描述)、策略 π。

输出：状态价值估计 $v(\mathsf{s})(\mathsf{s}\in\mathcal{S})$。

参数：资格迹参数 λ 和 β，优化器(隐含学习率 α)，折扣因子 γ，控制回合数和回合内步数的参数。

1 (初始化)初始化价值 $v(\mathsf{s})\leftarrow$任意值($\mathsf{s}\in\mathcal{S}^+$)。

2 对每个回合执行以下操作：

 2.1 (初始化资格迹)初始化资格迹 $e(\mathsf{s})\leftarrow 0(\mathsf{s}\in\mathcal{S})$。

 2.2 (初始化状态)选择初始状态 S。

 2.3 如果回合未结束(比如未达到最大步数、S 不是终止状态)，执行以下操作：

  2.3.1 (决策)根据输入策略 π 确定动作 A。

  2.3.2 (采样)执行动作 A，观测得到奖励 R、新状态 S'、回合结束指示 D'。

  2.3.3 (更新资格迹)$e(\mathsf{s})\leftarrow\gamma\lambda e(\mathsf{s})(\mathsf{s}\in\mathcal{S})$，$e(S)\leftarrow 1+\beta e(S)$。

  2.3.4 (计算回报的估计值)$U\leftarrow R+\gamma v(S')(1-D')$。

  2.3.5 (更新价值)$v(\mathsf{s})\leftarrow v(\mathsf{s})+\alpha e(\mathsf{s})[U-v(S)](\mathsf{s}\in\mathcal{S})$。

  2.3.6 $S\leftarrow S'$。

TD(λ)算法与离线 λ 回报算法相比，具有三大优点：

- TD(λ)算法既可以用于回合制任务，又可以用于连续性任务。
- TD(λ)算法在每一步都更新价值估计，能够及时反映变化。
- TD(λ)算法在每一步都有均匀的计算，而且计算量都较小。

5.5　案例：的士调度

本节考虑 Gym 库里的士调度问题(`Taxi-v3`)：如图 5-5 所示，在一个 5×5 方格表示的地图上，有四个的士停靠点。在每个回合开始时，有一个乘客会随机出现在四个的士停靠点中的一个，并想在任意一个的士停靠点下车。的士会随机出现在 25 个位置的任意一个位置。的士需要通过移动自己的位置，到达乘客所在的位置，并将乘客接上车，然后移动到乘客想下车的位置，再让乘客下车。的士只能在地图范围内上下左右移动一格，并且在有竖线阻拦地方不能横向移动。的士完成一次任务可以得到 20 个奖励，每次试图移动得到 -1 个奖励，不合理的邀请乘客上车(例如目前车和乘客不在同一位置，或者已有乘客上车)或让乘客下车(例如车不在目的地，或者车上没有乘客)得到 -10 个奖励。希望调度的士让总奖励的期望最大。

```
+---------+
|R: | : :G|
| : | : : |
| : : : : |
| | : | : |
|Y| : |B: |
+---------+
```

图 5-5　的士调度问题的地图

注：1. ASCII 字符表示，其中 B、G、R、Y 是四个上下车点。

2. 本图改编自论文“Hierarchical reinforcement learning with the MAXQ value function decomposition”。

5.5.1　使用环境

Gym 库的 `Taxi-v3` 环境实现了的士调度问题的环境。导入环境后，可以用 `env.reset()`来初始化环境，用 `env.step()`来执行一步，用 `env.render()`来显示当前局势。`env.render()`会打印出如图 5-5 的局势图，其中乘客的位置、目的地会用彩色字母显示，的士的位置会高亮显示。具体而言，如果乘客不在车上，乘客等待地的字母会显示为蓝色。目的地所在的字母会显示为洋红色。如果乘客不在车上，的士所在的位置会用黄色高亮；如果乘客在车上，的士所在的位置会用绿色高亮。

这个环境中的观测空间是 `Discrete(500)`，表示观测是一个范围为[0,500)的 `int` 型数值。我们可以用 `env.decode()` 函数将这个 `int` 数值转化为长度为 4 的元组 `(taxirow, taxicol, passloc, destidx)`，其各元素含义如下：

- `taxirow` 和 `taxicol` 是取值为{0,1,2,3,4}的 `int` 型变量，表示当前的士的位置。
- `passloc` 是取值为{0,1,2,3,4}的 `int` 型数值，表示乘客的位置，其中 0～3 表示乘客在图 5-5 中对应的位置等待，4 表示乘客在车上。
- `destidx` 是取值为{0,1,2,3}的 `int` 型数值，表示目的地，目的地的位置由图 5-5 给出。

全部的状态总数为(5×5)×5×4＝500。的士调度问题中的的士停靠点见表 5-1。

表 5-1　的士调度问题中的的士停靠点

passloc 或 destidx	ASCII 地图中对应字母	地图上的坐标
0	R	(0,0)
1	G	(0,4)
2	Y	(4,0)
3	B	(4,3)

该环境的动作空间是 `Discrete(6)`，动作是取自{0,1,2,3,4,5}的 `int` 型数值，其含义见表 5-2。表 5-2 还给出了对应的 `env.render()`给出的文字提示和执行动作后可能得到的奖励值。

表 5-2 的士调度问题中的动作

动作数值	含义	env.render()的提示	执行后的奖励
0	试图往下移动一格	South	-1
1	试图往上移动一格	North	-1
2	试图往右移动一格	East	-1
3	试图往左移动一格	West	-1
4	试图请乘客上车	Pickup	-1 或 -10
5	试图请乘客下车	Dropoff	+20 或 -10

代码清单 5-1 用 gym.make()函数实例化了环境，其中参数 render_mode 指定为"ansi"，表示后续将用字符串的形式来显示环境。初始化环境。然后用 env.decode()获得了的士、乘客和目的地的位置。然后，用 env.render()得到表示地图的字符串，用 print()函数把地图打印出来。

代码清单 5-1 初始化环境并可视化

代码文件名：Taxi-v3_SARSA_demo.ipynb。

```
import gym
env = gym.make('Taxi-v3', render_mode="ansi")
state, _ = env.reset()
taxirow, taxicol, passloc, destidx = env.decode(state)
logging.info('的士位置 = %s', (taxirow, taxicol))
logging.info('乘客位置 = %s', env.locs[passloc])
logging.info('目的地位置 = %s', env.locs[destidx])
print(env.render())
```

至此，我们已经会使用这个环境了。

5.5.2 同策时序差分学习

本节我们使用 SARSA 算法和期望 SARSA 算法来学习策略。

代码清单 5-2 中的 SARSAAgent 类实现了 SARSA 算法。每个回合开始时，会调用智能体对象 agent 的成员 reset()。agent.reset()会接收一个参数 mode，表示当前回合是训练回合还是测试回合。如果是训练回合，传入字符串"train"；如果是测试回合，传入字符串"test"。智能体在训练时和在测试时往往有不同的行为。在训练时需要更新价值估计或最优策略估计，但是在测试时不会进行更新。在训练时需要兼顾探索和利用，但是在测试时只利用不探索。在智能体和环节交互的过程中，每次调用 env.step()会得到观测、奖励和回合结束指示。这些都会传入智能体的成员函数 step()中。我们知道智能体的功能是决策和学习，step()函数的逻辑也主要分为决策和学习两个部分。在决策部分，智能体先要判断是否进行探索。如果当前是训练回合，那么可以使用 ε 贪心策略进行探索；如果当前是测试回合，则不探索。如果采用 ε 贪心策略，则先随机抽取一个 0 ~ 1 之间的随机数。如果这个随机数小于 ε，则进行探索，随机选取一个动作；否则利用，选择使得当前动作价值估计最大的动作。接下来，在训练回合中还要进行学习。在正式学习前，需要把观测、奖励、回合结束指示和动作都存储在轨迹里。需要把它们存储在轨迹里的原因是：在后续的学习过程中，我们可能不仅仅需要用到最近的观测、奖励、回合结束指示和动作，可能还需要用到本回合之前步骤的观测等。例如在 SARSA 算法中，每步更新实际上涉及两个相邻步骤的状态动作对。所以，在训练模式下，需要维护轨迹。如果已经收集到 2 步以上（含 2 步）的轨迹，则可以进行学习。智能体的成员函数 learn()实现了学习的逻辑。首先从轨迹中取出合适的量，然后计算时序差分目标，然后更新价值。

代码清单 5-2　SARSA 算法智能体

代码文件名：Taxi-v3_SARSA_demo.ipynb。

```
class SARSAAgent:
    def __init__(self, env):
        self.gamma = 0.9
        self.learning_rate = 0.2
        self.epsilon = 0.01
        self.action_n = env.action_space.n
        self.q = np.zeros((env.observation_space.n, env.action_space.n))

    def reset(self, mode=None):
        self.mode = mode
        if self.mode == 'train':
            self.trajectory = []

    def step(self, observation, reward, terminated):
        if self.mode == 'train' and np.random.uniform() < self.epsilon:
            action = np.random.randint(self.action_n)
        else:
            action = self.q[observation].argmax()
        if self.mode == 'train':
            self.trajectory += [observation, reward, terminated, action]
            if len(self.trajectory) >= 8:
                self.learn()
        return action

    def close(self):
        pass

    def learn(self):
        state, _, _, action, next_state, reward, terminated, next_action = \
                self.trajectory[-8:]
```

```
        target = reward + self.gamma * \
                self.q[next_state, next_action] * (1. - terminated)
        td_error = target - self.q[state, action]
        self.q[state, action] += self.learning_rate * td_error

agent = SARSAAgent(env)
```

代码清单 5-3 给出了训练 SARSA 算法智能体的代码。训练代码反复调用 1.6.3 节的代码清单 1-3 中的 play_episode() 函数来与环境进行交互。代码清单 5-3 判断训练结束的标准如下：如果最近 200 次平均回合奖励大于奖励阈值，则结束训练。这里的回合数和阈值都是可以根据环境和算法调整的。

代码清单 5-3 训练智能体

代码文件名：Taxi-v3_SARSA_demo.ipynb。

```
episode_rewards = []
for episode in itertools.count():
    episode_reward, elapsed_steps = play_episode(env, agent, seed=episode,
            mode='train')
    episode_rewards.append(episode_reward)
    logging.info('训练回合 %d: 奖励 = %.2f, 步数 = %d',
            episode, episode_reward, elapsed_steps)
    if np.mean(episode_rewards[-200:]) > env.spec.reward_threshold:
        break
plt.plot(episode_rewards)
```

1.6.3 节的代码清单 1-4 测试了训练后的智能体。测试过程连续让智能体和环境连续交互 100 回合。如果平均总奖励数值大于阈值 8，则这个智能体解决了这个任务。

如果我们要显示最优动作价值估计，可以使用以下语句：

```
pd.DataFrame(agent.q)
```

如果显示最优策略估计，可以使用以下语句：

```
policy = np.eye(agent.action_n)[agent.q.argmax(axis=-1)]
pd.DataFrame(policy)
```

接下来使用期望 SARSA 算法求解最优策略。代码清单 5-4 的 ExpectedSARSAAgent 类实现了期望 SARSA 智能体类。这个类与代码清单 5-2 中的 SARSAAgent 类相比，仅在 learn() 函数有所不同。

代码清单 5-4 期望 SARSA 算法智能体

代码文件名：Taxi-v3_ExpectedSARSA.ipynb。

```
class ExpectedSARSAAgent:
    def __init__(self, env):
        self.gamma = 0.99
```

```
        self.learning_rate = 0.2
        self.epsilon = 0.01
        self.action_n = env.action_space.n
        self.q = np.zeros((env.observation_space.n, env.action_space.n))

    def reset(self, mode=None):
        self.mode = mode
        if self.mode == 'train':
            self.trajectory = []

    def step(self, observation, reward, terminated):
        if self.mode == 'train' and np.random.uniform() < self.epsilon:
            action = np.random.randint(self.action_n)
        else:
            action = self.q[observation].argmax()
        if self.mode == 'train':
            self.trajectory += [observation, reward, terminated, action]
            if len(self.trajectory) >= 8:
                self.learn()
        return action

    def close(self):
        pass

    def learn(self):
        state, _, _, action, next_state, reward, terminated, _ = \
                self.trajectory[-8:]

        v = (self.q[next_state].mean() *self.epsilon + \
                self.q[next_state].max() * (1. - self.epsilon))
        target = reward + self.gamma *v * (1. - terminated)
        td_error = target - self.q[state, action]
        self.q[state, action] += self.learning_rate *td_error

agent = ExpectedSARSAAgent(env)
```

我们还是用代码清单5-3 和代码清单1-4 来训练和测试智能体。期望SARSA 算法在这个任务中的性能往往比 SARSA 算法要略好一些。

5.5.3 异策时序差分学习

本节我们使用 Q 学习和双重 Q 学习来学习最优策略。

首先来看 Q 学习算法。代码清单 5-5 的 `QLearningAgent` 智能体类实现了 Q 学习智能体。`QLearningAgent` 类和 `ExpectedSARSAAgent` 类的区别在于 `learn()` 函数内自益的方法不同。实现的 Q 学习算法依然用代码清单 5-3 训练，用代码清单 1-4 测试。

代码清单 5-5 Q 学习智能体

代码文件名：`Taxi-v3_QLearning.ipynb`。

```
class QLearningAgent:
    def __init__(self, env):
        self.gamma = 0.99
        self.learning_rate = 0.2
        self.epsilon = 0.01
        self.action_n = env.action_space.n
        self.q = np.zeros((env.observation_space.n, env.action_space.n))

    def reset(self, mode=None):
        self.mode = mode
        if self.mode == 'train':
            self.trajectory = []

    def step(self, observation, reward, terminated):
        if self.mode == 'train' and np.random.uniform() < self.epsilon:
            action = np.random.randint(self.action_n)
        else:
            action = self.q[observation].argmax()
        if self.mode == 'train':
            self.trajectory += [observation, reward, terminated, action]
            if len(self.trajectory) >= 8:
                self.learn()
        return action

    def close(self):
        pass

    def learn(self):
        state, _, _, action, next_state, reward, terminated, _ = \
                self.trajectory[-8:]

        v = reward + self.gamma * self.q[next_state].max() * (1. - terminated)
        target = reward + self.gamma * v * (1. - terminated)
        td_error = target - self.q[state, action]
        self.q[state, action] += self.learning_rate * td_error

agent = QLearningAgent(env)
```

接下来看双重Q学习。代码清单5-6中的DoubleQLearningAgent实现了双重Q学习智能体。由于双重Q学习涉及两组动作价值估计，DoubleQLearningAgent类和QLearningAgent类在构造函数和learn()函数都有区别。双重Q学习在学习时，以一半的概率对两个动作价值估计进行了对换。实现的双重Q学习依然用代码清单5-3训练，用代码清单1-4测试。在该问题中，最大化偏差并不明显，所以双重Q学习往往不能捞到好处。

代码清单 5-6 双重 Q 学习智能体

代码文件名：Taxi-v3_DoubleQLearning.ipynb。

```
class DoubleQLearningAgent:
    def __init__(self, env):
        self.gamma = 0.99
        self.learning_rate = 0.1
        self.epsilon = 0.01
        self.action_n = env.action_space.n
        self.qs = [np.zeros((env.observation_space.n, env.action_space.n)) for
                _ in range(2)]

    def reset(self, mode=None):
        self.mode = mode
        if self.mode == 'train':
            self.trajectory = []

    def step(self, observation, reward, terminated):
        if self.mode == 'train' and np.random.uniform() < self.epsilon:
            action = np.random.randint(self.action_n)
        else:
            action = (self.qs[0] + self.qs[1])[observation].argmax()
        if self.mode == 'train':
            self.trajectory += [observation, reward, terminated, action]
            if len(self.trajectory) >= 8:
                self.learn()
        return action

    def close(self):
        pass

    def learn(self):
        state, _, _, action, next_state, reward, terminated, _ = \
                self.trajectory[-8:]

        if np.random.randint(2):
            self.qs = self.qs[::-1]  # 交换元素
        a = self.qs[0][next_state].argmax()
        v = reward + self.gamma * self.qs[1][next_state, a] * (1. - terminated)
        target = reward + self.gamma * v * (1. - terminated)
        td_error = target - self.qs[0][state, action]
        self.qs[0][state, action] += self.learning_rate * td_error

agent = DoubleQLearningAgent(env)
```

5.5.4 资格迹学习

本节使用 SARSA(λ)算法来学习策略。代码清单 5-7 实现了 SARSA(λ)算法智能体类 SARSALambdaAgent类。与 SARSAAgent 类相比，它多了需要控制衰减速度的参数

lambd 和控制资格迹增加的参数 beta。值得一提的是，lambda 是 Python 的关键字，所以这里不用 lambda 作为变量名，而是用去掉最后一个字母的 lambd 作为变量名。SARSALambdaAgent 类也是用代码清单 5-3 训练，用代码清单 1-4 测试。由于引入了资格迹，所以 SARSA(λ)算法的性能往往比单步 SARSA 算法要好。

代码清单 5-7　SARSA(λ)算法智能体

代码文件名：Taxi-v3_SARSALambda.ipynb。

```
class SARSALambdaAgent:
    def __init__(self, env):
        self.gamma = 0.99
        self.learning_rate = 0.1
        self.epsilon = 0.01
        self.lambd = 0.6
        self.beta = 1.
        self.action_n = env.action_space.n
        self.q = np.zeros((env.observation_space.n, env.action_space.n))

    def reset(self, mode = None):
        self.mode = mode
        if self.mode == 'train':
            self.trajectory = []
            self.e = np.zeros(self.q.shape)

    def step(self, observation, reward, terminated):
        if self.mode == 'train' and np.random.uniform() < self.epsilon:
            action = np.random.randint(self.action_n)
        else:
            action = self.q[observation].argmax()
        if self.mode == 'train':
            self.trajectory += [observation, reward, terminated, action]
            if len(self.trajectory) >= 8:
                self.learn()
        return action

    def close(self):
        pass

    def learn(self):
        state, _, _, action, next_state, reward, terminated, next_action = \
                self.trajectory[-8:]

        # 更新资格迹
        self.e *= (self.lambd * self.gamma)
        self.e[state, action] = 1. + self.beta * self.e[state, action]

        # 更新价值
        target = reward + self.gamma * \
                self.q[next_state, next_action] * (1. - terminated)
        td_error = target - self.q[state, action]
```

```
        self.q += self.learning_rate * self.e * td_error

agent = SARSALambdaAgent(env)
```

在这一节我们尝试了很多算法。有些算法的性能相对另外一些较好。其中的原因比较复杂。可能是算法比较适合于这个任务，也可能是参数选择的问题。没有一个算法是对所有的任务都有效的。可能对于这个任务，这个算法效果好；换了一个任务后，另外一个算法效果好。

5.6　本章小结

本章介绍无模型时序差分更新方法，包括了同策时序差分算法 SARSA 算法和期望 SARSA 算法，以及异策时序差分算法 Q 学习和双重 Q 学习。各种算法的主要区别在于时序差分目标估计的计算式不同。本章最后还介绍了历史上具有重大影响力的资格迹算法。

本章要点

- 单步时序差分目标定义为

$$U_{t:t+1}^{(v)} = R_{t+1} + (1 - D_{t+1})\gamma v(S_{t+1}),$$
$$U_{t:t+1}^{(q)} = R_{t+1} + (1 - D_{t+1})\gamma q(S_{t+1}, A_{t+1})。$$

n 步时序差分目标定义为

$$U_{t:t+n}^{(v)} = R_{t+1} + (1 - D_{t+1})(\gamma R_{t+2} + \cdots + (1 - D_{t+n-1})(\gamma^{n-1} R_{t+n} + (1 - D_{t+n})\gamma^n v(S_{t+n}))),$$
$$U_{t:t+n}^{(q)} = R_{t+1} + (1 - D_{t+1})(\gamma R_{t+2} + \cdots + (1 - D_{t+n-1})(\gamma^{n-1} R_{t+n} + (1 - D_{t+n})\gamma^n q(S_{t+n}, A_{t+n})))。$$

其中回合结束指示

$$D_t = \begin{cases} 1, & S_t = s_{终止}, \\ 0, & S_t \neq s_{终止}。\end{cases}$$

- 时序差分基于“自益”的思想。
- 时序差分误差定义为

$$\Delta_t = U_t - v(S_t)$$
$$\Delta_t = U_t - q(S_t, A_t)。$$

- SARSA 算法的更新目标的形式为 $U_t = R_{t+1} + \gamma q(S_{t+1}, A_{t+1})(1 - D_{t+1})$。
- 期望 SARSA 算法的更新目标的形式为 $U_t = R_{t+1} + \gamma \sum_a \pi(a|S_{t+1}) q(S_{t+1}, a)(1 - D_{t+1})$。
- Q 学习的更新目标的形式为 $U_t = R_{t+1} + \gamma \max_a q(S_{t+1}, a)(1 - D_{t+1})$。
- 为了消除最大化偏差，双重 Q 学习维护了两个独立的动作价值估计 $q^{(0)}$ 和 $q^{(1)}$，

每次随机更新 $q^{(0)}$ 和 $q^{(1)}$ 中的一个。在更新 $q^{(i)}$ 的目标为

$$U_t^{(i)} = R_{t+1} + \gamma q^{(1-i)}(\mathsf{S}_{t+1}, \underset{\mathsf{a}}{\operatorname{argmax}}\, q^{(i)}(\mathsf{S}_{t+1}, \mathsf{a}))(1 - D_{t+1}), i \in \{0,1\}。$$

- ❑ λ 回报是时序差分目标按照 $\lambda \in [0,1]$ 衰减加权的结果，它是回报 G_t 和单步时序差分目标 $U_{t:t+1}$ 的折中。
- ❑ 离线 λ 回报算法用于回合制任务，在每个回合结束后用 λ 回报 U_t^{λ} 进行更新。
- ❑ SARSA(λ)算法的更新目标形式为 $U_t = R_{t+1} + \gamma q(\mathsf{S}_{t+1}, \mathsf{A}_{t+1})(1 - D_{t+1})$，其更新权重是资格迹。资格迹以 $\gamma\lambda$ 的速度衰减，在出现的$(\mathsf{S}_t, \mathsf{A}_t)$处加强。

5.7　练习与模拟面试

1. 单选题

(1)下列说法正确的是(　　)。

A. 当 $n=0$ 时，对于 n 步时序差分更新相当于回合更新

B. 当 $n=1$ 时，对于 n 步时序差分更新相当于回合更新

C. 当 $n \to +\infty$ 时，对于 n 步时序差分更新相当于回合更新

(2)下列说法正确的是(　　)。

A. 动态规划算法没有用到自益

B. 回合更新价值迭代算法没有用到自益

C. 时序差分迭代算法没有用到自益

(3)关于 Q 学习，其中的 Q 值为(　　)。

A. 状态价值

B. 动作价值

C. 优势

(4)下列说法正确的是(　　)。

A. SARSA 算法是一种异策算法

B. 期望 SARSA 算法是一种异策算法

C. Q 学习是一种异策算法

(5)关于双重 Q 学习，下列说法正确的是(　　)。

A. 双重学习可以减小偏差

B. 双重学习可以减小方差

C. 双重学习既可以减小偏差，也可以减小方差

(6)关于 SARSA(λ)算法，正确的是(　　)。

A. 当 $\lambda=0$ 时，SARSA(λ)算法就相当于 SARSA 算法

B. 当 $\lambda=1$ 时，SARSA(λ)算法就相当于 SARSA 算法

C. 当 $\lambda \to +\infty$ 时，SARSA(λ)算法就相当于 SARSA 算法

2. 编程练习

用Q学习求解 `CliffWalking-v0` 问题。

3. 模拟面试

(1)回合更新学习和时序差分学习有何区别？

(2)Q学习是同策算法还是异策算法？为什么？

(3)在Q学习中，为什么要引入双重学习？

(4)什么是资格迹？

CHAPTER 6

第 6 章

函数近似方法

本章将学习以下内容。

- ❑ 函数近似的原理。
- ❑ 近似函数的形式。
- ❑ 随机梯度下降算法。
- ❑ 半梯度下降算法。
- ❑ 带资格迹的半梯度下降算法。
- ❑ 函数近似的收敛性。
- ❑ Baird 反例。
- ❑ 深度 Q 网络算法。
- ❑ 经验回放。
- ❑ 目标网络。
- ❑ 双重深度 Q 网络算法。
- ❑ 决斗深度 Q 网络算法。

第 3 ~5 章中介绍的有模型数值迭代算法、回合更新算法和时序差分更新算法，在每次更新价值估计时都只更新某个状态(或状态动作对)下的价值估计。但是，在有些任务中，状态和动作的数目非常大，甚至可能是无穷大。这时，不可能对所有的状态(或状态动作对)逐一进行更新。函数近似方法用参数化的模型来近似整个状态价值(或动作价值)，并在每次学习时更新整套价值估计。这样，那些没有被访问过的状态(或状态动作对)的价值估计也能得到更新。

本章将介绍函数近似方法的一般理论，包括策略评估和最优策略求解的一般理论。

再介绍两种最常见的近似函数：线性函数和人工神经网络。后者将深度学习和强化学习结合，称为深度 Q 网络，是第一个深度强化学习算法，也是目前的热门算法。

6.1　函数近似原理

本节介绍用函数近似(function approximation)方法来估计给定策略 π 的状态价值 v_π 或动作价值函数 q_π。要评估状态价值，我们可以用一个参数为 $\boldsymbol{w}$ 的函数 $v(s;\boldsymbol{w})$ $(s\in\mathcal{S})$ 来近似状态价值；要评估动作价值，我们可以用一个参数为 $\boldsymbol{w}$ 的函数 $q(s,a;\boldsymbol{w})$ $(s\in\mathcal{S},a\in\mathcal{A}(s))$ 来近似动作价值。在动作集 $\mathcal{A}$ 有限的情况下，还可以用一个矢量函数 $\boldsymbol{q}(s;\boldsymbol{w})=(q(s,a;\boldsymbol{w}):a\in\mathcal{A})$ $(s\in\mathcal{S})$ 来近似动作价值。矢量函数 $\boldsymbol{q}(s;\boldsymbol{w})$ 的每一个元素对应着一个动作，而整个矢量函数除参数外只用状态作为输入。

一个成功的算法，既需要选择合适的函数形式，又需要找到合适的函数参数。

这里的函数 $v(s;\boldsymbol{w})$ $(s\in\mathcal{S})$、$q(s,a;\boldsymbol{w})$ $(s\in\mathcal{S},a\in\mathcal{A}(s))$、$\boldsymbol{q}(s;\boldsymbol{w})$ $(s\in\mathcal{S})$ 形式不限，可以是线性函数，也可以是神经网络。但是，它们的形式需要事先给定，在学习过程中只更新参数 $\boldsymbol{w}$。一旦函数形式和函数参数 $\boldsymbol{w}$ 完全确定，所有价值估计就都确定了。

线性近似和人工神经网络是函数近似最常使用的函数形式。

- 线性近似是用许多表示向量的线性组合来近似价值。向量又称特征，依赖于输入(即状态或状态动作对)。以动作价值近似为例，我们可以为每个状态动作对定义多个不同的特征 $\boldsymbol{x}(s,a)=(x_j(s,a):j\in\mathcal{J})$，进而定义近似函数为这些特征的线性组合，即

  $$q(s,a;\boldsymbol{w})=[\boldsymbol{x}(s,a)]^{\mathrm{T}}\boldsymbol{w}=\sum_{j\in\mathcal{J}}x_j(s,a)w_j,\ s\in\mathcal{S},\ a\in\mathcal{A}(s)。$$

  对于状态价值也有类似的近似方法：

  $$v(s;\boldsymbol{w})=[\boldsymbol{x}(s)]^{\mathrm{T}}\boldsymbol{w}=\sum_{j\in\mathcal{J}}x_j(s)w_j,\ s\in\mathcal{S}。$$

  对于线性近似而言，特征的优劣对算法性能有重要的影响。构造特征的方法有很多。
- 人工神经网络则是另外一种常见的近似函数。由于神经网络具有强大的表达能力，能够自动寻找特征，所以采用神经网络有潜力比传统人工特征强大的多。采用神经网络的强化学习算法把深度学习和强化学习结合起来，是深度强化学习算法。

值得一提的是，在第 3 ~ 5 章中，我们为每个状态或状态动作对都估计了价值。这样的方法称为**表格法**。表格法可以看作线性近似的特例。对于动作价值而言，可以认为有个特征，每个特征的形式为

$$(0,\cdots,0,\underset{\substack{\uparrow\\ s,a}}{1},0,\cdots,0),$$

即在某个的状态动作对处为 1，在其他处都为 0。这样，所有特征的线性组合就是整个动作价值，线性组合系数的数值就是动作价值的数值。

6.2　基于梯度的参数更新

寻找合适的参数本质上是一个优化问题。求解优化问题往往可以采用基于梯度的方法和不基于梯度的方法。基于梯度的方法包括梯度下降等，它要求函数对于参数是可以求次梯度的。满足这种条件的函数形式包括：线性模型、神经网络。不基于梯度的方法包括进化算法等。一般情况下，基于梯度的算法能够更快找到合适的参数，也更为常用。

本节将介绍如何用基于梯度的方法更新参数 $\boldsymbol{w}$。求解的方法包括用于回合更新学习的随机梯度下降、用于时序差分学习的半梯度下降和用于资格迹学习的带资格迹的半梯度下降。这些方法既可以用于策略价值评估，也可以用于最优策略求解。

6.2.1　随机梯度下降

本节来看适用于回合更新的随机梯度下降法。采用函数近似后，需要学习的对象是函数参数，而不再是每个状态或状态动作对的价值估计。随机梯度下降法就是直接将随机梯度下降用于估计过程。它可以用于策略评估，也可以用于寻找最优策略。

知识卡片：随机近似

随机梯度下降

随机梯度下降(Stochastic Gradient-Descent，SGD)是一个用来为可次导的优化目标寻找最优值的一阶优化算法。它是梯度下降算法的随机版本。

这个算法的思路是这样的：考虑某个可导的凸函数 $f(\boldsymbol{x})=\mathrm{E}[F(\boldsymbol{x})]$。我们想要找到方程$\nabla f(\boldsymbol{x})=\boldsymbol{0}$ 的零点，即方程 $\mathrm{E}[\nabla F(\boldsymbol{x})]=\boldsymbol{0}$ 的零点。根据 Robbins–Monro 算法，我们可以使用下式迭代更新：

$$\boldsymbol{x}_{k+1}=\boldsymbol{x}_k-\alpha_k\nabla F(\boldsymbol{x}_k)。$$

其中 k 是迭代次数指标，α_k 是学习率。进一步的，如果我们可以让参数沿着梯度相反的方向变化，那么$\nabla f(\boldsymbol{x})$会更接近于$\boldsymbol{0}$。这样的随机梯度下降算法可以被更精确地称为最速梯度下降算法。

随机梯度下降算法有诸多变体和扩展，比如动量(momentum)、RMSProp、Adam 等等。你可以在笔者的《神经网络与 PyTorch 实战》一书的 4.2 节找到详细信息。随机梯度下降算法和它们的扩展在 TensorFlow、PyTorch 等软件包中已有现成的实现。

除了最速梯度下降算法外，还有其他随机优化算法。例如 8.4 节还会介绍自然梯度算法。

算法 6-1 给出了函数近似回合更新价值估计随机梯度下降算法。这个算法与第 4 章中回合更新算法(算法 4-1 ~ 算法 4-4)的区别在于，在价值更新时，算法 6-1 更新的对象是函数参数

$\boldsymbol{w}$，而第4章中的算法更新的是单个状态或状态动作对的价值估计。在第2步更新参数时应当试图减小每一步的回报估计 G_t 和动作价值估计 $q(S_t,A_t;\boldsymbol{w})$（或状态价值估计 $v(S_t;\boldsymbol{w})$）的差别。所以，可以定义每一步的样本损失为 $[G_t-q(S_t,A_t;\boldsymbol{w})]^2$（或 $[G_t-v(S_t;\boldsymbol{w})]^2$），而整个回合的损失为 $\sum_{t=0}^{T-1}[G_t-q(S_t,A_t;\boldsymbol{w})]^2$（或 $\sum_{t=0}^{T-1}[G_t-v(S_t;\boldsymbol{w})]^2$）。如果我们沿着损失对 $\boldsymbol{w}$ 的梯度的反方向更新策略参数 $\boldsymbol{w}$，就有机会减小损失。为此，我们可以先计算得到梯度 $\nabla q(S_t,A_t;\boldsymbol{w})$（或 $\nabla v(S_t;\boldsymbol{w})$），然后利用下式更新：

$$\begin{aligned}\boldsymbol{w} &\leftarrow \boldsymbol{w}-\frac{1}{2}\alpha_t\nabla[G_t-q(S_t,A_t;\boldsymbol{w})]^2\\&=\boldsymbol{w}+\alpha_t[G_t-q(S_t,A_t;\boldsymbol{w})]\nabla q(S_t,A_t;\boldsymbol{w}),\quad\text{更新动作价值；}\\\boldsymbol{w}&\leftarrow \boldsymbol{w}-\frac{1}{2}\alpha_t\nabla[G_t-v(S_t;\boldsymbol{w})]^2\\&=\boldsymbol{w}+\alpha_t[G_t-v(S_t;\boldsymbol{w})]\nabla v(S_t;\boldsymbol{w}),\quad\text{更新状态价值。}\end{aligned}$$

算法6-1　随机梯度下降函数近似评估策略的价值

1 （初始化参数）$\boldsymbol{w}\leftarrow$任意值。
2 逐回合执行以下操作：
　2.1 （采样）用策略 π 生成轨迹样本 $S_0,A_0,R_1,S_1,A_1,R_2,\cdots,S_{T-1},A_{T-1},R_T,S_T$。
　2.2 （初始化回报）$G\leftarrow 0$。
　2.3 （逐步更新）对 $t\leftarrow T-1,T-2,\cdots,0$，执行以下步骤：
　　2.3.1 （更新回报）$G\leftarrow\gamma G+R_{t+1}$。
　　2.3.2 （更新价值参数）若评估的是动作价值，则更新 $\boldsymbol{w}$ 以减小 $[G-q(S_t,A_t;\boldsymbol{w})]^2$（如 $\boldsymbol{w}\leftarrow\boldsymbol{w}+\alpha[G-q(S_t,A_t;\boldsymbol{w})]\nabla q(S_t,A_t;\boldsymbol{w})$）；若评估的是状态价值，则更新 $\boldsymbol{w}$ 以减小 $[G-v(S_t;\boldsymbol{w})]^2$（如 $\boldsymbol{w}\leftarrow\boldsymbol{w}+\alpha[G-v(S_t;\boldsymbol{w})]\nabla v(S_t;\boldsymbol{w})$）。

计算梯度和更新参数的过程可以借助 TensorFlow 和 PyTorch 等软件包实现。

将随机梯度下降策略评估和策略改进结合，就能实现随机梯度下降最优策略求解。算法6-2给出了随机梯度下降最优策略求解的算法。它与第4章回合更新最优策略求解的区别也仅仅在于迭代的过程中不直接修改单个状态或状态动作对的价值估计，而更新价值参数 $\boldsymbol{w}$。函数近似价值优化算法一般不显式维护策略。

算法6-2　随机梯度下降求最优策略

1 （初始化参数）$\boldsymbol{w}\leftarrow$任意值。
2 逐回合执行以下操作：
　2.1 （采样）用当前最优动作价值估计 $q(\cdot,\cdot;\boldsymbol{w})$ 导出的策略（如 ε 贪心策略）生成轨迹样本 $S_0,A_0,R_1,S_1,A_1,R_2,\cdots,S_{T-1},A_{T-1},R_T,S_T$。

2.2 (初始化回报)$G \leftarrow 0$。

2.3 (逐步更新)对 $t \leftarrow T-1, T-2, \cdots, 0$，执行以下步骤:

2.3.1 (更新回报)$G \leftarrow \gamma G + R_{t+1}$。

2.3.2 (更新最优动作价值参数)更新参数 $\boldsymbol{w}$ 以减小$[G - q(S_t, A_t; \boldsymbol{w})]^2$。如

$$\boldsymbol{w} \leftarrow \boldsymbol{w} + \alpha[G - q(S_t, A_t; \boldsymbol{w})] \nabla q(S_t, A_t; \boldsymbol{w})。$$

6.2.2 半梯度下降

时序差分学习用了“自益”来估计回报，回报的估计值与 $\boldsymbol{w}$ 有关。例如，对于单步更新时序差分估计动作价值，回报的估计为 $U_t = R_{t+1} + \gamma q(S_{t+1}, A_{t+1}; \boldsymbol{w})$，这与权重 $\boldsymbol{w}$ 有关。在试图减小每一步的回报估计 U_t 和动作价值估计 $q(S_t, A_t; \boldsymbol{w})$ 的差别时，可以定义每一步损失为$[U_t - q(S_t, A_t; \boldsymbol{w})]^2$。在第5章的时序差分更新中，我们在更新价值估计时，不会去修改回报的估计。同理，使用函数近似时，在更新参数 $\boldsymbol{w}$ 以减小损失的过程中也不应当试图修改回报的估计 U_t。所以，在函数近似时序差分更新中，我们只能对价值估计 $q(S_t, A_t; \boldsymbol{w})$求关于 $\boldsymbol{w}$ 的梯度，而不应当对回报的估计 $U_t = R_{t+1} + \gamma q(S_{t+1}, A_{t+1}; \boldsymbol{w})$求关于 $\boldsymbol{w}$ 的梯度。这就是**半梯度下降**(semi-gradient descent)的原理。对于状态价值，也有类似的分析。

半梯度下降同样既可以用于策略评估，也可以用于求解最优策略(见算法6-3和算法6-4)。这个算法中，我们采用了算法5-2中介绍的带有回合结束指示的版本。函数近似算法更经常使用回合结束指示。这是因为，在设计函数形式的时候，往往我们不会单独考虑终止状态，进而导致设计出的函数往往作用在带终止状态的状态空间 $\mathcal{S}^+$ 上。但是，形式不能保证在终止状态上函数值为0。在这种情况下，就很自然地利用这个指示来方便地计算时序差分估计。对于连续型任务，没有终止状态，这个指示总是0，可以不维护。

算法6-3 半梯度下降算法估计动作价值或SARSA算法求最优策略

1 (初始化参数)$\boldsymbol{w} \leftarrow$任意值。

2 逐回合执行以下操作:

2.1 (初始化状态动作对)选择状态 S。

如果是策略评估，则用输入策略 $\pi(\cdot|S)$确定动作 A；如果是寻找最优策略，则用当前动作价值估计 $q(S, \cdot; \boldsymbol{w})$导出的策略(如 ε 柔性策略)确定动作 A。

2.2 如果回合未结束，执行以下操作:

2.2.1 (采样)执行动作 A，观测得到奖励 R、新状态 S'、回合结束指示 D'。

2.2.2 (决策)如果是策略评估，则用输入策略 $\pi(\cdot|S')$确定动作 A'；如果是寻找最优策略，则用当前动作价值估计 $q(S', \cdot; \boldsymbol{w})$导出的策略(如 ε 贪心策略)确定动作 A'(如果 $D'=1$ 动作可任取)。

2.2.3 (计算回报的估计值)$U \leftarrow R + \gamma q(S', A'; \boldsymbol{w})(1 - D')$。

2.2.4 (更新动作价值参数)更新参数 $\boldsymbol{w}$ 以减小$[U - q(S, A; \boldsymbol{w})]^2$。如

$$\boldsymbol{w} \leftarrow \boldsymbol{w} + \alpha[U - q(S, A; \boldsymbol{w})] \nabla q(S, A; \boldsymbol{w})。$$

注意此步不可以重新计算 U，也不能计算 U 对 $\boldsymbol{w}$ 的导数。

2.2.5 $S \leftarrow S'$，$A \leftarrow A'$。

算法 6-4 半梯度下降估计状态价值或期望 SARSA 算法或 Q 学习

1 (初始化)任意初始化参数 $\boldsymbol{w}$。

2 逐回合执行以下操作：

2.1 (初始化状态)选择状态 S。

2.2 如果回合未结束，执行以下操作：

2.2.1 (决策)如果是策略评估，则用输入策略 $\pi(\cdot|S)$ 确定动作 A；如果是寻找最优策略，则用当前动作价值估计 $q(S,\cdot;\boldsymbol{w})$ 导出的策略(如 ε 柔性策略)确定动作 A。

2.2.2 (采样)执行动作 A，观测得到奖励 R、新状态 S'、回合结束指示 D'。

2.2.3 (计算回报)如果是状态价值评估，则 $U \leftarrow R + \gamma v(S';\boldsymbol{w})(1-D')$。如果是期望 SARSA 算法，则 $U \leftarrow R + \gamma \sum_a \pi(a|S';\boldsymbol{w}) q(S',a;\boldsymbol{w})(1-D')$，其中 $\pi(\cdot|S';\boldsymbol{w})$ 是 $q(S',\cdot;\boldsymbol{w})$ 确定的策略(如 ε 贪心策略)。若是 Q 学习，则 $U \leftarrow R + \gamma \max_a q(S',a;\boldsymbol{w})(1-D')$。

2.2.4 (更新动作价值参数)若是状态价值评估，则更新 $\boldsymbol{w}$ 以减小 $[U - v(S;\boldsymbol{w})]^2$。如

$$\boldsymbol{w} \leftarrow \boldsymbol{w} + \alpha[U - v(S;\boldsymbol{w})] \nabla v(S;\boldsymbol{w}),$$

若是期望 SARSA 算法或 Q 学习，则更新参数 $\boldsymbol{w}$ 以减小 $[U - q(S,A;\boldsymbol{w})]^2$ (如 $\boldsymbol{w} \leftarrow \boldsymbol{w} + \alpha[U - q(S,A;\boldsymbol{w})] \nabla q(S,A;\boldsymbol{w})$)。注意此步不可以重新计算 U。

2.2.5 $S \leftarrow S'$。

如果采用能够自动计算微分并更新参数的软件包(如 TensorFlow 或 PyTorch)来减小损失，务必注意不能对回报的估计求关于参数 $\boldsymbol{w}$ 的梯度。有些软件包可以阻止计算过程中梯度的传播(如 TensorFlow 里的 `stop_gradient()` 或是 PyTorch 里的 `detach()` 等)，则可以在计算回报估计的表达式时使用它们来阻止梯度计算。还有一种方法是复制一份参数 $\boldsymbol{w}_{目标} \leftarrow \boldsymbol{w}$，在计算回报估计的表达式时用这份复制后的参数 $\boldsymbol{w}_{目标}$ 来计算回报估计，而在自动微分时只对原来的参数进行微分，这样就可以避免对回报估计求梯度。

6.2.3 带资格迹的半梯度下降

我们在 5.4 节学习过资格迹算法。资格迹可以在回合更新和单步时序差分更新之间进行折中，可能获得比回合更新或单步时序差分更新都更好的结果。在资格迹算法中，每个价值估计的数值都对应着一个资格迹参数，这个资格迹参数表示这个价值估计数值在更新中的权重。最近遇到的状态动作对(或状态)的权重大，比较久以前遇到的状态动作对(或状态)的权重小，从来没有遇到过的状态动作对(或状态)的权重为 0。每次更新时，都可以更新整条轨迹上的资格迹，再利用资格迹作为权重，更新整条轨迹上的价值估计。

函数近似算法同样可以用于资格迹。这时，资格迹针对价值参数 $\boldsymbol{w}$。具体而言，资格

迹参数 $\boldsymbol{z}$ 和价值参数 $\boldsymbol{w}$ 具有相同的形状大小，并且逐元素一一对应。资格迹参数中的每个元素表示了在更新价值参数对应元素时应当使用的权重乘以价值估计对该分量的梯度。具体而言，在更新价值参数 $\boldsymbol{w}$ 的某个分量 w 对应着资格迹参数 $\boldsymbol{z}$ 中的某个分量 z，那么在更新 w 时应当使用以下迭代式更新：

$$w \leftarrow w + \alpha[U - q(S_t, A_t; \boldsymbol{w})]z, \quad \text{更新动作价值，}$$

$$w \leftarrow w + \alpha[U - v(S_t; \boldsymbol{w})]z, \quad \text{更新状态价值。}$$

对价值参数整体而言，就有

$$\boldsymbol{w} \leftarrow \boldsymbol{w} + \alpha[U - q(S_t, A_t; \boldsymbol{w})]\boldsymbol{z}, \quad \text{更新动作价值，}$$

$$\boldsymbol{w} \leftarrow \boldsymbol{w} + \alpha[U - v(S_t; \boldsymbol{w})]\boldsymbol{z}, \quad \text{更新状态价值。}$$

当选取资格迹为累积迹时，资格迹的递推定义式如下：当 $t=0$ 时，设置 $\boldsymbol{z}_0 = \boldsymbol{0}$；当 $t>0$时，设置

$$\boldsymbol{z}_t = \gamma\lambda \boldsymbol{z}_{t-1} + \nabla q(S_t, A_t; \boldsymbol{w}), \quad \text{更新动作价值对应的资格迹，}$$

$$\boldsymbol{z}_t = \gamma\lambda \boldsymbol{z}_{t-1} + \nabla v(S_t; \boldsymbol{w}), \quad \text{更新状态价值对应的资格迹。}$$

算法 6-5 和算法 6-6 给出了使用资格迹的价值估计和最优策略求解算法。这两个算法都使用了累积迹。

算法 6-5　TD(λ)算法或 SARSA 算法估计动作价值

1　(初始化参数)$\boldsymbol{w} \leftarrow$ 任意值。

2　逐回合执行以下操作：

　2.1　(初始化资格迹)$\boldsymbol{z} \leftarrow \boldsymbol{0}$。

　2.2　(初始化状态动作对)选择状态 S。

　　如果是策略评估，则用输入策略 $\pi(\cdot|S)$ 确定动作 A；如果是寻找最优策略，则用当前动作价值估计 $q(S, \cdot; \boldsymbol{w})$ 导出的策略(如 ε 贪心策略)确定动作 A。

　2.3　如果回合未结束，执行以下操作：

　　2.3.1　(采样)执行动作 A，观测得到奖励 R、新状态 S'、回合结束指示 D'。

　　2.3.2　(决策)如果是策略评估，则用输入策略 $\pi(\cdot|S')$ 确定动作 A'；如果是寻找最优策略，则用当前动作价值估计 $q(S', \cdot; \boldsymbol{w})$ 导出的策略(如 ε 贪心策略)确定动作 A'(如果 $D'=1$ 动作可任取)。

　　2.3.3　(计算回报的估计值)$U \leftarrow R + \gamma q(S', A'; \boldsymbol{w})(1-D')$。

　　2.3.4　(更新资格迹)$\boldsymbol{z} \leftarrow \gamma\lambda \boldsymbol{z} + \nabla q(S, A; \boldsymbol{w})$。

　　2.3.5　(更新动作价值参数)$\boldsymbol{w} \leftarrow \boldsymbol{w} + \alpha[U - q(S, A; \boldsymbol{w})]\boldsymbol{z}$。

　　2.3.6　$S \leftarrow S'$，$A \leftarrow A'$。

算法 6-6　TD(λ)算法或期望 SARSA 算法或 Q 学习估计状态价值

1　(初始化)任意初始化参数 $\boldsymbol{w}$。

2　逐回合执行以下操作：

2.1 （初始化资格迹）初始化资格迹 $\mathbf{z} \leftarrow \mathbf{0}$。

2.2 （初始化状态）选择状态 S。

2.3 如果回合未结束，执行以下操作：

2.3.1 （决策）如果是策略评估，则用输入策略 $\pi(\cdot|S)$ 确定动作 A；如果是寻找最优策略，则用当前动作价值估计 $q(S,\cdot;\mathbf{w})$ 导出的策略（如 ε 柔性策略）确定动作 A。

2.3.2 （采样）执行动作 A，观测得到奖励 R、新状态 S'、回合结束指示 D'。

2.3.3 （计算回报）如果是状态价值评估，则 $U \leftarrow R+\gamma v(S';\mathbf{w})(1-D')$。如果是期望 SARSA 算法，则 $U \leftarrow R+\gamma \sum_{a} \pi(a|S';\mathbf{w}) q(S',a;\mathbf{w})(1-D')$，其中 $\pi(\cdot|S';\mathbf{w})$ 是 $q(S',\cdot;\mathbf{w})$ 确定的策略（如 ε 柔性策略）。若是 Q 学习，则 $U \leftarrow R+\gamma \max_{a} q(S',a;\mathbf{w})(1-D')$。

2.3.4 （更新资格迹）若是状态价值评估，则 $\mathbf{z} \leftarrow \gamma\lambda\mathbf{z}+\nabla v(S;\mathbf{w})$，若是期望 SARSA 算法或 Q 学习，则 $\mathbf{z} \leftarrow \gamma\lambda\mathbf{z}+\nabla q(S,A;\mathbf{w})$。

2.3.5 （更新动作价值参数）若是状态价值评估，则 $\mathbf{w} \leftarrow \mathbf{w}+\alpha[U-v(S;\mathbf{w})]\mathbf{z}$，若是期望 SARSA 算法或 Q 学习，则 $\mathbf{w} \leftarrow \mathbf{w}+\alpha[U-q(S,A;\mathbf{w})]\mathbf{z}$。

2.3.6 $S \leftarrow S'$。

6.3 函数近似的收敛性

本节讨论强化学习算法的收敛性。

6.3.1 收敛的条件

表 6-1 和表 6-2 分别总结了策略评估算法和最优策略求解算法的收敛性。在这两个表格中，表格法指的是第 4～5 章介绍的不采用函数近似的方法。一般情况下，它们都能收敛到真实的价值或最优价值。但是，对于函数近似算法，收敛性往往只在采用梯度下降的回合更新时有保证，而在采用半梯度下降的时序差分方法是没有保证的。

表 6-1　策略评估算法的收敛性

算法	表格法	线性近似	非线性近似
同策回合更新	收敛	收敛	收敛
同策时序差分更新	收敛	收敛	不一定收敛
异策回合更新	收敛	收敛	收敛
异策时序差分更新	收敛	不一定收敛	不一定收敛

表 6-2　最优策略求解算法的收敛性

算法	表格法	线性近似	非线性近似
回合更新	收敛	收敛或在最优解附近摆动	不一定收敛
SARSA	收敛	收敛或在最优解附近摆动	不一定收敛
Q 学习	收敛	不一定收敛	不一定收敛

线性近似具有简单的线性叠加结构，使得线性近似可以获得额外的收敛性。

当然，所有收敛性都是在学习率满足 Robbins-Monro 序列的情况下才具有的。对于能保证收敛的情况，收敛性一般都可以通过验证随机近似 Robbins-Monro 算法的条件证明。

6.3.2　Baird 反例

值得一提的是，对于异策的 Q 学习，即使采用了线性近似，仍然不能保证收敛。研究人员发现，只要异策、自益、函数近似这三者同时出现，就不能保证收敛。一个著名的例子是 Baird 反例（Baird's counterexample）。

Baird 反例考虑如下 Markov 决策过程：如图 6-1 所示，状态空间为 $\mathcal{S}=\{s^{(0)},s^{(1)},\cdots,s^{(5)}\}$，动作空间为 $\mathcal{A}=\{a^{(0)},a^{(1)}\}$。一开始等概率处于状态空间中的任意一个状态。对于时刻 $t(t=0,1,\cdots)$，无论它处于哪个状态，如果采用动作 $a^{(0)}$，则下一状态为 $s^{(0)}$，获得奖励 0；如果采用动作 $a^{(1)}$，则下一状态等概率从 $\mathcal{S}\setminus\{s^{(0)}\}$ 中选择，获得奖励为 0。折扣因子 γ 是一个非常接近 1 的数（如 0.99）。显然在这个 Markov 决策过程中，所有策略的状态价值和动作价值都是 0，最优状态价值和最优动作价值也都是 0，所有策略都是最优策略。

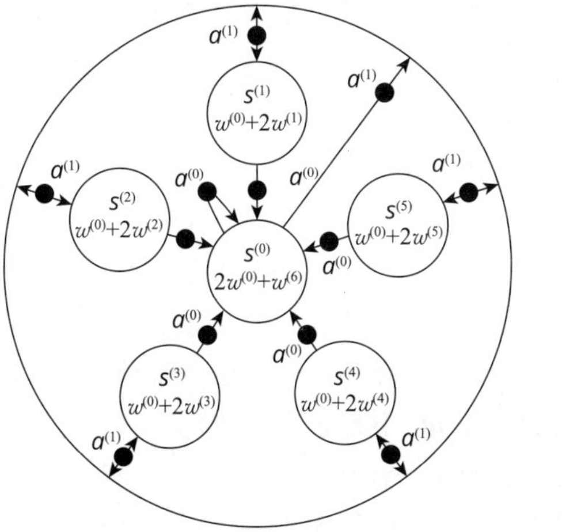

图 6-1　Baird 反例对应的 Markov 决策过程

为了证明同时满足异策、自益、函数近似的算法可能不收敛，我们来设计一个策略并试图评估这个策略。我们将证明这个策略评估算法是发散的。

- 要评估的策略 π 为确定性策略 $\pi(a\mid s)=\begin{cases}1, & s\in\mathcal{S},\ a=a^{(0)},\\0, & s\in\mathcal{S},\ a=a^{(1)},\end{cases}$ 它总是选择动作 $a^{(0)}$ 且下一状态总是 $s^{(0)}$，其状态价值为 $v_\pi(s)=0(s\in\mathcal{S})$。
- 函数近似：设计状态价值估计为线性形式 $v(s^{(i)};\boldsymbol{w})=(\boldsymbol{g}^{(i)})^{\mathrm{T}}\boldsymbol{w}(i=0,1,\cdots,|\mathcal{S}|-1)$，

其中 $\boldsymbol{w}=(w^{(0)},\cdots,w^{(|\mathcal{S}|)})^{\mathrm{T}}$ 是待学习的参数，$\boldsymbol{g}^{(i)}$ 为

$$\begin{pmatrix}(\boldsymbol{g}^{(0)})^{\mathrm{T}}\\(\boldsymbol{g}^{(1)})^{\mathrm{T}}\\(\boldsymbol{g}^{(2)})^{\mathrm{T}}\\\vdots\\(\boldsymbol{g}^{(|\mathcal{S}|-1)})^{\mathrm{T}}\end{pmatrix}=\begin{pmatrix}2&0&0&\cdots&1\\1&2&0&\cdots&0\\1&0&2&\cdots&0\\\vdots&\vdots&\vdots&&\vdots\\1&0&0&\cdots&0\end{pmatrix}。$$

显然近似函数对参数 $\boldsymbol{w}$ 的梯度为 $\nabla v(\mathsf{s}^{(i)};\boldsymbol{w})=\boldsymbol{g}^{(i)}\ (i=0,1,\cdots,|\mathcal{S}|-1)$。

- 自益：使用单步时序差分来得到自益的目标。在某个时刻 t，如果下一个状态是 $\mathsf{S}_{t+1}=\mathsf{s}^{(i)}$，那么自益的目标估计为 $U_t=\gamma v(\mathsf{S}_{t+1};\boldsymbol{w})$，时序差分误差为

$$\delta_t=U_t-v(\mathsf{S}_t;\boldsymbol{w})=\gamma v(\mathsf{S}_{t+1};\boldsymbol{w})-v(\mathsf{S}_t;\boldsymbol{w})。$$

- 异策：使用行为策略 b：$b(\mathsf{a}\mid\mathsf{s})=\begin{cases}1/|\mathcal{S}|, & \mathsf{s}\in\mathcal{S},\ \mathsf{a}=\mathsf{a}^{(0)},\\1-1/|\mathcal{S}|, & \mathsf{s}\in\mathcal{S},\ \mathsf{a}=\mathsf{a}^{(1)}。\end{cases}$在某个时刻 t，如果选择了动作 $\mathsf{A}_t=\mathsf{a}^{(0)}$，这时相对于要评估的策略的重采样因子 $\rho_t=\dfrac{\pi(\mathsf{a}^{(0)}\mid\mathsf{S}_t)}{b(\mathsf{a}^{(0)}\mid\mathsf{S}_t)}=\dfrac{1}{1/|\mathcal{S}|}=|\mathcal{S}|$，下一次状态一定是 $\mathsf{s}^{(0)}$；如果选择了动作 $\mathsf{A}_t=\mathsf{a}^{(1)}$，这时相对于要评估的策略的重采样因子为 $\rho_t=\dfrac{\pi(\mathsf{a}^{(1)}\mid\mathsf{S}_t)}{b(\mathsf{a}^{(1)}\mid\mathsf{S}_t)}=\dfrac{0}{1/|\mathcal{S}|}=0$，下一次状态等概率从 $\mathcal{S}\backslash\{\mathsf{s}^{(0)}\}$ 中选择。可以验证，行为策略 b 可以让所有时刻下的状态都保持在 $\mathcal{S}$ 中均匀分布。

在学习的过程中，使用迭代式

$$\boldsymbol{w}_{t+1}\leftarrow\boldsymbol{w}_t+\alpha\rho_t\delta_t\nabla v(\mathsf{S}_t;\boldsymbol{w})$$

进行学习。学习率 α 是一个小正数(比如 $\alpha=0.01$)。值得一提的是，如果在某个时刻 t 选择了动作 $\mathsf{A}_t=\mathsf{a}^{(1)}$，这时重采样系数为 $\rho_t=0$，上述迭代式就简化为 $\boldsymbol{w}_{t+1}\leftarrow\boldsymbol{w}_t$，即参数不变化；如果选择了动作 $\mathsf{A}_t=\mathsf{a}^{(0)}$，则重采样因子为常数 $\rho_t=|\mathcal{S}|$。

可以证明，如果初始参数 $\boldsymbol{w}_0$ 不是全 0 参数(如初始参数为 $\boldsymbol{w}_0=(1,0,\cdots,0)^{\mathrm{T}}$)，学习过程不收敛。事实上，参数的各个分量会大致以比例 $5:2:\cdots:2:10(\gamma-1)$ 不断增加，趋向无穷。如图 6-2 所示，$w^{(0)}$ 上升的最快，越来越大，无上界；$w^{(1)}\sim w^{(5)}$ 较快上升，也越来越大，无上界，$w^{(6)}$ 略微下降，越来越小，无下界。由于这个趋势会一直持续，无法收敛到一个特定的值。

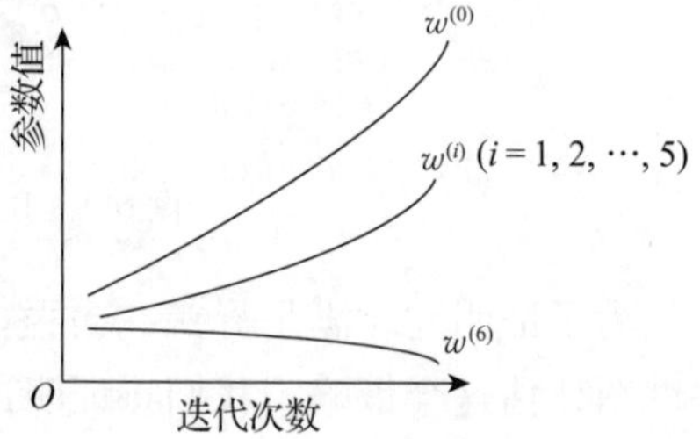

图 6-2　参数随学习过程变化趋势示意图

我们可以用类似于数学归纳法的方法来粗略验证这个趋势。假设到某次迭代，$\boldsymbol{w}_t$ 的分量大致为 $(5\chi,2\chi,\cdots,2\chi,10(\gamma-1)\chi)$。我们接下来讨论在此基础上 $\boldsymbol{w}_t$ 会如何变化。从前面的分析可知，参数只会在 $\mathsf{A}_t=\mathsf{a}^{(0)}$ 时变化。分情况讨论：

- 如果 $S_t=s^{(0)}$，$A_t=a^{(0)}$，这时有

$$\begin{aligned}\delta_t&=\gamma\,(\boldsymbol{g}^{(0)})^{\mathrm{T}}\boldsymbol{w}_t-(\boldsymbol{g}^{(0)})^{\mathrm{T}}\boldsymbol{w}_t\\&=(\gamma-1)(2w_t^{(0)}+w_t^{(6)})\\&=(\gamma-1)(2\cdot 5\chi+10(\gamma-1)\chi)\\&\approx 10(\gamma-1)\chi_\circ\end{aligned}$$

由于 $\boldsymbol{g}^{(0)}=(2,0,\cdots,0,1)^{\mathrm{T}}$，参数 $w^{(0)}$ 和 $w^{(6)}$ 分别增加 $\alpha\rho_t$ 倍的 $20(\gamma-1)\chi$ 和 $10(\gamma-1)\chi$。

- 如果 $S_t=s^{(i)}(i>0)$，$A_t=a^{(0)}$，这时有

$$\begin{aligned}\delta_t&=\gamma\,(\boldsymbol{g}^{(0)})^{\mathrm{T}}\boldsymbol{w}_t-(\boldsymbol{g}^{(i)})^{\mathrm{T}}\boldsymbol{w}_t\\&=\gamma(2w_t^{(0)}+w_t^{(6)})-(w_t^{(0)}+2w_t^{(i)})\\&=\gamma(2\cdot 5\chi+10(\gamma-1)\chi)-(5\chi+2\cdot 2\chi)\\&=(10\gamma^2-9)\chi\\&\approx\chi_\circ\end{aligned}$$

考虑到 $\boldsymbol{g}^{(i)}$ 的表达式，参数 $w^{(0)}$ 和 $w^{(i)}$ 分别增加 $\alpha\rho_t$ 倍的 χ 和 2χ。

考虑到对于状态集上的状态是等概率分布的，所以各参数分量增加的幅度大致为

$$\begin{aligned}&w^{(0)}: && 20(\gamma-1)\chi+5\cdot\chi\approx 5\chi\\&w^{(i)}(i=1,\cdots,5): && 2\chi\\&w^{(6)}: && 10(\gamma-1)\chi_\circ\end{aligned}$$

这些参数分量增加的比例正是 $5:2:\cdots:2:10(\gamma-1)$。这样就完成了粗略验证。

6.4 深度 Q 网络

本节介绍一种目前非常著名的函数近似方法——**深度 Q 网络**（Deep Q Network，DQN）。深度 Q 网络的核心就是用一个人工神经网络来近似动作价值。由于神经网络具有强大的表达能力，能够自动寻找特征，所以采用神经网络有潜力比传统人工特征强大得多。

在前一小节我们已经知道，当同时出现异策、自益和函数近似时，无法保证收敛性，会出现训练不稳定或训练困难等问题。针对出现的各种问题，研究人员主要从以下两方面进行了改进。

- **经验回放**（experience replay）：将经验（即历史的状态、动作、奖励等）存储起来，再在存储的经验中按一定的规则采样。
- **目标网络**（target network）：修改网络的更新方式，如不把刚学习到的网络权重马上用于后续的自益过程。

本节后续内容将采用这两个技巧的深度 Q 网络算法，以及其他深度 Q 网络的扩展和变体算法。

6.4.1 经验回放

经验回放的核心思想是将经验存储起来，以后反复使用。经验回放有“存储”和“采样回放”两大关键步骤。

- 存储：将轨迹的一段以$(S_t, A_t, R_{t+1}, S_{t+1}, D_{t+1})$等形式存储起来。
- 采样回放：使用某种规则从存储的诸多经验中随机取出若干条经验。

经验回放有以下好处：

- 能够重复使用经验，提高样本利用率。这对于数据获取困难或昂贵的情况下尤其有用。
- 它可以打散各条经验，进而消除数据的关联，使得数据的分布更稳定。数据分布更稳定后，便于神经网络的训练。

经验回放的缺点包括：

- 需要存储经验，占用存储空间。
- 因为能存储的经验长度有限，所以无法用于回合长度无界的回合更新等。由于经验回放中存储经验的长度是有限的，所以经验回放一般用于时序差分更新算法中。对于单步的时序差分更新，每条经验可以以$(S_t, A_t, R_{t+1}, S_{t+1}, D_{t+1})$等形式存储；对于 n 步时序差分更新，每条经验可以以$(S_t, A_t, R_{t+1}, S_{t+1}, D_{t+1}, \cdots, S_{t+n}, D_{t+n})$等形式存储。

算法 6-7 给出了带经验回放的 Q 学习最优策略求解算法。第 1.1 步初始化网络参数 $\boldsymbol{w}$ 时，应当遵循深度学习里的方法。第 1.2 步初始化经验库。第 2.2.1 步智能体和环境进行交互，并将交互得到的经验存储起来。第 2.2.2 步回放经验，并利用回放得到的经验进行时序差分学习。第 2.2.2.2 步，对回放的每一条经验，都计算时序差分目标。一般情况下，可以对所有回放的经验进行批量计算。为了实现批量计算，对于回合制任务，一般都显式维护回合结束指示。所以在积累经验时，也需要获得回合结束指示并存储起来。第 2.2.2.3 步更新价值参数时，将整批经验用于参数学习。

算法 6-7 带经验回放的 Q 学习最优策略求解(逐回合循环)

参数：经验回放的参数(如存储大小，每次回放的经验数等)，其他参数(如优化器、折扣因子等)。

1 初始化：

  1.1 (初始化网络参数)初始化 $\boldsymbol{w}$。

  1.2 (初始化经验库)$\mathcal{D} \leftarrow \varnothing$。

2 逐回合执行以下操作：

  2.1 (初始化状态)选择状态 S。

  2.2 如果回合未结束，执行以下操作：

2.2.1 (积累经验)执行一次或多次以下操作:

2.2.1.1 (决策)根据 $q(S,\cdot;\mathbf{w})$ 导出的策略选择动作 A(如 ε 贪心策略)。

2.2.1.2 (采样)执行动作 A，观测得到奖励 R、新状态 S'、回合结束指示 D'。

2.2.1.3 (存储)将经验 (S,A,R,S',D') 存入经验库 $\mathcal{D}$ 中。

2.2.1.4 $S \leftarrow S'$。

2.2.2 (使用经验)执行一次或多次以下操作:

2.2.2.1 (回放)从经验库 $\mathcal{D}$ 中选取一批经验 $\mathcal{B}$，每条经验的形式为 (S,A,R,S',D')。

2.2.2.2 (计算时序差分目标)对于选取的每条经验计算时序差分目标 $U \leftarrow R + \gamma \max\limits_{a} q(S',a;\mathbf{w})(1-D')\ ((S,A,R,S',D') \in \mathcal{B})$。

2.2.2.3 (更新价值参数)更新 $\mathbf{w}$ 以减小 $\frac{1}{|\mathcal{B}|}\sum_{(S,A,R,S',D')\in\mathcal{B}}[U - q(S,A;\mathbf{w})]^2$(如 $\mathbf{w} \leftarrow \mathbf{w} + \alpha \frac{1}{|\mathcal{B}|}\sum_{(S,A,R,S',D')\in\mathcal{B}}[U - q(S,A;\mathbf{w})]\nabla q(S,A;\mathbf{w})$)。

我们也可以在实现中不显式进行逐回合的循环。算法6-8给出了不显式逐回合循环的算法。虽然程序结构不相同，但是运行结果是等价的。

算法6-8 带经验回放的Q学习最优策略求解(不显式逐回合循环)

参数：经验回放的参数(如存储大小，每次回放的经验数等)，其他参数(如优化器、折扣因子等)。

1 初始化:

1.1 (初始化网络参数)初始化 $\mathbf{w}$。

1.2 (初始化经验库) $\mathcal{D} \leftarrow \varnothing$。

1.3 (初始化状态)选择状态 S。

2 循环执行以下操作:

2.1 (积累经验)执行一次或多次以下操作:

2.1.1 (决策)根据 $q(S,\cdot;\mathbf{w})$ 导出的策略选择动作 A(如 ε 贪心策略)。

2.1.2 (采样)执行动作 A，观测得到奖励 R、新状态 S'、回合结束指示 D'。

2.1.3 (存储)将经验 (S,A,R,S',D') 存入经验库 $\mathcal{D}$ 中。

2.1.4 若本回合未结束，$S \leftarrow S'$；否则，为下一回合重新选择初始状态 S。

2.2 (使用经验)执行一次或多次以下操作:

2.2.1 (回放)从经验库 $\mathcal{D}$ 中选取一批经验 $\mathcal{B}$，每条经验的形式为 (S,A,R,S',D')。

2.2.2 (计算时序差分目标)对于选取的每条经验计算时序差分目标 $U \leftarrow R + \gamma \max\limits_{a} q(S',a;\mathbf{w})(1-D')\ ((S,A,R,S',D') \in \mathcal{B})$。

2.2.3 (更新价值参数)更新 $\mathbf{w}$ 以减小 $\frac{1}{|\mathcal{B}|}\sum_{(S,A,R,S',D')\in\mathcal{B}}[U - q(S,A;\mathbf{w})]^2$(如 $\mathbf{w} \leftarrow \mathbf{w} + \alpha \frac{1}{|\mathcal{B}|}\sum_{(S,A,R,S',D')\in\mathcal{B}}[U - q(S,A;\mathbf{w})]\nabla q(S,A;\mathbf{w})$)。

从存储的角度，经验回放可以分为集中式经验回放和分布式经验回放。

- **集中式经验回放**：智能体在一个环境中运行，把经验统一存储在经验池中。
- **分布式经验回放**：智能体的多份拷贝(worker)同时在多个环境中运行，并将经验统一存储于经验池中。由于多个智能体拷贝同时生成经验，所以能够在使用更多资源的同时更快的收集经验。

从采样的角度，经验回放可以分为均匀经验回放和优先经验回放。

- **均匀经验回放**：在从经验池选取经验时，每条经验被选中的概率都相同。
- **优先经验回放**(Prioritized Experience Replay，PER)：为经验池里的经验指定优先级，在从经验池选取经验时更倾向于选择优先级高的经验。

优先经验回放的一般的做法时，如果某个经验(例如经验 i)的优先级(priority)为 p_i，那么选取该经验的概率为

$$\frac{p_i^\alpha}{\sum_i p_i^\alpha},$$

其中参数 $\alpha \geqslant 0$。当 $\alpha = 0$ 时，对应均匀回放。

设置优先级的方法包括成比例优先和基于排序的优先等。

- **成比例优先**(proportional priority)：第 i 个经验的优先级为

  $$p_i = |\delta_i| + \varepsilon。$$

  其中 δ_i 是时序差分误差(定义为 $\delta_i = U_i - q(S_i, A_i; \mathbf{w})$ 或 $\delta_i = U_i - v(S_i; \mathbf{w})$)，$\varepsilon$ 是预先选择的一个小正数；
- **基于排序的优先**(rank-based priority)：第 i 个经验的优先级为

  $$p_i = \frac{1}{\text{rank}_i},$$

  其中 rank_i 是第 i 个经验用 $|\delta_i|$ 从大到小排序得到的排名，排名从 1 开始。

优先经验回放的缺点：抽取样本涉及大量计算，并且计算过程很难采用 GPU 加速。为了有效抽取经验，常采用树结构(如求和树、二元索引树)维护优先级，这又会耗费一些代码。

知识卡片：数据结构

和树与树状数组

考虑一个深度为 $n+1$ 的满二叉树。我们为每个节点指定一个值，并且每个非叶子节点的值是其左右两个叶子的值的和，这样的二叉树称为**和树**(sum tree)。每当某个叶子节点的值改变时，其相应的 n 级父节点的值都要修改。采用和树，我们可以很方便地求出前 $i(0 \leqslant i \leqslant 2^n)$ 个叶子节点的值的和。

树状数组(Binary Indexed Tree，BIT)是和树的一种节省存储的实现。考虑到在和树

中，每个节点的右孩子的值可以通过节点本身的值减去节点左孩子的值计算出来，所以我们可以不显式存储每个节点右孩子的值，而在需要用到时，可临时做减法得到。采用这样的实现后，有 2^n 个叶子节点的树只需要存储 2^n 个值。这 2^n 个值常常存在一个数组里。不过，这样的改进仅仅只能使得存储空间减小为原来的一半，并且还可能增加计算量，所以不一定值得采用。

将分布式经验回放可以和优先经验回放结合，得到**分布式优先经验回放**(distributed prioritized experience replay)。

6.4.2 目标网络

在6.2.2节中我们知道，时序差分学习用到了自益，其回报的估计和动作价值的估计都和参数 $\boldsymbol{w}$ 有关。当参数变化时，回报的估计和动作价值的估计都会变化。在学习的过程中，动作价值试图追逐一个变化的回报，也容易出现不稳定的情况。所以，应当使用半梯度下降。在半梯度下降中，在更新价值参数 $\boldsymbol{w}$ 时，不对基于自益得到的回报估计 U_t 求梯度。其中一种阻止对 U_t 求梯度的方法就是将价值参数复制一份得到 $\boldsymbol{w}_{目标}$，在计算 U_t 时用 $\boldsymbol{w}_{目标}$ 计算。

基于这一思想，**目标网络**(target network)这一概念应运而生。目标网络是在原有的神经网络之外再搭建一份结构完全相同的网络。原先就有的神经网络称为**评估网络**(evaluation network)。在学习的过程中，使用目标网络来进行自益得到回报的评估值，将它作为学习的目标。在权重更新的过程中，只更新评估网络的权重，而不更新目标网络的权重。这样，更新权重时针对的目标不会在每次迭代都变化，是一个固定的目标。在完成一定次数的更新后，再将评估网络的权重值赋给目标网络，进而进行下一批更新。这样，目标网络也能得到更新。由于在目标网络没有变化的一段时间内回报的估计是相对固定的，目标网络的引入后增加了学习的稳定性。所以，目标网络目前已经成为深度强化学习的主流做法。

算法6-9给出了带目标网络的深度Q网络算法。第1.1步初始化时，将评估网络和目标网络初始化为相同的值。而评估网络参数的初始化本身应当按照深度学习里推荐的方法。第2.2.2.2步计算时序差分回报只用到目标网络。第2.2.2.4步更新目标网络。

算法6-9 带经验回放和目标网络的深度Q网络最优策略求解

1 初始化：

  1.1 (初始化网络参数)初始化评估网络 $q(\cdot,\cdot;\boldsymbol{w})$ 的参数 $\boldsymbol{w}$；目标网络 $q(\cdot,\cdot;\boldsymbol{w}_{目标})$ 的参数 $\boldsymbol{w}_{目标}\leftarrow\boldsymbol{w}$。

  1.2 (初始化经验库)$\mathcal{D}\leftarrow\varnothing$。

2 逐回合执行以下操作：

  2.1 (初始化状态)选择状态 S。

2.2 如果回合未结束，执行以下操作：

2.2.1 （积累经验）执行一次或多次以下操作：

2.2.1.1 （决策）根据 $q(S,\cdot;\boldsymbol{w})$ 导出的策略选择动作 A（如 ε 贪心策略）。

2.2.1.2 （采样）执行动作 A，观测得到奖励 R、新状态 S'、回合结束指示 D'。

2.2.1.3 （存储）将经验 (S,A,R,S',D') 存入经验库 $\mathcal{D}$ 中。

2.2.1.4 $S \leftarrow S'$。

2.2.2 （使用经验）执行一次或多次以下操作：

2.2.2.1 （回放）从经验库 $\mathcal{D}$ 中选取一批经验 $\mathcal{B}$，每条经验的形式为 (S,A,R,S',D')。

2.2.2.2 （计算时序差分目标）对于选取的每条经验计算时序差分目标 $U \leftarrow R + \gamma \max_a q(S',a;\boldsymbol{w}_{目标})(1-D')\ ((S,A,R,S',D') \in \mathcal{B})$。

2.2.2.3 （更新价值参数）更新 $\boldsymbol{w}$ 以减小 $\frac{1}{|\mathcal{B}|}\sum_{(S,A,R,S',D')\in\mathcal{B}}[U-q(S,A;\boldsymbol{w})]^2$（如 $\boldsymbol{w} \leftarrow \boldsymbol{w} + \alpha\frac{1}{|\mathcal{B}|}\sum_{(S,A,R,S',D')\in\mathcal{B}}[U-q(S,A;\boldsymbol{w})]\nabla q(S,A;\boldsymbol{w})$）。

2.2.2.4 （更新目标网络）在一定条件下（例如访问本步若干次）更新目标网络的权重（如 $\boldsymbol{w}_{目标} \leftarrow (1-\alpha_{目标})\boldsymbol{w}_{目标} + \alpha_{目标}\boldsymbol{w}$。）

在 2.2.2.4 步更新目标网络时，我们使用了 **Polyak 平均**（Polyak average）。它引入一个学习率 $\alpha_{目标}$ 而在旧的目标网络参数和新的评估网络参数直接进行加权平均后的值赋值给目标网络，即 $\boldsymbol{w}_{目标} \leftarrow (1-\alpha_{目标})\boldsymbol{w}_{目标} + \alpha_{目标}\boldsymbol{w}$。特别的，如果令 $\alpha_{目标}=1$，则 Polyak 平均就退化为直接赋值，即 $\boldsymbol{w}_{目标} \leftarrow \boldsymbol{w}$。对于分布式学习的情形，有很多独立的拷贝同时会修改目标网络，则就更常用学习率 $\alpha_{目标} \in (0,1)$。

在 5.2.1 节我们提到，回合结束指示 D' 常以 $\gamma(1-D')$ 的形式使用，所以有些实现也会计算回合继续指示 $1-D'$ 或带折扣的回合继续指示 $\gamma(1-D')$ 作为中间结果。这种情况下，存储在经验库里的经验也可以采用 $(S,A,R,S',1-D')$ 或 $(S,A,R,S',\gamma(1-D'))$ 这样的形式。

6.4.3　双重深度 Q 网络

5.3.3 节曾提到 Q 学习会带来最大化偏差，而双重 Q 学习可以消除最大化偏差。双重 Q 学习引入了两个动作价值的估计 $q^{(0)}$ 和 $q^{(1)}$，每次更新动作价值时用其中的一个估计来确定动作，用确定的动作和另外一个价值估计来自益获得时序差分回报。

在深度 Q 网络算法中使用双重学习，可以得到**双重深度 Q 网络**（Double Deep Q Network，Double DQN）。考虑到深度 Q 网络已经有了评估网络和目标网络两个网络，所以双重深度 Q 网络可以仍然用这两个网络。每次更新时，选择一个网络来作为评估网络并确定动作，用另一个网络作为目标网络来计算回报样本。

在算法实现上，只需要将算法 6-9 中的

$$U \leftarrow R + \gamma \max_{\mathsf{a}} q(\mathsf{S}', \mathsf{a}; \boldsymbol{w}_{目标})(1 - D')$$

更换为

$$U \leftarrow R + \gamma q(\mathsf{S}', \operatorname*{argmax}_{\mathsf{a}} q(\mathsf{S}', \mathsf{a}; \boldsymbol{w}); \boldsymbol{w}_{目标})(1 - D'),$$

就得到了带经验回放的双重深度 Q 网络算法。

6.4.4 决斗深度 Q 网络

首先我们来看一个重要的概念：优势。**优势**(advantage)是动作价值和状态价值之差，即

$$a(\mathsf{s}, \mathsf{a}) = q(\mathsf{s}, \mathsf{a}) - v(\mathsf{s}),\ \mathsf{s} \in \mathcal{S},\ \mathsf{a} \in \mathcal{A}。$$

对于有些强化学习任务，相同的状态下不同动作的优势差别比状态价值的差别小得多。在这种情况下，如果能专门学习状态价值，则可以提升学习效果。针对这种情况，研究人员提出了一种神经网络的结构——**决斗网络**(dueling network)。决斗网络仍然是用来近似动作价值 $q(\cdot,\cdot;\boldsymbol{w})$，只不过这时候动作价值网络 $q(\cdot,\cdot;\boldsymbol{w})$ 实现为状态价值网络 $v(\cdot;\boldsymbol{w})$ 和优势网络 $a(\cdot,\cdot;\boldsymbol{w})$ 的叠加，即

$$q(\mathsf{s}, \mathsf{a}; \boldsymbol{w}) = v(\mathsf{s}; \boldsymbol{w}) + a(\mathsf{s}, \mathsf{a}; \boldsymbol{w}),\ \mathsf{s} \in \mathcal{S},\ \mathsf{a} \in \mathcal{A}(\mathsf{s}),$$

其中 $v(\cdot;\boldsymbol{w})$ 和 $a(\cdot,\cdot;\boldsymbol{w})$ 可能都只用到了 $\boldsymbol{w}$ 中的部分参数。在训练的过程中，$v(\cdot;\boldsymbol{w})$ 和 $a(\cdot,\cdot;\boldsymbol{w})$ 是共同训练的，训练过程和单独训练普通深度 Q 网络并无不同之处。

不过，同一套动作价值估计 $q(\mathsf{s},\mathsf{a};\boldsymbol{w})$ $(\mathsf{s} \in \mathcal{S}, \mathsf{a} \in \mathcal{A}(\mathsf{s}))$ 事实上存在着无穷多种分解为状态价值 $v(\mathsf{s};\boldsymbol{w})$ $(\mathsf{s} \in \mathcal{S})$ 和优势估计 $a(\mathsf{s},\mathsf{a};\boldsymbol{w})$ $(\mathsf{s} \in \mathcal{S}, \mathsf{a} \in \mathcal{A}(\mathsf{s}))$ 的方式：如果某个 $q(\mathsf{s},\mathsf{a};\boldsymbol{w})$ 可以分解为某个 $v(\mathsf{s};\boldsymbol{w})$ 和 $a(\mathsf{s},\mathsf{a};\boldsymbol{w})$，那么它也能分解为 $v(\mathsf{s};\boldsymbol{w}) + c(\mathsf{s})$ 和 $a(\mathsf{s},\mathsf{a};\boldsymbol{w}) - c(\mathsf{s})$，其中 $c(\mathsf{s})$ 是任意一个只和状态 s 有关的函数。为了避免多种不同的分解给训练带来麻烦，可以设计网络结构限制分解后的优势函数，使得分解唯一。常见的方法包括有以下两种：

- 限制分解后的优势 a_{duel} 对各个动作取简单平均后的平均值为 0，即要求分解后的优势应满足

  $$\sum_{\mathsf{a} \in \mathcal{A}} a_{\text{duel}}(\mathsf{s}, \mathsf{a}; \boldsymbol{w}) = 0,\ \mathsf{s} \in \mathcal{S}。$$

  这可以让优势网络部分具有下列结构来实现：

  $$a_{\text{duel}}(\mathsf{s}, \mathsf{a}; \boldsymbol{w}) = a(\mathsf{s}, \mathsf{a}; \boldsymbol{w}) - \frac{1}{|\mathcal{A}|} \sum_{\mathsf{a} \in \mathcal{A}} a(\mathsf{s}, \mathsf{a}; \boldsymbol{w})。$$

- 限制分解后的优势 a_{duel} 对各个动作取最大后的最大值为 0，即要求分解后的优势应满足

  $$\max_{\mathsf{a} \in \mathcal{A}} a_{\text{duel}}(\mathsf{s}, \mathsf{a}; \boldsymbol{w}) = 0,\ \mathsf{s} \in \mathcal{S}。$$

  这可以让优势网络部分具有下列结构来实现：

$$a_{\text{duel}}(s,a;\boldsymbol{w}) = a(s,a;\boldsymbol{w}) - \max_{a \in \mathcal{A}} a(s,a;\boldsymbol{w})。$$

至此，本节已经介绍了深度 Q 网络常用的四种技巧：经验回放、目标网络、双重学习和决斗网络。一般在使用深度 Q 网络时，都会使用经验回放和目标网络，而双重学习和决斗网络则根据任务按需使用。不同算法用到的技巧见表 6-3。

表 6-3　不同算法用到的技巧

算法	经验回放	目标网络	双重学习	决斗网络
深度 Q 网络	√	√		
双重深度 Q 网络	√	√	√	
决斗深度 Q 网络	√	√		√
决斗双重 Q 网络（D3QN）	√	√	√	√

6.5　案例：小车上山

本节考虑一个经典的控制问题：小车上山（`MountainCar-v0`）。如图 6-3 所示，一个小车在一段范围内行驶。在水平方向看，小车位置的范围是[-1.2,0.6]，速度的范围是[-0.07,0.07]。智能体可以对小车施加三种动作中的一种：向左施力、不施力、向右施力。智能体施力和小车的水平位置和速度会共同决定下一时刻小车的位置和速度。当某时刻小车的水平位置大于 0.5 时，控制目标成功达成，回合结束。如果回合步数达到上限，回合结束。任务的目标是让小车尽可能在少的步骤达到目标。如果智能体在连续 100 个回合中的平均步数≤110，就认为问题解决了。

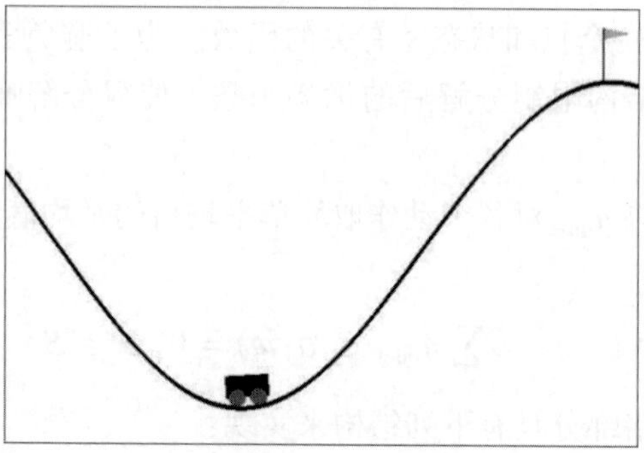

图 6-3　小车上山问题

注：本图改编自论文“Efficient Memory-based Learning for Robot Control”。

对于这个任务，智能体简单向右施力并不足以让小车成功越过目标。

本节假设智能体并不知道环境的动力。事实上，小车的位置和速度是有数学表达式的。记第 t 时刻（$t=0,1,2,\cdots$）小车的位置为 X_t（$X_t \in [-1.2,0.6]$），速度为 V_t（$V_t \in [-0.07,0.07]$），智能体施力为 A_t（$A_t \in \{0,1,2\}$）。初始状态 $X_0 \in [-0.6,-0.4)$，$V_0 =$

0。从 t 时刻到 $t+1$ 时刻的更新式为

$$X_{t+1} = \mathrm{clip}(X_t + V_t, -1.2, 0.6),$$

$$V_{t+1} = \mathrm{clip}(V_t + 0.001(A_t - 1) - 0.0025\cos(3X_t), -0.07, 0.07),$$

其中限制函数 clip()限制了位置和速度的范围：

$$\mathrm{clip}(x, x_{\min}, x_{\max}) = \begin{cases} x_{\min}, & x \leqslant x_{\min}, \\ x, & x_{\min} < x < x_{\max}, \\ x_{\max}, & x \geqslant x_{\max}。\end{cases}$$

6.5.1 使用环境

Gym 库内置的环境 MountainCar-v0 中，每一步的奖励都是 -1，回合奖励就是总步数的负数。代码清单 6-1 导入了这个环境，并查看其观测空间、动作空间、位置和速度的范围。回合允许的最大步数是 200。成功解决这个问题的回合奖励阈值是 -110。代码清单 6-2 试图使用这个环境。在代码清单 6-2 中的策略总是试图向右对小车施力。程序运行结果表明，仅仅简单的向右施力，是不可能让小车达到目标的(见图 6-4)。

代码清单 6-1　导入小车上山环境

代码文件名：MountainCar-v0_SARSA_demo.ipynb。

```
import gym
env = gym.make('MountainCar-v0')
logging.info('观测空间 = %s', env.observation_space)
logging.info('动作空间 = %s', env.action_space)
logging.info('位置范围 = %s ~ %s', env.unwrapped.min_position,
        env.unwrapped.max_position)
logging.info('速度范围 = %s ~ %s', -env.unwrapped.max_speed,
        env.unwrapped.max_speed)
logging.info('目标位置 = %s', env.unwrapped.goal_position)
logging.info('奖励阈值 = %s', env.spec.reward_threshold)
logging.info('最大回合步数 = %s', env.spec.max_episode_steps)
```

代码清单 6-2　总是向右施力的智能体

代码文件名：MountainCar-v0_SARSA_demo.ipynb。

```
positions, velocities = [], []
observation, _ = env.reset()
while True:
    positions.append(observation[0])
    velocities.append(observation[1])
    next_observation, reward, terminated, truncated, _ = env.step(2)
    if terminated or truncated:
        break
    observation = next_observation
```

```
if next_observation[0] > 0.5:
    logging.info('成功')
else:
    logging.info('失败')

#绘制位置和速度
fig, ax = plt.subplots()
ax.plot(positions, label='position')
ax.plot(velocities, label='velocity')
ax.legend()
```

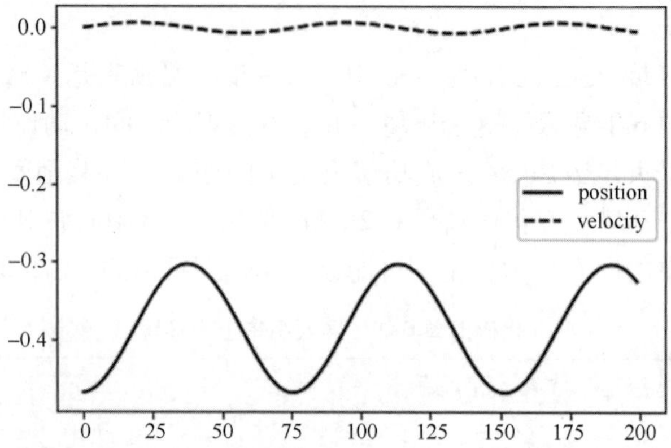

图 6-4　总是向右施力时小车的位置和速度

注：实线表示位置，虚线表示速度。

6.5.2 用线性近似求解最优策略

本节我们将用形如 $q(s,a;\boldsymbol{w})=[\boldsymbol{x}(s,a)]^{\mathrm{T}}\boldsymbol{w}$ 的线性模型近似动作价值，求解最优策略。

知识卡片：特征工程

独热编码和砖瓦编码

独热编码和砖瓦编码是两种构造特征的方法。它们都能把连续的输入离散化为有限个的特征。

以小车上山为例，小车上山问题的观测有位置和速度两个分量，这两个分量都是连续取值的。要从连续空间中导出数目有限的特征，最简单的方法是采用**独热编码**(one-hot coding)：如图 6-5a 所示：我们可将二维的“位置 - 速度”空间中划分为许多小格。位置轴范围总长是 $l_{位置}$，每个小格的宽度是 $\delta_{位置}$，那么位置轴有 $b_{位置}=\lceil l_{位置}\div\delta_{位置}\rceil$ 个小格；同理，速度范围总长 $l_{速度}$，每个小格长度 $\delta_{速度}$，有 $b_{速度}=\lceil l_{速度}\div\delta_{速度}\rceil$ 个小格。这样，整个

空间有 $b_{位置}b_{速度}$ 个小格。每个小格对应一个特征：当位置速度对位于某个小格时，那个小格对应的特征为 1，其他小格对应的特征均为 0。这样，独热编码就从连续的空间中提取出了 $b_{位置}b_{速度}$ 个特征。采用独热编码后得到的价值近似，对于同一网格内的所有位置速度对，其价值的近似值都是相同的。要让近似更准确，要让每个小格的长度 $\delta_{位置}$ 和 $\delta_{速度}$ 更小。但是，这样会增大特征的数目。

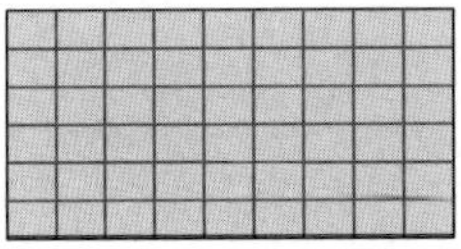

a）独热编码

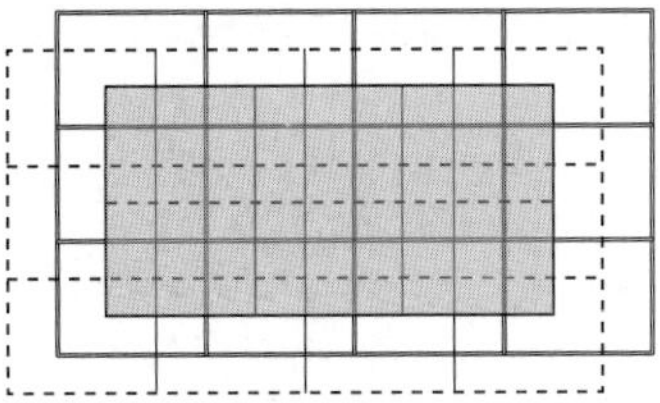

b）砖瓦编码

图 6-5　独热编码和砖瓦编码

注：阴影部分是状态空间。

砖瓦编码(tile coding)试图在精度相同的情况下减少特征数目。如图 6-5b 所示，砖瓦编码引入了多层大网格。对于 m 层砖瓦编码($m>1$)，每层的大网格都是原来独热编码小格的 m 格那么宽、m 格那么长。在相邻两层之间的两个维度上都偏移一个独热编码的小格。对于任意的位置速度对，它在每一层都会落在某个大网格里。这样，我们可以让每层中大网格对应的特征为 1，其他特征为 0。每层大网格大约有 $b_{位置}/m \times b_{速度}/m$ 个特征。综合考虑所有 m 个层，总共大致有 $b_{位置}b_{速度}/m$ 个特征，特征数大大减小。

代码清单 6-3 中的 `TileCoder` 类实现了砖瓦编码。构造 `TileCoder` 类需要两个参数：参数 `layer_count` 表示要用几层砖瓦编码；参数 `feature_count` 表示砖瓦编码应该得到多少特征，即 $x(s,a)$ 的维度，它也是 $\boldsymbol{w}$ 的维度。构造 `TileCoder` 类对象后，就可以调用这个对象找到每个数据激活了的那些特征。被激活的特征特征值为 1，没有被激活的特征特征值为 0。调用的参数 `floats` 输入[0,1]间的浮点数的 `tuple`，参数 `ints` 输入 `int` 元素的 `tuple`(不参与砖瓦编码)；返回 `int` 型列表，表示激活的参数指标。

代码清单 6-3　砖瓦编码

代码文件名：MountainCar-v0_SARSA_demo.ipynb。

```
class TileCoder:
    def __init__(self, layer_count, feature_count):
        self.layer_count = layer_count
        self.feature_count = feature_count
        self.codebook = {}

    def get_feature(self, codeword):
        if codeword in self.codebook:
            return self.codebook[codeword]
```

```
        count = len(self.codebook)
        if count > = self.feature_count:  # 解决冲突
            return hash(codeword) %self.feature_count
        self.codebook[codeword] = count
        return count

    def __call__(self, floats=(), ints=()):
        dim = len(floats)
        scaled_floats = tuple(f *(self.layer_count**2) for f in floats)
        features = []
        for layer in range(self.layer_count):
            codeword = (layer,) + tuple(
                int((f + (1 + dim*i) * layer) / self.layer_count)
                for i, f in enumerate(scaled_floats)) + ints
            feature = self.get_feature(codeword)
            features.append(feature)
        return features
```

实际使用砖瓦编码时，不需要精确知道砖瓦的数量，常随意地大致估计砖瓦的数量作为特征数。如果设置的特征数大于真实的砖瓦数量，那么有些特征永远不会用到，有些浪费；如果设置的特征数小于真实的砖瓦数量，那么有多个砖瓦需要共享特征，具体逻辑可以看代码清单 6-3 中"解决冲突"部分。这些浪费和冲突往往不会造成明显的性能损失。

目前学术界倾向于用神经网络来构造特征，而不使用砖瓦编码。砖瓦编码目前已经很少使用了。

在小车上山任务中，如果我们采用代码清单 6-3，并对观测空间选取八层的砖瓦编码，那么观测空间第 0 层有 $8 \times 8 = 64$ 个砖瓦（每个大网格的网格宽度刚好是取值范围的 $\frac{1}{8}$，所以第 0 层大网格每个维度有 8 个大网格），剩下 $8 - 1 = 7$ 层有 $(8 + 1) \times (8 + 1) = 81$ 个砖瓦（第 1 ~ 7 层由于有偏移，每个维度需要 $8 + 1 = 9$ 个大网格才能覆盖整个取值范围），一共有 $64 + 7 \times 81 = 631$ 个砖瓦。再考虑到动作有三种可能的取值，那么总共有 $631 \times 3 = 1893$ 个特征。

代码清单 6-4 和代码清单 6-5 分别给出了函数近似 SARSA 算法的智能体类 `SARSAAgent`和函数近似 SARSA(λ) 的智能体类 `SARSALambdaAgent`。它们都采用了线性近似，特征用砖瓦编码来构造。训练智能体的代码依然是代码清单 5-3（终止参数可修改），测试智能体的代码依然是代码清单 1-4。

代码清单 6-4　函数近似 SARSA 算法智能体

代码文件名：`MountainCar-v0_SARSA_demo.ipynb`。

```
class SARSAAgent:
```

```
    def __init__(self, env):
        self.action_n = env.action_space.n
        self.obs_low = env.observation_space.low
        self.obs_scale = env.observation_space.high - \
            env.observation_space.low
        self.encoder = TileCoder(8, 1896)
        self.w = np.zeros(self.encoder.feature_count)
        self.gamma = 1.
        self.learning_rate = 0.03

    def encode(self, observation, action):
        states = tuple((observation - self.obs_low) / self.obs_scale)
        actions = (action,)
        return self.encoder(states, actions)

    def get_q(self, observation, action): # 动作价值
        features = self.encode(observation, action)
        return self.w[features].sum()

    def reset(self, mode=None):
        self.mode = mode
        if self.mode == 'train':
            self.trajectory = []

    def step(self, observation, reward, terminated):
        if self.mode == 'train' and np.random.rand() < 0.001:
            action = np.random.randint(self.action_n)
        else:
            qs = [self.get_q(observation, action) for action in
                range(self.action_n)]
            action = np.argmax(qs)
        if self.mode == 'train':
            self.trajectory += [observation, reward, terminated, action]
            if len(self.trajectory) >= 8:
                self.learn()
        return action

    def close(self):
        pass

    def learn(self):
        observation, _, _, action, next_observation, reward, terminated, \
            next_action = self.trajectory[-8:]
        target = reward + (1. - terminated) * self.gamma * \
            self.get_q(next_observation, next_action)
        td_error = target - self.get_q(observation, action)
        features = self.encode(observation, action)
        self.w[features] += (self.learning_rate * td_error)

agent = SARSAAgent(env)
```

代码清单 6-5 函数近似 SARSA(λ)智能体

代码文件名：MountainCar-v0_SARSAlambda.ipynb。

```
class SARSALambdaAgent:
    def __init__(self, env):
        self.action_n = env.action_space.n
        self.obs_low = env.observation_space.low
        self.obs_scale = env.observation_space.high - \
            env.observation_space.low
        self.encoder = TileCoder(8, 1896)
        self.w = np.zeros(self.encoder.feature_count)
        self.gamma = 1.
        self.learning_rate = 0.03

    def encode(self, observation, action):
        states = tuple((observation - self.obs_low) / self.obs_scale)
        actions = (action,)
        return self.encoder(states, actions)

    def get_q(self, observation, action):  # 动作价值
        features = self.encode(observation, action)
        return self.w[features].sum()

    def reset(self, mode=None):
        self.mode = mode
        if self.mode == 'train':
            self.trajectory = []
            self.z = np.zeros(self.encoder.feature_count)  # 资格迹

    def step(self, observation, reward, terminated):
        if self.mode == 'train' and np.random.rand() < 0.001:
            action = np.random.randint(self.action_n)
        else:
            qs = [self.get_q(observation, action) for action in
                range(self.action_n)]
            action = np.argmax(qs)
        if self.mode == 'train':
            self.trajectory += [observation, reward, terminated, action]
            if len(self.trajectory) >= 8:
                self.learn()
        return action

    def close(self):
        pass

    def learn(self):
        observation, _, _, action, next_observation, reward, terminated, \
                next_action = self.trajectory[-8:]
        target = reward + (1. - terminated) * self.gamma * \
```

```
                self.get_q(next_observation, next_action)
        td_error = target - self.get_q(observation, action)

        # 更新替换迹
        self.z *= (self.gamma * 0.9)  # 0.9 是 λ 值
        features = self.encode(observation, action)
        self.z[features] = 1.

        self.w += (self.learning_rate * td_error * self.z)

agent = SARSALambdaAgent(env)
```

对于小车上山任务，SARSA(λ)算法比 SARSA 算法更为高效。SARSA(λ)算法可以在大约一百回合内解决任务。事实上，SARSA(λ)算法是针对小车上山这个任务最有效的强化学习算法之一。

6.5.3　用深度 Q 网络求解最优策略

从本节开始，我们要实现深度强化学习算法。深度强化学习算法会使用 TensorFlow 和 PyTorch。本书只需要 CPU 版的 TensorFlow 和 PyTorch 就可以。

本书的 GitHub 给出了安装 TensorFlow 和 PyTorch 的方法。对于 Windows 10 和 Windows 11 用户，安装步骤简而言之，首先要安装最新版本的 Visual Studio，然后在 Anaconda Prompt 中以管理员身份运行下列命令来完成安装：

```
pip install --upgrade tensorflow tensorflow_probability
conda install pytorch cpuonly -c pytorch
```

接下来，我们使用深度 Q 网络和它的变化形式来求解最优策略。

首先我们来看经验回放。代码清单 6-6 中的类 DQNReplayer 实现了经验回放。构造这个类的有个 int 型的参数 capacity，表示存储空间最多可以存储几条经验。当要存储的经验数超过 capacity 时，会用最新的经验覆盖最早存入的经验。

代码清单 6-6　经验回放的实现

代码文件名：MountainCar-v0_DQN_tf.ipynb。

```
class DQNReplayer:
    def __init__(self, capacity):
        self.memory = pd.DataFrame(index=range(capacity),
                columns=['state', 'action', 'reward', 'next_state', 'terminated'])
        self.i = 0
        self.count = 0
        self.capacity = capacity

    def store(self, *args):
        self.memory.loc[self.i] = np.asarray(args, dtype=object)
```

```
        self.i = (self.i + 1) % self.capacity
        self.count = min(self.count + 1, self.capacity)

    def sample(self, size):
        indices = np.random.choice(self.count, size=size)
        return (np.stack(self.memory.loc[indices, field]) for field in
                self.memory.columns)
```

接下来来看函数近似部分。函数近似采用了矢量形式的近似函数 $\boldsymbol{q}(s;\boldsymbol{w})$，$s\in\mathcal{S}$，近似函数的形式为全连接神经网络。代码清单6-7和代码清单6-8分别实现了带目标网络的深度Q网络智能体。代码清单6-7利用TensorFlow 2实现，代码清单6-8利用PyTorch实现，它们功能相同，实际使用时任选一种即可。当然，您也可以不使用TensorFlow 2或PyTorch，而使用Keras等其他深度学习库。如果需要使用其他库，需要自行实现智能体类。它们的训练和测试依然使用代码清单5-3和代码清单1-4。

代码清单6-7　带目标网络的深度Q网络智能体(TensorFlow版本)

代码文件名：MountainCar-v0_DQN_tf.ipynb。

```
class DQNAgent:
    def __init__(self, env):
        self.action_n = env.action_space.n
        self.gamma = 0.99

        self.replayer = DQNReplayer(10000)

        self.evaluate_net = self.build_net(
            input_size=env.observation_space.shape[0],
            hidden_sizes=[64, 64], output_size = self.action_n)
        self.target_net = models.clone_model(self.evaluate_net)

    def build_net(self, input_size, hidden_sizes, output_size):
        model = keras.Sequential()
        for layer, hidden_size in enumerate(hidden_sizes):
            kwargs = dict(input_shape=(input_size,)) if not layer else {}
            model.add(layers.Dense(units=hidden_size,
                activation=nn.relu, **kwargs))
        model.add(layers.Dense(units=output_size))
        optimizer = optimizers.Adam(0.001)
        model.compile(loss=losses.mse, optimizer=optimizer)
        return model

    def reset(self, mode=None):
        self.mode = mode
        if self.mode == 'train':
            self.trajectory = []
            self.target_net.set_weights(self.evaluate_net.get_weights())

    def step(self, observation, reward, terminated):
```

```
        if self.mode == 'train' and np.random.rand() < 0.001:
            # 训练时使用 ε 贪心策略决策
            action = np.random.randint(self.action_n)
        else:
            qs = self.evaluate_net.predict(observation[np.newaxis], verbose=0)
            action = np.argmax(qs)
        if self.mode == 'train':
            self.trajectory += [observation, reward, terminated, action]
            if len(self.trajectory) >= 8:
                state, _, _, act, next_state, reward, terminated, _ = \
                    self.trajectory[-8:]
                self.replayer.store(state, act, reward, next_state, terminated)
            if self.replayer.count >= self.replayer.capacity * 0.95:
                    # 跳过最开始的几个回合,以节约运行时间
                self.learn()
        return action

    def close(self):
        pass

    def learn(self):
        # 经验回放
        states, actions, rewards, next_states, terminateds = \
            self.replayer.sample(1024)

        # 更新价值网络
        next_qs = self.target_net.predict(next_states, verbose=0)
        next_max_qs = next_qs.max(axis=-1)
        us = rewards + self.gamma * (1. - terminateds) * next_max_qs
        targets = self.evaluate_net.predict(states, verbose=0)
        targets[np.arange(us.shape[0]), actions] = us
        self.evaluate_net.fit(states, targets, verbose=0)

agent = DQNAgent(env)
```

代码清单 6-8 带目标网络的深度 Q 网络智能体(PyTorch 版本)

代码文件名: MountainCar-v0_DQN_torch.ipynb。

```
class DQNAgent:
    def __init__(self, env):
        self.action_n = env.action_space.n
        self.gamma = 0.99

        self.replayer = DQNReplayer(10000)

        self.evaluate_net = self.build_net(
                input_size=env.observation_space.shape[0],
                hidden_sizes=[64, 64], output_size=self.action_n)
        self.optimizer = optim.Adam(self.evaluate_net.parameters(), lr=0.001)
        self.loss = nn.MSELoss()
```

```
    def build_net(self, input_size, hidden_sizes, output_size):
        layers = []
        for input_size, output_size in zip(
                [input_size,] + hidden_sizes, hidden_sizes + [output_size,]):
            layers.append(nn.Linear(input_size, output_size))
            layers.append(nn.ReLU())
        layers = layers[:-1]
        model = nn.Sequential(*layers)
        return model

    def reset(self, mode=None):
        self.mode = mode
        if self.mode == 'train':
            self.trajectory = []
            self.target_net = copy.deepcopy(self.evaluate_net)

    def step(self, observation, reward, terminated):
        if self.mode == 'train' and np.random.rand() < 0.001:
            # 训练时使用ε贪心策略决策
            action = np.random.randint(self.action_n)
        else:
            state_tensor = torch.as_tensor(observation,
                    dtype=torch.float).squeeze(0)
            q_tensor = self.evaluate_net(state_tensor)
            action_tensor = torch.argmax(q_tensor)
            action = action_tensor.item()
        if self.mode == 'train':
            self.trajectory += [observation, reward, terminated, action]
            if len(self.trajectory) >= 8:
                state, _, _, act, next_state, reward, terminated, _ = \
                        self.trajectory[-8:]
                self.replayer.store(state, act, reward, next_state, terminated)
            if self.replayer.count >= self.replayer.capacity * 0.95:
                    # 跳过最开始的几个回合，以节约运行时间
                self.learn()
        return action

    def close(self):
        pass

    def learn(self):
        # 经验回放
        states, actions, rewards, next_states, terminateds = \
                self.replayer.sample(1024)
        state_tensor = torch.as_tensor(states, dtype=torch.float)
        action_tensor = torch.as_tensor(actions, dtype=torch.long)
        reward_tensor = torch.as_tensor(rewards, dtype=torch.float)
        next_state_tensor = torch.as_tensor(next_states, dtype=torch.float)
        terminated_tensor = torch.as_tensor(terminateds, dtype=torch.float)

        # 更新价值网络
        next_q_tensor = self.target_net(next_state_tensor)
```

```
        next_max_q_tensor, _ = next_q_tensor.max(axis=-1)
        target_tensor = reward_tensor + self.gamma * \
                (1. - terminated_tensor) * next_max_q_tensor
        pred_tensor = self.evaluate_net(state_tensor)
        q_tensor = pred_tensor.gather(1, action_tensor.unsqueeze(1)).squeeze(1)
        loss_tensor = self.loss(target_tensor, q_tensor)
        self.optimizer.zero_grad()
        loss_tensor.backward()
        self.optimizer.step()

agent = DQNAgent(env)
```

本书中有关深度强化学习实现的运行结果可以在 GitHub 上找到。在没有特别说明的情况下，GitHub 上的运行结果是用 CPU 计算得到的。如果你在计算过程中用到了 GPU，那么结果很可能会和 GitHub 上的运行结果不同。

双重 Q 学习的实现见代码清单 6-9(TensorFlow 版)和代码清单 6-10(PyTorch 版)。

代码清单 6-9 双重深度 Q 网络智能体(TensorFlow 版本)

代码文件名：MountainCar-v0_DoubleDQN_tf.ipynb。

```
class DoubleDQNAgent:
    def __init__(self, env):
        self.action_n = env.action_space.n
        self.gamma = 0.99

        self.replayer = DQNReplayer(10000)

        self.evaluate_net = self.build_net(
                input_size=env.observation_space.shape[0],
                hidden_sizes = [64, 64], output_size=self.action_n)
        self.target_net = models.clone_model(self.evaluate_net)

    def build_net(self, input_size, hidden_sizes, output_size):
        model = keras.Sequential()
        for layer, hidden_size in enumerate(hidden_sizes):
            kwargs = dict(input_shape=(input_size,)) if not layer else {}
            model.add(layers.Dense(units=hidden_size,
                    activation=nn.relu, **kwargs))
        model.add(layers.Dense(units=output_size))
        optimizer = optimizers.Adam(0.001)
        model.compile(loss=losses.mse, optimizer=optimizer)
        return model

    def reset(self, mode=None):
        self.mode = mode
        if self.mode == 'train':
            self.trajectory = []
            self.target_net.set_weights(self.evaluate_net.get_weights())

    def step(self, observation, reward, terminated):
```

```
        if self.mode == 'train' and np.random.rand() < 0.001:
            # 训练时使用ε贪心策略决策
            action = np.random.randint(self.action_n)
        else:
            qs = self.evaluate_net.predict(observation[np.newaxis], verbose=0)
            action = np.argmax(qs)
        if self.mode == 'train':
            self.trajectory += [observation, reward, terminated, action]
            if len(self.trajectory) >= 8:
                state, _, _, act, next_state, reward, terminated, _ = \
                    self.trajectory[-8:]
                self.replayer.store(state, act, reward, next_state, terminated)
            if self.replayer.count >= self.replayer.capacity * 0.95:
                # 跳过最开始的几个回合，以节约运行时间
                self.learn()
        return action

    def close(self):
        pass

    def learn(self):
        # 经验回放
        states, actions, rewards, next_states, terminateds = \
                self.replayer.sample(1024)

        # 更新价值网络
        next_eval_qs = self.evaluate_net.predict(next_states, verbose=0)
        next_actions = next_eval_qs.argmax(axis=-1)
        next_qs = self.target_net.predict(next_states, verbose=0)
        next_max_qs = next_qs[np.arange(next_qs.shape[0]), next_actions]
        us = rewards + self.gamma * next_max_qs * (1. - terminateds)
        targets = self.evaluate_net.predict(states, verbose=0)
        targets[np.arange(us.shape[0]), actions] = us
        self.evaluate_net.fit(states, targets, verbose=0)

agent = DoubleDQNAgent(env)
```

代码清单 6-10　双重深度 Q 网络智能体（PyTorch 版本）

代码文件名：MountainCar-v0_DoubleDQN_torch.ipynb。

```
class DoubleDQNAgent:
    def __init__(self, env):
        self.action_n = env.action_space.n
        self.gamma = 0.99

        self.replayer = DQNReplayer(10000)

        self.evaluate_net = self.build_net(
                input_size=env.observation_space.shape[0],
                hidden_sizes=[64, 64], output_size=self.action_n)
        self.optimizer = optim.Adam(self.evaluate_net.parameters(), lr=0.001)
```

```
        self.loss = nn.MSELoss()

    def build_net(self, input_size, hidden_sizes, output_size):
        layers = []
        for input_size, output_size in zip(
                [input_size,] + hidden_sizes, hidden_sizes + [output_size,]):
            layers.append(nn.Linear(input_size, output_size))
            layers.append(nn.ReLU())
        layers = layers[:-1]
        model = nn.Sequential(*layers)
        return model

    def reset(self, mode=None):
        self.mode = mode
        if self.mode == 'train':
            self.trajectory = []
            self.target_net = copy.deepcopy(self.evaluate_net)

    def step(self, observation, reward, terminated):
        if self.mode == 'train' and np.random.rand() < 0.001:
            # 训练时使用 ε 贪心策略决策
            action = np.random.randint(self.action_n)
        else:
            state_tensor = torch.as_tensor(observation,
                    dtype = torch.float).reshape(1, -1)
            q_tensor = self.evaluate_net(state_tensor)
            action_tensor = torch.argmax(q_tensor)
            action = action_tensor.item()
        if self.mode == 'train':
            self.trajectory += [observation, reward, terminated, action]
            if len(self.trajectory) >= 8:
                state, _, _, act, next_state, reward, terminated, _ = \
                        self.trajectory[-8:]
                self.replayer.store(state, act, reward, next_state, terminated)
            if self.replayer.count >= self.replayer.capacity * 0.95:
                    # 跳过最开始的几个回合,以节约运行时间
                self.learn()
        return action

    def close(self):
        pass

    def learn(self):
        # 经验回放
        states, actions, rewards, next_states, terminateds = \
                self.replayer.sample(1024)
        state_tensor = torch.as_tensor(states, dtype=torch.float)
        action_tensor = torch.as_tensor(actions, dtype=torch.long)
        reward_tensor = torch.as_tensor(rewards, dtype=torch.float)
        next_state_tensor = torch.as_tensor(next_states, dtype=torch.float)
        terminated_tensor = torch.as_tensor(terminateds, dtype=torch.float)
```

```
        # 更新价值网络
        next_eval_q_tensor = self.evaluate_net(next_state_tensor)
        next_action_tensor = next_eval_q_tensor.argmax(axis=-1)
        next_q_tensor = self.target_net(next_state_tensor)
        next_max_q_tensor = torch.gather(next_q_tensor, 1,
                next_action_tensor.unsqueeze(1)).squeeze(1)
        target_tensor = reward_tensor + self.gamma * \
                (1. - terminated_tensor) * next_max_q_tensor
        pred_tensor = self.evaluate_net(state_tensor)
        q_tensor = pred_tensor.gather(1, action_tensor.unsqueeze(1)).squeeze(1)
        loss_tensor = self.loss(target_tensor, q_tensor)
        self.optimizer.zero_grad()
        loss_tensor.backward()
        self.optimizer.step()

agent = DoubleDQNAgent(env)
```

最后我们来实现决斗深度 Q 网络算法。代码清单 6-11 和代码清单 6-12 实现了决斗网络，其中优势函数限制为平均值为 0 的版本。代码清单 6-13 和代码清单 6-14 实现了智能体。

代码清单 6-11　决斗网络(TensorFlow 版本)

代码文件名：MountainCar-v0_DuelDQN_tf.ipynb。

```
class DuelNet(keras.Model):
    def __init__(self, input_size, output_size):
        super().__init__()
        self.common_net = keras.Sequential([
                layers.Dense(64, input_shape=(input_size,), activation=nn.relu)])
        self.advantage_net = keras.Sequential([
                layers.Dense(32, input_shape=(64,), activation=nn.relu),
                layers.Dense(output_size)])
        self.v_net = keras.Sequential([
                layers.Dense(32, input_shape=(64,), activation=nn.relu),
                layers.Dense(1)])

    def call(self, s):
        h = self.common_net(s)
        adv = self.advantage_net(h)
        adv = adv - tf.math.reduce_mean(adv, axis=1, keepdims=True)
        v = self.v_net(h)
        q = v + adv
        return q
```

代码清单 6-12　决斗网络(PyTorch 版本)

代码文件名：MountainCar-v0_DuelDQN_torch.ipynb。

```
class DuelNet(nn.Module):
    def __init__(self, input_size, output_size):
```

```
        super().__init__()
        self.common_net = nn.Sequential(nn.Linear(input_size, 64), nn.ReLU())
        self.advantage_net = nn.Sequential(nn.Linear(64, 32), nn.ReLU(),
            nn.Linear(32, output_size))
        self.v_net = nn.Sequential(nn.Linear(64, 32), nn.ReLU(), nn.Linear(32, 1))

    def forward(self, s):
        h = self.common_net(s)
        adv = self.advantage_net(h)
        adv = adv - adv.mean(1).unsqueeze(1)
        v = self.v_net(h)
        q = v + adv
        return q
```

代码清单 6-13 决斗深度 Q 网络智能体(TensorFlow 版本)

代码文件名：MountainCar-v0_DuelDQN_tf.ipynb。

```
class DuelDQNAgent:
    def __init__(self, env):
        self.action_n = env.action_space.n
        self.gamma = 0.99

        self.replayer = DQNReplayer(10000)

        self.evaluate_net = self.build_net(
                input_size = env.observation_space.shape[0],
                output_size = self.action_n)
        self.target_net = self.build_net(
                input_size = env.observation_space.shape[0],
                output_size = self.action_n)

    def build_net(self, input_size, output_size):
        net = DuelNet(input_size=input_size, output_size=output_size)
        optimizer = optimizers.Adam(0.001)
        net.compile(loss=losses.mse, optimizer=optimizer)
        return net

    def reset(self, mode=None):
        self.mode = mode
        if self.mode == 'train':
            self.trajectory = []
            self.target_net.set_weights(self.evaluate_net.get_weights())

    def step(self, observation, reward, terminated):
        if self.mode == 'train' and np.random.rand() < 0.001:
            # 训练时使用 ε 贪心策略决策
            action = np.random.randint(self.action_n)
        else:
            qs = self.evaluate_net.predict(observation[np.newaxis], verbose=0)
            action = np.argmax(qs)
        if self.mode == 'train':
```

```
        self.trajectory += [observation, reward, terminated, action]
        if len(self.trajectory) >= 8:
            state, _, _, act, next_state, reward, terminated, _ = \
                    self.trajectory[-8:]
            self.replayer.store(state, act, reward, next_state, terminated)
        if self.replayer.count >= self.replayer.capacity * 0.95:
                # 跳过最开始的几个回合,以节约运行时间
            self.learn()
        return action

    def close(self):
        pass

    def learn(self):
        # 经验回放
        states, actions, rewards, next_states, terminateds = \
                self.replayer.sample(1024)

        # 更新价值网络
        next_eval_qs = self.evaluate_net.predict(next_states, verbose=0)
        next_actions = next_eval_qs.argmax(axis=-1)
        next_qs = self.target_net.predict(next_states, verbose = 0)
        next_max_qs = next_qs[np.arange(next_qs.shape[0]), next_actions]
        us = rewards + self.gamma * next_max_qs * (1. - terminateds)
        targets = self.evaluate_net.predict(states, verbose=0)
        targets[np.arange(us.shape[0]), actions] = us
        self.evaluate_net.fit(states, targets, verbose=0)

agent = DuelDQNAgent(env)
```

代码清单 6-14 决斗深度 Q 网络智能体（PyTorch 版本）

代码文件名：MountainCar-v0_DuelDQN_torch.ipynb。

```
class DuelDQNAgent:
    def __init__(self, env):
        self.action_n = env.action_space.n
        self.gamma = 0.99

        self.replayer = DQNReplayer(10000)

        self.evaluate_net = DuelNet(input_size=env.observation_space.shape[0],
                output_size = self.action_n)
        self.optimizer = optim.Adam(self.evaluate_net.parameters(), lr=0.001)
        self.loss = nn.MSELoss()

    def reset(self, mode=None):
        self.mode = mode
        if self.mode == 'train':
            self.trajectory = []
            self.target_net = copy.deepcopy(self.evaluate_net)
```

```
    def step(self, observation, reward, terminated):
        if self.mode == 'train' and np.random.rand() < 0.001:
            # 训练时使用 ε 贪心策略决策
            action = np.random.randint(self.action_n)
        else:
            state_tensor = torch.as_tensor(observation,
                    dtype = torch.float).reshape(1, -1)
            q_tensor = self.evaluate_net(state_tensor)
            action_tensor = torch.argmax(q_tensor)
            action = action_tensor.item()
        if self.mode == 'train':
            self.trajectory += [observation, reward, terminated, action]
            if len(self.trajectory) >= 8:
                state, _, _, act, next_state, reward, terminated, _ = \
                        self.trajectory[-8:]
                self.replayer.store(state, act, reward, next_state, terminated)
            if self.replayer.count >= self.replayer.capacity * 0.95:
                    # 跳过最开始的几个回合，以节约运行时间
                self.learn()
        return action

    def close(self):
        pass

    def learn(self):
        # 经验回放
        states, actions, rewards, next_states, terminateds = \
                self.replayer.sample(1024)
        state_tensor = torch.as_tensor(states, dtype=torch.float)
        action_tensor = torch.as_tensor(actions, dtype=torch.long)
        reward_tensor = torch.as_tensor(rewards, dtype=torch.float)
        next_state_tensor = torch.as_tensor(next_states, dtype=torch.float)
        terminated_tensor = torch.as_tensor(terminateds, dtype=torch.float)

        # 更新价值网络
        next_eval_q_tensor = self.evaluate_net(next_state_tensor)
        next_action_tensor = next_eval_q_tensor.argmax(axis = -1)
        next_q_tensor = self.target_net(next_state_tensor)
        next_max_q_tensor = torch.gather(next_q_tensor, 1,
                next_action_tensor.unsqueeze(1)).squeeze(1)
        target_tensor = reward_tensor + self.gamma * \
                (1. - terminated_tensor) * next_max_q_tensor
        pred_tensor = self.evaluate_net(state_tensor)
        unsqueeze_tensor = action_tensor.unsqueeze(1)
        q_tensor = pred_tensor.gather(1, action_tensor.unsqueeze(1)).squeeze(1)
        loss_tensor = self.loss(target_tensor, q_tensor)
        self.optimizer.zero_grad()
        loss_tensor.backward()
        self.optimizer.step()

agent = DuelDQNAgent(env)
```

我们依然是用代码清单5-3 进行训练(终止条件可根据需求修改)，用代码清单1-4 进行测试。深度 Q 网络的结果应该略逊于 SARSA(λ)算法。

6.6 本章小结

本章介绍了函数近似方法的一般理论，包括基于回报的随机梯度下降和基于自益目标的半梯度下降。本章还介绍了近似函数的两种主要形式：线性近似和人工神经网络。另外，我们还讨论了函数近似的收敛性。

第4~6章介绍的强化学习都是基于价值的强化学习方法。后续的章节将介绍基于策略梯度的强化学习算法。本章的函数近似方法也会用到后续章节中，不仅可以用于近似价值，也可以用来近似策略。

本章要点

- 函数近似方法用带参数的函数来近似价值估计(如状态价值估计或动作价值估计)。
- 函数近似的常见形式包括线性函数和人工神经网络。
- 表格法算法可以看作一种特殊的线性近似。
- 在没有自益的情况下使用随机梯度下降学习，在有自益的情况下使用半梯度下降学习。半梯度下降只对价值估计求梯度，不对自益的目标求梯度。
- 函数近似可以和资格迹配合使用。资格迹参数和函数参数一一对应。
- 异策、自益、函数近似三者同时出现时，不能保证收敛。
- 深度 Q 网络是异策的深度强化学习算法。深度 Q 网络的实现使用了经验回放和目标网络。
- 经验回放先将经验存储起来，再以一定规则采样进行学习。经验回放使得数据的概率变得稳定。均匀回放等概率采样存储中的经验。优先采样以较大概率采样时序差分误差绝对值比较大的经验。
- 目标网络实现半梯度下降。
- 双重深度 Q 网络在估计回报时，它随机选择一个网络作为目标网络计算时序差分回报，另外一个网络作为评估网络。
- 优势的定义：

$$a(\mathsf{s},\mathsf{a}) = q(\mathsf{s},\mathsf{a}) - v(\mathsf{s}),\ \mathsf{s} \in \mathcal{S},\ \mathsf{a} \in \mathcal{A}。$$

- 决斗深度 Q 网络将估计动作价值的神经网络的结构设计为估计状态价值的网络和估计优势函数的网络的叠加。

6.7 练习与模拟面试

1. 单选题

(1)关于自益，下列说法正确的是(　　)。

A. 随机梯度下降算法没有用到自益

B. 半梯度下降算法没有用到自益

C. 带资格迹的半梯度下降算法没有用到自益

(2)关于算法收敛性，下列说法正确的是(　　)。

A. 在使用线性近似的情况下，使用合适的学习率，Q 学习算法一定能收敛

B. 在使用非线性近似的情况下，使用合适的学习率，Q 学习算法一定能收敛

C. 在使用非线性近似的情况下，使用合适的学习率，SARSA 算法一定能收敛

(3)关于深度 Q 网络，下列说法正确的是(　　)。

A. 深度 Q 网络使用神经网络，主要是为了提高样本利用率

B. 深度 Q 网络使用了经验回放，主要是为了提高样本利用率

C. 深度 Q 网络使用了目标网络，主要是为了提高样本利用率

(4)关于优势的定义，下列说法正确的是(　　)。

A. $a(s,a)=v(s)\div q(s,a)$

B. $a(s,a)=q(s,a)\div v(s)$

C. $a(s,a)=q(s,a)-v(s)$

2. 编程练习

用深度 Q 网络算法求解环境 `CartPole-v1`。

3. 模拟面试

(1)经验回放有哪些优缺点?

(2)深度 Q 网络为什么要引入目标网络?

CHAPTER 7

第7章

回合更新策略梯度方法

本章将学习以下内容。

- ❑ 函数近似策略。
- ❑ 策略梯度定理。
- ❑ 策略梯度和极大似然估计的关系。
- ❑ 简单的策略梯度算法。
- ❑ 基线。
- ❑ 基于重要性采样的策略梯度算法。

第2~6章介绍的策略优化算法在寻找最优策略的过程中都试图估计最优价值，那些算法都称为**最优价值算法**(optimal value algorithm)。但是，要求解最优策略，不一定要估计最优价值函数。本章将介绍不直接估计最优价值的强化学习算法，它们试图用含参函数近似最优策略，并通过迭代更新参数值。由于迭代过程与策略的梯度有关，所以这样的迭代算法又称为**策略梯度算法**(Policy Gradient algorithm，PG)。

7.1 策略梯度算法的原理

策略梯度算法有两大核心思想：

- ❑ 用含参函数近似最优策略。
- ❑ 用策略梯度优化策略参数。

这一节我们就来学习这些思想。

7.1.1 函数近似策略

直观地看，函数近似估计最优策略就是用含参函数$\pi(a|s;\boldsymbol{\theta})$来近似最优策略$\pi_*(a|s)$。

在前一章中我们用含参函数来近似价值。与之相比，用含参函数来近似策略有着额外的考虑。具体而言，任意的策略 π 都需要满足：

- 对于任意 $s \in \mathcal{S}$、$a \in \mathcal{A}(s)$，均有 $\pi(a|s) \geqslant 0$。
- 对于任意 $s \in \mathcal{S}$，均有 $\sum_a \pi(a|s) = 1$。

我们也希望 $\pi(a|s;\boldsymbol{\theta})$ 能够满足这两个条件。

对于离散动作空间任务，通常使用含参函数近似**动作偏好函数**（action preference function）$h(s,a;\boldsymbol{\theta})$（$s \in \mathcal{S}$，$a \in \mathcal{A}(s)$），并将它的 softmax 定义为 $\pi(a|s;\boldsymbol{\theta})$，即

$$\pi(a|s;\boldsymbol{\theta}) = \frac{\exp h(s,a;\boldsymbol{\theta})}{\sum_{a'} \exp h(s,a';\boldsymbol{\theta})}, \quad s \in \mathcal{S},\ a \in \mathcal{A}(s)。$$

这样得到的含参函数自然就满足那两个条件。

值得注意的是，不同的动作偏好可以对应到相同的策略。动作偏好 $h(s,a;\boldsymbol{\theta}) + f(s;\boldsymbol{\theta})$（$s \in \mathcal{S}$，$a \in \mathcal{A}(s)$）和动作偏好 $h(s,a;\boldsymbol{\theta})$（$s \in \mathcal{S}, a \in \mathcal{A}(s)$）对应着相同的策略，其中 $f(\cdot;\boldsymbol{\theta})$ 是任意的确定性函数。

在第 2～6 章中，从动作价值导出最优策略估计往往有特定的形式（如贪心策略或 ε 贪心策略）。与之相比，从动作偏好导出的最优策略的估计不拘泥于特定的形式，其每个动作都可以有不同的概率值，形式更加灵活。如果采用迭代方法更新参数 $\boldsymbol{\theta}$，随着迭代的进行，$\pi(a|s;\boldsymbol{\theta})$ 可以自然而然地逼近确定性策略，而不需要手动调节 ε 等参数。

动作偏好函数可以具有线性组合、人工神经网络等多种形式。在确定动作偏好的形式后，只需要再确定参数 $\boldsymbol{\theta}$ 的值，就可以确定整个最优策略估计。参数 $\boldsymbol{\theta}$ 的值常通过基于梯度的迭代算法更新，所以，动作偏好函数往往需要对参数 $\boldsymbol{\theta}$ 可导。

当动作空间是有限集时，计算 softmax 很容易。当动作空间是连续空间时，计算 softmax 就有些麻烦。为此，对于动作空间是连续空间的情况，也常常限制策略是某种含参分布，然后用含参函数来表示分布参数。例如，动作空间 $\mathcal{A} = \mathbb{R}^n$ 时，我们可以限制策略为各分量独立的正态分布。用含参函数 $\boldsymbol{\mu}(\boldsymbol{\theta})$ 和 $\boldsymbol{\sigma}(\boldsymbol{\theta})$ 分别作为正态分布的均值向量和标准差向量，动作的形式为 $A = \boldsymbol{\mu}(\boldsymbol{\theta}) + N \circ \boldsymbol{\sigma}(\boldsymbol{\theta})$，其中 $N \sim \text{normal}(\mathbf{0}, \boldsymbol{I})$ 是 n 维标准正态分布随机变量，$\circ$ 表示逐元素相乘。再例如，对于动作空间是 $\mathcal{A} = [-1, +1]^n$ 的情况，我们可以限制策略为 tanh 变换后的各分量为独立的正态分布随机变量，动作的形式为 $A = \tanh(\boldsymbol{\mu}(\boldsymbol{\theta}) + N \circ \boldsymbol{\sigma}(\boldsymbol{\theta}))$，其中 tanh( ) 函数是逐元素作用的。我们还可以考虑更加复杂的函数形式，如 Gaussian 混合模型。

7.1.2 策略梯度定理

策略梯度定理是策略梯度方法的基础，它给出了策略 $\pi(\boldsymbol{\theta})$ 的回报期望 $g_{\pi(\boldsymbol{\theta})}$ 对策略参数梯度 $\boldsymbol{\theta}$ 的计算方法。得到梯度后，顺着梯度方向改变 $\boldsymbol{\theta}$，就可能增大回报期望。

策略梯度定理(policy gradient theorem)有很多种形式。其中两种形式是：回报期望 $g_{\pi(\boldsymbol{\theta})}=\mathrm{E}_{\pi(\boldsymbol{\theta})}[G_0]$ 对策略参数梯度 $\boldsymbol{\theta}$ 的梯度是

$$\begin{aligned}\nabla g_{\pi(\boldsymbol{\theta})} &= \mathrm{E}_{\pi(\boldsymbol{\theta})}\left[\sum_{t=0}^{T-1} G_0 \nabla\ln\pi(A_t|S_t;\boldsymbol{\theta})\right] \\ &= \mathrm{E}_{\pi(\boldsymbol{\theta})}\left[\sum_{t=0}^{+\infty} \gamma^t G_t \nabla\ln\pi(A_t|S_t;\boldsymbol{\theta})\right]。\end{aligned}$$

其等式右边是和的期望，求和项是 $G_0 \nabla\ln\pi(A_t|S_t;\boldsymbol{\theta})$ 或 $\gamma^t G_t \nabla\ln\pi(A_t|S_t;\boldsymbol{\theta})$。求和项里只有 $\nabla\ln\pi(A_t|S_t;\boldsymbol{\theta})$ 显式含有参数 $\boldsymbol{\theta}$。

策略梯度定理告诉我们，要得到回报期望的梯度，只需要知道 $\nabla\ln\pi(A_t|S_t;\boldsymbol{\theta})$ 和其他一些容易获得的值(如 G_0)。

接下来我们用两种不同的方法来证明这两个形式。这两种证明方法在强化学习的研究中都很常用，并且各自可以方便地推广到某些情形中。

第一种证明方法是轨迹法。记使用策略 $\pi(\boldsymbol{\theta})$ 时轨迹 $T=(S_0,A_0,R_1,\cdots,S_T)$ 发生的概率为 $\pi(T;\boldsymbol{\theta})$，我们可以把回报期望 $g_{\pi(\boldsymbol{\theta})}=\mathrm{E}_{\pi(\boldsymbol{\theta})}[G_0]$ 表示为

$$g_{\pi(\boldsymbol{\theta})} = \mathrm{E}_{\pi(\boldsymbol{\theta})}[G_0] = \sum_t G_0\pi(t;\boldsymbol{\theta})。$$

进而得到

$$\nabla g_{\pi(\boldsymbol{\theta})} = \sum_t G_0 \nabla\pi(t;\boldsymbol{\theta})。$$

利用 $\nabla\ln\pi(t;\boldsymbol{\theta})=\dfrac{\nabla\pi(t;\boldsymbol{\theta})}{\pi(t;\boldsymbol{\theta})}$，可得 $\nabla\pi(t;\boldsymbol{\theta})=\nabla\ln\pi(t;\boldsymbol{\theta})\times\pi(t;\boldsymbol{\theta})$，进而得到

$$\nabla g_{\pi(\boldsymbol{\theta})} = \sum_t G_0 \nabla\ln\pi(t;\boldsymbol{\theta})\times\pi(t;\boldsymbol{\theta}) = \mathrm{E}_{\pi(\boldsymbol{\theta})}[G_0 \nabla\ln\pi(T;\boldsymbol{\theta})]。$$

考虑到

$$\pi(T;\boldsymbol{\theta}) = p_{S_0}(S_0)\prod_{t=0}^{T-1}\pi(A_t|S_t;\boldsymbol{\theta})p(S_{t+1}|S_t,A_t),$$

有

$$\ln\pi(T;\boldsymbol{\theta}) = \ln p_{S_0}(S_0) + \sum_{t=0}^{T-1}\left[\ln\pi(A_t|S_t;\boldsymbol{\theta}) + \ln p(S_{t+1}|S_t,A_t)\right],$$

$$\nabla\ln\pi(T;\boldsymbol{\theta}) = \sum_{t=0}^{T-1}\nabla\ln\pi(A_t|S_t;\boldsymbol{\theta}),$$

所以

$$\nabla g_{\pi(\boldsymbol{\theta})} = \mathrm{E}_{\pi(\boldsymbol{\theta})}\left[\sum_{t=0}^{T-1} G_0 \nabla\ln\pi(A_t|S_t;\boldsymbol{\theta})\right]。$$

第二种证明方法是价值递推法。Bellman 期望方程告诉我们，策略 $\pi(\boldsymbol{\theta})$ 满足

$$v_{\pi(\boldsymbol{\theta})}(s) = \sum_a \pi(a|s;\boldsymbol{\theta})q_{\pi(\boldsymbol{\theta})}(s,a),\ s\in\mathcal{S},$$

$$q_{\pi(\boldsymbol{\theta})}(s,a)=r(s,a)+\gamma\sum_{s'}p(s'|s,a)v_{\pi(\boldsymbol{\theta})}(s'),\ s\in\mathcal{S},\ a\in\mathcal{A}(s)。$$

将以上两式对 $\boldsymbol{\theta}$ 求梯度，有

$$\nabla v_{\pi(\boldsymbol{\theta})}(s)=\sum_{a}q_{\pi(\boldsymbol{\theta})}(s,a)\nabla\pi(a|s;\boldsymbol{\theta})+\sum_{a}\pi(a|s;\boldsymbol{\theta})\nabla q_{\pi(\boldsymbol{\theta})}(s,a),\ s\in\mathcal{S},$$

$$\nabla q_{\pi(\boldsymbol{\theta})}(s,a)=\gamma\sum_{s'}p(s'|s,a)\nabla v_{\pi(\boldsymbol{\theta})}(s'),\ s\in\mathcal{S},\ a\in\mathcal{A}(s)。$$

将 $\nabla q_{\pi(\boldsymbol{\theta})}(s,a)$ 的表达式代入 $\nabla v_{\pi(\boldsymbol{\theta})}(s)$ 的表达式中，有

$$\begin{aligned}\nabla v_{\pi(\boldsymbol{\theta})}(s)&=\sum_{a}q_{\pi(\boldsymbol{\theta})}(s,a)\nabla\pi(a|s;\boldsymbol{\theta})+\sum_{a}\pi(a|s;\boldsymbol{\theta})\gamma\sum_{s'}p(s'|s,a)\nabla v_{\pi(\boldsymbol{\theta})}(s')\\&=\sum_{a}q_{\pi(\boldsymbol{\theta})}(s,a)\nabla\pi(a|s;\boldsymbol{\theta})+\sum_{s'}\Pr[S_{t+1}=s'|S_t=s;\boldsymbol{\theta}]\gamma\nabla v_{\pi(\boldsymbol{\theta})}(s'),\\&\qquad s\in\mathcal{S}。\end{aligned}$$

在策略 $\pi(\boldsymbol{\theta})$ 下，对 S_t 求上式的期望，有

$$\begin{aligned}&\mathrm{E}_{\pi(\boldsymbol{\theta})}[\nabla v_{\pi(\boldsymbol{\theta})}(S_t)]\\&=\sum_{s}\Pr[S_t=s]\nabla v_{\pi(\boldsymbol{\theta})}(s)\\&=\sum_{s}\Pr[S_t=s]\Big[\sum_{a}q_{\pi(\boldsymbol{\theta})}(s,a)\nabla\pi(a|s;\boldsymbol{\theta})\\&\quad+\sum_{s'}\Pr[S_{t+1}=s'|S_t=s;\boldsymbol{\theta}]\gamma\nabla v_{\pi(\boldsymbol{\theta})}(s')\Big]\\&=\sum_{s}\Pr[S_t=s]\sum_{a}q_{\pi(\boldsymbol{\theta})}(s,a)\nabla\pi(a|s;\boldsymbol{\theta})+\\&\quad\sum_{s}\Pr[S_t=s]\sum_{s'}\Pr[S_{t+1}=s'|S_t=s;\boldsymbol{\theta}]\gamma\nabla v_{\pi(\boldsymbol{\theta})}(s')\\&=\sum_{s}\Pr[S_t=s]\sum_{a}q_{\pi(\boldsymbol{\theta})}(s,a)\nabla\pi(a|s;\boldsymbol{\theta})+\gamma\sum_{s'}\Pr[S_{t+1}=s';\boldsymbol{\theta}]\nabla v_{\pi(\boldsymbol{\theta})}(s')\\&=\mathrm{E}_{\pi(\boldsymbol{\theta})}\Big[\sum_{a}q_{\pi(\boldsymbol{\theta})}(S_t,a)\nabla\pi(a|S_t;\boldsymbol{\theta})\Big]+\gamma\mathrm{E}_{\pi(\boldsymbol{\theta})}[\nabla v_{\pi(\boldsymbol{\theta})}(S_{t+1})]。\end{aligned}$$

这样就得到了从 $\mathrm{E}_{\pi(\boldsymbol{\theta})}[\nabla v_{\pi(\boldsymbol{\theta})}(S_t)]$ 到 $\mathrm{E}_{\pi(\boldsymbol{\theta})}[\nabla v_{\pi(\boldsymbol{\theta})}(S_{t+1})]$ 的递推式。注意到最终关注的梯度值就是

$$\nabla g_{\pi(\boldsymbol{\theta})}=\nabla\mathrm{E}[v_{\pi(\boldsymbol{\theta})}(S_0)]=\mathrm{E}[\nabla v_{\pi(\boldsymbol{\theta})}(S_0)]。$$

所以有

$$\begin{aligned}\nabla g_{\pi(\boldsymbol{\theta})}&=\mathrm{E}_{\pi(\boldsymbol{\theta})}[\nabla v_{\pi(\boldsymbol{\theta})}(S_0)]\\&=\mathrm{E}_{\pi(\boldsymbol{\theta})}\Big[\sum_{a}q_{\pi(\boldsymbol{\theta})}(S_0,a)\nabla\pi(a|S_0;\boldsymbol{\theta})\Big]+\gamma\mathrm{E}_{\pi(\boldsymbol{\theta})}[\nabla v_{\pi(\boldsymbol{\theta})}(S_1)]\\&=\mathrm{E}_{\pi(\boldsymbol{\theta})}\Big[\sum_{a}q_{\pi(\boldsymbol{\theta})}(S_0,a)\nabla\pi(a|S_0;\boldsymbol{\theta})\Big]+\mathrm{E}_{\pi(\boldsymbol{\theta})}\Big[\sum_{a}\gamma q_{\pi(\boldsymbol{\theta})}(S_1,a)\nabla\pi(a|S_1;\boldsymbol{\theta})\Big]+\\&\quad\gamma^2\mathrm{E}_{\pi(\boldsymbol{\theta})}[\nabla v_{\pi(\boldsymbol{\theta})}(S_1)]\end{aligned}$$

$$= \cdots$$

$$= \sum_{t=0}^{+\infty} \mathrm{E}_{\pi(\boldsymbol{\theta})}\left[\sum_a \gamma^t q_{\pi(\boldsymbol{\theta})}(S_t,a) \nabla\pi(a|S_t;\boldsymbol{\theta}) \right]。$$

考虑到

$$\nabla\pi(a|S_t;\boldsymbol{\theta}) = \pi(a|S_t;\boldsymbol{\theta}) \nabla\ln\pi(a|S_t;\boldsymbol{\theta}),$$

所以

$$\begin{aligned}
&\mathrm{E}_{\pi(\boldsymbol{\theta})}\left[\sum_a \gamma^t q_{\pi(\boldsymbol{\theta})}(S_t,a) \nabla\pi(a|S_t;\boldsymbol{\theta}) \right] \\
&= \mathrm{E}_{\pi(\boldsymbol{\theta})}\left[\sum_a \pi(a|S_t;\boldsymbol{\theta})\gamma^t q_{\pi(\boldsymbol{\theta})}(S_t,a) \nabla\ln\pi(a|S_t;\boldsymbol{\theta}) \right] \\
&= \mathrm{E}_{\pi(\boldsymbol{\theta})}[\gamma^t q_{\pi(\boldsymbol{\theta})}(S_t,A_t) \nabla\ln\pi(A_t|S_t;\boldsymbol{\theta})]。
\end{aligned}$$

进而有

$$\begin{aligned}
\nabla g_{\pi(\boldsymbol{\theta})} &= \sum_{t=0}^{+\infty} \mathrm{E}_{\pi(\boldsymbol{\theta})}[\gamma^t q_{\pi(\boldsymbol{\theta})}(S_t,A_t) \nabla\ln\pi(A_t|S_t;\boldsymbol{\theta})] \\
&= \mathrm{E}_{\pi(\boldsymbol{\theta})}\left[\sum_{t=0}^{+\infty} \gamma^t q_{\pi(\boldsymbol{\theta})}(S_t,A_t) \nabla\ln\pi(A_t|S_t;\boldsymbol{\theta}) \right]。
\end{aligned}$$

把 $q_{\pi(\boldsymbol{\theta})}(S_t,A_t)=\mathrm{E}_{\pi(\boldsymbol{\theta})}[G_t|S_t,A_t]$代入上式，再利用全期望公式可证明

$$\nabla\mathrm{E}_{\pi(\boldsymbol{\theta})}[G_0] = \mathrm{E}_{\pi(\boldsymbol{\theta})}\left[\sum_{t=0}^{+\infty} \gamma^t G_t \nabla\ln\pi(A_t|S_t;\boldsymbol{\theta}) \right]。$$

我们也可以直接证明这两种形式是等价的。也就是说

$$\mathrm{E}_{\pi(\boldsymbol{\theta})}\left[\sum_{t=0}^{T-1} G_0 \nabla\ln\pi(A_t|S_t;\boldsymbol{\theta}) \right] = \mathrm{E}_{\pi(\boldsymbol{\theta})}\left[\sum_{t=0}^{+\infty} \gamma^t G_t \nabla\ln\pi(A_t|S_t;\boldsymbol{\theta}) \right]。$$

为了证明这个等式，我们引入**基线**(baseline)这一概念。基线函数 $B(s)$ $(s\in\mathcal{S})$可以是任意随机函数或确定函数，它可以与状态 s 有关，但是不能和动作 a 有关。满足这样的条件后，基线函数 B 自然会满足

$$\mathrm{E}_{\pi(\boldsymbol{\theta})}[\gamma^t(G_t - B(S_t)) \nabla\ln\pi(A_t|S_t;\boldsymbol{\theta})] = \mathrm{E}_{\pi(\boldsymbol{\theta})}[\gamma^t G_t \nabla\ln\pi(A_t|S_t;\boldsymbol{\theta})]。$$

(证明：由于 B 与动作 a 无关，所以

$$\sum_a B(S_t) \nabla\pi(a|S_t;\boldsymbol{\theta}) = B(S_t) \nabla\sum_a \pi(a|S_t;\boldsymbol{\theta}) = B(S_t) \nabla 1 = 0,$$

进而得到

$$\begin{aligned}
&\mathrm{E}_{\pi(\boldsymbol{\theta})}[\gamma^t(G_t - B(S_t)) \nabla\ln\pi(a|S_t;\boldsymbol{\theta})] \\
&= \sum_a \gamma^t(G_t - B(S_t)) \nabla\pi(a|S_t;\boldsymbol{\theta}) \\
&= \sum_a \gamma^t G_t \nabla\pi(a|S_t;\boldsymbol{\theta}) \\
&= \mathrm{E}_{\pi(\boldsymbol{\theta})}[\gamma^t G_t \nabla\ln\pi(A_t|S_t;\boldsymbol{\theta})]。
\end{aligned}$$

得证。)

当选择基线函数为由轨迹确定的随机变量 $B(S_t) = -\sum_{\tau=0}^{t-1}\gamma^{\tau-t}R_{\tau+1}$ 时，$\gamma^t(G_t - B(S_t)) = G_0$。这样我们就证明了两种形式的等价性。

本节的最后，给出策略梯度定理的另外一种形式。在前文第二种证明方法的证明过程中，我们已经证明了

$$\nabla g_{\pi(\boldsymbol{\theta})} = \mathrm{E}_{\pi(\boldsymbol{\theta})}\left[\sum_{t=0}^{+\infty}\gamma^t q_{\pi(\boldsymbol{\theta})}(S_t,A_t)\nabla\ln\pi(A_t|S_t;\boldsymbol{\theta})\right]。$$

显然我们可以用带折扣的分布的期望将其表示为

$$\nabla g_{\pi(\boldsymbol{\theta})} = \mathrm{E}_{(S,A)\sim\rho_{\pi(\boldsymbol{\theta})}}[q_{\pi(\boldsymbol{\theta})}(S,A)\nabla\ln\pi(A|S;\boldsymbol{\theta})]。$$

(证明留给读者做习题。)

7.1.3 策略梯度和极大似然估计的关系

我们可以把策略梯度方法中多个更新过程理解为更新策略参数 $\boldsymbol{\theta}$ 以增大形如 $\mathrm{E}_{\pi(\boldsymbol{\theta})}[\Psi_t\ln\pi(A_t|S_t;\boldsymbol{\theta})]$ 的过程，其中 Ψ_t 可取 G_0、$\gamma^t G_t$ 等值。我们可以将这一学习过程与下列有监督学习极大似然问题作比较：若要用含参函数 $\pi(\boldsymbol{\theta})$ 来近似某个策略 π，可以考虑用极大似然的方法来估计策略参数 $\boldsymbol{\theta}$。具体而言，如果已经用策略 π 生成了很多样本，那么这些样本对于策略 $\pi(\boldsymbol{\theta})$ 的对数似然值正比于 $\mathrm{E}_{\pi(\boldsymbol{\theta})}[\ln\pi(A_t|S_t;\boldsymbol{\theta})]$。用这些样本进行有监督学习，需要更新策略参数 $\boldsymbol{\theta}$ 以增大 $\mathrm{E}_{\pi(\boldsymbol{\theta})}[\ln\pi(A_t|S_t;\boldsymbol{\theta})]$。可以看出，$\mathrm{E}_{\pi(\boldsymbol{\theta})}[\ln\pi(A_t|S_t;\boldsymbol{\theta})]$ 可以通过 $\mathrm{E}_{\pi(\boldsymbol{\theta})}[\Psi_t\ln\pi(A_t|S_t;\boldsymbol{\theta})]$ 中取 $\Psi_t=1$ 得到，在形式上具有相似性。

策略梯度巧妙地利用观测到的奖励信号决定每步对数似然值 $\ln\pi(A_t|S_t;\boldsymbol{\theta})$ 对策略奖励的贡献，为其加权 Ψ_t(这里的 Ψ_t 可能是正数，可能是负数，也可能是0)。特别的，如果 Ψ_t 在整个回合中不变(例如 $\Psi_t=g_0$)，那么在这个回合中有 $\mathrm{E}_{\pi(\boldsymbol{\theta})}[\Psi_t\ln\pi(A_t|S_t;\boldsymbol{\theta})] = g_0\mathrm{E}_{\pi(\boldsymbol{\theta})}[\ln\pi(A_t|S_t;\boldsymbol{\theta})]$。这时，策略梯度的表达式可以看作对对数似然进行加权，而加权值就是 g_0。如果有的回合表现很好(比如 g_0 是很大的正数)，在策略梯度更新时，该回合的似然值 $\mathrm{E}_{\pi(\boldsymbol{\theta})}[\ln\pi(A_t|S_t;\boldsymbol{\theta})]$ 就会有一个比较大的正权重，因此这个表现比较好的回合就会更倾向于出现；如果有的回合表现很差(比如 g_0 是很小的负数，即绝对值很大的负数)，则策略梯度更新时，该回合的似然值就会有负的权重，因此这个表现较差的回合就更倾向于不出现。这也解释了为什么策略梯度能够让策略变得越来越好。

7.2 同策回合更新策略梯度算法

策略梯度定理告诉我们，沿着 $\nabla g_{\pi(\boldsymbol{\theta})} = \mathrm{E}_{\pi(\boldsymbol{\theta})}\left[\sum_{t=0}^{+\infty}\gamma^t G_t\nabla\ln\pi(A_t|S_t;\boldsymbol{\theta})\right]$ 的方向改变策略参数 $\boldsymbol{\theta}$ 的值，就有机会增加回报期望。基于这一思想，可以设计策略梯度算法。本节

考虑同策更新算法。

7.2.1 简单的策略梯度算法

最简单的策略梯度算法是**简单的策略梯度算法**(Vanilla Policy Gradient, VPG)，它在每一个回合结束后用形如

$$\boldsymbol{\theta}_{t+1} \leftarrow \boldsymbol{\theta}_t + \alpha\gamma^t G_t \nabla\ln\pi(\mathsf{A}_t|\mathsf{S}_t;\boldsymbol{\theta}),\ t = 0,1,\cdots$$

的迭代式来更新参数 $\boldsymbol{\theta}$。在历史上，这个算法也被称为“REward Increment = Nonnegative Factor × Offset Reinforcement × Characteristic Eligibility”(REINFORCE)，表示增量 $\alpha\gamma^t G_t \nabla\ln\pi(\mathsf{A}_t|\mathsf{S}_t;\boldsymbol{\theta})$是由三个部分的积组成的。这样迭代完整个回合轨迹就实现了

$$\boldsymbol{\theta} \leftarrow \boldsymbol{\theta} + \alpha\sum_{t=0}^{+\infty}\gamma^t G_t \nabla\ln\pi(\mathsf{A}_t|\mathsf{S}_t;\boldsymbol{\theta})。$$

当采用 TensorFlow 或 PyTorch 等自动微分的软件包来学习参数时，可以定义单步的损失为 $-\gamma^t G_t\ln\pi(\mathsf{A}_t|\mathsf{S}_t;\boldsymbol{\theta})$，让软件包中的优化器减小整个回合中所有步的平均损失，就会沿着 $\sum_{t=0}^{+\infty}\gamma^t G_t \nabla\ln\pi(\mathsf{A}_t|\mathsf{S}_t;\boldsymbol{\theta})$的方向改变 $\boldsymbol{\theta}$ 的值。

简单的策略梯度算法见算法 7-1。在第 1 步初始化策略参数 $\boldsymbol{\theta}$ 时，如果初始化的是神经网络的参数，应当按照深度学习里的要求进行初始化。本书后续的策略参数初始化均应该这样理解。

算法 7-1 简单的策略梯度算法求解最优策略

输入：环境(无数学描述)。

输出：最优策略估计 $\pi(\boldsymbol{\theta})$。

参数：优化器(隐含学习率 α)，折扣因子 γ，控制回合数和回合内步数的参数。

1 (初始化)初始化 $\boldsymbol{\theta}$。

2 (回合更新)对每个回合执行以下操作。

  2.1 (采样)用策略 $\pi(\boldsymbol{\theta})$生成轨迹 $\mathsf{S}_0,\mathsf{A}_0,R_1,\mathsf{S}_1,\cdots,\mathsf{S}_{T-1},\mathsf{A}_{T-1},R_T,\mathsf{S}_T$。

  2.2 (初始化回报)$G\leftarrow 0$。

  2.3 对 $t=T-1,T-2,\cdots,0$，执行以下步骤：

    2.3.1 (更新回报)$G\leftarrow\gamma G+R_{t+1}$。

    2.3.2 (更新策略参数)更新 $\boldsymbol{\theta}$ 以减小 $-\gamma^t G\ln\pi(\mathsf{A}_t|\mathsf{S}_t;\boldsymbol{\theta})$(如 $\boldsymbol{\theta}\leftarrow\boldsymbol{\theta}+\alpha\gamma^t G\,\nabla\ln\pi(\mathsf{A}_t|\mathsf{S}_t;\boldsymbol{\theta})$)。

简单的策略梯度算法最大的缺点是方差较大。

7.2.2 带基线的简单策略梯度算法

策略梯度算法最大的问题在于方差太大。本节将考虑引入基线函数来减小这个方差。

7.1.2 节介绍过基线函数。基线函数 $B(\mathsf{s})$($\mathsf{s}\in\mathcal{S}$)是一个与状态 s 有关但和动作 a 无关的确定性函数或随机函数，它满足性质

$$\mathrm{E}_{\pi(\boldsymbol{\theta})}\left[\gamma^t(G_t - B(S_t))\nabla\ln\pi(A_t|S_t;\boldsymbol{\theta})\right] = \mathrm{E}_{\pi(\boldsymbol{\theta})}\left[\gamma^t G_t \nabla\ln\pi(A_t|S_t;\boldsymbol{\theta})\right]。$$

基线函数有很多选择。下面给出一些基线函数的例子。

- 选择基线函数为由轨迹确定的随机变量 $B(S_t) = -\sum_{\tau=0}^{t-1}\gamma^{\tau-t}R_{\tau+1}$，这时 $\gamma^t(G_t - B(S_t)) = G_0$，梯度的形式为 $\mathrm{E}_{\pi(\boldsymbol{\theta})}\left[G_0 \nabla\ln\pi(A_t|S_t;\boldsymbol{\theta})\right]$。
- 选择基线函数为 $B(S_t) = \gamma^t v_*(S_t)$，这时梯度的形式为 $\mathrm{E}_{\pi(\boldsymbol{\theta})}\left[\gamma^t(G_t - v_*(S_t))\nabla\ln\pi(A_t|S_t;\boldsymbol{\theta})\right]$。

在实际选择基线函数时，应当考虑到以下两点：

- 基线函数的选择应当有效降低方差。一个基线函数能不能降低方差不容易在理论上判别，往往需要通过实践获知。
- 基线函数应当是可以得到的。例如最优价值实际上是不知道的，所以无法作为基线函数。但是最优价值估计是知道的，可以作为基线函数。最优价值估计也可以随着迭代过程更新。

一个能有效降低方差的基线是状态价值的估计。算法 7-2 给出了用状态价值估计做基线的算法。这个算法有两套参数 $\boldsymbol{\theta}$ 和 $\boldsymbol{w}$，分别是最优策略估计的参数和最优状态价值估计的参数。2.3.2 步和 2.3.3 步更新这两套参数。在更新过程中它们可以使用不同的优化器，以不同的步调进行学习。一般设置更新策略参数用的优化器学习率小，更新价值参数用的优化器学习率大。另外，这两个参数的更新过程中都用到了 $G - v(S_t;\boldsymbol{w})$，可以一起计算以减小计算量。

算法 7-2　带基线的简单策略梯度算法求解最优策略

输入：环境(无数学描述)。

输出：最优策略估计 $\pi(\boldsymbol{\theta})$。

参数：优化器(隐含学习率 $\alpha^{(\boldsymbol{w})}$，$\alpha^{(\boldsymbol{\theta})}$)，折扣因子 γ，控制回合数和回合内步数的参数。

1 (初始化)初始化 $\boldsymbol{\theta}$ 和 $\boldsymbol{w}$。

2 (回合更新)对每个回合执行以下操作。

　2.1 (采样)用策略 $\pi(\boldsymbol{\theta})$ 生成轨迹 $S_0, A_0, R_1, S_1, \cdots, S_{T-1}, A_{T-1}, R_T, S_T$。

　2.2 (初始化回报)$G \leftarrow 0$。

　2.3 对 $t = T-1, T-2, \cdots, 0$，执行以下步骤：

　　2.3.1 (更新回报)$G \leftarrow \gamma G + R_{t+1}$。

　　2.3.2 (更新价值参数)更新 $\boldsymbol{w}$ 以减小 $[G - v(S_t;\boldsymbol{w})]^2$(如 $\boldsymbol{w} \leftarrow \boldsymbol{w} + \alpha^{(\boldsymbol{w})}[G - v(S_t;\boldsymbol{w})]\nabla v(S_t;\boldsymbol{w})$)。

　　2.3.3 (更新策略参数)更新 $\boldsymbol{\theta}$ 以减小 $-\gamma^t[G - v(S_t;\boldsymbol{w})]\ln\pi(A_t|S_t;\boldsymbol{\theta})$(如 $\boldsymbol{\theta} \leftarrow \boldsymbol{\theta} + \alpha^{(\boldsymbol{\theta})}\gamma^t[G - v(S_t;\boldsymbol{w})]\nabla\ln\pi(A_t|S_t;\boldsymbol{\theta})$)。

这个算法既需要学习策略参数，也需要学习价值参数。对于这类既需要学习策略参数也需要学习价值参数的算法，算法的收敛性需要通过双时间轴 Robbins-Monro 算法(two timescale Robbins-Monro algorithm)来分析。

本节的最后，我们从理论上来分析什么样的基线函数能最大限度地减小方差。考虑 $\mathrm{E}[\gamma^t(G_t-B(S_t))\nabla\ln\pi(A_t|S_t;\boldsymbol{\theta})]$的方差为

$\mathrm{E}_{\pi(\boldsymbol{\theta})}[[\gamma^t(G_t-B(S_t))\nabla\ln\pi(A_t|S_t;\boldsymbol{\theta})]^2]-[\mathrm{E}_{\pi(\boldsymbol{\theta})}[\gamma^t(G_t-B(S_t))\nabla\ln\pi(A_t|S_t;\boldsymbol{\theta})]]^2$。

其对 $B(S_t)$的偏导数为

$$\mathrm{E}_{\pi(\boldsymbol{\theta})}[-2\gamma^{2t}(G_t-B(S_t))[\nabla\ln\pi(A_t|S_t;\boldsymbol{\theta})]^2]。$$

(求偏导数时用到了$\frac{\partial}{\partial B(S_t)}\mathrm{E}_{\pi(\boldsymbol{\theta})}[\gamma^t(G_t-B(S_t))[\nabla\ln\pi(A_t|S_t;\boldsymbol{\theta})]^2]=0$。)令这个偏导数为0，并假设

$$\mathrm{E}_{\pi(\boldsymbol{\theta})}[B(S_t)[\nabla\ln\pi(A_t|S_t;\boldsymbol{\theta})]^2]=\mathrm{E}_{\pi(\boldsymbol{\theta})}[B(S_t)]\mathrm{E}_{\pi(\boldsymbol{\theta})}[[\nabla\ln\pi(A_t|S_t;\boldsymbol{\theta})]^2],$$

可知

$$\mathrm{E}_{\pi(\boldsymbol{\theta})}[B(S_t)]=\frac{\mathrm{E}_{\pi(\boldsymbol{\theta})}[G_t[\nabla\ln\pi(A_t|S_t;\boldsymbol{\theta})]^2]}{\mathrm{E}_{\pi(\boldsymbol{\theta})}[[\nabla\ln\pi(A_t|S_t;\boldsymbol{\theta})]^2]}。$$

这意味着，最佳的基线函数应当接近回报 G_t 且以梯度$[\nabla\ln\pi(A_t|S_t;\boldsymbol{\theta})]^2$ 为权重加权平均的结果。不过，在实际应用中，无法事先知道这个值，所以无法使用这样的基线函数。

7.3 异策回合更新策略梯度算法

在简单的策略梯度算法的基础上引入重要性采样，可以得到对应的异策算法。

记行为策略为$b(a|s)(s\in\mathcal{S},\ a\in\mathcal{A}(s))$，有

$$\begin{aligned}&\sum_a\pi(a|s;\boldsymbol{\theta})\gamma^tG_t\nabla\ln\pi(a|s;\boldsymbol{\theta})\\&=\sum_a b(a|s)\frac{\pi(a|s;\boldsymbol{\theta})}{b(a|s)}\gamma^tG_t\nabla\ln\pi(a|s;\boldsymbol{\theta})\\&=\sum_a b(a|s)\frac{1}{b(a|s)}\gamma^tG_t\nabla\pi(a|s;\boldsymbol{\theta}),\end{aligned}$$

即

$$\mathrm{E}_{\pi(\boldsymbol{\theta})}[\gamma^tG_t\nabla\ln\pi(A_t|S_t;\boldsymbol{\theta})]=\mathrm{E}_b\left[\frac{1}{b(A_t|S_t)}\gamma^tG_t\nabla\pi(A_t|S_t;\boldsymbol{\theta})\right]。$$

所以，采用重要性采样的离线算法把用同策采样得到的梯度方向 $\gamma^tG_t\nabla\ln\pi(A_t|S_t;\boldsymbol{\theta})$改为用行为策略 b 采样得到的梯度方向$\frac{1}{b(A_t|S_t)}\gamma^tG_t\nabla\pi(A_t|S_t;\boldsymbol{\theta})$。这就意味着，在更新参数 $\boldsymbol{\theta}$ 时可以试图增大$\frac{1}{b(A_t|S_t)}\gamma^tG_t\pi(A_t|S_t;\boldsymbol{\theta})$。算法 7-3 给出了这个算法。

算法 7-3　重要性采样简单策略梯度求解最优策略

1 （初始化）初始化 $\boldsymbol{\theta}$。

2 （回合更新）对每个回合执行以下操作。

2.1 （行为策略）指定行为策略 b，使得 $\pi(\boldsymbol{\theta}) \ll b$。

2.2 （决策和采样）用策略 b 生成轨迹：$S_0, A_0, R_1, S_1, \cdots, S_{T-1}, A_{T-1}, R_T, S_T$。

2.3 （初始化回报）$G \leftarrow 0$。

2.4 对 $t = T-1, T-2, \cdots, 0$，执行以下步骤：

2.4.1 （更新回报）$G \leftarrow \gamma G + R_{t+1}$。

2.4.2 （更新策略）更新参数 $\boldsymbol{\theta}$ 以减小 $-\frac{1}{b(A_t|S_t)}\gamma^t G_t \pi(A_t|S_t;\boldsymbol{\theta})$（如 $\boldsymbol{\theta} \leftarrow \boldsymbol{\theta} + \alpha \frac{1}{b(A_t|S_t)}\gamma^t G \nabla\pi(A_t|S_t;\boldsymbol{\theta})$）。

异策算法也可以和基线配合使用以减小方差。

7.4 案例：车杆平衡

本节考虑 Gym 库里的车杆平衡问题。如图 7-1 所示，一个小车(cart)可以在直线滑轨上移动。一个杆(pole)一头连着小车，另一头悬空，可以不完全直立。小车的初始位置和杆的初始角度等是在一定范围内随机选取的。智能体可以控制小车沿着滑轨左移或右移。出现以下情形中的任一情形时，回合结束：

- 杆的倾斜角度超过 12°。
- 小车移动超过 2.4 个单位长度。
- 回合步数达到回合最大步数。

每进行一步得到 1 个单位的奖励。我们希望回合能够尽量长。

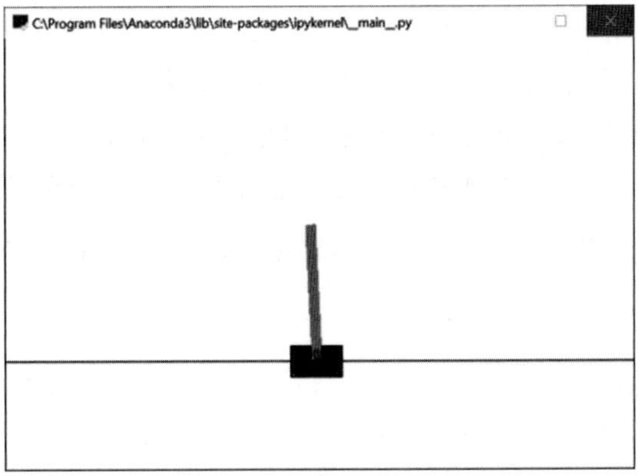

图 7-1　车杆平衡问题

注：本图改编自论文"Neuronlike adaptive elements that can solve difficult learning control problems"。

这个问题中，观察值有四个分量，分别表示小车位置、小车速度、木棒角度和木棒角速度，其取值范围见表 7-1。动作则取自 {0,1}，分别表示向左施力和向右施力。

表 7-1 车杆平衡观测各分量范围

观测分量序号	含义	最小值	最大值
0	小车位置	-4.8	+4.8
1	小车速度	-∞	+∞
2	杆的角度	约 -41.8°	约 +41.8°
3	杆的角速度	-∞	+∞

Gym 提供了两个版本：CartPole-v0 和 CartPole-v1。这两个版本仅在回合最大步数和成功解决问题的回合阈值上有不同。任务 CartPole-v0 回合最大步数为 200，阈值为 195；任务 CartPole-v1 回合最大步数为 500，阈值为 475。这两个任务的难度大致相当。

1.8 节的习题讨论了车杆平衡任务的闭式解。代码可以在 GitHub 上找到。

本节主要关注 CartPole-v0 环境。对于随机策略，其回合奖励大概在 9 和 10 之间。

7.4.1 用同策策略梯度算法求解最优策略

本节用同策策略梯度算法求解最优策略。代码清单 7-1（TensorFlow 版）或代码清单 7-2（PyTorch 版）实现了不带基线的简单策略梯度算法。它们用单层的人工神经网络来近似最优策略，并使用$\nabla g_{\pi(\boldsymbol{\theta})} = \mathrm{E}_{\pi(\boldsymbol{\theta})}\left[\sum_{t=0}^{+\infty} \gamma^t G_t \nabla \ln\pi(A_t \mid S_t;\boldsymbol{\theta})\right]$计算策略梯度。在实现上，代码清单 7-1（TensorFlow 版）使用互熵损失，并且用回合回报作为权重 sample_weight 来完成这个计算。代码清单 7-2（PyTorch 版）则直接把这个计算过程按运算实现了：先从回合轨迹 trajectory 得到状态张量 state_tensor、奖励张量 reward_tensor、动作张量 action_tensor，然后通过运算得到带折扣的回报 discounted_return_tensor，进而计算得到损失张量 loss_tensor，最后用优化器 optimizer 减小损失。在计算策略的对数时，使用 torch.clamp() 函数限制了数值范围，以提升数值稳定性。

代码清单 7-1 同策策略梯度算法智能体（TensorFlow 版本）

代码文件名：CartPole-v0_VPG_tf.ipynb。

```
class VPGAgent:
    def __init__(self, env):
        self.action_n = env.action_space.n
        self.gamma = 0.99

        self.policy_net = self.build_net(hidden_sizes=[],
                output_size=self.action_n,
                output_activation=nn.softmax,
                loss=losses.categorical_crossentropy)

    def build_net(self, hidden_sizes, output_size,
```

```
            activation=nn.relu, output_activation=None,
            use_bias=False, loss=losses.mse, learning_rate=0.005):
        model = keras.Sequential()
        for hidden_size in hidden_sizes:
            model.add(layers.Dense(units=hidden_size,
                    activation=activation, use_bias=use_bias))
        model.add(layers.Dense(units = output_size,
                activation=output_activation, use_bias=use_bias))
        optimizer = optimizers.Adam(learning_rate)
        model.compile(optimizer=optimizer, loss=loss)
        return model

    def reset(self, mode=None):
        self.mode = mode
        if self.mode == 'train':
            self.trajectory = []

    def step(self, observation, reward, terminated):
        probs = self.policy_net.predict(observation[np.newaxis], verbose=0)[0]
        action = np.random.choice(self.action_n, p=probs)
        if self.mode == 'train':
            self.trajectory += [observation, reward, terminated, action]
        return action

    def close(self):
        if self.mode == 'train':
            self.learn()

    def learn(self):
        df = pd.DataFrame(np.array(self.trajectory, dtype=object).reshape(-1, 4),
                columns = ['state', 'reward', 'terminated', 'action'])
        df['discount'] = self.gamma ** df.index.to_series()
        df['discounted_reward'] = df['discount'] * df['reward']
        df['discounted_return'] = df['discounted_reward'][::-1].cumsum()
        states = np.stack(df['state'])
        actions = np.eye(self.action_n)[df['action'].astype(int)]
        sample_weight = df[['discounted_return',]].values.astype(float)
        self.policy_net.fit(states, actions, sample_weight=sample_weight,
                verbose=0)

agent = VPGAgent(env)
```

代码清单 7-2 同策策略梯度算法智能体(PyTorch 版本)

代码文件名:CartPole-v0_VPG_torch.ipynb。

```
class VPGAgent:
    def __init__(self, env):
        self.action_n = env.action_space.n
        self.gamma = 0.99

        self.policy_net = self.build_net(
```

```
                input_size=env.observation_space.shape[0],
                hidden_sizes=[],
                output_size=self.action_n, output_activator=nn.Softmax(1))
        self.optimizer = optim.Adam(self.policy_net.parameters(), lr=0.005)

    def build_net(self, input_size, hidden_sizes, output_size,
            output_activator=None, use_bias=False):
        layers = []
        for input_size, output_size in zip(
                [input_size,] + hidden_sizes, hidden_sizes + [output_size,]):
            layers.append(nn.Linear(input_size, output_size, bias=use_bias))
            layers.append(nn.ReLU())
        layers = layers[:-1]
        if output_activator:
            layers.append(output_activator)
        model = nn.Sequential(*layers)
        return model

    def reset(self, mode=None):
        self.mode = mode
        if self.mode == 'train':
            self.trajectory = []

    def step(self, observation, reward, terminated):
        state_tensor = torch.as_tensor(observation, dtype=torch.float).unsqueeze(0)
        prob_tensor = self.policy_net(state_tensor)
        action_tensor = distributions.Categorical(prob_tensor).sample()
        action = action_tensor.numpy()[0]
        if self.mode == 'train':
            self.trajectory += [observation, reward, terminated, action]
        return action

    def close(self):
        if self.mode == 'train':
            self.learn()

    def learn(self):
        state_tensor = torch.as_tensor(self.trajectory[0::4], dtype=torch.float)
        reward_tensor = torch.as_tensor(self.trajectory[1::4], dtype=torch.float)
        action_tensor = torch.as_tensor(self.trajectory[3::4], dtype=torch.long)
        arange_tensor = torch.arange(state_tensor.shape[0], dtype=torch.float)
        discount_tensor = self.gamma ** arange_tensor
        discounted_reward_tensor = discount_tensor*reward_tensor
        discounted_return_tensor = discounted_reward_tensor.flip(0).cumsum(0).flip(0)
        all_pi_tensor = self.policy_net(state_tensor)
        pi_tensor = torch.gather(all_pi_tensor, 1,
                action_tensor.unsqueeze(1)).squeeze(1)
        log_pi_tensor = torch.log(torch.clamp(pi_tensor, 1e-6, 1.))
        loss_tensor = -(discounted_return_tensor*log_pi_tensor).mean()
        self.optimizer.zero_grad()
        loss_tensor.backward()
        self.optimizer.step()

agent = VPGAgent(env)
```

代码清单 7-3（TensorFlow 版）和代码清单 7-4（PyTorch 版）实现了带基线的同策策略梯度算法。基线函数采用了用神经网络近似的状态价值估计。

代码清单 7-3　带基线的同策策略梯度算法智能体（TensorFlow 版本）

代码文件名：CartPole-v0_VPGwBaseline_tf.ipynb。

```
class VPGwBaselineAgent:
    def __init__(self, env):
        self.action_n = env.action_space.n
        self.gamma = 0.99

        self.trajectory = []

        self.policy_net = self.build_net(hidden_sizes=[],
                output_size=self.action_n,
                output_activation=nn.softmax,
                loss=losses.categorical_crossentropy,
                learning_rate=0.005)
        self.baseline_net = self.build_net(hidden_sizes=[],
                learning_rate=0.01)

    def build_net(self, hidden_sizes, output_size=1,
            activation=nn.relu, output_activation=None,
            use_bias=False, loss=losses.mse, learning_rate=0.005):
        model = keras.Sequential()
        for hidden_size in hidden_sizes:
            model.add(layers.Dense(units=hidden_size,
                    activation=activation, use_bias=use_bias))
        model.add(layers.Dense(units=output_size,
                activation=output_activation, use_bias=use_bias))
        optimizer = optimizers.Adam(learning_rate)
        model.compile(optimizer=optimizer, loss=loss)
        return model

    def reset(self, mode=None):
        self.mode = mode
        if self.mode == 'train':
            self.trajectory = []

    def step(self, observation, reward, terminated):
        probs = self.policy_net.predict(observation[np.newaxis], verbose=0)[0]
        action = np.random.choice(self.action_n, p=probs)
        if self.mode == 'train':
            self.trajectory += [observation, reward, terminated, action]
        return action

    def close(self):
        if self.mode == 'train':
            self.learn()

    def learn(self):
```

```
        df = pd.DataFrame(np.array(self.trajectory, dtype = object).reshape( -1, 4),
                columns=['state', 'reward', 'terminated', 'action'])

        # 更新基线
        df['discount'] = self.gamma ** df.index.to_series()
        df['discounted_reward'] = df['discount'] * df['reward'].astype(float)
        df['discounted_return'] = df['discounted_reward'][::-1].cumsum()
        df['return'] = df['discounted_return'] / df['discount']
        states = np.stack(df['state'])
        returns = df[['return',]].values
        self.baseline_net.fit(states, returns, verbose=0)

        # 更新策略
        df['baseline'] = self.baseline_net.predict(states, verbose=0)
        df['psi'] = df['discounted_return'] - df['baseline'] * df['discount']
        actions = np.eye(self.action_n)[df['action'].astype(int)]
        sample_weight = df[['discounted_return',]].values
        self.policy_net.fit(states, actions, sample_weight=sample_weight,
                verbose=0)

agent = VPGwBaselineAgent(env)
```

代码清单 7-4　带基线的同策策略梯度算法智能体(PyTorch 版本)

代码文件名：CartPole-v0_VPGwBaseline_torch.ipynb。

```
class VPGwBaselineAgent:
    def __init__(self, env):
        self.action_n = env.action_space.n
        self.gamma = 0.99

        self.policy_net = self.build_net(
                input_size=env.observation_space.shape[0],
                hidden_sizes=[],
                output_size=self.action_n, output_activator=nn.Softmax(1))
        self.policy_optimizer = optim.Adam(self.policy_net.parameters(), lr=0.005)
        self.baseline_net = self.build_net(
                input_size=env.observation_space.shape[0],
                hidden_sizes=[])
        self.baseline_optimizer = optim.Adam(self.policy_net.parameters(), lr=0.01)
        self.baseline_loss = nn.MSELoss()

    def build_net(self, input_size, hidden_sizes, output_size=1,
            output_activator=None, use_bias=False):
        layers = []
        for input_size, output_size in zip(
                [input_size,] + hidden_sizes, hidden_sizes + [output_size,]):
            layers.append(nn.Linear(input_size, output_size, bias=use_bias))
            layers.append(nn.ReLU())
        layers = layers[:-1]
        if output_activator:
            layers.append(output_activator)
        model = nn.Sequential(*layers)
        return model
```

```
    def reset(self, mode=None):
        self.mode = mode
        if self.mode == 'train':
            self.trajectory = []

    def step(self, observation, reward, terminated):
        state_tensor = torch.as_tensor(observation, dtype=torch.float).unsqueeze(0)
        prob_tensor = self.policy_net(state_tensor)
        action_tensor = distributions.Categorical(prob_tensor).sample()
        action = action_tensor.numpy()[0]
        if self.mode == 'train':
            self.trajectory += [observation, reward, terminated, action]
        return action

    def close(self):
        if self.mode == 'train':
            self.learn()

    def learn(self):
        state_tensor = torch.as_tensor(self.trajectory[0::4], dtype=torch.float)
        reward_tensor = torch.as_tensor(self.trajectory[1::4], dtype=torch.float)
        action_tensor = torch.as_tensor(self.trajectory[3::4], dtype=torch.long)
        arange_tensor = torch.arange(state_tensor.shape[0], dtype=torch.float)

        # 更新基线
        discount_tensor = self.gamma ** arange_tensor
        discounted_reward_tensor = discount_tensor*reward_tensor
        discounted_return_tensor = discounted_reward_tensor.flip(0).cumsum(0).flip(0)
        return_tensor = discounted_return_tensor / discount_tensor
        pred_tensor = self.baseline_net(state_tensor)
        psi_tensor = (discounted_return_tensor - discount_tensor *
                pred_tensor).detach()
        baseline_loss_tensor = self.baseline_loss(pred_tensor,
                return_tensor.unsqueeze(1))
        self.baseline_optimizer.zero_grad()
        baseline_loss_tensor.backward()
        self.baseline_optimizer.step()

        # 更新策略
        all_pi_tensor = self.policy_net(state_tensor)
        pi_tensor = torch.gather(all_pi_tensor, 1,
                action_tensor.unsqueeze(1)).squeeze(1)
        log_pi_tensor = torch.log(torch.clamp(pi_tensor, 1e-6, 1.))
        policy_loss_tensor = -(psi_tensor * log_pi_tensor).mean()
        self.policy_optimizer.zero_grad()
        policy_loss_tensor.backward()
        self.policy_optimizer.step()

agent = VPGwBaselineAgent(env)
```

训练和测试依然使用代码清单 5-3 和代码清单 1-4。

7.4.2 用异策策略梯度算法求解最优策略

本节用基于重要性采样的异策策略梯度算法求解最优策略。代码清单 7-5（TensorFlow

版）和代码清单 7-6（PyTorch 版）给出了不带基线的异策策略梯度算法。代码清单 7-7（TensorFlow 版）和代码清单 7-8（PyTorch 版）给出了带基线的异策策略梯度算法。行为策略是随机策略，$\pi(a\mid s)=0.5(s\in\mathcal{S},\ a\in\mathcal{A}(s))$。

代码清单 7-5　异策策略梯度算法智能体（TensorFlow 版本）

代码文件名：CartPole-v0_OffPolicyVPG_tf.ipynb。

```
class OffPolicyVPGAgent:
    def __init__(self, env):
        self.action_n = env.action_space.n
        self.gamma = 0.99

        def dot(y_true, y_pred):
            return -tf.reduce_sum(y_true * y_pred, axis=-1)

        self.policy_net = self.build_net(hidden_sizes=[],
                output_size=self.action_n,
                output_activation=nn.softmax,
                loss=dot, learning_rate=0.06)

    def build_net(self, hidden_sizes, output_size,
            activation=nn.relu, output_activation=None,
            use_bias=False, loss=losses.mse, learning_rate=0.001):
        model = keras.Sequential()
        for hidden_size in hidden_sizes:
            model.add(layers.Dense(units = hidden_size,
                    activation=activation, use_bias=use_bias))
        model.add(layers.Dense(units = output_size,
                activation=output_activation, use_bias=use_bias))
        optimizer = optimizers.Adam(learning_rate)
        model.compile(optimizer=optimizer, loss=loss)
        return model

    def reset(self, mode=None):
        self.mode = mode
        if self.mode == 'train':
            self.trajectory = []

    def step(self, observation, reward, terminated):
        if self.mode == 'train':
            action = np.random.choice(self.action_n)  # 用随机策略决策
            self.trajectory += [observation, reward, terminated, action]
        else:
            probs = self.policy_net.predict(observation[np.newaxis], verbose=0)[0]
            action = np.random.choice(self.action_n, p=probs)
        return action

    def close(self):
        if self.mode == 'train':
            self.learn()
```

```
    def learn(self):
        df = pd.DataFrame(np.array(self.trajectory, dtype=object).reshape(-1, 4),
                columns = ['state', 'reward', 'terminated', 'action'])
        df['discount'] = self.gamma ** df.index.to_series()
        df['discounted_reward'] = df['discount'] * df['reward'].astype(float)
        df['discounted_return'] = df['discounted_reward'][::-1].cumsum()
        states = np.stack(df['state'])
        actions = np.eye(self.action_n)[df['action'].astype(int)]
        df['behavior_prob'] = 1. / self.action_n
        df['sample_weight'] = df['discounted_return'] / df['behavior_prob']
        sample_weight = df[['sample_weight',]].values
        self.policy_net.fit(states, actions, sample_weight=sample_weight,
                verbose=0)

agent = OffPolicyVPGAgent(env)
```

代码清单 7-6　异策策略梯度算法智能体(PyTorch 版本)

代码文件名：CartPole-v0_OffPolicyVPG_torch.ipynb。

```
class OffPolicyVPGAgent:
    def __init__(self, env):
        self.action_n = env.action_space.n
        self.gamma = 0.99

        self.policy_net = self.build_net(
                input_size=env.observation_space.shape[0],
                hidden_sizes=[],
                output_size=self.action_n, output_activator=nn.Softmax(1))
        self.optimizer = optim.Adam(self.policy_net.parameters(), lr=0.06)

    def build_net(self, input_size, hidden_sizes, output_size,
            output_activator = None, use_bias = False):
        layers = []
        for input_size, output_size in zip(
                [input_size,] + hidden_sizes, hidden_sizes + [output_size,]):
            layers.append(nn.Linear(input_size, output_size, bias=use_bias))
            layers.append(nn.ReLU())
        layers = layers[:-1]
        if output_activator:
            layers.append(output_activator)
        model = nn.Sequential(*layers)
        return model

    def reset(self, mode=None):
        self.mode = mode
        if self.mode == 'train':
            self.trajectory = []

    def step(self, observation, reward, terminated):
        if self.mode == 'train':
            action = np.random.choice(self.action_n)  # 用随机策略决策
```

```
            self.trajectory += [observation, reward, terminated, action]
        else:
            state_tensor = torch.as_tensor(observation,
                    dtype = torch.float).unsqueeze(0)
            prob_tensor = self.policy_net(state_tensor)
            action_tensor = distributions.Categorical(prob_tensor).sample()
            action = action_tensor.numpy()[0]
        return action

    def close(self):
        if self.mode == 'train':
            self.learn()

    def learn(self):
        state_tensor = torch.as_tensor(self.trajectory[0::4], dtype=torch.float)
        reward_tensor = torch.as_tensor(self.trajectory[1::4], dtype=torch.float)
        action_tensor = torch.as_tensor(self.trajectory[3::4], dtype=torch.long)
        arange_tensor = torch.arange(state_tensor.shape[0], dtype=torch.float)
        discount_tensor = self.gamma**arange_tensor
        discounted_reward_tensor = discount_tensor*reward_tensor
        discounted_return_tensor = discounted_reward_tensor.flip(0).cumsum(0).flip(0)
        all_pi_tensor = self.policy_net(state_tensor)
        pi_tensor = torch.gather(all_pi_tensor, 1,
                action_tensor.unsqueeze(1)).squeeze(1)
        behavior_prob = 1. / self.action_n
        loss_tensor = -(discounted_return_tensor / behavior_prob *
                pi_tensor).mean()
        self.optimizer.zero_grad()
        loss_tensor.backward()
        self.optimizer.step()

agent = OffPolicyVPGAgent(env)
```

代码清单 7-7　带基线的异策策略梯度算法智能体(TensorFlow 版本)

代码文件名：CartPole-v0_OffPolicyVPGwBaseline_tf.ipynb。

```
class OffPolicyVPGwBaselineAgent:
    def __init__(self, env):
        self.action_n = env.action_space.n
        self.gamma = 0.99

        def dot(y_true, y_pred):
            return -tf.reduce_sum(y_true * y_pred, axis=-1)

        self.policy_net = self.build_net(hidden_sizes=[],
                output_size = self.action_n,
                output_activation = nn.softmax,
                loss = dot, learning_rate=0.06)
        self.baseline_net = self.build_net(hidden_sizes=[],
                learning_rate=0.1)
```

```
    def build_net(self, hidden_sizes, output_size=1,
            activation=nn.relu, output_activation = None,
            use_bias=False, loss=losses.mse, learning_rate=0.001):
        model = keras.Sequential()
        for hidden_size in hidden_sizes:
            model.add(layers.Dense(units=hidden_size,
                    activation=activation, use_bias=use_bias))
        model.add(layers.Dense(units=output_size,
                activation=output_activation, use_bias=use_bias))
        optimizer = optimizers.Adam(learning_rate)
        model.compile(optimizer=optimizer, loss=loss)
        return model

    def reset(self, mode=None):
        self.mode = mode
        if self.mode == 'train':
            self.trajectory = []

    def step(self, observation, reward, terminated):
        if self.mode == 'train':
            action = np.random.choice(self.action_n)  # 用随机策略决策
            self.trajectory += [observation, reward, terminated, action]
        else:
            probs = self.policy_net.predict(observation[np.newaxis], verbose=0)[0]
            action = np.random.choice(self.action_n, p = probs)
        return action

    def close(self):
        if self.mode == 'train':
            self.learn()

    def learn(self):
        df = pd.DataFrame(np.array(self.trajectory, dtype=object).reshape(-1, 4),
                columns = ['state', 'reward', 'terminated', 'action'])

        # 更新基线
        df['discount'] = self.gamma ** df.index.to_series()
        df['discounted_reward'] = df['discount']*df['reward'].astype(float)
        df['discounted_return'] = df['discounted_reward'][::-1].cumsum()
        df['return'] = df['discounted_return'] / df['discount']
        states = np.stack(df['state'])
        returns = df[['return',]].values
        self.baseline_net.fit(states, returns, verbose=0)

        # 更新策略
        states = np.stack(df['state'])
        df['baseline'] = self.baseline_net.predict(states, verbose=0)
        df['psi'] = df['discounted_return'] - df['baseline'] * df['discount']
        df['behavior_prob'] = 1. / self.action_n
        df['sample_weight'] = df['psi'] / df['behavior_prob']
        actions = np.eye(self.action_n)[df['action'].astype(int)]
        sample_weight = df[['sample_weight',]].values
```

```
        self.policy_net.fit(states, actions, sample_weight=sample_weight,
                verbose=0)

agent = OffPolicyVPGwBaselineAgent(env)
```

代码清单 7-8　带基线的异策策略梯度算法智能体(PyTorch 版本)

代码文件名：CartPole-v0_OffPolicyVPGwBaseline_torch.ipynb。

```
class OffPolicyVPGwBaselineAgent:
    def __init__(self, env):
        self.action_n = env.action_space.n
        self.gamma = 0.99

        self.policy_net = self.build_net(
                input_size=env.observation_space.shape[0],
                hidden_sizes=[],
                output_size=self.action_n, output_activator=nn.Softmax(1))
        self.policy_optimizer = optim.Adam(self.policy_net.parameters(), lr=0.06)
        self.baseline_net = self.build_net(
                input_size = env.observation_space.shape[0],
                hidden_sizes = [])
        self.baseline_optimizer = optim.Adam(self.policy_net.parameters(), lr=0.1)
        self.baseline_loss = nn.MSELoss()

    def build_net(self, input_size, hidden_sizes, output_size=1,
            output_activator=None, use_bias=False):
        layers = []
        for input_size, output_size in zip(
                [input_size,] + hidden_sizes, hidden_sizes + [output_size,]):
            layers.append(nn.Linear(input_size, output_size, bias=use_bias))
            layers.append(nn.ReLU())
        layers = layers[:-1]
        if output_activator:
            layers.append(output_activator)
        model = nn.Sequential(*layers)
        return model

    def reset(self, mode=None):
        self.mode = mode
        if self.mode == 'train':
            self.trajectory = []

    def step(self, observation, reward, terminated):
        if self.mode == 'train':
            action = np.random.choice(self.action_n)  # 用随机策略决策
            self.trajectory += [observation, reward, terminated, action]
        else:
            state_tensor = torch.as_tensor(observation,
                    dtype = torch.float).unsqueeze(0)
            prob_tensor = self.policy_net(state_tensor)
            action_tensor = distributions.Categorical(prob_tensor).sample()
```

```
            action = action_tensor.numpy()[0]
        return action

    def close(self):
        if self.mode == 'train':
            self.learn()

    def learn(self):
        state_tensor = torch.as_tensor(self.trajectory[0::4], dtype=torch.float)
        reward_tensor = torch.as_tensor(self.trajectory[1::4], dtype=torch.float)
        action_tensor = torch.as_tensor(self.trajectory[3::4], dtype=torch.long)
        arange_tensor = torch.arange(state_tensor.shape[0], dtype=torch.float)

        # 更新基线
        discount_tensor = self.gamma ** arange_tensor
        discounted_reward_tensor = discount_tensor*reward_tensor
        discounted_return_tensor = discounted_reward_tensor.flip(0).cumsum(0).flip(0)
        return_tensor = discounted_return_tensor / discount_tensor
        pred_tensor = self.baseline_net(state_tensor)
        psi_tensor = (discounted_return_tensor -
                discount_tensor*pred_tensor).detach()
        baseline_loss_tensor = self.baseline_loss(pred_tensor,
                return_tensor.unsqueeze(1))
        self.baseline_optimizer.zero_grad()
        baseline_loss_tensor.backward()
        self.baseline_optimizer.step()

        # 更新策略
        all_pi_tensor = self.policy_net(state_tensor)
        pi_tensor = torch.gather(all_pi_tensor, 1,
                action_tensor.unsqueeze(1)).squeeze(1)
        behavior_prob = 1. / self.action_n
        policy_loss_tensor = -(psi_tensor / behavior_prob * pi_tensor).mean()
        self.policy_optimizer.zero_grad()
        policy_loss_tensor.backward()
        self.policy_optimizer.step()

agent = OffPolicyVPGwBaselineAgent(env)
```

7.5　本章小结

本章开始介绍一类新的强化学习算法——策略梯度算法。策略梯度算法也可以分为没有使用自益的回合更新和使用了自益的时序差分更新两大类，本章介绍没有使用自益的方法，它们只能用于回合制任务。虽然没有用到自益的算法，不会引入偏差，但是往往有非常大的方差。第 8 章将介绍利用了自益的算法，它们既可以用于回合制任务，也可以用于连续性任务。

本章要点

- 策略梯度方法用含参函数 $\pi(a|s;\boldsymbol{\theta})$ 近似最优策略。对于离散动作空间，可引入偏好函数 $h(s,a;\boldsymbol{\theta})$，进而假设

$$\pi(a|s;\boldsymbol{\theta})=\frac{\exp h(s,a;\boldsymbol{\theta})}{\sum_{a'}\exp h(s,a';\boldsymbol{\theta})},\ s\in\mathcal{S},\ a\in\mathcal{A}(s)。$$

对于连续动作空间，可以引入期望向量 $\boldsymbol{\mu}(\boldsymbol{\theta})$ 和方程向量 $\boldsymbol{\sigma}(\boldsymbol{\theta})$，进而假设

$$A=\boldsymbol{\mu}(\boldsymbol{\theta})+N\circ\boldsymbol{\sigma}(\boldsymbol{\theta})。$$

- 策略梯度定理认为回报期望对策略参数的梯度与 $\mathrm{E}_{\pi(\boldsymbol{\theta})}[\Psi_t\nabla\ln\pi(A_t|S_t;\boldsymbol{\theta})]$ 方向相同。其中 Ψ_t 可为 G_0、γ^tG_t 等。
- 策略梯度算法通过增大 $\Psi_t\ln\pi(A_t|S_t;\boldsymbol{\theta})$ 来更新参数 $\boldsymbol{\theta}$。
- 基线函数 $B(S_t)$ 可以是随机函数或确定函数，它必须和 A_t 无关。基线的选择应减小策略梯度算法的方差。
- 引入行为策略和重要性采样，可以实现异策回合更新梯度算法。

7.6 练习与模拟面试

1. 单选题

(1) 在策略梯度算法的更新式 $\boldsymbol{\theta}_{t+1}\leftarrow\boldsymbol{\theta}_t+\alpha\Psi_t\nabla\ln\pi(A_t|S_t;\boldsymbol{\theta})$ 中，下列说法正确的是(　　)。

A. Ψ_t 可取 G_0，但是不能取 γ^tG_t

B. Ψ_t 可取 γ^tG_t，但是不能取 G_0

C. Ψ_t 既可以取 G_0，也可以取 γ^tG_t

(2) 关于策略梯度算法中的基线，下列说法正确的是(　　)。

A. 在策略梯度算法中引入基线，主要是为了减小偏差

B. 在策略梯度算法中引入基线，主要是为了减小方差

C. 在策略梯度算法中引入基线，主要是为了减小偏差和方差

2. 编程练习

用策略梯度算法求解 `Blackjack-v1`。

3. 模拟面试

(1) 请证明策略梯度定理。

(2) 普通的策略梯度算法有哪些缺陷？

(3) 什么是基线？为什么要在策略梯度算法中引入基线？

CHAPTER 8

第 8 章

执行者/评论者

本章将学习以下内容。

- ❑ 执行者/评论者方法。
- ❑ 动作价值执行者/评论者算法。
- ❑ 优势执行者/评论者算法。
- ❑ 性能差别引理。
- ❑ 代理优势。
- ❑ 邻近策略优化算法。
- ❑ 自然策略梯度算法。
- ❑ 信赖域策略优化算法。
- ❑ 异策执行者/评论者算法。

8.1 执行者/评论者方法

执行者/评论者方法把策略梯度算法和价值自益结合了起来：一方面，利用策略梯度定理计算策略梯度，进而更新策略参数，这方面常常被称为**执行者**(actor)。另一方面，试图估计价值，并基于价值估计进行自益，这方面常常被称为**评论者**(critic)。同时使用了策略梯度和价值自益的算法被称为**执行者/评论者**(Actor-Critic，AC)算法。

在第 7 章中，我们用满足 $\sum_{a} \pi(a \mid s;\boldsymbol{\theta})=1\ (s \in \mathcal{S})$ 的含参函数 $\pi(a \mid s;\boldsymbol{\theta})\ (s \in \mathcal{S}, a \in \mathcal{A}(s))$ 来近似最优策略，并根据策略梯度定理，以 $\mathrm{E}_{\pi(\boldsymbol{\theta})}[\Psi_t \nabla \ln \pi(A_t \mid S_t;\boldsymbol{\theta})]$ 为梯度方向迭代更新策略参数 $\boldsymbol{\theta}$，其中 $\Psi_t=\gamma^t(G_t-B(s))$。实际上，$\Psi_t$ 并不拘泥于以上形式。Ψ_t 还可以是以下形式：

- (动作价值) $\Psi_t=\gamma^t q_\pi(S_t,A_t)$。利用

$$\mathrm{E}_{\pi(\boldsymbol{\theta})}[\gamma^t G_t \nabla \ln\pi(A_t|S_t;\boldsymbol{\theta})]=\mathrm{E}_{\pi(\boldsymbol{\theta})}[\gamma^t q_{\pi(\boldsymbol{\theta})}(S_t,A_t)\nabla \ln\pi(A_t|S_t;\boldsymbol{\theta})]$$

  可知。
- (优势) $\Psi_t=\gamma^t[q_\pi(S_t,A_t)-v_\pi(S_t)]$，这就是在上一个形式的基础上加了个基线。
- (时序差分) $\Psi_t=\gamma^t[R_t+\gamma v_\pi(S_{t+1})-v_\pi(S_t)]$。

以上三个形式都用到了自益。对于 $\Psi_t=\gamma^t q_\pi(S_t,A_t)$，就是用 $q_\pi(S_t,A_t)$ 估计回报 G_t，用到了自益。对于 $\Psi_t=\gamma^t[q_\pi(S_t,A_t)-v_\pi(S_t)]$，就相当于在回报估计 $q_\pi(S_t,A_t)$ 的基础上减去基线 $B(s)=v_\pi(s)$ 以减小方差，所以也用到了自益。对于 $\Psi_t=\gamma^t[R_t+\gamma v_\pi(S_{t+1})-v_\pi(S_t)]$，也是用时序差分 $R_t+\gamma v_\pi(S_{t+1})$ 代表回报，再减去基线 $B(s)=v_\pi(s)$ 以减小方差，也用到了自益。

在实际学习时并不知道真实的价值，所以只能去估计价值。我们可以用函数近似的方法，用含参函数 $v(s;\boldsymbol{w})(s\in\mathcal{S})$ 或 $q(s,a;\boldsymbol{w})(s\in\mathcal{S},a\in\mathcal{A}(s))$ 来近似 v_π 和 q_π。在第7章中，带基线的简单策略梯度算法已经使用了含参函数 $v(s;\boldsymbol{w})(s\in\mathcal{S})$ 作为基线函数。我们可以在此基础上进一步引入自益的思想，用价值的估计 U_t 来代替 Ψ_t 中表示回报的部分。例如，对于时序差分，用估计来代替价值函数可以得到 $\Psi_t=\gamma^t[R_{t+1}+v(S_{t+1};\boldsymbol{w})-v(S_t;\boldsymbol{w})]$。这里的估计值 $v(\boldsymbol{w})$ 就是评论者，这样的算法就是执行者/评论者算法。

TIP **注意**：只有采用了自益的方法，即用价值估计来估计回报，并引入了偏差，才是执行者/评论者算法。用价值估计来做基线并没有带来偏差（因为基线本来就可以任意选择）。所以，带基线的简单策略梯度算法不是执行者/评论者算法。

8.2 同策执行者/评论者算法

本节我们来学习基本的同策执行者/评论者算法，包括动作价值执行者/评论者算法和优势执行者/评论者算法。另外还学习带资格迹的执行者/评论者算法。

8.2.1 动作价值执行者/评论者算法

动作价值执行者/评论者算法在更新策略参数 $\boldsymbol{\theta}$ 时试图增大 $\Psi_t\ln\pi(A_t|S_t;\boldsymbol{\theta})$，其中取 $\Psi_t=\gamma^t q(S_t,A_t;\boldsymbol{w})$，回报估计采用了动作价值估计 $q(S_t,A_t;\boldsymbol{w})$。

算法8-1给出了动作价值同策执行者/评论者算法。在迭代过程中有个变量 Γ，用来存储策略梯度表达式中的累积折扣因子 γ^t。在回合开始时累积折扣为1，然后每一步这个累积折扣因子乘上 γ，所以第 t 步就是 γ^t。

算法8-1 动作价值同策执行者/评论者算法

输入：环境（无数学描述）。

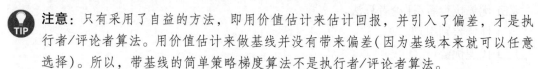

输出：最优策略估计 $\pi(\boldsymbol{\theta})$。

参数：优化器(隐含学习率 $\alpha^{(\boldsymbol{w})}$，$\alpha^{(\boldsymbol{\theta})}$)，折扣因子 γ，控制回合数和回合内步数的参数。

1 (初始化)初始化 $\boldsymbol{\theta}$ 和 $\boldsymbol{w}$。

2 (带自益的策略更新)对每个回合执行以下操作：

  2.1 (初始化累积折扣)$\Gamma \leftarrow 1$。

  2.2 (决定初始状态动作对)选择状态 S，用 $\pi(\cdot|S;\boldsymbol{\theta})$ 得到动作 A。

  2.3 如果回合未结束，执行以下操作：

    2.3.1 (采样)执行动作 A，观测得到奖励 R、新状态 S'、回合结束指示 D'。

    2.3.2 (决策)用 $\pi(\cdot|S';\boldsymbol{\theta})$ 得到动作 A'(如果 $D'=1$ 动作可任取)。

    2.3.3 (计算回报)$U \leftarrow R+\gamma q(S',A';\boldsymbol{w})(1-D')$。

    2.3.4 (更新策略参数)更新 $\boldsymbol{\theta}$ 以减小 $-\Gamma q(S,A;\boldsymbol{w})\ln\pi(A|S;\boldsymbol{\theta})$。如

$$\boldsymbol{\theta} \leftarrow \boldsymbol{\theta}+\alpha^{(\boldsymbol{\theta})}\Gamma q(S,A;\boldsymbol{w})\nabla\ln\pi(A|S;\boldsymbol{\theta})。$$

    2.3.5 (更新价值参数)更新 $\boldsymbol{w}$ 以减小 $[U-q(S,A;\boldsymbol{w})]^2$。如

$$\boldsymbol{w} \leftarrow \boldsymbol{w}+\alpha^{(\boldsymbol{w})}[U-q(S,A;\boldsymbol{w})]\nabla q(S,A;\boldsymbol{w})。$$

    2.3.6 (更新累积折扣)$\Gamma \leftarrow \gamma\Gamma$。

    2.3.7 $S \leftarrow S'$，$A \leftarrow A'$。

8.2.2 优势执行者/评论者算法

在动作价值执行者/评论者算法中 $\Psi_t=\gamma^t q(S_t,A_t;\boldsymbol{w})$ 的基础上引入基线函数 $B(S_t)=v(S_t;\boldsymbol{w})$，就会得到 $\Psi_t=\gamma^t[q(S_t,A_t;\boldsymbol{w})-v(S_t;\boldsymbol{w})]$。其中 $q(S_t,A_t;\boldsymbol{w})-v(S_t;\boldsymbol{w})$ 可以看作优势函数的估计。**优势执行者/评论者算法**据此得名。不过，如果采用 $q(S_t,A_t;\boldsymbol{w})-v(S_t;\boldsymbol{w})$ 这样的形式来估计优势函数，我们需要搭建两个函数分别表示 $q(\boldsymbol{w})$ 和 $v(\boldsymbol{w})$。为了避免这样的麻烦，常用 $U_t=R_{t+1}+\gamma v(S_{t+1};\boldsymbol{w})$ 作为目标，这样优势函数的估计就变为单步时序差分的形式 $R_{t+1}+\gamma v(S_{t+1};\boldsymbol{w})-v(S_t;\boldsymbol{w})$。算法 8-2 给出了优势执行者/评论者算法。

算法 8-2 优势执行者/评论者算法

输入：环境(无数学描述)。

输出：最优策略估计 $\pi(\boldsymbol{\theta})$。

参数：优化器(隐含学习率 $\alpha^{(\boldsymbol{\theta})}$，$\alpha^{(\boldsymbol{w})}$)，折扣因子 γ，控制回合数和回合内步数的参数。

1 (初始化)初始化 $\boldsymbol{\theta}$ 和 $\boldsymbol{w}$。

2 (带自益的策略更新)对每个回合执行以下操作：

  2.1 (初始化累积折扣)$\Gamma \leftarrow 1$。

  2.2 (决定初始状态)选择状态 S。

  2.3 如果回合未结束，执行以下操作：

    2.3.1 (采样)用 $\pi(\cdot|S;\boldsymbol{\theta})$ 得到动作 A。

    2.3.2 (执行)执行动作 A，观测得到奖励 R、新状态 S'、回合结束指示 D'。

    2.3.3 (估计回报)$U \leftarrow R+\gamma v(S';\boldsymbol{w})(1-D')$。

2.3.4 （更新策略参数）更新 $\boldsymbol{\theta}$ 以减小 $-\Gamma[U-v(S;\boldsymbol{w})]\ln\pi(A|S;\boldsymbol{\theta})$。如

$$\boldsymbol{\theta} \leftarrow \boldsymbol{\theta} + \alpha^{(\boldsymbol{\theta})}\Gamma[U-v(S;\boldsymbol{w})]\nabla\ln\pi(A|S;\boldsymbol{\theta})。$$

2.3.5 （更新价值参数）更新 $\boldsymbol{w}$ 以减小 $[U-v(S;\boldsymbol{w})]^2$。如

$$\boldsymbol{w} \leftarrow \boldsymbol{w} + \alpha^{(\boldsymbol{w})}[U-v(S;\boldsymbol{w})]\nabla v(S;\boldsymbol{w})。$$

2.3.6 （更新累积折扣）$\Gamma \leftarrow \gamma\Gamma$。

2.3.7 $S \leftarrow S'$。

在历史上有一个著名的算法叫作**异步优势执行者/评论者算法**(Asynchronous Advantage Actor-Critic，A3C)，它是优势执行者/评论者算法的分布式版本。算法 8-3 展示了这个算法大致思路。异步优势执行者/评论者算法可以有多个线程，所以除了有全局的价值参数 $\boldsymbol{w}$ 和策略参数 $\boldsymbol{\theta}$ 外，每个线程还自己维护价值参数 $\boldsymbol{w}'$ 和策略参数 $\boldsymbol{\theta}'$。每个线程学习时，先从全局同步参数，然后再自己先学习，最后统一同步全局参数。异步优势执行者/评论者算法中的自益部分，不仅可以采用单步时序差分，也可以使用多步时序差分。

算法 8-3　异步优势执行者/评论者算法(单步时序差分版本，演示某个线程的行为)

输入：环境(无数学描述)。

输出：最优策略估计 $\pi(\boldsymbol{\theta})$。

参数：优化器(隐含学习率 $\alpha^{(\boldsymbol{\theta})}$，$\alpha^{(\boldsymbol{w})}$)，折扣因子 γ，控制回合数和回合内步数的参数。

1 （同步全局参数）$\boldsymbol{\theta}' \leftarrow \boldsymbol{\theta}$，$\boldsymbol{w}' \leftarrow \boldsymbol{w}$。

2 逐回合执行以下过程：

2.1 用策略 $\pi(\boldsymbol{\theta}')$ 生成轨迹 $S_0,A_0,R_1,S_1,A_1,R_2,\cdots,S_{T-1},A_{T-1},R_T,S_T$，直到回合结束或执行步数达到上限 T。

2.2 为梯度计算初始化：

2.2.1 （初始化时序差分目标）若 S_T 是终止状态，则 $U \leftarrow 0$；否则 $U \leftarrow v(S_T;\boldsymbol{w}')$。

2.2.2 （初始化梯度）$\boldsymbol{g}^{(\boldsymbol{\theta})} \leftarrow \boldsymbol{0}$，$\boldsymbol{g}^{(\boldsymbol{w})} \leftarrow \boldsymbol{0}$。

2.3 （异步计算梯度）对 $t=T-1,T-2,\cdots,0$，执行以下内容：

2.3.1 （计算时序差分目标）计算 $U \leftarrow \gamma U + R_{t+1}$。

2.3.2 （更新策略梯度）$\boldsymbol{g}^{(\boldsymbol{\theta})} \leftarrow \boldsymbol{g}^{(\boldsymbol{\theta})} + \gamma^t[U-v(S_t;\boldsymbol{w}')]\nabla\ln\pi(A_t|S_t;\boldsymbol{\theta}')$。

2.3.3 （更新价值梯度）$\boldsymbol{g}^{(\boldsymbol{w})} \leftarrow \boldsymbol{g}^{(\boldsymbol{w})} + [U-v(S_t;\boldsymbol{w}')]\nabla v(S_t;\boldsymbol{w}')$。

3 更新全局参数：

3.1 （更新全局策略参数）用梯度方向 $\boldsymbol{g}^{(\boldsymbol{\theta})}$ 更新策略参数 $\boldsymbol{\theta}$(如 $\boldsymbol{\theta} \leftarrow \boldsymbol{\theta} + \alpha^{(\boldsymbol{\theta})}\boldsymbol{g}^{(\boldsymbol{\theta})}$)。

3.2 （更新全局价值参数）用梯度方向 $\boldsymbol{g}^{(\boldsymbol{w})}$ 更新价值参数 $\boldsymbol{w}$(如 $\boldsymbol{w} \leftarrow \boldsymbol{w} + \alpha^{(\boldsymbol{w})}\boldsymbol{g}^{(\boldsymbol{w})}$)。

8.2.3 带资格迹的执行者/评论者算法

执行者/评论者算法使用了自益，那么它也自然就可以使用资格迹。算法 8-4 给出了**带资格迹的优势执行者/评论者算法**。这个算法里有两个资格迹 $z^{(\boldsymbol{\theta})}$ 和 $z^{(\boldsymbol{w})}$，它们分别与策略参数 $\boldsymbol{\theta}$ 和价值参数 $\boldsymbol{w}$ 对应，并可以分别有自己的资格迹参数。具体而言，资格迹

$z^{(\boldsymbol{\theta})}$ 与策略参数 $\boldsymbol{\theta}$ 对应，运用梯度为 $\nabla\ln\pi(A \mid S;\boldsymbol{\theta})$、衰减参数为 $\lambda^{(\boldsymbol{\theta})}$ 的累积迹，在运用中可以将折扣 γ^t 整合到资格迹中；资格迹 $z^{(\boldsymbol{w})}$ 与价值参数 $\boldsymbol{w}$ 对应，运用梯度为 $\nabla v(S;\boldsymbol{w})$、衰减参数为 $\lambda^{(\boldsymbol{w})}$ 的累积迹。

算法 8-4　带资格迹的优势执行者/评论者算法

输入：环境(无数学描述)。

输出：最优策略估计 $\pi(\boldsymbol{\theta})$。

参数：资格迹参数 $\lambda^{(\boldsymbol{\theta})}$，$\lambda^{(\boldsymbol{w})}$，学习率 $\alpha^{(\boldsymbol{\theta})}$，$\alpha^{(\boldsymbol{w})}$，折扣因子 γ，控制回合数和回合内步数的参数。

1 (初始化)初始化 $\boldsymbol{\theta}$ 和 $\boldsymbol{w}$。
2 (带自益的策略更新)对每个回合执行以下操作：
  2.1 (初始化累积折扣)$\Gamma \leftarrow 1$。
  2.2 (决定初始状态)选择状态 S。
  2.3 (初始化资格迹)$z^{(\boldsymbol{\theta})} \leftarrow \mathbf{0}$，$z^{(\boldsymbol{w})} \leftarrow \mathbf{0}$。
  2.4 如果回合未结束，执行以下操作：
    2.4.1 (决策)用 $\pi(\cdot \mid S;\boldsymbol{\theta})$ 得到动作 A。
    2.4.2 (采样)执行动作 A，观测得到奖励 R、新状态 S'、回合结束指示 D'。
    2.4.3 (计算时序差分回报)$U \leftarrow R + \gamma v(S';\boldsymbol{w})(1-D')$。
    2.4.4 (更新策略资格迹)$z^{(\boldsymbol{\theta})} \leftarrow \gamma\lambda^{(\boldsymbol{\theta})} z^{(\boldsymbol{\theta})} + \Gamma \nabla\ln\pi(A \mid S;\boldsymbol{\theta})$。
    2.4.5 (更新策略参数)$\boldsymbol{\theta} \leftarrow \boldsymbol{\theta} + \alpha^{(\boldsymbol{\theta})}[U - v(S;\boldsymbol{w})]z^{(\boldsymbol{\theta})}$。
    2.4.6 (更新价值资格迹)$z^{(\boldsymbol{w})} \leftarrow \gamma\lambda^{(\boldsymbol{w})} z^{(\boldsymbol{w})} + \nabla v(S;\boldsymbol{w})$。
    2.4.7 (更新价值参数)$\boldsymbol{w} \leftarrow \boldsymbol{w} + \alpha^{(\boldsymbol{w})}[U - v(S;\boldsymbol{w})]z^{(\boldsymbol{w})}$。
    2.4.8 (更新累积折扣)$\Gamma \leftarrow \gamma\Gamma$。
    2.4.9 (更新状态)$S \leftarrow S'$。

8.3 基于代理优势的同策算法

本节介绍基于代理优势的执行者/评论者算法。这些算法在迭代的过程中并没有直接优化期望目标，而是试图优化代理优势，以期获得更好的性能。

8.3.1 性能差别引理

性能差别引理用优势函数表示了两个策略的回报期望之差，是本节算法的基础。

性能差别引理(performance difference lemma)的内容是：在同一环境上两个策略 π' 和 π'' 的回报期望之差可以表示为

$$g_{\pi'} - g_{\pi''} = \mathrm{E}_{\pi'}\left[\sum_{t=0}^{+\infty} \gamma^t a_{\pi''}(S_t, A_t)\right]。$$

使用带折扣的期望，性能差别引理还可以表示为

$$g_{\pi'} - g_{\pi''} = \mathrm{E}_{(S,A)\sim\rho_{\pi'}}[a_{\pi''}(S,A)]。$$

（证明：

$$\begin{aligned}
&\mathrm{E}_{\pi'}\left[\sum_{t=0}^{+\infty}\gamma^t a_{\pi''}(S_t,A_t)\right]\\
&=\mathrm{E}_{\pi'}\left[\sum_{t=0}^{+\infty}\gamma^t\left(R_{t+1}+\gamma v_{\pi''}(S_{t+1})-v_{\pi''}(S_t)\right)\right]\\
&=\mathrm{E}_{\pi'}\left[-v_{\pi''}(S_0)+\sum_{t=0}^{+\infty}\gamma^t R_{t+1}\right]\\
&=-\mathrm{E}_{S_0}\left[v_{\pi''}(S_0)\right]+\mathrm{E}_{\pi'}\left[\sum_{t=0}^{+\infty}\gamma^t R_{t+1}\right]\\
&=-g_{\pi''}+g_{\pi'}。
\end{aligned}$$

得证。）

性能差别引理的意义在于，它在策略梯度定理以外给出了一种更新策略参数的方法。如果我们把 π''看作某次迭代前得到的策略估计，而且我们希望通过迭代得到新的策略 π'，使得新的策略的回报期望 $g_{\pi'}$尽可能大，那么在迭代时，可以通过最大化优势的期望 $\mathrm{E}_{(S,A)\sim\rho_{\pi'}}[a_{\pi''}(S,A)]$来最大化 $g_{\pi'}$。后续会介绍具体的做法。

8.3.2 代理优势

性能差别引理告诉我们，要通过迭代的方法最大化回报期望，可以在每次迭代时最大化优势的期望。对于用含参函数表示的策略，不妨记第 k 次迭代前的旧策略为 $\pi(\boldsymbol{\theta}_k)$，其中 $\boldsymbol{\theta}_k$ 是旧参数。可以通过最大化 $\mathrm{E}_{(S,A)\sim\rho_{\pi(\boldsymbol{\theta})}}[a_{\pi(\boldsymbol{\theta}_k)}(S,A)]$来找到一个新的策略$\pi(\boldsymbol{\theta})$。但是，期望 $\mathrm{E}_{(S,A)\sim\rho_{\pi(\boldsymbol{\theta})}}[a_{\pi(\boldsymbol{\theta}_k)}(S,A)]$是针对 $\rho_{\pi(\boldsymbol{\theta})}$ 而言的，实际上并没有可操作性。最具有可操作性的是用旧策略 $\pi(\boldsymbol{\theta}_k)$来生成轨迹。我们能不能把针对 $\rho_{\pi(\boldsymbol{\theta})}$ 的期望转化为针对 $\pi(\boldsymbol{\theta}_k)$的期望呢？

我们可以先使用重要性采样解决动作的问题。因为 $\rho_{\pi(\boldsymbol{\theta})}(S,A)=\rho_{\pi(\boldsymbol{\theta})}(S)\pi(A\mid S;\boldsymbol{\theta})$ 且 $\Pr_{\pi(\boldsymbol{\theta}_k)}[S_t=s,A_t=a]=\Pr_{\pi(\boldsymbol{\theta}_k)}[S_t=s]\pi(a\mid s;\boldsymbol{\theta})$，把动作分布从 $\rho_{\pi(\boldsymbol{\theta})}$ 修改为 $\pi(\boldsymbol{\theta}_k)$的重要性采样因子为$\dfrac{\pi(A\mid S;\boldsymbol{\theta})}{\pi(A\mid S;\boldsymbol{\theta}_k)}$。所以

$$\mathrm{E}_{(S,A)\sim\rho_{\pi(\boldsymbol{\theta})}}[a_{\pi(\boldsymbol{\theta}_k)}(S,A)]=\mathrm{E}_{S\sim\rho_{\pi(\boldsymbol{\theta})},A\sim\pi(\cdot\mid S;\boldsymbol{\theta}_k)}\left[\frac{\pi(A\mid S;\boldsymbol{\theta})}{\pi(A\mid S;\boldsymbol{\theta}_k)}a_{\pi(\boldsymbol{\theta}_k)}(S,A)\right]。$$

但是，对 $S\sim\rho_{\pi(\boldsymbol{\theta})}$ 求期望无法进一步转化。

在求解某些优化问题时，直接优化原来的目标可能会比较困难。为此，可能考虑迭代优化另外一种含参目标，并且在每次优化中对目标进行相应调整。额外的新目标可称为代理目标。

MM 算法就是一个使用代理目标的例子。

知识卡片：优化

MM 算法

MM 算法是 Majorize-Minimize 算法或 Minorize-Maximize 算法的简称。它是一种利用代理目标进行优化的优化算法。

Minorize-Maximize 算法的主要内容是：考虑通过调节变量 $\boldsymbol{\theta}$ 来最大化 $f(\boldsymbol{\theta})$。Minorize-Maximize 算法首先给出代理函数 $l(\boldsymbol{\theta}\mid\boldsymbol{\theta}_k)$，这个函数需要满足

$$l(\boldsymbol{\theta}\mid\boldsymbol{\theta}_k)\leqslant f(\boldsymbol{\theta})\text{，对所有的 }\boldsymbol{\theta}\text{，}$$
$$l(\boldsymbol{\theta}_k\mid\boldsymbol{\theta}_k)=f(\boldsymbol{\theta}_k)\text{。}$$

然后试图最大化 $l(\boldsymbol{\theta}\mid\boldsymbol{\theta}_k)$（而不是直接最大化 $f(\boldsymbol{\theta})$）。$l(\boldsymbol{\theta}\mid\boldsymbol{\theta}_k)$ 被称为代理目标（见图 8-1）。

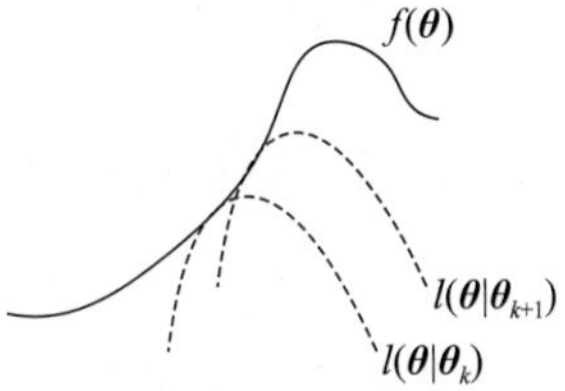

图 8-1　MM 算法示意

注：图片来自于网络。

上升属性（ascent property）：如果 $g(\boldsymbol{\theta}_{k+1}\mid\boldsymbol{\theta}_k)\geqslant g(\boldsymbol{\theta}_k\mid\boldsymbol{\theta}_k)$，则 $f(\boldsymbol{\theta}_{k+1})\geqslant f(\boldsymbol{\theta}_k)$。（证明：$f(\boldsymbol{\theta}_{k+1})\geqslant g(\boldsymbol{\theta}_{k+1}\mid\boldsymbol{\theta}_k)\geqslant g(\boldsymbol{\theta}_k\mid\boldsymbol{\theta}_k)=f(\boldsymbol{\theta}_k)$。）这个属性证明了 MM 算法可以成功完成优化任务。

代理优势（surrogate advantage）就是在对动作利用了重要性采样的基础上，将对 $S\sim\rho_{\pi(\boldsymbol{\theta})}$ 求期望近似为对 $S_t\sim\pi(\boldsymbol{\theta}_k)$ 求期望：

$$\mathrm{E}_{(S,A)\sim\rho_{\pi(\boldsymbol{\theta})}}\left[a_{\pi(\boldsymbol{\theta}_k)}(S,A)\right]\approx\mathrm{E}_{S_t,A_t\sim\pi(\boldsymbol{\theta}_k)}\left[\frac{\pi(A_t\mid S_t;\boldsymbol{\theta})}{\pi(A_t\mid S_t;\boldsymbol{\theta}_k)}a_{\pi(\boldsymbol{\theta}_k)}(S_t,A_t)\right],$$

这样得到了 $g_{\pi(\boldsymbol{\theta})}$ 的近似表达式 $l(\boldsymbol{\theta}\mid\boldsymbol{\theta}_k)$，其中

$$l(\boldsymbol{\theta}\mid\boldsymbol{\theta}_k)=g_{\pi(\boldsymbol{\theta}_k)}+\mathrm{E}_{S_t,A_t\sim\pi(\boldsymbol{\theta}_k)}\left[\sum_{t=0}^{+\infty}\frac{\pi(A_t\mid S_t;\boldsymbol{\theta})}{\pi(A_t\mid S_t;\boldsymbol{\theta}_k)}a_{\pi(\boldsymbol{\theta}_k)}(S_t,A_t)\right]\text{。}$$

利用性能差别引理可以知道，$g_{\pi(\boldsymbol{\theta})}$ 和 $l(\boldsymbol{\theta}\mid\boldsymbol{\theta}_k)$ 在 $\boldsymbol{\theta}=\boldsymbol{\theta}_k$ 处有相同的值（均为 $g_{\pi(\boldsymbol{\theta}_k)}$）和梯度。这样，我们就把 $g_{\pi(\boldsymbol{\theta})}$ 近似为了关于旧策略 $\pi(\boldsymbol{\theta}_k)$ 的期望。

由于 $g_{\pi(\boldsymbol{\theta})}$ 和 $l(\boldsymbol{\theta}\mid\boldsymbol{\theta}_k)$ 在 $\boldsymbol{\theta}=\boldsymbol{\theta}_k$ 处有着相同的值和梯度方向，所以沿着

$$\mathrm{E}_{S_t,A_t\sim\pi(\boldsymbol{\theta}_k)}\left[\sum_{t=0}^{+\infty}\frac{\pi(A_t\mid S_t;\boldsymbol{\theta})}{\pi(A_t\mid S_t;\boldsymbol{\theta}_k)}a_{\pi(\boldsymbol{\theta}_k)}(S_t,A_t)\right]$$

的梯度方向更新策略参数 $\boldsymbol{\theta}$，就有机会改进 $g_{\pi(\boldsymbol{\theta})}$。这就是基于代理优势的执行者/评论者算法的原理。

8.3.3　邻近策略优化

我们已经知道代理优势与真实的目标相比，在 $\boldsymbol{\theta}=\boldsymbol{\theta}_k$ 处有相同的值和梯度。但是，如

果 $\boldsymbol{\theta}$ 和 $\boldsymbol{\theta}_k$ 差别较远，则近似就不再成立。所以针对代理优势的优化不能离原有的策略太远。基于这一思想，**邻近策略优化**(Proximal Policy Optimization，PPO)算法将优化目标设计为

$$\mathrm{E}_{\pi(\boldsymbol{\theta}_k)}\left[\min\left(\frac{\pi(A_t|S_t;\boldsymbol{\theta})}{\pi(A_t|S_t;\boldsymbol{\theta}_k)}a_{\pi(\boldsymbol{\theta}_k)}(S_t,A_t),a_{\pi(\boldsymbol{\theta}_k)}(S_t,A_t)+\varepsilon|a_{\pi(\boldsymbol{\theta}_k)}(S_t,A_t)|\right)\right]。$$

其中 $\varepsilon\in(0,1)$ 是指定的参数。采用这样的优化目标后，优化目标至多比 $a_{\pi(\boldsymbol{\theta}_k)}(S_t,A_t)$ 大 $\varepsilon|a_{\pi(\boldsymbol{\theta}_k)}(S_t,A_t)|$，所以优化问题就没有动力让代理优势 $\frac{\pi(A_t|S_t;\boldsymbol{\theta})}{\pi(A_t|S_t;\boldsymbol{\theta}_k)}a_{\pi(\boldsymbol{\theta}_k)}(S_t,A_t)$ 变得非常大，可以避免迭代后的策略与迭代前的策略差距过大。这样的目标对 $\frac{\pi(A_t|S_t;\boldsymbol{\theta})}{\pi(A_t|S_t;\boldsymbol{\theta}_k)}a_{\pi(\boldsymbol{\theta}_k)}(S_t,A_t)$ 进行了截断，所以这种算法又被称为截断邻近策略优化算法(clipped PPO)。

算法 8-5 给出了截断邻近策略优化算法的简化版本。算法 8-6 给出了截断邻近策略优化算法。

算法 8-5　截断邻近策略优化算法(简化版本)

输入：环境(无数学描述)。

输出：最优策略估计 $\pi(\boldsymbol{\theta})$。

参数：策略更新时目标的限制参数 $\varepsilon(\varepsilon>0)$，优化器，折扣因子 γ，控制回合数和回合内步数的参数。

1 (初始化)初始化 $\boldsymbol{\theta}$ 和 $\boldsymbol{w}$。

2 (时序差分更新)对每个回合执行以下操作：

2.1 (决策和采样)用策略 $\pi(\boldsymbol{\theta})$ 生成轨迹。

2.2 (计算旧优势)利用已生成的轨迹和价值估计 $v(\boldsymbol{w})$ 来估计优势 a。如

$$a(S_t,A_t)\leftarrow\sum_{\tau=t}^{T-1}(\gamma\lambda)^{\tau-t}\left[U_{\tau:\tau+1}^{(v)}-v(S_\tau;\boldsymbol{w})\right]。$$

2.3 (更新策略参数)更新 $\boldsymbol{\theta}$ 以增大 $\min\left(\frac{\pi(A_t|S_t;\boldsymbol{\theta})}{\pi(A_t|S_t;\boldsymbol{\theta}_k)}a(S_t,A_t),a(S_t,A_t)+\varepsilon|a(S_t,A_t)|\right)$。

2.4 (更新价值参数)更新 $\boldsymbol{w}$ 以减小价值估计的误差(如最小化 $[G_t-v(S_t;\boldsymbol{w})]^2$)。

在实际应用中，常常加入经验回放。具体的方法是，每次采样得到轨迹后，为轨迹中的每一步计算概率 $\pi(A_t|S_t;\boldsymbol{\theta})$、优势估计 $a(S_t,A_t;\boldsymbol{w})$ 和时序差分目标 U_t，并以 $(S_t,A_t,\pi(A_t|S_t;\boldsymbol{\theta}),a(S_t,A_t;\boldsymbol{w}),G_t)$ 的形式存储在经验库 $\mathcal{D}$ 中。$\pi(A_t|S_t;\boldsymbol{\theta})$ 也可以以 $\ln\pi(A_t|S_t;\boldsymbol{\theta})$ 的形式存储。在回放时，从经验库 $\mathcal{D}$ 中抽取一批经验 $\mathcal{B}$，并利用这批回放的经验并学习，其中 $S_t,A_t,\pi(A_t|S_t;\boldsymbol{\theta}),a(S_t,A_t;\boldsymbol{w})$ 用来学习策略参数，S_t 和 G_t 用来学习状态价值参数。可以重复回放操作多次以重复利用样本。当策略参数更新后，清空存储。

值得一提的是，邻近策略优化算法在学习过程中使用的经验只能是当前策略产生的经验，所以它是同策算法。在每次更新策略参数后，之前的经验都不能再使用了。所以需要清空存储经验的存储。

算法 8-6 截断邻近策略优化算法(带同策经验回放)

输入：环境(无数学描述)。
输出：最优策略估计 $\pi(\boldsymbol{\theta})$。
参数：策略更新时目标的限制参数 $\varepsilon(\varepsilon>0)$，优化器，折扣因子 γ，控制回合数和回合内步数的参数。

1 (初始化)初始化 $\boldsymbol{\theta}$ 和 $\boldsymbol{w}$。
2 循环执行以下内容：
  2.1 (初始化经验库)$\mathcal{D} \leftarrow \varnothing$。
  2.2 (积累经验)执行一个或多个回合：
    2.2.1 (决策和采样)用策略 $\pi(\boldsymbol{\theta})$ 生成轨迹。
    2.2.2 (计算旧优势)利用已生成的轨迹和价值估计 $v(\boldsymbol{w})$ 来估计优势 a。如

$$a(S_t, A_t) \leftarrow \sum_{\tau=t}^{T-1} (\gamma\lambda)^{\tau-t}\left[U_{\tau:\tau+1}^{(v)} - v(S_\tau;\boldsymbol{w})\right]。$$

    2.2.3 (存储)将经验以 $(S_t, A_t, \pi(A_t|S_t;\boldsymbol{\theta}), a(S_t, A_t;\boldsymbol{w}), G_t)$ 等形式存储在经验库 $\mathcal{D}$ 里。
  2.3 (使用经验)执行一次或多次以下操作：
    2.3.1 (回放)从存储空间 $\mathcal{D}$ 采样出一批经验 $\mathcal{B}$，每条经验的形式为 $(S_i, A_i, \Pi_i, A_i, G_i)$。
    2.3.2 (更新策略参数)更新 $\boldsymbol{\theta}$ 以增大 $\min\left(\dfrac{\pi(A_i|S_i;\boldsymbol{\theta})}{\Pi_i}A_i,\ A_i+\varepsilon|A_i|\right)$。
    2.3.3 (更新价值参数)更新 $\boldsymbol{w}$ 以减小价值估计的误差(如最小化 $[G_i - v(S_i;\boldsymbol{w})]^2$)。

8.4 自然梯度和信赖域算法

将用于优化问题中的信赖域方法和前一节介绍的代理优势方法结合，可以得到自然策略梯度算法和信赖域策略优化算法。本节将介绍信赖域的定义(包括用来定义信赖域的 KL 散度的定义)，在介绍如何利用信赖域实现这些算法。

知识卡片：优化

信赖域方法

信赖域方法(Trust Region Method，TRM)是一种解决有约束优化问题的方法。

考虑如下有约束优化问题：

$$\begin{aligned} \underset{\boldsymbol{\theta}}{\text{maximize}} \quad & f(\boldsymbol{\theta}) \\ \text{s.t.} \quad & \boldsymbol{\theta}\text{ 满足约束。} \end{aligned}$$

其中 $f(\boldsymbol{\theta})$ 是定义在 $\mathbb{R}^n$ 上的二维连续可微函数。信赖域方法试图用迭代的方法求解这个问题。假设在第 k 次迭代前，自变量的取值为 $\boldsymbol{\theta}_k$，可以定义当前点的一个邻域 $\mathcal{U}_k = \{\boldsymbol{\theta}\in\mathbb{R}^n:\ \|\boldsymbol{\theta}-\boldsymbol{\theta}_k\| < \delta_k^{(\text{信赖})}\}$，其中 $\|\cdot\|$ 是某种范数，$\delta_k^{(\text{信赖})}$ 是信赖域的半径，需要巧妙选取。我们把 $\mathcal{U}_k$ 称为**信赖域**(trust region)。在信赖域 $\mathcal{U}_k$ 中，我们认为目标函数 $f(\boldsymbol{\theta})$ 可以近似为二次函数，形式为

$$f(\boldsymbol{\theta}) \approx f(\boldsymbol{\theta}_k) + \boldsymbol{g}(\boldsymbol{\theta}_k) \cdot (\boldsymbol{\theta} - \boldsymbol{\theta}_k) + \frac{1}{2}(\boldsymbol{\theta} - \boldsymbol{\theta}_k)^{\mathrm{T}}\boldsymbol{F}(\boldsymbol{\theta}_k)(\boldsymbol{\theta} - \boldsymbol{\theta}_k)。$$

其中 $\boldsymbol{g}(\boldsymbol{\theta}) = \nabla f(\boldsymbol{\theta})$，$\boldsymbol{F}(\boldsymbol{\theta}) = \nabla^2 f(\boldsymbol{\theta})$。这样，我们就得到了下列信赖域子问题：

$$\begin{aligned} \underset{\boldsymbol{\theta}}{\text{maximize}} \quad & f(\boldsymbol{\theta}_k) + \boldsymbol{g}(\boldsymbol{\theta}_k) \cdot (\boldsymbol{\theta} - \boldsymbol{\theta}_k) + \frac{1}{2}(\boldsymbol{\theta} - \boldsymbol{\theta}_k)^{\mathrm{T}}F(\boldsymbol{\theta}_k)(\boldsymbol{\theta} - \boldsymbol{\theta}_k) \\ \text{s.t.} \quad & \|\boldsymbol{\theta} - \boldsymbol{\theta}_k\| \leqslant \delta_k^{(\text{信赖})}。 \end{aligned}$$

8.4.1 KL 散度与 Fisher 信息矩阵

本节学习 KL 散度的定义和性质。后续的几个算法需要用到 KL 散度的定义和性质。

知识卡片：信息论

KL 散度

在介绍重要性采样时，我们知道，如果两个分布 $p(x)(x \in \mathcal{X})$ 和 $q(x)(x \in \mathcal{X})$，满足对于任意的 $p(x) > 0$，均有 $q(x) > 0$，则称分布 p 对分布 q 绝对连续，记为 $p \ll q$。在这种情况下，我们可以定义从分布 q 到分布 p 的 **KL 散度**(Kullback-Leibler divergence)：

$$d_{\mathrm{KL}}(p \| q) = \mathrm{E}_{X \sim p}\left[\ln \frac{p(X)}{q(X)}\right]。$$

当且仅当分布 p 和分布 q 几乎处处相同时，分布 q 到分布 p 的 KL 散度为 0。

本节会用到含参分布 $p(\boldsymbol{\theta}_k)$ 和 $p(\boldsymbol{\theta})$ 之间的 KL 散度 $d_{\mathrm{KL}}(p(\boldsymbol{\theta}_k) \| p(\boldsymbol{\theta}))$ 在 $\boldsymbol{\theta} = \boldsymbol{\theta}_k$ 处的二阶近似。这个二阶近似和 Fisher 信息矩阵有关。我们先来看 Fisher 信息矩阵的定义。

知识卡片：信息几何

Fisher 信息矩阵

考虑含参分布 $p(x;\boldsymbol{\theta})$ $(x \in \mathcal{X})$，其中 $\boldsymbol{\theta}$ 是参数。评分向量 $\nabla \ln p(X;\boldsymbol{\theta})$ 是对数似然函数 $\ln p(X;\boldsymbol{\theta})$ 关于分布参数 $\boldsymbol{\theta}$ 的梯度。我们可以证明评分向量的期望为 $\mathbf{0}$。

(证明：$\mathrm{E}_{X \sim p(\boldsymbol{\theta})}[\nabla \ln p(X;\boldsymbol{\theta})] = \sum_x p(x;\boldsymbol{\theta}) \nabla \ln p(X;\boldsymbol{\theta}) = \sum_x \nabla p(X;\boldsymbol{\theta}) = \nabla \sum_x p(X;\boldsymbol{\theta}) = \nabla 1 = \mathbf{0}$。)

于是，$\nabla \ln p(X;\boldsymbol{\theta})$ 的协方差矩阵可以表示为

$$\boldsymbol{F} = \mathrm{E}_{X \sim p(\boldsymbol{\theta})}\left[[\nabla \ln p(X;\boldsymbol{\theta})][\nabla \ln p(X;\boldsymbol{\theta})]^{\mathrm{T}}\right]。$$

矩阵 $\boldsymbol{F}$ 称为 **Fisher 信息矩阵**(Fisher Information Matrix, FIM)。

Fisher 信息矩阵有下列性质：对数似然函数 Hessian 矩阵的负期望就是 Fisher 信息矩阵，即

$$\boldsymbol{F}=-\mathrm{E}_X[\nabla^2\ln p(X;\boldsymbol{\theta})]。$$

（证明：考虑下列等式的期望：

$$\begin{aligned}&\nabla^2\ln p(X;\boldsymbol{\theta})\\&=\nabla\left(\frac{\nabla p(X;\boldsymbol{\theta})}{p(X;\boldsymbol{\theta})}\right)\\&=\frac{[\nabla^2 p(X;\boldsymbol{\theta})]p(X;\boldsymbol{\theta})-[\nabla p(X;\boldsymbol{\theta})][\nabla p(X;\boldsymbol{\theta})]^{\mathrm{T}}}{p(X;\boldsymbol{\theta})p(X;\boldsymbol{\theta})}\\&=\frac{\nabla^2 p(X;\boldsymbol{\theta})}{p(X;\boldsymbol{\theta})}-[\nabla\ln p(X;\boldsymbol{\theta})][\nabla\ln p(X;\boldsymbol{\theta})]^{\mathrm{T}}。\end{aligned}$$

然后将

$$\mathrm{E}_X\left[\frac{\nabla^2 p(X;\boldsymbol{\theta})}{p(X;\boldsymbol{\theta})}\right]=\sum_x p(x;\boldsymbol{\theta})\frac{\nabla^2 p(x;\boldsymbol{\theta})}{p(x;\boldsymbol{\theta})}=\sum_x\nabla^2 p(x;\boldsymbol{\theta})=\nabla^2\sum_x p(x;\boldsymbol{\theta})=\nabla^2 1=\boldsymbol{O}$$

代入期望满足的等式即完成证明。）

知识卡片：信息几何

KL 散度的二阶近似

$d_{\mathrm{KL}}(p(\boldsymbol{\theta}_k)\,\|\,p(\boldsymbol{\theta}))$在$\boldsymbol{\theta}=\boldsymbol{\theta}_k$处的二阶近似为

$$d_{\mathrm{KL}}(p(\boldsymbol{\theta}_k)\,\|\,p(\boldsymbol{\theta}))\approx\frac{1}{2}(\boldsymbol{\theta}-\boldsymbol{\theta}_k)^{\mathrm{T}}\boldsymbol{F}(\boldsymbol{\theta}_k)(\boldsymbol{\theta}-\boldsymbol{\theta}_k)。$$

其中$\boldsymbol{F}(\boldsymbol{\theta}_k)=\mathrm{E}_{X\sim p(\boldsymbol{\theta}_k)}[[\nabla\ln p(X;\boldsymbol{\theta}_k)][\nabla\ln p(X;\boldsymbol{\theta}_k)]^{\mathrm{T}}]$是 Fisher 矩阵。

（证明：为了计算$d_{\mathrm{KL}}(p(\boldsymbol{\theta}_k)\,\|\,p(\boldsymbol{\theta}))$在$\boldsymbol{\theta}=\boldsymbol{\theta}_k$处的二阶近似，我们需要计算$d_{\mathrm{KL}}(p(\boldsymbol{\theta}_k)\,\|\,p(\boldsymbol{\theta}))$、$\nabla d_{\mathrm{KL}}(p(\boldsymbol{\theta}_k)\,\|\,p(\boldsymbol{\theta}))$、$\nabla^2 d_{\mathrm{KL}}(p(\boldsymbol{\theta}_k)\,\|\,p(\boldsymbol{\theta}))$在$\boldsymbol{\theta}=\boldsymbol{\theta}_k$处的值。计算过程如下：

- $d_{\mathrm{KL}}(p(\boldsymbol{\theta}_k)\,\|\,p(\boldsymbol{\theta}))$在$\boldsymbol{\theta}=\boldsymbol{\theta}_k$处的值：

$$[d_{\mathrm{KL}}(p(\boldsymbol{\theta}_k)\,\|\,p(\boldsymbol{\theta}))]_{\boldsymbol{\theta}=\boldsymbol{\theta}_k}=\mathrm{E}_{p(\boldsymbol{\theta}_k)}[\ln p(\boldsymbol{\theta}_k)-\ln p(\boldsymbol{\theta}_k)]=0。$$

- $\nabla d_{\mathrm{KL}}(p(\boldsymbol{\theta}_k)\,\|\,p(\boldsymbol{\theta}))$在$\boldsymbol{\theta}=\boldsymbol{\theta}_k$处的值：由于

$$d_{\mathrm{KL}}(p(\boldsymbol{\theta}_k)\,\|\,p(\boldsymbol{\theta}))=\mathrm{E}_{X\sim p(\boldsymbol{\theta}_k)}[\ln p(X;\boldsymbol{\theta}_k)-\ln p(X;\boldsymbol{\theta})],$$

所以

$$\begin{aligned}&\nabla d_{\mathrm{KL}}(p(\boldsymbol{\theta}_k)\,\|\,p(\boldsymbol{\theta}))\\&=\mathrm{E}_{X\sim p(\boldsymbol{\theta}_k)}[-\nabla\ln p(X;\boldsymbol{\theta})]\\&=\mathrm{E}_{X\sim p(\boldsymbol{\theta}_k)}\left[-\frac{\nabla p(X;\boldsymbol{\theta})}{p(X;\boldsymbol{\theta})}\right]\\&=-\sum_x p(x;\boldsymbol{\theta}_k)\frac{\nabla p(x;\boldsymbol{\theta})}{p(x;\boldsymbol{\theta})}。\end{aligned}$$

进而

$[\nabla d_{\mathrm{KL}}(p(\boldsymbol{\theta}_k) \| p(\boldsymbol{\theta}))]_{\boldsymbol{\theta}=\boldsymbol{\theta}_k} = -\sum_{\mathsf{x}} p(\mathsf{x};\boldsymbol{\theta}_k) \dfrac{\nabla p(\mathsf{x};\boldsymbol{\theta}_k)}{p(\mathsf{x};\boldsymbol{\theta}_k)} = -\nabla \sum_{\mathsf{x}} p(\mathsf{x};\boldsymbol{\theta}_k) = -\nabla 1 = \mathbf{0}$。

- $\nabla^2 d_{\mathrm{KL}}(p(\boldsymbol{\theta}_k) \| p(\boldsymbol{\theta}))$ 在 $\boldsymbol{\theta}=\boldsymbol{\theta}_k$ 处的值：显然有

$$\nabla^2 d_{\mathrm{KL}}(p(\boldsymbol{\theta}_k) \| p(\boldsymbol{\theta})) = \mathrm{E}_{\mathsf{X}\sim p(\boldsymbol{\theta}_k)}[-\nabla^2 \ln p(\mathsf{X};\boldsymbol{\theta})]。$$

在 $\boldsymbol{\theta}=\boldsymbol{\theta}_k$ 处上式等于 $-\mathrm{E}_{\mathsf{X}\sim p(\boldsymbol{\theta}_k)}[\nabla^2 \ln p(\mathsf{X};\boldsymbol{\theta}_k)]$。这是对数似然的 Hessian 矩阵期望的形式。注意到 Fisher 信息矩阵具有性质

$\boldsymbol{F}(\boldsymbol{\theta}_k) = \mathrm{E}_{\mathsf{X}\sim p(\boldsymbol{\theta}_k)}[[\nabla \ln p(\mathsf{X};\boldsymbol{\theta}_k)][\nabla \ln p(\mathsf{X};\boldsymbol{\theta}_k)]^{\mathrm{T}}] = -\mathrm{E}_{\mathsf{X}\sim p(\boldsymbol{\theta}_k)}[\nabla^2 \ln p(\mathsf{X};\boldsymbol{\theta}_k)]$

所以 $[\nabla^2 d_{\mathrm{KL}}(p(\boldsymbol{\theta}_k) \| p(\mathsf{x};\boldsymbol{\theta}))]_{\boldsymbol{\theta}=\boldsymbol{\theta}_k} = \boldsymbol{F}(\boldsymbol{\theta}_k)$。

综上，$d_{\mathrm{KL}}(p(\boldsymbol{\theta}_k) \| p(\boldsymbol{\theta}))$ 在 $\boldsymbol{\theta}=\boldsymbol{\theta}_k$ 处的二阶近似为

$$d_{\mathrm{KL}}(p(\boldsymbol{\theta}_k) \| p(\boldsymbol{\theta})) \approx 0 + \mathbf{0} \cdot (\boldsymbol{\theta}-\boldsymbol{\theta}_k) + \frac{1}{2}(\boldsymbol{\theta}-\boldsymbol{\theta}_k)^{\mathrm{T}} \boldsymbol{F}(\boldsymbol{\theta}_k)(\boldsymbol{\theta}-\boldsymbol{\theta}_k)。$$

得证。）

8.4.2　代理优势的信赖域

性能差别引理告诉我们，可以用与代理优势有关的近似 $l(\boldsymbol{\theta}|\boldsymbol{\theta}_k)$ 来近似回报期望 $g_{\pi(\boldsymbol{\theta})}$。虽然在 $\boldsymbol{\theta}=\boldsymbol{\theta}_k$ 附近近似还比较精确，但是在离 $\boldsymbol{\theta}=\boldsymbol{\theta}_k$ 比较远的地方难免会有差别。不过，研究人员发现：

$$g_{\pi(\boldsymbol{\theta})} \geqslant l(\boldsymbol{\theta}|\boldsymbol{\theta}_k) - c \max_{\mathsf{s}} d_{\mathrm{KL}}(\pi(\cdot|\mathsf{s};\boldsymbol{\theta}_k) \| \pi(\cdot|\mathsf{s};\boldsymbol{\theta}))。$$

其中 $c = \dfrac{4\gamma}{(1-\gamma)^2} \max_{\mathsf{s},\mathsf{a}} |a_{\pi(\boldsymbol{\theta})}(\mathsf{s},\mathsf{a})|$。这个结论告诉我们，用 $l(\boldsymbol{\theta}|\boldsymbol{\theta}_k)$ 来近似 $g_{\pi(\boldsymbol{\theta})}$，差距是有限的。只要控制好 KL 散度的大小，就能控制近似带来的误差。从另外一个角度看，

$$l_c(\boldsymbol{\theta}|\boldsymbol{\theta}_k) = l(\boldsymbol{\theta}|\boldsymbol{\theta}_k) - c \max_{\mathsf{s}} d_{\mathrm{KL}}(\pi(\cdot|\mathsf{s};\boldsymbol{\theta}_k) \| \pi(\cdot|\mathsf{s};\boldsymbol{\theta}))$$

可以看作是 $g_{\pi(\boldsymbol{\theta}_k)}$ 的一个下界。由于 $d_{\mathrm{KL}}(\pi(\cdot|\mathsf{s};\boldsymbol{\theta}_k) \| \pi(\cdot|\mathsf{s};\boldsymbol{\theta}))$ 在 $\boldsymbol{\theta}=\boldsymbol{\theta}_k$ 处的值和梯度都是零，所以这个下界 $l_c(\boldsymbol{\theta}|\boldsymbol{\theta}_k)$ 依然是 $g_{\pi(\boldsymbol{\theta})}$ 的近似，只不过它肯定比 $g_{\pi(\boldsymbol{\theta}_k)}$ 小。这三者的关系如图 8-2 所示。

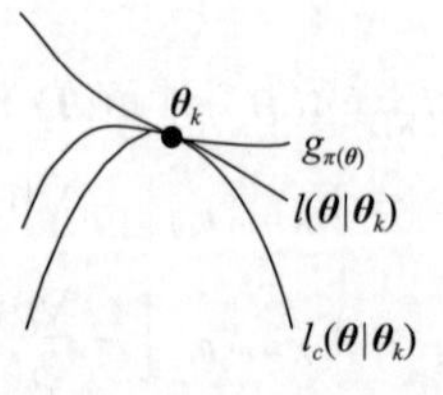

图 8-2　$g_{\pi(\boldsymbol{\theta})}$ 与 $l(\boldsymbol{\theta}|\boldsymbol{\theta}_k)$ 和 $l_c(\boldsymbol{\theta}|\boldsymbol{\theta}_k)$ 的关系

在实际运用中，估计 $\max_{\mathsf{s}} d_{\mathrm{KL}}(\pi(\cdot|\mathsf{s};\boldsymbol{\theta}_k) \| \pi(\cdot|\mathsf{s};\boldsymbol{\theta}))$ 往往十分困难。为此，常常用

KL 散度的期望值 $\bar{d}_{\mathrm{KL}}(\boldsymbol{\theta}_k \| \boldsymbol{\theta}) = \mathrm{E}_{S \sim \pi(\boldsymbol{\theta}_k)}[d_{\mathrm{KL}}(\pi(\cdot|S;\boldsymbol{\theta}_k) \| \pi(\cdot|S;\boldsymbol{\theta}))]$来代替 KL 散度的最大值

$$\max_s d_{\mathrm{KL}}(\pi(\cdot|s;\boldsymbol{\theta}_k) \| \pi(\cdot|s;\boldsymbol{\theta}))。$$

本节的算法会使用信赖域方法来控制 $l(\boldsymbol{\theta}|\boldsymbol{\theta}_k)$ 和 $g_{\pi(\boldsymbol{\theta})}$ 的差别。为此，可以确定一个阈值 δ，再让 $\bar{d}_{\mathrm{KL}}(\boldsymbol{\theta}_k \| \boldsymbol{\theta})$ 不超过这个阈值。这样就能得到信赖域 $\{\boldsymbol{\theta}: \bar{d}_{\mathrm{KL}}(\boldsymbol{\theta}_k \| \boldsymbol{\theta}) \leqslant \delta\}$。

在 8.4.1 节中已经知道，KL 散度可以用含有 Fisher 信息矩阵的二次型来二阶近似。所以，这个信赖域有二阶近似。利用 KL 散度二阶近似的表达式，不难知道 KL 散度期望 $\bar{d}_{\mathrm{KL}}(\boldsymbol{\theta}_k \| \boldsymbol{\theta})$ 在 $\boldsymbol{\theta} = \boldsymbol{\theta}_k$ 处的二阶近似为

$$\bar{d}_{\mathrm{KL}}(\boldsymbol{\theta}_k \| \boldsymbol{\theta}) \approx \frac{1}{2}(\boldsymbol{\theta} - \boldsymbol{\theta}_k)^{\mathrm{T}} \boldsymbol{F}(\boldsymbol{\theta}_k)(\boldsymbol{\theta} - \boldsymbol{\theta}_k),$$

因此，信赖域的二阶近似为

$$\left\{\boldsymbol{\theta}: \frac{1}{2}(\boldsymbol{\theta} - \boldsymbol{\theta}_k)^{\mathrm{T}} \boldsymbol{F}(\boldsymbol{\theta}_k)(\boldsymbol{\theta} - \boldsymbol{\theta}_k) \leqslant \delta\right\}。$$

8.4.3 自然策略梯度算法

自然策略梯度算法(Natural Policy Gradient, NPG)是一个利用了代理优势和信任域的迭代算法。它的原理是通过最大化代理优势并限定新策略处于信赖域内来更新策略参数。这事实上就在考虑以下优化问题：

$$\begin{aligned} &\underset{\boldsymbol{\theta}}{\text{maximize}} && \mathrm{E}_{\pi(\boldsymbol{\theta}_k)}\left[\frac{\pi(A|S;\boldsymbol{\theta})}{\pi(A|S;\boldsymbol{\theta}_k)} a_{\pi(\boldsymbol{\theta}_k)}(S,A)\right] \\ &\text{s. t.} && \mathrm{E}_{S \sim \pi(\boldsymbol{\theta}_k)}[d_{\mathrm{KL}}(\pi(\cdot|S;\boldsymbol{\theta}_k) \| \pi(\cdot|S;\boldsymbol{\theta}))] \leqslant \delta, \end{aligned}$$

其中 δ 是一个可以设置的参数。这个优化问题的目标函数和约束都很复杂，需要进行进一步简化。

一种简化的方法，就是对优化目标在 $\boldsymbol{\theta} = \boldsymbol{\theta}_k$ 处进行 Tayler 展开，并取前两项：

$$\mathrm{E}_{\pi(\boldsymbol{\theta}_k)}\left[\frac{\pi(A|S;\boldsymbol{\theta})}{\pi(A|S;\boldsymbol{\theta}_k)} a_{\pi(\boldsymbol{\theta}_k)}(S,A)\right] \approx \mathbf{0} + \boldsymbol{g}(\boldsymbol{\theta}_k)(\boldsymbol{\theta} - \boldsymbol{\theta}_k),$$

约束取二阶近似后可以得到一个简化的优化问题：

$$\begin{aligned} &\underset{\boldsymbol{\theta}}{\text{maximize}} && \boldsymbol{g}(\boldsymbol{\theta}_k)(\boldsymbol{\theta} - \boldsymbol{\theta}_k) \\ &\text{s. t.} && \frac{1}{2}(\boldsymbol{\theta} - \boldsymbol{\theta}_k)^{\mathrm{T}} \boldsymbol{F}(\boldsymbol{\theta}_k)(\boldsymbol{\theta} - \boldsymbol{\theta}_k) \leqslant \delta。 \end{aligned}$$

而这个简化的优化问题具有闭式解：

$$\boldsymbol{\theta}_{k+1} = \boldsymbol{\theta}_k + \sqrt{\frac{2\delta}{(\boldsymbol{g}(\boldsymbol{\theta}_k))^{\mathrm{T}} \boldsymbol{F}^{-1}(\boldsymbol{\theta}_k)\boldsymbol{g}(\boldsymbol{\theta}_k)}} \boldsymbol{F}^{-1}(\boldsymbol{\theta}_k)\boldsymbol{g}(\boldsymbol{\theta}_k),$$

这里的$\sqrt{\frac{2\delta}{(\boldsymbol{g}(\boldsymbol{\theta}_k))^{\mathrm{T}}\boldsymbol{F}^{-1}(\boldsymbol{\theta}_k)\boldsymbol{g}(\boldsymbol{\theta}_k)}}\boldsymbol{F}^{-1}(\boldsymbol{\theta}_k)\boldsymbol{g}(\boldsymbol{\theta}_k)$就称为**自然梯度**(natural gradient)。上面这个迭代式就是自然策略梯度下降的迭代式。

在这个迭代式中，控制参数δ的大小可以控制学习率，我们可以近似认为学习率为$\sqrt{\delta}$。

算法 8-7 给出了自然策略梯度算法。

算法 8-7　基本的自然策略梯度算法

输入：环境(无数学描述)。

输出：最优策略估计$\pi(\boldsymbol{\theta})$。

参数：KL 散度上界δ，控制轨迹生成和估计优势的参数(如折扣因子γ)。

1 (初始化)初始化$\boldsymbol{\theta}$和$\boldsymbol{w}$。

2 对每个回合执行以下操作：

　2.1 (决策和采样)用策略$\pi(\boldsymbol{\theta})$生成轨迹。

　2.2 (计算自然梯度)用生成的轨迹估计$\boldsymbol{\theta}$处的策略梯度$\boldsymbol{g}$和 Fisher 信息矩阵$\boldsymbol{F}$，计算自然梯度

$$\sqrt{\frac{2\delta}{\boldsymbol{g}^{\mathrm{T}}\boldsymbol{F}^{-1}\boldsymbol{g}}}\boldsymbol{F}^{-1}\boldsymbol{g}。$$

　2.3 (更新策略参数)$\boldsymbol{\theta}\leftarrow\boldsymbol{\theta}+\sqrt{\frac{2\delta}{\boldsymbol{g}^{\mathrm{T}}\boldsymbol{F}^{-1}\boldsymbol{g}}}\boldsymbol{F}^{-1}\boldsymbol{g}$。

　2.4 (更新价值参数)更新$\boldsymbol{w}$以减小价值估计的误差。

自然策略梯度算法的最大缺点在于 Fisher 信息矩阵及其逆的运算量过大。具体而言，自然策略梯度算法需要计算$\boldsymbol{F}^{-1}\boldsymbol{g}$，其中包括 Fisher 信息矩阵的逆$\boldsymbol{F}^{-1}$。矩阵求逆的算法复杂度是矩阵维度的三次方。而矩阵的维度与参数$\boldsymbol{\theta}$的元素个数相同。参数$\boldsymbol{\theta}$的元素个数可能比较大，特别是使用神经网络的情况。

为了克服 Fisher 信息矩阵及其逆的计算过于复杂这一问题，研究人员考虑了一些方法，例如，可以采用共轭梯度算法在不求$\boldsymbol{F}^{-1}$的情况下直接计算$\boldsymbol{F}^{-1}\boldsymbol{g}$。

知识卡片：数值线性代数

共轭梯度

共轭梯度算法(Conjugate Gradient，CG)是一种求解形如$\boldsymbol{Fx}=\boldsymbol{g}$的线性方程组的算法，其中系数矩阵$\boldsymbol{F}$要求是实对称正定矩阵。

这里**共轭**(conjugate)的定义是：两个向量$\boldsymbol{p}_i$和$\boldsymbol{p}_j$关于矩阵$\boldsymbol{F}$共轭当且仅当$\boldsymbol{p}_i^{\mathrm{T}}\boldsymbol{F}\boldsymbol{p}_j=0$。

共轭梯度算法迭代求解线性方程组$\boldsymbol{Fx}=\boldsymbol{g}$的大致思路如下：方程$\boldsymbol{Fx}=\boldsymbol{g}$的解就是二次函数$\frac{1}{2}\boldsymbol{x}^{\mathrm{T}}\boldsymbol{F}\boldsymbol{x}-\boldsymbol{g}^{\mathrm{T}}\boldsymbol{x}$的最小值点，所以我们将求解$\boldsymbol{Fx}=\boldsymbol{g}$转化为求解优化问题。这个优化问题可以迭代求解。也就是说，我们可以从起始点$\boldsymbol{x}_0$开始，每次迭代选择不同的方向

和步长来不断改变 $\boldsymbol{x}$。我们之前都是用梯度下降方法，方向总是负梯度的方向，学习率是事先指定的。这个梯度下降过程只用到了一阶信息。事实上，对于 $\frac{1}{2}\boldsymbol{x}^{\mathrm{T}}\boldsymbol{F}\boldsymbol{x}-\boldsymbol{g}^{\mathrm{T}}\boldsymbol{x}$ 这个特殊的优化问题，我们知道矩阵 $\boldsymbol{F}$，完全可以做得更好。共轭梯度算法就是采用了一种更好的做法，它在每次选择梯度的时候只选择和之前用过的负梯度方向都共轭的负梯度方向，而且每次都下降到最合适的位置，这样可以用尽可能少的迭代次数达到较优的解。具体而言，对于第 k 步迭代($k=0,1,2,\cdots$)，在迭代前 $\boldsymbol{x}$ 的取值为 $\boldsymbol{x}_k$，这时 $\frac{1}{2}\boldsymbol{x}^{\mathrm{T}}\boldsymbol{F}\boldsymbol{x}-\boldsymbol{g}^{\mathrm{T}}\boldsymbol{x}$ 的负梯度方向为待求线性方程组残差 $\boldsymbol{r}_k=\boldsymbol{g}-\boldsymbol{F}\boldsymbol{x}_k$。接下来需要找到一个和之前用过的方向 $\boldsymbol{p}_0$，$\boldsymbol{p}_1,\cdots,\boldsymbol{p}_{k-1}$ 都共轭的方向。为此，我们设该方向为

$$\boldsymbol{p}_k=\boldsymbol{r}_k-\sum_{\kappa=0}^{k-1}\beta_{k,\kappa}\boldsymbol{p}_\kappa,$$

利用 $\boldsymbol{p}_k^{\mathrm{T}}\boldsymbol{F}\boldsymbol{p}_\kappa=0(0\leqslant\kappa<k)$ 可以得到

$$\beta_{k,\kappa}=\frac{\boldsymbol{p}_\kappa^{\mathrm{T}}\boldsymbol{F}\boldsymbol{r}_\kappa}{\boldsymbol{p}_\kappa^{\mathrm{T}}\boldsymbol{F}\boldsymbol{p}_\kappa},\ 0\leqslant\kappa<k。$$

这样就确定了第 k 次迭代的方向。接下来确定学习率 α_k。学习率的选择应当让优化目标 $\frac{1}{2}\boldsymbol{x}^{\mathrm{T}}\boldsymbol{F}\boldsymbol{x}-\boldsymbol{g}^{\mathrm{T}}\boldsymbol{x}$ 在更新后的值 $\boldsymbol{x}_{k+1}=\boldsymbol{x}_k+\alpha_k\boldsymbol{p}_k$ 上尽量小。由于

$$\frac{\partial}{\partial\alpha_k}\left(\frac{1}{2}(\boldsymbol{x}_k+\alpha_k\boldsymbol{p}_k)^{\mathrm{T}}\boldsymbol{F}(\boldsymbol{x}_k+\alpha_k\boldsymbol{p}_k)-\boldsymbol{g}^{\mathrm{T}}(\boldsymbol{x}_k+\alpha_k\boldsymbol{p}_k)\right)=\alpha_k\boldsymbol{p}_k^{\mathrm{T}}\boldsymbol{F}\boldsymbol{p}_k+\boldsymbol{p}_k^{\mathrm{T}}(\boldsymbol{F}\boldsymbol{x}_k-\boldsymbol{g}),$$

令其为 0，有

$$\alpha_k=\frac{\boldsymbol{p}_k^{\mathrm{T}}(\boldsymbol{g}-\boldsymbol{F}\boldsymbol{x}_k)}{\boldsymbol{p}_k^{\mathrm{T}}\boldsymbol{F}\boldsymbol{p}_k}。$$

这样我们确定了梯度迭代算法的表达式。

在实际应用中，可以进一步简化计算。定义 $\rho_k=\boldsymbol{r}_k^{\mathrm{T}}\boldsymbol{r}_k$，$\boldsymbol{z}_k=\boldsymbol{F}\boldsymbol{p}_k(k=0,1,\cdots)$。可以证明

$$\alpha_k=\frac{\rho_k}{\boldsymbol{p}_k^{\mathrm{T}}\boldsymbol{z}_k},\quad \boldsymbol{r}_{k+1}=\boldsymbol{r}_k-\alpha_k\boldsymbol{z}_k,\quad \boldsymbol{p}_{k+1}=\boldsymbol{r}_{k+1}+\frac{\rho_{k+1}}{\rho_k}\boldsymbol{p}_k。$$

(证明比较烦琐，从略)。

据此可以得到算法 8-8 所示的共轭梯度算法。第 2.2 步还引入了一个参数 $\varepsilon_{\mathrm{CG}}$，这是一个小正实数(可取 $\varepsilon_{\mathrm{CG}}=10^{-8}$)，用来提高算法稳定性。

算法 8-8　共轭梯度算法

输入： 矩阵 $\boldsymbol{F}$ 和向量 $\boldsymbol{g}$。

输出： 线性方程组 $\boldsymbol{F}\boldsymbol{x}=\boldsymbol{g}$ 的解 $\boldsymbol{x}$。

参数： 控制迭代次数的参数(如最大迭代次数 n_{CG} 或阈值 ρ_{tol})，保持稳定性的参数 $\varepsilon_{\mathrm{CG}}>0$。

1　(初始化)设置迭代起始点 $\boldsymbol{x}\leftarrow$任意值，残差 $\boldsymbol{r}=\boldsymbol{g}-\boldsymbol{F}\boldsymbol{x}$，基底 $\boldsymbol{p}=\boldsymbol{r}$，$\rho\leftarrow\boldsymbol{r}^{\mathrm{T}}\boldsymbol{r}$。

2　(迭代求解)$k=1,\cdots,n_{\mathrm{CG}}$：

　2.1　$\boldsymbol{z}\leftarrow\boldsymbol{F}\boldsymbol{p}$。

　2.2　(计算学习率)$\alpha\leftarrow\dfrac{\rho}{\boldsymbol{p}^{\mathrm{T}}\boldsymbol{z}+\varepsilon_{\mathrm{CG}}}$。

　2.3　(更新值)$\boldsymbol{x}\leftarrow\boldsymbol{x}+\alpha\boldsymbol{p}$。

　2.4　(更新残差)$\boldsymbol{r}\leftarrow\boldsymbol{r}-\alpha\boldsymbol{z}$。

　2.5　(更新基底)$\rho_{新}\leftarrow\boldsymbol{r}^{\mathrm{T}}\boldsymbol{r}$，$\boldsymbol{p}\leftarrow\boldsymbol{r}+\dfrac{\rho_{新}}{\rho}\boldsymbol{p}$。

　2.6　$\rho\leftarrow\rho_{新}$。(如果设置了阈值 ρ_{tol}，且 $\rho<\rho_{\mathrm{tol}}$，则退出循环)。

算法 8-9 给出了使用共轭梯度的自然策略梯度算法。

算法 8-9　带共轭梯度的自然策略梯度算法

输入：环境(无数学描述)。

输出：最优策略估计 $\pi(\boldsymbol{\theta})$。

参数：共轭梯度算法的参数(如 n_{CG}、ρ_{tol}和 $\varepsilon_{\mathrm{CG}}$)，KL 散度上界 δ，控制轨迹生成和估计优势的参数(如折扣因子 γ)。

1　(初始化)初始化 $\boldsymbol{\theta}$ 和 $\boldsymbol{w}$。

2　对每个回合执行以下操作：

　2.1　用策略 $\pi(\boldsymbol{\theta})$ 生成轨迹。

　2.2　(计算自然梯度)用生成的轨迹和由 $\boldsymbol{w}$ 确定的价值估计 $\boldsymbol{\theta}$ 处的策略梯度 $\boldsymbol{g}$ 和 Fisher 信息矩阵 $\boldsymbol{F}$；用共轭梯度算法迭代 n_{CG}次得到 $\boldsymbol{x}$，计算自然梯度的估计$\sqrt{\dfrac{2\delta}{\boldsymbol{x}^{\mathrm{T}}\boldsymbol{F}\boldsymbol{x}}}\boldsymbol{x}$。

　2.3　(更新策略参数)更新策略参数 $\boldsymbol{\theta}\leftarrow\boldsymbol{\theta}+\sqrt{\dfrac{2\delta}{\boldsymbol{x}^{\mathrm{T}}\boldsymbol{F}\boldsymbol{x}}}\boldsymbol{x}$。

　2.4　(更新价值参数)更新 $\boldsymbol{w}$ 以减小价值估计的误差。

8.4.4　信赖域策略优化

信赖域策略优化算法(Trust Region Policy Optimization，TRPO)是在自然策略优化的基础上修改而来。回顾在自然策略梯度算法中，我们试图求解以下优化问题：

$$\begin{aligned}\underset{\boldsymbol{\theta}}{\text{maximize}}\quad & \mathrm{E}_{\pi(\boldsymbol{\theta}_k)}\left[\frac{\pi(A|S;\boldsymbol{\theta})}{\pi(A|S;\boldsymbol{\theta}_k)}a_{\pi(\boldsymbol{\theta}_k)}(S,A)\right]\\ \text{s.t.}\quad & \mathrm{E}_{S\sim\pi(\boldsymbol{\theta}_k)}\left[d_{\mathrm{KL}}\left(\pi(\cdot|S;\boldsymbol{\theta}_k)\,\|\,\pi(\cdot|S;\boldsymbol{\theta})\right)\right]\leqslant\delta。\end{aligned}$$

但是，自然策略梯度算法并没有直接求解这个问题，而是求解了一个近似的问题。对近似后的优化问题求得最优解。近似问题的最优解并不一定是原问题的最优解。在个别情况下，反而会使原问题变差。为了解决这一个问题，信赖域策略优化算法将策略参数的迭代式扩展为

$$\boldsymbol{\theta}_{k+1}=\boldsymbol{\theta}_k+\alpha^j\sqrt{\frac{2\delta}{[\boldsymbol{x}(\boldsymbol{\theta}_k)]^{\mathrm{T}}\boldsymbol{F}(\boldsymbol{\theta}_k)\boldsymbol{x}(\boldsymbol{\theta}_k)}}\boldsymbol{x}(\boldsymbol{\theta}_k)。$$

其中 $\alpha\in(0,1)$ 是学习参数，j 是某个非负整数。对于自然策略梯度，j 总是为 0。信赖域策略优化算法则用以下方法确定 j 的值：从非负整数到 $0,1,2,\cdots$ 中依次寻找首个满足期望 KL 散度约束并且能提升代理优势的值。由于近似得不错，一般情况下 j 值为 0，极少数情况的 j 值为 1，其他值几乎没有。但是，这样的小改动就可以避免那些较少出现的情况对迭代过程带来毁灭性的影响。由于引入了 α^j，所以在选取参数 δ 时一般会选用比自然策略梯度算法中更大的 δ。

算法 8-10 给出了信赖域策略优化算法。

算法 8-10　信赖域策略优化算法

输入： 环境(无数学描述)。

输出： 最优策略估计 $\pi(\boldsymbol{\theta})$。

参数： 信赖域参数 α，KL 散度期望的上界 δ，共轭梯度算法的参数(如 n_{CG}、ρ_{tol} 和 $\varepsilon_{\mathrm{CG}}$)，控制轨迹生成和估计优势的参数(如折扣因子 γ)。

1 (初始化)初始化 $\boldsymbol{\theta}$ 和 $\boldsymbol{w}$。

2 (时序差分更新)对每个回合执行以下操作：

　2.1 用策略 $\pi(\boldsymbol{\theta})$ 生成轨迹。

　2.2 (计算自然梯度)用生成的轨迹和由 $\boldsymbol{w}$ 确定的价值函数估计 $\boldsymbol{\theta}$ 处的策略梯度 $\boldsymbol{g}$ 和 Fisher 信息矩阵 $\boldsymbol{F}$。用共轭梯度算法迭代得到 $\boldsymbol{x}$，计算自然梯度 $\sqrt{\frac{2\delta}{\boldsymbol{x}^{\mathrm{T}}\boldsymbol{F}\boldsymbol{x}}}\boldsymbol{x}$。

　2.3 (更新策略参数)确定 j 的值，使得新策略在信赖域内，并且代理优势有提升。更新策略参数 $\boldsymbol{\theta}\leftarrow\boldsymbol{\theta}+\alpha^j\sqrt{\frac{2\delta}{\boldsymbol{x}^{\mathrm{T}}\boldsymbol{F}\boldsymbol{x}}}\boldsymbol{x}$。

　2.4 (更新价值参数)更新 $\boldsymbol{w}$ 以减小价值估计的误差。

自然策略梯度算法和信赖域策略优化算法的实现比邻近策略优化算法复杂得多，所以信赖域策略优化算法比邻近策略优化算法少用。

8.5 重要性采样异策执行者/评论者算法

执行者/评论者算法可以和重要性采样结合，得到异策执行者/评论者算法。本节介绍基于重要性采样的**异策执行者/评论者算法**(Off-Policy Actor-Critic，OffPAC)。我们用 $b(\cdot|\cdot)$ 表示行为策略，则梯度方向可由 $\mathrm{E}_{\pi(\boldsymbol{\theta})}[\Psi_t\nabla\ln\pi(A_t|S_t;\boldsymbol{\theta})]$ 变为

$$\mathrm{E}_b\left[\frac{\pi(A_t|S_t;\boldsymbol{\theta})}{b(A_t|S_t)}\Psi_t\nabla\ln\pi(A_t|S_t;\boldsymbol{\theta})\right]=\mathrm{E}_b\left[\frac{1}{b(A_t|S_t)}\Psi_t\nabla\pi(A_t|S_t;\boldsymbol{\theta})\right]。$$

所以，更新策略参数 $\boldsymbol{\theta}$ 时就应该试图减小 $-\frac{1}{b(A_t|S_t)}\Psi_t\nabla\pi(A_t|S_t;\boldsymbol{\theta})$。据此，可以

得到异策执行者/评论者算法如算法 8-11。

算法 8-11　异策动作价值执行者/评论者算法

输入：环境（无数学描述）。

输出：最优策略估计 $\pi(\boldsymbol{\theta})$。

参数：优化器（隐含学习率 $\alpha^{(\boldsymbol{\theta})}$，$\alpha^{(\boldsymbol{w})}$），折扣因子 γ，控制回合数和回合内步数的参数。

1　（初始化）初始化 $\boldsymbol{\theta}$ 和 $\boldsymbol{w}$。

2　（带自益的策略更新）对每个回合执行以下操作：

　2.1　（行为策略）指定行为策略 b。

　2.2　（初始化累积折扣）$\Gamma \leftarrow 1$。

　2.3　（决定初始状态动作对）选择状态 S，用行为策略 $b(\cdot|S)$ 得到动作 A。

　2.4　如果回合未结束，执行以下操作：

　　2.4.1　（采样）执行动作 A，观测得到奖励 R、新状态 S'、回合结束指示 D'。

　　2.4.2　（执行）用 $b(\cdot|S')$ 得到动作 A'（如果 $D'=1$ 动作可任取）。

　　2.4.3　（估计回报）$U \leftarrow R+\gamma q(S',A';\boldsymbol{w})(1-D')$。

　　2.4.4　（更新策略参数）更新 $\boldsymbol{\theta}$ 以减小 $-\frac{1}{b(A|S)}\Gamma q(S,A;\boldsymbol{w})\pi(A|S;\boldsymbol{\theta})$（如 $\boldsymbol{\theta} \leftarrow \boldsymbol{\theta}+\alpha^{(\boldsymbol{\theta})}\Gamma \frac{1}{b(A|S)}q(S,A;\boldsymbol{w})\nabla\pi(A|S;\boldsymbol{\theta})$）。

　　2.4.5　（更新价值参数）更新 $\boldsymbol{w}$ 以减小 $\frac{\pi(A|S;\boldsymbol{\theta})}{b(A|S)}[U-q(S,A;\boldsymbol{w})]^2$（如 $\boldsymbol{w} \leftarrow \boldsymbol{w}+\alpha^{(\boldsymbol{w})}\frac{\pi(A|S;\boldsymbol{\theta})}{b(A|S)}[U-q(S,A;\boldsymbol{w})]\nabla q(S,A;\boldsymbol{w})$）。

　　2.4.6　（更新累积折扣）$\Gamma \leftarrow \gamma\Gamma$。

　　2.4.7　$S \leftarrow S'$，$A \leftarrow A'$。

8.6　案例：双节倒立摆

本节考虑 Gym 库中的双节倒立摆（`Acrobot-v1`）。双节倒立摆是这样一个问题：如图 8-3 所示，有两根在二维垂直面上活动的杆子首尾相接，一端固定在原点，另一端在二维垂直面上活动。基于原点可以在二维垂直面上建立一个绝对坐标系 $X'Y'$，X' 轴是垂直向下的，Y'轴是水平向右的；基于链接在原点的杆的位置可以建立另外一个相对的坐标系 $X''Y''$，X''轴向外，Y''轴与 X''轴垂直。在任一时刻 $t(t=0,1,2,\cdots)$，可以观测到棍子连接处在绝对坐标系的坐标 $(X'_t,Y'_t)=(\cos\Theta'_t,\sin\Theta'_t)$ 和活动端在相对坐标系上的坐标 $(X''_t,Y''_t)=(\cos\Theta''_t,\sin\Theta''_t)$，还有当前的角速度 $\dot{\Theta}'_t$ 和 $\dot{\Theta}''_t$（注意，最后两个分量上面有一个点，以此表示角速度）。可以在两个杆子的连接处施加动作，动作取自动作空间 $\mathcal{A}=\{0,1,2\}$。每过一步，惩罚奖励值 -1。活动端在绝对坐标系中的 X' 坐标小于 -1（即 $\cos\Theta'+\cos(\Theta'+\Theta'')<-1$）时，或者回合达到 500 步，回合结束。我们希望回合步数尽量少。

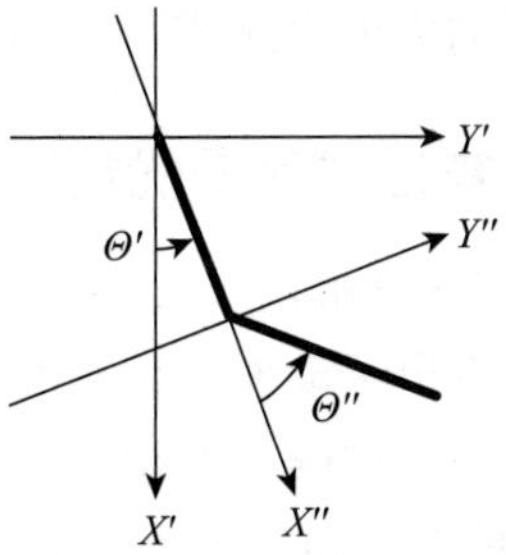

图 8-3 双节倒立摆问题

注：本图改编自论文“Swinging up the Acrobot：an example of intelligent control”。

实际上，在 t 时刻，环境由状态 $S_t=(\Theta'_t,\Theta''_t,\dot{\Theta}'_t,\dot{\Theta}''_t)$ 完全决定。状态 $S_t=(\Theta'_t,\Theta''_t,\dot{\Theta}'_t,\dot{\Theta}''_t)$ 可以从观测 $O_t=(\cos\Theta'_t,\sin\Theta'_t,\cos\Theta''_t,\sin\Theta''_t,\dot{\Theta}'_t,\dot{\Theta}''_t)$ 完全得到，所以这个任务是完全可观测的。在状态 S_t 情况下使用动作 A_t，会导致角度 Θ'_t 和 Θ''_t 对应的角加速度 $\ddot{\Theta}'_t$ 和 $\ddot{\Theta}''_t$ 满足

$$\ddot{\Theta}''_t=\left(A_t-1+\frac{D''_t}{D'_t}\Phi'_t-\frac{1}{2}(\dot{\Theta}''_t)^2\sin\Theta''_t-\Phi''_t\right)\left(\frac{5}{4}-\frac{(D''_t)^2}{D'_t}\right),$$

$$\ddot{\Theta}'_t=-\frac{1}{D'_t}(D''_t\ddot{\Theta}''_t+\Phi'_t),$$

其中

$$D'_t=\cos\Theta''_t+\frac{7}{2},$$

$$D''_t=\frac{1}{2}\cos\Theta''_t+\frac{5}{4},$$

$$\Phi''_t=\frac{1}{2}g\sin(\Theta'_t+\Theta''_t),$$

$$\Phi'_t=-\frac{1}{2}(\dot{\Theta}''_t)^2\sin\Theta''_t-\dot{\Theta}'_t\Theta''_t\sin\Theta''_t+\frac{3}{2}g\sin\Theta'_t+\Phi''_t,$$

且 $g=9.8$。获得角加速度值 $\ddot{\Theta}'_t$ 和 $\ddot{\Theta}''_t$ 后，可以通过积分 0.2 个连续时间单位得到下一离散时刻的状态。在计算过程中，始终用 clip( ) 函数使得角速度有界 $\dot{\Theta}'_t\in[-4\pi,4\pi]$，$\dot{\Theta}''_t\in[-9\pi,9\pi]$。

TIP **注意**：这个环境中，两个离散时刻的间隔是 0.2 个连续时间单位，而不是 1 个连续时间单位。这再一次说明了离散时间指标并不一定对应到连续时间指标上相同的数值。

这个动力非常复杂。即使知道动力的表达式，也不可能求出最优策略的闭式解。

8.6.1 用同策执行者/评论者算法求解最优策略

本节使用同策执行者/评论者算法求解最优策略。

代码清单8-1和代码清单8-2给出了动作价值执行者/评论者算法的智能体。执行者用 actor_net 维护，评论者用 critic_net 维护。智能体和环境交互的代码见代码清单1-3。训练和测试算法见代码清单5-3和代码清单1-4。

代码清单8-1　动作价值执行者/评论者算法(TensorFlow版本)

代码文件名：Acrobot-v1_QActorCritic_tf.ipynb。

```
class QActorCriticAgent:
    def __init__(self, env):
        self.action_n = env.action_space.n
        self.gamma = 0.99

        self.actor_net = self.build_net(hidden_sizes=[100,],
                output_size=self.action_n, output_activation=nn.softmax,
                loss = losses.categorical_crossentropy,
                learning_rate=0.0001)
        self.critic_net = self.build_net(hidden_sizes=[100,],
                output_size=self.action_n,
                learning_rate=0.0002)

    def build_net(self, hidden_sizes, output_size, input_size=None,
                activation=nn.relu, output_activation=None,
                loss=losses.mse, learning_rate=0.01):
        model = keras.Sequential()
        for hidden_size in hidden_sizes:
            model.add(layers.Dense(units=hidden_size,
                    activation=activation))
        model.add(layers.Dense(units=output_size,
                activation = output_activation))
        optimizer = optimizers.Adam(learning_rate)
        model.compile(optimizer=optimizer, loss=loss)
        return model

    def reset(self, mode=None):
        self.mode = mode
        if self.mode == 'train':
            self.trajectory = []
            self.discount = 1.

    def step(self, observation, reward, terminated):
        probs = self.actor_net.predict(observation[np.newaxis], verbose=0)[0]
        action = np.random.choice(self.action_n, p=probs)
        if self.mode == 'train':
            self.trajectory += [observation, reward, terminated, action]
            if len(self.trajectory) >= 8:
```

```
            self.learn()
        self.discount *= self.gamma
    return action

def close(self):
    pass

def learn(self):
    state, _, _, action, next_state, reward, terminated, next_action \
            = self.trajectory[-8:]

    # 更新执行者
    states = state[np.newaxis]
    preds = self.critic_net.predict(states, verbose=0)
    q = preds[0, action]
    state_tensor = tf.convert_to_tensor(states, dtype=tf.float32)
    with tf.GradientTape() as tape:
        pi_tensor = self.actor_net(state_tensor)[0, action]
        log_pi_tensor = tf.math.log(tf.clip_by_value(pi_tensor, 1e-6, 1.))
        loss_tensor = -self.discount*q*log_pi_tensor
    grad_tensors = tape.gradient(loss_tensor, self.actor_net.variables)
    self.actor_net.optimizer.apply_gradients(zip(
            grad_tensors, self.actor_net.variables))

    # 更新评论者
    next_q = self.critic_net.predict(
            next_state[np.newaxis], verbose=0)[0, next_action]
    preds[0, action] = reward + (1. - terminated)*self.gamma*next_q
    self.critic_net.fit(states, preds, verbose=0)

agent = QActorCriticAgent(env)
```

代码清单 8-2　动作价值执行者/评论者算法(PyTorch 版本)

代码文件名：Acrobot-v1_QActorCritic_torch.ipynb。

```
class QActorCriticAgent:
    def __init__(self, env):
        self.gamma = 0.99

        self.actor_net = self.build_net(
                input_size=env.observation_space.shape[0],
                hidden_sizes=[100,],
                output_size=env.action_space.n, output_activator=nn.Softmax(1))
        self.actor_optimizer = optim.Adam(self.actor_net.parameters(), 0.001)
        self.critic_net = self.build_net(
                input_size=env.observation_space.shape[0],
                hidden_sizes=[100,],
                output_size=env.action_space.n)
        self.critic_optimizer = optim.Adam(self.critic_net.parameters(), 0.002)
        self.critic_loss = nn.MSELoss()
```

```
    def build_net(self, input_size, hidden_sizes, output_size=1,
            output_activator=None):
        layers = []
        for input_size, output_size in zip(
                [input_size,] + hidden_sizes, hidden_sizes + [output_size,]):
            layers.append(nn.Linear(input_size, output_size))
            layers.append(nn.ReLU())
        layers = layers[:-1]
        if output_activator:
            layers.append(output_activator)
        net = nn.Sequential(*layers)
        return net

    def reset(self, mode=None):
        self.mode=mode
        if self.mode == 'train':
            self.trajectory = []
            self.discount = 1.

    def step(self, observation, reward, terminated):
        state_tensor = torch.as_tensor(observation,
                dtype = torch.float).reshape(1, -1)
        prob_tensor = self.actor_net(state_tensor)
        action_tensor = distributions.Categorical(prob_tensor).sample()
        action = action_tensor.numpy()[0]
        if self.mode == 'train':
            self.trajectory += [observation, reward, terminated, action]
            if len(self.trajectory) >= 8:
                self.learn()
            self.discount *= self.gamma
        return action

    def close(self):
        pass

    def learn(self):
        state, _, _, action, next_state, reward, terminated, next_action \
                = self.trajectory[-8:]
        state_tensor = torch.as_tensor(state, dtype=torch.float).unsqueeze(0)
        next_state_tensor = torch.as_tensor(next_state,
                dtype = torch.float).unsqueeze(0)

        # 更新执行者
        q_tensor = self.critic_net(state_tensor)[0, action]
        pi_tensor = self.actor_net(state_tensor)[0, action]
        logpi_tensor = torch.log(pi_tensor.clamp(1e-6, 1.))
        actor_loss_tensor = -self.discount*q_tensor*logpi_tensor
        self.actor_optimizer.zero_grad()
        actor_loss_tensor.backward()
        self.actor_optimizer.step()

        # 更新评论者
```

```
        next_q_tensor = self.critic_net(next_state_tensor)[:, next_action]
        target_tensor = reward + (1. - terminated) * self.gamma * next_q_tensor
        pred_tensor = self.critic_net(state_tensor)[:, action]
        critic_loss_tensor = self.critic_loss(pred_tensor, target_tensor)
        self.critic_optimizer.zero_grad()
        critic_loss_tensor.backward()
        self.critic_optimizer.step()

agent = QActorCriticAgent(env)
```

代码清单 8-3 和代码清单 8-4 给出了使用简单的优势执行者/评论者算法的智能体。训练和测试仍然用代码清单 5-3 和代码清单 1-4。

代码清单 8-3　优势执行者/评论者算法的智能体实现(TensorFlow 版本)

代码文件名：Acrobot-v1_AdvantageActorCritic_tf.ipynb。

```
class AdvantageActorCriticAgent:
    def __init__(self, env):
        self.action_n = env.action_space.n
        self.gamma = 0.99

        self.actor_net = self.build_net(hidden_sizes=[100,],
                output_size=self.action_n, output_activation=nn.softmax,
                loss=losses.categorical_crossentropy,
                learning_rate=0.0001)
        self.critic_net = self.build_net(hidden_sizes=[100,],
                learning_rate=0.0002)

    def build_net(self, hidden_sizes, output_size=1,
                activation=nn.relu, output_activation=None,
                loss = losses.mse, learning_rate=0.001):
        model = keras.Sequential()
        for hidden_size in hidden_sizes:
            model.add(layers.Dense(units=hidden_size,
                    activation=activation))
        model.add(layers.Dense(units=output_size,
                activation = output_activation))
        optimizer = optimizers.Adam(learning_rate)
        model.compile(optimizer=optimizer, loss=loss)
        return model

    def reset(self, mode=None):
        self.mode = mode
        if self.mode == 'train':
            self.trajectory = []
            self.discount = 1.

    def step(self, observation, reward, terminated):
        probs = self.actor_net.predict(observation[np.newaxis], verbose=0)[0]
        action = np.random.choice(self.action_n, p=probs)
        if self.mode == 'train':
```

```
            self.trajectory += [observation, reward, terminated, action]
            if len(self.trajectory) >= 8:
                self.learn()
            self.discount *= self.gamma
        return action

    def close(self):
        pass

    def learn(self):
        state, _, _, action, next_state, reward, terminated, _ \
                = self.trajectory[-8:]
        states = state[np.newaxis]
        v = self.critic_net.predict(states, verbose=0)
        next_v = self.critic_net.predict(next_state[np.newaxis], verbose=0)
        target = reward + (1. - terminated)*self.gamma*next_v
        td_error = target - v

        # 更新执行者
        state_tensor = tf.convert_to_tensor(states, dtype=tf.float32)
        with tf.GradientTape() as tape:
            pi_tensor = self.actor_net(state_tensor)[0, action]
            logpi_tensor = tf.math.log(tf.clip_by_value(pi_tensor, 1e-6, 1.))
            loss_tensor = -self.discount*td_error*logpi_tensor
        grad_tensors = tape.gradient(loss_tensor, self.actor_net.variables)
        self.actor_net.optimizer.apply_gradients(zip(
                grad_tensors, self.actor_net.variables))

        # 更新评论者
        self.critic_net.fit(states, np.array([[target,],]), verbose=0)

agent = AdvantageActorCriticAgent(env)
```

代码清单 8-4　优势执行者/评论者算法的智能体实现(PyTorch 版本)

代码文件名：Acrobot-v1_AdvantageActorCritic_torch.ipynb。

```
class AdvantageActorCriticAgent:
    def __init__(self, env):
        self.gamma = 0.99

        self.actor_net = self.build_net(
                input_size=env.observation_space.shape[0],
                hidden_sizes=[100,],
                output_size = env.action_space.n, output_activator=nn.Softmax(1))
        self.actor_optimizer = optim.Adam(self.actor_net.parameters(), 0.0001)
        self.critic_net = self.build_net(
                input_size=env.observation_space.shape[0],
                hidden_sizes=[100,])
        self.critic_optimizer = optim.Adam(self.critic_net.parameters(), 0.0002)
        self.critic_loss = nn.MSELoss()
```

```
def build_net(self, input_size, hidden_sizes, output_size=1,
        output_activator=None):
    layers = []
    for input_size, output_size in zip(
            [input_size,] + hidden_sizes, hidden_sizes + [output_size,]):
        layers.append(nn.Linear(input_size, output_size))
        layers.append(nn.ReLU())
    layers = layers[:-1]
    if output_activator:
        layers.append(output_activator)
    net = nn.Sequential(*layers)
    return net

def reset(self, mode=None):
    self.mode = mode
    if self.mode == 'train':
        self.trajectory = []
        self.discount = 1.

def step(self, observation, reward, terminated):
    state_tensor = torch.as_tensor(observation,
            dtype=torch.float).reshape(1, -1)
    prob_tensor = self.actor_net(state_tensor)
    action_tensor = distributions.Categorical(prob_tensor).sample()
    action = action_tensor.numpy()[0]
    if self.mode == 'train':
        self.trajectory += [observation, reward, terminated, action]
        if len(self.trajectory) >= 8:
            self.learn()
        self.discount* = self.gamma
    return action

def close(self):
    pass

def learn(self):
    state, _, _, action, next_state, reward, terminated, next_action \
            = self.trajectory[-8:]
    state_tensor = torch.as_tensor(state, dtype=torch.float).unsqueeze(0)
    next_state_tensor = torch.as_tensor(next_state,
            dtype = torch.float).unsqueeze(0)

    # 计算时序差分误差
    next_v_tensor = self.critic_net(next_state_tensor)
    target_tensor = reward + (1. - terminated) * self.gamma * next_v_tensor
    v_tensor = self.critic_net(state_tensor)
    td_error_tensor = target_tensor - v_tensor

    # 更新执行者
    pi_tensor = self.actor_net(state_tensor)[0, action]
    logpi_tensor = torch.log(pi_tensor.clamp(1e-6, 1.))
    actor_loss_tensor = -(self.discount * td_error_tensor *
```

```
                logpi_tensor).squeeze()
        self.actor_optimizer.zero_grad()
        actor_loss_tensor.backward(retain_graph=True)
        self.actor_optimizer.step()

        # 更新评论者
        pred_tensor = self.critic_net(state_tensor)
        critic_loss_tensor = self.critic_loss(pred_tensor, target_tensor)
        self.critic_optimizer.zero_grad()
        critic_loss_tensor.backward()
        self.critic_optimizer.step()

agent = AdvantageActorCriticAgent(env)
```

代码清单 8-5 和代码清单 8-6 给出了带资格迹的执行者/评论者算法。这里的资格迹使用了累积迹。

代码清单 8-5　带资格迹的执行者/评论者(TensorFlow 版本)

代码文件名：Acrobot-v1_EligibilityTraceAC_tf.ipynb。

```
class ElibilityTraceActorCriticAgent:
    def __init__(self, env):
        self.action_n = env.action_space.n
        self.gamma = 0.99
        self.actor_lambda = 0.9
        self.critic_lambda = 0.9

        self.actor_net = self.build_net(
                input_size=env.observation_space.shape[0],
                hidden_sizes=[100,],
                output_size=self.action_n, output_activation=nn.softmax,
                loss = losses.categorical_crossentropy, learning_rate=0.0001)
        self.critic_net = self.build_net(
                input_size=env.observation_space.shape[0],
                hidden_sizes=[100,],
                learning_rate=0.0002)

    def build_net(self, input_size, hidden_sizes, output_size=1,
                activation=nn.relu, output_activation=None,
                loss=losses.mse, learning_rate=0.001):
        model = keras.Sequential()
        for layer, hidden_size in enumerate(hidden_sizes):
            kwargs = {'input_shape': (input_size,)} if layer == 0 else {}
            model.add(layers.Dense(units=hidden_size, activation=activation,
                    **kwargs))
        model.add(layers.Dense(units=output_size, activation=output_activation))
        optimizer = optimizers.Adam(learning_rate)
        model.compile(optimizer=optimizer, loss=loss)
        return model

    def reset(self, mode=None):
```

```
        self.mode = mode
        if self.mode == 'train':
            self.trajectory = []
            self.discount = 1.
            self.actor_trace_tensors = [0. * weight for weight in
                    self.actor_net.get_weights()]
            self.critic_trace_tensors = [0. * weight for weight in
                    self.critic_net.get_weights()]

    def step(self, observation, reward, terminated):
        probs = self.actor_net.predict(observation[np.newaxis], verbose=0)[0]
        action = np.random.choice(self.action_n, p=probs)
        if self.mode == 'train':
            self.trajectory += [observation, reward, terminated, action]
            if len(self.trajectory) >= 8:
                self.learn()
            self.discount *= self.gamma
        return action

    def close(self):
        pass

    def learn(self):
        state, _, _, action, next_state, reward, terminated, _ = \
                self.trajectory[-8:]
        states = state[np.newaxis]
        q = self.critic_net.predict(states, verbose = 0)[0, 0]
        next_v = self.critic_net.predict(next_state[np.newaxis], verbose=0)[0, 0]
        target = reward + (1. - terminated) * self.gamma * next_v
        td_error = target - q

        # 更新执行者
        state_tensor = tf.convert_to_tensor(states, dtype=tf.float32)
        with tf.GradientTape() as tape:
            pi_tensor = self.actor_net(state_tensor)[0, action]
            logpi_tensor = tf.math.log(tf.clip_by_value(pi_tensor, 1e-6, 1.))
        grad_tensors = tape.gradient(logpi_tensor, self.actor_net.variables)
        self.actor_trace_tensors = [self.gamma * self.actor_lambda * trace +
                self.discount * grad for trace, grad in
                zip(self.actor_trace_tensors, grad_tensors)]
        actor_grads = [-td_error * trace for trace in self.actor_trace_tensors]
        actor_grads_and_vars = tuple(zip(actor_grads, self.actor_net.variables))
        self.actor_net.optimizer.apply_gradients(actor_grads_and_vars)

        # 更新评论者
        with tf.GradientTape() as tape:
            v_tensor = self.critic_net(state_tensor)[0, 0]
        grad_tensors = tape.gradient(v_tensor, self.critic_net.variables)
        self.critic_trace_tensors = [self.gamma * self.critic_lambda * trace +
                gradfor trace, grad in
                zip(self.critic_trace_tensors, grad_tensors)]
        critic_grads = [-td_error * trace for trace in self.critic_trace_tensors]
```

```
        critic_grads_and_vars = tuple(zip(critic_grads,
                self.critic_net.variables))
        self.critic_net.optimizer.apply_gradients(critic_grads_and_vars)

agent = ElibilityTraceActorCriticAgent(env)
```

代码清单 8-6 带资格迹的执行者/评论者(PyTorch 版本)

代码文件名: Acrobot-v1_EligibilityTraceAC_torch.ipynb。

```
class ElibilityTraceActorCriticAgent:
    def __init__(self, env):
        self.action_n = env.action_space.n
        self.gamma = 0.99
        self.actor_lambda = 0.9
        self.critic_lambda = 0.9

        self.actor_net = self.build_net(
                input_size=env.observation_space.shape[0],
                hidden_sizes=[100,],
                output_size=env.action_space.n, output_activator=nn.Softmax(1))
        self.actor_optimizer = optim.Adam(self.actor_net.parameters(), 0.0001)
        self.actor_trace = copy.deepcopy(self.actor_net)

        self.critic_net = self.build_net(
                input_size=env.observation_space.shape[0],
                hidden_sizes=[100,], output_size=self.action_n)
        self.critic_optimizer = optim.Adam(self.critic_net.parameters(), 0.0002)
        self.critic_loss = nn.MSELoss()
        self.critic_trace = copy.deepcopy(self.critic_net)

    def build_net(self, input_size, hidden_sizes, output_size,
            output_activator = None):
        layers = []
        for input_size, output_size in zip(
                [input_size,] + hidden_sizes, hidden_sizes + [output_size,]):
            layers.append(nn.Linear(input_size, output_size))
            layers.append(nn.ReLU())
        layers = layers[:-1]
        if output_activator:
            layers.append(output_activator)
        net = nn.Sequential(*layers)
        return net

    def reset(self, mode=None):
        self.mode = mode
        if self.mode == 'train':
            self.trajectory = []
            self.discount = 1.

            def weights_init(m):
                if isinstance(m, nn.Linear):
```

```
                init.zeros_(m.weight)
                init.zeros_(m.bias)
        self.actor_trace.apply(weights_init)
        self.critic_trace.apply(weights_init)

    def step(self, observation, reward, terminated):
        state_tensor = torch.as_tensor(observation, dtype=torch.float).unsqueeze(0)
        prob_tensor = self.actor_net(state_tensor)
        action_tensor = distributions.Categorical(prob_tensor).sample()
        action = action_tensor.numpy()[0]
        if self.mode == 'train':
            self.trajectory += [observation, reward, terminated, action]
            if len(self.trajectory) >= 8:
                self.learn()
            self.discount *= self.gamma
        return action

    def close(self):
        pass

    def update_net(self, target_net, evaluate_net, target_weight, evaluate_weight):
        for target_param, evaluate_param in zip(
                target_net.parameters(), evaluate_net.parameters()):
            target_param.data.copy_(evaluate_weight*evaluate_param.data
                    + target_weight * target_param.data)

    def learn(self):
        state, _, _, action, next_state, reward, terminated, next_action = \
                self.trajectory[-8:]
        state_tensor = torch.as_tensor(state, dtype = torch.float).unsqueeze(0)
        next_state_tensor = torch.as_tensor(state, dtype = torch.float).unsqueeze(0)

        pred_tensor = self.critic_net(state_tensor)
        pred = pred_tensor.detach().numpy()[0, 0]
        next_v_tesnor = self.critic_net(next_state_tensor)
        next_v = next_v_tesnor.detach().numpy()[0, 0]
        target = reward + (1. - terminated) * self.gamma * next_v
        td_error = target - pred

        # 更新执行者
        pi_tensor = self.actor_net(state_tensor)[0, action]
        logpi_tensor = torch.log(torch.clamp(pi_tensor, 1e-6, 1.))
        self.actor_optimizer.zero_grad()
        logpi_tensor.backward(retain_graph=True)
        for param, trace in zip(self.actor_net.parameters(),
                self.actor_trace.parameters()):
            trace.data.copy_(self.gamma * self.actor_lambda * trace.data + \
                    self.discount * param.grad)
            param.grad.copy_(-td_error * trace)
        self.actor_optimizer.step()

        # 更新评论者
```

```
        v_tensor = self.critic_net(state_tensor)[0, 0]
        self.critic_optimizer.zero_grad()
        v_tensor.backward()
        for param, trace in zip(self.critic_net.parameters(),
                self.critic_trace.parameters()):
            trace.data.copy_(self.gamma * self.critic_lambda * trace.data +
                    param.grad)
            param.grad.copy_(-td_error * trace)
        self.critic_optimizer.step()

agent = ElibilityTraceActorCriticAgent(env)
```

8.6.2 用基于代理优势的同策算法求解最优策略

接下来来看邻近策略优化算法。我们这里使用带同策经验回放的邻近策略优化算法，经验回放的逻辑由代码清单 8-7 实现。由于邻近策略优化是同策算法，所以一个经验回放类 PPOReplayer 对象里的所有经验都是同一个策略生成的。策略改进后，需要重新建一个新的对象。

代码清单 8-7　邻近策略优化的经验回放类

代码文件名：Acrobot-v1_PPO_tf.ipynb。

```
class PPOReplayer:
    def __init__(self):
        self.fields = ['state', 'action', 'prob', 'advantage', 'return']
        self.memory = pd.DataFrame(columns=self.fields)

    def store(self, df):
        self.memory = pd.concat([self.memory, df[self.fields]], ignore_index=True)

    def sample(self, size):
        indices = np.random.choice(self.memory.shape[0], size=size)
        return (np.stack(self.memory.loc[indices, field]) for field in
                self.fields)
```

代码清单 8-8 和代码清单 8-9 给出了邻近策略优化算法的智能体。智能体在学习时，可以多次进行经验回放，这样可以更充分地利用已有经验。训练和测试智能体的代码用代码清单 5-3 和代码清单 1-4。

代码清单 8-8　邻近策略优化算法智能体（TensorFlow 版本）

代码文件名：Acrobot-v1_PPO_tf.ipynb。

```
class PPOAgent:
    def __init__(self, env):
        self.action_n = env.action_space.n
        self.gamma = 0.99
```

```
        self.replayer = PPOReplayer()

        self.actor_net = self.build_net(hidden_sizes=[100,],
                output_size=self.action_n, output_activation=nn.softmax,
                learning_rate=0.001)
        self.critic_net = self.build_net(hidden_sizes=[100,],
                learning_rate=0.002)

    def build_net(self, input_size=None, hidden_sizes=None, output_size=1,
                activation=nn.relu, output_activation=None,
                loss=losses.mse, learning_rate=0.001):
        model = keras.Sequential()
        for hidden_size in hidden_sizes:
            model.add(layers.Dense(units=hidden_size,
                    activation=activation))
        model.add(layers.Dense(units=output_size,
                activation = output_activation))
        optimizer = optimizers.Adam(learning_rate)
        model.compile(optimizer=optimizer, loss=loss)
        return model

    def reset(self, mode=None):
        self.mode = mode
        if self.mode == 'train':
            self.trajectory = []

    def step(self, observation, reward, terminated):
        probs = self.actor_net.predict(observation[np.newaxis], verbose=0)[0]
        action = np.random.choice(self.action_n, p=probs)
        if self.mode == 'train':
            self.trajectory += [observation, reward, terminated, action]
        return action

    def close(self):
        if self.mode == 'train':
            self.save_trajectory_to_replayer()
            if len(self.replayer.memory) >= 1000:
                for batch in range(5):  # 学习多次
                    self.learn()
                self.replayer = PPOReplayer()  # 策略变化后清空

    def save_trajectory_to_replayer(self):
        df = pd.DataFrame(
                np.array(self.trajectory, dtype=object).reshape(-1, 4),
                columns=['state', 'reward', 'terminated', 'action'], dtype=object)
        states = np.stack(df['state'])
        df['v'] = self.critic_net.predict(states, verbose=0)
        pis = self.actor_net.predict(states, verbose=0)
        df['prob'] = [pi[action] for pi, action in zip(pis, df['action'])]
        df['next_v'] = df['v'].shift(-1).fillna(0.)
        df['u'] = df['reward'] + self.gamma * df['next_v']
        df['delta'] = df['u'] - df['v']
```

```
        df['advantage'] = signal.lfilter([1.,], [1., -self.gamma],
                df['delta'][::-1])[::-1]
        df['return'] = signal.lfilter([1.,], [1., -self.gamma],
                df['reward'][::-1])[::-1]
        self.replayer.store(df)

    def learn(self):
        states, actions, old_pis, advantages, returns = \
                self.replayer.sample(size=64)
        state_tensor = tf.convert_to_tensor(states, dtype=tf.float32)
        action_tensor = tf.convert_to_tensor(actions, dtype=tf.int32)
        old_pi_tensor = tf.convert_to_tensor(old_pis, dtype=tf.float32)
        advantage_tensor = tf.convert_to_tensor(advantages, dtype=tf.float32)

        # 更新执行者
        with tf.GradientTape() as tape:
            all_pi_tensor = self.actor_net(state_tensor)
            pi_tensor = tf.gather(all_pi_tensor, action_tensor, batch_dims=1)
            surrogate_advantage_tensor = (pi_tensor / old_pi_tensor) * \
                    advantage_tensor
            clip_times_advantage_tensor = 0.1 * surrogate_advantage_tensor
            max_surrogate_advantage_tensor = advantage_tensor + \
                    tf.where(advantage_tensor > 0.,
                    clip_times_advantage_tensor, -clip_times_advantage_tensor)
            clipped_surrogate_advantage_tensor = tf.minimum(
                    surrogate_advantage_tensor, max_surrogate_advantage_tensor)
            loss_tensor = -tf.reduce_mean(clipped_surrogate_advantage_tensor)
        actor_grads = tape.gradient(loss_tensor, self.actor_net.variables)
        self.actor_net.optimizer.apply_gradients(
                zip(actor_grads, self.actor_net.variables))

        # 更新评论者
        self.critic_net.fit(states, returns, verbose=0)

agent = PPOAgent(env)
```

代码清单 8-9　邻近策略优化算法智能体(PyTorch 版本)

代码文件名：Acrobot-v1_PPO_torch.ipynb。

```
class PPOAgent:
    def __init__(self, env):
        self.gamma = 0.99

        self.replayer = PPOReplayer()

        self.actor_net = self.build_net(
                input_size=env.observation_space.shape[0],
                hidden_sizes=[100,],
                output_size=env.action_space.n, output_activator=nn.Softmax(1))
        self.actor_optimizer = optim.Adam(self.actor_net.parameters(), 0.001)
        self.critic_net = self.build_net(
```

```
                input_size = env.observation_space.shape[0],
                hidden_sizes = [100,])
        self.critic_optimizer = optim.Adam(self.critic_net.parameters(), 0.002)
        self.critic_loss = nn.MSELoss()

    def build_net(self, input_size, hidden_sizes, output_size=1,
            output_activator=None):
        layers = []
        for input_size, output_size in zip(
                [input_size,] + hidden_sizes, hidden_sizes + [output_size,]):
            layers.append(nn.Linear(input_size, output_size))
            layers.append(nn.ReLU())
        layers = layers[:-1]
        if output_activator:
            layers.append(output_activator)
        net = nn.Sequential(*layers)
        return net

    def reset(self, mode = None):
        self.mode = mode
        if self.mode == 'train':
            self.trajectory = []

    def step(self, observation, reward, terminated):
        state_tensor = torch.as_tensor(observation, dtype=torch.float).unsqueeze(0)
        prob_tensor = self.actor_net(state_tensor)
        action_tensor = distributions.Categorical(prob_tensor).sample()
        action = action_tensor.numpy()[0]
        if self.mode == 'train':
            self.trajectory += [observation, reward, terminated, action]
        return action

    def close(self):
        if self.mode == 'train':
            self.save_trajectory_to_replayer()
            if len(self.replayer.memory) >= 1000:
                for batch in range(5):  # 学习多次
                    self.learn()
                self.replayer = PPOReplayer()  # 策略变化后清空

    def save_trajectory_to_replayer(self):
        df = pd.DataFrame(
                np.array(self.trajectory, dtype = object).reshape(-1, 4),
                columns = ['state', 'reward', 'terminated', 'action'])
        state_tensor = torch.as_tensor(np.stack(df['state']), dtype=torch.float)
        action_tensor = torch.as_tensor(df['action'], dtype=torch.long)
        v_tensor = self.critic_net(state_tensor)
        df['v'] = v_tensor.detach().numpy()
        prob_tensor = self.actor_net(state_tensor)
        pi_tensor = prob_tensor.gather(-1, action_tensor.unsqueeze(1)).squeeze(1)
        df['prob'] = pi_tensor.detach().numpy()
        df['next_v'] = df['v'].shift(-1).fillna(0.)
```

```
        df['u'] = df['reward'] + self.gamma * df['next_v']
        df['delta'] = df['u'] - df['v']
        df['advantage'] = signal.lfilter([1.,], [1.,- self.gamma],
                df['delta'][:: -1])[:: -1]
        df['return'] = signal.lfilter([1.,], [1.,- self.gamma],
                df['reward'][:: -1])[:: -1]
        self.replayer.store(df)

    def learn(self):
        states, actions, old_pis, advantages, returns = \
                self.replayer.sample(size=64)
        state_tensor = torch.as_tensor(states, dtype=torch.float)
        action_tensor = torch.as_tensor(actions, dtype=torch.long)
        old_pi_tensor = torch.as_tensor(old_pis, dtype=torch.float)
        advantage_tensor = torch.as_tensor(advantages, dtype=torch.float)
        return_tensor = torch.as_tensor(returns, dtype=torch.float).unsqueeze(1)

        # 更新执行者
        all_pi_tensor = self.actor_net(state_tensor)
        pi_tensor = all_pi_tensor.gather(1, action_tensor.unsqueeze(1)).squeeze(1)
        surrogate_advantage_tensor = (pi_tensor / old_pi_tensor) * \
                advantage_tensor
        clip_times_advantage_tensor = 0.1 * surrogate_advantage_tensor
        max_surrogate_advantage_tensor = advantage_tensor + \
                torch.where(advantage_tensor > 0.,
                clip_times_advantage_tensor, - clip_times_advantage_tensor)
        clipped_surrogate_advantage_tensor = torch.min(
                surrogate_advantage_tensor, max_surrogate_advantage_tensor)
        actor_loss_tensor = - clipped_surrogate_advantage_tensor.mean()
        self.actor_optimizer.zero_grad()
        actor_loss_tensor.backward()
        self.actor_optimizer.step()

        # 更新评论者
        pred_tensor = self.critic_net(state_tensor)
        critic_loss_tensor = self.critic_loss(pred_tensor, return_tensor)
        self.critic_optimizer.zero_grad()
        critic_loss_tensor.backward()
        self.critic_optimizer.step()

agent = PPOAgent(env)
```

8.6.3 用自然策略梯度和信赖域算法求解最优策略

本节实现自然策略梯度算法和信赖域算法。

我们使用共轭梯度算法来求解线性方程组 $\mathbf{F}\mathbf{x}=\mathbf{g}$。代码清单 8-10 和代码清单 8-11 给出了用共轭梯度算法求解线性方程组的代码。它们设置初始值 $\mathbf{x}_0 \leftarrow \mathbf{0}$。迭代 10 次，`rho` 小于阈值 `tol` 时提前退出。函数同时返回解 $\mathbf{x}$ 和函数的值 $\mathbf{F}\mathbf{x}$。

代码清单 8-10　计算共轭梯度(TensorFlow 版本)

代码文件名：Acrobot-v1_NPG_tf.ipynb。

```
def conjugate_gradient(f, b, iter_count=10, epsilon=1e-12, tol=1e-6):
    x = b * 0.
    r = tf.identity(b)
    p = tf.identity(b)
    rho = tf.reduce_sum(r * r)
    for i in range(iter_count):
        z = f(p)
        alpha = rho / (tf.reduce_sum(p*z) + epsilon)
        x += alpha * p
        r -= alpha * z
        rho_new = tf.reduce_sum(r*r)
        p = r + (rho_new / rho) * p
        rho = rho_new
        if rho < tol:
            break
    return x, f(x)
```

代码清单 8-11　计算共轭梯度(PyTorch 版本)

代码文件名：Acrobot-v1_NPG_torch.ipynb。

```
def conjugate_gradient(f, b, iter_count=10, epsilon=1e-12, tol=1e-6):
    x = b * 0.
    r = b.clone()
    p = b.clone()
    rho = torch.dot(r, r)
    for i in range(iter_count):
        z = f(p)
        alpha = rho / (torch.dot(p, z) + epsilon)
        x += alpha * p
        r -= alpha * z
        rho_new = torch.dot(r, r)
        p = r + (rho_new / rho) * p
        rho = rho_new
        if rho < tol:
            break
    return x, f(x)
```

代码清单 8-12 和代码清单 8-13 给出了自然策略梯度算法的智能体。智能体类的成员函数 learn()负责训练。其中，训练执行者参数的代码比较复杂。训练执行者参数的代码整理成了如下四块：① 估计 KL 散度的梯度。② 利用共轭梯度算法计算 $\boldsymbol{x}$ 和 $\boldsymbol{Fx}$。其中，实现了辅助函数 f()，输入是向量 $\boldsymbol{x}$，输出是 $\boldsymbol{Fx}$。函数 f()内部通过两次求梯度，估计了 Fisher 信息矩阵。将函数 f()与共轭梯度算法(代码清单 8-10 和代码清单 8-11)联合使用，求得 $\boldsymbol{x}$ 和 $\boldsymbol{Fx}$。③ 利用 $\boldsymbol{x}$ 和 $\boldsymbol{Fx}$ 求得自然梯度。这三块代码对应算法 8-9 的 2.2 步。④ 利用自然梯度更新执行者参数。这块代码对应算法 8-9 的 2.3 步。

代码清单 8-12　自然策略梯度算法智能体(TensorFlow 版本)

代码文件名：Acrobot-v1_NPG_tf.ipynb。

```
class NPGAgent:
    def __init__(self, env):
        self.action_n = env.action_space.n
        self.gamma = 0.99

        self.replayer = PPOReplayer()
        self.trajectory = []

        self.max_kl = 0.0005
        self.actor_net = self.build_net(hidden_sizes=[100,],
                output_size = self.action_n, output_activation=nn.softmax)
        self.critic_net = self.build_net(hidden_sizes=[100,],
                learning_rate = 0.002)

    def build_net(self, input_size=None, hidden_sizes=None, output_size=1,
                activation=nn.relu, output_activation=None,
                loss=losses.mse, learning_rate=0.001):
        model = keras.Sequential()
        for hidden_size in hidden_sizes:
            model.add(layers.Dense(units=hidden_size,
                    activation=activation))
        model.add(layers.Dense(units=output_size,
                activation=output_activation))
        optimizer = optimizers.Adam(learning_rate)
        model.compile(optimizer = optimizer, loss=loss)
        return model

    def reset(self, mode=None):
        self.mode = mode
        if self.mode == 'train':
            self.trajectory = []

    def step(self, observation, reward, terminated):
        probs = self.actor_net.predict(observation[np.newaxis], verbose=0)[0]
        action = np.random.choice(self.action_n, p=probs)
        if self.mode == 'train':
            self.trajectory += [observation, reward, terminated, action]
        return action

    def close(self):
        if self.mode == 'train':
            self.save_trajectory_to_replayer()
            if len(self.replayer.memory) >= 1000:
                for batch in range(5):  # 学习多次
                    self.learn()
                self.replayer = PPOReplayer()  # 策略变化后清空

    def save_trajectory_to_replayer(self):
        df = pd.DataFrame(
```

```
            np.array(self.trajectory, dtype=object).reshape(-1, 4),
            columns=['state', 'reward', 'terminated', 'action'], dtype=object)
    states = np.stack(df['state'])
    df['v'] = self.critic_net.predict(states, verbose=0)
    pis = self.actor_net.predict(states, verbose=0)
    df['prob'] = [pi[action] for pi, action in zip(pis, df['action'])]
    df['next_v'] = df['v'].shift(-1).fillna(0.)
    df['u'] = df['reward'] + self.gamma * df['next_v']
    df['delta'] = df['u'] - df['v']
    df['advantage'] = signal.lfilter([1.,], [1., -self.gamma],
            df['delta'][::-1])[::-1]
    df['return'] = signal.lfilter([1.,], [1., -self.gamma],
            df['reward'][::-1])[::-1]
    self.replayer.store(df)

def learn(self):
    states, actions, old_pis, advantages, returns = \
            self.replayer.sample(size=64)
    state_tensor = tf.convert_to_tensor(states, dtype=tf.float32)
    action_tensor = tf.convert_to_tensor(actions, dtype=tf.int32)
    old_pi_tensor = tf.convert_to_tensor(old_pis, dtype=tf.float32)
    advantage_tensor = tf.convert_to_tensor(advantages, dtype=tf.float32)

    # 更新执行者
    # ... 计算 KL 散度的一阶梯度:g
    with tf.GradientTape() as tape:
        all_pi_tensor = self.actor_net(state_tensor)
        pi_tensor = tf.gather(all_pi_tensor, action_tensor, batch_dims=1)
        surrogate_tensor = (pi_tensor / old_pi_tensor)*advantage_tensor
    actor_grads = tape.gradient(surrogate_tensor, self.actor_net.variables)
    loss_grad = tf.concat([tf.reshape(grad, (-1,)) for grad in actor_grads],
            axis = 0)

    # ... 计算共轭梯度:Fx = g
    def f(x): # 计算 Fx
        with tf.GradientTape() as tape2: # 二阶梯度
            with tf.GradientTape() as tape1: # 一阶梯度
                prob_tensor = self.actor_net(state_tensor)
                prob_old_tensor = tf.stop_gradient(prob_tensor)
                kld_tensor = tf.reduce_sum(prob_old_tensor * (tf.math.log(
                        prob_old_tensor) - tf.math.log(prob_tensor)), axis=1)
                kld_loss_tensor = tf.reduce_mean(kld_tensor)
            grads = tape1.gradient(kld_loss_tensor, self.actor_net.variables)
            flatten_grad_tensor = tf.concat(
                    [tf.reshape(grad, (-1,)) for grad in grads], axis=-1)
            grad_matmul_x = tf.tensordot(flatten_grad_tensor, x,
                    axes = [[-1], [-1]])
        grad_grads = tape2.gradient(grad_matmul_x, self.actor_net.variables)
        flatten_grad_grad = tf.stop_gradient(tf.concat(
                [tf.reshape(grad_grad, (-1,)) for grad_grad in grad_grads],
                axis = -1))
        fx = flatten_grad_grad + x * 1e-2
```

```
            return fx
        x, fx = conjugate_gradient(f, loss_grad)

        # ... 计算自然梯度
        natural_gradient_tensor = tf.sqrt(2 * self.max_kl /
                tf.reduce_sum(fx * x))*x
        # ....... 将扁平化的梯度组织为不扁平化的版本
        flatten_natural_gradient = natural_gradient_tensor.numpy()
        weights = []
        begin = 0
        for weight in self.actor_net.get_weights():
            end = begin + weight.size
            weight += flatten_natural_gradient[begin:end].reshape(weight.shape)
            weights.append(weight)
            begin = end
        self.actor_net.set_weights(weights)

        # 更新评论者
        self.critic_net.fit(states, returns, verbose=0)

agent = NPGAgent(env)
```

代码清单 8-13 自然策略梯度算法智能体（PyTorch 版本）

代码文件名：Acrobot-v1_NPG_torch.ipynb。

```
class NPGAgent:
    def __init__(self, env):
        self.gamma = 0.99

        self.replayer = PPOReplayer()
        self.trajectory = []

        self.actor_net = self.build_net(
                input_size=env.observation_space.shape[0],
                hidden_sizes=[100,],
                output_size=env.action_space.n, output_activator=nn.Softmax(1))
        self.max_kl = 0.001
        self.critic_net = self.build_net(
                input_size = env.observation_space.shape[0],
                hidden_sizes = [100,])
        self.critic_optimizer = optim.Adam(self.critic_net.parameters(), 0.002)
        self.critic_loss = nn.MSELoss()

    def build_net(self, input_size, hidden_sizes, output_size=1,
            output_activator=None):
        layers = []
        for input_size, output_size in zip(
                [input_size,] + hidden_sizes, hidden_sizes + [output_size,]):
            layers.append(nn.Linear(input_size, output_size))
            layers.append(nn.ReLU())
        layers = layers[:-1]
```

```
        if output_activator:
            layers.append(output_activator)
        net = nn.Sequential(*layers)
        return net

    def reset(self, mode=None):
        self.mode = mode
        if self.mode == 'train':
            self.trajectory = []

    def step(self, observation, reward, terminated):
        state_tensor = torch.as_tensor(observation, dtype=torch.float).unsqueeze(0)
        prob_tensor = self.actor_net(state_tensor)
        action_tensor = distributions.Categorical(prob_tensor).sample()
        action = action_tensor.numpy()[0]
        if self.mode == 'train':
            self.trajectory += [observation, reward, terminated, action]
        return action

    def close(self):
        if self.mode == 'train':
            self.save_trajectory_to_replayer()
            if len(self.replayer.memory) >= 1000:
                for batch in range(5): # 学习多次
                    self.learn()
                self.replayer = PPOReplayer()  # 策略变化后清空

    def save_trajectory_to_replayer(self):
        df = pd.DataFrame(
                np.array(self.trajectory, dtype = object).reshape(-1, 4),
                columns = ['state', 'reward', 'terminated', 'action'])
        state_tensor = torch.as_tensor(np.stack(df['state']), dtype=torch.float)
        action_tensor = torch.as_tensor(df['action'], dtype=torch.long)
        v_tensor = self.critic_net(state_tensor)
        df['v'] = v_tensor.detach().numpy()
        prob_tensor = self.actor_net(state_tensor)
        pi_tensor = prob_tensor.gather(-1, action_tensor.unsqueeze(1)).squeeze(1)
        df['prob'] = pi_tensor.detach().numpy()
        df['next_v'] = df['v'].shift(-1).fillna(0.)
        df['u'] = df['reward'] + self.gamma * df['next_v']
        df['delta'] = df['u'] - df['v']
        df['advantage'] = signal.lfilter([1.,], [1., -self.gamma],
                df['delta'][::-1])[::-1]
        df['return'] = signal.lfilter([1.,], [1., -self.gamma],
                df['reward'][::-1])[::-1]
        self.replayer.store(df)

    def learn(self):
        states, actions, old_pis, advantages, returns = \
                self.replayer.sample(size = 64)
        state_tensor = torch.as_tensor(states, dtype=torch.float)
        action_tensor = torch.as_tensor(actions, dtype=torch.long)
```

```
        old_pi_tensor = torch.as_tensor(old_pis, dtype=torch.float)
        advantage_tensor = torch.as_tensor(advantages, dtype=torch.float)
        return_tensor = torch.as_tensor(returns, dtype=torch.float).unsqueeze(1)

        # 更新执行者
        # ... 计算 KL 散度的一阶梯度:g
        all_pi_tensor = self.actor_net(state_tensor)
        pi_tensor = all_pi_tensor.gather(1, action_tensor.unsqueeze(1)).squeeze(1)
        surrogate_tensor = (pi_tensor / old_pi_tensor) * advantage_tensor
        loss_tensor = surrogate_tensor.mean()
        loss_grads = autograd.grad(loss_tensor, self.actor_net.parameters())
        loss_grad = torch.cat([grad.view(-1) for grad in loss_grads]).detach()
                # 将梯度扁平化以便于后续计算共轭梯度

        # ... 计算共轭梯度:Fx = g
        def f(x):  # 计算 Fx
            prob_tensor = self.actor_net(state_tensor)
            prob_old_tensor = prob_tensor.detach()
            kld_tensor = (prob_old_tensor * (torch.log((prob_old_tensor /
                    prob_tensor).clamp(1e-6, 1e6)))).sum(axis=1)
            kld_loss_tensor = kld_tensor.mean()
            grads = autograd.grad(kld_loss_tensor, self.actor_net.parameters(),
                    create_graph = True)
            flatten_grad_tensor = torch.cat([grad.view(-1) for grad in grads])
            grad_matmul_x = torch.dot(flatten_grad_tensor, x)
            grad_grads = autograd.grad(grad_matmul_x, self.actor_net.parameters())
            flatten_grad_grad = torch.cat([grad.contiguous().view(-1) for grad
                in grad_grads]).detach()
            fx = flatten_grad_grad + x * 1e-2
            return fx
        x, fx = conjugate_gradient(f, loss_grad)

        # ... 计算自然梯度:sqrt(...) g
        natural_gradient = torch.sqrt(2 * self.max_kl / torch.dot(fx, x)) * x

        # ... 更新执行者网络
        begin = 0
        for param in self.actor_net.parameters():
            end = begin + param.numel()
            param.data.copy_(natural_gradient[begin:end].view(param.size()) +
                    param.data)
            begin = end

        # 更新评论者
        pred_tensor = self.critic_net(state_tensor)
        critic_loss_tensor = self.critic_loss(pred_tensor, return_tensor)
        self.critic_optimizer.zero_grad()
        critic_loss_tensor.backward()
        self.critic_optimizer.step()

agent = NPGAgent(env)
```

代码清单 8-14 和代码清单 8-15 给出了信赖域策略优化算法的智能体。它们和代码清单 8-12 和代码清单 8-13 相比，只是在得到自然梯度后如何更新执行者参数上有所不同。

代码清单 8-14 信赖域策略优化算法智能体（TensorFlow 版本）

代码文件名：Acrobot-v1_TRPO_tf.ipynb。

```
class TRPOAgent:
    def __init__(self, env):
        self.action_n = env.action_space.n
        self.gamma = 0.99

        self.replayer = PPOReplayer()
        self.trajectory = []

        self.max_kl = 0.01
        self.actor_net = self.build_net(hidden_sizes = [100,],
                output_size = self.action_n, output_activation = nn.softmax)
        self.critic_net = self.build_net(hidden_sizes = [100,],
                learning_rate = 0.002)

    def build_net(self, input_size=None, hidden_sizes=None, output_size=1,
                activation=nn.relu, output_activation=None,
                loss=losses.mse, learning_rate=0.001):
        model = keras.Sequential()
        for hidden_size in hidden_sizes:
            model.add(layers.Dense(units=hidden_size,
                    activation = activation))
        model.add(layers.Dense(units=output_size,
                activation=output_activation))
        optimizer = optimizers.Adam(learning_rate)
        model.compile(optimizer=optimizer, loss=loss)
        return model

    def reset(self, mode = None):
        self.mode = mode
        if self.mode == 'train':
            self.trajectory = []

    def step(self, observation, reward, terminated):
        probs = self.actor_net.predict(observation[np.newaxis], verbose=0)[0]
        action = np.random.choice(self.action_n, p=probs)
        if self.mode == 'train':
            self.trajectory += [observation, reward, terminated, action]
        return action

    def close(self):
        if self.mode == 'train':
            self.save_trajectory_to_replayer()
            if len(self.replayer.memory) >= 1000:
                for batch in range(5):  # 学习多次
                    self.learn()
```

```
            self.replayer = PPOReplayer() # 策略变化后清空

    def save_trajectory_to_replayer(self):
        df = pd.DataFrame(
                np.array(self.trajectory, dtype = object).reshape(-1, 4),
                columns = ['state', 'reward', 'terminated', 'action'], dtype = object)
        states = np.stack(df['state'])
        df['v'] = self.critic_net.predict(states, verbose = 0)
        pis = self.actor_net.predict(states, verbose = 0)
        df['prob'] = [pi[action] for pi, action in zip(pis, df['action'])]
        df['next_v'] = df['v'].shift(-1).fillna(0.)
        df['u'] = df['reward'] + self.gamma * df['next_v']
        df['delta'] = df['u'] - df['v']
        df['advantage'] = signal.lfilter([1.,], [1., -self.gamma],
                df['delta'][::-1])[::-1]
        df['return'] = signal.lfilter([1.,], [1., -self.gamma],
                df['reward'][::-1])[::-1]
        self.replayer.store(df)

    def learn(self):
        states, actions, old_pis, advantages, returns = \
                self.replayer.sample(size = 64)
        state_tensor = tf.convert_to_tensor(states, dtype=tf.float32)
        action_tensor = tf.convert_to_tensor(actions, dtype=tf.int32)
        old_pi_tensor = tf.convert_to_tensor(old_pis, dtype=tf.float32)
        advantage_tensor = tf.convert_to_tensor(advantages, dtype=tf.float32)

        # 更新执行者
        # ... 计算 KL 散度的一阶梯度:g
        with tf.GradientTape() as tape:
            all_pi_tensor = self.actor_net(state_tensor)
            pi_tensor = tf.gather(all_pi_tensor, action_tensor, batch_dims=1)
            surrogate_tensor = (pi_tensor / old_pi_tensor) * advantage_tensor
        actor_grads = tape.gradient(surrogate_tensor, self.actor_net.variables)
        loss_grad = tf.concat([tf.reshape(grad, (-1,)) for grad in actor_grads],
                axis = 0)

        # ... 计算共轭梯度:Fx = g
        def f(x): # 计算 Fx
            with tf.GradientTape() as tape2: # 二阶梯度
                with tf.GradientTape() as tape1: # 一阶梯度
                    prob_tensor = self.actor_net(state_tensor)
                    prob_old_tensor = tf.stop_gradient(prob_tensor)
                    kld_tensor = tf.reduce_sum(prob_old_tensor * (tf.math.log(
                            prob_old_tensor) - tf.math.log(prob_tensor)), axis = 1)
                    kld_loss_tensor = tf.reduce_mean(kld_tensor)
                grads = tape1.gradient(kld_loss_tensor, self.actor_net.variables)
                flatten_grad_tensor = tf.concat(
                [tf.reshape(grad, (-1,)) for grad in grads], axis=-1)
                grad_matmul_x = tf.tensordot(flatten_grad_tensor, x,
                        axes=[[-1], [-1]])
            grad_grads = tape2.gradient(grad_matmul_x, self.actor_net.variables)
```

```
        flatten_grad_grad = tf.stop_gradient(tf.concat(
                [tf.reshape(grad_grad, (-1,)) for grad_grad in grad_grads],
                axis=-1))
        fx = flatten_grad_grad + x * 1e-2
        return fx
    x, fx = conjugate_gradient(f, loss_grad)

    # ... 计算自然梯度
    natural_gradient_tensor = tf.sqrt(2*self.max_kl /
            tf.reduce_sum(fx * x)) * x
    # ....... 将扁平化的梯度组织为不扁平化的版本
    flatten_natural_gradient = natural_gradient_tensor.numpy()
    natural_grads = []
    begin = 0
    for weight in self.actor_net.get_weights():
        end = begin + weight.size
        natural_grad = flatten_natural_gradient[begin:end].reshape(
                weight.shape)
        natural_grads.append(natural_grad)
        begin = end

    # ... 搜索
    old_weights = self.actor_net.get_weights()
    expected_improve = tf.reduce_sum(loss_grad *
            natural_gradient_tensor).numpy()
    for learning_step in [0.,] + [.5 ** j for j in range(10)]:
        self.actor_net.set_weights([weight + learning_step * grad
                for weight, grad in zip(old_weights, natural_grads)])
        all_pi_tensor = self.actor_net(state_tensor)
        new_pi_tensor = tf.gather(all_pi_tensor,
                action_tensor[:, np.newaxis], axis=1)[:, 0]
        new_pi_tensor = tf.stop_gradient(new_pi_tensor)
        surrogate_tensor = (new_pi_tensor / pi_tensor)*advantage_tensor
        objective = tf.reduce_sum(surrogate_tensor).numpy()
        if np.isclose(learning_step, 0.):
            old_objective = objective
        else:
            if objective - old_objective > 0.1 * expected_improve *\
                    learning_step:
                break # 成功找到,保存
    else:
        self.actor_net.set_weights(old_weights)

    # 更新评论者
    self.critic_net.fit(states, returns, verbose=0)

agent = TRPOAgent(env)
```

代码清单 8-15 信赖域策略优化算法智能体(PyTorch 版本)

代码文件名：Acrobot-v1_TRPO_torch.ipynb。

```
class TRPOAgent:
    def __init__(self, env):
        self.gamma = 0.99

        self.replayer = PPOReplayer()
        self.trajectory = []

        self.actor_net = self.build_net(input_size=env.observation_space.shape[0],
                hidden_sizes=[100,],
                output_size=env.action_space.n, output_activator=nn.Softmax(1))
        self.max_kl = 0.01
        self.critic_net = self.build_net(input_size=env.observation_space.shape[0],
                hidden_sizes=[100,])
        self.critic_optimizer = optim.Adam(self.critic_net.parameters(), 0.002)
        self.critic_loss = nn.MSELoss()

    def build_net(self, input_size, hidden_sizes, output_size=1,
            output_activator=None):
        layers = []
        for input_size, output_size in zip(
                [input_size,] + hidden_sizes, hidden_sizes + [output_size,]):
            layers.append(nn.Linear(input_size, output_size))
            layers.append(nn.ReLU())
        layers = layers[:-1]
        if output_activator:
            layers.append(output_activator)
        net = nn.Sequential(*layers)
        return net

    def reset(self, mode=None):
        self.mode = mode
        if self.mode == 'train':
            self.trajectory = []

    def step(self, observation, reward, terminated):
        state_tensor = torch.as_tensor(observation, dtype=torch.float).unsqueeze(0)
        prob_tensor = self.actor_net(state_tensor)
        action_tensor = distributions.Categorical(prob_tensor).sample()
        action = action_tensor.numpy()[0]
        if self.mode == 'train':
            self.trajectory += [observation, reward, terminated, action]
        return action

    def close(self):
        if self.mode == 'train':
            self.save_trajectory_to_replayer()
            if len(self.replayer.memory) >= 1000:
                for batch in range(5):  # 学习多次
                    self.learn()
                self.replayer = PPOReplayer()  # 策略变化后清空

    def save_trajectory_to_replayer(self):
```

```
        df = pd.DataFrame(
                np.array(self.trajectory, dtype=object).reshape(-1, 4),
                columns = ['state', 'reward', 'terminated', 'action'])
        state_tensor = torch.as_tensor(np.stack(df['state']), dtype=torch.float)
        action_tensor = torch.as_tensor(df['action'], dtype=torch.long)
        v_tensor = self.critic_net(state_tensor)
        df['v'] = v_tensor.detach().numpy()
        prob_tensor = self.actor_net(state_tensor)
        pi_tensor = prob_tensor.gather(-1, action_tensor.unsqueeze(1)).squeeze(1)
        df['prob'] = pi_tensor.detach().numpy()
        df['next_v'] = df['v'].shift(-1).fillna(0.)
        df['u'] = df['reward'] + self.gamma*df['next_v']
        df['delta'] = df['u'] - df['v']
        df['advantage'] = signal.lfilter([1.,], [1., -self.gamma],
                df['delta'][::-1])[::-1]
        df['return'] = signal.lfilter([1.,], [1., -self.gamma],
                df['reward'][::-1])[::-1]
        self.replayer.store(df)

    def learn(self):
        states, actions, old_pis, advantages, returns = \
                self.replayer.sample(size = 64)
        state_tensor = torch.as_tensor(states, dtype=torch.float)
        action_tensor = torch.as_tensor(actions, dtype=torch.long)
        old_pi_tensor = torch.as_tensor(old_pis, dtype=torch.float)
        advantage_tensor = torch.as_tensor(advantages, dtype=torch.float)
        return_tensor = torch.as_tensor(returns, dtype=torch.float).unsqueeze(1)

        # 更新执行者
        # ... 计算KL散度的一阶梯度:g
        all_pi_tensor = self.actor_net(state_tensor)
        pi_tensor = all_pi_tensor.gather(1, action_tensor.unsqueeze(1)).squeeze(1)
        surrogate_tensor = (pi_tensor / old_pi_tensor) * advantage_tensor
        loss_tensor = surrogate_tensor.mean()
        loss_grads = autograd.grad(loss_tensor, self.actor_net.parameters())
        loss_grad = torch.cat([grad.view(-1) for grad in loss_grads]).detach()
                # 将梯度扁平化以便于后续计算共轭梯度

        # ... 计算共轭梯度:Fx = g
        def f(x):  # 计算Fx
            prob_tensor = self.actor_net(state_tensor)
            prob_old_tensor = prob_tensor.detach()
            kld_tensor = (prob_old_tensor*torch.log(
                    (prob_old_tensor / prob_tensor).clamp(1e-6, 1e6))).sum(axis=1)
            kld_loss_tensor = kld_tensor.mean()
            grads = autograd.grad(kld_loss_tensor, self.actor_net.parameters(),
                    create_graph=True)
            flatten_grad_tensor = torch.cat([grad.view(-1) for grad in grads])
            grad_matmul_x = torch.dot(flatten_grad_tensor, x)
            grad_grads = autograd.grad(grad_matmul_x, self.actor_net.parameters())
            flatten_grad_grad = torch.cat([grad.contiguous().view(-1) for grad
                    in grad_grads]).detach()
```

```
            fx = flatten_grad_grad + x * 0.01
            return fx
        x, fx = conjugate_gradient(f, loss_grad)

        # ... 计算自然梯度:sqrt(...) g
        natural_gradient_tensor = torch.sqrt(2 * self.max_kl /
                torch.dot(fx, x))*x

        # ... 搜索
        def set_actor_net_params(flatten_params):  #用来覆盖执行者网络的辅助函数
            begin = 0
            for param in self.actor_net.parameters():
                end = begin + param.numel()
                param.data.copy_(flatten_params[begin:end].view(param.size()))
                begin = end

        old_param = torch.cat([param.view(-1) for param in
                self.actor_net.parameters()])
        expected_improve = torch.dot(loss_grad, natural_gradient_tensor)
        for learning_step in [0.,] + [.5 ** j for j in range(10)]:
            new_param = old_param + learning_step*natural_gradient_tensor
            set_actor_net_params(new_param)
            all_pi_tensor = self.actor_net(state_tensor)
            new_pi_tensor = all_pi_tensor.gather(1,
                    action_tensor.unsqueeze(1)).squeeze(1)
            new_pi_tensor = new_pi_tensor.detach()
            surrogate_tensor = (new_pi_tensor / pi_tensor)*advantage_tensor
            objective = surrogate_tensor.mean().item()
            if np.isclose(learning_step, 0.):
                old_objective = objective
            else:
                if objective - old_objective > 0.1 * expected_improve * \
                        learning_step:
                    break  #成功找到,保存
        else:
            set_actor_net_params(old_param)

        #更新评论者
        pred_tensor = self.critic_net(state_tensor)
        critic_loss_tensor = self.critic_loss(pred_tensor, return_tensor)
        self.critic_optimizer.zero_grad()
        critic_loss_tensor.backward()
        self.critic_optimizer.step()

agent = TRPOAgent(env)
```

智能体和环境交互的代码还是代码清单 1-3。训练和测试算法见代码清单 5-3 和代码清单 1-4。

8.6.4 用重要性采样异策执行者/评论者算法求解最优策略

本节使用异策执行者/评论者算法求解最优策略。代码清单 8-16 和代码清单 8-17 实现了异策执行者/评论者算法的智能体。

代码清单 8-16 异策执行者/评论者算法智能体(TensorFlow 版本)

代码文件名: Acrobot-v1_OffPAC_tf.ipynb。

```
class OffPACAgent:
    def __init__(self, env):
        self.action_n = env.action_space.n
        self.gamma = 0.99

        self.actor_net = self.build_net(hidden_sizes=[100,],
                output_size=self.action_n,
                output_activation=nn.softmax, learning_rate=0.0001)
        self.critic_net = self.build_net(hidden_sizes=[100,],
                output_size=self.action_n,
                learning_rate=0.0002)

    def build_net(self, hidden_sizes, output_size,
                activation=nn.relu, output_activation=None,
                loss=losses.mse, learning_rate=0.001):
        model = keras.Sequential()
        for hidden_size in hidden_sizes:
            model.add(layers.Dense(units=hidden_size,
                    activation = activation))
        model.add(layers.Dense(units = output_size,
                activation=output_activation))
        optimizer = optimizers.SGD(learning_rate)
        model.compile(optimizer=optimizer, loss=loss)
        return model

    def reset(self, mode=None):
        self.mode = mode
        if self.mode == 'train':
            self.trajectory = []
            self.discount = 1.

    def step(self, observation, reward, terminated):
        if self.mode == 'train':
            action = np.random.choice(self.action_n)
            self.trajectory += [observation, reward, terminated, action]
            if len(self.trajectory) >= 8:
                self.learn()
            self.discount *= self.gamma
        else:
            probs = self.actor_net.predict(observation[np.newaxis], verbose=0)[0]
            action = np.random.choice(self.action_n, p = probs)
        return action

    def close(self):
        pass

    def learn(self):
```

```
        state, _, _, action, next_state, reward, terminated, next_action = \
                self.trajectory[-8:]
        behavior_prob = 1. / self.action_n
        pi = self.actor_net.predict(state[np.newaxis], verbose=0)[0, action]
        ratio = pi / behavior_prob  # 重要性采样比率

        # 更新执行者
        q = self.critic_net.predict(state[np.newaxis], verbose=0)[0, action]
        state_tensor = tf.convert_to_tensor(state[np.newaxis], dtype=tf.float32)
        with tf.GradientTape() as tape:
            pi_tensor = self.actor_net(state_tensor)[0, action]
            actor_loss_tensor = -self.discount * q / behavior_prob * pi_tensor
        grad_tensors = tape.gradient(actor_loss_tensor, self.actor_net.variables)
        self.actor_net.optimizer.apply_gradients(zip(grad_tensors,
                self.actor_net.variables))

        # 更新评论者
        next_q = self.critic_net.predict(next_state[np.newaxis], verbose=0)[0,
                next_action]
        target = reward + (1. - terminated) * self.gamma* next_q
        target_tensor = tf.convert_to_tensor(target, dtype=tf.float32)
        with tf.GradientTape() as tape:
            q_tensor = self.critic_net(state_tensor)[:, action]
            mse_tensor = losses.MSE(target_tensor, q_tensor)
            critic_loss_tensor = ratio * mse_tensor
        grad_tensors = tape.gradient(critic_loss_tensor, self.critic_net.variables)
        self.critic_net.optimizer.apply_gradients(zip(grad_tensors,
                self.critic_net.variables))

agent = OffPACAgent(env)
```

代码清单8-17　异策执行者/评论者算法智能体(PyTorch 版本)

代码文件名：Acrobot-v1_OffPAC_torch.ipynb。

```
class OffPACAgent:
    def __init__(self, env):
        self.action_n = env.action_space.n
        self.gamma = 0.99

        self.actor_net = self.build_net(input_size=env.observation_space.shape[0],
                hidden_sizes=[100,],
                output_size=env.action_space.n, output_activator=nn.Softmax(1))
        self.actor_optimizer=optim.Adam(self.actor_net.parameters(), 0.0002)
        self.critic_net=self.build_net(input_size=env.observation_space.shape[0],
                hidden_sizes=[100,], output_size=self.action_n)
        self.critic_optimizer=optim.Adam(self.critic_net.parameters(), 0.0004)
        self.critic_loss=nn.MSELoss()

    def build_net(self, input_size, hidden_sizes, output_size,
            output_activator=None):
        layers = []
```

```
        for input_size, output_size in zip(
                [input_size,] + hidden_sizes, hidden_sizes + [output_size,]):
            layers.append(nn.Linear(input_size, output_size))
            layers.append(nn.ReLU())
        layers = layers[:-1]
        if output_activator:
            layers.append(output_activator)
        net = nn.Sequential(*layers)
        return net

    def reset(self, mode=None):
        self.mode = mode
        if self.mode == 'train':
            self.trajectory = []
            self.discount = 1.

    def step(self, observation, reward, terminated):
        if self.mode == 'train':
            action = np.random.choice(self.action_n)
            self.trajectory += [observation, reward, terminated, action]
            if len(self.trajectory) >= 8:
                self.learn()
            self.discount *= self.gamma
        else:
            state_tensor = torch.as_tensor(observation,
                    dtype = torch.float).unsqueeze(0)
            prob_tensor = self.actor_net(state_tensor)
            action_tensor = distributions.Categorical(prob_tensor).sample()
            action = action_tensor.numpy()[0]
        return action

    def close(self):
        pass

    def learn(self):
        state, _, _, action, next_state, reward, terminated, next_action = \
                self.trajectory[-8:]
        state_tensor = torch.as_tensor(state, dtype=torch.float).unsqueeze(0)
        next_state_tensor = torch.as_tensor(state, dtype=torch.float).unsqueeze(0)

        # 更新执行者
        q_tensor = self.critic_net(state_tensor)[0, action]
        pi_tensor = self.actor_net(state_tensor)[0, action]
        behavior_prob = 1. / self.action_n
        actor_loss_tensor = -self.discount * q_tensor / behavior_prob * pi_tensor
        self.actor_optimizer.zero_grad()
        actor_loss_tensor.backward()
        self.actor_optimizer.step()

        # 更新评论者
        next_q_tensor = self.critic_net(next_state_tensor)[:, next_action]
        target_tensor = reward + (1. - terminated) * self.gamma * next_q_tensor
```

```
            pred_tensor = self.critic_net(state_tensor)[:, action]
            critic_loss_tensor = self.critic_loss(pred_tensor, target_tensor)
            pi_tensor = self.actor_net(state_tensor)[0, action]
            ratio_tensor = pi_tensor / behavior_prob  # 重要性采样比率
            critic_loss_tensor *= ratio_tensor
            self.critic_optimizer.zero_grad()
            critic_loss_tensor.backward()
            self.critic_optimizer.step()

agent = OffPACAgent(env)
```

智能体和环境交互的代码还是代码清单 1-3。训练和测试算法见代码清单 5-3 和代码清单 1-4。

8.7 本章小结

本章介绍了执行者/评论者算法。执行者/评论者算法其实就是使用了自益的策略梯度算法。本章不但介绍了基本的同策算法和异策算法，还介绍了它们常见的变形。本章还介绍了一些比较新的执行者/评论者算法的变形，包括柔性执行者/评论者算法、邻近策略优化、信赖域算法。这些算法都基于比较复杂的数学原理，并且常常需要借助自动微分的软件包才能正确实现。一般的强化学习初学者贸然自行实现这些算法，难免会出现各种各样的错误。所以，用这些算法一般都是在现成的代码的基础上修改而来。在将这些大型算法运用于实际问题前，可以先考虑将算法在更为简单的环境中测试(如 Gym 中的环境)，在消除绝大多数错误后，再运用于复杂的问题。

本章要点

- 执行者/评论者算法将策略梯度和自益结合起来。
- 同策的执行者/评论者算法更新参数 $\boldsymbol{\theta}$ 以增大 $\Psi_t \ln\pi(A_t|S_t;\boldsymbol{\theta})$，其中 Ψ_t 用到了自益。
- 对于带资格迹的同策执行者/评论者算法，策略参数和价值参数都有对应的资格迹。
- 性能差别引理：

$$g_{\pi'} - g_{\pi''} = \mathrm{E}_{(S,A)\sim\rho_{\pi'}}[a_{\pi''}(S,A)]。$$

- 代理优势是

$$\mathrm{E}_{S_t,A_t\sim\pi(\boldsymbol{\theta}_k)}\left[\frac{\pi(A_t|S_t;\boldsymbol{\theta})}{\pi(A_t|S_t;\boldsymbol{\theta}_k)}a_{\pi(\boldsymbol{\theta}_k)}(S_t,A_t)\right]。$$

- 邻近策略优化算法的优化目标是有上界的代理优势。它是同策算法。它常和经验回放联合使用。
- KL 散度 $d_{\mathrm{KL}}(\pi(\cdot|S;\boldsymbol{\theta}_k)\parallel\pi(\cdot|S;\boldsymbol{\theta}))$ 在 $\boldsymbol{\theta}=\boldsymbol{\theta}_k$ 处可以展开为

$$d_{\mathrm{KL}}(\pi(\cdot|S;\boldsymbol{\theta}_k)\parallel\pi(\cdot|S;\boldsymbol{\theta})) \approx \frac{1}{2}(\boldsymbol{\theta}-\boldsymbol{\theta}_k)^{\mathrm{T}}\boldsymbol{F}(\boldsymbol{\theta}_k)(\boldsymbol{\theta}-\boldsymbol{\theta}_k)$$

其中 $\boldsymbol{F}(\boldsymbol{\theta})$ 是 Fisher 信息矩阵。

- 在策略迭代的过程中，信赖域是

$$\mathrm{E}_{S \sim \pi(\boldsymbol{\theta}_k)}\left[d_{\mathrm{KL}}\left(\pi(\cdot \mid S;\boldsymbol{\theta}_k) \parallel \pi(\cdot \mid S;\boldsymbol{\theta})\right)\right] \leqslant \delta。$$

- 异策的执行者/评论者算法引入行为策略，使用重要性采样系数更新迭代策略参数。

8.8 练习与模拟面试

1. 单选题

(1)关于执行者/评论者算法，下列说法正确的是(　　)。

A. 使用状态价值估计进行基线的策略估计算法属于执行者/评论者算法

B. 执行者/评论者算法不能使用基线

C. 执行者/评论者算法可以使用状态价值估计做基线

(2)关于性能差别引理，正确的是(　　)。

A. 策略 $\pi(\boldsymbol{\theta})$ 和策略 $\pi(\boldsymbol{\theta}_k)$ 的回报期望之差为 $\mathrm{E}_{(S,A) \sim \rho_{\pi(\boldsymbol{\theta})}}\left[a_{\pi(\boldsymbol{\theta}_k)}(S,A)\right]$

B. 策略 $\pi(\boldsymbol{\theta})$ 和策略 $\pi(\boldsymbol{\theta}_k)$ 的回报期望之差为 $\mathrm{E}_{(S,A) \sim \rho_{\pi(\boldsymbol{\theta}_k)}}\left[a_{\pi(\boldsymbol{\theta}_k)}(S,A)\right]$

C. 策略 $\pi(\boldsymbol{\theta})$ 和策略 $\pi(\boldsymbol{\theta}_k)$ 的回报期望之差为 $\mathrm{E}_{(S,A) \sim \rho_{\pi(\boldsymbol{\theta}_k)}}\left[a_{\pi(\boldsymbol{\theta})}(S,A)\right]$

(3)关于邻近策略优化算法，下列说法正确的是(　　)。

A. 邻近策略优化算法没有使用经验回放，邻近策略优化算法是同策算法

B. 邻近策略优化算法使用了经验回放，邻近策略优化算法是同策算法

C. 邻近策略优化算法使用了经验回放，邻近策略优化算法是异策算法

(4)关于 Fisher 信息矩阵，下列说法正确的是(　　)。

A. 优势执行者/评论者算法需要用到 Fisher 信息矩阵

B. 邻近策略优化算法需要用到 Fisher 信息矩阵

C. 自然策略梯度算法需要用到 Fisher 信息矩阵

2. 编程练习

用邻近策略优化算法求解 `CartPole-v0`。

3. 模拟面试

(1)在执行者/评论者算法中，什么是执行者，什么是评论者？

(2)请证明性能差别引理。

(3)什么是代理优势？为什么要使用代理优势？

CHAPTER 9

第 9 章

连续动作空间的确定性策略

本章将学习以下内容。

- ❑ 确定性策略梯度定理。
- ❑ 确定性策略梯度算法。
- ❑ 异策确定性执行者/评论者算法。
- ❑ 深度策略梯度算法。
- ❑ 双重延迟深度确定性策略梯度算法。
- ❑ 探索噪声。

在利用简单的策略梯度定理计算策略梯度时，我们不仅要对状态求期望，还要对动作求期望。如果动作个数有限，求期望并不太困难。但是，如果动作空间是连续的空间，特别是在高维连续空间的情况下，对动作进行采样再求期望的样本利用率就很低。为此，研究人员提出了适用于连续动作空间的确定性策略方法。本章将针对连续动作空间，推导确定性策略的策略梯度定理，并据此给出确定性执行者/评论者算法。

本章假设动作空间 $\mathcal{A}$ 是连续空间。

9.1 确定性策略梯度定理

本节介绍确定性策略梯度定理。

对于连续动作空间里的确定性策略 $\pi(\boldsymbol{\theta})$，$\pi(\cdot|s;\boldsymbol{\theta})\,(s\in\mathcal{S})$ 并不是一个通常意义上的函数，它对策略参数 $\boldsymbol{\theta}$ 的梯度$\nabla\pi(\cdot|s;\boldsymbol{\theta})$也不复存在。所以，第 8 章介绍的执行者/评论者算法就不再适用。幸运的是，2.1.3 节曾提到确定性策略可以表示为 $\pi(s;\boldsymbol{\theta})\,(s\in\mathcal{S})$。这种

表示可以绕过由于 $\pi(\cdot|s;\boldsymbol\theta)(s\in\mathcal{S})$ 并不是通常意义上的函数而带来的困难。

确定性策略梯度定理给出了当策略是一个连续动作空间上的确定性的策略 $\pi(s;\boldsymbol\theta)(s\in\mathcal{S})$ 时回报期望 $g_{\pi(\boldsymbol\theta)}$ 对策略参数 $\boldsymbol\theta$ 的梯度。它也有多种形式。一种形式为

$$\nabla g_{\pi(\boldsymbol\theta)}=\mathrm{E}_{\pi(\boldsymbol\theta)}\left[\sum_{t=0}^{+\infty}\gamma^t\,\nabla\pi(S_t;\boldsymbol\theta)\left[\nabla_a q_{\pi(\boldsymbol\theta)}(S_t,a)\right]_{a=\pi(S_t;\boldsymbol\theta)}\right]。$$

（证明：考虑 Bellman 期望方程

$$v_{\pi(\boldsymbol\theta)}(s)=q_{\pi(\boldsymbol\theta)}(s,\pi(s;\boldsymbol\theta)),\qquad s\in\mathcal{S},$$

$$q_{\pi(\boldsymbol\theta)}(s,\pi(s;\boldsymbol\theta))=r(s,\pi(s;\boldsymbol\theta))+\gamma\sum_{s'}p(s'|s,\pi(s;\boldsymbol\theta))v_{\pi(\boldsymbol\theta)}(s'),\ s\in\mathcal{S}。$$

以上两式对 $\boldsymbol\theta$ 求梯度，有

$$\begin{aligned}
&\nabla v_{\pi(\boldsymbol\theta)}(s)=\nabla q_{\pi(\boldsymbol\theta)}(s,\pi(s;\boldsymbol\theta)),\ s\in\mathcal{S},\\
&\nabla q_{\pi(\boldsymbol\theta)}(s,\pi(s;\boldsymbol\theta))=\left[\nabla_a r(s,a)\right]_{a=\pi(s;\boldsymbol\theta)}\nabla\pi(s;\boldsymbol\theta)+\\
&\qquad\gamma\sum_{s'}\{\left[\nabla_a p(s'|s,a)\right]_{a=\pi(s;\boldsymbol\theta)}\left[\nabla\pi(s;\boldsymbol\theta)\right]v_{\pi(\boldsymbol\theta)}(s')+\\
&\qquad p(s'|s,\pi(s;\boldsymbol\theta))\,\nabla v_{\pi(\boldsymbol\theta)}(s')\}\\
&\quad=\nabla\pi(s;\boldsymbol\theta)\left[\nabla_a r(s,a)+\gamma\sum_{s'}\nabla_a p(s'|s,a)v_{\pi(\boldsymbol\theta)}(s')\right]_{a=\pi(s;\boldsymbol\theta)}+\\
&\qquad\gamma\sum_{s'}p(s'|s,\pi(s;\boldsymbol\theta))\,\nabla v_{\pi(\boldsymbol\theta)}(s')\\
&\quad=\nabla\pi(s;\boldsymbol\theta)\left[\nabla_a q_{\pi(\boldsymbol\theta)}(s,a)\right]_{a=\pi(s;\boldsymbol\theta)}+\gamma\sum_{s'}p(s'|s,\pi(s;\boldsymbol\theta))\,\nabla v_{\pi(\boldsymbol\theta)}(s'),\ s\in\mathcal{S}。
\end{aligned}$$

将 $\nabla q_{\pi(\boldsymbol\theta)}(s,\pi(s;\boldsymbol\theta))$ 的表达式代入 $\nabla v_{\pi(\boldsymbol\theta)}(s)$ 的表达式中，有

$$\nabla v_{\pi(\boldsymbol\theta)}(s)=\nabla\pi(s;\boldsymbol\theta)\left[\nabla_a q_{\pi(\boldsymbol\theta)}(s,a)\right]_{a=\pi(s;\boldsymbol\theta)}+\gamma\sum_{s'}p(s'|s,\pi(s;\boldsymbol\theta))\,\nabla v_{\pi(\boldsymbol\theta)}(s'),\ s\in\mathcal{S}。$$

对上式求关于 $S_t=s$ 的期望，有

$$\begin{aligned}
&\mathrm{E}_{\pi(\boldsymbol\theta)}\left[\nabla v_{\pi(\boldsymbol\theta)}(S_t)\right]\\
&\quad=\sum_s\Pr_{\pi(\boldsymbol\theta)}\left[S_t=s\right]\nabla v_{\pi(\boldsymbol\theta)}(s)\\
&\quad=\sum_s\Pr_{\pi(\boldsymbol\theta)}\left[S_t=s\right]\left[\nabla\pi(s;\boldsymbol\theta)\left[\nabla_a q_{\pi(\boldsymbol\theta)}(s,a)\right]_{a=\pi(s;\boldsymbol\theta)}+\right.\\
&\qquad\left.\gamma\sum_{s'}p(s'|s,\pi(s;\boldsymbol\theta))\,\nabla v_{\pi(\boldsymbol\theta)}(s')\right]\\
&\quad=\sum_s\Pr_{\pi(\boldsymbol\theta)}\left[S_t=s\right]\left[\nabla\pi(s;\boldsymbol\theta)\left[\nabla_a q_{\pi(\boldsymbol\theta)}(s,a)\right]_{a=\pi(s;\boldsymbol\theta)}+\right.\\
&\qquad\left.\gamma\sum_{s'}\Pr_{\pi(\boldsymbol\theta)}\left[S_{t+1}=s'|S_t=s\right]\nabla v_{\pi(\boldsymbol\theta)}(s')\right]\\
&\quad=\sum_s\Pr_{\pi(\boldsymbol\theta)}\left[S_t=s\right]\nabla\pi(s;\boldsymbol\theta)\left[\nabla_a q_{\pi(\boldsymbol\theta)}(s,a)\right]_{a=\pi(s;\boldsymbol\theta)}+
\end{aligned}$$

$$\gamma\sum_{s}\Pr_{\pi(\boldsymbol{\theta})}[S_t=s]\sum_{s'}\Pr_{\pi(\boldsymbol{\theta})}[S_{t+1}=s'|S_t=s]\nabla v_{\pi(\boldsymbol{\theta})}(s')$$

$$=\sum_{s}\Pr_{\pi(\boldsymbol{\theta})}[S_t=s]\nabla\pi(s;\boldsymbol{\theta})[\nabla_a q_{\pi(\boldsymbol{\theta})}(s,a)]_{a=\pi(s;\boldsymbol{\theta})}+$$

$$\gamma\sum_{s'}\Pr_{\pi(\boldsymbol{\theta})}[S_{t+1}=s']\nabla v_{\pi(\boldsymbol{\theta})}(s')$$

$$=\mathrm{E}_{\pi(\boldsymbol{\theta})}[\nabla\pi(S;\boldsymbol{\theta})[\nabla_a q_{\pi(\boldsymbol{\theta})}(S,a)]_{a=\pi(S;\boldsymbol{\theta})}]+\gamma\mathrm{E}_{\pi(\boldsymbol{\theta})}[\nabla v_{\pi(\boldsymbol{\theta})}(S_{t+1})],$$

这样就得到了从 $\mathrm{E}_{\pi(\boldsymbol{\theta})}[\nabla v_{\pi(\boldsymbol{\theta})}(S_t)]$ 到 $\mathrm{E}_{\pi(\boldsymbol{\theta})}[\nabla v_{\pi(\boldsymbol{\theta})}(S_{t+1})]$ 的递推式。注意到最终关注的梯度值就是

$$\nabla g_{\pi(\boldsymbol{\theta})}=\nabla\mathrm{E}_{\pi(\boldsymbol{\theta})}[v_{\pi(\boldsymbol{\theta})}(S_0)]=\mathrm{E}_{\pi(\boldsymbol{\theta})}[\nabla v_{\pi(\boldsymbol{\theta})}(S_0)],$$

所以有

$$\begin{aligned}\nabla g_{\pi(\boldsymbol{\theta})}&=\mathrm{E}_{\pi(\boldsymbol{\theta})}[\nabla v_{\pi(\boldsymbol{\theta})}(S_0)]\\&=\mathrm{E}_{\pi(\boldsymbol{\theta})}[\nabla\pi(S_0;\boldsymbol{\theta})[\nabla_a q_{\pi(\boldsymbol{\theta})}(S_0,a)]_{a=\pi(S_0;\boldsymbol{\theta})}]+\gamma\mathrm{E}_{\pi(\boldsymbol{\theta})}[\nabla v_{\pi(\boldsymbol{\theta})}(S_1)]\\&=\mathrm{E}_{\pi(\boldsymbol{\theta})}[\nabla\pi(S_0;\boldsymbol{\theta})[\nabla_a q_{\pi(\boldsymbol{\theta})}(S_0,a)]_{a=\pi(S_0;\boldsymbol{\theta})}]+\\&\quad\gamma\mathrm{E}_{\pi(\boldsymbol{\theta})}[\nabla\pi(S_1;\boldsymbol{\theta})[\nabla_a q_{\pi(\boldsymbol{\theta})}(S_1,a)]_{a=\pi(S_1;\boldsymbol{\theta})}]+\\&\quad\gamma^2\mathrm{E}_{\pi(\boldsymbol{\theta})}[\nabla v_{\pi(\boldsymbol{\theta})}(S_2)]\\&=\cdots\\&=\sum_{t=0}^{+\infty}\mathrm{E}_{\pi(\boldsymbol{\theta})}[\gamma^t\nabla\pi(S_t;\boldsymbol{\theta})[\nabla_a q_{\pi(\boldsymbol{\theta})}(S_t,a)]_{a=\pi(S_t;\boldsymbol{\theta})}]。\end{aligned}$$

证毕。）

利用带折扣的期望，策略梯度定理还可以表示为另外一种形式：

$$\nabla g_{\pi(\boldsymbol{\theta})}=\mathrm{E}_{S\sim\rho_{\pi(\boldsymbol{\theta})}}[\nabla\pi(S;\boldsymbol{\theta})[\nabla_a q_{\pi(\boldsymbol{\theta})}(S,a)]_{a=\pi(S;\boldsymbol{\theta})}],$$

其中的期望是针对折扣的状态分布而言的。

与基于普通的策略梯度定理的算法相比，采用确定性策略和确定性策略梯度的优点主要是：它能更高效地求得梯度，提高样本利用率。

采用确定性策略的缺点：探索只能通过在动作上添加噪声来实现。添加的噪声有讲究，将在9.4节讨论。

9.2 同策确定性算法

本节介绍基本的同策确定性执行者/评论者算法。

确定性的同策执行者/评论者算法还是用 $q(s,a;\boldsymbol{w})$ 来近似 $q_{\pi(\boldsymbol{\theta})}(s,a)$。采用这样的近似后，确定性策略梯度近似为

$$\mathrm{E}\left[\sum_{t=0}^{+\infty}\gamma^t\nabla\pi(S_t;\boldsymbol{\theta})[\nabla_a q(S_t,a;\boldsymbol{w})]_{a=\pi(S_t;\boldsymbol{\theta})}\right]=\mathrm{E}\left[\sum_{t=0}^{+\infty}\nabla[\gamma^t q(S_t,\pi(S_t;\boldsymbol{\theta});\boldsymbol{w})]\right]。$$

所以，我们可以在更新策略参数 $\boldsymbol{\theta}$ 时试图减小 $-\gamma^t q(S_t,\pi(S_t;\boldsymbol{\theta});\boldsymbol{w})$。相应的迭代式可以为

$$\boldsymbol{\theta} \leftarrow \boldsymbol{\theta} + \alpha^{(\boldsymbol{\theta})}\gamma^t \nabla\pi(S_t;\boldsymbol{\theta})\left[\nabla_a q(S_t,a;\boldsymbol{w})\right]_{a=\pi(S_t;\boldsymbol{\theta})}。$$

算法 9-1 给出了基本的同策确定性执行者/评论者算法。算法的第 2.2 步和第 2.3.2 步在策略决定的动作的基础上添加噪声实现探索。具体而言，在状态 S_t 下确定性策略 $\pi(\boldsymbol{\theta})$ 指定的动作为 $\pi(S_t;\boldsymbol{\theta})$。为了探索，引入扰动噪声 N_t。扰动噪声可以是 Gaussian 过程(Gaussian Process，GP)，也可以是其他过程。叠加噪声后的动作 $\pi(S_t;\boldsymbol{\theta})+N_t$ 就有探索的功能。9.4 节讨论了扰动噪声的选择。

算法 9-1　基本的同策确定性执行者/评论者算法

输入：环境(无数学描述)。

输出：最优策略估计 $\pi(\boldsymbol{\theta})$。

参数：优化器(隐含学习率 $\alpha^{(\boldsymbol{w})},\alpha^{(\boldsymbol{\theta})}$)，折扣因子 γ，控制回合数和回合内步数的参数。

1　(初始化)初始化 $\boldsymbol{\theta}$ 和 $\boldsymbol{w}$。

2　(带自益的策略更新)对每个回合执行以下操作：

- 2.1　(初始化累积折扣)$\Gamma \leftarrow 1$。
- 2.2　(初始化状态动作对)选择状态 S，对 $\pi(S;\boldsymbol{\theta})$ 加扰动(如 Gaussian 过程)进而确定动作 A。
- 2.3　如果回合未结束，执行以下操作：
  - 2.3.1　(采样)执行动作 A，观测得到奖励 R、新状态 S'、回合结束指示 D'。
  - 2.3.2　(决策)对 $\pi(S';\boldsymbol{\theta})$ 加扰动(如 Gaussian 过程)进而确定动作 A'。(如果 $D'=1$ 动作可任取。)
  - 2.3.3　(计算回报)$U \leftarrow R+\gamma q(S',A';\boldsymbol{w})(1-D')$。
  - 2.3.4　(更新价值参数)更新 $\boldsymbol{w}$ 以减小 $[U-q(S,A;\boldsymbol{w})]^2$。如
    $$\boldsymbol{w} \leftarrow \boldsymbol{w} + \alpha^{(\boldsymbol{w})}\left[U-q(S,A;\boldsymbol{w})\right]\nabla q(S,A;\boldsymbol{w})。$$
  - 2.3.5　(更新策略参数)更新 $\boldsymbol{\theta}$ 以减小 $-\Gamma q(S,\pi(S;\boldsymbol{\theta});\boldsymbol{w})$。如
    $$\boldsymbol{\theta} \leftarrow \boldsymbol{\theta} + \alpha^{(\boldsymbol{\theta})}\Gamma\nabla\pi(S;\boldsymbol{\theta})\left[\nabla_a q(S,a;\boldsymbol{w})\right]_{a=\pi(S;\boldsymbol{\theta})}。$$
  - 2.3.6　(更新累积折扣)$\Gamma \leftarrow \gamma\Gamma$。
  - 2.3.7　$S \leftarrow S'$，$A \leftarrow A'$。

9.3　异策确定性算法

本节介绍异策的确定性策略梯度算法。

9.3.1　基本的异策确定性执行者/评论者算法

在前一节中，同策确定性算法利用策略 $\pi(\boldsymbol{\theta})$ 生成轨迹，并在这些轨迹上求得回报的平均值，通过让平均回报最大，使得每条轨迹上的回报尽可能大。事实上，如果每条轨迹的回报都要最大，那么对于任意策略采样得到的轨迹，我们都希望在这套轨迹上的平

均回报最大。所以异策确定性策略算法引入确定性行为策略 b，将这个平均回报改为针对策略 b 采样得到的轨迹，得到异策确定性梯度为

$$\nabla \mathrm{E}_{\rho_b}\left[q_{\pi(\boldsymbol{\theta})}(S,\pi(S;\boldsymbol{\theta}))\right] = \mathrm{E}_{\rho_b}\left[\nabla\pi(S;\boldsymbol{\theta})\left[\nabla_a q_{\pi(\boldsymbol{\theta})}(S,a)\right]_{a=\pi(S;\boldsymbol{\theta})}\right]。$$

这个表达式与同策的情形相比，期望运算针对的表达式相同，是因为期望针对的分布不同。所以，异策确定性算法的迭代式与同策确定性算法的迭代式相同。

异策确定性算法可能比同策确定性算法性能好的原因在于，行为策略可能会促进探索，用行为策略采样得到的轨迹能够更加全面地探索轨迹空间。行为策略能够生成一些仅仅通过加扰动噪声所不能生成的轨迹，所以生成的轨迹可能会更加多样。在此基础上最大化回报期望可能会使得在整个轨迹空间上的所有轨迹的回报更大。

回顾前几章，用到重要性采样非确定性异策算法的迭代式中往往会用到重要性采样因子 $\dfrac{\pi(A_t|S_t;\boldsymbol{\theta})}{b(A_t|S_t)}$，但是本节的确定性异策算法中没有这个重要性采样因子。这是因为，确定性的行为策略 b 并不对确定性的目标策略 $\pi(\boldsymbol{\theta})$ 绝对连续，所以没有定义重要性采样因子。

基于上述分析，我们可以得到**异策确定性执行者/评论者**（Off-Policy Deterministic Actor-Critic，OPDAC）算法，见算法 9-2。值得一提的是，在异策确定性策略梯度表达式

$$\mathrm{E}_{\rho_b}\left[\nabla\pi(S;\boldsymbol{\theta})\left[\nabla_a q_{\pi(\boldsymbol{\theta})}(S,a)\right]_{a=\pi(S;\boldsymbol{\theta})}\right]$$

里，行为策略 b 只是用来求期望，而动作 a 还是用 $a=\pi(S;\boldsymbol{\theta})$ 来确定。所以在 2.4.3 步和 2.4.5 步计算策略梯度时，动作价值估计里的动作必须是用策略 $\pi(\boldsymbol{\theta})$ 生成的，而不能是用行为策略 b 生成的。

算法 9-2　基本的异策确定性执行者/评论者算法

输入：环境（无数学描述）。

输出：最优策略估计 $\pi(\boldsymbol{\theta})$。

参数：优化器（隐含学习率 $\alpha^{(\boldsymbol{w})}$，$\alpha^{(\boldsymbol{\theta})}$），折扣因子 γ，控制回合数和回合内步数的参数。

1 （初始化）初始化 $\boldsymbol{\theta}$ 和 $\boldsymbol{w}$。

2 （带自益的策略更新）对每个回合执行以下操作：

　2.1 （行为策略）指定行为策略 b。

　2.2 （初始化累积折扣）$\Gamma \leftarrow 1$。

　2.3 （初始化状态）选择状态 S。

　2.4 如果回合未结束，执行以下操作：

　　2.4.1 （决策）用策略 $b(S)$ 得到动作 A。

　　2.4.2 （采样）执行动作 A，观测得到奖励 R、新状态 S'、回合结束指示 D'。

　　2.4.3 （计算回报）$U \leftarrow R + \gamma q(S',\pi(S';\boldsymbol{\theta});\boldsymbol{w})(1-D')$。

　　2.4.4 （更新价值参数）更新 $\boldsymbol{w}$ 以减小 $[U-q(S,A;\boldsymbol{w})]^2$。如

$$\boldsymbol{w} \leftarrow \boldsymbol{w} + \alpha^{(\boldsymbol{w})}\left[U - q(S,A;\boldsymbol{w})\right]\nabla q(S,A;\boldsymbol{w})。$$

　　2.4.5 （更新策略参数）更新 $\boldsymbol{\theta}$ 以减小 $-\Gamma q(S,\pi(S;\boldsymbol{\theta});\boldsymbol{w})$。如

$$\boldsymbol{\theta} \leftarrow \boldsymbol{\theta} + \alpha^{(\boldsymbol{\theta})}\Gamma\nabla\pi(S;\boldsymbol{\theta})\left[\nabla_a q(S,a;\boldsymbol{w})\right]_{a=\pi(S;\boldsymbol{\theta})}。$$

2.4.6 (更新累积折扣)$\Gamma \leftarrow \gamma\Gamma$。

2.4.7 $S \leftarrow S'$。

9.3.2 深度确定性策略梯度算法

深度确定性策略梯度(Deep Deterministic Policy Gradient, DDPG)算法将深度 Q 网络中常用的技术结合应用到了确定性执行者/评论者算法中。具体而言，深度确定性策略梯度算法用到了以下技术。

- 经验回放：将得到的经验以(S,A,R,S',D')的形式存储起来，再批量回放用来更新参数。
- 目标网络：在常规价值参数 $\boldsymbol{w}$ 和策略参数 $\boldsymbol{\theta}$ 外再使用一套用于估计目标的目标价值参数 $\boldsymbol{w}_{目标}$和目标策略参数 $\boldsymbol{\theta}_{目标}$。在更新目标网络时，为了避免参数更新过快，还引入了目标网络的学习率 $\alpha_{目标} \in (0,1)$。

算法 9-3 给出了深度确定性策略梯度算法。将这个算法和深度 Q 网络算法(算法 6-7)比较，可以发现大部分步骤完全相同。这正是因为深度确定性策略梯度算法和深度 Q 网络算法用了相同的技巧。也可以使用类似于算法 6-8 的循环结构实现这个算法，这里从略。

算法 9-3 深度确定性策略梯度算法

输入：环境(无数学描述)。

输出：最优策略估计 $\pi(\boldsymbol{\theta})$。

参数：优化器(隐含学习率 $\alpha^{(\boldsymbol{w})}$，$\alpha^{(\boldsymbol{\theta})}$)，折扣因子 γ，控制回合数和回合内步数的参数，经验回放参数，目标网络学习率 $\alpha_{目标}$。

1 初始化：

1.1 (初始化网络参数)初始化 $\boldsymbol{\theta}$ 和 $\boldsymbol{w}$。$\boldsymbol{\theta}_{目标} \leftarrow \boldsymbol{\theta}$，$\boldsymbol{w}_{目标} \leftarrow \boldsymbol{w}$。

1.2 (初始化经验库)$\mathcal{D} \leftarrow \varnothing$。

2 逐回合执行以下操作：

2.1 (初始化状态)选择状态 S。

2.2 如果回合未结束，执行以下操作：

2.2.1 (积累经验)执行一次或多次以下操作：

2.2.1.1 (决策)用对 $\pi(S;\boldsymbol{\theta})$ 加扰动(如 Gaussian 过程)进而确定动作 A。

2.2.1.2 (采样)执行动作 A，观测得到奖励 R、新状态 S'、回合结束指示 D'。

2.2.1.3 (存储)将经验(S,A,R,S',D')存储在经验存储空间 $\mathcal{D}$。

2.2.1.4 $S \leftarrow S'$。

2.2.2 (使用经验)执行一次或多次以下更新操作：

2.2.2.1 (回放)从存储空间 $\mathcal{D}$ 采样出一批经验 $\mathcal{B}$，每条经验的形式为(S,A,R,S',D')。

2.2.2.2 (计算时序差分目标)$U \leftarrow R + \gamma q(S',\pi(S';\boldsymbol{\theta}_{目标});\boldsymbol{w}_{目标})(1-D')((S,A,R,S',D') \in \mathcal{B})$。

2.2.2.3 （更新价值参数）更新 $\boldsymbol{w}$ 以减小 $\frac{1}{|\mathcal{B}|}\sum_{(S,A,R,S',D')\in\mathcal{B}}\left[U-q(S,A;\boldsymbol{w})\right]^2$。

2.2.2.4 （更新策略参数）更新 $\boldsymbol{\theta}$ 以减小 $-\frac{1}{|\mathcal{B}|}\sum_{(S,A,R,S',D')\in\mathcal{B}}q(S,\pi(S;\boldsymbol{\theta});\boldsymbol{w})$。如

$$\boldsymbol{\theta}\leftarrow\boldsymbol{\theta}+\alpha^{(\boldsymbol{\theta})}\frac{1}{|\mathcal{B}|}\sum_{(S,A,R,S',D')\in\mathcal{B}}\nabla\pi(S;\boldsymbol{\theta})\left[\nabla_a q(S,a;\boldsymbol{w})\right]_{a=\pi(S;\boldsymbol{\theta})}。$$

2.2.2.5 （更新目标网络参数）在恰当的时机更新目标价值网络参数和目标策略网络参数：

$$\boldsymbol{w}_{目标}\leftarrow(1-\alpha_{目标})\boldsymbol{w}_{目标}+\alpha_{目标}\boldsymbol{w},\ \boldsymbol{\theta}_{目标}\leftarrow(1-\alpha_{目标})\boldsymbol{\theta}_{目标}+\alpha_{目标}\boldsymbol{\theta}。$$

9.3.3 双重延迟深度确定性策略梯度算法

双重延迟深度确定性策略梯度（Twin Delay Deep Deterministic Policy Gradient，TD3）算法是一个结合了深度确定性策略梯度算法和双重 Q 学习的算法。

5.3.3 节中我们曾经用双重学习来减轻 Q 学习中的最大偏差。表格法版本的双重 Q 学习用了两套动作价值估计 $q^{(0)}(s,a)$ 和 $q^{(1)}(s,a)$（$s\in\mathcal{S}$，$a\in\mathcal{A}$），其中一套动作价值估计用来计算最优动作（如 $A'=\arg\max_a q^{(0)}(S',a)$），另外一套价值估计用来计算回报（如 $q^{(1)}(S',A')$）。在6.4.3 节的双重深度 Q 网络中，考虑到有了目标网络后已经有了两套价值估计的参数 $\boldsymbol{w}$ 和 $\boldsymbol{w}_{目标}$，所以用其中一套参数 $\boldsymbol{w}$ 计算最优动作（如 $A'=\arg\max_a q(S',a;\boldsymbol{w})$），再用目标网络的参数 $\boldsymbol{w}_{目标}$估计目标（如 $q(S',A';\boldsymbol{w}_{目标})$）。而对于确定性策略梯度算法，动作已经由含参策略 $\pi(\boldsymbol{\theta})$决定了（如 $\pi(S';\boldsymbol{\theta})$），那怎么搞双重网络呢？双重延迟深度确定性策略梯度算法维护两份学习过程的价值网络参数 $\boldsymbol{w}^{(i)}$ 和目标网络参数 $\boldsymbol{w}_{目标}^{(i)}$（$i=0,1$）。在估计目标时，选取两个目标网络得到的结果中较小的那个，即$\min_{i=0,1}q(\cdot,\cdot;\ \boldsymbol{w}_{目标}^{(i)})$。也就是说，这里消除最大化偏差的方法是直接计算 min。

算法 9-4 给出了双重延迟深度确定性策略梯度算法。值得一提的是，在 2.2.2 步，它对回放得到的动作也进一步加了扰动。

算法 9-4　双重延迟深度确定性策略梯度算法

输入：环境（无数学描述）。

输出：最优策略估计 $\pi(\boldsymbol{\theta})$。

参数：优化器（隐含学习率 $\alpha^{(\boldsymbol{w})}$，$\alpha^{(\boldsymbol{\theta})}$），折扣因子 γ，控制回合数和回合内步数的参数，经验回放参数，目标网络学习率 $\alpha_{目标}$。

1 初始化：

1.1 （初始化网络参数）初始化 $\boldsymbol{\theta}$，$\boldsymbol{\theta}_{目标}\leftarrow\boldsymbol{\theta}$。初始化 $\boldsymbol{w}^{(i)}$，$\boldsymbol{w}_{目标}^{(i)}\leftarrow\boldsymbol{w}^{(i)}$，$i\in\{0,1\}$。

1.2 （初始化经验库）$\mathcal{D}\leftarrow\varnothing$。

2 逐回合执行以下操作：

2.1 （初始化状态）选择状态 S。

2.2 如果回合未结束，执行以下操作：

2.2.1 （积累经验）执行一次或多次以下操作：

2.2.1.1 （决策）用对 $\pi(S;\boldsymbol{\theta})$ 加扰动（如 Gaussian 过程）进而确定动作 A。

2.2.1.2 （采样）执行动作 A，观测得到奖励 R、新状态 S'、回合结束指示 D'。

2.2.1.3 （存储）将经验 (S,A,R,S',D') 存储在经验存储空间 $\mathcal{D}$。

2.2.1.4 $S \leftarrow S'$。

2.2.2 （使用经验）执行一次或多次以下操作：

2.2.2.1 （回放）从存储空间 $\mathcal{D}$ 采样出一批经验 $\mathcal{B}$；每条经验的形式为 (S,A,R,S',D')。

2.2.2.2 （探索）为目标动作 $\pi(S';\boldsymbol{\theta}_{目标})$ 加扰动（如 Gaussian 过程），得到动作 A'（$(S,A,R,S',D')\in\mathcal{B}$）。

2.2.2.3 （估计回报）$U \leftarrow R+\gamma \min\limits_{i=0,1} q(S',A';\boldsymbol{w}^{(i)})(1-D')$（$(S,A,R,S',D')\in\mathcal{B}$）。

2.2.2.4 （更新价值参数）更新 $\boldsymbol{w}^{(i)}$ 以减小 $\frac{1}{|\mathcal{B}|}\sum\limits_{(S,A,R,S',D')\in\mathcal{B}}[U-q(S,A;\boldsymbol{w}^{(i)})]^2$（$i=0,1$）。

2.2.2.5 （更新策略参数）在恰当的时机，更新 $\boldsymbol{\theta}$ 以减小 $-\frac{1}{|\mathcal{B}|}\sum\limits_{(S,A,R,S',D')\in\mathcal{B}} q(S,\pi(S;\boldsymbol{\theta});\boldsymbol{w}^{(0)})$ 用梯度（如 $\boldsymbol{\theta}\leftarrow\boldsymbol{\theta}+\alpha^{(\boldsymbol{\theta})}\frac{1}{|\mathcal{B}|}\sum\limits_{(S,A,R,S',D')\in\mathcal{B}}\nabla\pi(S;\boldsymbol{\theta})[\nabla_a q(S,a;\boldsymbol{w}^{(0)})]_{a=\pi(S;\boldsymbol{\theta})}$）。

2.2.2.6 （更新目标网络参数）在恰当的时机更新目标价值网络参数和目标策略网络参数：$\boldsymbol{w}^{(i)}_{目标}\leftarrow(1-\alpha_{目标})\boldsymbol{w}^{(i)}_{目标}+\alpha_{目标}\boldsymbol{w}^{(i)}$（$i=0,1$），$\boldsymbol{\theta}_{目标}\leftarrow(1-\alpha_{目标})\boldsymbol{\theta}_{目标}+\alpha_{目标}\boldsymbol{\theta}$。

9.4 探索过程

对于确定性策略梯度算法，探索是通过在动作上加扰动完成的。最简单的扰动形式就是 Gaussian 过程。在有些任务中，动作的效果经过低通滤波器处理后反映在系统中，需要多个相同符号的噪声才能起到明显作用，而独立同分布的 Gaussian 噪声不能有效实现探索。例如，在某个任务中，动作的直接效果是改变一个质点的加速度。如果在这个任务中用独立同分布的 Gaussian 噪声叠加在动作上，那么对质点位置的整体效果是在没有噪声的位置附近移动。这样的探索就没有办法为质点的位置提供持续的偏移，使得质点到比较远的位置。对于某些这样的任务中，用 Ornstein Uhlenbeck（OU）过程进行动作噪声会比 Gaussian 过程好。这是因为，OU 过程的样本在不同时刻 t 是正相关的，可以让动作向相同的方向偏移。

知识卡片：随机过程

Ornstein Uhlenbeck 过程

Ornstein Uhlenbeck 过程是用下列随机微分方程定义的（以一维的情况为例）：

$$\mathrm{d}N_t = \theta(\mu - N_t)\mathrm{d}t + \sigma \mathrm{d}B_t,$$

其中 θ，μ，σ 是参数($\theta>0,\sigma>0$)，B_t 是标准 Brownian 运动。当初始扰动是在原点的单点分布(即限定 $N_0=0$)，并且 $\mu=0$ 时，上述方程的解为

$$N_t = \sigma\int_0^t \mathrm{e}^{\theta(\tau-t)}\mathrm{d}B_t,\ t\geqslant 0。$$

(证明：将 $\mathrm{d}N_t=\theta(\mu-N_t)\mathrm{d}t+\sigma\mathrm{d}B_t$ 代入 $\mathrm{d}(N_t\mathrm{e}^{\theta t})=\theta N_t\mathrm{e}^{\theta t}\mathrm{d}t+\mathrm{e}^{\theta t}\mathrm{d}N_t$，化简可得

$$\mathrm{d}(N_t\mathrm{e}^{\theta t}) = \mu\theta\mathrm{e}^{\theta t}\mathrm{d}t + \sigma\mathrm{e}^{\theta t}\mathrm{d}B_t。$$

将此式从0积到 t，得 $N_t\mathrm{e}^{\theta t}-N_0=\mu(\mathrm{e}^{\theta t}-1)+\sigma\int_0^t \mathrm{e}^{\theta\tau}\mathrm{d}B_\tau$。当 $N_0=0$ 且 $\mu=0$ 时化简可得结果。)

这个解的均值为0，方差为 $\frac{\sigma^2}{2\theta}(1-\mathrm{e}^{-2\theta t})$，协方差为

$$\mathrm{Cov}(N_t,N_s) = \frac{\sigma^2}{2\theta}(\mathrm{e}^{-\theta|t-s|}-\mathrm{e}^{-\theta(t+s)})。$$

(证明：很容易验证均值是0。进而

$$\mathrm{Cov}(N_t,N_s) = \mathrm{E}[N_tN_s] = \sigma^2\mathrm{e}^{-\theta(t+s)}\mathrm{E}[\int_0^t \mathrm{e}^{\theta\tau}\mathrm{d}B_\tau\int_0^s \mathrm{e}^{\theta\tau}\mathrm{d}B_\tau]。$$

另外，伊藤等距(Ito Isometry)告诉我们 $\mathrm{E}\left[\int_0^t \mathrm{e}^{\theta\tau}\mathrm{d}B_\tau\int_0^s \mathrm{e}^{\theta\tau}\mathrm{d}B_\tau\right]=\mathrm{E}\left[\int_0^{\min(t,s)}\mathrm{e}^{2\theta\tau}\mathrm{d}\tau\right]$，所以

$$\mathrm{Cov}(N_t,N_s) = \sigma^2\mathrm{e}^{-\theta(t+s)}\int_0^{\min(t,s)}\mathrm{e}^{2\theta\tau}\mathrm{d}\tau,$$

进一步化简可得结果。)

对于 $t,s>0$ 总有 $|t-s|<t+s$，所以 $\mathrm{Cov}(N_t,N_s)\geqslant 0$。

对于动作空间有界的任务，需要限制加扰动后的范围。比如，对于某个任务，动作空间的最小取值和最大取值为 a_{low} 和 a_{high}。用 Gaussian 过程或 OU 过程得到的扰动噪声为 N_t，直接叠加上这个扰动噪声后的动作为 $\pi(S_t;\boldsymbol{\theta})+N_t$。这个扰动后的动作可能为超出动作空间范围。为此我们可以采用以下方法限制范围：

- 用 clip()函数限制动作范围：形式为 $\mathrm{clip}(\pi(S_t;\boldsymbol{\theta})+N_t,a_{\mathrm{low}},a_{\mathrm{high}})$；
- 用 sigmoid() 函数限制动作范围：形式为 $a_{\mathrm{low}}+(a_{\mathrm{high}}-a_{\mathrm{low}})\mathrm{sigmoid}(\pi(S_t;\boldsymbol{\theta})+N_t)$(其中各运算都是逐元素操作的)。

9.5 案例：倒立摆的控制

本节考虑 Gym 库中的倒立摆的控制问题(`Pendulum-v1`)。如图 9-1 所示，二维垂直面的 X 轴是水平向上的，Y 轴是垂直向左。在这个垂直面上有根长为 1 的棍子。棍子的一端固定在原点(0,0)，另一端在垂直面上。在任一时刻 $t(t=0,1,2,\cdots)$，可以观测到棍子

活动端的坐标$(X_t, Y_t) = (\cos\Theta_t, \sin\Theta_t)$（$\Theta_t \in [-\pi, +\pi)$）和角速度$\dot{\Theta}_t$（$\dot{\Theta}_t \in [-8, +8]$）来表示（注意角速度的字母上有个点）。这时，可以在活动段上施加一个力矩A_t（$A_t \in [-2, +2]$），得到收益R_{t+1}和下一观测（$\cos\Theta_{t+1}$，$\sin\Theta_{t+1}, \dot{\Theta}_{t+1}$）。我们希望在给定的时间内(200步)总收益越大越好。

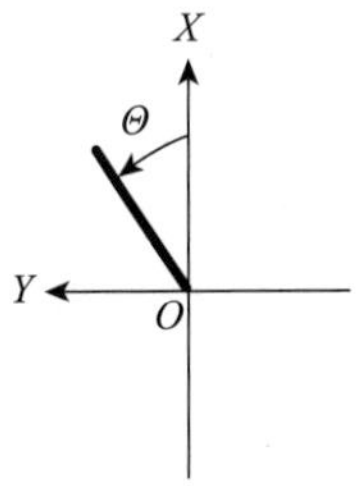

图9-1　倒立摆问题

实际上，在t时刻，环境的状态由$(\Theta_t, \dot{\Theta}_t)$决定。环境的起始状态$(\Theta_0, \dot{\Theta}_0)$是在$[-\pi, +\pi) \times [-1, 1]$里均匀抽取，而由$t$时刻的状态$(\Theta_t, \dot{\Theta}_t)$和动作$A_t$决定的奖励$R_{t+1}$和下一状态$(\Theta_{t+1}, \dot{\Theta}_{t+1})$满足以下关系：

$$R_{t+1} \leftarrow -(\Theta_t^2 + 0.1\dot{\Theta}_t^2 + 0.001A_t^2),$$

$$\Theta_{t+1} \leftarrow \Theta_t + 0.05(\dot{\Theta}_t + 0.75\sin\Theta_t + 0.15A_t)，在[-\pi, +\pi)的主值区间，$$

$$\dot{\Theta}_{t+1} \leftarrow \text{clip}(\dot{\Theta}_t + 0.75\sin\Theta_t + 0.15A_t, -8, +8)。$$

由于在X_t较大时收益往往较大，并且角速度绝对值$|\dot{\Theta}_t|$和动作绝对值$|A_t|$较小时收益较大，所以最好让木棍能够静止直立。这个问题因此被称为倒立摆问题。

这个问题的动作空间和奖励空间都比8.6节双节倒立摆任务中的空间大（比较见表9-1）。其中动作空间是一个连续的空间，可以采用本章中介绍的连续动作空间的确定性算法。

表9-1　双节倒立摆任务和倒立摆任务的空间比较

空间	双节倒立摆(Acrobot-v1)	倒立摆(Pendulum-v1)
状态空间$\mathcal{S}$	$[-\pi, \pi)^2 \times [-4\pi, 4\pi] \times [-9\pi, 9\pi]$	$[-\pi, \pi) \times [-8, 8]$
观测空间$\mathcal{O}$	$[-1, 1]^4 \times [-4\pi, 4\pi] \times [-9\pi, 9\pi]$	$[-1, 1]^2 \times [-8, 8]$
动作空间$\mathcal{A}$	$\{0, 1, 2\}$	$[-2, 2]$
奖励空间$\mathcal{R}$	$\{-1, 0\}$	$[-\pi^2 - 6.404, 0]$

这个问题没有规定一个回合收益的阈值，所以没有连续100回合平均回合收益达到某个数值就认为问题解决这样的说法。

9.5.1　用深度确定性策略梯度算法求解

本节用深度确定性策略梯度算法求解最优策略。

代码清单9-1实现了Ornstein Uhlenbeck(OU)过程。`OrnsteinUhlenbeck`类的内部实现使用差分方程来近似微分方程。要使用这个类，需要在每个回合开始时构造`OrnsteinUhlenbeck`类的对象`noise`，再调用对象`noise()`来得到一组值。

代码清单 9-1 OU 过程

代码文件名：Pendulum-v1_DDPG_tf.ipynb。

```
class OrnsteinUhlenbeckProcess:
    def __init__(self, x0):
        self.x = x0

    def __call__(self, mu=0., sigma=1., theta=.15, dt=.01):
        n = np.random.normal(size = self.x.shape)
        self.x += (theta * (mu - self.x) * dt + sigma * np.sqrt(dt) * n)
        return self.x
```

代码清单 9-2 和代码清单 9-3 实现了深度确定性策略梯度算法。在经验回放环节，使用了代码清单 6-6 的 DQNReplayer 类。

代码清单 9-2 深度确定性策略梯度算法的智能体（TensorFlow 版本）

代码文件名：Pendulum-v1_DDPG_tf.ipynb。

```
class DDPGAgent:
    def __init__(self, env):
        state_dim = env.observation_space.shape[0]
        self.action_dim = env.action_space.shape[0]
        self.action_low = env.action_space.low
        self.action_high = env.action_space.high
        self.gamma = 0.99

        self.replayer = DQNReplayer(20000)

        self.actor_evaluate_net = self.build_net(
                input_size=state_dim, hidden_sizes=[32, 64],
                output_size=self.action_dim, output_activation=nn.tanh,
                learning_rate=0.0001)
        self.actor_target_net = models.clone_model(self.actor_evaluate_net)
        self.actor_target_net.set_weights(self.actor_evaluate_net.get_weights())

        self.critic_evaluate_net = self.build_net(
                input_size=state_dim + self.action_dim, hidden_sizes=[64, 128],
                learning_rate=0.001)
        self.critic_target_net = models.clone_model(self.critic_evaluate_net)
        self.critic_target_net.set_weights(self.critic_evaluate_net.get_weights())

    def build_net(self, input_size=None, hidden_sizes=None, output_size=1,
                activation=nn.relu, output_activation=None,
                loss=losses.mse, learning_rate=0.001):
        model = keras.Sequential()
        for layer, hidden_size in enumerate(hidden_sizes):
            kwargs = {'input_shape' : (input_size,)} if layer == 0 else {}
            model.add(layers.Dense(units=hidden_size,
                    activation=activation, **kwargs))
        model.add(layers.Dense(units=output_size,
```

```
                activation = output_activation))
        optimizer = optimizers.Adam(learning_rate)
        model.compile(optimizer=optimizer, loss=loss)
        return model

    def reset(self, mode=None):
        self.mode = mode
        if self.mode == 'train':
            self.trajectory = []
            self.noise = OrnsteinUhlenbeckProcess(np.zeros((self.action_dim,)))

    def step(self, observation, reward, terminated):
        if self.mode == 'train' and self.replayer.count < 3000:
            action = np.random.uniform(self.action_low, self.action_high)
        else:
            action = self.actor_evaluate_net.predict(observation[np.newaxis],
                    verbose=0)[0]
        if self.mode == 'train':
            # 训练时为动作引入噪声扰动
            noise = self.noise(sigma=0.1)
            action = (action + noise).clip(self.action_low, self.action_high)

            self.trajectory += [observation, reward, terminated, action]
            if len(self.trajectory) >= 8:
                state, _, _, act, next_state, reward, terminated, _ = \
                        self.trajectory[-8:]
                self.replayer.store(state, act, reward, next_state, terminated)

            if self.replayer.count >= 3000:
                self.learn()
        return action

    def close(self):
        pass

    def update_net(self, target_net, evaluate_net, learning_rate=0.005):
        average_weights = [(1. - learning_rate) * t + learning_rate * e for t, e
                in zip(target_net.get_weights(), evaluate_net.get_weights())]
        target_net.set_weights(average_weights)

    def learn(self):
        # 经验回放
        states, actions, rewards, next_states, terminateds = \
                self.replayer.sample(64)
        state_tensor = tf.convert_to_tensor(states, dtype = tf.float32)

        # 更新评论者
        next_actions = self.actor_target_net.predict(next_states, verbose=0)
        next_noises = np.random.normal(0, 0.2, size=next_actions.shape)
        next_actions = (next_actions + next_noises).clip(self.action_low,
                self.action_high)
        state_actions = np.hstack([states, actions])
```

```
        next_state_actions = np.hstack([next_states, next_actions])
        next_qs = self.critic_target_net.predict(next_state_actions,
                verbose=0)[:, 0]
        targets = rewards + (1. - terminateds) * self.gamma * next_qs
        self.critic_evaluate_net.fit(state_actions, targets[:, np.newaxis],
                verbose=0)

        # 更新执行者
        with tf.GradientTape() as tape:
            action_tensor = self.actor_evaluate_net(state_tensor)
            state_action_tensor = tf.concat([state_tensor, action_tensor], axis=1)
            q_tensor = self.critic_evaluate_net(state_action_tensor)
            loss_tensor = -tf.reduce_mean(q_tensor)
        grad_tensors = tape.gradient(loss_tensor,
                self.actor_evaluate_net.variables)
        self.actor_evaluate_net.optimizer.apply_gradients(zip(
                grad_tensors, self.actor_evaluate_net.variables))

        self.update_net(self.critic_target_net, self.critic_evaluate_net)
        self.update_net(self.actor_target_net, self.actor_evaluate_net)

agent = DDPGAgent(env)
```

代码清单 9-3　深度确定性策略梯度算法的智能体（PyTorch 版本）

代码文件名：Pendulum-v1_DDPG_torch.ipynb。

```
class DDPGAgent:
    def __init__(self, env):
        state_dim = env.observation_space.shape[0]
        self.action_dim = env.action_space.shape[0]
        self.action_low = env.action_space.low[0]
        self.action_high = env.action_space.high[0]
        self.gamma = 0.99

        self.replayer = DQNReplayer(20000)

        self.actor_evaluate_net = self.build_net(
                input_size=state_dim, hidden_sizes=[32, 64],
                output_size=self.action_dim)
        self.actor_optimizer = optim.Adam(self.actor_evaluate_net.parameters(),
                lr=0.0001)
        self.actor_target_net = copy.deepcopy(self.actor_evaluate_net)

        self.critic_evaluate_net = self.build_net(
                input_size=state_dim + self.action_dim, hidden_sizes=[64, 128])
        self.critic_optimizer = optim.Adam(self.critic_evaluate_net.parameters(),
                lr=0.001)
        self.critic_loss = nn.MSELoss()
        self.critic_target_net = copy.deepcopy(self.critic_evaluate_net)

    def build_net(self, input_size, hidden_sizes, output_size=1,
```

```
            output_activator=None):
        layers = []
        for input_size, output_size in zip(
                [input_size,] + hidden_sizes, hidden_sizes + [output_size,]):
            layers.append(nn.Linear(input_size, output_size))
            layers.append(nn.ReLU())
        layers = layers[:-1]
        if output_activator:
            layers.append(output_activator)
        net = nn.Sequential(*layers)
        return net

    def reset(self, mode=None):
        self.mode = mode
        if self.mode == 'train':
            self.trajectory = []
            self.noise = OrnsteinUhlenbeckProcess(np.zeros((self.action_dim,)))

    def step(self, observation, reward, terminated):
        if self.mode == 'train' and self.replayer.count < 3000:
            action = np.random.uniform(self.action_low, self.action_high)
        else:
            state_tensor = torch.as_tensor(observation,
                    dtype = torch.float).reshape(1, -1)
            action_tensor = self.actor_evaluate_net(state_tensor)
            action = action_tensor.detach().numpy()[0]
        if self.mode == 'train':
            noise = self.noise(sigma = 0.1)
            action = (action + noise).clip(self.action_low, self.action_high)

            self.trajectory += [observation, reward, terminated, action]
            if len(self.trajectory) >= 8:
                state, _, _, act, next_state, reward, terminated, _ = \
                        self.trajectory[-8:]
                self.replayer.store(state, act, reward, next_state, terminated)

            if self.replayer.count >= 3000:
                self.learn()
        return action

    def close(self):
        pass

    def update_net(self, target_net, evaluate_net, learning_rate=0.005):
        for target_param, evaluate_param in zip(
                target_net.parameters(), evaluate_net.parameters()):
            target_param.data.copy_(learning_rate*evaluate_param.data
                    + (1 - learning_rate)*target_param.data)

    def learn(self):
        # 经验回放
        states, actions, rewards, next_states, terminateds = \
```

```
            self.replayer.sample(64)
        state_tensor = torch.as_tensor(states, dtype=torch.float)
        action_tensor = torch.as_tensor(actions, dtype=torch.long)
        reward_tensor = torch.as_tensor(rewards, dtype=torch.float)
        next_state_tensor = torch.as_tensor(next_states, dtype=torch.float)
        terminated_tensor = torch.as_tensor(terminateds, dtype=torch.float)

        # 更新评论者
        next_action_tensor = self.actor_target_net(next_state_tensor)
        noise_tensor = (0.2 * torch.randn_like(action_tensor, dtype=torch.float))
        noisy_next_action_tensor = (next_action_tensor + noise_tensor).clamp(
                self.action_low, self.action_high)
        next_state_action_tensor = torch.cat([next_state_tensor,
                noisy_next_action_tensor], 1)
        next_q_tensor = self.critic_target_net(next_state_action_tensor).squeeze(1)
        critic_target_tensor = reward_tensor + (1. - terminated_tensor) * \
                self.gamma * next_q_tensor
        critic_target_tensor = critic_target_tensor.detach()

        state_action_tensor = torch.cat([state_tensor, action_tensor], 1)
        critic_pred_tensor = self.critic_evaluate_net(state_action_tensor
                ).squeeze(1)
        critic_loss_tensor = self.critic_loss(critic_pred_tensor,
                critic_target_tensor)
        self.critic_optimizer.zero_grad()
        critic_loss_tensor.backward()
        self.critic_optimizer.step()

        # 更新执行者
        pred_action_tensor = self.actor_evaluate_net(state_tensor)
        pred_action_tensor = pred_action_tensor.clamp(self.action_low,
                self.action_high)
        pred_state_action_tensor = torch.cat([state_tensor, pred_action_tensor], 1)
        critic_pred_tensor = self.critic_evaluate_net(pred_state_action_tensor)
        actor_loss_tensor = -critic_pred_tensor.mean()
        self.actor_optimizer.zero_grad()
        actor_loss_tensor.backward()
        self.actor_optimizer.step()

        self.update_net(self.critic_target_net, self.critic_evaluate_net)
        self.update_net(self.actor_target_net, self.actor_evaluate_net)

agent = DDPGAgent(env)
```

特别的，在 TensorFlow 版本(代码清单 9-2)的 `learn()` 函数中，更新价值参数 $\mathbf{w}$ 的逻辑可以像往常一样使用 Keras 的 Sequential API 实现，但是更新策略参数 $\boldsymbol{\theta}$ 需要试图增大 $q(S,\pi(S;\boldsymbol{\theta});\mathbf{w})$，不能够简单地使用 Keras 的 Sequential API 实现。在代码清单 9-2 中是使用了 TensorFlow 的 eager 模式来实现的。

智能体和环境交互使用代码清单 1-3。

9.5.2　用双重延迟深度确定性算法求解

本节考虑用双重延迟深度确定性算法求解最优策略。代码清单 9-4 和代码清单 9-5 实现了双重延迟深度确定性算法。它与代码清单 9-2 和代码清单 9-3 相比，仅在构造函数和 learn() 函数有不同。

代码清单 9-4　双重延迟深度确定性算法智能体(TensorFlow 版)

代码文件名：Pendulum-v1_TD3_tf.ipynb。

```
class TD3Agent:
    def __init__(self, env):
        state_dim = env.observation_space.shape[0]
        self.action_dim = env.action_space.shape[0]
        self.action_low = env.action_space.low
        self.action_high = env.action_space.high
        self.gamma = 0.99

        self.replayer = DQNReplayer(20000)

        self.actor_evaluate_net = self.build_net(
                input_size = state_dim, hidden_sizes=[32, 64],
                output_size = self.action_dim, output_activation=nn.tanh)
        self.actor_target_net = models.clone_model(self.actor_evaluate_net)
        self.actor_target_net.set_weights(self.actor_evaluate_net.get_weights())

        self.critic0_evaluate_net = self.build_net(
                input_size = state_dim + self.action_dim, hidden_sizes=[64, 128])
        self.critic0_target_net = models.clone_model(self.critic0_evaluate_net)
        self.critic0_target_net.set_weights(self.critic0_evaluate_net.get_weights())

        self.critic1_evaluate_net = self.build_net(
                input_size = state_dim + self.action_dim, hidden_sizes=[64, 128])
        self.critic1_target_net = models.clone_model(self.critic1_evaluate_net)
        self.critic1_target_net.set_weights(self.critic1_evaluate_net.get_weights())

    def build_net(self, input_size=None, hidden_sizes=None, output_size=1,
                activation=nn.relu, output_activation = None,
                loss=losses.mse, learning_rate=0.001):
        model = keras.Sequential()
        for layer, hidden_size in enumerate(hidden_sizes):
            kwargs = {'input_shape' : (input_size,)} if layer == 0 else {}
            model.add(layers.Dense(units=hidden_size,
                    activation=activation, **kwargs))
        model.add(layers.Dense(units=output_size,
                activation=output_activation))
        optimizer = optimizers.Adam(learning_rate)
        model.compile(optimizer=optimizer, loss=loss)
        return model

    def reset(self, mode=None):
```

```
        self.mode = mode
        if self.mode == 'train':
            self.trajectory = []
            self.noise = OrnsteinUhlenbeckProcess(np.zeros((self.action_dim,)))

    def step(self, observation, reward, terminated):
        if self.mode == 'train' and self.replayer.count < 3000:
            action = np.random.uniform(self.action_low, self.action_high)
        else:
            action = self.actor_evaluate_net.predict(observation[np.newaxis],
                    verbose = 0)[0]
        if self.mode == 'train':
            noise = self.noise(sigma=0.1)
            action = (action + noise).clip(self.action_low, self.action_high)

            self.trajectory += [observation, reward, terminated, action]
            if len(self.trajectory) >= 8:
                state, _, _, act, next_state, reward, terminated, _ = \
                        self.trajectory[-8:]
                self.replayer.store(state, act, reward, next_state, terminated)

            if self.replayer.count >= 3000:
                self.learn()
        return action

    def close(self):
        pass

    def update_net(self, target_net, evaluate_net, learning_rate=0.005):
        average_weights = [(1. - learning_rate) * t + learning_rate * e for t, e
                in zip(target_net.get_weights(), evaluate_net.get_weights())]
        target_net.set_weights(average_weights)

    def learn(self):
        # 经验回放
        states, actions, rewards, next_states, terminateds= \
                self.replayer.sample(64)
        state_tensor = tf.convert_to_tensor(states, dtype = tf.float32)

        # 更新评论者
        next_actions = self.actor_target_net.predict(next_states, verbose=0)
        next_noises = np.random.normal(0, 0.2, size=next_actions.shape)
        next_actions = (next_actions + next_noises).clip(self.action_low,
                self.action_high)
        state_actions = np.hstack([states, actions])
        next_state_actions = np.hstack([next_states, next_actions])
        next_q0s = self.critic0_target_net.predict(next_state_actions,
                verbose=0)[:, 0]
        next_q1s = self.critic1_target_net.predict(next_state_actions,
                verbose=0)[:, 0]
        next_qs = np.minimum(next_q0s, next_q1s)
        targets = rewards + (1. - terminateds) * self.gamma * next_qs
```

```
        self.critic0_evaluate_net.fit(state_actions, targets[:, np.newaxis],
                verbose=0)
        self.critic1_evaluate_net.fit(state_actions, targets[:, np.newaxis],
                verbose=0)

        # 更新执行者
        with tf.GradientTape() as tape:
            action_tensor = self.actor_evaluate_net(state_tensor)
            state_action_tensor = tf.concat([state_tensor, action_tensor], axis=1)
            q_tensor = self.critic0_evaluate_net(state_action_tensor)
            loss_tensor = -tf.reduce_mean(q_tensor)
        grad_tensors = tape.gradient(loss_tensor,
                self.actor_evaluate_net.variables)
        self.actor_evaluate_net.optimizer.apply_gradients(zip(
                grad_tensors, self.actor_evaluate_net.variables))

        self.update_net(self.critic0_target_net, self.critic0_evaluate_net)
        self.update_net(self.critic1_target_net, self.critic1_evaluate_net)
        self.update_net(self.actor_target_net, self.actor_evaluate_net)

agent = TD3Agent(env)
```

代码清单 9-5 双重延迟深度确定性算法智能体(PyTorch 版)

代码文件名：Pendulum-v1_TD3_torch.ipynb。

```
class TD3Agent:
    def __init__(self, env):
        state_dim = env.observation_space.shape[0]
        self.action_dim = env.action_space.shape[0]
        self.action_low = env.action_space.low[0]
        self.action_high = env.action_space.high[0]

        self.gamma = 0.99

        self.replayer = DQNReplayer(20000)

        self.actor_evaluate_net = self.build_net(
                input_size=state_dim, hidden_sizes=[32, 64],
                output_size=self.action_dim)
        self.actor_optimizer = optim.Adam(self.actor_evaluate_net.parameters(),
                lr=0.001)
        self.actor_target_net = copy.deepcopy(self.actor_evaluate_net)

        self.critic0_evaluate_net = self.build_net(
                input_size=state_dim+self.action_dim, hidden_sizes=[64, 128])
        self.critic0_optimizer = optim.Adam(self.critic0_evaluate_net.parameters(),
                lr=0.001)
        self.critic0_loss = nn.MSELoss()
        self.critic0_target_net = copy.deepcopy(self.critic0_evaluate_net)

        self.critic1_evaluate_net = self.build_net(
```

```
                input_size=state_dim + self.action_dim, hidden_sizes=[64, 128])
        self.criticl_optimizer = optim.Adam(self.criticl_evaluate_net.parameters(),
                lr=0.001)
        self.criticl_loss = nn.MSELoss()
        self.criticl_target_net = copy.deepcopy(self.criticl_evaluate_net)

    def build_net(self, input_size, hidden_sizes, output_size=1,
            output_activator=None):
        layers = []
        for input_size, output_size in zip(
                [input_size,] + hidden_sizes, hidden_sizes + [output_size,]):
            layers.append(nn.Linear(input_size, output_size))
            layers.append(nn.ReLU())
        layers = layers[:-1]
        if output_activator:
            layers.append(output_activator)
        net = nn.Sequential(*layers)
        return net

    def reset(self, mode=None):
        self.mode = mode
        if self.mode == 'train':
            self.trajectory = []
            self.noise = OrnsteinUhlenbeckProcess(np.zeros((self.action_dim,)))

    def step(self, observation, reward, terminated):
        state_tensor = torch.as_tensor(observation, dtype=torch.float).unsqueeze(0)
        action_tensor = self.actor_evaluate_net(state_tensor)
        action = action_tensor.detach().numpy()[0]

        if self.mode == 'train':
            # 训练时为动作引入噪声扰动
            action = (action + self.noise(sigma=0.1)).clip(self.action_low,
                    self.action_high)

            self.trajectory += [observation, reward, terminated, action]
            if len(self.trajectory) >= 8:
                state, _, _, act, next_state, reward, terminated, _ = \
                        self.trajectory[-8:]
                self.replayer.store(state, act, reward, next_state, terminated)

            if self.replayer.count >= 3000:
                self.learn()
        return action

    def close(self):
        pass

    def update_net(self, target_net, evaluate_net, learning_rate=0.005):
        for target_param, evaluate_param in zip(
                target_net.parameters(), evaluate_net.parameters()):
            target_param.data.copy_(learning_rate*evaluate_param.data
```

```
                + (1-learning_rate) * target_param.data)

    def learn(self):
        # 经验回放
        states, actions, rewards, next_states, terminateds = \
                self.replayer.sample(64)
        state_tensor = torch.as_tensor(states, dtype=torch.float)
        action_tensor = torch.as_tensor(actions, dtype=torch.long)
        reward_tensor = torch.as_tensor(rewards, dtype=torch.float)
        next_state_tensor = torch.as_tensor(next_states, dtype=torch.float)
        terminated_tensor = torch.as_tensor(terminateds, dtype=torch.float)

        # 更新评论者
        next_action_tensor = self.actor_target_net(next_state_tensor)
        noise_tensor = (0.2 * torch.randn_like(action_tensor, dtype=torch.float))
        noisy_next_action_tensor = (next_action_tensor + noise_tensor
                ).clamp(self.action_low, self.action_high)
        next_state_action_tensor = torch.cat([next_state_tensor,
                noisy_next_action_tensor], 1)
        next_q0_tensor = self.critic0_target_net(next_state_action_tensor
                ).squeeze(1)
        next_q1_tensor = self.critic1_target_net(next_state_action_tensor
                ).squeeze(1)
        next_q_tensor = torch.min(next_q0_tensor, next_q1_tensor)
        critic_target_tensor = reward_tensor + (1. - terminated_tensor) * \
                self.gamma * next_q_tensor
        critic_target_tensor = critic_target_tensor.detach()

        state_action_tensor = torch.cat([state_tensor, action_tensor], 1)
        critic_pred0_tensor = self.critic0_evaluate_net(
                state_action_tensor).squeeze(1)
        critic0_loss_tensor = self.critic0_loss(critic_pred0_tensor,
                critic_target_tensor)
        self.critic0_optimizer.zero_grad()
        critic0_loss_tensor.backward()
        self.critic0_optimizer.step()

        critic_pred1_tensor = self.critic1_evaluate_net(
                state_action_tensor).squeeze(1)
        critic1_loss_tensor = self.critic1_loss(critic_pred1_tensor,
                critic_target_tensor)
        self.critic1_optimizer.zero_grad()
        critic1_loss_tensor.backward()
        self.critic1_optimizer.step()

        # 更新执行者
        pred_action_tensor = self.actor_evaluate_net(state_tensor)
        pred_action_tensor = pred_action_tensor.clamp(self.action_low,
                self.action_high)
        pred_state_action_tensor = torch.cat([state_tensor, pred_action_tensor], 1)
        critic_pred_tensor = self.critic0_evaluate_net(pred_state_action_tensor)
        actor_loss_tensor = -critic_pred_tensor.mean()
```

```
        self.actor_optimizer.zero_grad()
        actor_loss_tensor.backward()
        self.actor_optimizer.step()

        self.update_net(self.critic0_target_net, self.critic0_evaluate_net)
        self.update_net(self.critic1_target_net, self.critic1_evaluate_net)
        self.update_net(self.actor_target_net, self.actor_evaluate_net)

agent = TD3Agent(env)
```

智能体和环境交互依然使用代码清单 1-3。

9.6 本章小结

本章介绍了适用于连续动作空间任务的确定性执行者/评论者算法。连续动作空间中的确定性版本与普通情况下的执行者/评论者算法在处理上略有区别，特别对于异策的算法更是如此。使用时要注意选用合适的版本。

本章要点

- 连续动作空间的最优确定性策略可用 $\pi(s;\boldsymbol{\theta})(s\in\mathcal{S})$ 近似。
- 适用于连续动作空间的确定性策略梯度定理为
$$\nabla g_{\pi(\boldsymbol{\theta})} = \mathrm{E}_{S\sim\rho_{\pi(\boldsymbol{\theta})}}\left[\nabla\pi(S;\boldsymbol{\theta})\left[\nabla_a q_{\pi(\boldsymbol{\theta})}(S,a)\right]_{a=\pi(S;\boldsymbol{\theta})}\right],$$
其中 ρ_π 是策略 π 的带折扣状态分布。
- 基本的同策和异策确定性执行者/评论者算法在更新策略参数 θ 时试图增大 $\gamma^t q(S_t,\pi(S_t;\boldsymbol{\theta});\boldsymbol{w})$。
- 引入行为策略和重要性采样，可以实现确定性异策回合更新梯度算法。深度确定性策略梯度算法常结合经验回放、目标网络等技术。
- 连续动作空间上的确定性算法可以通过增加扰动来实现探索。扰动可以是独立同分布的 Gaussian 噪声、Ornstein Uhlenbeck 过程等。

9.7 练习与模拟面试

1. 单选题

(1)关于确定性策略梯度定理，下列说法正确的是(　　)。

A. 确定性策略梯度定理考虑状态空间为连续空间的情况

B. 确定性策略梯度定理考虑动作空间为连续空间的情况

C. 确定性策略梯度定理考虑奖励空间为连续空间的情况

(2)在引入动作噪声的过程中引入 Ornstein Uhlenbeck 过程，可以(　　)。

A. 让同一回合内不同时刻的噪声正相关

B. 让同一回合内不同时刻的噪声负相关

C. 让同一回合内不同时刻的噪声不相关

(3) 关于深度确定性梯度策略算法，属于以下哪一类最合适？(　　)

A. 基于价值的算法。

B. 策略梯度算法。

C. 执行者/评论者算法。

2. 编程练习

用深度确定性策略梯度算法求解 `MountainCarContinuous-v0`。

3. 模拟面试

(1) 请推导确定性策略梯度定理。

(2) 用确定性策略梯度算法解决动作空间是连续空间的任务，有何优缺点？

CHAPTER 10

第 10 章

最大熵强化学习

本章将学习以下内容。

- ❑ 最大熵强化学习。
- ❑ 柔性价值的定义和性质，包括柔性 Bellman 方程。
- ❑ 柔性策略梯度定理。
- ❑ 柔性 Q 学习算法。
- ❑ 柔性执行者/评论者算法。
- ❑ 自动熵调节算法。

本章介绍最大熵强化学习。最大熵强化学习利用信息论中的熵的概念来鼓励探索。

10.1 最大熵强化学习与柔性强化学习理论

本节介绍最大熵强化学习和柔性强化学习的理论基础。

10.1.1 奖励工程和带熵的奖励

强化学习中的**奖励工程**(reward engineering)是指通过修改原问题中奖励的定义得到新的强化学习问题，然后求解修改后的强化学习问题，以期为求解原强化学习问题提供帮助。

本章将考虑最大熵强化学习算法。这类算法将原问题中的奖励修改为带熵的奖励，并通过求解带熵的奖励的强化学习问题来求解原强化学习问题。

探索与利用的折中是强化学习的关键问题。在给定状态下，如果更鼓励探索，那么会让选定的动作尽可能的随机；如果更鼓励折中，则会让选定的动作尽可能确定。动作的随机性可以用信息论中的熵来刻画。

知识卡片：信息论

熵

已知随机变量 X 满足概率分布 p。那么这个随机变量的**熵**(entropy)(记为 $\mathrm{H}[X]$)或这个概率分布的熵(记为 $\mathrm{H}[p]$)的定义为

$$\mathrm{H}[p]=\mathrm{H}[X]=\mathrm{E}_{X\sim p}[-\ln p(X)]=-\sum_{x}p(x)\ln p(x)。$$

对于一个随机变量，如果它的不确定性越大，那么它的熵就越大。所以，熵又被称为不确定性的度量。

熵的例子：均匀分布随机变量 $X\sim\mathrm{uniform}(a,b)$ 的熵是 $\mathrm{H}[X]=\ln(b-a)$。考虑 n 维正态分布随机变量 $\boldsymbol{X}\sim\mathrm{normal}(\boldsymbol{\mu},\boldsymbol{\Sigma})$ 的熵为 $\mathrm{H}[\boldsymbol{X}]=\frac{1}{2}(n\ln 2\pi\mathrm{e}+\ln\det\boldsymbol{\Sigma})$。

熵越大则探索程度越大。为了鼓励探索，我们可以试图增大熵。同时，我们仍然需要最大化回合奖励。为此，我们可以将这两个目标进行线性组合，定义出带熵的奖励为

$$R_{t+1}^{(\mathrm{H})}=R_{t+1}+\alpha^{(\mathrm{H})}\mathrm{H}[\pi(\cdot|S_t)]。$$

其中 $\alpha^{(\mathrm{H})}$ 是一个参数($\alpha^{(\mathrm{H})}>0$)，用来在探索和利用之间进行折中。当 $\alpha^{(\mathrm{H})}$ 比较大时，熵的重要性比较大，比较注重探索；当 $\alpha^{(\mathrm{H})}$ 比较小时，熵的重要性比较小，比较注重利用。

定义好带熵的奖励后，可以进而定义带熵的回报为

$$G_t^{(\mathrm{H})}=\sum_{\tau=0}^{+\infty}\gamma^{\tau}R_{t+\tau+1}^{(\mathrm{H})}。$$

最大熵强化学习则是试图找到最大化带熵的回报的期望的策略，即

$$\pi_*^{(\mathrm{H})}=\underset{\pi}{\arg\max}\,\mathrm{E}_\pi[G_0^{(\mathrm{H})}]。$$

在优化目标 $\mathrm{E}_\pi[G_0^{(\mathrm{H})}]$ 中，策略 π 不仅能影响期望针对的分布，还会影响期望针对的随机变量。

类似的，可以定义带熵的价值为

$$v_\pi^{(\mathrm{H})}(s)=\mathrm{E}_\pi[G_t^{(\mathrm{H})}|S_t=s],\qquad s\in\mathcal{S},$$

$$q_\pi^{(\mathrm{H})}(s,a)=\mathrm{E}_\pi[G_t^{(\mathrm{H})}|S_t=s,A_t=a],\qquad s\in\mathcal{S},\ a\in\mathcal{A}(s)。$$

带熵的价值之间满足关系：

$$v_\pi^{(\mathrm{H})}(s)=\sum_{a}\pi(a|s)q_\pi^{(\mathrm{H})}(s,a),\qquad s\in\mathcal{S},$$

$$q_\pi^{(\mathrm{H})}(s,a)=r^{(\mathrm{H})}(s,a)+\gamma\sum_{s'}p(s'|s,a)v_\pi^{(\mathrm{H})}(s,a),\qquad s\in\mathcal{S},\ a\in\mathcal{A}(s)。$$

其中

$$r^{(\mathrm{H})}(s,a)=r(s,a)+\mathrm{H}[\pi(\cdot|s)],\ s\in\mathcal{S},\ a\in\mathcal{A}(s)。$$

用带熵的动作价值表示带熵的动作价值的 Bellman 方程

$$q_\pi^{(\mathrm{H})}(s,a)=r^{(\mathrm{H})}(s,a)+\gamma\sum_{s'}p(s'|s,a)\sum_{a}\pi(a'|s')q_\pi^{(\mathrm{H})}(s',a'),\ s\in\mathcal{S},\ a\in\mathcal{A}(s)。$$

容易知道，最大熵强化学习可以表示为

$$\pi_*^{(\mathrm{H})}=\underset{\pi}{\operatorname{argmax}}\ \mathrm{E}_{(s,a)\sim\rho_\pi}[q_\pi^{(\mathrm{H})}(s,a)]。$$

3.1 节已经证明了 Bellman 最优算子是完备度量空间上的压缩映射，所以最大熵强化学习问题存在唯一最优解。当然，这个最优解和不带熵的问题的最优解是不一样的。

10.1.2 柔性价值

带熵的动作价值 $q_\pi^{(\mathrm{H})}(s,a)$ 包括了 $\alpha^{(\mathrm{H})}\mathrm{H}[\pi(\cdot|s)]$。但是，动作价值的输入 (s,a) 并不依赖于策略，所以应当抛除 $\alpha^{(\mathrm{H})}\mathrm{H}[\pi(\cdot|s)]$ 这一项。为此引入柔性价值。

对于任意的策略 π，定义**柔性价值**(soft values)如下：

- **柔性动作价值**(soft action value)

$$q_\pi^{(柔)}(s,a)=q_\pi^{(\mathrm{H})}(s,a)-\alpha^{(\mathrm{H})}\mathrm{H}[\pi(\cdot|s)],\ s\in\mathcal{S},\ a\in\mathcal{A}(s)。$$

- **柔性状态价值**(soft state value)

$$v_\pi^{(柔)}(s)=\alpha^{(\mathrm{H})}\log\sum_{a\in\mathcal{A}(s)}\exp\left(\frac{1}{\alpha^{(\mathrm{H})}}q_\pi^{(柔)}(s,a)\right),\ s\in\mathcal{S}。$$

引入 logsumexp 算子

$$\underset{x\in\mathcal{X}}{\operatorname{logsumexp}}\ x=\log\sum_{x\in\mathcal{X}}\exp x,$$

则上式又可表示为

$$v_\pi^{(柔)}(s)=\alpha^{(\mathrm{H})}\underset{a\in\mathcal{A}(s)}{\operatorname{logsumexp}}\left(\frac{1}{\alpha^{(\mathrm{H})}}q_\pi^{(柔)}(s,a)\right),\ s\in\mathcal{S}。$$

这个式子就是用柔性动作价值表示柔性状态价值的表示式。(注：柔性状态价值仅仅是柔性动作价值的配分函数，它并不是真正的状态价值。事实上，它称为状态价值的原因仅仅是，对于最优最大熵策略，柔性状态价值的期望在形式上满足一般用动作价值表示状态价值的形式。后文会介绍。)这样的价值称为柔性价值，一个重要的原因是 logsumexp 可以看作是 max 的一种更光滑的版本。

进一步，我们可以定义**柔性优势**(soft advantage)为

$$a_\pi^{(柔)}(s,a)=q_\pi^{(柔)}(s,a)-v_\pi^{(柔)}(s),\ s\in\mathcal{S},\ a\in\mathcal{A}(s)。$$

由于

$$q_\pi^{(\mathrm{H})}(s,a)=q_\pi^{(柔)}(s,a)+\alpha^{(柔)}\mathrm{H}[\pi(\cdot|s)],\ s\in\mathcal{S},\ a\in\mathcal{A}(s),$$

所以最大熵强化学习问题又可以表示为

$$\pi_*^{(\mathrm{H})} = \underset{\pi}{\operatorname{argmax}}\, \mathrm{E}_{(s,a)\sim\rho_\pi}\left[q_\pi^{(柔)}(s,a) + \alpha^{(\mathrm{H})}\mathrm{H}[\pi(\cdot|s)]\right]。$$

用柔性动作价值表示柔性动作价值的 Bellman 方程是

$$q_\pi^{(柔)}(s,a) = r(s,a) + \gamma\sum_{s'} p(s'|s,a)\sum_{a'}\pi(a'|s')\left(q_\pi^{(柔)}(s',a') + \alpha^{(\mathrm{H})}\mathrm{H}[\pi(\cdot|s')]\right),\ s\in\mathcal{S},\ a\in\mathcal{A}(s)。$$

（证明：将

$$q_\pi^{(\mathrm{H})}(s,a) = q_\pi^{(柔)}(s,a) + \alpha^{(\mathrm{H})}\mathrm{H}[\pi(\cdot|s)],\ s\in\mathcal{S},\ a\in\mathcal{A}(s),$$

$$r^{(\mathrm{H})}(s,a) = r(s,a) + \alpha^{(\mathrm{H})}\mathrm{H}[\pi(\cdot|s)],\ s\in\mathcal{S},\ a\in\mathcal{A}(s)。$$

代入带熵的动作价值的 Bellman 方程

$$q_\pi^{(\mathrm{H})}(s,a) = r^{(\mathrm{H})}(s,a) + \gamma\sum_{s'} p(s'|s,a)\sum_{a}\pi(a'|s')q_\pi^{(\mathrm{H})}(s',a'),\ s\in\mathcal{S},\ a\in\mathcal{A}(s),$$

可以得到

$$\begin{aligned} & q_\pi^{(柔)}(s,a) + \alpha^{(\mathrm{H})}\mathrm{H}[\pi(\cdot|s)] \\ &= r(s,a) + \alpha^{(\mathrm{H})}\mathrm{H}[\pi(\cdot|s)] + \\ &\quad \gamma\sum_{s'} p(s'|s,a)\sum_{a}\pi(a'|s')q_\pi^{(\mathrm{H})}(s',a'),\ s\in\mathcal{S},\ a\in\mathcal{A}(s)。\end{aligned}$$

两边消去 $\alpha^{(\mathrm{H})}\mathrm{H}[\pi(\cdot|s)]$ 得证。）它可以简记为

$$q_\pi^{(柔)}(S_t,A_t) = \mathrm{E}_\pi\left[R_{t+1} + \gamma\left(\mathrm{E}_\pi\left[q_\pi^{(柔)}(S_{t+1},A_{t+1})\right] + \alpha^{(\mathrm{H})}\mathrm{H}\left[\pi_\pi^{(\mathrm{H})}(\cdot|S_{t+1})\right]\right)\right]。$$

10.1.3　柔性策略改进定理和最大熵强化学习的迭代求解

本节介绍求解最大熵强化学习问题的有模型迭代算法。这个迭代算法依赖于柔性策略改进定理。

柔性策略改进定理（soft policy improvement theorem）：给定策略 π。用该策略的柔性优势 $a_\pi^{(柔)}(s,a)=q_\pi^{(柔)}(s,a)-v_\pi^{(柔)}(s)$（$s\in\mathcal{S}$, $a\in\mathcal{A}(s)$）构造新策略 $\tilde{\pi}$，即

$$\tilde{\pi}(a|s) = \exp\left(\frac{1}{\alpha^{(\mathrm{H})}}a_\pi^{(柔)}(s,a)\right),\ s\in\mathcal{S},\ a\in\mathcal{A}(s)。$$

如果这两个策略的动作价值和状态价值均是有界的，那么策略 π 和策略 $\tilde{\pi}$ 之间满足

$$q_{\tilde{\pi}}^{(柔)}(s,a) \geqslant q_\pi^{(柔)}(s,a),\ s\in\mathcal{S},\ a\in\mathcal{A}(s)。$$

并且当策略 π 不满足 $\pi(\cdot|s)\overset{\text{几乎处处}}{=\!=\!=}\exp\left(\frac{1}{\alpha^{(\mathrm{H})}}a_\pi^{(柔)}(s,\cdot)\right)$ 时，上述不等式不取等号。

（证明：任意策略 $\hat{\pi}$ 和策略 $\tilde{\pi}$ 之间的 KL 散度满足

$$\begin{aligned} & d_{\mathrm{KL}}(\hat{\pi}(\cdot|s)\,\|\,\tilde{\pi}(\cdot|s)) \\ &= d_{\mathrm{KL}}\left(\hat{\pi}(\cdot|s)\,\middle\|\,\exp\left(\frac{1}{\alpha^{(\mathrm{H})}}\left(q_\pi^{(柔)}(s,\cdot) - v_\pi^{(柔)}(s)\right)\right)\right) \\ &= \mathrm{E}_{\hat{\pi}}\left[\ln\hat{\pi}(\cdot|S_t) - \frac{1}{\alpha^{(\mathrm{H})}}\left(q_\pi^{(柔)}(S_t,A_t) - v_\pi^{(柔)}(S_t)\right)\,\middle|\,S_t = s\right] \end{aligned}$$

$$= -\mathrm{H}[\hat{\pi}(\cdot|s)] - \frac{1}{\alpha^{(\mathrm{H})}}(\mathrm{E}_{\hat{\pi}}[q_\pi^{(柔)}(S_t,A_t)|S_t=s] - v_\pi^{(柔)}(s))。$$

考虑到

$$d_{\mathrm{KL}}(\pi(\cdot|s)\,\|\,\tilde{\pi}(\cdot|s)) \geqslant 0 = d_{\mathrm{KL}}(\tilde{\pi}(\cdot|s)\,\|\,\tilde{\pi}(\cdot|s)),$$

（当 $d_{\mathrm{KL}}(\pi(\cdot|s)\,\|\,\tilde{\pi}(\cdot|s))>0$ 时取不等号），所以

$$\begin{aligned}
&-\mathrm{H}[\pi(\cdot|s)] - \frac{1}{\alpha^{(\mathrm{H})}}(\mathrm{E}_{\pi}[q_\pi^{(柔)}(S_t,A_t)|S_t=s] - v_\pi^{(柔)}(s)) \geqslant \\
&\qquad -\mathrm{H}[\tilde{\pi}(\cdot|s)] - \frac{1}{\alpha^{(\mathrm{H})}}(\mathrm{E}_{\tilde{\pi}}[q_\pi^{(柔)}(S_t,A_t)|S_t=s] - v_\pi^{(柔)}(s))
\end{aligned}$$

即

$$\begin{aligned}
&\alpha^{(\mathrm{H})}\mathrm{H}[\pi(\cdot|s)] + \mathrm{E}_{\pi}[q_\pi^{(柔)}(S_t,A_t)|S_t=s] \leqslant \\
&\alpha^{(\mathrm{H})}\mathrm{H}[\tilde{\pi}(\cdot|s)] + \mathrm{E}_{\tilde{\pi}}[q_\pi^{(柔)}(S_t,A_t)|S_t=s],
\end{aligned}$$

（当 $\pi(\cdot|s)\overset{几乎处处}{=\!=\!=}\tilde{\pi}(\cdot|s)$ 不成立时，$d_{\mathrm{KL}}(\pi(\cdot|s)\,\|\,\tilde{\pi}(\cdot|s))>0$，取不等号）。所以

$$\begin{aligned}
&q_\pi^{(柔)}(s,a)\\
&= \mathrm{E}[R_1 + \gamma(\alpha^{(\mathrm{H})}\mathrm{H}[\pi(\cdot|S_1)] + \mathrm{E}_{\pi}[q_\pi^{(柔)}(S_1,A_1)])|S_0=s,A_0=a]\\
&\leqslant \mathrm{E}[R_1 + \gamma(\alpha^{(\mathrm{H})}\mathrm{H}[\tilde{\pi}(\cdot|S_1)] + \mathrm{E}_{\tilde{\pi}}[q_\pi^{(柔)}(S_1,A_1)])|S_0=s,A_0=a]\\
&= \mathrm{E}[R_1 + \gamma\alpha^{(\mathrm{H})}\mathrm{H}[\tilde{\pi}(\cdot|S_1)] + \gamma^2\mathrm{E}_{\tilde{\pi}}[\alpha^{(\mathrm{H})}\mathrm{H}[\pi(\cdot|S_2)] +\\
&\quad \mathrm{E}_{\pi}[q_\pi^{(柔)}(S_2,A_2)]]|S_0=s,A_0=a]\\
&\leqslant \mathrm{E}[R_1 + \gamma\alpha^{(\mathrm{H})}\mathrm{H}[\tilde{\pi}(\cdot|S_1)] + \gamma^2\mathrm{E}_{\tilde{\pi}}[\alpha^{(\mathrm{H})}\mathrm{H}[\tilde{\pi}(\cdot|S_2)]\\
&\quad + \mathrm{E}_{\tilde{\pi}}[q_\pi^{(柔)}(S_2,A_2)]]|S_0=s,A_0=a]\\
&\cdots\\
&\leqslant \mathrm{E}[R_1 + \sum_{t=1}^{+\infty}\gamma^t(\alpha^{(\mathrm{H})}\mathrm{H}[\tilde{\pi}(\cdot|S_t)] + R_{t+1})|S_0=s,A_0=a]\\
&= q_{\tilde{\pi}}^{(柔)}(s,a),\quad s\in\mathcal{S},\ a\in\mathcal{A}(s)。
\end{aligned}$$

以上只要有任意使用到的状态使得 KL 散度不取等号，上述不等式就能取到不等号。得证。）

柔性策略改进定理给出了一种可以增加目标的迭代方式。这样的迭代过程也可以用柔性 Bellman 最优算子表示。

按惯例，记 $\mathcal{Q}$ 是所有动作价值的集合。柔性 Bellman 算子 $\mathfrak{b}_*^{(柔)}:\mathcal{Q}\to\mathcal{Q}$ 定义为

$$\mathfrak{b}_*^{(柔)}(q)(s,a) = \sum_{s',r}p(s',r|s,a)\left[r + \gamma\alpha^{(\mathrm{H})}\ \underset{a\in\mathcal{A}(s)}{\mathrm{logsumexp}}\ \frac{1}{\alpha^{(\mathrm{H})}}q(s,a)\right],\ q\in\mathcal{Q}。$$

柔性 Bellman 算子 $\mathfrak{b}_*^{(柔)}$ 是度量空间 $(\mathcal{Q},d_\infty)$ 中的压缩映射。

（证明：任取 $q',q''\in\mathcal{Q}$。因为

$$d_\infty(q',q'') = \max_{s\in\mathcal{S},\ a\in\mathcal{A}(s)} |q'(s,a) - q''(s,a)|。$$

所以

$$q'(s,a) \leqslant q''(s,a) + d_\infty(q',q''),\ s\in\mathcal{S},\ a\in\mathcal{A}(s),$$

$$\frac{1}{\alpha^{(\mathrm{H})}}q'(s,a) \leqslant \frac{1}{\alpha^{(\mathrm{H})}}q''(s,a) + \frac{1}{\alpha^{(\mathrm{H})}}d_\infty(q',q''),\ s\in\mathcal{S},\ a\in\mathcal{A}(s)。$$

进而

$$\operatorname*{logsumexp}_{a\in\mathcal{A}(s)} \frac{1}{\alpha^{(\mathrm{H})}}q'(s,a) \leqslant \operatorname*{logsumexp}_{a\in\mathcal{A}(s)} \frac{1}{\alpha^{(\mathrm{H})}}q''(s,a) + \frac{1}{\alpha^{(\mathrm{H})}}d_\infty(q',q''),\ s\in\mathcal{S},$$

$$\alpha^{(\mathrm{H})} \operatorname*{logsumexp}_{a\in\mathcal{A}(s)} \frac{1}{\alpha^{(\mathrm{H})}}q'(s,a) - \alpha^{(\mathrm{H})} \operatorname*{logsumexp}_{a\in\mathcal{A}(s)} \frac{1}{\alpha^{(\mathrm{H})}}q''(s,a) \leqslant d_\infty(q',q''),\ s\in\mathcal{S}。$$

进而有

$$\begin{aligned}
&\mathfrak{b}_*^{(柔)}(q')(s,a) - \mathfrak{b}_*^{(柔)}(q'')(s,a)\\
&= \sum_{s',r} p(s',r|s,a)\gamma\left(\alpha^{(\mathrm{H})} \operatorname*{logsumexp}_{a\in\mathcal{A}(s)} \frac{1}{\alpha^{(\mathrm{H})}}q'(s,a) - \alpha^{(\mathrm{H})} \operatorname*{logsumexp}_{a\in\mathcal{A}(s)} \frac{1}{\alpha^{(\mathrm{H})}}q''(s,a)\right)\\
&\leqslant \gamma d_\infty(q',q''),\ s\in\mathcal{S},\ a\in\mathcal{A}(s)。
\end{aligned}$$

所以

$$d_\infty(\mathfrak{b}_*^{(柔)}(q'),\mathfrak{b}_*^{(柔)}(q'')) \leqslant \gamma d_\infty(q',q'')。$$

证毕。）

由于柔性 Bellman 算子是完备度量空间中的压缩映射，所以不断用柔性 Bellman 算子进行迭代可以收敛于唯一最优解。

10.1.4　柔性最优价值

10.1.3 节介绍了一个数值迭代算法，这个算法会收敛到唯一最优解。柔性策略改进定理告诉我们，最优解处的 KL 散度应为 0。所以，最优解 $\pi_*^{(\mathrm{H})}$ 应满足

$$\pi_*^{(\mathrm{H})}(a|s) \xlongequal{\text{几乎处处}} \exp\left(\frac{1}{\alpha^{(\mathrm{H})}}\left(q_*^{(柔)}(s,a) - v_*^{(柔)}(s)\right)\right),\ s\in\mathcal{S},\ a\in\mathcal{A}(s),$$

其中 $q_*^{(柔)}(s,a)$ 和 $v_*^{(柔)}(s)$ 分别是策略 $\pi_*^{(\mathrm{H})}$ 的柔性动作价值和柔性状态价值。我们把 $q_*^{(柔)}(s,a)$ 称为**最优柔性动作价值**(optimal soft action value)，把 $v_*^{(柔)}(s)$ 称为**最优柔性状态价值**(optimal soft state value)。

最优柔性价值之间有以下关系：

- 用最优柔性动作价值表示最优柔性动作价值：

$$\begin{aligned}
&q_*^{(柔)}(s,a)\\
&= \sum_{s',r} p(s',r|s,a)\left(r + \gamma\left(\sum_{a'} \pi_*^{(\mathrm{H})}(a'|s')q_*^{(柔)}(s',a') + \alpha^{(\mathrm{H})}\mathrm{H}[\pi_*^{(\mathrm{H})}(\cdot|s')]\right)\right)
\end{aligned}$$

$$=r(s,a)+\gamma\sum_{s'}p(s'|s,a)\left(\sum_{a'}\pi_*^{(\mathrm{H})}(a'|s')q_*^{(柔)}(s',a')+\right.$$

$$\left.\alpha^{(\mathrm{H})}\mathrm{H}[\pi_*^{(\mathrm{H})}(\cdot|s')]\right),\ s\in\mathcal{S},\ a\in\mathcal{A}(s)。$$

简写为

$q_*^{(柔)}(S_t,A_t)=\mathrm{E}[R_{t+1}+\gamma(\mathrm{E}_{\pi_*^{(\mathrm{H})}}[q_*^{(柔)}(S_{t+1},A_{t+1})]+\alpha^{(\mathrm{H})}\mathrm{H}[\pi_*^{(\mathrm{H})}(\cdot|S_{t+1})])]$。

证明：直接由一般策略用柔性动作价值表示柔性动作价值的 Bellman 方程可得。

- 用最优柔性动作价值表示最优柔性状态价值：

$$\mathrm{E}_{\pi_*^{(\mathrm{H})}}[v_*^{(柔)}(S_t)]=\mathrm{E}_{\pi_*^{(\mathrm{H})}}[q_*^{(柔)}(S_t,A_t)]+\alpha^{(\mathrm{H})}\mathrm{H}[\pi_*^{(\mathrm{H})}(\cdot|S_t)]。$$

（证明：由于最优柔性策略满足

$$\pi_*^{(\mathrm{H})}(a|s)=\exp\left(\frac{1}{\alpha^{(\mathrm{H})}}(q_*^{(柔)}(s,a)-v_*^{(柔)}(s))\right),\ s\in\mathcal{S},\ a\in\mathcal{A}(s),$$

所以

$$v_*^{(柔)}(s)=q_*^{(柔)}(s,a)-\alpha^{(\mathrm{H})}\ln\pi_*^{(\mathrm{H})}(a|s),\ s\in\mathcal{S},\ a\in\mathcal{A}(s)。$$

进而

$$\sum_a\pi_*^{(\mathrm{H})}(a|s)v_*^{(柔)}(s)$$

$$=\sum_a\pi_*^{(\mathrm{H})}(a|s)q_*^{(柔)}(s,a)-\alpha^{(\mathrm{H})}\sum_a\pi_*^{(\mathrm{H})}(a|s)\ln\pi_*^{(\mathrm{H})}(a|s),\ s\in\mathcal{S}。$$

这就是要证明的结论。）

- 用最优柔性状态价值表示最优柔性动作价值：

$$q_*^{(柔)}(s,a)=\mathrm{E}[R_{t+1}+\gamma v_*^{(柔)}(S_{t+1})|S_t=s,A_t=a],\ s\in\mathcal{S},\ a\in\mathcal{A}(s)。$$

这个式子可简记为

$$q_*^{(柔)}(S_t,A_t)=\mathrm{E}[R_{t+1}+\gamma v_*^{(柔)}(S_{t+1})]。$$

（证明：将

$$\mathrm{E}_{\pi_*^{(\mathrm{H})}}[q_*^{(柔)}(S_t,A_t)]+\alpha^{(\mathrm{H})}\mathrm{H}[\pi_*^{(\mathrm{H})}(\cdot|S_t)]=\mathrm{E}_{\pi_*^{(\mathrm{H})}}[v_*^{(柔)}(S_t)],$$

代入

$q_*^{(柔)}(S_t,A_t)=\mathrm{E}[R_{t+1}+\gamma(\mathrm{E}_{\pi_*^{(\mathrm{H})}}[q_*^{(柔)}(S_{t+1},A_{t+1})]+\alpha^{(\mathrm{H})}\mathrm{H}[\pi_*^{(\mathrm{H})}(\cdot|S_{t+1})])]$,

得证。）

10.1.5 柔性策略梯度定理

前面几节都是从价值的角度来分析。本节将从策略梯度定理的角度来分析。

考虑策略 $\pi(\boldsymbol{\theta})$，其中 $\boldsymbol{\theta}$ 是参数。**柔性策略梯度定理**（soft policy gradient theorem）给出了最大化目标 $\mathrm{E}_{\pi(\boldsymbol{\theta})}[G_0^{(\mathrm{H})}]$ 对策略参数 $\boldsymbol{\theta}$ 的梯度为

$$\nabla\mathrm{E}_{\pi(\theta)}[G_0^{(\mathrm{H})}]=\mathrm{E}_{\pi(\theta)}\left[\sum_{t=0}^{T-1}\gamma^t(G_t^{(\mathrm{H})}-\alpha^{(\mathrm{H})}\ln\pi(A_t|S_t;\boldsymbol{\theta}))\nabla\ln\pi(A_t|S_t;\boldsymbol{\theta})\right]。$$

接下来我们来证明这个定理。与 7.1.2 节的情况类似，我们还是采用两种不同的方法。这两种不同的方法都运用到熵的梯度：

$$
\begin{aligned}
&\nabla \mathrm{H}[\pi(\cdot|s;\boldsymbol{\theta})] \\
&=\nabla \sum_{a\in\mathcal{A}(s)} -\pi(a|s;\boldsymbol{\theta})\ln\pi(a|s;\boldsymbol{\theta}) \\
&=\sum_{a\in\mathcal{A}(s)} -(\ln\pi(a|s;\boldsymbol{\theta})+1)\nabla\pi(a|s;\boldsymbol{\theta})。
\end{aligned}
$$

证明方法一：轨迹法。将目标对参数 $\boldsymbol{\theta}$ 求梯度，有

$$
\begin{aligned}
&\nabla \mathrm{E}_{\pi(\boldsymbol{\theta})}[G_0^{(\mathrm{H})}] \\
&=\nabla\left(\sum_t \pi(t;\boldsymbol{\theta})g_0^{(\mathrm{H})}\right) \\
&=\sum_t g_0^{(\mathrm{H})}\nabla\pi(t;\boldsymbol{\theta})+\sum_t \pi(t;\boldsymbol{\theta})\nabla g_0^{(\mathrm{H})} \\
&=\sum_t g_0^{(\mathrm{H})}\pi(t;\theta)\nabla\ln\pi(t;\boldsymbol{\theta})+\sum_t \pi(t;\boldsymbol{\theta})\nabla g_0^{(\mathrm{H})} \\
&=\mathrm{E}_\pi[G_0^{(\mathrm{H})}\nabla\ln\pi(T;\boldsymbol{\theta})+\nabla G_0^{(\mathrm{H})}],
\end{aligned}
$$

其中 $g_0^{(\mathrm{H})}$ 是 $G_0^{(\mathrm{H})}$ 的样本取值，它是由轨迹 t 推算出来的，并且和策略 $\pi(\boldsymbol{\theta})$ 有关，所以它对策略参数 $\boldsymbol{\theta}$ 有梯度。考虑到

$$
\pi(T;\boldsymbol{\theta})=p_{S_0}(S_0)\prod_{t=0}^{T-1}\pi(A_t|S_t;\boldsymbol{\theta})p(S_{t+1}|S_t,A_t),
$$

$$
\ln\pi(T;\boldsymbol{\theta})=\ln p_{S_0}(S_0)+\sum_{t=0}^{T-1}[\ln\pi(A_t|S_t;\boldsymbol{\theta})+\ln p(S_{t+1}|S_t,A_t)],
$$

$$
\nabla\ln\pi(T;\boldsymbol{\theta})=\sum_{t=0}^{T-1}\nabla\ln\pi(A_t|S_t;\boldsymbol{\theta}),
$$

且

$$
\begin{aligned}
&\nabla G_0^{(\mathrm{H})} \\
&=\nabla\sum_{t=0}^{T-1}\gamma^t R_{t+1}^{(\mathrm{H})} \\
&=\nabla\sum_{t=0}^{T-1}[\gamma^t(R_{t+1}+\alpha^{(\mathrm{H})}\mathrm{H}[\pi(\cdot|S_t;\boldsymbol{\theta})])] \\
&=\nabla\sum_{t=0}^{T-1}\gamma^t\alpha^{(\mathrm{H})}\mathrm{H}[\pi(\cdot|S_t;\boldsymbol{\theta})] \\
&=\sum_{t=0}^{T-1}\gamma^t\alpha^{(\mathrm{H})}\sum_{a\in\mathcal{A}(S_t)}-(\ln\pi(a|S_t;\boldsymbol{\theta})+1)\nabla\pi(a|S_t;\boldsymbol{\theta}) \\
&=\sum_{t=0}^{T-1}\gamma^t\alpha^{(\mathrm{H})}\mathrm{E}_{\pi(\boldsymbol{\theta})}[-(\ln\pi(A_t|S_t;\boldsymbol{\theta})+1)\nabla\ln\pi(A_t|S_t;\boldsymbol{\theta})],
\end{aligned}
$$

所以

$$
\begin{aligned}
&\nabla \mathrm{E}_{\pi(\boldsymbol{\theta})}\left[G_0^{(\mathrm{H})}\right] \\
&=\mathrm{E}_{\pi(\boldsymbol{\theta})}\left[G_0^{(\mathrm{H})} \nabla \ln \pi(T;\boldsymbol{\theta})+\nabla G_0^{(\mathrm{H})}\right] \\
&=\mathrm{E}_{\pi(\boldsymbol{\theta})}\left[G_0^{(\mathrm{H})} \sum_{t=0}^{T-1} \nabla \ln \pi(A_t \mid S_t;\boldsymbol{\theta})+\right. \\
&\qquad\left.\sum_{t=0}^{T-1} \gamma^t \alpha^{(\mathrm{H})} \mathrm{E}_{\pi(\boldsymbol{\theta})}\left[-(\ln \pi(A_t \mid S_t;\boldsymbol{\theta})+1) \nabla \ln \pi(A_t \mid S_t;\boldsymbol{\theta})\right]\right] \\
&=\mathrm{E}_{\pi(\boldsymbol{\theta})}\left[\sum_{t=0}^{T-1}\left(G_0^{(\mathrm{H})}-\gamma^t \alpha^{(\mathrm{H})}(\ln \pi(A_t \mid S_t;\boldsymbol{\theta})+1)\right) \nabla \ln \pi(A_t \mid S_t;\boldsymbol{\theta})\right]。
\end{aligned}
$$

引入基线

$$
\nabla \mathrm{E}_{\pi(\boldsymbol{\theta})}\left[G_0^{(\mathrm{H})}\right]=\mathrm{E}_{\pi(\boldsymbol{\theta})}\left[\sum_{t=0}^{T-1} \gamma^t\left(G_t^{(\mathrm{H})}-\alpha^{(\mathrm{H})}(\ln \pi(A_t \mid S_t;\boldsymbol{\theta})+1)\right) \nabla \ln \pi(A_t \mid S_t;\boldsymbol{\theta})\right],
$$

得证。

证明方法二：递推法。考虑下面三个式子对策略参数 $\boldsymbol{\theta}$ 的梯度：

$$
v_{\pi(\boldsymbol{\theta})}^{(\mathrm{H})}(s)=\sum_a \pi(a \mid s;\boldsymbol{\theta}) q_{\pi(\boldsymbol{\theta})}^{(\mathrm{H})}(s,a),\ s \in \mathcal{S},
$$

$$
q_{\pi(\boldsymbol{\theta})}^{(\mathrm{H})}(s,a)=r^{(\mathrm{H})}(s,a;\boldsymbol{\theta})+\gamma \sum_{s'} p(s' \mid s,a) \sum_{a'} \pi(a' \mid s';\boldsymbol{\theta}) q_{\pi(\boldsymbol{\theta})}^{(\mathrm{H})}(s',a'),\ s \in \mathcal{S},\ a \in \mathcal{A}(s),
$$

$$
r^{(\mathrm{H})}(s,a;\boldsymbol{\theta})=r(s,a)+\alpha^{(\mathrm{H})} \mathrm{H}[\pi(\cdot \mid s;\boldsymbol{\theta})],\ s \in \mathcal{S},\ a \in \mathcal{A}(s),
$$

可以得到

$$
\begin{aligned}
&\nabla v_{\pi(\boldsymbol{\theta})}^{(\mathrm{H})}(s) \\
&=\nabla \sum_a \pi(a \mid s;\boldsymbol{\theta}) q_{\pi(\boldsymbol{\theta})}^{(\mathrm{H})}(s,a) \\
&=\sum_a q_{\pi(\boldsymbol{\theta})}^{(\mathrm{H})}(s,a) \nabla \pi(a \mid s;\boldsymbol{\theta})+\sum_a \pi(a \mid s;\boldsymbol{\theta}) \nabla q_{\pi(\boldsymbol{\theta})}^{(\mathrm{H})}(s,a) \\
&=\sum_a q_{\pi(\boldsymbol{\theta})}^{(\mathrm{H})}(s,a) \nabla \pi(a \mid s;\boldsymbol{\theta})+\sum_a \pi(a \mid s;\boldsymbol{\theta}) \nabla\Big(r^{(\mathrm{H})}(s,a;\boldsymbol{\theta}) \\
&\qquad+\gamma \sum_{s'} p(s' \mid s,a) v_{\pi(\boldsymbol{\theta})}^{(\mathrm{H})}(s')\Big) \\
&=\sum_a q_{\pi(\boldsymbol{\theta})}^{(\mathrm{H})}(s,a) \nabla \pi(a \mid s;\boldsymbol{\theta})+\sum_a \pi(a \mid s;\boldsymbol{\theta})\Big(\nabla\left(\alpha^{(\mathrm{H})} \mathrm{H}[\pi(\cdot \mid s;\boldsymbol{\theta})]\right)+ \\
&\qquad\gamma \sum_{s'} p(s' \mid s,a) \nabla v_{\pi(\boldsymbol{\theta})}^{(\mathrm{H})}(s')\Big) \\
&=\sum_a q_{\pi(\boldsymbol{\theta})}^{(\mathrm{H})}(s,a) \nabla \pi(a \mid s;\boldsymbol{\theta})+\nabla\left(\alpha^{(\mathrm{H})} \mathrm{H}[\pi(\cdot \mid s;\boldsymbol{\theta})]\right)+
\end{aligned}
$$

$$\gamma \sum_{s'} p_{\pi(\boldsymbol{\theta})}(s' \mid s) \nabla v_{\pi(\boldsymbol{\theta})}^{(\mathrm{H})}(s)。$$

在策略 $\pi(\boldsymbol{\theta})$ 下对上式求期望，有

$$\begin{aligned}\mathrm{E}_{\pi(\boldsymbol{\theta})}\left[\nabla v_{\pi(\boldsymbol{\theta})}^{(\mathrm{H})}(S_t)\right] = & \mathrm{E}_{\pi(\boldsymbol{\theta})}\left[\sum_a q_{\pi(\boldsymbol{\theta})}^{(\mathrm{H})}(S_t, a) \nabla \pi(a \mid S_t; \boldsymbol{\theta})\right] + \\ & \nabla\left(\alpha^{(\mathrm{H})} \mathrm{H}\left[\pi(\cdot \mid S_t; \boldsymbol{\theta})\right]\right) + \gamma \mathrm{E}_{\pi(\boldsymbol{\theta})}\left[\nabla v_{\pi(\boldsymbol{\theta})}^{(\mathrm{H})}(S_{t+1})\right]。\end{aligned}$$

而

$$\begin{aligned}& \mathrm{E}_{\pi(\boldsymbol{\theta})}\left[\sum_a q_{\pi(\boldsymbol{\theta})}^{(\mathrm{H})}(S_t, a) \nabla \pi(a \mid S_t; \boldsymbol{\theta})\right] + \nabla\left(\alpha^{(\mathrm{H})} \mathrm{H}\left[\pi(\cdot \mid S_t)\right]\right) \\ = & \mathrm{E}_{\pi(\boldsymbol{\theta})}\left[\sum_a q_{\pi(\boldsymbol{\theta})}^{(\mathrm{H})}(S_t, a) \nabla \pi(a \mid S_t; \boldsymbol{\theta}) - \alpha^{(\mathrm{H})} \sum_a \left(\ln \pi(a \mid S_t; \boldsymbol{\theta}) + 1\right) \nabla \pi(a \mid S_t; \boldsymbol{\theta})\right] \\ = & \mathrm{E}_{\pi(\boldsymbol{\theta})}\left[\sum_a \left[q_{\pi(\boldsymbol{\theta})}^{(\mathrm{H})}(S_t, a) - \alpha^{(\mathrm{H})}\left(\ln \pi(a \mid S_t; \boldsymbol{\theta}) + 1\right)\right] \nabla \pi(a \mid S_t; \boldsymbol{\theta})\right] \\ = & \mathrm{E}_{\pi(\boldsymbol{\theta})}\left[\sum_a \pi(a \mid S_t; \boldsymbol{\theta})\left[q_{\pi(\boldsymbol{\theta})}^{(\mathrm{H})}(S_t, a) - \alpha^{(\mathrm{H})}\left(\ln \pi(a \mid S_t; \boldsymbol{\theta}) + 1\right)\right] \nabla \ln \pi(a \mid S_t; \boldsymbol{\theta})\right] \\ = & \mathrm{E}_{\pi(\boldsymbol{\theta})}\left[\left[q_{\pi(\boldsymbol{\theta})}^{(\mathrm{H})}(S_t, A_t) - \alpha^{(\mathrm{H})}\left(\ln \pi(A_t \mid S_t; \boldsymbol{\theta}) + 1\right)\right] \nabla \ln \pi(A_t \mid S_t; \boldsymbol{\theta})\right],\end{aligned}$$

得到递推式

$$\begin{aligned}\mathrm{E}_{\pi(\boldsymbol{\theta})}\left[\nabla v_{\pi(\boldsymbol{\theta})}^{(\mathrm{H})}(S_t)\right] = & \mathrm{E}_{\pi(\boldsymbol{\theta})}\left[\left[q_{\pi(\boldsymbol{\theta})}^{(\mathrm{H})}(S_t, A_t) - \alpha^{(\mathrm{H})}\left(\ln \pi(A_t \mid S_t; \boldsymbol{\theta}) + 1\right)\right]\right. \\ & \left.\nabla \ln \pi(A_t \mid S_t; \boldsymbol{\theta})\right] + \gamma \mathrm{E}_{\pi(\boldsymbol{\theta})}\left[\nabla v_{\pi(\boldsymbol{\theta})}^{(\mathrm{H})}(S_{t+1})\right]。\end{aligned}$$

所以

$$\begin{aligned}& \mathrm{E}_{\pi(\boldsymbol{\theta})}\left[\nabla v_{\pi(\boldsymbol{\theta})}^{(\mathrm{H})}(S_0)\right] \\ & = \sum_{t=0}^{+\infty} \gamma^t \mathrm{E}_{\pi(\boldsymbol{\theta})}\left[\left[q_{\pi(\boldsymbol{\theta})}^{(\mathrm{H})}(S_t, A_t) - \alpha^{(\mathrm{H})}\left(\ln \pi(A_t \mid S_t; \boldsymbol{\theta}) + 1\right)\right] \nabla \ln \pi(A_t \mid S_t; \boldsymbol{\theta})\right]。\end{aligned}$$

所以

$$\begin{aligned}& \nabla \mathrm{E}_{\pi(\boldsymbol{\theta})}\left[G_0^{(\mathrm{H})}\right] \\ & = \mathrm{E}_{\pi(\boldsymbol{\theta})}\left[\nabla v_{\pi(\boldsymbol{\theta})}^{(\mathrm{H})}(S_0)\right] \\ & = \sum_{t=0}^{+\infty} \gamma^t \mathrm{E}_{\pi(\boldsymbol{\theta})}\left[\left(q_{\pi(\boldsymbol{\theta})}^{(\mathrm{H})}(S_t, A_t) - \alpha^{(\mathrm{H})}\left(\ln \pi(A_t \mid S_t; \boldsymbol{\theta}) + 1\right)\right) \nabla \ln \pi(A_t \mid S_t; \boldsymbol{\theta})\right] \\ & = \mathrm{E}_{\pi(\boldsymbol{\theta})}\left[\sum_{t=0}^{+\infty} \gamma^t \left(q_{\pi(\boldsymbol{\theta})}^{(\mathrm{H})}(S_t, A_t) - \alpha^{(\mathrm{H})}\left(\ln \pi(A_t \mid S_t; \boldsymbol{\theta}) + 1\right)\right) \nabla \ln \pi(A_t \mid S_t; \boldsymbol{\theta})\right],\end{aligned}$$

使用基线（与策略 π 无关），则

$$\begin{aligned}& \nabla \mathrm{E}_{\pi(\boldsymbol{\theta})}\left[G_0^{(\mathrm{H})}\right] \\ & = \mathrm{E}_{\pi(\boldsymbol{\theta})}\left[\sum_{t=0}^{+\infty} \gamma^t \left(q_{\pi(\boldsymbol{\theta})}^{(柔)}(S_t, A_t) - \alpha^{(\mathrm{H})}\left(\ln \pi(A_t \mid S_t; \boldsymbol{\theta}) + 1\right)\right) \nabla \ln \pi(A_t \mid S_t; \boldsymbol{\theta})\right]。\end{aligned}$$

对于第二种证明方法迭代法，我们也可以直接用柔性动作价值做递推。记

$$
\begin{aligned}
&\zeta(s;\boldsymbol{\theta})\\
&=\sum_a q_{\pi(\boldsymbol{\theta})}^{(柔)}(s,a)\ \nabla\pi(a|s;\boldsymbol{\theta})+\alpha^{(\mathrm{H})}\ \nabla\mathrm{H}[\pi(\cdot|s;\boldsymbol{\theta})]\\
&=\sum_a q_{\pi(\boldsymbol{\theta})}^{(柔)}(s,a)\ \nabla\pi(a|s;\boldsymbol{\theta})+\alpha^{(\mathrm{H})}\sum_a -(\ln\pi(a|s;\boldsymbol{\theta})+1)\ \nabla\pi(a|s;\boldsymbol{\theta})\\
&=\sum_a \left(q_{\pi(\boldsymbol{\theta})}^{(柔)}(s,a)-\alpha^{(\mathrm{H})}(\ln\pi(a|s;\boldsymbol{\theta})+1)\right)\nabla\pi(a|s;\boldsymbol{\theta})\\
&=\sum_a \pi(a|s;\boldsymbol{\theta})\left(q_{\pi(\boldsymbol{\theta})}^{(柔)}(s,a)-\alpha^{(\mathrm{H})}(\ln\pi(a|s;\boldsymbol{\theta})+1)\right)\nabla\ln\pi(a|s;\boldsymbol{\theta})\\
&=\mathrm{E}_{\pi(\boldsymbol{\theta})}\left[\left(q_{\pi(\boldsymbol{\theta})}^{(柔)}(s,a)-\alpha^{(\mathrm{H})}(\ln\pi(a|s;\boldsymbol{\theta})+1)\right)\nabla\ln\pi(a|s;\boldsymbol{\theta})\right],
\end{aligned}
$$

考虑到

$$
\begin{aligned}
&\nabla\left[\sum_a \pi(a|s;\boldsymbol{\theta})q_{\pi(\boldsymbol{\theta})}^{(\mathrm{H})}(s,a)\right]\\
&=\nabla\left[\sum_a \pi(a|s;\boldsymbol{\theta})q_{\pi(\boldsymbol{\theta})}^{(柔)}(s,a)+\alpha^{(\mathrm{H})}\mathrm{H}[\pi(\cdot|s;\boldsymbol{\theta})]\right]\\
&=\sum_a \pi(a|s;\boldsymbol{\theta})\ \nabla q_{\pi(\boldsymbol{\theta})}^{(柔)}(s,a)+\sum_a q_{\pi(\boldsymbol{\theta})}^{(柔)}(s,a)\ \nabla\pi(a|s;\boldsymbol{\theta})+\alpha^{(\mathrm{H})}\ \nabla\mathrm{H}[\pi(\cdot|s;\boldsymbol{\theta})]\\
&=\sum_a \pi(a|s;\boldsymbol{\theta})\ \nabla q_{\pi(\boldsymbol{\theta})}^{(柔)}(s,a)+\zeta(s;\boldsymbol{\theta}),
\end{aligned}
$$

将

$$
q_{\pi(\boldsymbol{\theta})}^{(柔)}(s,a)=r(s,a)+\gamma\sum_{s'}p(s'|s,a)\left(\sum_{a'}\pi(a'|s';\boldsymbol{\theta})q_{\pi(\boldsymbol{\theta})}^{(柔)}(s',a')+\alpha^{(\mathrm{H})}\mathrm{H}[\pi(\cdot|s';\boldsymbol{\theta})]\right),\ s\in\mathcal{S},\ a\in\mathcal{A}(s)。
$$

对策略参数 $\boldsymbol{\theta}$ 求梯度，有

$$
\begin{aligned}
&\nabla q_{\pi(\boldsymbol{\theta})}^{(柔)}(s,a)\\
&=\gamma\sum_{s'}p(s'|s,a)\ \nabla\left(\sum_{a'}\pi(a'|s';\boldsymbol{\theta})q_{\pi(\boldsymbol{\theta})}^{(柔)}(s',a')+\alpha^{(\mathrm{H})}\mathrm{H}[\pi(\cdot|s';\boldsymbol{\theta})]\right)\\
&=\gamma\sum_{s'}p(s'|s,a)\left(\sum_{a'}\pi(a'|s';\boldsymbol{\theta})\ \nabla q_{\pi(\boldsymbol{\theta})}^{(柔)}(s',a')+\zeta(s';\boldsymbol{\theta})\right),
\end{aligned}
$$

进而得到递推式

$$
\begin{aligned}
&\sum_a \pi(a|s;\boldsymbol{\theta})\ \nabla q_{\pi(\boldsymbol{\theta})}^{(柔)}(s,a)\\
&=\sum_a \pi(a|s;\boldsymbol{\theta})\gamma\sum_{s'}p(s'|s,a)\left(\sum_{a'}\pi(a'|s';\boldsymbol{\theta})\ \nabla q_{\pi(\boldsymbol{\theta})}^{(柔)}(s',a')+\zeta(s';\boldsymbol{\theta})\right)\\
&=\gamma\sum_a \pi(a|s;\boldsymbol{\theta})\sum_{s'}p(s'|s,a)\left(\sum_{a'}\pi(a'|s';\boldsymbol{\theta})\ \nabla q_{\pi(\boldsymbol{\theta})}^{(柔)}(s',a')+\zeta(s';\boldsymbol{\theta})\right)\\
&=\gamma\sum_{s'}p_{\pi(\boldsymbol{\theta})}(s'|s)\left(\sum_{a'}\pi(a'|s';\boldsymbol{\theta})\ \nabla q_{\pi(\boldsymbol{\theta})}^{(柔)}(s',a')+\zeta(s';\boldsymbol{\theta})\right)\\
&=\gamma\sum_{s'}p_{\pi(\boldsymbol{\theta})}(s'|s)\sum_{a'}\pi(a'|s';\boldsymbol{\theta})\ \nabla q_{\pi(\boldsymbol{\theta})}^{(柔)}(s',a')+\gamma\sum_{s'}p_{\pi(\boldsymbol{\theta})}(s'|s)\zeta(s';\boldsymbol{\theta})。
\end{aligned}
$$

选用不同的基线，策略梯度还可以表示为

$$\nabla \mathrm{E}_{\pi(\boldsymbol{\theta})}\left[G_0^{(\mathrm{H})}\right]=\mathrm{E}_{\pi(\boldsymbol{\theta})}\left[\sum_{t=0}^{T-1}\gamma^t\left(G_t^{(\mathrm{H})}-\alpha^{(\mathrm{H})}\left(\ln\pi(A_t|S_t;\boldsymbol{\theta})+b(S_t)\right)\right)\nabla\ln\pi(A_t|S_t;\boldsymbol{\theta})\right],$$

$$\nabla \mathrm{E}_{\pi(\boldsymbol{\theta})}\left[G_0^{(\mathrm{H})}\right]=\mathrm{E}_{\pi(\boldsymbol{\theta})}\left[\sum_{t=0}^{T-1}\gamma^t\left(G_t^{(柔)}-\alpha^{(\mathrm{H})}\left(\ln\pi(A_t|S_t;\boldsymbol{\theta})+b(S_t)\right)\right)\nabla\ln\pi(A_t|S_t;\boldsymbol{\theta})\right]。$$

至此，我们已经奠定了最大熵强化学习的理论基础。

10.2　柔性强化学习算法

本节将学习最大熵强化学习算法。包括柔性 Q 学习算法和柔性执行者/评论者算法。

10.2.1　柔性 Q 学习

本节介绍**柔性 Q 学习**算法。

回顾在 6.4 节介绍过的深度 Q 网络(见算法 6-9)，它的更新形式如

$$\boldsymbol{w}\leftarrow\boldsymbol{w}+\alpha\left[U-q(S,A;\boldsymbol{w})\right]\nabla q(S,A;\boldsymbol{w}),$$

其中时序差分目标

$$U\leftarrow R+\gamma\max_a q(S',a;\boldsymbol{w}_{目标})(1-D')$$

取材于最优动作价值和最优状态价值之间关系 $\mathrm{v}(S';\boldsymbol{w})=\max_a q(S',a;\boldsymbol{w})$。对于最大熵强化学习问题，柔性动作价值和柔性状态价值的关系则为

$$v(S';\boldsymbol{w})=\alpha^{(\mathrm{H})}\operatorname*{logsumexp}_a\frac{1}{\alpha^{(\mathrm{H})}}q(S',a;\boldsymbol{w})。$$

所以，将目标修改为

$$U\leftarrow R+\gamma\alpha^{(\mathrm{H})}\operatorname*{logsumexp}_a\frac{1}{\alpha^{(\mathrm{H})}}q(S',a;\boldsymbol{w}_{目标})(1-D'),$$

并且替换 Q 学习中的目标的更新式即可。注意，这时候 q 实际上是柔性动作价值，而不是原始的动作价值了。

在算法 6-9 的基础上替换掉回报估计的表达式，就可以得到柔性 Q 学习算法(算法 10-1)。

算法 10-1　柔性 Q 学习算法

输入：环境(无数学描述)。

输出：最优价值估计 $q(s,a;\boldsymbol{w})$ ($s\in\mathcal{S}$, $a\in\mathcal{A}$)。用最优动作价值估计可以轻易得到最优策略估计。

参数：深度 Q 网络的参数，以及熵的权重系数 $\alpha^{(\mathrm{H})}$。

1　初始化：

　1.1　(初始化参数)初始化参数 $\boldsymbol{w}$。$\boldsymbol{w}_{目标}\leftarrow\boldsymbol{w}$。

　1.2　(初始化经验库)$\mathcal{D}\leftarrow\varnothing$。

2 逐回合执行以下操作：

2.1 （初始化状态）选择状态 S。

2.2 如果回合未结束，执行以下操作：

2.2.1 （积累经验）执行一次或多次以下操作：

2.2.1.1 （决策）根据 $q(S,\cdot;\boldsymbol{w})$ 导出的策略选择动作 A（如 ε 贪心策略）。

2.2.1.2 （采样）执行动作 A，观测得到奖励 R、新状态 S'、回合结束指示 D'。

2.2.1.3 （存储）将经验 (S,A,R,S',D') 存入经验库 $\mathcal{D}$ 中。

2.2.1.4 $S \leftarrow S'$。

2.2.2 （使用经验）执行一次或多次以下操作：

2.2.2.1 （回放）从经验库 $\mathcal{D}$ 中选取一批经验 $\mathcal{B}$，每条经验的形式为 (S,A,R,S',D')。

2.2.2.2 （计算时序差分目标）对于选取的每条经验计算时序差分目标

$$U \leftarrow R + \gamma\alpha^{(\mathrm{H})} \underset{a}{\mathrm{logsumexp}} \frac{1}{\alpha^{(\mathrm{H})}} q(S',a;\boldsymbol{w}_{目标})(1-D')\left((S,A,R,S',D') \in \mathcal{B}\right)。$$

2.2.2.3 （更新价值参数）更新 $\boldsymbol{w}$ 以减小 $\frac{1}{|\mathcal{B}|}\sum_{(S,A,R,S',D')\in\mathcal{B}}\left[U-q(S,A;\boldsymbol{w})\right]^2$。如

$$\boldsymbol{w} \leftarrow \boldsymbol{w} + \alpha \frac{1}{|\mathcal{B}|}\sum_{(S,A,R,S',D')\in\mathcal{B}}\left[U-q(S,A;\boldsymbol{w})\right]\nabla q(S,A;\boldsymbol{w})。$$

2.2.2.4 （更新目标网络）在一定条件下（例如访问本步若干次）更新目标网络的权重。如

$$\boldsymbol{w}_{目标} \leftarrow (1-\alpha_{目标})\boldsymbol{w}_{目标} + \alpha_{目标}\boldsymbol{w}。$$

10.2.2 柔性执行者/评论者算法

柔性执行者/评论者算法（Soft Actor-Critic，SAC）是一种基于柔性价值的执行者/评论者算法。

为了让算法更加稳定，柔性执行者/评论者算法可以用不同的含参函数来近似最优动作价值和最优状态价值，其中动作价值可采用双重学习，而状态价值可采用目标网络。

我们先来看动作价值的近似。柔性执行者/评论者算法用神经网络去近似柔性动作价值 $q_\pi^{(柔)}$，并采用了双重学习，引入了两套参数 $\boldsymbol{w}^{(0)}$ 和 $\boldsymbol{w}^{(1)}$，用两个形式相同的函数 $q(\boldsymbol{w}^{(0)})$ 和 $q(\boldsymbol{w}^{(1)})$ 来近似 $q_\pi^{(柔)}$。回顾前文，双重 Q 学习可以消除最大偏差。表格法版本的双重 Q 学习用了两套动作价值估计 $q^{(0)}$ 和 $q^{(1)}$，其中一套动作价值估计用来计算最优动作（如 $A' = \underset{a}{\arg\max}\, q^{(0)}(S',a)$），另外一套价值估计回报（如 $q^{(1)}(S',A')$）；在双重 Q 网络中，则考虑到有了目标网络后已经有了两套价值的参数 $\boldsymbol{w}$ 和 $\boldsymbol{w}_{目标}$，所以用其中一套参数 $\boldsymbol{w}$ 计算最优动作（如 $A' = \underset{a}{\arg\max}\, q(S',a;\boldsymbol{w})$），再用目标网络的参数 $\boldsymbol{w}_{目标}$ 估计目标（如 $q(S',A';\boldsymbol{w}_{目标})$）。对于执行者/评论者算法，动作已经被执行者指定，所以不能直接使用上面的方式。常用的消除最大化偏差的方式仍然维护两份学习过程的价值网络参数 $\boldsymbol{w}^{(i)}(i=0,1)$，但是在估计目标时取两个网络输出中较小的值，即 $\min_{i=0,1} q(\cdot,\cdot;\boldsymbol{w}^{(i)})$。

一般的执行者/评论者算法可以用这个方法，柔性执行者/评论者算法也可以用这个方法。

接着看状态价值的近似。柔性执行者/评论者算法采用了目标网络，引入了两套形式相同的参数 $\boldsymbol{w}^{(v)}$ 和 $\boldsymbol{w}^{(v)}_{目标}$，其中 $\boldsymbol{w}^{(v)}$ 是迭代更新日常使用的参数，而 $\boldsymbol{w}^{(v)}_{目标}$ 是用来估计目标的目标网络的参数。目标网络的学习率 $\alpha_{目标}$。

所以，价值近似一共使用四个网络，它们的参数是 $\boldsymbol{w}^{(0)}$、$\boldsymbol{w}^{(1)}$、$\boldsymbol{w}^{(v)}$ 和 $\boldsymbol{w}^{(v)}_{目标}$。其中，用 $q(s,a;\boldsymbol{w}^{(i)})\,(i=0,1)$ 近似 $q_\pi^{(柔)}(s,a)$，用 $v(s;\boldsymbol{w}^{(v)})$ 近似 $v_\pi^{(柔)}(s)$。它们学习的目标如下：

- 在学习 $q(s,a;\boldsymbol{w}^{(i)})\,(i=0,1)$ 时，试图最小化

$$\mathrm{E}_{\mathcal{D}}\left[\left(q(S,A;\boldsymbol{w}^{(i)})-U_t^{(q)}\right)^2\right],$$

  其中目标 $U_t^{(q)}=R_{t+1}+\gamma v(S';\boldsymbol{w}^{(v)}_{目标})$。

- 在学习 $v(s;\boldsymbol{w}^{(v)})$ 时，试图最小化

$$\mathrm{E}_{S\sim\mathcal{D},A\sim\pi(\boldsymbol{\theta})}\left[\left(v(S;\boldsymbol{w}^{(v)})-U_t^{(v)}\right)^2\right],$$

  其中目标

$$\begin{aligned}U_t^{(v)}&=\mathrm{E}_{A'\sim\pi(\boldsymbol{\theta})}\left[\min_{i=0,1}q(S,A';\boldsymbol{w}^{(i)})\right]+\alpha^{(\mathrm{H})}\mathrm{H}\left[\pi(\cdot|S;\boldsymbol{\theta})\right]\\&=\mathrm{E}_{A'\sim\pi(\boldsymbol{\theta})}\left[\min_{i=0,1}q(S,A';\boldsymbol{w}^{(i)})-\alpha^{(\mathrm{H})}\ln\pi(A'|S;\boldsymbol{\theta})\right]。\end{aligned}$$

柔性执行者/评论者算法用一个策略网络 $\pi(\boldsymbol{\theta})$ 来近似最优策略。它在更新策略参数 $\boldsymbol{\theta}$ 时试图最大化

$$\begin{aligned}&\mathrm{E}_{A'\sim\pi(\cdot|S;\boldsymbol{\theta})}\left[q(S,A';\boldsymbol{w}^{(0)})\right]+\alpha^{(\mathrm{H})}\mathrm{H}\left[\pi(\cdot|S;\boldsymbol{\theta})\right]\\&=\mathrm{E}_{A'\sim\pi(\cdot|S;\boldsymbol{\theta})}\left[q(S,A';\boldsymbol{w}^{(0)})-\alpha^{(\mathrm{H})}\ln\pi(A'|S;\boldsymbol{\theta})\right]。\end{aligned}$$

综合以上分析，我们可以得到柔性执行者/评论者算法（见算法 10-2）。

算法 10-2　柔性执行者/评论者算法

输入：环境（无数学描述）。

输出：最优策略估计 $\pi(\boldsymbol{\theta})$。

参数：优化器，折扣因子 γ，控制回合数和回合内步数的参数，目标网络学习率 $\alpha_{目标}$，熵的奖励系数 $\alpha^{(\mathrm{H})}$。

1　初始化：
  1.1　（初始化参数）初始化参数 $\boldsymbol{\theta}$，初始化参数 $\boldsymbol{w}^{(0)}$ 和 $\boldsymbol{w}^{(v)}$，$\boldsymbol{w}^{(1)}\leftarrow\boldsymbol{w}^{(0)}$，$\boldsymbol{w}^{(v)}_{目标}\leftarrow\boldsymbol{w}^{(v)}$。
  1.2　（初始化经验库）$\mathcal{D}\leftarrow\varnothing$。
2　逐回合执行以下操作：
  2.1　（初始化状态）选择状态 S。
  2.2　如果回合未结束，执行以下操作：
    2.2.1　（积累经验）执行一次或多次以下操作：
      2.2.1.1　（决策）根据策略 $\pi(\cdot|S;\boldsymbol{\theta})$ 确定动作 A。
      2.2.1.2　（采样）执行动作 A，观测得到奖励 R、新状态 S'、回合结束指示 D'。
      2.2.1.3　（存储）将经验 (S,A,R,S',D') 存入经验库 $\mathcal{D}$ 中。

2.2.1.4 $S \leftarrow S'$。

2.2.2 （使用经验）执行一次或多次以下操作：

2.2.2.1 （回放）从经验库 $\mathcal{D}$ 中选取一批经验 $\mathcal{B}$，每条经验的形式为 (S,A,R,S',D')。

2.2.2.2 （计算时序差分目标）对于选取的每条经验计算时序差分目标

$$U_t^{(q)} \leftarrow R_{t+1} + \gamma v(S';\boldsymbol{w}_{目标}^{(v)})(1-D'),\ (S,A,R,S',D') \in \mathcal{B},$$

$$U_t^{(v)} \leftarrow \mathrm{E}_{A' \sim \pi(\cdot|S;\boldsymbol{\theta})}\left[\min_{i=0,1} q(S,A';\boldsymbol{w}^{(i)}) - \alpha^{(\mathrm{H})}\ln\pi(A'|S;\boldsymbol{\theta})\right],(S,A,R,S',D') \in \mathcal{B}。$$

2.2.2.3 （更新价值参数）更新 $\boldsymbol{w}^{(i)}\ (i=0,1)$ 以减小 $\frac{1}{|\mathcal{B}|}\sum_{(S,A,R,S',D')\in\mathcal{B}}\left[U_t^{(q)} - q(S,A;\boldsymbol{w}^{(i)})\right]^2 (i=0,1)$，更新 $\boldsymbol{w}^{(v)}$ 以减小 $\frac{1}{|\mathcal{B}|}\sum_{(S,A,R,S',D')\in\mathcal{B}}\left[U_t^{(v)} - v(S;\boldsymbol{w}^{(v)})\right]^2$。

2.2.2.4 （更新策略参数）更新参数 $\boldsymbol{\theta}$ 以减小

$$-\frac{1}{|\mathcal{B}|}\sum_{(S,A,R,S',D')\in\mathcal{B}} \mathrm{E}_{A' \sim \pi(\cdot|S;\boldsymbol{\theta})}\left[q(S,A';\boldsymbol{w}^{(0)}) - \alpha^{(\mathrm{H})}\ln\pi(A'|S;\boldsymbol{\theta})\right]。$$

2.2.2.5 （更新目标网络）在恰当的时机更新目标网络：$\boldsymbol{w}_{目标}^{(v)} \leftarrow (1-\alpha_{目标})\boldsymbol{w}_{目标}^{(v)} + \alpha_{目标}\boldsymbol{w}^{(v)}$。

值得注意的是，更新动作价值参数和策略参数都用到了针对动作 $A' \sim \pi(\cdot|S,\boldsymbol{\theta})$ 的期望。对于离散的动作空间，这个期望可以通过

$$\begin{aligned}&\mathrm{E}_{A' \sim \pi(\cdot|S;\boldsymbol{\theta})}\left[q(S,A';\boldsymbol{w}) - \alpha^{(\mathrm{H})}\ln\pi(A'|S;\boldsymbol{\theta})\right]\\&= \sum_{a \in \mathcal{A}(S)} \pi(a|S;\boldsymbol{\theta})\left[q(S,a;\boldsymbol{w}) - \alpha^{(\mathrm{H})}\ln\pi(a|S;\boldsymbol{\theta})\right]\end{aligned}$$

计算。为此，在构建网络时，动作价值网络和策略网络往往采样矢量形式的输出，输出维度就是动作空间的大小。对于连续动作空间，则常假设策略具有某种分布（如正态分布），让策略网络先输出分布参数（如正态分布的均值和方差）。动作价值网络则用状态动作对作为输入。

10.3 自动熵调节

带熵的奖励定义利用参数 $\alpha^{(\mathrm{H})}$ 来在探索和利用之间进行折中。当 $\alpha^{(\mathrm{H})}$ 比较大时（极端情况下 $\alpha^{(\mathrm{H})} \rightarrow +\infty$），熵的重要性比较大，比较注重探索；当 $\alpha^{(\mathrm{H})}$ 比较小时（极端情况下 $\alpha^{(\mathrm{H})} \rightarrow 0$），熵的重要性比较小，比较注重利用。在刚开始学习时，我们可能会比较注重探索，将 $\alpha^{(\mathrm{H})}$ 设置为比较大的值；随着学习的进行，我们可能会注重利用，将 $\alpha^{(\mathrm{H})}$ 设置为比较小的值。

自动熵调节（automatically entropy adjustment）是一种自动调节 $\alpha^{(\mathrm{H})}$ 值的方法。这种方法认为给出了一个熵的参考值 $\bar{h}$，如果实际的熵大于这个参考值，那么说明 $\alpha^{(\mathrm{H})}$ 的选取过大，应当减小 $\alpha^{(\mathrm{H})}$；如果实际的熵小于这个参考值，那么说明 $\alpha^{(\mathrm{H})}$ 的选取过小，应当增大 $\alpha^{(\mathrm{H})}$。为此，我们可以试图最小化如下形式的损失函数

$$f(\alpha^{(\mathrm{H})})(\mathrm{E}_S[H[\pi(\cdot|S)]]-\bar{h})。$$

其中$f(\alpha^{(\mathrm{H})})$是关于$\alpha^{(\mathrm{H})}$的任意增函数，可以为$f(\alpha^{(\mathrm{H})})=\alpha^{(\mathrm{H})}$或$f(\alpha^{(\mathrm{H})})=\ln\alpha^{(\mathrm{H})}$等。

如果用 TensorFlow 或 PyTorch 来实现这个参数调整过程，为了保证$\alpha^{(\mathrm{H})}>0$，常常定义变量$\ln\alpha^{(\mathrm{H})}$。为了实现简单，常常就让$f(\alpha^{(\mathrm{H})})=\ln\alpha^{(\mathrm{H})}$，训练过程中试图减小的损失函数为

$$\ln\alpha^{(\mathrm{H})}(\mathrm{E}_S[\mathrm{H}[\pi(\cdot|S)]]-\bar{h})。$$

熵的参考值$\bar{h}$的选取：对于动作空间是有限集的情况(如$\{0,1,\cdots,n-1\}$)，熵的范围是$[0,\ln n]$。所以，$\bar{h}$一般可选这个范围内的正数，比如$\frac{1}{4}\ln n$。对于动作空间是$\mathbb{R}^n$的情况，熵的取值可正可负，可选参考的连续熵为$\bar{h}=-n$。

算法 10-3 给出了带自动参数调节的柔性执行者/评论者算法。

算法 10-3 柔性执行者/评论者算法(带自动参数调节)

输入：环境(无数学描述)。

输出：最优策略估计$\pi(\boldsymbol{\theta})$。

参数：优化器(包括自动熵调节的学习率)，目标熵$\bar{h}$等。

1 初始化：

  1.1 (初始化参数)初始化参数$\boldsymbol{\theta}$，初始化参数$\boldsymbol{w}^{(0)}$和$\boldsymbol{w}^{(v)}$，$\boldsymbol{w}^{(1)}\leftarrow\boldsymbol{w}^{(0)}$，$\boldsymbol{w}_{目标}^{(v)}\leftarrow\boldsymbol{w}^{(v)}$。

  1.2 (初始化熵的权重)$\ln\alpha^{(\mathrm{H})}\leftarrow$任意值。

  1.3 (初始化经验库)$\mathcal{D}\leftarrow\varnothing$。

2 逐回合执行以下操作：

  2.1 (初始化状态)选择状态S。

  2.2 如果回合未结束，执行以下操作：

    2.2.1 (积累经验)执行一次或多次以下操作：

      2.2.1.1 (决策)用策略$\pi(\cdot|S;\boldsymbol{\theta})$确定动作$A$。

      2.2.1.2 (采样)执行动作A，观测得到奖励R、新状态S'、回合结束指示D'。

      2.2.1.3 (存储)将经验(S,A,R,S',D')存入经验库$\mathcal{D}$中。

      2.2.1.4 $S\leftarrow S'$。

    2.2.2 (使用经验)执行一次或多次以下操作：

      2.2.2.1 (回放)从经验库$\mathcal{D}$中选取一批经验$\mathcal{B}$，每条经验的形式为(S,A,R,S',D')。

      2.2.2.2 (更新熵的权重)计算熵的平均值$\bar{H}\leftarrow\frac{1}{|\mathcal{B}|}\sum_{(S,A,R,S',D')}\mathrm{H}[\pi(\cdot|S)]((S,A,R,S',D')\in\mathcal{B})$。更新$\alpha^{(\mathrm{H})}$以减小$\ln\alpha^{(\mathrm{H})}(\bar{H}-\bar{h})$。

      2.2.2.3 (计算时序差分目标)为选取的每条经验计算对应的回报

$$U_t^{(q)}\leftarrow R_{t+1}+\gamma v(S';\boldsymbol{w}_{目标}^{(v)})(1-D'),\ (S,A,R,S',D')\in\mathcal{B},$$

$$U_t^{(v)}\leftarrow\mathrm{E}_{A'\sim\pi(\cdot|S;\boldsymbol{\theta})}\left[\min_{i=0,1}q(S,A';\boldsymbol{w}^{(i)})-\alpha^{(\mathrm{H})}\ln\pi(A'|S;\boldsymbol{\theta})\right],\ (S,A,R,S',D')\in\mathcal{B}。$$

      2.2.2.4 (更新价值参数)更新$\boldsymbol{w}^{(i)}(i=0,1)$以减小$\frac{1}{|\mathcal{B}|}\sum_{(S,A,R,S',D')\in\mathcal{B}}[U_t^{(q)}-q(S,A;$

$\boldsymbol{w}^{(i)})]^2(i=0,1)$，更新 $\boldsymbol{w}^{(v)}$ 以减小 $\frac{1}{|\mathcal{B}|}\sum_{(S,A,R,S',D')\in\mathcal{B}}[U_t^{(v)}-v(S;\boldsymbol{w}^{(v)})]^2$。

2.2.2.5 （更新策略参数）更新参数 $\boldsymbol{\theta}$ 以减小

$$-\frac{1}{|\mathcal{B}|}\sum_{(S,A,R,S',D')\in\mathcal{B}}\mathrm{E}_{A'\sim\pi(\cdot|S;\theta)}[q(S,A';\boldsymbol{w}^{(0)})-\alpha^{(\mathrm{H})}\ln\pi(A'|S;\boldsymbol{\theta})]。$$

2.2.2.6 （更新目标网络）在恰当的时机更新目标网络：$\boldsymbol{w}_{目标}^{(v)}\leftarrow(1-\alpha_{目标})\boldsymbol{w}_{目标}^{(v)}+\alpha_{目标}\boldsymbol{w}^{(v)}$。

10.4 案例：月球登陆器

本节考虑月球登陆器问题。这个问题中，有个航天器想要登陆在月球上放置的登陆平台。Gym 的 Box2D 子包为该任务实现了两个版本：有限动作空间版本是 `LunarLander-v2`，连续动作空间的版本是 `LunarLanderContinuous-v2`。本节先介绍如何安装 Gym 的 Box2D 子包，然后介绍环境的用法，最后用柔性强化学习智能体来求解这两个任务。

10.4.1 环境安装

本小节安装 Gym 的 Box2D 子包。安装过程主要有两步：先安装 SWIG，再在安装 Python 扩展库 `gym[box2d]`。

安装 SWIG：访问下列网站获得 SWIG 的安装包：

```
http://www.swig.org/download.html
```

下载地址可能是：

```
http://prdownloads.sourceforge.net/swig/swigwin-4.1.1.zip
```

下载得到的压缩包大小大约是 11MB。请您将该压缩包解压到永久的地址（例如 `%PROGRAMFILE%\swig`，此位置需要管理员权限），然后在环境变量的路径里加入解压结果对应的 `swig.exe` 所在的目录（例如：`%PROGRAMFILE%\swig\swigwin-4.1.1`）。

Windows 系统设置环境变量的方法是：用 Windows + R 打开“运行”窗口，输入 `sysdm.cpl` 并回车打开“系统属性”（System Properties）对话框，选择“高级”（Advanced）选项卡，“环境变量”（Environment Variables），再选择系统变量中的“PATH”增加新路径。设置完后，重新登录 Windows 以确保设置生效。

安装好 SWIG 后，可以以管理员身份在 Anaconda Prompt 中执行下列命令来安装 `gym[box2d]`：

```
pip install gym[box2d]
```

注意：如果没有正确安装 SWIG，会导致安装 Box2D 子包失败。这时，正确安装 SWIG 再重新登录并重试命令即可。

10.4.2 使用环境

在月球登陆器问题中，有个航天器想要登陆在月球上放置的登陆平台。航天器有一个主发动机和两个转向发动机。对于有限动作空间的版本 LunarLander-v2，动作空间为 Discrete(4)，各动作含义见表 10-1。对于连续动作空间的版本 LunarLanderContinuous-v2，动作空间是 Box(2,)，并且两个分量的范围都是[-1,1]，各动作含义见表 10-2。

表 10-1　环境 LunarLander-v2 中的动作

动作	描述
0	不做任何事情
1	启用左转向发动机
2	启用主发动机
3	启用右转向发动机

表 10-2　环境 LunarLanderContinuous-v2 中的动作（启用发动机时，分量绝对值决定油门大小）

分量	动作	描述
分量 0	[-1,0]	关闭主发动机
	(0,1]	启用主发动机
分量 1	[-1, -0.5)	启用左转向发动机
	[-0.5, +0.5]	关闭转向发动机
	(+0.5, +1]	启用右转向发动机

如果航天器坠毁，回合结束，并在坠毁那步惩罚奖励 -100。如果登陆器成功登录并熄火，回合结束，奖励 200。启用发动机每步耗费奖励 -0.3。航天器有两个支脚，每个脚达到地面奖励 +10。如果登陆器成功登录后继续点火离开登陆平台，会失去之前得到的奖励。每个回合最多可以进行 1000 步。

连续 100 个平均回合奖励需要达到 200 才算解决问题。要解决这个问题，需要在大多数情况下都能成功登录。

代码清单 10-1 和代码清单 10-2 给出了这两个环境的闭式解。

代码清单 10-1　LunarLander-v2 的闭式解

代码文件名：LunarLander-v2_ClosedForm.ipynb。

```
class ClosedFormAgent:
    def __init__(self, _):
        pass

    def reset(self, mode=None):
        pass
```

```
    def step(self, observation, reward, terminated):
        x, y, v_x, v_y, angle, v_angle, contact_left, contact_right = observation

        if contact_left or contact_right:  # 腿接触了
            f_y = -10. *v_y-1.
            f_angle = 0.
        else:
            f_y = 5.5 * np.abs(x) -10. * y-10. * v_y-1.
            f_angle = -np.clip(5. * x+10. * v_x, -4, 4) +10. * angle + 20. \
                    * v_angle

        if np.abs(f_angle) <= 1 and f_y <= 0:
            action = 0  # 熄火
        elif np.abs(f_angle) < f_y:
            action = 2  # 主发动机
        elif f_angle < 0.:
            action = 1  # 左发动机
        else:
            action = 3  # 右发动机
        return action

    def close(self):
        pass

agent = ClosedFormAgent(env)
```

代码清单 10-2　LunarLanderContinuous-v2 的闭式解

代码文件名：LunarLanderContinuous-v2_ClosedForm.ipynb。

```
class ClosedFormAgent:
    def __init__(self, _):
        pass

    def reset(self, mode=None):
        pass

    def step(self, observation, reward, terminated):
        position, velocity = observation
        if position > -4 * velocity or position < 13 * velocity - 0.6:
            force = 1.
        else:
            force = -1.
        action = np.array([force,])
        return action

    def close(self):
        pass

agent = ClosedFormAgent(env)
```

10.4.3 用柔性 Q 学习求解 LunarLander

本节使用柔性 Q 学习算法求解离散动作空间的版本 LunarLander-v2。代码清单 10-3 和代码清单 10-4 实现了这个算法。代码清单 10-3 中，成员函数 step()在决定动作时，计算得到柔性价值除以 self.alpha 的值 q_div_alpha 和 v_div_alpha，进而得到策略 prob = np.exp(q_div_alpha - v_div_alpha)。理论上说，prob 各分量和为 1。但是，由于计算精度问题，这个和可能和 1 有微小的差距，导致 np.random.choice()函数在调用时会报错。为此，需要再用 prob /= prob.sum()来保证 prob 各分量的和为 1。

代码清单 10-3 柔性 Q 学习智能体（使用 TensorFlow）

代码文件名：LunarLander-v2_SQL_tf.ipynb。

```
class SQLAgent:
    def __init__(self, env):
        self.action_n = env.action_space.n
        self.gamma = 0.99

        self.replayer = DQNReplayer(10000)

        self.alpha = 0.02

        self.evaluate_net = self.build_net(
                input_size=env.observation_space.shape[0],
                hidden_sizes=[64, 64], output_size = self.action_n)
        self.target_net = models.clone_model(self.evaluate_net)

    def build_net(self, input_size, hidden_sizes, output_size):
        model = keras.Sequential()
        for layer, hidden_size in enumerate(hidden_sizes):
            kwargs = dict(input_shape = (input_size,)) if not layer else {}
            model.add(layers.Dense(units=hidden_size,
                    activation = nn.relu, **kwargs))
        model.add(layers.Dense(units = output_size))
        optimizer = optimizers.Adam(0.001)
        model.compile(loss=losses.mse, optimizer=optimizer)
        return model

    def reset(self, mode=None):
        self.mode = mode
        if self.mode == 'train':
            self.trajectory = []
            self.target_net.set_weights(self.evaluate_net.get_weights())

    def step(self, observation, reward, terminated):
        qs = self.evaluate_net.predict(observation[np.newaxis], verbose=0)
        q_div_alpha = qs[0] / self.alpha
        v_div_alpha = scipy.special.logsumexp(q_div_alpha)
        prob = np.exp(q_div_alpha - v_div_alpha)
```

```
        prob/ = prob.sum()  # 计算误差可能导致之前得到的不精确为 1,故此修正
        action = np.random.choice(self.action_n, p = prob)
        if self.mode == 'train':
            self.trajectory += [observation, reward, terminated, action]
            if len(self.trajectory) >= 8:
                state, _, _, act, next_state, reward, terminated, _ = \
                        self.trajectory[-8:]
                self.replayer.store(state, act, reward, next_state, terminated)
            if self.replayer.count >= 500:
                self.learn()
        return action

    def close(self):
        pass

    def learn(self):
        # 经验回放
        states, actions, rewards, next_states, terminateds = \
                self.replayer.sample(128)

        # 更新价值网络
        next_qs = self.target_net.predict(next_states, verbose=0)
        next_vs = self.alpha*scipy.special.logsumexp(next_qs / self.alpha,
                axis = -1)
        us = rewards + self.gamma* (1. - terminateds) * next_vs
        targets = self.evaluate_net.predict(states, verbose=0)
        targets[np.arange(us.shape[0]), actions] = us
        self.evaluate_net.fit(states, targets, verbose=0)

agent = SQLAgent(env)
```

代码清单 10-4　柔性 Q 学习智能体(使用 PyTorch)

代码文件名：LunarLander-v2_SQL_torch.ipynb。

```
class SQLAgent:
    def __init__(self, env):
        self.action_n = env.action_space.n
        self.gamma = 0.99

        self.replayer = DQNReplayer(10000)

        self.alpha = 0.02

        self.evaluate_net = self.build_net(
                input_size=env.observation_space.shape[0],
                hidden_sizes=[256, 256], output_size=self.action_n)
        self.optimizer = optim.Adam(self.evaluate_net.parameters(), lr=3e-4)
        self.loss = nn.MSELoss()

    def build_net(self, input_size, hidden_sizes, output_size):
        layers = []
```

```
        for input_size, output_size in zip(
                [input_size,] + hidden_sizes, hidden_sizes + [output_size,]):
            layers.append(nn.Linear(input_size, output_size))
            layers.append(nn.ReLU())
        layers = layers[:-1]
        model = nn.Sequential(*layers)
        return model

    def reset(self, mode=None):
        self.mode=mode
        if self.mode == 'train':
            self.trajectory = []
            self.target_net = copy.deepcopy(self.evaluate_net)

    def step(self, observation, reward, terminated):
        state_tensor = torch.as_tensor(observation,
                dtype = torch.float).squeeze(0)
        q_div_alpha_tensor = self.evaluate_net(state_tensor) / self.alpha
        v_div_alpha_tensor = torch.logsumexp(q_div_alpha_tensor, dim=-1,
                keepdim = True)
        prob_tensor = (q_div_alpha_tensor - v_div_alpha_tensor).exp()
        action_tensor = distributions.Categorical(prob_tensor).sample()
        action = action_tensor.item()
        if self.mode == 'train':
            self.trajectory += [observation, reward, terminated, action]
            if len(self.trajectory) >= 8:
                state, _, _, act, next_state, reward, terminated, _ = \
                        self.trajectory[-8:]
                self.replayer.store(state, act, reward, next_state, terminated)
            if self.replayer.count >= 500:
                self.learn()
        return action

    def close(self):
        pass

    def learn(self):
        # 经验回放
        states, actions, rewards, next_states, terminateds = \
                self.replayer.sample(128)
        state_tensor = torch.as_tensor(states, dtype=torch.float)
        action_tensor = torch.as_tensor(actions, dtype=torch.long)
        reward_tensor = torch.as_tensor(rewards, dtype=torch.float)
        next_state_tensor = torch.as_tensor(next_states, dtype=torch.float)
        terminated_tensor = torch.as_tensor(terminateds, dtype=torch.float)

        # 更新价值网络
        next_q_tensor = self.target_net(next_state_tensor)
        next_v_tensor = self.alpha * torch.logsumexp(next_q_tensor / self.alpha,
                dim=-1)
        target_tensor = reward_tensor + self.gamma * (1. - terminated_tensor) * \
                next_v_tensor
```

```
            pred_tensor = self.evaluate_net(state_tensor)
            q_tensor = pred_tensor.gather(1, action_tensor.unsqueeze(1)).squeeze(1)
            loss_tensor = self.loss(q_tensor, target_tensor.detach())
            self.optimizer.zero_grad()
            loss_tensor.backward()
            self.optimizer.step()

agent = SQLAgent(env)
```

智能体和环境交互使用代码清单 1-3。

训练过程中我们可以观测到回合奖励与回合步数的变化。一开始既不会飞行，也不会登陆。这时回合奖励大概在 -300 ~ 100 范围，回合步数大概几百步。接下来可能学会如何飞行，但是不会登陆。这种情况下回合步数可以达到回合的最大步数 1000，但是回合奖励还是负值。最后既会飞行，又会着陆。这时候回合步数又恢复到几百步，回合奖励大于 200。

10.4.4 用柔性执行者/评论者求解 LunarLander

代码清单 10-5 和代码清单 10-6 实现了柔性执行者/评论者算法。实现中固定了熵的奖励系数 $\alpha^{(\mathrm{H})}$。对于 TensorFlow 版本，为了使用 Keras API，定义了 `sac_loss()` 函数。

代码清单 10-5 柔性执行者/评论者算法智能体(TensorFlow 版)

代码文件名：LunarLander-v2_SACwoA_tf.ipynb。

```
class SACAgent:
    def __init__(self, env):
        self.action_n = env.action_space.n
        self.gamma = 0.99

        self.replayer = DQNReplayer(100000)

        self.alpha = 0.02

        # 创建执行者网络
        def sac_loss(y_true, y_pred):
            """ y_true 是 Q(*, action_n), y_pred 是 pi(*, action_n) """
            qs = self.alpha * tf.math.xlogy(y_pred, y_pred) - y_pred * y_true
            return tf.reduce_sum(qs, axis=-1)
        self.actor_net = self.build_net(
                hidden_sizes=[256, 256],
                output_size=self.action_n, output_activation=nn.softmax,
                loss=sac_loss)

        # 创建评论者的动作价值网络
        self.q0_net = self.build_net(
                hidden_sizes=[256, 256],
                output_size=self.action_n)
        self.q1_net = self.build_net(
```

```
                hidden_sizes=[256, 256],
                output_size=self.action_n)

        # 创建评论者的状态价值网络
        self.v_evaluate_net = self.build_net(
                hidden_sizes=[256, 256])
        self.v_target_net = models.clone_model(self.v_evaluate_net)

    def build_net(self, hidden_sizes, output_size=1,
                activation=nn.relu, output_activation=None,
                loss=losses.mse, learning_rate=0.0003):
        model = keras.Sequential()
        for hidden_size in hidden_sizes:
            model.add(layers.Dense(units=hidden_size,
                    activation=activation))
        model.add(layers.Dense(units=output_size,
                activation=output_activation))
        optimizer = optimizers.Adam(learning_rate)
        model.compile(optimizer=optimizer, loss=loss)
        return model

    def reset(self, mode = None):
        self.mode = mode
        if self.mode == 'train':
            self.trajectory = []

    def step(self, observation, reward, terminated):
        probs = self.actor_net.predict(observation[np.newaxis], verbose=0)[0]
        action = np.random.choice(self.action_n, p=probs)
        if self.mode == 'train':
            self.trajectory += [observation, reward, terminated, action]
            if len(self.trajectory) >= 8:
                state, _, _, action, next_state, reward, terminated, _ = \
                        self.trajectory[-8:]
                self.replayer.store(state, action, reward, next_state, terminated)
            if self.replayer.count >= 500:
                self.learn()
        return action

    def close(self):
        pass

    def update_net(self, target_net, evaluate_net, learning_rate=0.005):
        average_weights = [(1. - learning_rate) * t + learning_rate * e for t, e
                in zip(target_net.get_weights(), evaluate_net.get_weights())]
        target_net.set_weights(average_weights)

    def learn(self):
        states, actions, rewards, next_states, terminateds = \
                self.replayer.sample(128)
```

```
        # 更新执行者
        q0s = self.q0_net.predict(states, verbose=0)
        q1s = self.q1_net.predict(states, verbose=0)
        self.actor_net.fit(states, q0s, verbose=0)

        # 更新评论者的状态价值评估网络
        q01s = np.minimum(q0s, q1s)
        pis = self.actor_net.predict(states, verbose=0)
        entropic_q01s = pis * q01s - self.alpha * \
                scipy.special.xlogy(pis, pis)
        v_targets = entropic_q01s.sum(axis= -1)
        self.v_evaluate_net.fit(states, v_targets, verbose=0)

        # 更新评论者的动作价值网络
        next_vs = self.v_target_net.predict(next_states, verbose=0)
        q_targets = rewards[:, np.newaxis] + \
                self.gamma* (1. - terminateds[:, np.newaxis]) *next_vs
        np.put_along_axis(q0s, actions.reshape(-1, 1), q_targets, -1)
        np.put_along_axis(q1s, actions.reshape(-1, 1), q_targets, -1)
        self.q0_net.fit(states, q0s, verbose=0)
        self.q1_net.fit(states, q1s, verbose=0)

        # 更新评论者的状态价值目标网络
        self.update_net(self.v_target_net, self.v_evaluate_net)

agent = SACAgent(env)
```

代码清单 10-6　柔性执行者/评论者算法智能体(PyTorch 版)

代码文件名：LunarLander-v2_SACwoA_torch.ipynb。

```
class SACAgent:
    def __init__(self, env):
        state_dim = env.observation_space.shape[0]
        self.action_n = env.action_space.n
        self.gamma = 0.99
        self.replayer = DQNReplayer(10000)

        self.alpha = 0.02

        # 创建执行者网络
        self.actor_net = self.build_net(input_size=state_dim,
                hidden_sizes=[256, 256],
                output_size=self.action_n, output_activator=nn.Softmax(-1))
        self.actor_optimizer = optim.Adam(self.actor_net.parameters(), lr=3e-4)

        # 创建评论者的状态价值网络
        self.v_evaluate_net = self.build_net(input_size=state_dim,
                hidden_sizes=[256, 256])
        self.v_target_net = copy.deepcopy(self.v_evaluate_net)
        self.v_optimizer = optim.Adam(self.v_evaluate_net.parameters(), lr=3e-4)
        self.v_loss = nn.MSELoss()
```

```
        # 创建评论者的动作价值网络
        self.q0_net = self.build_net(input_size=state_dim,
                hidden_sizes=[256, 256], output_size=self.action_n)
        self.q1_net = self.build_net(input_size=state_dim,
                hidden_sizes=[256, 256], output_size=self.action_n)
        self.q0_loss = nn.MSELoss()
        self.q1_loss = nn.MSELoss()
        self.q0_optimizer = optim.Adam(self.q0_net.parameters(), lr=3e-4)
        self.q1_optimizer = optim.Adam(self.q1_net.parameters(), lr=3e-4)

    def build_net(self, input_size, hidden_sizes, output_size=1,
            output_activator=None):
        layers = []
        for input_size, output_size in zip(
                [input_size,] + hidden_sizes, hidden_sizes + [output_size,]):
            layers.append(nn.Linear(input_size, output_size))
            layers.append(nn.ReLU())
        layers = layers[:-1]
        if output_activator:
            layers.append(output_activator)
        net = nn.Sequential(*layers)
        return net

    def reset(self, mode=None):
        self.mode = mode
        if self.mode == 'train':
            self.trajectory = []

    def step(self, observation, reward, terminated):
        state_tensor = torch.as_tensor(observation, dtype = torch.float).unsqueeze(0)
        prob_tensor = self.actor_net(state_tensor)
        action_tensor = distributions.Categorical(prob_tensor).sample()
        action = action_tensor.numpy()[0]
        if self.mode == 'train':
            self.trajectory += [observation, reward, terminated, action]
            if len(self.trajectory) >= 8:
                state, _, _, action, next_state, reward, terminated, _ = \
                        self.trajectory[-8:]
                self.replayer.store(state, action, reward, next_state, terminated)
            if self.replayer.count >= 500:
                self.learn()
        return action

    def close(self):
        pass

    def update_net(self, target_net, evaluate_net, learning_rate=0.0025):
        for target_param, evaluate_param in zip(
                target_net.parameters(), evaluate_net.parameters()):
            target_param.data.copy_(learning_rate * evaluate_param.data
                    + (1 - learning_rate) * target_param.data)
```

```
def learn(self):
    # 经验回放
    states, actions, rewards, next_states, terminateds = \
            self.replayer.sample(128)
    state_tensor = torch.as_tensor(states, dtype=torch.float)
    action_tensor = torch.as_tensor(actions, dtype=torch.long)
    reward_tensor = torch.as_tensor(rewards, dtype=torch.float)
    next_state_tensor = torch.as_tensor(next_states, dtype=torch.float)
    terminated_tensor = torch.as_tensor(terminateds, dtype=torch.float)

    # 更新评论者的动作价值网络
    next_v_tensor = self.v_target_net(next_state_tensor)
    q_target_tensor = reward_tensor.unsqueeze(1) + self.gamma * \
            (1. - terminated_tensor.unsqueeze(1)) * next_v_tensor

    all_q0_pred_tensor = self.q0_net(state_tensor)
    q0_pred_tensor = torch.gather(all_q0_pred_tensor, 1,
            action_tensor.unsqueeze(1))
    q0_loss_tensor = self.q0_loss(q0_pred_tensor, q_target_tensor.detach())
    self.q0_optimizer.zero_grad()
    q0_loss_tensor.backward()
    self.q0_optimizer.step()

    all_q1_pred_tensor = self.q1_net(state_tensor)
    q1_pred_tensor = torch.gather(all_q1_pred_tensor, 1,
            action_tensor.unsqueeze(1))
    q1_loss_tensor = self.q1_loss(q1_pred_tensor, q_target_tensor.detach())
    self.q1_optimizer.zero_grad()
    q1_loss_tensor.backward()
    self.q1_optimizer.step()

    # 更新评论者的状态价值网络
    q0_tensor = self.q0_net(state_tensor)
    q1_tensor = self.q1_net(state_tensor)
    q01_tensor = torch.min(q0_tensor, q1_tensor)
    prob_tensor = self.actor_net(state_tensor)
    ln_prob_tensor = torch.log(prob_tensor.clamp(1e-6, 1.))
    entropic_q01_tensor = prob_tensor * (q01_tensor -
            self.alpha * ln_prob_tensor)
    # 或 entropic_q01_tensor = prob_tensor * (q01_tensor - \
    #         self.alpha * torch.xlogy(prob_tensor, prob_tensor)
    v_target_tensor = torch.sum(entropic_q01_tensor, dim=-1, keepdim=True)
    v_pred_tensor = self.v_evaluate_net(state_tensor)
    v_loss_tensor = self.v_loss(v_pred_tensor, v_target_tensor.detach())
    self.v_optimizer.zero_grad()
    v_loss_tensor.backward()
    self.v_optimizer.step()

    self.update_net(self.v_target_net, self.v_evaluate_net)

    # 更新执行者
    prob_q_tensor = prob_tensor * (self.alpha * ln_prob_tensor - q0_tensor)
```

```
        actor_loss_tensor = prob_q_tensor.sum(axis=-1).mean()
        self.actor_optimizer.zero_grad()
        actor_loss_tensor.backward()
        self.actor_optimizer.step()

agent = SACAgent(env)
```

智能体和环境交互依然使用代码清单 1-3。

10.4.5 自动熵调节用于 LunarLander

本节实现自动熵调节。

代码清单 10-7(TensorFlow 版)和代码清单 10-8(PyTorch 版)实现了带自动熵调节的柔性执行者/评论者算法。`SACAgent` 类的构造函数定义了 `self.ln_alpha_tensor` 作为训练的变量 $\ln\alpha^{(H)}$，选定训练使用的优化器为 Adam 优化器，并设置熵的参考值为 $\bar{h}=\frac{1}{4}\ln|\mathcal{A}|$。

代码清单 10-7 带自动熵调节的柔性执行者/评论者算法智能体(TensorFlow 版)

代码文件名：LunarLander-v2_SACwA_tf.ipynb。

```
class SACAgent:
    def __init__(self, env):
        state_dim = env.observation_space.shape[0]
        self.action_n = env.action_space.n
        self.gamma = 0.99

        self.replayer = DQNReplayer(100000)

        # 创建 α
        self.target_entropy = np.log(self.action_n) / 4.
        self.ln_alpha_tensor = tf.Variable(0., dtype=tf.float32)
        self.alpha_optimizer = optimizers.Adam(0.0003)

        # 创建执行者网络
        self.actor_net = self.build_net(hidden_sizes=[256, 256],
                output_size=self.action_n, output_activation=nn.softmax)

        # 创建评论者的动作价值网络
        self.q0_net = self.build_net(hidden_sizes=[256, 256],
                output_size=self.action_n)
        self.q1_net = self.build_net(hidden_sizes=[256, 256],
                output_size=self.action_n)

        # 创建评论者的状态价值网络
        self.v_evaluate_net = self.build_net(input_size=state_dim,
                hidden_sizes = [256, 256])
        self.v_target_net = models.clone_model(self.v_evaluate_net)

    def build_net(self, hidden_sizes, output_size=1,
```

```
                activation=nn.relu, output_activation=None, input_size=None,
                loss=losses.mse, learning_rate=0.0003):
            model = keras.Sequential()
            for layer_idx, hidden_size in enumerate(hidden_sizes):
                kwargs = {'input_shape': (input_size,)} if \
                        layer_idx == 0 and input_size is not None else {}
                model.add(layers.Dense(units=hidden_size,
                        activation=activation, **kwargs))
            model.add(layers.Dense(units=output_size,
                    activation=output_activation))
            optimizer = optimizers.Adam(learning_rate)
            model.compile(optimizer=optimizer, loss=loss)
            return model

        def reset(self, mode=None):
            self.mode = mode
            if self.mode == 'train':
                self.trajectory = []

        def step(self, observation, reward, terminated):
            probs = self.actor_net.predict(observation[np.newaxis], verbose=0)[0]
            action = np.random.choice(self.action_n, p=probs)
            if self.mode == 'train':
                self.trajectory += [observation, reward, terminated, action]
                if len(self.trajectory) >= 8:
                    state, _, _, action, next_state, reward, terminated, _ = \
                            self.trajectory[-8:]
                    self.replayer.store(state, action, reward, next_state, terminated)
                if self.replayer.count >= 500:
                    self.learn()
            return action

        def close(self):
            pass

        def update_net(self, target_net, evaluate_net, learning_rate=0.005):
            average_weights = [(1. - learning_rate) * t + learning_rate * e for t, e
                    in zip(target_net.get_weights(), evaluate_net.get_weights())]
            target_net.set_weights(average_weights)

        def learn(self):
            states, actions, rewards, next_states, terminateds = \
                    self.replayer.sample(128)

            # 更新α
            all_probs = self.actor_net.predict(states, verbose=0)
            probs = np.take_along_axis(all_probs, actions[np.newaxis, :], axis=-1)
            ln_probs = np.log(probs.clip(1e-6, 1.))
            mean_ln_prob = ln_probs.mean()
            with tf.GradientTape() as tape:
                alpha_loss_tensor = -self.ln_alpha_tensor * (mean_ln_prob +
                        self.target_entropy)
```

```
        grads = tape.gradient(alpha_loss_tensor, [self.ln_alpha_tensor,])
        self.alpha_optimizer.apply_gradients(zip(grads, [self.ln_alpha_tensor,]))

        # 更新评论者的状态价值网络
        q0s = self.q0_net.predict(states, verbose=0)
        q1s = self.q1_net.predict(states, verbose=0)
        q01s = np.minimum(q0s, q1s)
        pis = self.actor_net.predict(states, verbose=0)
        alpha = tf.exp(self.ln_alpha_tensor).numpy()
        entropic_q01s = pis * q01s - alpha * scipy.special.xlogy(pis, pis)
        v_targets = entropic_q01s.sum(axis= -1)
        self.v_evaluate_net.fit(states, v_targets, verbose=0)
        self.update_net(self.v_target_net, self.v_evaluate_net)

        # 更新评论者的动作价值网络
        next_vs = self.v_target_net.predict(next_states, verbose = 0)
        q_targets = rewards[:, np.newaxis] + \
                self.gamma* (1. - terminateds[:, np.newaxis])*next_vs
        np.put_along_axis(q0s, actions.reshape(-1, 1), q_targets, -1)
        np.put_along_axis(q1s, actions.reshape(-1, 1), q_targets, -1)
        self.q0_net.fit(states, q0s, verbose=0)
        self.q1_net.fit(states, q1s, verbose=0)

        # 更新执行者
        state_tensor = tf.convert_to_tensor(states, dtype=tf.float32)
        q0s_tensor = self.q0_net(state_tensor)
        with tf.GradientTape() as tape:
            probs_tensor = self.actor_net(state_tensor)
            alpha_tensor = tf.exp(self.ln_alpha_tensor)
            losses_tensor = alpha_tensor * tf.math.xlogy(probs_tensor,
                    probs_tensor) - probs_tensor*q0s_tensor
            actor_loss_tensor = tf.reduce_sum(losses_tensor, axis= -1)
        grads = tape.gradient(actor_loss_tensor,
                self.actor_net.trainable_variables)
        self.actor_net.optimizer.apply_gradients(zip(grads,
                self.actor_net.trainable_variables))

agent = SACAgent(env)
```

代码清单 10-8　带自动熵调节的柔性执行者/评论者算法智能体(PyTorch 版)

代码文件名: LunarLander-v2_SACwA_torch.ipynb。

```
class SACAgent:
    def __init__(self, env):
        state_dim = env.observation_space.shape[0]
        self.action_n = env.action_space.n
        self.gamma = 0.99

        self.replayer = DQNReplayer(10000)

        # 创建α
```

```
        self.target_entropy = np.log(self.action_n) / 4.
        self.ln_alpha_tensor = torch.zeros(1, requires_grad=True)
        self.alpha_optimizer = optim.Adam([self.ln_alpha_tensor,], lr=3e-4)

        # 创建执行者网络
        self.actor_net = self.build_net(input_size=state_dim,
                hidden_sizes=[256, 256],
                output_size=self.action_n, output_activator=nn.Softmax(-1))
        self.actor_optimizer = optim.Adam(self.actor_net.parameters(), lr=3e-4)

        # 创建评论者的状态价值网络
        self.v_evaluate_net = self.build_net(input_size=state_dim,
                hidden_sizes = [256, 256])
        self.v_target_net = copy.deepcopy(self.v_evaluate_net)
        self.v_optimizer = optim.Adam(self.v_evaluate_net.parameters(), lr=3e-4)
        self.v_loss = nn.MSELoss()

        # 创建评论者的动作价值网络
        self.q0_net = self.build_net(input_size=state_dim,
                hidden_sizes=[256, 256], output_size=self.action_n)
        self.q1_net = self.build_net(input_size=state_dim,
                hidden_sizes=[256, 256], output_size=self.action_n)
        self.q0_loss = nn.MSELoss()
        self.q1_loss = nn.MSELoss()
        self.q0_optimizer = optim.Adam(self.q0_net.parameters(), lr=3e-4)
        self.q1_optimizer = optim.Adam(self.q1_net.parameters(), lr=3e-4)

    def build_net(self, input_size, hidden_sizes, output_size=1,
            output_activator=None):
        layers = []
        for input_size, output_size in zip(
                [input_size,] + hidden_sizes, hidden_sizes + [output_size,]):
            layers.append(nn.Linear(input_size, output_size))
            layers.append(nn.ReLU())
        layers = layers[:-1]
        if output_activator:
            layers.append(output_activator)
        net = nn.Sequential(*layers)
        return net

    def reset(self, mode=None):
        self.mode = mode
        if self.mode == 'train':
            self.trajectory = []

    def step(self, observation, reward, terminated):
        state_tensor = torch.as_tensor(observation, dtype = torch.float).unsqueeze(0)
        prob_tensor = self.actor_net(state_tensor)
        action_tensor = distributions.Categorical(prob_tensor).sample()
        action = action_tensor.numpy()[0]
        if self.mode == 'train':
            self.trajectory += [observation, reward, terminated, action]
```

```
        if len(self.trajectory) >= 8:
            state, _, _, action, next_state, reward, terminated, _ = \
                    self.trajectory[-8:]
            self.replayer.store(state, action, reward, next_state, terminated)
        if self.replayer.count >= 500:
            self.learn()
    return action

def close(self):
    pass

def update_net(self, target_net, evaluate_net, learning_rate=0.0025):
    for target_param, evaluate_param in zip(
            target_net.parameters(), evaluate_net.parameters()):
        target_param.data.copy_(learning_rate*evaluate_param.data
                + (1 - learning_rate)*target_param.data)

def learn(self):
    states, actions, rewards, next_states, terminateds = \
            self.replayer.sample(128)
    state_tensor = torch.as_tensor(states, dtype=torch.float)
    action_tensor = torch.as_tensor(actions, dtype=torch.long)
    reward_tensor = torch.as_tensor(rewards, dtype=torch.float)
    next_state_tensor = torch.as_tensor(next_states, dtype=torch.float)
    terminated_tensor = torch.as_tensor(terminateds, dtype=torch.float)

    # 更新 α
    prob_tensor = self.actor_net(state_tensor)
    ln_prob_tensor = torch.log(prob_tensor.clamp(1e-6, 1))
    neg_entropy_tensor = (prob_tensor*ln_prob_tensor).sum()
    # 或 neg_entropy_tensor = torch.xlogy(prob_tensor, prob_tensor).sum()
    grad_tensor = neg_entropy_tensor + self.target_entropy
    alpha_loss_tensor = -self.ln_alpha_tensor*grad_tensor.detach()
    self.alpha_optimizer.zero_grad()
    alpha_loss_tensor.backward()
    self.alpha_optimizer.step()

    # 更新评论者的动作价值网络
    next_v_tensor = self.v_target_net(next_state_tensor)
    q_target_tensor = reward_tensor.unsqueeze(1) + self.gamma * \
            (1. - terminated_tensor.unsqueeze(1)) *next_v_tensor

    all_q0_pred_tensor = self.q0_net(state_tensor)
    q0_pred_tensor = torch.gather(all_q0_pred_tensor, 1,
            action_tensor.unsqueeze(1))
    q0_loss_tensor = self.q0_loss(q0_pred_tensor, q_target_tensor.detach())
    self.q0_optimizer.zero_grad()
    q0_loss_tensor.backward()
    self.q0_optimizer.step()

    all_q1_pred_tensor = self.q1_net(state_tensor)
    q1_pred_tensor = torch.gather(all_q1_pred_tensor, 1,
```

```
                action_tensor.unsqueeze(1))
        q1_loss_tensor = self.q1_loss(q1_pred_tensor, q_target_tensor.detach())
        self.q1_optimizer.zero_grad()
        q1_loss_tensor.backward()
        self.q1_optimizer.step()

        # 更新评论者的状态价值网络
        q0_tensor = self.q0_net(state_tensor)
        q1_tensor = self.q1_net(state_tensor)
        q01_tensor = torch.min(q0_tensor, q1_tensor)
        prob_tensor = self.actor_net(state_tensor)
        ln_prob_tensor = torch.log(prob_tensor.clamp(1e-6, 1.))
        alpha = self.ln_alpha_tensor.exp().detach().item()
        entropic_q01_tensor = prob_tensor * (q01_tensor - alpha * ln_prob_tensor)
        # 或 entropic_q01_tensor = prob_tensor* (q01_tensor -
        #        alpha * torch.xlogy(prob_tensor, prob_tensor)
        v_target_tensor = torch.sum(entropic_q01_tensor, dim=-1, keepdim=True)
        v_pred_tensor = self.v_evaluate_net(state_tensor)
        v_loss_tensor = self.v_loss(v_pred_tensor, v_target_tensor.detach())
        self.v_optimizer.zero_grad()
        v_loss_tensor.backward()
        self.v_optimizer.step()

        self.update_net(self.v_target_net, self.v_evaluate_net)

        # 更新执行者
        prob_q_tensor = prob_tensor * (alpha * ln_prob_tensor - q0_tensor)
        actor_loss_tensor = prob_q_tensor.sum(axis=-1).mean()
        self.actor_optimizer.zero_grad()
        actor_loss_tensor.backward()
        self.actor_optimizer.step()

agent = SACAgent(env)
```

智能体和环境交互依然使用代码清单 1-3。

10.4.6 求解 LunarLanderContinuous

本节求解连续动作空间的版本 LunarLanderContinuous-v2。

代码清单 10-9 和代码清单 10-10 用带自动熵调节的柔性执行者/评论者算法求解 LunarLanderContinuous-v2。在策略近似方面，它使用各分量独立的正态分布来近似最优策略，让神经网络直接输出各分量的均值和方差的对数值，然后利用均值和方差确定的正态分布采样得到动作。在自动熵条件方面，熵的参考值设置为 $\bar{h}=-\ln\dim\mathcal{A}$，其中 $\dim\mathcal{A}$ 表示动作空间 $\mathcal{A}$ 的维度。

代码清单 10-9　用于连续动作空间的带自动熵调节的柔性执行者/评论者算法（使用 TensorFlow）

代码文件名：LunarLanderContinuous-v2_SACwA_tf.ipynb。

```
class SACAgent:
    def __init__(self, env):
        state_dim = env.observation_space.shape[0]
        action_dim = env.action_space.shape[0]
        self.action_low = env.action_space.low
        self.action_high = env.action_space.high
        self.gamma = 0.99

        self.replayer = DQNReplayer(100000)

        # 创建α
        self.target_entropy = -action_dim
        self.ln_alpha_tensor = tf.Variable(0., dtype=tf.float32)
        self.alpha_optimizer=optimizers.Adam(3e-4)

        # 创建执行者网络
        self.actor_net=self.build_net(input_size=state_dim,
                hidden_sizes=[256, 256], output_size=action_dim*2,
                output_activation=tf.tanh)

        # 创建评论者的状态价值网络
        self.v_evaluate_net = self.build_net(input_size=state_dim,
                hidden_sizes=[256, 256])
        self.v_target_net = models.clone_model(self.v_evaluate_net)

        # 创建评论者的动作价值网络
        self.q0_net = self.build_net(input_size=state_dim+action_dim,
                hidden_sizes=[256, 256])
        self.q1_net = self.build_net(input_size=state_dim+action_dim,
                hidden_sizes=[256, 256])

    def build_net(self, input_size, hidden_sizes, output_size=1,
                activation=nn.relu, output_activation=None,
                loss=losses.mse, learning_rate=3e-4):
        model = keras.Sequential()
        for layer, hidden_size in enumerate(hidden_sizes):
            kwargs = {'input_shape' : (input_size,)} if layer == 0 else {}
            model.add(layers.Dense(units=hidden_size,
                    activation=activation, **kwargs))
        model.add(layers.Dense(units=output_size,
                activation=output_activation))
        optimizer = optimizers.Adam(learning_rate)
        model.compile(optimizer=optimizer, loss=loss)
        return model

    def get_action_ln_prob_tensors(self, state_tensor):
        mean_ln_std_tensor = self.actor_net(state_tensor)
        mean_tensor, ln_std_tensor = tf.split(mean_ln_std_tensor, 2, axis=-1)
        if self.mode == 'train':
            std_tensor = tf.math.exp(ln_std_tensor)
            normal_dist = distributions.Normal(mean_tensor, std_tensor)
            sample_tensor = normal_dist.sample()
```

```
            action_tensor = tf.tanh(sample_tensor)
            ln_prob_tensor = normal_dist.log_prob(sample_tensor) - \
                    tf.math.log1p(1e-6 - tf.pow(action_tensor, 2))
            ln_prob_tensor = tf.reduce_sum(ln_prob_tensor, axis = -1, keepdims = True)
    else:
            action_tensor = tf.tanh(mean_tensor)
            ln_prob_tensor = tf.ones_like(action_tensor)
        return action_tensor, ln_prob_tensor

    def reset(self, mode):
        self.mode = mode
        if self.mode == 'train':
            self.trajectory = []

    def step(self, observation, reward, terminated):
        if self.mode == 'train' and self.replayer.count < 5000:
            action = np.random.uniform(self.action_low, self.action_high)
        else:
            state_tensor = tf.convert_to_tensor(observation[np.newaxis, :],
                    dtype = tf.float32)
            action_tensor, _ = self.get_action_ln_prob_tensors(state_tensor)
            action = action_tensor[0].numpy()
        if self.mode == 'train':
            self.trajectory += [observation, reward, terminated, action]
            if len(self.trajectory) >= 8:
                state, _, _, act, next_state, reward, terminated, _ = \
                        self.trajectory[-8:]
                self.replayer.store(state, act, reward, next_state, terminated)
            if self.replayer.count >= 120:
                self.learn()
        return action

    def close(self):
        pass

    def update_net(self, target_net, evaluate_net, learning_rate=0.005):
        average_weights = [(1. - learning_rate) * t + learning_rate * e for t, e
                in zip(target_net.get_weights(), evaluate_net.get_weights())]
        target_net.set_weights(average_weights)

    def learn(self):
        states, actions, rewards, next_states, terminateds = \
                self.replayer.sample(128)
        state_tensor = tf.convert_to_tensor(states, dtype = tf.float32)

        # 更新α
        act_tensor, ln_prob_tensor = self.get_action_ln_prob_tensors(state_tensor)
        with tf.GradientTape() as tape:
            alpha_loss_tensor = -self.ln_alpha_tensor * (tf.reduce_mean(
                    ln_prob_tensor, axis=-1) + self.target_entropy)
        grads = tape.gradient(alpha_loss_tensor, [self.ln_alpha_tensor,])
        self.alpha_optimizer.apply_gradients(zip(grads, [self.ln_alpha_tensor,]))
```

```
        # 更新评论者的动作价值网络
        state_actions = np.concatenate((states, actions), axis=-1)
        next_vs = self.v_target_net.predict(next_states, verbose=0)
        q_targets = rewards[:, np.newaxis] + \
                self.gamma * (1. - terminateds[:, np.newaxis]) * next_vs
        self.q0_net.fit(state_actions, q_targets, verbose=False)
        self.q1_net.fit(state_actions, q_targets, verbose=False)

        # 更新评论者的状态价值网络
        state_act_tensor = tf.concat((state_tensor, act_tensor), axis=-1)
        q0_pred_tensor = self.q0_net(state_act_tensor)
        q1_pred_tensor = self.q1_net(state_act_tensor)
        q_pred_tensor = tf.minimum(q0_pred_tensor, q1_pred_tensor)
        alpha_tensor = tf.exp(self.ln_alpha_tensor)
        v_target_tensor = q_pred_tensor-alpha_tensor * ln_prob_tensor
        v_targets = v_target_tensor.numpy()
        self.v_evaluate_net.fit(states, v_targets, verbose=False)
        self.update_net(self.v_target_net, self.v_evaluate_net)

        # 更新执行者
        with tf.GradientTape() as tape:
            act_tensor, ln_prob_tensor = \
                    self.get_action_ln_prob_tensors(state_tensor)
            state_act_tensor = tf.concat((state_tensor, act_tensor), axis=-1)
            q0_pred_tensor = self.q0_net(state_act_tensor)
            alpha_tensor = tf.exp(self.ln_alpha_tensor)
            actor_loss_tensor = tf.reduce_mean(alpha_tensor*ln_prob_tensor -
                    q0_pred_tensor)
        grads = tape.gradient(actor_loss_tensor,
                self.actor_net.trainable_variables)
        self.actor_net.optimizer.apply_gradients(
                zip(grads, self.actor_net.trainable_variables))

agent = SACAgent(env)
```

代码清单 10-10　用于连续动作空间的带自动熵调节的柔性执行者/评论者算法(使用 PyTorch)

代码文件名: LunarLanderContinuous-v2_SACwA_torch.ipynb。

```
class SACAgent:
    def __init__(self, env):
        state_dim = env.observation_space.shape[0]
        self.action_dim = env.action_space.shape[0]
        self.action_low = env.action_space.low
        self.action_high = env.action_space.high
        self.gamma = 0.99

        self.replayer = DQNReplayer(100000)

        # 创建 α
        self.target_entropy = -self.action_dim
        self.ln_alpha_tensor = torch.zeros(1, requires_grad=True)
```

```
        self.alpha_optimizer = optim.Adam([self.ln_alpha_tensor,], lr=0.0003)

        # 创建执行者网络
        self.actor_net = self.build_net(input_size=state_dim,
                hidden_sizes=[256, 256], output_size=self.action_dim * 2,
                output_activator=nn.Tanh())
        self.actor_optimizier = optim.Adam(self.actor_net.parameters(), lr=0.0003)

        # 创建评论者的状态价值网络
        self.v_evaluate_net = self.build_net(input_size=state_dim,
                hidden_sizes = [256, 256])
        self.v_target_net = copy.deepcopy(self.v_evaluate_net)
        self.v_loss = nn.MSELoss()
        self.v_optimizer = optim.Adam(self.v_evaluate_net.parameters(), lr=0.0003)

        # 创建评论者的动作价值网络
        self.q0_net = self.build_net(input_size=state_dim + self.action_dim,
                hidden_sizes=[256, 256])
        self.q1_net = self.build_net(input_size=state_dim + self.action_dim,
                hidden_sizes=[256, 256])
        self.q0_loss = nn.MSELoss()
        self.q1_loss = nn.MSELoss()
        self.q0_optimizer = optim.Adam(self.q0_net.parameters(), lr=0.0003)
        self.q1_optimizer = optim.Adam(self.q1_net.parameters(), lr=0.0003)

    def build_net(self, input_size, hidden_sizes, output_size=1,
            output_activator=None):
        layers = []
        for input_size, output_size in zip(
                [input_size,] + hidden_sizes, hidden_sizes + [output_size,]):
            layers.append(nn.Linear(input_size, output_size))
            layers.append(nn.ReLU())
        layers = layers[:-1]
        if output_activator:
            layers.append(output_activator)
        net = nn.Sequential(*layers)
        return net

    def get_action_ln_prob_tensors(self, state_tensor):
        mean_ln_std_tensor = self.actor_net(state_tensor)
        mean_tensor, ln_std_tensor = torch.split(mean_ln_std_tensor,
                self.action_dim, dim=-1)
        if self.mode == 'train':
            std_tensor = torch.exp(ln_std_tensor)
            normal_dist = distributions.Normal(mean_tensor, std_tensor)
            rsample_tensor = normal_dist.rsample()
            action_tensor = torch.tanh(rsample_tensor)
            ln_prob_tensor = normal_dist.log_prob(rsample_tensor) - \
                    torch.log1p(1e-6 - action_tensor.pow(2))
            ln_prob_tensor = ln_prob_tensor.sum(-1, keepdim = True)
        else:
            action_tensor = torch.tanh(mean_tensor)
            ln_prob_tensor = torch.ones_like(action_tensor)
        return action_tensor, ln_prob_tensor
```

```
    def reset(self, mode):
        self.mode = mode
        if self.mode == 'train':
            self.trajectory = []

    def step(self, observation, reward, terminated):
        if self.mode == 'train' and self.replayer.count < 5000:
            action = np.random.uniform(self.action_low, self.action_high)
        else:
            state_tensor = torch.as_tensor(observation, dtype = torch.float
                    ).unsqueeze(0)
            action_tensor, _ = self.get_action_ln_prob_tensors(state_tensor)
            action = action_tensor[0].detach().numpy()
        if self.mode == 'train':
            self.trajectory += [observation, reward, terminated, action]
            if len(self.trajectory) >= 8:
                state, _, _, act, next_state, reward, terminated, _ = \
                        self.trajectory[-8:]
                self.replayer.store(state, act, reward, next_state, terminated)
            if self.replayer.count >= 128:
                self.learn()
        return action

    def close(self):
        pass

    def update_net(self, target_net, evaluate_net, learning_rate = 0.005):
        for target_param, evaluate_param in zip(
                target_net.parameters(), evaluate_net.parameters()):
            target_param.data.copy_(learning_rate*evaluate_param.data
                    + (1 - learning_rate)*target_param.data)

    def learn(self):
        states, actions, rewards, next_states, terminateds = \
                self.replayer.sample(128)
        state_tensor = torch.as_tensor(states, dtype=torch.float)
        action_tensor = torch.as_tensor(actions, dtype=torch.float)
        reward_tensor = torch.as_tensor(rewards, dtype=torch.float)
        next_state_tensor = torch.as_tensor(next_states, dtype=torch.float)
        terminated_tensor = torch.as_tensor(terminateds, dtype=torch.float)

        # 更新α
        act_tensor, ln_prob_tensor = self.get_action_ln_prob_tensors(state_tensor)
        alpha_loss_tensor = (-self.ln_alpha_tensor * (ln_prob_tensor +
                self.target_entropy).detach()).mean()

        self.alpha_optimizer.zero_grad()
        alpha_loss_tensor.backward()
        self.alpha_optimizer.step()

        # 更新评论者的动作价值网络
        states_action_tensor = torch.cat((state_tensor, action_tensor), dim=-1)
        q0_tensor = self.q0_net(states_action_tensor)
        q1_tensor = self.q1_net(states_action_tensor)
        next_v_tensor = self.v_target_net(next_state_tensor)
```

```
        q_target = reward_tensor.unsqueeze(1) + \
                self.gamma * next_v_tensor * (1. - terminated_tensor.unsqueeze(1))
        q0_loss_tensor = self.q0_loss(q0_tensor, q_target.detach())
        q1_loss_tensor = self.q1_loss(q1_tensor, q_target.detach())

        self.q0_optimizer.zero_grad()
        q0_loss_tensor.backward()
        self.q0_optimizer.step()

        self.q1_optimizer.zero_grad()
        q1_loss_tensor.backward()
        self.q1_optimizer.step()

        # 更新评论者的状态价值网络
        state_act_tensor = torch.cat((state_tensor, act_tensor), dim=-1)
        v_pred_tensor = self.v_evaluate_net(state_tensor)
        q0_pred_tensor = self.q0_net(state_act_tensor)
        q1_pred_tensor = self.q1_net(state_act_tensor)
        q_pred_tensor = torch.min(q0_pred_tensor, q1_pred_tensor)
        alpha_tensor = self.ln_alpha_tensor.exp()
        v_target_tensor = q_pred_tensor - alpha_tensor * ln_prob_tensor
        v_loss_tensor = self.v_loss(v_pred_tensor, v_target_tensor.detach())

        self.v_optimizer.zero_grad()
        v_loss_tensor.backward()
        self.v_optimizer.step()

        self.update_net(self.v_target_net, self.v_evaluate_net)

        # 更新执行者
        actor_loss_tensor = (alpha_tensor*ln_prob_tensor
                - q0_pred_tensor).mean()

        self.actor_optimizier.zero_grad()
        actor_loss_tensor.backward()
        self.actor_optimizier.step()

agent = SACAgent(env)
```

智能体和环境交互依然使用代码清单 1-3。

10.5 本章小结

本章介绍了最大熵强化学习和柔性强化学习算法，包括柔性 Q 学习算法和柔性执行者/评论者算法。它们和前几章介绍的普通的 Q 学习算法和执行者/评论者算法相比，具有更强的探索能力。

本章要点

- 奖励工程通过修改原问题中的奖励得到新的强化问题，通过求解修改后的问题来求解原问题。

- 最大熵强化学习试图最大化回报和熵的线性组合。
- 柔性动作价值和柔性状态价值的关系：

$$v_\pi^{(柔)}(s) = \alpha^{(H)} \underset{a \in \mathcal{A}(s)}{\operatorname{logsumexp}}\left(\frac{1}{\alpha^{(H)}} q_\pi^{(柔)}(s,a)\right), \ s \in \mathcal{S}。$$

- 柔性策略改进定理用下式构造新策略：

$$\tilde{\pi}(a|s) = \exp\left(\frac{1}{\alpha^{(H)}} a_\pi^{(柔)}(s,a)\right), \ s \in \mathcal{S}, \ a \in \mathcal{A}(s)。$$

- 柔性策略梯度定理：

$$\nabla \mathrm{E}_{\pi(\boldsymbol{\theta})}\left[G_0^{(H)}\right] = \mathrm{E}_{\pi(\boldsymbol{\theta})}\left[\sum_{t=0}^{T-1} \gamma^t \left(G_t^{(H)} - \alpha^{(H)} \ln \pi(A_t|S_t;\boldsymbol{\theta})\right) \nabla \ln \pi(A_t|S_t;\boldsymbol{\theta})\right]。$$

- 自动熵调节试图减小

$$\ln \alpha^{(H)}\left(\mathrm{E}_S\left[\mathrm{H}[\pi(\cdot|S)]\right] - \bar{h}\right)。$$

- Gym 库具有 Box2d、Atari 等子库，可通过完整安装获得。

10.6　练习与模拟面试

1. 单选题

(1) 关于带熵的奖励 $R_{t+1}^{(H)} = R_{t+1} + \alpha^{(H)} \mathrm{H}[\pi(\cdot|S_t)]$，下列说法正确的是(　　)。

A. 减小 $\alpha^{(H)}$ 可以更加注重探索

B. 增加 $\alpha^{(H)}$ 可以更加注重探索

C. 减小或增加 $\alpha^{(H)}$ 均不能更加注重探索

(2) 关于柔性价值，下列说法正确的是(　　)。

A. $v_\pi^{(柔)}(s) = \mathrm{E}_\pi\left[q_\pi^{(柔)}(s,a)\right] (s \in \mathcal{S})$

B. $v_\pi^{(柔)}(s) = \max_{a \in \mathcal{A}(s)} q_\pi^{(柔)}(s,a) (s \in \mathcal{S})$

C. $\frac{v_\pi^{(柔)}(s)}{\alpha^{(H)}} = \underset{a \in \mathcal{A}(s)}{\operatorname{logsumexp}}\left(\frac{q_\pi^{(柔)}(s,a)}{\alpha^{(H)}}\right) (s \in \mathcal{S})$

2. 编程练习

用柔性执行者/评论者算法求解环境 `Acrobot-v1`。

3. 模拟面试

(1) 什么是奖励工程？

(2) 为什么最大熵强化学习要考虑带熵的奖励？

(3) 最大化强化学习能求得原强化学习问题的最优解吗？为什么？

CHAPTER 11

第 11 章

基于策略的无梯度算法

本章将学习以下内容。

- ❑ 进化策略算法。
- ❑ 增强随机搜索算法。
- ❑ 无梯度算法与策略梯度算法的优劣。

到目前为止，我们已经习惯了使用含参函数 $\pi(\boldsymbol{\theta})$ 来近似最优策略，并且试图找到合适的参数 $\boldsymbol{\theta}$ 使得回报期望尽可能大。其中，改进策略参数的过程可以用策略梯度定理或性能差别引理找到策略参数的梯度方向，再利用这个梯度方向来确定改变策略参数的方向。本章则介绍另外一类寻找策略参数的方法，它不需要计算期望回报对策略参数的梯度。所以这些算法可以统称为**无梯度算法**(gradient-free algorithm)。

11.1 无梯度算法

本节介绍两种无梯度算法。

11.1.1 进化策略算法

本节介绍**进化策略**(Evolution Strategy，ES)算法。

进化策略算法的思路如下：考虑确定性策略 $\pi(\boldsymbol{\theta})$。我们试图迭代更新策略参数 $\boldsymbol{\theta}$。假设第 k 次迭代前的策略参数为 $\boldsymbol{\theta}_k$。现在要确定如何修改这个策略参数使得修改后的策略会更好。为此，随机选取 n 个和参数 $\boldsymbol{\theta}_k$ 形状相同的方向参数 $\boldsymbol{\delta}_k^{(0)},\boldsymbol{\delta}_k^{(1)},\cdots,\boldsymbol{\delta}_k^{(n-1)}$，并且将参数 $\boldsymbol{\theta}_k$ 按这 n 个方向改变 σ 倍，进而可以得到 n 个新策略 $\pi(\boldsymbol{\theta}_k+\sigma\boldsymbol{\delta}_k^{(0)}),\pi(\boldsymbol{\theta}_k+$

$\sigma\boldsymbol{\delta}_k^{(1)}),\cdots,\pi(\boldsymbol{\theta}_k+\sigma\boldsymbol{\delta}_k^{(n-1)})$。我们可以让这些策略和环境交互，得到每个策略的期望回报估计 $G_k^{(0)},G_k^{(1)},\cdots,G_k^{(n-1)}$。如果某个 $G_k^{(i)}(0\leqslant i<n)$ 比其他回报都大得多，那么就说明策略 $\pi(\boldsymbol{\theta}_k+\sigma\boldsymbol{\delta}_k^{(i)})$ 比其他策略更加高明，也说明方向 $\boldsymbol{\delta}_k^{(i)}$ 是一个好的方向，应该让 $\boldsymbol{\theta}_k$ 向 $\boldsymbol{\delta}_k^{(i)}$ 方向改变；如果某个 $G_k^{(i)}(0\leqslant i<n)$ 比其他回报都小得多，那么就说明策略 $\pi(\boldsymbol{\theta}_k+\sigma\boldsymbol{\delta}_k^{(i)})$ 比其他策略差，也说明方向 $\boldsymbol{\delta}_k^{(i)}$ 是一个差的方向，应该让 $\boldsymbol{\theta}_k$ 向 $\boldsymbol{\delta}_k^{(i)}$ 的相反方向改变。基于这样的思想，我们可以将所有 $G_k^{(0)},G_k^{(1)},\cdots,G_k^{(n-1)}$ 归一化为均值为 0、方差为 1 的一组数，称为适合度(fitness score)：

$$F_k^{(i)}=\frac{G_k^{(i)}-\underset{0\leqslant j<n}{\operatorname{mean}}G_k^{(j)}}{\underset{0\leqslant j<n}{\operatorname{std}}\ G_k^{(j)}},\ 0\leqslant i<n,$$

这样得到的 $F_k^{(i)}$ 有正有负。然后，我们用 $F_k^{(i)}(0\leqslant i<n)$ 对 $\boldsymbol{\delta}_k^{(i)}$ 进行加权，这样加权得到的方向 $\sum_{i=0}^{n-1}F_k^{(i)}\boldsymbol{\delta}_k^{(i)}$ 就可能让策略变好。然后，我们用这个方向更新策略参数，即

$$\boldsymbol{\theta}_{k+1}=\boldsymbol{\theta}_k+\alpha\sum_{i=0}^{n-1}F_k^{(i)}\boldsymbol{\delta}_k^{(i)}。$$

这就是进化策略算法的原理。

算法 11-1 给出了进化策略算法。

算法 11-1　进化策略算法

输入： 环境(无数学描述)。

输出： 最优策略估计 $\pi(\boldsymbol{\theta})$。

参数： 每代生成的智能体个数 n，生成权重抖动的幅度 σ，学习率 α，控制循环结束条件的参数。

1　(初始化)初始化参数 $\boldsymbol{\theta}$。

2　逐代执行以下操作，直到满足条件(如代数达到阈值)：

　2.1　(生成策略)对于 $i=0,1,\cdots,n-1$，选取参数改变量 $\boldsymbol{\delta}^{(i)}\sim\text{normal}(\mathbf{0},\boldsymbol{I})$，得到策略 $\pi(\boldsymbol{\theta}+\sigma\boldsymbol{\delta}^{(i)})$。

　2.2　(评估策略性能)用策略 $\pi(\boldsymbol{\theta}+\sigma\boldsymbol{\delta}^{(i)})$ 与环境交互一个或多个回合，得到平均回合奖励 $G^{(i)}(i=0,1,\cdots,n-1)$。

　2.3　(计算适合度)根据 $\{G^{(i)}:i=0,1,\cdots,n-1\}$ 确定每个智能体参与参数更新的权重 $\{F^{(i)}:i=0,1,\cdots,n-1\}$。如 $F^{(i)}\leftarrow\dfrac{G^{(i)}-\text{mean}_jG^{(j)}}{\text{std}_jG^{(j)}}$。

　2.4　(更新策略参数)$\boldsymbol{\theta}\leftarrow\boldsymbol{\theta}+\alpha\sum_iF^{(i)}\boldsymbol{\delta}^{(i)}$。

11.1.2　增强随机搜索算法

进化策略算法有许多变种。**增强随机搜索**(Augmented Random Search，ARS)算法是一类变种。本节介绍其中一种增强随机搜索算法。

算法的思想如下：依然假设在第 k 次迭代前的策略参数为 $\boldsymbol{\theta}_k$，并且随机选取 n 个和

参数 $\boldsymbol{\theta}_k$ 形状相同的方向参数 $\boldsymbol{\delta}_k^{(0)},\boldsymbol{\delta}_k^{(1)},\cdots,\boldsymbol{\delta}_k^{(n-1)}$。但是，每个方向 $\boldsymbol{\delta}_k^{(i)}$ 可以确定出两个不同的策略：$\pi(\boldsymbol{\theta}_k+\sigma\boldsymbol{\delta}_k^{(i)})$ 和 $\pi(\boldsymbol{\theta}_k-\sigma\boldsymbol{\delta}_k^{(i)})$，所以一共有 $2n$ 个新策略。接着，用这 $2n$ 个新策略和环境交互，得到 $2n$ 个回报期望估计。记策略 $\pi(\boldsymbol{\theta}_k+\sigma\boldsymbol{\delta}_k^{(i)})$ 对应的回报期望估计为 $G_{+,k}^{(i)}$，$\pi(\boldsymbol{\theta}_k-\sigma\boldsymbol{\delta}_k^{(i)})$ 对应的回报期望估计为 $G_{-,k}^{(i)}$。如果 $G_{+,k}^{(i)}$ 远大于 $G_{-,k}^{(i)}$，那么说明方向 $\boldsymbol{\delta}_k^{(i)}$ 是一个好的方向，我们要让参数向 $\boldsymbol{\delta}_k^{(i)}$ 方向变化；如果 $G_{+,k}^{(i)}$ 远小于 $G_{-,k}^{(i)}$，那么说明 $\boldsymbol{\delta}_k^{(i)}$ 是一个差的方向，我们要让参数向 $\boldsymbol{\delta}_k^{(i)}$ 的相反方向变化。所以，方向 $\boldsymbol{\delta}_k^{(i)}$ 的适合度就可以定义为两个期望回报估计之差

$$F_k^{(i)} = G_{+,k}^{(i)} - G_{-,k}^{(i)}。$$

算法 11-2 给出了这种增强随机搜索算法。

算法 11-2 增强随机搜索算法

输入：环境（无数学描述）。

输出：最优策略估计 $\pi(\boldsymbol{\theta})$。

参数：每代生成的智能体个数 n，生成权重抖动的幅度 σ，学习率 α，控制循环结束条件的参数。

1 （初始化）初始化参数 $\boldsymbol{\theta}$。

2 逐代执行以下操作，直到满足条件（如代数达到阈值）：

 2.1 （生成策略）对于 $i(i=0,1,\cdots,n-1)$，选取参数改变量 $\boldsymbol{\delta}^{(i)}\sim\text{normal}(\boldsymbol{0},\boldsymbol{I})$，得到两个策略 $\pi(\boldsymbol{\theta}+\sigma\boldsymbol{\delta}^{(i)})$ 和 $\pi(\boldsymbol{\theta}-\sigma\boldsymbol{\delta}^{(i)})$。

 2.2 （评估策略性能）用策略 $\pi(\boldsymbol{\theta}+\sigma\boldsymbol{\delta}^{(i)})$ 与环境交互一个或多个回合，得到回报估计 $G_+^{(i)}(i=0,1,\cdots,n-1)$；用策略 $\pi(\boldsymbol{\theta}-\sigma\boldsymbol{\delta}^{(i)})$ 与环境交互一个或多个回合，得到回报估计 $G_-^{(i)}(i=0,1,\cdots,n-1)$。

 2.3 （计算适合度）根据 $\{G_\pm^{(i)}: i=0,1,\cdots,n-1\}$ 确定每个智能体参与参数更新的权重 $\{F^{(i)}:i=0,1,\cdots,n-1\}$（如 $F^{(i)}\leftarrow G_+^{(i)}-G_-^{(i)}$）。

 2.4 （更新策略参数）$\boldsymbol{\theta}\leftarrow\boldsymbol{\theta}+\alpha\sum_i F^{(i)}\boldsymbol{\delta}^{(i)}$。

11.2 无梯度算法和策略梯度算法的比较

无梯度算法和策略梯度算法都是通过优化策略参数来求解最优策略的算法。本节对这两类算法的优缺点进行比较。

由于强化学习可以看作一个优化问题，所以它们的优缺点比较和比较基于梯度的优化方法和不基于梯度的优化方法有类似之处。不过，在强化学习任务中，这样的区别会带来额外的优缺点。

无梯度算法具有以下优点：

- 无梯度算法往往有更好的探索性。无梯度算法生成新策略时，参数改变的方向是任意选定的，不会在某个方向上有偏好。所以，它往往能探索到更多的情况。
- 无梯度算法适合并行计算。无梯度算法主要在估计每个策略的平均回报上运算。

而这个过程是可以并行计算的，即让每个策略在不同的机器上与环境交互。所以，无梯度算法非常适合并行计算。

- 无梯度算法鲁棒性更好，更不容易受到随机数种子的影响。
- 无梯度算法不需要计算梯度，适合于无法得到梯度的情况。

无梯度算法具有以下缺点：

- 无梯度算法数据利用率相对较低，不适合交互代价很大的环境。原因在于，其参数改变方向任意，没有指导，会生成很多不合适的策略。

11.3 案例：双足机器人

本节考虑 Box2D 子包里的双足机器人环境(`BipedalWalker-v3`)。环境中有一个机器人，我们要教这个机器人走路。一个机器人有一个躯干和两个脚。每个脚有两节，两个节之间的连接叫作膝盖，脚和躯干连接的部分叫臀部。我们要试图通过控制这两个臀部和两个膝盖，让机器人行走起来。

这个环境的观测空间是 `Box(24,)`，观测的各维度含义见表 11-1。这个环境的动作空间是 `Box(4,)`，动作的各维度含义见表 11-2。

表 11-1 任务“双足机器人”的观测

顺序	名称	含义
0	hull_angle	躯干角度
1	hull_angle_velocity	躯干角速度
2	hull_x_velocity	躯干水平速度
3	hull_y_velocity	躯干垂直速度
4	hip_angle0	左腿臀部角度
5	hip_speed0	左腿臀部速度
6	knee_angle0	左腿膝盖角度
7	knee_speed0	左腿膝盖速度
8	contact0	左腿是否与地面接触
9	hip_angle1	右腿臀部角度
10	hip_speed1	右腿臀部速度
11	knee_angle1	右腿膝盖角度
12	knee_speed1	右腿膝盖速度
13	contact1	右腿是否与地面接触
14 ~ 23	lidar0 ~ lidar9	激光测量结果

表 11-2 任务“双足机器人”的动作

顺序	名称	含义
0	hip_speed0	左腿臀部速度
1	knee_torque0	左腿膝盖扭矩
2	hip_speed1	右腿臀部速度
3	knee_torque1	右腿膝盖扭矩

机器人前进能获得正奖励，姿态倾斜会有一些很少的惩罚。如果机器人摔倒，本步回合奖励 -100，回合结束。回合奖励的阈值为 300。回合最大步数为 1600 步。

代码清单 11-1 给出了一个可以成功求解这个环境的线性近似确定性策略。

代码清单 11-1 BipedalWalker-v3 的闭式解

代码文件名：BipedalWalker-v3_ClosedForm.ipynb。

```
class ClosedFormAgent:
    def __init__(self, env):
        self.weights = np.array([
            [0.9, -0.7, 0.0, -1.4],
            [4.3, -1.6, -4.4, -2.0],
            [2.4, -4.2, -1.3, -0.1],
            [-3.1, -5.0, -2.0, -3.3],
            [-0.8, 1.4, 1.7, 0.2],
            [-0.7, 0.2, -0.2, 0.1],
            [-0.6, -1.5, -0.6, 0.3],
            [-0.5, -0.3, 0.2, 0.1],
            [0.0, -0.1, -0.1, 0.1],
            [0.4, 0.8, -1.6, -0.5],
            [-0.4, 0.5, -0.3, -0.4],
            [0.3, 2.0, 0.9, -1.6],
            [0.0, -0.2, 0.1, -0.3],
            [0.1, 0.2, -0.5, -0.3],
            [0.7, 0.3, 5.1, -2.4],
            [-0.4, -2.3, 0.3, -4.0],
            [0.1, -0.8, 0.3, 2.5],
            [0.4, -0.9, -1.8, 0.3],
            [-3.9, -3.5, 2.8, 0.8],
            [0.4, -2.8, 0.4, 1.4],
            [-2.2, -2.1, -2.2, -3.2],
            [-2.7, -2.6, 0.3, 0.6],
            [2.0, 2.8, 0.0, -0.9],
            [-2.2, 0.6, 4.7, -4.6],
            ])
        self.bias = np.array([3.2, 6.1, -4.0, 7.6])

    def reset(self, mode = None):
        pass

    def step(self, observation, reward, terminated):
        action = np.matmul(observation, self.weights) + self.bias
        return action

    def close(self):
        pass

agent = ClosedFormAgent(env)
```

11.3.1 奖励截断

本节开始考虑用无梯度算法求解这个问题。

在后续的训练过程中，我们可以观测到回合奖励与回合步数的变化。如果机器人只是一开始挣扎一下就撞死了，回合奖励大概在 -90 左右。如果回合奖励明显高过这个值，说明机器人已经学会一些动作了。如果机器人刚能够稳定学会走，那么回合奖励大概在 200 左右。这时机器人移动不够快，无法在回合结束前走完全程。后来，机器人越走越快，可以走完全程，回合奖励可以提升到 250。要让回合奖励达到 300，机器人需要较快地走完全程。

这个任务的训练可以用到一个称为**奖励截断**(reward clipping)的小技巧。这个小技巧把每一步环境给出的奖励值限定在[-1, +1]这一范围内，但是在测试过程中不能进行这个操作。这个技巧并不一定适合所有任务，但是刚刚好适合于 `BipedalWalker-v3` 任务。这个技巧对这个任务有帮助的原因在于：

- 要成功求解这个环境，使得回合奖励超过 300，事实上要求智能体以一定的速度不断向前运动，并且全程不能摔倒。在原始环境中，只有在智能体跌倒时的单步奖励才会超过范围[-1, +1]，而能成功求解的智能体是不会遇到奖励超过[-1, +1]这个范围的。所以，对那些不会跌倒的智能体，这个奖励截断是无效的。这样可以避免奖励截断对最终得到的智能体带来不好的影响。
- 在原始环境中，机器人在跌倒时会惩罚 -100。这是一个比较大的惩罚。智能体会试图避免这个惩罚。一种可能的避免方法是让机器人固定在某个姿势，这样既不能前进，也不会跌倒。这样的固定姿势可以避免较大的惩罚，但是这样的固定姿势并不是我们想要的结果。把单步的奖励值限制在[-1, +1]这一范围，可以避免这个较大的惩罚，鼓励智能体向前运动。

奖励截断的实现可以借助 `gym.wrappers.TransformReward` 类。这个包装类可以把原有的奖励信号按照某个指定的函数进行变换。利用 `gym.wrappers.TransformReward` 类进行包装的代码如下：

```
def clip_reward(reward):
    return np.clip(reward, -1., 1.)
reward_clipped_env = gym.wrappers.TransformReward(env, clip_reward)
```

在线内容：学有余力的读者可在本书 GitHub 仓库查阅对包装类 `gym.wrappers.TransformReward` 的源码解读。

11.3.2 用进化算法求解

代码清单 11-2 给出了进化算法的实现。策略使用线性近似，策略参数为 `weights` 和 `bias`。智能体类 `ESAgent` 有个成员函数 `train()`，它可以接受环境 `env` 作为参数。这里传入的环境应当是被奖励截断包装过的环境。成员函数 `train()` 的内部会新建 `ESAgent` 的对象。

代码清单 11-2 进化算法智能体

代码文件名：BipedalWalker-v3_ES.ipynb。

```
class ESAgent:
    def __init__(self, env=None, weights=None, bias=None):
        if weights is not None:
            self.weights = weights
        else:
            self.weights = np.zeros((env.observation_space.shape[0],
                    env.action_space.shape[0]))
        if bias is not None:
            self.bias = bias
        else:
            self.bias = np.zeros(env.action_space.shape[0])

    def reset(self, mode = None):
        pass

    def close(self):
        pass

    def step(self, observation, reward, terminated):
        action = np.matmul(observation, self.weights)
        return action

    def train(self, env, scale=0.05, learning_rate=0.2, population=16):
        # 对权重进行扰动
        weight_deltas = [scale* np.random.randn( *agent.weights.shape) for _ in
                range(population)]
        bias_deltas = [scale* np.random.randn( *agent.bias.shape) for _ in
                range(population)]

        # 计算奖励
        agents = [ESAgent(weights=self.weights + weight_delta,
                bias = self.bias + bias_delta) for weight_delta, bias_delta in
                zip(weight_deltas, bias_deltas)]
        rewards = np.array([play_episode(env, agent)[0] for agent in agents])

        # 标准化奖励
        std = rewards.std()
        if np.isclose(std, 0):
            coeffs = np.zeros(population)
        else:
            coeffs = (rewards - rewards.mean()) / std

        # 更新权重
        weight_updates = sum([coeff * weight_delta for coeff, weight_delta in
                zip(coeffs, weight_deltas)])
        bias_updates = sum([coeff * bias_delta for coeff, bias_delta in
                zip(coeffs, bias_deltas)])
        self.weights += learning_rate * weight_updates / population
        self.bias += learning_rate * bias_updates / population

agent = ESAgent(env=env)
```

代码清单 11-3 给出了训练和测试智能体的代码。它依然使用了代码清单 1-3 中的 play_episode() 函数，不过在训练过程中使用的环境 reward_clipped_env 是经过 TransformReward 类包装后的环境类。

代码清单 11-3 训练和测试进化算法智能体

代码文件名：BipedalWalker-v3_ES.ipynb。

```
logging.info('==== 训练并评估 ====')
episode_rewards = []
for generation in itertools.count():
    agent.train(reward_clipped_env)
    episode_reward, elapsed_steps = play_episode(env, agent)
    episode_rewards.append(episode_reward)
    logging.info('评估第%d代:奖励 = %.2f, 步数 = %d',
            generation, episode_reward, elapsed_steps)
    if np.mean(episode_rewards[-10:]) > 200.:
        break
plt.plot(episode_rewards)

logging.info('====测试====')
episode_rewards = []
for episode in range(100):
    episode_reward, elapsed_steps = play_episode(env, agent)
    episode_rewards.append(episode_reward)
    logging.info('测试回合% d:奖励 = %.2f, 步数 = %d',
            episode, episode_reward, elapsed_steps)
logging.info('平均回合奖励 = %.2f ± %.2f',
        np.mean(episode_rewards), np.std(episode_rewards))
```

11.3.3 用增强随机搜索算法求解

代码清单 11-4 给出了一种增强随机搜索算法的实现。智能体类 ARSAgent 与代码清单 11-2 的 ESAgent 类相比，仅在成员函数 train()有不同。成员函数 train()依然可以接受环境 env 作为参数，并且传入的环境也应当是被奖励截断包装过的环境。

代码清单 11-4 增强随机搜索算法智能体

代码文件名：BipedalWalker-v3_ARS.ipynb。

```
class ARSAgent:
    def __init__(self, env=None, weights=None, bias=None):
        if weights is not None:
            self.weights = weights
        else:
            self.weights = np.zeros((env.observation_space.shape[0],
                    env.action_space.shape[0]))
        if bias is not None:
            self.bias = bias
        else:
            self.bias = np.zeros(env.action_space.shape[0])
```

```
    def reset(self, mode=None):
        pass

    def close(self):
        pass

    def step(self, observation, reward, terminated):
        action = np.matmul(observation, self.weights)
        return action

    def train(self, env, scale=0.06, learning_rate=0.09, population=16):
        weight_updates = np.zeros_like(self.weights)
        bias_updates = np.zeros_like(self.bias)
        for _ in range(population):
            weight_delta = scale * np.random.randn(*agent.weights.shape)
            bias_delta = scale * np.random.randn(*agent.bias.shape)
            pos_agent = ARSAgent(weights=self.weights + weight_delta,
                    bias = self.bias + bias_delta)
            pos_reward, _ = play_episode(env, pos_agent)
            neg_agent = ARSAgent(weights=self.weights - weight_delta,
                    bias=self.bias - bias_delta)
            neg_reward, _ = play_episode(env, neg_agent)
            weight_updates += (pos_reward - neg_reward) * weight_delta
            bias_updates += (pos_reward - neg_reward) * bias_delta
        self.weights += learning_rate * weight_updates / population
        self.bias += learning_rate * bias_updates / population

agent = ARSAgent(env=env)
```

11.4 本章小结

本章介绍另一类基于策略的算法：无梯度算法。这类算法的探索性能更好，但是数据利用率稍差。这里对最近几章的算法做个大致的排序，从更擅长利用方法到更擅长探索的方法排序为：确定性策略梯度算法、普通的执行者/评论者算法、柔性算法和无梯度算法。这个排序只是一般感觉，并非对所有任务都适用。

本章要点

- 无梯度算法每代随机生成多个策略参数的改变方向 $\boldsymbol{\delta}^{(i)}\,(0\leqslant i<n)$ 并计算其适合度 $F^{(i)}$，再更新策略参数

$$\boldsymbol{\theta}\leftarrow\boldsymbol{\theta}+\alpha\sum_i F^{(i)}\boldsymbol{\delta}^{(i)}。$$

- 进化策略算法的适合度为

$$F^{(i)}=\frac{G^{(i)}-\underset{0\leqslant j<n}{\mathrm{mean}}G^{(j)}}{\underset{0\leqslant j<n}{\mathrm{std}}\;G^{(j)}},\ 0\leqslant i<n,$$

  其中 $G^{(i)}$ 是策略 $\pi(\boldsymbol{\theta}+\sigma\boldsymbol{\delta}^{(i)})$ 的期望回报估计。

- 增强随机搜索算法的适合度为

$$F^{(i)} = G_{+}^{(i)} - G_{-}^{(i)},\ 0 \leqslant i < n,$$

其中 $G_{+}^{(i)}$ 和 $G_{-}^{(i)}$ 分别是策略 $\pi(\boldsymbol{\theta}+\sigma\boldsymbol{\delta}^{(i)})$ 和策略 $\pi(\boldsymbol{\theta}-\sigma\boldsymbol{\delta}^{(i)})$ 的期望回报估计。

- 无梯度算法往往有更好的探索性，适合并行计算，可以适用于无法得到梯度的情况。
- 无梯度算法往往数据利用率较低。

11.5　练习与模拟面试

1. 单选题

(1) 关于进化策略算法，下列说法正确的是(　　)。

A. 进化策略算法是基于价值的算法

B. 进化策略算法是基于策略的算法

C. 进化策略算法是执行者/评论者算法

(2) 关于进化策略算法，下列说法正确的是(　　)。

A. 进化策略算法在每代生成多个参数 $\boldsymbol{\delta}^{(i)}$ $(0 \leqslant i < n)$，作为策略参数 $\boldsymbol{\theta}$ 的改变量

B. 进化策略算法在每代生成多个参数 $\boldsymbol{\delta}^{(i)}$ $(0 \leqslant i < n)$，作为价值参数 $\boldsymbol{w}$ 的改变量

C. 进化策略算法在每代生成多个参数 $\boldsymbol{\delta}_{\boldsymbol{\theta}}^{(i)}$ 和 $\boldsymbol{\delta}_{\boldsymbol{w}}^{(i)}$ $(0 \leqslant i < n)$，分别作为策略参数 $\boldsymbol{\theta}$ 和价值参数 $\boldsymbol{w}$ 的改变量

(3) 与基于策略的无梯度算法相比，下列关于策略梯度算法的说法正确的是(　　)。

A. 策略梯度算法常常探索更加全面

B. 策略梯度算法样本利用率往往更高

C. 策略梯度算法往往更适合并行计算

2. 编程练习

用进化策略算法或增强随机搜索算法求解环境 `CartPole-v0`。策略形式为线性策略。

3. 模拟面试

与策略梯度算法相比，基于策略的无梯度算法有何优缺点？

CHAPTER 12

第 12 章

值分布强化学习

本章将学习以下内容。

- ❑ 值分布强化学习。
- ❑ 类别深度 Q 网络算法。
- ❑ 分位数回归深度 Q 网络。
- ❑ 含蓄分位数网络。
- ❑ 效用最大化强化学习。
- ❑ 扭曲函数与扭曲期望。

本章考虑值强化学习的一个变化形式：值分布强化学习。

在第 2 章中我们已经知道，给定状态或状态动作对的回报是随机变量，价值是这个随机变量的期望。最优价值算法试图最大化价值。在有些情况下，仅仅考虑期望值并不全面，考虑整个分布则有可能做出更聪明的决策。有些任务不仅仅希望最大化回合奖励的期望，还希望优化整个分布确定的效用函数或统计风险（比如会希望回合奖励的方差尽可能小）。这时候获得整个分布就更有优势。

12.1 价值分布及其性质

给定策略 π，定义状态价值随机变量和动作价值随机变量为条件回报：

$$V_\pi(s) \overset{\mathrm{d}}{=} [G_t | S_t = s;\pi], \qquad s \in \mathcal{S},$$

$$Q_\pi(s,a) \overset{\mathrm{d}}{=} [G_t | S_t = s, A_t = a;\pi], \quad s \in \mathcal{S},\ a \in \mathcal{A}(s),$$

其中 $X \overset{\mathrm{d}}{=} Y$ 表示两个随机变量 X 和 Y 的分布相同。

价值随机变量和价值的关系如下：

- 状态价值和状态价值随机变量的关系：

$$v_\pi(s) = \mathrm{E}_\pi[V_\pi(s)],\ s \in \mathcal{S}。$$

- 动作价值和动作价值随机变量的关系：

$$q_\pi(s,a) = \mathrm{E}_\pi[Q_\pi(s,a)],\ s \in \mathcal{S},\ a \in \mathcal{A}(s)。$$

由于最优价值算法主要考虑动作价值，本章的值分布算法也主要考虑动作价值随机变量。

用动作价值随机变量表示动作价值随机变量的 Bellman 方程为

$$Q_\pi(S_t,A_t) \overset{\mathrm{d}}{=} R_{t+1} + \gamma Q_\pi(S_{t+1},A_{t+1})。$$

据此，可以定义策略 π 的随机 Bellman 算子 $\mathfrak{B}_\pi: Q \mapsto \mathfrak{B}_\pi(Q)$ 为

$$\mathfrak{B}_\pi(Q)(s,a) = [R_{t+1} + \gamma Q(S_{t+1},A_{t+1}) | S_t = s, A_t = a],\ s \in \mathcal{S},\ a \in \mathcal{A}(s)。$$

这个算子在最大形式的 Wasserstein 距离下是压缩映射。下面我们就来介绍什么是 Wasserstein 距离，并且证明这个算子是压缩映射。

知识卡片：概率论

分位数

随机变量 X 的分位函数(quantile function)定义为

$$\phi_X(\omega) = \inf\{x \in \mathcal{X}: \omega \leqslant \Pr[X \leqslant x]\},\quad \omega \in [0,1]。$$

设 $\Omega \sim \mathrm{uniform}[0,1]$ 是标准均匀分布的随机变量，则 $\phi_X(\Omega) \overset{\mathrm{d}}{=} X$。进而有

$$\mathrm{E}[X] = \mathrm{E}_{\Omega \sim \mathrm{uniform}[0,1]}[\phi_X(\Omega)] = \int_0^1 \phi_X(\omega)\mathrm{d}\omega。$$

知识卡片　测度几何：Wasserstein 距离

对于两个随机变量 X 和 Y 的分位函数分别为 ϕ_X 和 ϕ_Y，它们之间的 p-Wasserstein 距离(p-Wasserstein metric)定义为

$$d_{\mathrm{W},p}(X,Y) = \sqrt[p]{\int_0^1 |\phi_X(\omega) - \phi_Y(\omega)|^p \mathrm{d}\omega},$$

∞-Wasserstein 距离(∞-Wasserstein metric)定义为

$$d_{\mathrm{W},\infty}(X,Y) = \sup_{\omega \in [0,1]} |\phi_X(\omega) - \phi_Y(\omega)|。$$

考虑所有动作价值分布所在的集合

$$\mathcal{Q}_p = \{Q: \forall s \in \mathcal{S}, a \in \mathcal{A}(s), \mathrm{E}[|Q(s,a)|^p] < +\infty\},$$

可以定义最大形式的 Wasserstein 距离

$$d_{\sup\mathrm{W},p}(Q',Q'') = \sup_{s \in \mathcal{S}, a \in \mathcal{A}(s)} d_{\mathrm{W},p}(Q'(s,a), Q''(s,a)),\ Q',Q'' \in \mathcal{Q}_p。$$

可以验证，$d_{\sup \mathbb{W},p}$是 $\mathcal{Q}_p$ 上的度量。(这里验证三角不等式：对于任意的 Q'，Q''，$Q'''\in\mathcal{Q}_p$，利用 $d_{\mathbb{W},p}$满足的三角不等式，有

$$\begin{aligned}
&d_{\sup \mathbb{W},p}(Q',Q'')\\
&\quad=\sup_{s\in\mathcal{S},a\in\mathcal{A}(s)} d_{\mathbb{W},p}(Q'(s,a),Q''(s,a))\\
&\quad\leqslant\sup_{s\in\mathcal{S},a\in\mathcal{A}(s)}\Big(d_{\mathbb{W},p}(Q'(s,a),Q'''(s,a))+d_{\mathbb{W},p}(Q'''(s,a),Q''(s,a))\Big)\\
&\quad\leqslant\sup_{s\in\mathcal{S},a\in\mathcal{A}(s)} d_{\mathbb{W},p}(Q'(s,a),Q'''(s,a))+\sup_{s\in\mathcal{S},a\in\mathcal{A}(s)} d_{\mathbb{W},p}(Q'''(s,a),Q''(s,a))\\
&\quad=d_{\sup \mathbb{W},p}(Q',Q''')+d_{\sup \mathbb{W},p}(Q''',Q'')。
\end{aligned}$$

得证。)

下面证明，Bellman 算子 $\mathfrak{B}_\pi$ 是在$(\mathcal{Q}_p,d_{\sup \mathbb{W},p})$上的压缩映射，即

$$d_{\sup \mathbb{W},p}(\mathfrak{B}_\pi(Q'),\mathfrak{B}_\pi(Q''))\leqslant\gamma d_{\sup \mathbb{W},p}(Q',Q''),\ Q',Q''\in\mathcal{Q}_p。$$

(证明：

$$\begin{aligned}
&d_{\mathbb{W},p}(\mathfrak{B}_\pi(Q')(s,a),\mathfrak{B}_\pi(Q'')(s,a))\\
&\quad=d_{\mathbb{W},p}([R_{t+1}+\gamma Q'(S_{t+1},A_{t+1})\mid S_t=s,A_t=a;\pi],\\
&\qquad[R_{t+1}+\gamma Q''(S_{t+1},A_{t+1})\mid S_t=s,A_t=a;\pi])\\
&\quad\leqslant\gamma[d_{\mathbb{W},p}(Q'(S_{t+1},A_{t+1}),Q''(S_{t+1},A_{t+1}))\mid S_t=s,A_t=a]\\
&\quad\leqslant\gamma\sup_{s'\in\mathcal{S},a'\in\mathcal{A}(s')} d_{\mathbb{W},p}(Q'(s',a'),Q''(s',a')),\\
&\quad=\gamma d_{\sup \mathbb{W},p}(Q',Q''),\quad s\in\mathcal{S},a\in\mathcal{A}(s)。
\end{aligned}$$

所以

$$\begin{aligned}
&d_{\sup \mathbb{W},p}(\mathfrak{B}_\pi(Q'),\mathfrak{B}_\pi(Q''))\\
&\quad=\sup_{s\in\mathcal{S},a\in\mathcal{A}(s)} d_{\mathbb{W},p}(\mathfrak{B}_\pi(Q')(s,a),\mathfrak{B}_\pi(Q'')(s,a))\\
&\quad\leqslant\sup_{s\in\mathcal{S},a\in\mathcal{A}(s)}[\gamma d_{\sup \mathbb{W},p}(Q',Q'')]\\
&\quad\leqslant\gamma d_{\sup \mathbb{W},p}(Q',Q'')。
\end{aligned}$$

得证。)

对于试图最大化期望的任务，由动作价值分布 Q 导出的贪心策略 π_* 满足对所有的状态都选择最大化动作价值期望的策略的动作，即

$$\sum_{a\in\mathcal{A}(s)}\pi_*(a\mid s)\mathrm{E}[Q(s,a)]=\max_{a\in\mathcal{A}(s)}\mathrm{E}[Q(s,a)],\ s\in\mathcal{S}。$$

或记为

$$\pi_*(s)=\mathop{\mathrm{argmax}}_{a\in\mathcal{A}(s)}\mathrm{E}[Q(s,a)],\ s\in\mathcal{S}。$$

这里假设最大是可以取到的。当多个动作同时取到最大值时，任取一个动作即可。

在这种情况下，用动作价值随机变量表示动作价值随机变量的 Bellman 最优方程为

$$Q_*(S_t,A_t) \stackrel{d}{=} R_{t+1} + \gamma Q_*(S_{t+1}, \underset{a'}{\operatorname{argmax}} \operatorname{E}[Q_*(S_{t+1},a')])。$$

进而我们可以定义 Bellman 最优算子 $\mathfrak{B}_*$ 为

$$\mathfrak{B}_*(Q)(s,a) = \left[R_{t+1} + \gamma Q\left(S_{t+1}, \underset{a' \in \mathcal{A}(S_{t+1})}{\operatorname{argmax}} \operatorname{E}[Q(S_{t+1},a')]\right) \middle| S_t = s, A_t = a\right], s \in \mathcal{S}, a \in \mathcal{A}(s)。$$

分布式价值迭代算法：从动作价值分布 Q_0 开始，不断用 Bellman 最优算子 $\mathfrak{B}_*$ 进行迭代，最终得到最优价值随机变量，进而导出最优策略。

当动作集是有限集，并且贪心策略选择动作时的 argmax 是有顺序(即动作集里的动作有个排序，如果在多个动作同时达到最优的情况下，选择排序最靠前的)的情况下，存在唯一不动点。证明的思路和 3.1 节中期望形式的证明思路相同，但是细节复杂许多。出于篇幅关系，这里仅证明 $\mathfrak{B}_*$ 在期望意义上是压缩映射，即

$$d_\infty(\operatorname{E}[\mathfrak{B}_*(Q')], \operatorname{E}[\mathfrak{B}_*(Q'')]) \leqslant \gamma d_\infty(\operatorname{E}[Q'], \operatorname{E}[Q'']), Q', Q'' \in \mathcal{Q}_\infty。$$

这里 d_∞ 的含义和第 3.1 节的含义相同，即

$$d_\infty(q', q'') = \max_{s \in \mathcal{S}, a \in \mathcal{A}(s)} |q'(s,a) - q''(s,a)|, q', q'' \in \mathcal{Q}。$$

(证明：由于常规 Bellman 最优算子 $\mathfrak{b}_*$ 的压缩映射，有

$$d_\infty(\mathfrak{b}_*(q'), \mathfrak{b}_*(q'')) \leqslant \gamma d_\infty(q', q''), \quad q', q'' \in \mathcal{Q}。$$

考虑到对任意的 $Q \in \mathcal{Q}$ 均有 $\operatorname{E}[\mathfrak{B}_*(Q)] = \mathfrak{b}_*(q)$，其中 $q = \operatorname{E}[Q]$。代入上式可得结果。)

12.2 效用最大化强化学习

12.1 节中关于最优策略的推导是针对最大化期望的任务做出的。不过，有些任务中并不只希望最大化回报的期望或最小化损失的期望，还会关注其他效用函数或风险指标。比如，有时会希望最大化回报期望的同时最小化回报的方差。这对只考虑期望的最优价值算法很困难。但是对于值分布强化学习而言，由于值分布强化学习可以获得完整的动作价值随机变量分布，所以它有机会去优化其他效用函数或风险指标。

效用最大化强化学习(maximum utility RL)试图最大化效用。

知识卡片：效用理论

VNM 效用

效用(utility)是一种从随机量到另一个随机变量的变换，使得变换后的随机变量的统计量具有某种意义。例如，某个效用 u 可以让随机量 X 的效用期望 $\operatorname{E}[u(X)]$ 具有某种意义。这是一种非常抽象的描述，在数学上有多种具体的效用的定义方式。

在效用的多种定义中，VNM(Von Neumann Morgenstern)效用是最常见的定义。这种效用定义的理论基础是 VNM 效用定理。VNM 效用定理说，如果人们在作决策时满足 VNM 效用公理(下面马上介绍什么是 VNM 效用公理)，那么作决策的过程就等价于试图最大化某个函数的期望。这个定理应该这样理解：决策者在随机事件中做出选择时，对于两个

随机事件 X'和 X''，$X'<X''$表示相对于事件 X'决策者更倾向于选择事件 X''；$X'\sim X''$表示对这两个事件的倾向相同；$X'>X''$表示相对于事件 X''决策者更倾向于选择事件 X'。如果决策者的行为满足 VNM 效用公理，那么就存在一个泛函 u：$\mathcal{X}\rightarrow\mathbb{R}$，满足

$$X' < X'' \Leftrightarrow \mathrm{E}[u(X')] < \mathrm{E}[u(X'')],$$
$$X' \sim X'' \Leftrightarrow \mathrm{E}[u(X')] = \mathrm{E}[u(X'')],$$
$$X' > X'' \Leftrightarrow \mathrm{E}[u(X')] > \mathrm{E}[u(X'')]。$$

这样的期望效用的形式 $\mathrm{E}[u()]$就是 VNM 效用。

上述 VNM 效用的定义用到了 VNM 效用公理。那什么是 VNM 效用公理呢？在介绍 VNM 效用公理前，先介绍 VNM 效用公理的核心操作：两个随机事件的混合。考虑两个随机事件 X'和 X''，它们按概率比 p：$1-p(0\leqslant p\leqslant 1)$混合后得到的新随机事件记为 $pX'+(1-p)X''$，表示以概率 p 选择随机事件 X'，以概率 $1-p$ 选择随机事件 X''。注意，这里的 $pX'+(1-p)X''$不是把 X'乘以 p 再加上 X''乘以 $1-p$，实际上随机事件 X'和 X''都不一定是数，不一定能乘以一个数或加起来。一种特别的情况，如果随机事件 X'和 X''都是随机变量，那么按概率比例混合随机变量的累积分布可以看作两个随机变量累积概率分布和的加权平均。引入了混合这一操作后，就可以正式介绍 VNM 效用公理。VNM 效用公理如下：

- 完备性(completeness)公理：对于两个随机事件 X'和 X''，以下三个有且只有一个成立：$X'<X''$，$X'\sim X''$，$X'>X''$。
- 传递性(transitivity)公理：对于三个随机事件 X'，X''，X'''，如果 $X'<X''$且 $X''<X'''$，则有 $X'<X'''$。对于三个随机量 X'，X''，X'''，如果 $X'\sim X''$且 $X''\sim X'''$，则有 $X'\sim X'''$。
- 连续性(continuity)公理：对于三个随机事件 X'，X''，X'''，如果满足 $X'<X''<X'''$，必然存在概率值 $p\in[0,1]$，按照概率比例 p：$1-p$ 混合随机事件 X'和 X'''得到的新随机量满足
$$pX' + (1-p)X''' \sim X''。$$
- 独立性(independence)公理：对于三个随机事件 X，X'，X''和概率值 $p\in[0,1]$，$X'<X''$当且仅当 X 和 X'按 p：$1-p$ 比例混合后的变量(记为 $pX+(1-p)X'$)与 X 和 X''按 p：$1-p$ 比例混合后的变量(记为 $pX+(1-p)X''$)满足 $pX+(1-p)X'<pX+(1-p)X''$。

例如，指数效用(exponential utility)的效用函数为

$$u(x)=\begin{cases}-\mathrm{e}^{-ax}, & a\neq 0,\\ x, & a=0,\end{cases}$$

其中 a 是参数。$a>0$ 意味着效用是风险厌恶的，$a=0$ 意味着效用是风险中性的，$a<0$ 意味着追逐风险。取 $a>0$ 时，最大化指数效用能起到兼顾最大期望和最小方差的作用。特别地，对于正态分布随机变量 $X\sim\mathrm{normal}(\mu,\sigma^2)$，其指数效用为 $\mathrm{E}[u(X)]=-\exp\left(-a\left(\mu-\frac{1}{2}a\sigma^2\right)\right)$，最大化指数效用就是在最大化均值 μ 和方差 σ^2 的线性组合 $\mu-\frac{1}{2}a\sigma^2$。调节参数 $a>0$ 可以在均值和方差之间进行折中。

最大化强化学习可以最大化 VNM 效用。具体做法如下：在一般值分布强化学习的基础上，将预先设计好的效用函数 u 作用在动作价值随机变量 $Q(\cdot,\cdot)$ 或其样本上，得到 $u(Q(\cdot,\cdot))$。然后试图最大化 $u(Q(\cdot,\cdot))$ 的期望或样本均值。也就是说，最优策略的选取使得效用最大，即

$$\pi(s)=\underset{a}{\arg\max}\ \mathrm{E}[u(Q(s,a))],\ s\in\mathcal{S}。$$

虽然 VNM 效用公理是最为常见的效用，但是它也有许多缺陷，例如 Allais 悖论就常用来说明这种效用理论的缺陷。研究人员除了 VNM 效用外，还有提出了其他形式的效用公理。在效用最大化强化学习中，也有研究试图最大化 Yarri 效用。

知识卡片：效用理论

Yarri 效用

VNM 效用中的第 4 条公理实际上可以认为是累积概率分布的加权平均。由于 VNM 效用有某种缺陷，可以考虑将第 4 条公理改用分位函数来刻画：

$$p\phi_X+(1-p)\phi_{X'}\leqslant p\phi_X+(1-p)\phi_{X''}。$$

这等价于在分位函数的定义域$[0,1]$上定义一个扭曲函数 $\beta:[0,1]\rightarrow[0,1]$。扭曲函数 β 是一个严格单调增函数，并且 $\beta(0)=0$，$\beta(1)=1$，反函数记为 β^{-1}。如果扭曲函数 β 是恒等(identity)函数(即对所有的 $\omega\in[0,1]$ 都有 $\beta(\omega)=\omega$)，则效用是风险中性的。如果是凸函数(图像都在单位映射下方)，那么就为较差的情况加了较大的权重，厌恶风险。如果函数为凹函数(图像都在单位映射上方)，为较好的情况加了较大权重，是追逐风险的。

在使用扭曲函数 β 下扭曲期望(distorted expectation)的定义：

$$\mathrm{E}^{\langle\beta\rangle}[X]=\mathrm{E}_{\Omega\sim\mathrm{uniform}[0,1]}[\phi_X(\beta(\Omega))]。$$

进而有

$$\mathrm{E}^{\langle\beta\rangle}[X]=\int_0^1\phi_X(\beta(\omega))\mathrm{d}\omega=\int_0^1\phi_X(\omega)\mathrm{d}\beta^{-1}(\omega)。$$

扭曲函数也可以这样理解：把服从标准均匀分布 uniform$[0,1]$的随机变量进行重参数化，得到一个新的分布的随机变量。如果把这个新随机变量的分布记为$\mathrm{uniform}^{\langle\beta\rangle}[0,1]$，那么扭曲期望也可以表示为

$$\mathrm{E}^{\langle\beta\rangle}[X]=\mathrm{E}_{\Omega\sim\mathrm{uniform}^{\langle\beta\rangle}[0,1]}[\phi_X(\Omega)]。$$

如果扭曲函数 β 是恒等函数，则扭曲期望就是普通的期望。

有些效用最大化强化学习也可以试图最大化扭曲期望。具体做法是：得到分位函数后，计算扭曲后的动作价值为

$$q^{\langle\beta\rangle}(s,a)=\mathrm{E}_{\Omega\sim\mathrm{uniform}[0,1]}[\phi_{Q(s,a)}(\beta(\Omega))],$$

再选择动作使得扭曲后的动作价值最大，即

$$\pi^{\langle\beta\rangle}(s)=\underset{a}{\arg\max}\ q^{\langle\beta\rangle}(s,a)。$$

12.3 基于概率分布的算法

本节介绍第一类值分布强化学习算法：基于概率分布的算法。这类算法在 Q 学习等最优价值算法的基础上进行修改，维护动作价值的概率分布，使得算法成为值分布强化学习算法。值得一提的是，我们往往不希望限定动作价值分布的形式(例如不希望限定动作价值分布为正态分布)。原因在于，如果动作价值分布的形式是实现确定的含参分布，那么我们可以直接去学习那些分布参数，利用分布参数导出各种各样的统计量，就没有必要去学习整个分布了。

12.3.1 类别深度 Q 网络算法

本节介绍类别深度 Q 网络算法。这个算法称为类别深度 Q 网络算法，是因为该算法用类别分布来近似动作价值随机变量的分布。

知识卡片：概率论

类别分布

类别分布(categorical distribution)是一种离散概率分布，也称为广义 Bernoulli 分布。一个类别分布可以由它的取值列表$(\mathsf{x}:\mathsf{x}\in\mathcal{X})$和在每个取值上的概率$(p(\mathsf{x}):\mathsf{x}\in\mathcal{X})$确定，即

$$\Pr[\mathsf{X}=\mathsf{x}]=p(\mathsf{x}),\ \mathsf{x}\in\mathcal{X},$$

其中$(p(\mathsf{x}):\mathsf{x}\in\mathcal{X})$应当满足$p(\mathsf{x})\geqslant 0(\mathsf{x}\in\mathcal{X})$且$\sum_{\mathsf{x}\in\mathcal{X}}p(\mathsf{x})=1$。

类别深度 Q 网络算法在原论文里又称 C51 算法，因为在原论文里采用了支撑集元素个数为 51 的类别分布。论文里也考虑了其他大小的支撑集。

类别深度 Q 网络(Categorical Deep Q Network，Categorical DQN)的原理如下：将$Q(\mathsf{s},\mathsf{a})$的分布近似为支撑集为$\{q^{(i)}:i\in\mathcal{I}\}$的类别分布，其中$q^{(0)}<q^{(1)}<\cdots<q^{(|\mathcal{I}|-1)}$是事先确定的。我们用神经网络$p^{(i)}(\mathsf{s},\mathsf{a};\boldsymbol{w})(i\in\mathcal{I})$来输出$\Pr[Q(\mathsf{s},\mathsf{a})=q^{(i)}]$。注意，神经网络的输出$p^{(i)}(\mathsf{s},\mathsf{a};\boldsymbol{w})$需要类别分布的概率分布的形式，应当总满足$p^{(i)}(\mathsf{s},\mathsf{a};\boldsymbol{w})\geqslant 0(i\in\mathcal{I})$且$\sum_{i\in\mathcal{I}}p^{(i)}(\mathsf{s},\mathsf{a};\boldsymbol{w})=1$。这可以通过在神经网络中添加 softmax 层来实现。例如，某层神经网络输出为$\xi^{(i)}(\mathsf{s},\mathsf{a};\boldsymbol{w})$，加 softmax 后为$p^{(i)}(\mathsf{s},\mathsf{a};\boldsymbol{w})=\dfrac{\exp\xi^{(i)}(\mathsf{s},\mathsf{a};\boldsymbol{w})}{\sum_{\iota\in\mathcal{I}}\exp\xi^{(\iota)}(\mathsf{s},\mathsf{a};\boldsymbol{w})}(i\in\mathcal{I})$来满足要求。

类别深度 Q 网络算法的训练目标，是要减小由神经网络输出的类别分布$p^{(\cdot)}(\cdot,\cdot)$和自益得到的目标类别分布$p_{目标}^{(\cdot)}(\cdot,\cdot)$之间的互熵损失，即最小化

$$-\sum_{i\in\mathcal{I}}p^{(i)}(s,a;\boldsymbol{w})\ln p_{目标}^{(i)}(s,a),\quad s\in\mathcal{S},\ a\in\mathcal{A}(s)。$$

计算出针对状态动作对(s,a)的目标概率$p_{目标}^{(i)}(s,a)$的方法如下：得到经验(s,a,r,s',d')后，先要用贪心策略选出s'后的动作a'。对于试图最大化期望奖励的任务，这个贪心算法就是要最大化动作价值期望。为了实现这一点，我们要为每个$a'\in\mathcal{A}(s')$计算动作价值期望的估计值$q(s',a')$，这先要用神经网络$p^{(j)}(s',a';\boldsymbol{w})(j\in\mathcal{I})$计算出类别分布概率，然后用期望的表达式$q(s',a';\boldsymbol{w})=\sum\limits_{i\in\mathcal{I}}q^{(i)}p^{(i)}(s',a';\boldsymbol{w})$得到期望估计。选出下一动作$a'$后，就可以利用$p^{(j)}(s',a';\boldsymbol{w}_{目标})(j\in\mathcal{I})$进行自益。每一个$q^{(j)}(j\in\mathcal{I})$自益得到的目标值为$u^{(j)}=r+\gamma q^{(j)}(1-d')$，概率为$p^{(j)}(s',a';\boldsymbol{w}_{目标})$。由于$u^{(j)}$很可能并不是$\{q^{(i)}:i\in\mathcal{I}\}$中的任何一个值，我们需要把$u^{(j)}$上的概率以某种方式折算到每一个$q^{(i)}(i\in\mathcal{I})$上。记$u^{(j)}(j\in\mathcal{I})$折算到$q^{(i)}(i\in\mathcal{I})$的比例为$\zeta^{(i)}(u^{(j)})$。那么所有$u^{(j)}(j\in\mathcal{I})$折算到$q^{(i)}(i\in\mathcal{I})$的总概率为

$$p_{目标}^{(i)}(s,a)=\sum_{j\in\mathcal{I}}\zeta^{(i)}(u^{(j)})p^{(j)}(s',a';\boldsymbol{w}_{目标}),\ i\in\mathcal{I}。$$

一般我们选定类别分布的支撑集$q^{(i)}=q^{(0)}+i\Delta q(i=0,1,\cdots,|\mathcal{I}|-1)$，其中实数$\Delta q>0$。在这样的设定下，$q^{(i)}(i\in\mathcal{I})$就是等间隔的$|\mathcal{I}|$个值，并且$q^{(0)}<q^{(1)}<\cdots<q^{(|\mathcal{I}|-1)}$。在这种情况下，可以用下列规则确定将$u^{(j)}$算到$q^{(i)}(i\in\mathcal{I})$上的系数$\zeta^{(i)}(u^{(j)})$：

- 如果$u^{(j)}<q^{(0)}$，这时所有概率都折算给$q^{(0)}$，折算到其他$q^{(i)}(i>0)$的比例都为 0。
- 如果$u^{(j)}>q^{(|\mathcal{I}|-1)}$，这时所有概率都折算给$q^{(|\mathcal{I}|-1)}$，折算到其他$q^{(i)}(i<|\mathcal{I}|-1)$的比例都为 0。
- 如果$u^{(j)}$恰好等于某个$q^{(i)}(i\in\mathcal{I})$，这时所有概率都算作$q^{(i)}$的概率。
- 否则，$u^{(j)}$必然处于某个$q^{(i)}$和$q^{(i+1)}(i\in\mathcal{I})$之间，折算到$q^{(i)}$的比例为$\zeta^{(i)}(u^{(j)})=(q^{(i+1)}-u^{(j)})/\Delta q$，折算到$q^{(i+1)}$的比例为$\zeta^{(i+1)}(u^{(j)})=(u^{(j)}-q^{(i)})/\Delta q$。

这样的支撑集选取和折算规则可以这样实现：对于每个$u^{(j)}(j\in\mathcal{I})$，先计算

$$u_{\text{clip}}^{(j)}\leftarrow\text{clip}(u^{(j)},q^{(0)},q^{(|\mathcal{I}|-1)})$$

将前两种情况转化为第三种情况，然后再为每一个$i\in\mathcal{I}$计算$|u_{\text{clip}}^{(j)}-q^{(i)}|/\Delta q$，看当前的$u_{\text{clip}}^{(j)}$和每一个$q^{(i)}$相差多少个$\Delta q$。如果差 0 个$\Delta q$，那么折算比例为 1；如果差≥1 个$\Delta q$，那么折算比例为 0。所以，得到折算给$q^{(i)}$的比例为

$$\zeta^{(i)}(u^{(j)})=1-\text{clip}(|u_{\text{clip}}^{(j)}-q^{(i)}|/\Delta q,0,1)。$$

算法 12-1 给出了针对最大化回报期望的任务的类别深度 Q 网络算法。

算法 12-1　类别深度 Q 网络算法求解最优策略(最大化回报期望)

参数： 动作价值分布的取值 $q^{(i)}(i\in\mathcal{I})$(往往设置为 $q^{(i)}=q^{(0)}+i\Delta q(i=0,1,\cdots,|\mathcal{I}|-1)$)等。

1 初始化：

　1.1 (初始化参数)初始化动作价值分布评估网络参数 $\boldsymbol{w}$。动作价值分布目标网络参数 $\boldsymbol{w}_{目标}\leftarrow\boldsymbol{w}$。

　1.2 (初始化经验库)$\mathcal{D}\leftarrow\varnothing$。

2 逐回合执行以下操作：

　2.1 (初始化状态)选择状态 S。

　2.2 如果回合未结束，执行以下操作：

　　2.2.1 (积累经验)执行一次或多次以下操作：

　　　2.2.1.1 (决策)为每个 $a\in\mathcal{A}(S)$ 计算 $p^{(i)}(S,a;\boldsymbol{w})(i\in\mathcal{I})$，再计算

$$q(S,a)\leftarrow\sum_{i\in\mathcal{I}}q^{(i)}p^{(i)}(S,a;\boldsymbol{w})。$$

　　　根据 $q(S,\cdot)$ 导出的策略选择动作 A(如 ε 贪心策略)。

　　　2.2.1.2 (采样)执行动作 A，观测得到奖励 R、新状态 S'、回合结束指示 D'。

　　　2.2.1.3 (存储)将经验(S,A,R,S',D')存入经验库 $\mathcal{D}$ 中。

　　　2.2.1.4 $S\leftarrow S'$。

　　2.2.2 (使用经验)执行一次或多次以下操作：

　　　2.2.2.1 (回放)从经验库 $\mathcal{D}$ 中选取一批经验 $\mathcal{B}$，每条经验的形式为(S,A,R,S',D')。

　　　2.2.2.2 (计算新状态 S'下需要选择的动作)对每条经验，当 $D'=0$ 时，为每个 $a'\in\mathcal{A}(S')$计算每个 $q^{(i)}$ 上的概率 $p^{(i)}(S',a';\boldsymbol{w})(i\in\mathcal{I})$，再计算动作价值

$$q(S',a')\leftarrow\sum_{i\in\mathcal{I}}q^{(i)}p^{(i)}(S',a';\boldsymbol{w}),$$

　　　再确定 $A'\leftarrow\underset{a'}{\operatorname{argmax}}\,q(S',a')$。$D'=1$ 时可任取。

　　　2.2.2.3 (计算目标值)对每条经验，计算 $U^{(j)}\leftarrow R+\gamma q^{(j)}(1-D')(j\in\mathcal{I})$。

　　　2.2.2.4 (估计目标值的概率分布)对每条经验，先计算每个 $U^{(j)}(j\in\mathcal{I})$对应回报的估计值及折算到 $q^{(i)}(i\in\mathcal{I})$ 的比例 $\zeta^{(j)}(U^{(i)})$。例如：$U_{\text{clip}}^{(j)}\leftarrow\text{clip}(U^{(j)},q^{(0)},q^{(|\mathcal{I}|-1)})$，$\zeta^{(i)}(U^{(j)})\leftarrow1-\text{clip}(|U_{\text{clip}}^{(j)}-q^{(i)}|/\Delta q,0,1)$，然后 $p_{目标}^{(i)}\leftarrow\sum_{i\in\mathcal{I}}\zeta^{(i)}(U^{(j)})p^{(j)}(S',A';\boldsymbol{w}_{目标})(i\in\mathcal{I})$。

　　　2.2.2.5 (更新动作价值分布估计)更新 $\boldsymbol{w}$ 以减小互熵损失

$$\frac{1}{|\mathcal{B}|}\sum_{(S,A,R,S',D')\in\mathcal{B}}\left(-\sum_{i\in\mathcal{I}}p_{目标}^{(i)}\ln p^{(i)}(S,A;\boldsymbol{w})\right)。$$

　　　2.2.2.6 (更新目标网络)在一定条件下(例如访问本步若干次)更新目标网络的权重(如 $\boldsymbol{w}_{目标}\leftarrow(1-\alpha_{目标})\boldsymbol{w}_{目标}+\alpha_{目标}\boldsymbol{w}$)。

12.3.2　带效用的类别深度 Q 网络算法

本节介绍如何用类别深度 Q 网络算法最大化 VNM 效用。

对于上节介绍的最大化回报期望的类别深度 Q 网络算法，它在选择动作时试图最大化动作价值期望，即选择动作 $a\in\mathcal{A}(s)$使得样本 $\sum_{i\in\mathcal{I}}q^{(i)}p^{(i)}(s,a;\boldsymbol{w})$尽量大。引入 VNM

效用后，则选择动作 $a \in \mathcal{A}(s)$ 使得样本 $\sum_{i \in \mathcal{I}} u(q^{(i)}) p^{(i)}(s, a; \boldsymbol{w})$ 尽可能大。据此，我们得到了带效用的类别深度 Q 网络算法如算法 12-2。

算法 12-2　类别深度 Q 网络算法求解最优策略(最大化 VNM 效用)

参数：效用函数 u，动作价值分布的取值 $q^{(i)}(i \in \mathcal{I})$（往往设置为 $q^{(i)} = q^{(0)} + i\Delta q(i = 0, 1, \cdots, |\mathcal{I}| - 1)$）等。

1　初始化：

1.1　（初始化参数）初始化动作价值分布评估网络参数 $\boldsymbol{w}$。动作价值分布目标网络参数 $\boldsymbol{w}_{目标} \leftarrow \boldsymbol{w}$。

1.2　（初始化经验库）$\mathcal{D} \leftarrow \varnothing$。

2　逐回合执行以下操作：

2.1　（初始化状态）选择状态 S。

2.2　如果回合未结束，执行以下操作：

2.2.1　（积累经验）执行一次或多次以下操作：

2.2.1.1　（决策）为每个 $a \in \mathcal{A}(S)$ 计算 $p^{(i)}(S, a; \boldsymbol{w})(i \in \mathcal{I})$，再计算 $q(S, a) \leftarrow \sum_{i \in \mathcal{I}} u(q^{(i)}) p^{(i)}(S, a; \boldsymbol{w})$。根据 $q(S, \cdot)$ 导出的策略选择动作 A（如 ε 贪心策略）。

2.2.1.2　（采样）执行动作 A，观测得到奖励 R、新状态 S'、回合结束指示 D'。

2.2.1.3　（存储）将经验 (S, A, R, S', D') 存入经验库 $\mathcal{D}$ 中。

2.2.1.4　$S \leftarrow S'$。

2.2.2　（使用经验）执行一次或多次以下操作：

2.2.2.1　（回放）从经验库 $\mathcal{D}$ 中选取一批经验 $\mathcal{B}$，每条经验的形式为 (S, A, R, S', D')。

2.2.2.2　（计算新状态 S' 下需要选择的动作）对每条经验，当 $D' = 0$ 时，为每个 $a' \in \mathcal{A}(S')$ 计算每个 $q^{(i)}$ 上的概率 $p^{(i)}(S', a'; \boldsymbol{w})(i \in \mathcal{I})$，再计算动作价值

$$q(S', a') \leftarrow \sum_{i \in \mathcal{I}} u(q^{(i)}) p^{(i)}(S', a'; \boldsymbol{w}),$$

再确定 $A' \leftarrow \underset{a'}{\arg\max}\, q(S', a')$。$D' = 1$ 时可任取。

2.2.2.3　（计算目标值）对每条经验，计算 $U^{(j)} \leftarrow R + \gamma q^{(j)}(1 - D')(j \in \mathcal{I})$。

2.2.2.4　（估计目标值的概率分布）对每条经验，先计算每个 $U^{(j)}(j \in \mathcal{I})$ 对应回报的估计值及折算到 $q^{(i)}(i \in \mathcal{I})$ 的比例 $\zeta^{(j)}(U^{(i)})$（例如：$U_{\text{clip}}^{(j)} \leftarrow \text{clip}(U^{(j)}, q^{(0)}, q^{(|\mathcal{I}| - 1)})$，$\zeta^{(i)}(U^{(j)}) \leftarrow 1 - \text{clip}(|U_{\text{clip}}^{(j)} - q^{(i)}| / \Delta q, 0, 1)$），然后 $p_{目标}^{(i)} \leftarrow \sum_{i \in \mathcal{I}} \zeta^{(i)}(U^{(j)}) p^{(j)}(S', A'; \boldsymbol{w}_{目标})(i \in \mathcal{I})$。

2.2.2.5　（更新动作价值分布估计）更新 $\boldsymbol{w}$ 以减小互熵损失

$$\frac{1}{|\mathcal{B}|} \sum_{(S, A, R, S', D') \in \mathcal{B}} \left(- \sum_{i \in \mathcal{I}} p_{目标}^{(i)} \ln p^{(i)}(S, A; \boldsymbol{w}) \right)。$$

2.2.2.6　（更新目标网络）在一定条件下（例如访问本步若干次）更新目标网络的权重（如 $\boldsymbol{w}_{目标} \leftarrow (1 - \alpha_{目标}) \boldsymbol{w}_{目标} + \alpha_{目标} \boldsymbol{w}$）。

12.4　基于分位数的值分布强化学习

本节考虑第二类值分布强化学习算法：基于分位数的值分布强化学习。这类算法不

维护概率质量函数或概率密度函数，而维护分位函数。在训练时，不试图最小化互熵损失，而是进行分位数回归。这里我们先来回顾一下分位数回归的原理。

知识卡片：机器学习

分位数回归

分位数回归(Quantile Regression，QR)是一种回归分位数的算法。

考虑随机变量 X 在给定累积概率值 $\omega\in[0,1]$ 下的分位数 $\phi_X(\omega)$。$\phi_X(\omega)>X$ 的概率是 ω，$\phi_X(\omega)<X$ 的概率是 $1-\omega$。记 $\phi_X(\omega)$ 的估计值为 $\hat{\phi}$，可以通过观测 $\hat{\phi}-X$ 来评估这个估计是否准确。如果 $\hat{\phi}-X>0$ 的概率小于 ω 或 $\hat{\phi}-X<0$ 的概率大于 ω，那么说明估计值 $\hat{\phi}$ 太小了，应该增加这个估计值；如果 $\hat{\phi}-X>0$ 的概率大于 ω 或 $\hat{\phi}-X<0$ 的概率小于 ω，那么说明估计值 $\hat{\phi}$ 太大了，应该减小这个估计值。具体在优化过程中，可以通过最小化 $\mathrm{E}[(\omega-1_{\phi-X<0})(\phi-X)]$ 来估计分位函数。

(证明：为了简单，只考虑 X 是连续随机变量的情况。注意到

$$\begin{aligned}&\mathrm{E}[(\omega-1_{\phi-X<0})(\phi-X)]\\&=\omega\phi-\omega\mathrm{E}[X]-\phi\mathrm{E}[1_{X-\phi<0}]+\mathrm{E}[1_{\phi-X<0}X]\\&=\omega\phi-\omega\mathrm{E}[X]-\phi\int_{x\in\mathcal{X}:x<\phi}p(x)\,\mathrm{d}x+\int_{x\in\mathcal{X}:x<\phi}xp(x)\,\mathrm{d}x,\end{aligned}$$

进而有

$$\begin{aligned}&\frac{\mathrm{d}}{\mathrm{d}\phi}\mathrm{E}[(\omega-1_{\phi-X<0})(\phi-X)]\\&=\frac{\mathrm{d}}{\mathrm{d}\phi}\left[\omega\phi-\omega\mathrm{E}[X]-\phi\int_{x\in\mathcal{X}:x<\phi}p(x)\,\mathrm{d}x+\int_{x\in\mathcal{X}:x<\phi}xp(x)\,\mathrm{d}x\right]\\&=\omega-0-\left[\int_{x\in\mathcal{X}:x<\phi}p(x)\,\mathrm{d}x+\phi p(\phi)\right]+\phi p(\phi)\\&=\omega-\int_{x\in\mathcal{X}:x<\phi}p(x)\,\mathrm{d}x。\end{aligned}$$

令 $\frac{\mathrm{d}}{\mathrm{d}\phi}\mathrm{E}[(\omega-1_{\phi-X<0})(\phi-X)]=0$ 可解得 $\int_{x\in\mathcal{X}:x<\phi}p(x)\,\mathrm{d}x=\omega$。所以在优化目标极值点处，$\phi$ 是随机变量累积概率值 ω 处对应的分位数。)

所以，在训练过程中获得了样本值 $x_0,x_1,x_2,\cdots,x_{c-1}$，可以试图最小化给定累积概率值 ω 下的**分位数回归损失**(Quantile Regression loss，QR loss)：

$$\frac{1}{c}\sum_{i=0}^{c-1}\ell_{\mathrm{QR}}(\phi-x_i)$$

其中 $\ell_{\mathrm{QR}}(\delta;\omega)=(\omega-1_{\delta<0})\delta$ 是每个样本的样本损失。这里的 $\ell_{\mathrm{QR}}(\delta;\omega)=(\omega-1_{\delta<0})\delta$ 也可以写成 $\ell_{\mathrm{QR}}(\delta;\omega)=|\omega-1_{\delta<0}||\delta|$。

如果预测值过大，则 $\delta>0$，那么按照权重 ω 来试图减小 δ。如果预测值过小，则 $\delta<$

0，按照权重 $1-\omega$ 来试图增加 δ。

分位数回归损失在 $\delta=0$ 处不光滑，有时会影响性能，所以有些算法会考虑将分位数回归损失和 Huber 损失相结合，得到分位数回归 Huber 损失。Huber 损失的定义为

$$\ell_{\text{Huber}}(\delta;\kappa)=\begin{cases}\dfrac{\delta^2}{2\kappa}, & |\delta|<\kappa,\\ |\delta|-\dfrac{1}{2}\kappa, & |\delta|\geqslant\kappa。\end{cases}$$

分位数回归 Huber 损失（quantile regression Huber loss）的定义为

$$\ell_{\text{QRHuber}}(\delta;\omega,\kappa)=|\omega-1_{\delta<0}|\,\ell_{\text{Huber}}(\delta;\kappa)=\begin{cases}|\omega-1_{\delta<0}|\dfrac{\delta^2}{2\kappa}, & |\delta|<\kappa,\\ |\omega-1_{\delta<0}|\left(|\delta|-\dfrac{1}{2}\kappa\right), & |\delta|\geqslant\kappa。\end{cases}$$

当 $\kappa=0$ 时，分位数回归 Huber 损失退化为分位数回归损失。

本节的算法将试图最小化分位数回归 Huber 损失。

12.4.1　分位数回归深度 Q 网络算法

对一个一般的随机变量 X，我们可以分段求它的期望：

$$\mathrm{E}[X]=\sum_{i=0}^{|\mathcal{I}|-1}\int_{i/|\mathcal{I}|}^{(i+1)/|\mathcal{I}|}\phi_X(\omega)\mathrm{d}\omega。$$

用下列累积概率值

$$\omega^{(i)}=\frac{i+0.5}{|\mathcal{I}|},\ i=0,1,\cdots,|\mathcal{I}|-1$$

处的分位值，有

$$\mathrm{E}[X]\approx\sum_{i=0}^{|\mathcal{I}|-1}\phi_X\left(\frac{i+0.5}{|\mathcal{I}|}\right)\frac{1}{|\mathcal{I}|}。$$

所以，期望可以用下式近似计算

$$\mathrm{E}[X]\approx\boldsymbol{\phi}_X\cdot\Delta\boldsymbol{\omega},$$

其中

$$\boldsymbol{\phi}_X=\left(\phi_X\left(\frac{0.5}{|\mathcal{I}|}\right),\phi_X\left(\frac{1.5}{|\mathcal{I}|}\right),\cdots,\phi_X\left(\frac{|\mathcal{I}|-0.5}{|\mathcal{I}|}\right)\right)^{\mathrm{T}},$$

$$\Delta\boldsymbol{\omega}=\frac{1}{|\mathcal{I}|}\mathbf{1}_{|\mathcal{I}|},$$

而 $\mathbf{1}_{|\mathcal{I}|}$ 是由 $|\mathcal{I}|$ 个元素组成的全 1 列向量。

分位数回归深度 Q 网络（Quantile Regression Deep Q Network，QR-DQN）算法用神经网络来近似分位函数，并据此做出决策。具体而言，用神经网络 $\boldsymbol{\phi}(s,a;\boldsymbol{w})$ 来近似动作价值

随机变量的分位函数。神经网络的参数是 $\mathbf{w}$，输入是状态动作对(s,a)，输出是 $|\mathcal{I}|$ 个分位值，分别对应着 $|\mathcal{I}|$ 个累积概率值。动作价值可以表示为

$$q(s,a) \leftarrow \boldsymbol{\phi}(s,a;\mathbf{w}) \cdot \Delta\boldsymbol{\omega},$$

其中 $\Delta\boldsymbol{\omega} = \frac{1}{|\mathcal{I}|}\mathbf{1}_{|\mathcal{I}|}$。

算法 12-3 给出了最大化回报期望的分位数回归深度 Q 网络算法。

算法 12-3　分位数回归深度 Q 网络算法(最大化回报期望)

参数：累积概率值的个数 $|\mathcal{I}|$（进而 $\omega^{(i)} = (i+0.5)/|\mathcal{I}|\ (i=0,1,\cdots,|\mathcal{I}|-1)$，$\Delta\boldsymbol{\omega} \leftarrow \frac{1}{|\mathcal{I}|}\mathbf{1}_{|\mathcal{I}|}$），分位 Huber 损失的参数 κ 等。

1　初始化：

1.1　（初始化参数）初始化动作价值分位评估网络参数 $\mathbf{w}$。动作价值分位目标网络参数 $\mathbf{w}_{目标} \leftarrow \mathbf{w}$。

1.2　（初始化经验库）$\mathcal{D} \leftarrow \varnothing$。

2　逐回合执行以下操作：

2.1　（初始化状态）选择状态 S。

2.2　如果回合未结束，执行以下操作：

2.2.1　（积累经验）执行一次或多次以下操作：

2.2.1.1　（决策）对每个 $a \in \mathcal{A}(S)$，计算 $\boldsymbol{\phi}(S,a;\mathbf{w})$，再计算 $q(S,a) \leftarrow \boldsymbol{\phi}(S,a;\mathbf{w}) \cdot \Delta\boldsymbol{\omega}$。根据 $q(S,\cdot)$ 导出的策略选择动作 A（如 ε 贪心策略）。

2.2.1.2　（采样）执行动作 A，观测得到奖励 R、新状态 S'、回合结束指示 D'。

2.2.1.3　（存储）将经验(S,A,R,S',D')存入经验库 $\mathcal{D}$ 中。

2.2.1.4　$S \leftarrow S'$。

2.2.2　（使用经验）执行一次或多次以下操作：

2.2.2.1　（回放）从经验库 $\mathcal{D}$ 中选取一批经验 $\mathcal{B}$，每条经验的形式为(S,A,R,S',D')。

2.2.2.2　（计算新状态 S' 下需要选择的动作）对每条经验，当 $D'=0$ 时，为每个 $a' \in \mathcal{A}(S')$ 计算 $\boldsymbol{\phi}(S',a';\mathbf{w})$，再计算 $q(S',a') \leftarrow \boldsymbol{\phi}(S',a';\mathbf{w}) \cdot \Delta\boldsymbol{\omega}$，再确定 $A' \leftarrow \arg\max_{a'} q(S',a')$。$D'=1$ 时可任取。

2.2.2.3　（计算目标）对每条经验、每个 $j \in \mathcal{I}$ 进行如下操作：当 $D'=0$ 时，计算每个 $\omega^{(j)}$ 上的分位值 $\phi^{(j)}(S',A';\mathbf{w}_{目标})$；$D'=1$ 时可任取。然后计算

$$U^{(j)} \leftarrow R + \gamma\phi^{(j)}(S',A';\mathbf{w}_{目标})(1-D')。$$

2.2.2.4　（更新动作价值分布估计）更新 $\mathbf{w}$ 以减小分位 Huber 损失

$$\frac{1}{|\mathcal{B}|}\sum_{(S,A,R,S',D')\in\mathcal{B}}\sum_{i,j\in\mathcal{I}}\ell_{\text{QRHuber}}\left(U^{(j)} - \phi^{(i)}(S_t,A_t;\mathbf{w});\omega^{(i)},\kappa\right)。$$

2.2.2.5　（更新目标网络）在一定条件下（例如访问本步若干次）更新目标网络的权重（如 $\mathbf{w}_{目标} \leftarrow (1-\alpha_{目标})\mathbf{w}_{目标} + \alpha_{目标}\mathbf{w}$）。

分位数回归深度 Q 网络算法事先确定了分位网络需要考虑的累积概率值，并且只去训练那些特定累积概率值上的分位数。这可能会带来一些预期以外的行为。12.4.2 节将介绍一个能克服这个问题的算法。

12.4.2　含蓄分位网络算法

本节介绍**含蓄分位网络**(Implicit Quantile Networks，IQN)算法。它是在分位数回归深度 Q 网络算法的基础上修改而来。含蓄分位网络算法的原理如下：考虑最大化回报期望的情况。为了估计给定状态动作对(s,a)的动作价值随机变量 $Q(s,a)$的期望 $\mathrm{E}[Q(s,a)]=\mathrm{E}_{\Omega\sim\mathrm{uniform}[0,1]}[\phi_{Q(s,a)}(\Omega)]$，在单位均匀分布 uniform[0,1]抽取 c 个随机样本 $\omega^{(i)}$ $(i=0,1,\cdots,c-1)$作为累积概率值，然后用分位络 ϕ 得到在这些累积概率值下的分位值 $\phi(s,a,\omega^{(i)};\boldsymbol{w})$，并且用它们的平均 $\frac{1}{c}\sum_{i=0}^{c-1}\phi(s,a,\omega^{(i)};\boldsymbol{w})$作为动作价值的估计。算法 12-4 给出了具体的算法。

算法 12-4　含蓄分位网络算法(最大化期望)

参数：对每个状态动作对抽取的累积概率值个数 c，分位 Huber 损失的参数 κ 等。

1　初始化：

　1.1　(初始化参数)初始化动作价值分位评估网络参数 $\boldsymbol{w}$。动作价值分位目标网络参数 $\boldsymbol{w}_{目标}\leftarrow\boldsymbol{w}$。

　1.2　(初始化经验库)$\mathcal{D}\leftarrow\varnothing$。

2　逐回合执行以下操作：

　2.1　(初始化状态)选择状态 S。

　2.2　如果回合未结束，执行以下操作：

　　2.2.1　(积累经验)执行一次或多次以下操作：

　　　2.2.1.1　(决策)对每个 $a\in\mathcal{A}(s)$，在[0,1]区间均匀抽取 c 个随机变量 $\Omega^{(i)}$ $(i=0,1,\cdots,c-1)$，计算 $\phi(S,a,\Omega^{(i)};\boldsymbol{w})$，再计算 $q(S,a)\leftarrow\frac{1}{c}\sum_{i=0}^{c-1}\phi(S,a,\Omega^{(i)};\boldsymbol{w})$。根据 $q(S,\cdot)$导出的策略选择动作 A(如 ε 贪心策略)。

　　　2.2.1.2　(采样)执行动作 A，观测得到奖励 R、新状态 S'、回合结束指示 D'。

　　　2.2.1.3　(存储)将经验(S,A,R,S',D')存入经验库 $\mathcal{D}$ 中。

　　　2.2.1.4　$S\leftarrow S'$。

　　2.2.2　(使用经验)执行一次或多次以下操作：

　　　2.2.2.1　(回放)从经验库 $\mathcal{D}$ 中选取一批经验 $\mathcal{B}$，每条经验的形式为(S,A,R,S',D')。

　　　2.2.2.2　(计算新状态 S'下需要选择的动作)对每条经验，当 $D'=0$ 时，为每个 $a'\in\mathcal{A}(S')$在[0,1]区间均匀抽取 c 个随机变量 $\Omega'^{(i)}$ $(i=0,1,\cdots,c-1)$，然后计算 $\phi(S',a',\Omega'^{(i)};\boldsymbol{w})$，再计算 $q(S',a')\leftarrow\frac{1}{c}\sum_{i=0}^{c-1}\phi(S',a',\Omega'^{(i)};\boldsymbol{w})$。再确定 $A'\leftarrow\arg\max_{a'} q(S',a')$。当 $D'=1$ 时可任取。

　　　2.2.2.3　(计算目标)对每条经验、每个 $j\in\mathcal{I}$进行如下操作：当 $D'=0$ 时，抽取 $\Omega'^{(j)}_{目标}\sim\mathrm{uniform}[0,1]$，估计每组样本下的回报 $U^{(j)}\leftarrow R+\gamma\phi(S',A',\Omega'^{(j)}_{目标};\boldsymbol{w}_{目标})$；当 $D'=1$ 时可任取。

　　　2.2.2.4　(更新动作价值分布估计)更新 $\boldsymbol{w}$ 以减小分位 Huber 损失

$$\frac{1}{|\mathcal{B}|}\sum_{(S,A,R,S',D')\in\mathcal{B}}\sum_{i,j\in\mathcal{I}}\ell_{\mathrm{QRHuber}}\left(U^{(j)}-\phi(S,A,\Omega^{(i)};\boldsymbol{w});\Omega^{(i)},\kappa\right)。$$

2.2.2.5 （更新目标网络）在一定条件下（例如访问本步若干次）更新目标网络的权重（如 $\mathbf{w}_{目标} \leftarrow (1-\alpha_{目标})\mathbf{w}_{目标}+\alpha_{目标}\mathbf{w}$）。

12.4.3 带效用的分位数回归算法

我们可以把 VNM 效用或 Yarri 效用应用在分位数回归算法（包括分位数回归深度 Q 网络算法和含蓄分位网络算法）中。

应用 VNM 效用的方法和 12.3.2 节中介绍的方法类似，就是在决策时考虑效用函数的期望。具体而言，把效用函数 u 应用在分位函数网络的输出 $\phi(\cdot)$ 上，得到 $u(\phi(\cdot))$，并据此估计期望来决定使用哪个动作。在算法 12-3 和算法 12-4 中，需要修改 2.2.1.1 步和 2.2.2.2 步。

下面介绍应用 Yarri 效用的方法。采用 Yarri 效用时，也是要确定带扭曲函数的动作价值期望值 $q^{\langle\beta\rangle}(s,a)$ 作出决策，即：

$$\pi^{\langle\beta\rangle}(s)=\arg\max_{a} q^{\langle\beta\rangle}(s,a)。$$

由于它也只是对期望进行了修改，所以也只需要修改算法 12-3 和算法 12-4 中的 2.2.1.1 步和 2.2.2.2 步即可。

分位数回归深度 Q 网络算法可以采用分段近似来计算扭曲期望：

$$\begin{aligned}\mathrm{E}^{\langle\beta\rangle}[X]&=\int_0^1\phi_X(\omega)\,\mathrm{d}\beta^{-1}(\omega)\\&=\sum_{i=0}^{|\mathcal{I}|-1}\int_{i/|\mathcal{I}|}^{(i+1)/|\mathcal{I}|}\phi_X(\omega)\,\mathrm{d}\beta^{-1}(\omega)\\&\approx\sum_{i=0}^{|\mathcal{I}|-1}\phi_X\left(\frac{i+0.5}{|\mathcal{I}|}\right)\left[\beta^{-1}\left(\frac{i+1}{|\mathcal{I}|}\right)-\beta^{-1}\left(\frac{i}{|\mathcal{I}|}\right)\right]。\end{aligned}$$

取累积概率值为

$$\omega^{(i)}=\frac{i+0.5}{|\mathcal{I}|},\ i=0,1,\cdots,|\mathcal{I}|-1。$$

记列向量

$$\boldsymbol{\phi}_X=\left(\phi_X\left(\frac{0.5}{|\mathcal{I}|}\right),\phi_X\left(\frac{1.5}{|\mathcal{I}|}\right),\cdots,\phi_X\left(\frac{|\mathcal{I}|-0.5}{|\mathcal{I}|}\right)\right)^{\mathrm{T}},$$

$$\Delta\boldsymbol{\omega}^{\langle\beta\rangle}=\left(\beta^{-1}\left(\frac{1}{|\mathcal{I}|}\right),\beta^{-1}\left(\frac{2}{|\mathcal{I}|}\right)-\beta^{-1}\left(\frac{1}{|\mathcal{I}|}\right),\cdots,1-\beta^{-1}\left(1-\frac{1}{|\mathcal{I}|}\right)\right)^{\mathrm{T}}。$$

则可以认为扭曲期望是上述两个向量的内积，即

$$\mathrm{E}^{\langle\beta\rangle}[X]\approx\boldsymbol{\phi}_X\cdot\Delta\boldsymbol{\omega}^{\langle\beta\rangle}。$$

使用 Yarri 效用的分位数回归深度 Q 网络算法见算法 12-5。

算法 12-5　分位数回归深度 Q 网络算法(使用 Yarri 扭曲函数)

参数：扭曲函数 β，累积概率值的个数 $|\mathcal{I}|$(进而 $\omega^{(i)}=(i+0.5)/|\mathcal{I}|(i=0,1,\cdots,|\mathcal{I}|-1)$，$\Delta\boldsymbol{\omega}^{\langle\beta\rangle}$)，分位 Huber 损失的参数 κ 等。

1　初始化：

1.1　(初始化参数)初始化动作价值分布网络参数 $\boldsymbol{w}$。动作价值分布目标网络参数 $\boldsymbol{w}_{目标}\leftarrow\boldsymbol{w}$。

1.2　(初始化经验库)$\mathcal{D}\leftarrow\varnothing$。

2　逐回合执行以下操作：

2.1　(初始化状态)选择状态 S。

2.2　如果回合未结束，执行以下操作：

2.2.1　(积累经验)执行一次或多次以下操作：

2.2.1.1　(决策)对每个 $a\in\mathcal{A}(S)$，计算 $\boldsymbol{\phi}(s,a;\boldsymbol{w})$，再计算 $q^{\langle\beta\rangle}(S,a)\leftarrow\boldsymbol{\phi}(S,a;\boldsymbol{w})\cdot\Delta\boldsymbol{\omega}^{\langle\beta\rangle}$。根据 $q^{\langle\beta\rangle}(S,\cdot)$ 导出的策略选择动作 A(如 ε 贪心策略)。

2.2.1.2　(采样)执行动作 A，观测得到奖励 R、新状态 S'、回合结束指示 D'。

2.2.1.3　(存储)将经验 (S,A,R,S',D') 存入经验库 $\mathcal{D}$ 中。

2.2.1.4　$S\leftarrow S'$。

2.2.2　(使用经验)执行一次或多次以下操作：

2.2.2.1　(回放)从经验库 $\mathcal{D}$ 中选取一批经验 $\mathcal{B}$，每条经验的形式为 (S,A,R,S',D')。

2.2.2.2　(计算新状态 S' 下需要选择的动作)对每条经验，当 $D'=0$ 时，为每个 $a'\in\mathcal{A}(s')$ 计算 $\boldsymbol{\phi}(S',a';\boldsymbol{w})$，再计算 $q^{\langle\beta\rangle}(S',a')\leftarrow\boldsymbol{\phi}(S',a';\boldsymbol{w})\cdot\Delta\boldsymbol{\omega}^{\langle\beta\rangle}$，再确定 $A'\leftarrow\arg\max\limits_{a'} q^{\langle\beta\rangle}(S',a')$。当 $D'=1$ 时可任取。

2.2.2.3　(计算目标)对每条经验、每个 $j\in\mathcal{I}$ 进行如下操作：当 $D'=0$ 时，计算每个 $\omega^{(j)}$ 上的分位值 $\phi^{(j)}(S',A';\boldsymbol{w}_{目标})$；当 $D'=1$ 时可任取。然后计算

$$U^{(j)}\leftarrow R+\gamma\phi^{(j)}(S',A';\boldsymbol{w}_{目标})(1-D')。$$

2.2.2.4　(更新动作价值分布估计)更新 $\boldsymbol{w}$ 以减小分位 Huber 损失

$$\frac{1}{|\mathcal{B}|}\sum_{(S,A,R,S',D')\in\mathcal{B}}\sum_{i,j\in\mathcal{I}}\ell_{\text{QRHuber}}(U^{(j)}-\phi^{(i)}(S_t,A_t;\boldsymbol{w});\omega^{(i)},\kappa)。$$

2.2.2.5　(更新目标网络)在一定条件下(例如访问本步若干次)更新目标网络的权重(如 $\boldsymbol{w}_{目标}\leftarrow(1-\alpha_{目标})\boldsymbol{w}_{目标}+\alpha_{目标}\boldsymbol{w}$)。

对于含蓄分位网络算法，在计算扭曲期望时，依然要用均匀分布采样得到累积概率样本，然后对累积概率样本应用扭曲函数 β，再把扭曲过的累积概率值送往神经网络得到分位值，再对得到的分位值样本求平均得到动作价值扭曲期望估计，并据此决策。所以只需要把算法 12-4 中估计扭曲期望的表达式为

$$q(S,a)\leftarrow\frac{1}{c}\sum_{i=0}^{c-1}\phi(S,a,\beta(\Omega^{(i)});\boldsymbol{w})。$$

12.5　类别深度 Q 网络算法和分位数回归算法的比较

本章介绍了类别深度 Q 网络算法、分位数回归深度 Q 网络算法和含蓄分位网络算法

这三个算法。本节对这三个算法进行比较见表12-1。

表12-1 类别深度Q网络算法、分位数回归深度Q网络算法和含蓄分位网络算法的比较

算法	类别深度Q网络算法	分位数回归深度Q网络算法	含蓄分位网络算法
维护的分布形式	概率质量函数 （向量形式的输出）	分位函数 （向量形式的输出）	分位函数 （累积概率值作为输入，标量形式的输出）
训练方法	最小化互熵损失	最小化分位数回归Huber损失	最小化分位数回归Huber损失
可联合使用的效用形式	VNM效用	VNM效用和Yarri效用	VNM效用和Yarri效用

类别深度Q网络算法用神经网络近似概率质量函数或概率密度函数，而分位数回归深度Q网络算法和含蓄分位网络算法用神经网络近似分位函数。

由于类别深度Q网络算法维护的是概率质量函数，所以用互熵损失来训练。由于分位数回归深度Q网络算法和含蓄分位网络算法维护的是分位函数，所以用分位数回归Huber损失来训练。

这三个算法都可以用来优化VNM效用，但是只有维护了分位网络的分位数深度Q网络算法和含蓄分位网络算法适合优化Yarri效用。

类别深度Q网络算法实现确定好的类别分布的支撑集，分位数深度Q网络算法事先确定好累计概率分布集合，所以神经网络的输出常常是矢量形式的。含蓄分位网络算法输入的累计概率值是随机的，一次会抽取多个。

分位数回归深度Q网络算法需要事先确定好累积概率值。在学习过程中，可能仅仅学习到这些固定的累积概率值上的分位值，而对其他累积概率值上的分位值没有考虑，可能会引发问题。与之相对，含蓄分位网络算法在[0,1]区间内均匀抽取累积概率值，任何累积概率值都有可能被取到，这就可能能避免针对某几个特定的累积概率值进行过拟合，泛化性能更好。

12.6 案例：Atari电动游戏Pong

本节我们来使用值分布强化学习算法来玩电动游戏Pong。Pong游戏是诸多Atari游戏的一种。

12.6.1 Atari游戏环境的使用

Atari游戏是许多在Atari 2600主机上运行的游戏的统称。Atari公司在1977年推出游戏主机Atari 2600。玩家可以在主机上插入不同的游戏卡来访问不同的游戏，将主机与模拟信号电视机连接显示画面，并通过主机配套的手柄进行控制。后来，B. Matt等开发了模拟器Stella，使得Atari游戏可以在Windows、macOS、Linux等操作系统上运行。Stella后来又被经过了多次的封装和打包。其中，OpenAI将Atari游戏集成在Gym库里，使得

研发人员可以使用 Gym 的 API 来使用环境。

Gym 库的子库 `gym[atari]`提供了 Atari 游戏环境，包括 Breakout、Pong 等(见图 12-1)约 60 个 Atari 游戏。每个游戏都有自己的屏幕大小。屏幕高度和宽度默认为 210×160，也有少量游戏的分辨率为 230×160 或 250×160。每个游戏可以使用的动作数也不相同。不同的 Atari 游戏获得奖励的机制不尽相同，并且回合奖励的范围不一样。比如 Pong 游戏回合奖励的范围是 $-21 \sim 21$，MontezumaRevenge 游戏的回合奖励范围是非负数，可以达到上千分。

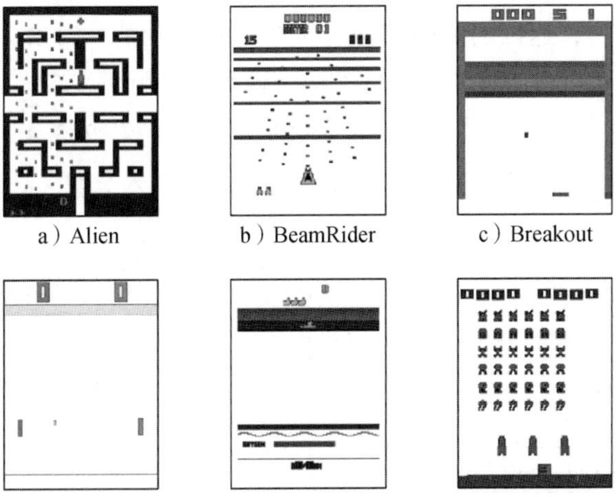

a) Alien　b) BeamRider　c) Breakout

d) Pong　e) Seaquest　f) SpaceInvader

图 12-1　部分 Atari 游戏的游戏界面

注：彩色动图参见 https://www.gymlibrary.dev/environments/atari/complete_list/。

有些 Atari 游戏对人类更友好，有些 Atari 游戏对强化学习算法更友好。比如，Pong 游戏是对强化学习算法更友好的游戏，训练好的强化学习智能体可以达到最大可能的平均回合奖励 21，但是人类玩家平均只能达到 14.6；MontezumaRevenge 对人类更友好的游戏，人类玩家平均能达到 4753.3 分，但是绝大多数的强化学习算法都不能得到任何奖励，平均回合奖励为 0。

我们可以用下列命令安装 `gym[atari]`：

```
pip install --upgrade gym[atari,accept-rom-license,other]
```

对于同一个游戏，Gym 库还提供了多个不同的版本。例如，对于游戏 Pong 有表 12-2 中所示的 14 个版本(有些已弃用)。这些版本的区别如下。

- 不带 `ram` 字样的版本和带 `ram` 字样的版本的区别：不带 `ram` 字样的环境的观测是屏幕上 RGB 三通道图像，从观测往往不能完全决定环境状态。而带 `ram` 字样的环境的观测是内存里的状态。它们观测空间的比较如下：

```
Box(low=0, high=255, shape=(屏幕长,屏幕宽,3), dtype=np.uint8)  # 不带 ram 的版本
Box(low=0, high=255, shape=(128,), dtype=np.uint8)  # 带 ram 的版本
```

- v0、v4 和 v5 区别：在 v0 环境中，智能体决定执行某个动作后，有 25% 的概率在下一次被迫决定使用相同的动作；在 v4 环境中无此限制。最新的版本是 v5，也无此限制。
- 带 Deterministic 字样的版本、带 NoFrameskip 字样的版本和不带这两个字样的版本的区别：它们的区别在于环境每次调用 env.step()时，会使得环境前进多少帧。带 Deterministic 字样的环境每次调用 env.step()时连续进行 4 帧，得到 4 帧后的观测，返回的奖励值是这 4 帧的总奖励值；带 NoFrameskip 字样的环境每次调用 env.step()时只进行 1 帧，得到下一帧的观测；不带这两个字样的版本每次调用 env.step()时连续进行 τ 帧，其中 τ 在$\{2,3,4\}$中随机取值。这可以理解为半 Markov 决策过程，详见 16.4 节。如果版本号是 v5，则 $\tau=4$。

表 12-2　游戏 Pong 对应的环境

观测是图像的环境	观测是内存内容的环境
Pong-v5	Pong-ram-v5
Pong-v0	Pong-ram-v0
Pong-v4	Pong-ram-v4
PongDeterministic-v0	Pong-ramDeterministic-v0
PongDeterministic-v4	Pong-ramDeterministic-v4
PongNoFrameskip-v0	Pong-ramNoFrameskip-v0
PongNoFrameskip-v4	Pong-ramNoFrameskip-v4

这些环境的使用和 Gym 库中其他环境的使用方法大致相同。我们可以用 reset()开始新回合，用 step()进行一步。可以用 env.spec.max_episode_steps 查看每个环境默认的最大回合步数。但是，Atari 游戏也有一些特殊的约定，我们会再后续小节中介绍。

12.6.2　Pong 游戏

本节介绍 Pong 游戏，如图 12-1d 所示。它是 Atari 游戏中最简单的游戏之一。

这个游戏左右各有一个“球拍”，左边的球拍是游戏 AI 控制的(指 Atari 自带的 AI，不是玩家的 AI)，右边的球拍是玩家控制的(我们要编写的 AI 就试图控制右边的球拍)。中间有个点表示球。每局刚开始的几帧不会显示球。几帧之后球会从画面正中心出发，然后向一个方向移动。球遇到球拍会反弹。当球从左右两边移动出画面，相应方失败一局。画面上方还会有两个数字，表示当前回合左右两方各赢过多少局。

这个游戏中，每个回合可以有多局。每一局结束时，如果玩家赢了得奖励 +1，如果

玩家输了得奖励 -1。一局结束后马上开始下一局，直到玩家赢了 21 局或输了 21 局，或到达回合最大步数，回合结束。所以每个回合的奖励范围是 -21 ~21。训练得当的强化学习算法平均回合奖励应当接近 21。

这个游戏的观测空间(对于不带 ram 字样的版本)是 `Box(0, 255, (210, 160, 3), uint8)`，表示在整个画面的 RGB 值。动作空间是 `Discrete(6)`。6 个动作{0,1,2,3,4,5}，其中动作 0 和 1 表示不施力，动作 2 和动作 4 是试图上移球拍(试图减少 X 值)，动作 3 和动作 5 试图下移球拍(试图增加 X 值)。

代码清单 12-1 给出了这个针对 `PongNoFrameskip-v4` 环境的闭式解。这个解先确定了右边的球拍和球的 X 坐标(即垂直方向的坐标)。确定坐标的方法是比较颜色：右边球拍的 RGB 颜色值为(`92, 186, 92`)，球的 RGB 颜色值为(`236, 236, 236`)。得到颜色后，比较右边球拍和球的 X 坐标值。如果右边球拍的 X 值比球小，则试图用动作 3 增大右边球拍的 X 值；如果右边球拍的 X 值比球大，则试图用动作 4 减小右边球拍的 X 值。

代码清单 12-1 PongNoFrameskip-v4 的闭式解

代码文件名：PongNoFrameskip-v4_ClosedForm.ipynb。

```
class ClosedFormAgent:
    def __init__(self, _):
        pass

    def reset(self, mode=None):
        pass

    def step(self, observation, reward, terminated):
        racket = np.where((observation[34:193, :, 0] == 92).any(axis=1))[0].mean()
        ball = np.where((observation[34:193, :, 0] == 236).any(axis=1))[0].mean()
        return 2 + int(racket < ball)

    def close(self):
        pass

agent = ClosedFormAgent(env)
```

12.6.3 包装 Atari 游戏环境

包装类 `AtariPreprocessing` 和包装类 `FrameStack` 是为 Atari 环境特别实现的包装类，它们实现了如下功能：

- 回合初始随机动作：每一个回合的前 30 步，智能体在动作空间里等概率随机选择动作。这一部分原因在于很多 Atari 游戏回合刚开始的时候并没有真正的开始游戏(比如 Pong 就是这样)，另一方面可以避免智能体过早地记住某些特定的开局模式。
- 缩放屏幕：对进行缩放来减小计算量，去除无关部分。该步处理后，屏幕的大小为(84, 84)。

❑ 灰度化处理：将彩色图像转化为灰度图像。
❑ 一次运行 4 帧：为了和人类的正常手速进行比较，对智能体切换动作的速度进行了限制。

在线内容：学有余力的读者可在本书 GitHub 仓库查阅对包装类 gym.wrapper.AtariPreprocessing 和包装类 gym.wrapper.FrameStack 的源码解读。

代码清单 12-2 演示了如何使用这两个包装类得到环境对象。

代码清单 12-2　包装后的环境类

代码文件名：PongNoFrameskip-v4_CategoricalDQN_tf.ipynb。

```
env = gym.make('PongNoFrameskip-v4')
env = FrameStack(AtariPreprocessing(env), num_stack=4)
for key in vars(env):
    logging.info('%s: %s', key, vars(env)[key])
for key in vars(env.spec):
    logging.info('%s: %s', key, vars(env.spec)[key])
```

12.6.4　用类别深度 Q 网络算法玩游戏

本节实现了类别深度 Q 网络算法。代码清单 12-3 和代码清单 12-4 分别给出了使用 TensorFlow 和使用 PyTorch 的代码。

代码清单 12-3　类别深度 Q 网络算法智能体(TensorFlow 版本)

代码文件名：PongNoFrameskip-v4_CategoricalDQN_tf.ipynb。

```
class CategoricalDQNAgent:
    def __init__(self, env):
        self.action_n = env.action_space.n
        self.gamma = 0.99
        self.epsilon = 1.  # 探索参数

        self.replayer = DQNReplayer(capacity=100000)

        atom_count = 51
        self.atom_min = -10.
        self.atom_max = 10.
        self.atom_difference = (self.atom_max - self.atom_min) / (atom_count - 1)
        self.atom_tensor = tf.linspace(self.atom_min, self.atom_max, atom_count)

        self.evaluate_net = self.build_net(self.action_n, atom_count)
        self.target_net = models.clone_model(self.evaluate_net)

    def build_net(self, action_n, atom_count):
        net = keras.Sequential([
                keras.layers.Permute((2, 3, 1), input_shape=(4, 84, 84)),
                layers.Conv2D(32, kernel_size=8, strides=4, activation=nn.relu),
                layers.Conv2D(64, kernel_size=4, strides=2, activation=nn.relu),
                layers.Conv2D(64, kernel_size=3, strides=1, activation=nn.relu),
                layers.Flatten(),
```

```
                layers.Dense(512, activation=nn.relu),
                layers.Dense(action_n * atom_count),
                layers.Reshape((action_n, atom_count)), layers.Softmax()])
        optimizer = optimizers.Adam(0.0001)
        net.compile(loss=losses.mse, optimizer=optimizer)
        return net

    def reset(self, mode = None):
        self.mode = mode
        if mode == 'train':
            self.trajectory = []

    def step(self, observation, reward, terminated):
        state_tensor = tf.convert_to_tensor(np.array(observation)[np.newaxis],
                dtype = tf.float32)
        prob_tensor = self.evaluate_net(state_tensor)
        q_component_tensor = prob_tensor * self.atom_tensor
        q_tensor = tf.reduce_mean(q_component_tensor, axis=2)
        action_tensor = tf.math.argmax(q_tensor, axis=1)
        actions = action_tensor.numpy()
        action = actions[0]
        if self.mode == 'train':
            if np.random.rand() < self.epsilon:
                action = np.random.randint(0, self.action_n)

            self.trajectory += [observation, reward, terminated, action]
            if len(self.trajectory) >= 8:
                state, _, _, act, next_state, reward, terminated, _ = \
                        self.trajectory[-8:]
                self.replayer.store(state, act, reward, next_state, terminated)
            if self.replayer.count >= 1024 and self.replayer.count %10 == 0:
                self.learn()
        return action

    def close(self):
        pass

    def update_net(self, target_net, evaluate_net, learning_rate=0.005):
        average_weights = [(1. - learning_rate) * t + learning_rate * e for t, e
                in zip(target_net.get_weights(), evaluate_net.get_weights())]
        target_net.set_weights(average_weights)

    def learn(self):
        # 经验回放
        batch_size = 32
        states, actions, rewards, next_states, terminateds = \
                self.replayer.sample(batch_size)
        state_tensor = tf.convert_to_tensor(states, dtype=tf.float32)
        reward_tensor = tf.convert_to_tensor(rewards[:, np.newaxis],
                dtype=tf.float32)
        terminated_tensor = tf.convert_to_tensor(terminateds[:, np.newaxis],
                dtype=tf.float32)
        next_state_tensor = tf.convert_to_tensor(next_states, dtype=tf.float32)

        # 计算时序差分目标
```

```
        next_prob_tensor = self.target_net(next_state_tensor)
        next_q_tensor = tf.reduce_sum(next_prob_tensor * self.atom_tensor, axis=2)
        next_action_tensor = tf.math.argmax(next_q_tensor, axis = 1)
        next_actions = next_action_tensor.numpy()
        indices = [[idx, next_action] for idx, next_action in
                enumerate(next_actions)]
        next_dist_tensor = tf.gather_nd(next_prob_tensor, indices)
        next_dist_tensor = tf.reshape(next_dist_tensor, shape=(batch_size, 1, -1))

        # 映射
        target_tensor = reward_tensor + self.gamma * tf.reshape(
                self.atom_tensor, (1, -1)) * (1. - terminated_tensor)  # 广播
        clipped_target_tensor = tf.clip_by_value(target_tensor,
                self.atom_min, self.atom_max)
        projection_tensor = tf.clip_by_value(1. - tf.math.abs(
                clipped_target_tensor[:, np.newaxis, ...]
                - tf.reshape(self.atom_tensor, shape = (1, -1, 1)))
                /self.atom_difference, 0, 1)
        projected_tensor = tf.reduce_sum(projection_tensor* next_dist_tensor,
                axis=-1)

        # 更新价值网络
        with tf.GradientTape() as tape:
            all_q_prob_tensor = self.evaluate_net(state_tensor)
            indices = [[idx, action] for idx, action in enumerate(actions)]
            q_prob_tensor = tf.gather_nd(all_q_prob_tensor, indices)

            cross_entropy_tensor = -tf.reduce_sum(
                    tf.math.xlogy(projected_tensor, q_prob_tensor + 1e-8))
            loss_tensor = tf.reduce_mean(cross_entropy_tensor)
        grads = tape.gradient(loss_tensor, self.evaluate_net.variables)
        self.evaluate_net.optimizer.apply_gradients(
                zip(grads, self.evaluate_net.variables))

        self.update_net(self.target_net, self.evaluate_net)

        self.epsilon = max(self.epsilon - 1e-5, 0.05)

agent = CategoricalDQNAgent(env)
```

代码清单 12-4　类别深度 Q 网络算法智能体(PyTorch 版本)

代码文件名：PongNoFrameskip-v4_CategoricalDQN_torch.ipynb。

```
class CategoricalDQNAgent:
    def __init__(self, env):
        self.action_n = env.action_space.n
        self.gamma = 0.99
        self.epsilon = 1.  # 探索参数

        self.replayer = DQNReplayer(capacity=100000)

        self.atom_count = 51
        self.atom_min = -10.
```

```
        self.atom_max = 10.
        self.atom_difference = (self.atom_max - self.atom_min) \
                / (self.atom_count - 1)
        self.atom_tensor = torch.linspace(self.atom_min, self.atom_max,
                self.atom_count)

        self.evaluate_net = nn.Sequential(
                nn.Conv2d(4, 32, kernel_size=8, stride=4), nn.ReLU(),
                nn.Conv2d(32, 64, kernel_size=4, stride=2), nn.ReLU(),
                nn.Conv2d(64, 64, kernel_size=3, stride=1), nn.ReLU(),
                nn.Flatten(),
                nn.Linear(3136, 512), nn.ReLU(inplace=True),
                nn.Linear(512, self.action_n * self.atom_count))
        self.target_net = copy.deepcopy(self.evaluate_net)
        self.optimizer = optim.Adam(self.evaluate_net.parameters(), lr=0.0001)

    def reset(self, mode=None):
        self.mode = mode
        if mode == 'train':
            self.trajectory = []

    def step(self, observation, reward, terminated):
        state_tensor = torch.as_tensor(observation,
                dtype = torch.float).unsqueeze(0)
        logit_tensor = self.evaluate_net(state_tensor).view(-1, self.action_n,
                self.atom_count)
        prob_tensor = logit_tensor.softmax(dim=-1)
        q_component_tensor = prob_tensor* self.atom_tensor
        q_tensor = q_component_tensor.mean(2)
        action_tensor = q_tensor.argmax(dim=1)
        actions = action_tensor.detach().numpy()
        action = actions[0]
        if self.mode == 'train':
            if np.random.rand() < self.epsilon:
                action = np.random.randint(0, self.action_n)

            self.trajectory += [observation, reward, terminated, action]
            if len(self.trajectory) >= 8:
                state, _, _, act, next_state, reward, terminated, _ = \
                        self.trajectory[-8:]
                self.replayer.store(state, act, reward, next_state, terminated)
            if self.replayer.count >= 1024 and self.replayer.count % 10 == 0:
                self.learn()
        return action

    def close(self):
        pass

    def update_net(self, target_net, evaluate_net, learning_rate=0.005):
        for target_param, evaluate_param in zip(
                target_net.parameters(), evaluate_net.parameters()):
            target_param.data.copy_(learning_rate * evaluate_param.data
                    + (1 - learning_rate) * target_param.data)
```

```
    def learn(self):
        # 经验回放
        batch_size = 32
        states, actions, rewards, next_states, terminateds = \
                self.replayer.sample(batch_size)
        state_tensor = torch.as_tensor(states, dtype=torch.float)
        reward_tensor = torch.as_tensor(rewards, dtype=torch.float)
        terminated_tensor = torch.as_tensor(terminateds, dtype=torch.float)
        next_state_tensor = torch.as_tensor(next_states, dtype=torch.float)

        # 计算时序差分目标
        next_logit_tensor = self.target_net(next_state_tensor).view(-1,
                self.action_n, self.atom_count)
        next_prob_tensor = next_logit_tensor.softmax(dim=-1)
        next_q_tensor = (next_prob_tensor* self.atom_tensor).sum(2)
        next_action_tensor = next_q_tensor.argmax(dim = 1)
        next_actions = next_action_tensor.detach().numpy()
        next_dist_tensor = next_prob_tensor[np.arange(batch_size),
                next_actions, :].unsqueeze(1)

        # 映射
        target_tensor = reward_tensor.reshape(batch_size, 1) + self.gamma \
                * self.atom_tensor.repeat(batch_size, 1) \
                * (1. - terminated_tensor).reshape(-1, 1)
        clipped_target_tensor = target_tensor.clamp(self.atom_min, self.atom_max)
        projection_tensor = (1. - (clipped_target_tensor.unsqueeze(1)
                - self.atom_tensor.view(1, -1, 1)).abs()
                / self.atom_difference).clamp(0, 1)
        projected_tensor = (projection_tensor* next_dist_tensor).sum(-1)

        logit_tensor = self.evaluate_net(state_tensor).view(-1, self.action_n,
                self.atom_count)
        all_q_prob_tensor = logit_tensor.softmax(dim=-1)
        q_prob_tensor = all_q_prob_tensor[range(batch_size), actions, :]

        cross_entropy_tensor = -torch.xlogy(projected_tensor, q_prob_tensor
                + 1e-8).sum(1)
        loss_tensor = cross_entropy_tensor.mean()
        self.optimizer.zero_grad()
        loss_tensor.backward()
        self.optimizer.step()

        self.update_net(self.target_net, self.evaluate_net)

        self.epsilon = max(self.epsilon - 1e-5, 0.05)

agent = CategoricalDQNAgent(env)
```

环境给出的观测是多个图像的堆叠。对于网络输入是画面的情况，一般要将网络设计为卷积神经网络。代码清单 12-3 和代码清单 12-4 使用了图 12-2 所示的神经网络，卷积层部分采用了 3 个 ReLU 激活的卷积层，卷积层提取出特征再通过 2 层全连接层得到各动作对应的动作价值估计。由于动作集是有限集，这个网络的输入只有状态，输出是所有动作对应的概率分布。在给定状态动作对的情况下，状态输入网络，而动作则用于选择输出。

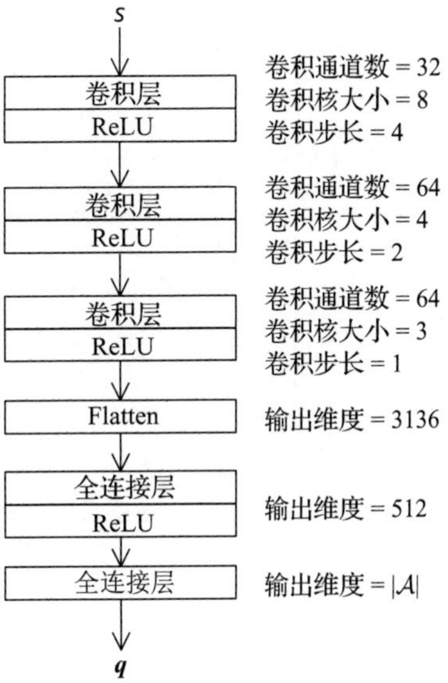

图 12-2 类别深度 Q 网络使用的神经网络

类别分布的支撑集大小选择 51。其实对于 Pong 游戏，选择 5 就够了。这里按照原论文取了 51。

探索过程利用了 ε 贪心策略，其中探索参数 ε 随着训练的进行逐步减小。

智能体和环境交互依然使用代码清单 1-3。

12.6.5 用分位数回归深度 Q 网络算法玩游戏

代码清单 12-5 和代码清单 12-6 实现了分位数回归深度 Q 网络算法。使用的网络结构同图 12-2。由于动作空间是有限集，所以网络只输入状态，输出所有动作对应的分位值。动作用来在输出中进行选择。TensorFlow 和 PyTorch 都没有内置分位 Huber 损失，需要自行实现。

代码清单 12-5 分位数回归深度 Q 网络算法智能体（TensorFlow 版本）

代码文件名：PongNoFrameskip-v4_QRDQN_tf.ipynb。

```
class QRDQNAgent:
    def __init__(self, env):
        self.action_n = env.action_space.n
        self.gamma = 0.99
        self.epsilon = 1.

        self.replayer = DQNReplayer(capacity=100000)

        quantile_count = 64
        self.cumprob_tensor = tf.range(1 / (2 * quantile_count),
                1, 1 / quantile_count)[np.newaxis, :, np.newaxis]

        self.evaluate_net = self.build_net(self.action_n, quantile_count)
        self.target_net = models.clone_model(self.evaluate_net)

    def build_net(self, action_n, quantile_count):
        net = keras.Sequential([
                keras.layers.Permute((2, 3, 1), input_shape=(4, 84, 84)),
                layers.Conv2D(32, kernel_size=8, strides=4, activation=nn.relu),
                layers.Conv2D(64, kernel_size=4, strides=2, activation=nn.relu),
                layers.Conv2D(64, kernel_size=3, strides=1, activation=nn.relu),
                layers.Flatten(),
                layers.Dense(512, activation=nn.relu),
                layers.Dense(action_n * quantile_count),
                layers.Reshape((action_n, quantile_count))])
        optimizer = optimizers.Adam(0.0001)
```

```
        net.compile(optimizer=optimizer)
        return net

    def reset(self, mode=None):
        self.mode = mode
        if mode == 'train':
            self.trajectory = []

    def step(self, observation, reward, terminated):
        state_tensor = tf.convert_to_tensor(np.array(observation)[np.newaxis],
                dtype = tf.float32)
        q_component_tensor = self.evaluate_net(state_tensor)
        q_tensor = tf.reduce_mean(q_component_tensor, axis=2)
        action_tensor = tf.math.argmax(q_tensor, axis=1)
        actions = action_tensor.numpy()
        action = actions[0]
        if self.mode == 'train':
            if np.random.rand() < self.epsilon:
                action = np.random.randint(0, self.action_n)

            self.trajectory += [observation, reward, terminated, action]
            if len(self.trajectory) >= 8:
                state, _, _, act, next_state, reward, terminated, _ = \
                        self.trajectory[-8:]
                self.replayer.store(state, act, reward, next_state, terminated)
            if self.replayer.count >= 1024 and self.replayer.count % 10 == 0:
                self.learn()
        return action

    def close(self):
        pass

    def update_net(self, target_net, evaluate_net, learning_rate=0.005):
        average_weights = [(1. - learning_rate) * t + learning_rate * e for t, e
                in zip(target_net.get_weights(), evaluate_net.get_weights())]
        target_net.set_weights(average_weights)

    def learn(self):
        # 经验回放
        batch_size = 32
        states, actions, rewards, next_states, terminateds = \
                self.replayer.sample(batch_size)
        state_tensor = tf.convert_to_tensor(states, dtype = tf.float32)
        reward_tensor = tf.convert_to_tensor(rewards[:, np.newaxis],
                dtype = tf.float32)
        terminated_tensor = tf.convert_to_tensor(terminateds[:, np.newaxis],
                dtype = tf.float32)
        next_state_tensor = tf.convert_to_tensor(next_states, dtype=tf.float32)

        # 计算时序差分目标
        next_q_component_tensor = self.evaluate_net(next_state_tensor)
        next_q_tensor = tf.reduce_mean(next_q_component_tensor, axis=2)
        next_action_tensor = tf.math.argmax(next_q_tensor, axis=1)
        next_actions = next_action_tensor.numpy()
        all_next_q_quantile_tensor = self.target_net(next_state_tensor)
```

```
        indices = [[idx, next_action] for idx, next_action in
                enumerate(next_actions)]
        next_q_quantile_tensor = tf.gather_nd(all_next_q_quantile_tensor,
                indices)
        target_quantile_tensor = reward_tensor + self.gamma \
                * next_q_quantile_tensor* (1. - terminated_tensor)

        # 更新价值网络
        with tf.GradientTape() as tape:
            all_q_quantile_tensor = self.evaluate_net(state_tensor)
            indices = [[idx, action] for idx, action in enumerate(actions)]
            q_quantile_tensor = tf.gather_nd(all_q_quantile_tensor, indices)

            target_quantile_tensor = target_quantile_tensor[:, np.newaxis, :]
            q_quantile_tensor = q_quantile_tensor[:, :, np.newaxis]
            td_error_tensor = target_quantile_tensor - q_quantile_tensor
            abs_td_error_tensor = tf.math.abs(td_error_tensor)
            hubor_delta = 1.
            hubor_loss_tensor = tf.where(abs_td_error_tensor < hubor_delta,
                    0.5 * tf.square(td_error_tensor),
                    hubor_delta* (abs_td_error_tensor - 0.5 * hubor_delta))
            comparison_tensor = tf.cast(td_error_tensor < 0, dtype=tf.float32)
            quantile_regression_tensor = tf.math.abs(self.cumprob_tensor -
                    comparison_tensor)
            quantile_huber_loss_tensor = tf.reduce_mean(tf.reduce_sum(
                    hubor_loss_tensor* quantile_regression_tensor, axis= -1),
                    axis=1)
            loss_tensor = tf.reduce_mean(quantile_huber_loss_tensor)
        grads = tape.gradient(loss_tensor, self.evaluate_net.variables)
        self.evaluate_net.optimizer.apply_gradients(
                zip(grads, self.evaluate_net.variables))

        self.update_net(self.target_net, self.evaluate_net)

        self.epsilon = max(self.epsilon - 1e - 5, 0.05)

agent = QRDQNAgent(env)
```

代码清单 12-6　分位数回归深度 Q 网络算法智能体(PyTorch 版本)

代码文件名：PongNoFrameskip-v4_QRDQN_torch.ipynb。

```
class QRDQNAgent:
    def __init__(self, env):
        self.action_n = env.action_space.n
        self.gamma = 0.99
        self.epsilon = 1.

        self.replayer = DQNReplayer(capacity=100000)

        self.quantile_count = 64
        self.cumprob_tensor = torch.arange(1 / (2 * self.quantile_count),
                1, 1 / self.quantile_count).view(1, -1, 1)

        self.evaluate_net = nn.Sequential(
```

```
                nn.Conv2d(4, 32, kernel_size=8, stride=4), nn.ReLU(),
                nn.Conv2d(32, 64, kernel_size=4, stride=2), nn.ReLU(),
                nn.Conv2d(64, 64, kernel_size=3, stride=1), nn.ReLU(),
                nn.Flatten(),
                nn.Linear(in_features=3136, out_features = 512), nn.ReLU(),
                nn.Linear(in_features=512,
                out_features = self.action_n* self.quantile_count))
        self.target_net = copy.deepcopy(self.evaluate_net)
        self.optimizer = optim.Adam(self.evaluate_net.parameters(), lr=0.0001)

        self.loss = nn.SmoothL1Loss(reduction="none")

    def reset(self, mode = None):
        self.mode = mode
        if mode == 'train':
            self.trajectory = []

    def step(self, observation, reward, terminated):
        state_tensor = torch.as_tensor(observation,
                dtype = torch.float).unsqueeze(0)
        q_component_tensor = self.evaluate_net(state_tensor).view(-1,
                self.action_n, self.quantile_count)
        q_tensor = q_component_tensor.mean(2)
        action_tensor = q_tensor.argmax(dim = 1)
        actions = action_tensor.detach().numpy()
        action = actions[0]
        if self.mode == 'train':
            if np.random.rand() < self.epsilon:
                action = np.random.randint(0, self.action_n)

            self.trajectory += [observation, reward, terminated, action]
            if len(self.trajectory) >= 8:
                state, _, _, act, next_state, reward, terminated, _ = \
                        self.trajectory[-8:]
                self.replayer.store(state, act, reward, next_state, terminated)
            if self.replayer.count >= 1024 and self.replayer.count % 10 == 0:
                self.learn()
        return action

    def close(self):
        pass

    def update_net(self, target_net, evaluate_net, learning_rate=0.005):
        for target_param, evaluate_param in zip(
                target_net.parameters(), evaluate_net.parameters()):
            target_param.data.copy_(learning_rate* evaluate_param.data
                    + (1 - learning_rate)* target_param.data)

    def learn(self):
        # 经验回放
        batch_size = 32
        states, actions, rewards, next_states, terminateds = \
                self.replayer.sample(batch_size)
        state_tensor = torch.as_tensor(states, dtype=torch.float)
        reward_tensor = torch.as_tensor(rewards, dtype=torch.float)
```

```
        terminated_tensor = torch.as_tensor(terminateds, dtype=torch.float)
        next_state_tensor = torch.as_tensor(next_states, dtype=torch.float)

        # 计算时序差分目标
        next_q_component_tensor = self.evaluate_net(next_state_tensor).view(
                -1, self.action_n, self.quantile_count)
        next_q_tensor = next_q_component_tensor.mean(2)
        next_action_tensor = next_q_tensor.argmax(dim=1)
        next_actions = next_action_tensor.detach().numpy()
        all_next_q_quantile_tensor = self.target_net(next_state_tensor
                ).view(-1, self.action_n, self.quantile_count)
        next_q_quantile_tensor = all_next_q_quantile_tensor[
                range(batch_size), next_actions, :]
        target_quantile_tensor = reward_tensor.reshape(batch_size, 1) \
                + self.gamma * next_q_quantile_tensor \
                * (1. - terminated_tensor).reshape(-1, 1)

        all_q_quantile_tensor = self.evaluate_net(state_tensor).view(-1,
                self.action_n, self.quantile_count)
        q_quantile_tensor = all_q_quantile_tensor[range(batch_size), actions, :]

        target_quantile_tensor = target_quantile_tensor.unsqueeze(1)
        q_quantile_tensor = q_quantile_tensor.unsqueeze(2)
        hubor_loss_tensor = self.loss(target_quantile_tensor, q_quantile_tensor)
        comparison_tensor = (target_quantile_tensor
                < q_quantile_tensor).detach().float()
        quantile_regression_tensor = (self.cumprob_tensor
                - comparison_tensor).abs()
        quantile_huber_loss_tensor = (hubor_loss_tensor
                * quantile_regression_tensor).sum(-1).mean(1)
        loss_tensor = quantile_huber_loss_tensor.mean()
        self.optimizer.zero_grad()
        loss_tensor.backward()
        self.optimizer.step()

        self.update_net(self.target_net, self.evaluate_net)

        self.epsilon = max(self.epsilon - 1e-5, 0.05)

agent = QRDQNAgent(env)
```

智能体和环境交互依然使用代码清单 1-3。

12.6.6 用含蓄分位网络算法玩游戏

含蓄分位网络算法的网络结构和类别深度 Q 网络算法与分位数回归深度 Q 网络算法不同。在算法 12-4 中，分位网络 $\phi(s,a,\omega;\mathbf{w})$ 的输入包括状态动作对 (s,a) 和累积概率值 ω。和类别深度 Q 网络算法与分位数回归深度 Q 网络算法的情况一样，由于 Pong 的动作空间有限，所以我们可以不把动作作为网络的输入，而是把动作用来选择网络的输出。与此同时，我们不仅要把状态 s 输入网络，还要把累积概率值 ω 输入网络。但是，状态和分位值的形式很不相同：状态是图像的堆叠，最好用卷积神经网络来提取特征，但是累积概率值只是一个实数。所以，需要采用一些操作把卷积神经网络的输出特征和累积概率值结合起来。本节的实现采用了论文中的余弦嵌入(cosine embedding)：把累积概率值 ω 映射为向量 $\cos(\pi\omega\boldsymbol{\iota})$，其中 $\boldsymbol{\iota}=(1,2,\cdots,k)^{\mathrm{T}}$，$k$ 是向量长度，cos 是逐元素运算。再把这个向量通过全连接网络获得嵌入特征。然后我们把卷积神经网络得到的特征和余弦嵌入得到的特征逐元素相乘，这样就把这两个部分结合起来。结合起来的部分可以再通过全连接网络得到网络的输出。网络的结构见图 12-3，代码见代码清单 12-7 和代码清单 12-8。

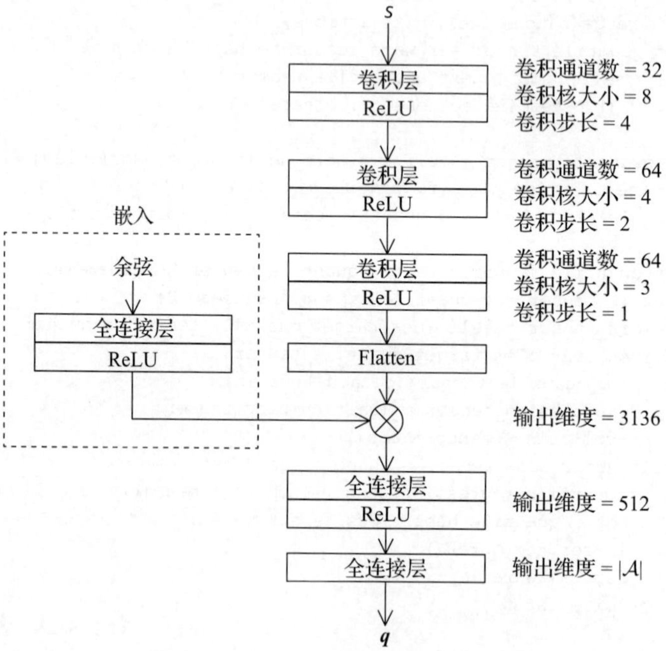

图 12-3 含蓄分位网络使用的神经网络

代码清单 12-7 分位网络(TensorFlow 版本)

代码文件名：PongNoFrameskip-v4_IQN_tf.ipynb。

```
class Net(keras.Model):
    def __init__(self, action_n, sample_count, cosine_count):
        super().__init__()
        self.cosine_count = cosine_count
        self.conv = keras.Sequential([
                keras.layers.Permute((2, 3, 1), input_shape=(4, 84, 84)),
                layers.Conv2D(32, kernel_size=8, strides=4, activation=nn.relu),
                layers.Conv2D(64, kernel_size=4, strides=2, activation=nn.relu),
                layers.Conv2D(64, kernel_size=3, strides=1, activation=nn.relu),
                layers.Reshape((1, 3136))])
        self.emb = keras.Sequential([
                layers.Dense(3136, activation=nn.relu,
                input_shape=(sample_count, cosine_count))])
```

```
        self.fc = keras.Sequential([
                layers.Dense(512, activation=nn.relu),
                layers.Dense(action_n),
                layers.Permute((2, 1))])

    def call(self, input_tensor, cumprob_tensor):
        logit_tensor = self.conv(input_tensor)
        index_tensor = tf.range(1, self.cosine_count + 1, dtype=tf.float32)[
                np.newaxis, np.newaxis, :]
        cosine_tensor = tf.math.cos(index_tensor * np.pi * cumprob_tensor)
        emb_tensor = self.emb(cosine_tensor)
        prod_tensor = logit_tensor * emb_tensor
        output_tensor = self.fc(prod_tensor)
        return output_tensor
```

代码清单 12-8 分位网络(PyTorch 版本)

代码文件名：PongNoFrameskip-v4_IQN_torch.ipynb。

```
class Net(nn.Module):
    def __init__(self, action_n, sample_count, cosine_count = 64):
        super().__init__()
        self.sample_count = sample_count
        self.cosine_count = cosine_count
        self.conv = nn.Sequential(
                nn.Conv2d(4, 32, kernel_size=8, stride=4), nn.ReLU(),
                nn.Conv2d(32, 64, kernel_size=4, stride=2), nn.ReLU(),
                nn.Conv2d(64, 64, kernel_size=3, stride=1), nn.ReLU(),
                nn.Flatten())
        self.emb = nn.Sequential(
                nn.Linear(in_features=64, out_features=3136), nn.ReLU())
        self.fc = nn.Sequential(
                nn.Linear(in_features=3136, out_features=512), nn.ReLU(),
                nn.Linear(in_features=512, out_features=action_n))

    def forward(self, input_tensor, cumprob_tensor):
        batch_size = input_tensor.size(0)
        logit_tensor = self.conv(input_tensor).unsqueeze(1)
        index_tensor = torch.arange(start=1, end=self.cosine_count + 1).view(1,
                1, self.cosine_count)
        cosine_tensor = torch.cos(index_tensor * np.pi * cumprob_tensor)
        emb_tensor = self.emb(cosine_tensor)
        prod_tensor = logit_tensor * emb_tensor
        output_tensor = self.fc(prod_tensor).transpose(1, 2)
        return output_tensor
```

代码清单 12-9 和代码清单 12-10 实现了含蓄分位网络的智能体。每次估计动作价值时，抽取 8 个累积概率值。

代码清单 12-9 含蓄分位网络智能体(TensorFlow 版本)

代码文件名：PongNoFrameskip-v4_IQN_tf.ipynb。

```
class IQNAgent:
    def __init__(self, env):
        self.action_n = env.action_space.n
        self.gamma = 0.99
        self.epsilon = 1.

        self.replayer = DQNReplayer(capacity=100000)

        self.sample_count = 8
        self.evaluate_net = self.build_net(action_n=self.action_n,
                sample_count = self.sample_count)
        self.target_net = self.build_net(action_n=self.action_n,
                sample_count = self.sample_count)

    def build_net(self, action_n, sample_count, cosine_count=64):
        net = Net(action_n, sample_count, cosine_count)
        loss = losses.Huber(reduction="none")
        optimizer = optimizers.Adam(0.0001)
        net.compile(loss=loss, optimizer=optimizer)
        return net

    def reset(self, mode=None):
        self.mode = mode
        if mode == 'train':
            self.trajectory = []

    def step(self, observation, reward, terminated):
        state_tensor = tf.convert_to_tensor(np.array(observation)[np.newaxis],
                dtype=tf.float32)
        prob_tensor = tf.random.uniform((1, self.sample_count, 1))
        q_component_tensor = self.evaluate_net(state_tensor, prob_tensor)
        q_tensor = tf.reduce_mean(q_component_tensor, axis=2)
        action_tensor = tf.math.argmax(q_tensor, axis=1)
        actions = action_tensor.numpy()
        action = actions[0]
        if self.mode == 'train':
            if np.random.rand() < self.epsilon:
                action = np.random.randint(0, self.action_n)
            self.trajectory += [observation, reward, terminated, action]
            if len(self.trajectory) >= 8:
                state, _, _, act, next_state, reward, terminated, _ = \
                        self.trajectory[-8:]
                self.replayer.store(state, act, reward, next_state, terminated)
            if self.replayer.count >= 1024 and self.replayer.count % 10 == 0:
                self.learn()
        return action

    def close(self):
        pass

    def update_net(self, target_net, evaluate_net, learning_rate=0.005):
        average_weights = [(1. - learning_rate) * t + learning_rate * e for t, e
                in zip(target_net.get_weights(), evaluate_net.get_weights())]
        target_net.set_weights(average_weights)
```

```
def learn(self):
    # 经验回放
    batch_size = 32
    states, actions, rewards, next_states, terminateds = \
            self.replayer.sample(batch_size)
    state_tensor = tf.convert_to_tensor(states, dtype=tf.float32)
    reward_tensor = tf.convert_to_tensor(rewards[:, np.newaxis],
            dtype = tf.float32)
    terminated_tensor = tf.convert_to_tensor(terminateds[:, np.newaxis],
            dtype = tf.float32)
    next_state_tensor = tf.convert_to_tensor(next_states, dtype=tf.float32)

    # 计算时序差分目标
    next_cumprob_tensor = tf.random.uniform((batch_size, self.sample_count, 1))
    next_q_component_tensor = self.evaluate_net(next_state_tensor,
            next_cumprob_tensor)
    next_q_tensor = tf.reduce_mean(next_q_component_tensor, axis=2)
    next_action_tensor = tf.math.argmax(next_q_tensor, axis=1)
    next_actions = next_action_tensor.numpy()
    next_cumprob_tensor = tf.random.uniform((batch_size, self.sample_count, 1))
    all_next_q_quantile_tensor = self.target_net(next_state_tensor,
            next_cumprob_tensor)
    indices = [[idx, next_action] for idx, next_action in
            enumerate(next_actions)]
    next_q_quantile_tensor = tf.gather_nd(all_next_q_quantile_tensor,
            indices)
    target_quantile_tensor = reward_tensor + self.gamma \
            * next_q_quantile_tensor * (1. - terminated_tensor)

    with tf.GradientTape() as tape:
        cumprob_tensor = tf.random.uniform((batch_size,
                self.sample_count, 1))
        all_q_quantile_tensor = self.evaluate_net(state_tensor,
                cumprob_tensor)
        indices = [[idx, action] for idx, action in enumerate(actions)]
        q_quantile_tensor = tf.gather_nd(all_q_quantile_tensor, indices)
        target_quantile_tensor = target_quantile_tensor[:, np.newaxis, :]
        q_quantile_tensor = q_quantile_tensor[:, :, np.newaxis]
        td_error_tensor = target_quantile_tensor - q_quantile_tensor
        abs_td_error_tensor = tf.math.abs(td_error_tensor)
        hubor_delta = 1.
        hubor_loss_tensor = tf.where(abs_td_error_tensor < hubor_delta,
                0.5 * tf.square(td_error_tensor),
                hubor_delta* (abs_td_error_tensor - 0.5 * hubor_delta))
        comparison_tensor = tf.cast(td_error_tensor < 0, dtype=tf.float32)
        quantile_regression_tensor = tf.math.abs(cumprob_tensor -
                comparison_tensor)
        quantile_huber_loss_tensor = tf.reduce_mean(tf.reduce_sum(
                hubor_loss_tensor * quantile_regression_tensor, axis=-1),
                axis=1)
        loss_tensor = tf.reduce_mean(quantile_huber_loss_tensor)
    grads = tape.gradient(loss_tensor, self.evaluate_net.variables)
    self.evaluate_net.optimizer.apply_gradients(
            zip(grads, self.evaluate_net.variables))
```

```
        self.update_net(self.target_net, self.evaluate_net)

        self.epsilon = max(self.epsilon - 1e - 5, 0.05)

agent = IQNAgent(env)
```

代码清单 12-10　含蓄分位网络智能体(PyTorch 版本)

代码文件名：PongNoFrameskip-v4_IQN_torch.ipynb。

```
class IQNAgent:
    def __init__(self, env):
        self.action_n = env.action_space.n
        self.gamma = 0.99
        self.epsilon = 1.

        self.replayer = DQNReplayer(capacity=100000)

        self.sample_count = 8
        self.evaluate_net = Net(action_n=self.action_n,
                sample_count = self.sample_count)
        self.target_net = copy.deepcopy(self.evaluate_net)
        self.optimizer = optim.Adam(self.evaluate_net.parameters(), lr=0.0001)
        self.loss = nn.SmoothL1Loss(reduction="none")

    def reset(self, mode=None):
        self.mode = mode
        if mode == 'train':
            self.trajectory = []

    def step(self, observation, reward, terminated):
        state_tensor = torch.as_tensor(observation,
                dtype = torch.float).unsqueeze(0)
        cumprod_tensor = torch.rand(1, self.sample_count, 1)
        q_component_tensor = self.evaluate_net(state_tensor, cumprod_tensor)
        q_tensor = q_component_tensor.mean(2)
        action_tensor = q_tensor.argmax(dim=1)
        actions = action_tensor.detach().numpy()
        action = actions[0]
        if self.mode == 'train':
            if np.random.rand() < self.epsilon:
                action = np.random.randint(0, self.action_n)

            self.trajectory += [observation, reward, terminated, action]
            if len(self.trajectory) >= 8:
                state, _, _, act, next_state, reward, terminated, _ = \
                        self.trajectory[-8:]
                self.replayer.store(state, act, reward, next_state, terminated)
            if self.replayer.count >= 1024 and self.replayer.count %10 == 0:
                self.learn()
        return action

    def close(self):
        pass
```

```
    def update_net(self, target_net, evaluate_net, learning_rate=0.005):
        for target_param, evaluate_param in zip(
                target_net.parameters(), evaluate_net.parameters()):
            target_param.data.copy_(learning_rate * evaluate_param.data
                    + (1 - learning_rate) * target_param.data)

    def learn(self):
        # 经验回放
        batch_size = 32
        states, actions, rewards, next_states, terminateds = \
                self.replayer.sample(batch_size)
        state_tensor = torch.as_tensor(states, dtype=torch.float)
        reward_tensor = torch.as_tensor(rewards, dtype=torch.float)
        terminated_tensor = torch.as_tensor(terminateds, dtype=torch.float)
        next_state_tensor = torch.as_tensor(next_states, dtype=torch.float)

        # 计算时序差分目标
        next_cumprob_tensor = torch.rand(batch_size, self.sample_count, 1)
        next_q_component_tensor = self.evaluate_net(next_state_tensor,
                next_cumprob_tensor)
        next_q_tensor = next_q_component_tensor.mean(2)
        next_action_tensor = next_q_tensor.argmax(dim=1)
        next_actions = next_action_tensor.detach().numpy()
        next_cumprob_tensor = torch.rand(batch_size, self.sample_count, 1)
        all_next_q_quantile_tensor = self.target_net(next_state_tensor,
                next_cumprob_tensor)
        next_q_quantile_tensor = all_next_q_quantile_tensor[
                range(batch_size), next_actions, :]
        target_quantile_tensor = reward_tensor.reshape(batch_size, 1) \
                + self.gamma* next_q_quantile_tensor \
                * (1. - terminated_tensor).reshape(-1, 1)

        cumprob_tensor = torch.rand(batch_size, self.sample_count, 1)
        all_q_quantile_tensor = self.evaluate_net(state_tensor, cumprob_tensor)
        q_quantile_tensor = all_q_quantile_tensor[range(batch_size), actions, :]
        target_quantile_tensor = target_quantile_tensor.unsqueeze(1)
        q_quantile_tensor = q_quantile_tensor.unsqueeze(2)
        hubor_loss_tensor = self.loss(target_quantile_tensor, q_quantile_tensor)
        comparison_tensor = (target_quantile_tensor <
                q_quantile_tensor).detach().float()
        quantile_regression_tensor = (cumprob_tensor - comparison_tensor).abs()
        quantile_huber_loss_tensor = (hubor_loss_tensor *
                quantile_regression_tensor).sum(-1).mean(1)
        loss_tensor = quantile_huber_loss_tensor.mean()
        self.optimizer.zero_grad()
        loss_tensor.backward()
        self.optimizer.step()

        self.update_net(self.target_net, self.evaluate_net)

        self.epsilon = max(self.epsilon - 1e-5, 0.05)

agent = IQNAgent(env)
```

智能体和环境交互依然使用代码清单1-3。

12.7　本章小结

本章介绍了值分布强化学习。在值分布强化学习中，价值估计不再是单一的数值，而是概率分布。本章介绍了对应于第4~6章的基于值算法的值分布强化学习。另外，对于执行者/评论者算法，包括其用于连续动作空间的确定性版本，也可以使用值分布强化学习。

本章要点

- 值分布强化学习引入价值分布，特别是动作价值分布。
- 值分布强化学习可以最大化效用，包括VNM效用和Yarri效用。VNM效用函数 u 作用在动作价值的取值上，Yarri效用的扭曲函数 $\beta:[0,1]\rightarrow[0,1]$ 作用于动作价值的累积概率值。
- 类别深度Q网络算法用神经网络得到类别分布的概率，用来近似动作价值的概率质量函数或概率密度函数。类别深度Q网络算法在训练过程中试图最小化互熵损失。
- 分位数回归深度Q网络算法和含蓄分位网络算法用神经网络近似动作价值的分位函数。它们试图最小化分位数回归Huber损失。分位数回归深度Q网络将[0,1]区间均匀取多个累计概率值输出对应的分位值，而含蓄分位算法在[0,1]区间内随机抽样得到多个累计概率值样本。
- 为了捕获图像的运动，可以用堆叠的多幅图像作为状态。当观测是图像时，可以用卷积神经网络提取特征。

12.8　练习与模拟面试

1. 单选题

(1)值分布强化学习算法与下列哪一类算法最符合：(　　)。

A. 最优价值的强化学习算法

B. 基于策略的强化学习算法

C. 执行者/评论者算法

(2)考虑连续随机变量 X，它的概率密度函数为 p，分位函数为 ϕ，则其期望满足：(　　)。

A. $\mathrm{E}[X]=\mathrm{E}[p(X)]$

B. $\mathrm{E}[X]=\mathrm{E}_{\Omega\sim\mathrm{uniform}[0,1]}[\phi(\Omega)]$

C. $\mathrm{E}[X]=\mathrm{E}[p(X)]$ 且 $\mathrm{E}[X]=\mathrm{E}_{\Omega\sim\mathrm{uniform}[0,1]}[\phi(\Omega)]$

(3)考虑连续随机变量 X，它的分位函数为 ϕ，给定Yarri效用扭曲函数 $\beta:[0,1]\rightarrow$

[0,1]，则随机变量 X 的扭曲期望可以表示为(　　)。

A. $\mathrm{E}^{\langle\beta\rangle}[X]=\int_0^1\phi(\omega)\beta(\omega)\mathrm{d}\omega$

B. $\mathrm{E}^{\langle\beta\rangle}[X]=\int_0^1\phi(\omega)\mathrm{d}\beta(\omega)$

C. $\mathrm{E}^{\langle\beta\rangle}[X]=\int_0^1\phi(\omega)\mathrm{d}\beta^{-1}(\omega)$

(4)关于值分布强化学习算法，下面说法正确的是(　　)。

A. 类别深度 Q 网络算法和分位数回归深度 Q 网络算法试图最小化分位 Huber 损失

B. 类别深度 Q 网络算法和含蓄分位网络算法试图最小化分位 Huber 损失

C. 分位数回归深度 Q 网络算法和含蓄分位网络算法试图最小化分位 Huber 损失

(5)关于值分布强化学习算法，下面说法正确的是(　　)。

A. 类别深度 Q 网络算法随机选取多个累计概率值并计算其对应的分位值，并据此做出决策

B. 分位数回归深度 Q 网络算法随机选取多个累计概率值并计算其对应的分位值，并据此做出决策

C. 含蓄分位网络算法随机选取多个累计概率值并计算其对应的分位值，并据此做出决策

(6)关于类别深度 Q 网络算法，在类别分布的支撑集元素满足 $q^{(i)}=q^{(0)}+i\Delta q(i\in\mathcal{I})$ 形式的情况下，将 $u^{(j)}=r+\gamma q^{(j)}(j\in\mathcal{I})$ 折算到 $q^{(i)}(i\in\mathcal{I})$ 的比例为(　　)。

A. $\mathrm{clip}((u^{(j)}-q^{(i)})/\Delta q,0,1)$

B. $1-\mathrm{clip}(|u^{(j)}-q^{(i)}|/\Delta q,0,1)$

C. $1-\mathrm{clip}(|\mathrm{clip}(u^{(j)},q^{(0)},q^{(|\mathcal{I}|-1)})-q^{(i)}|/\Delta q,0,1)$

2. 编程练习

用本章介绍的任一算法求解 Atari 游戏 `BreakoutNoFrameskip-v4`。

3. 模拟面试

(1)值分布强化学习算法引入概率分布有什么好处?

(2)有什么强化学习方法可以最大化效用函数或最小化统计风险?为什么这个算法能实现这样的功能?

CHAPTER 13

第 13 章

最小化遗憾

本章将学习以下内容。

- 在线强化学习。
- 遗憾。
- 多臂赌博机问题。
- ε 贪心算法。
- 置信上界。
- 第一置信上界算法。
- Bayesian 置信上界算法。
- Thompson 采样算法。
- 置信上界价值迭代算法。
- 探索/利用折中。
- 自定义 Gym 环境。

13.1 遗憾

在一般机器学习的在线学习中，有遗憾的概念。强化学习也可以使用这个概念。首先，我们来回顾一下一般机器学习中的遗憾。

知识卡片：机器学习

在线学习与遗憾

遗憾通常是在线机器学习任务(包括分类任务、回归任务、强化学习任务等)中最重要的性能度量。

最简单的机器学习任务在一开始就能拿到所有数据，这样的任务也可以称为离线任务。离线任务的评价指标常常称为损失。对于分类问题，这里的损失可以是准确率；对于回归问题，这里的损失可以是均方误差；对于强化学习问题，这里的损失可以是负的平均回合奖励。利用所有的数据，我们可以采用各种算法使得损失最小。记可以达到的最小损失为 $\ell_{\min}$。其次，我们会也考虑收敛速度、样本复杂度等指标。收敛速度越快，样本复杂度越小，说明越快达到最优解。但是，对于那些收敛速度很快、样本复杂度很小的算法，在训练的过程中未找到最优解之前，损失也可能很大。特别地，某个算法可能只有在收敛到最优解时损失很小，但是在学习过程中的损失都很大。

与离线任务相对，在线任务能使用的数据是随着时间增加的。我们可以用正整数 $k(k=1,2,\cdots)$ 来表示新数据可以获得的时刻。第 k 批数据记为 $\mathcal{D}^{(k)}$。一开始$(k=0)$，并没有可以利用的数据。第 k 批数据获得前，可以使用的数据为 $\bigcup_{\kappa=1}^{k-1}\mathcal{D}^{(\kappa)}$，第 k 批数据获得后，可以使用的数据为 $\bigcup_{\kappa=1}^{k}\mathcal{D}^{(\kappa)}$。

在线学习的典型场景之一是任务随着时间变化的多任务学习。由于任务随着时间变化，每个任务持续时间有限，所以我们希望这个任务在整个学习过程中都能有比较好的性能。另外一个典型场景是预训练任务和在线任务的组合：先是有个预训练任务，预训练任务使用预训练数据集，预训练过程中的损失无关紧要；但是在预训练结束后会直接用于真实的环境，真实环境与预训练数据集并不完全相同，可以认为是一个不完全相同的在线任务，而在这个在线任务训练过程中的损失是需要关心的。例如，一个强化学习任务可以在模拟器中进行预训练，在模拟器中的失败是廉价的。在模拟器中训练后的智能体要在真实世界使用，而在真实世界中的训练是需要考虑性能的，这一部分也可以认为是在线学习。

为了刻画在学习过程中的性能，研究人员引入了遗憾这个性能指标。给定某个机器学习算法，我们可以定义它的遗憾：假设在第 κ 批数据获得后，这个算法可以得到一个分类器、回归器或策略，采用这个分类器、回归器或策略后得到的损失为 ℓ_κ。那么这个算法在前 k 批数据$(k=1,2,3,\cdots)$上的总遗憾定义为

$$\text{regret}_{\leqslant k}=\sum_{\kappa=1}^{k}\left(\ell_\kappa-\ell_{\min}\right)。$$

遗憾的含义是，如果我们已经知道了最优的分类器、回归器或策略，我们之前有多少空间能做得更好。

我们希望最小化遗憾。

对于回合制的强化学习任务，最常用回合奖励来定义遗憾。假设对于某个任务，能

够达到的最大平均回合奖励为 g_{π_*}。某个强化学习算法在第 k 个回合($k=1,2,\cdots$)达到的平均回合奖励为 g_{π_k}，那么这个强化学习算法在前 k 个回合上的**遗憾**(regret)定义为

$$\text{regret}_{\leqslant k}=\sum_{\kappa=1}^{k}\left(g_{\pi_*}-g_{\pi_\kappa}\right)。$$

要精确地计算一个算法的遗憾非常困难，几乎是不可能的。我们一般只计算渐近值。

13.2 多臂赌博机

在关于遗憾的研究中，多臂赌博机问题是最知名、研究最深入的问题。本节学习多臂赌博机及其求解方法。

13.2.1 多臂赌博机问题描述

多臂赌博机(Multi-Arm Bandit，MAB)问题如下：在一个赌博机有 $|\mathcal{A}|$ 个摇臂。摇动其中一个摇臂可以获得奖励，并且获得奖励的分布与摇动哪一个摇臂有关。我们希望在每次摇动摇臂能获得的奖励期望尽量大，在多次赌博中的遗憾尽可能小。

多臂赌博机问题可以建模为回合制的强化学习问题。每个回合只有 $T=1$ 步。它的状态空间只有唯一的元素 $\mathcal{S}=\{\mathsf{s}\}$，动作空间 $\mathcal{A}$ 一般假设为有限集。所以回合奖励 G 就是单步奖励 R。记摇动摇臂 $\mathsf{a}(\mathsf{a}\in\mathcal{A})$ 时获得奖励 R 的期望为动作价值 $q(\mathsf{a})=\text{E}[R|A=\mathsf{a}]=\sum_r r\Pr[r|A=\mathsf{a}]$。奖励的条件概率分布 $\Pr[R|A=\mathsf{a}]$ 和条件期望 $\text{E}[R|A=\mathsf{a}]$ 都是事先不知道的。由于智能体在刚开始时并不知道环境的动力，只能随机尝试。随着与环境交互的增加，智能体更加了解环境，可以做出越来越聪明的决策。如果智能体可以和环境交互任意多次，最后它能够找到最优策略是总是采用动作 $\mathsf{a}_*=\max\limits_{\mathsf{a}\in\mathcal{A}}q(\mathsf{a})$。

多臂赌博机虽然比一般的 Markov 决策过程简单得多，但是对这个任务的求解已经涉及探索与利用的折中这一强化学习的核心问题。一方面，智能体需要考虑利用，倾向于选择当前动作价值估计最大的摇臂；另一方面，智能体也要探索，去尝试那些目前看起来并不是最优的摇臂。

有些情况下，多臂赌博机问题还有一些额外的假设，比如：

- Bernoulli 奖励多臂赌博机：这是一种典型的奖励空间是离散空间的多臂赌博机。这种赌博机的奖励空间为 $\{0,1\}$。当选取动作 $\mathsf{a}\in\mathcal{A}$ 时，奖励 R 服从分布 $R\sim\text{bernoulli}(q(\mathsf{a}))$，其中 $q(\mathsf{a})\in[0,1]$ 是与动作有关的未知参数。
- Gaussian 奖励多臂赌博机：这是一种典型的奖励空间为连续空间的多臂赌博机。这种赌博机的奖励空间为整个实数集。当选取动作 $\mathsf{a}\in\mathcal{A}$ 时，奖励 R 服从分布 $R\sim\text{normal}(q(\mathsf{a}),\sigma^2(\mathsf{a}))$，其中 $q(\mathsf{a})$ 和 $\sigma^2(\mathsf{a})$ 是和动作有关的参数，$q(\mathsf{a})$ 一般是未知的，$\sigma^2(\mathsf{a})$ 则根据问题的不同可以设计成已知的也可以设计成未知的。

13.2.2　ε 贪心算法

从这个小节开始，我们来看多臂赌博机问题的求解。

4.1.3 节介绍过 ε 贪心算法，这是一种兼顾了探索和利用的算法。我们也可以将 ε 贪心策略用于多臂赌博机问题上(见算法 13-1)。

算法 13-1　ε 贪心算法

参数：探索概率 ε(可随着迭代次数变化)。

1　(初始化)初始化动作价值估计 $q(a)\leftarrow$任意值($a\in\mathcal{A}$)。若使用增量法更新价值还需要初始化计数器 $c(a)\leftarrow 0(a\in\mathcal{A})$。

2　(回合更新)对于每个回合执行一下操作：

2.1　(决策和采样)用动作价值估计 q 导出的 ε 贪心策略决定动作 A(如以 ε 的概率在所有动作中任选一个动作，以 $1-\varepsilon$ 的概率选择动作 $\arg\max\limits_{a\in\mathcal{A}} q(a)$)。执行动作 A，观测得到奖励 R。

2.2　(更新计数和动作价值估计)：更新 $q(A)$ 以减小 $[R-q(A)]^2$。一般使用增量法，

$$c(A)\leftarrow c(A)+1,\ q(A)\leftarrow q(A)+\frac{1}{c(A)}[R-q(A)]。$$

但是，ε 贪心算法不能最小化遗憾。后续小节将介绍能够达到更小渐近界的算法。

13.2.3　置信上界

本节介绍置信上界算法。首先介绍置信上界算法的一般原理，然后再介绍适用于奖励范围在[0,1]内的多臂赌博机的第一置信上界算法，并求得第一置信上界算法的遗憾。

置信上界(Upper Confidence Bound，UCB)的算法思想如下：为每个摇臂 $a\in\mathcal{A}$ 给出一个奖励的估计值 $u(a)$，使得 $q(a)<u(a)$ 成立的概率很大。估计值 $u(a)$ 就称为置信上界。它具有如下形式：

$$u(a)=\hat{q}(a)+b(a),\ a\in\mathcal{A},$$

其中 $\hat{q}(a)$ 是当前动作价值估计，$b(a)$ 是**额外量**(bonus)。在决策时，选择使得 $u(a)$ 最大的那个摇臂。

额外量的选择是有讲究的。一开始，智能体没有关于奖励的任何信息，所以需要设置非常大的额外量(准确地说，趋近于无穷大的额外量)，这使得选择摇臂事实上是随机的。这种情况下事实上是做探索。随着与环境交互的增多，我们可以越来越精确地估计动作价值，需要的额外量慢慢变小。这就意味着探索减少、利用增加。额外量的选取直接决定了性能。

算法 13-2 给出了置信上界算法。

算法 13-2 置信上界算法(如第一置信上界算法)

1 初始化：

1.1 (初始化计数值)初始化计数器 $c(a) \leftarrow 0 (a \in \mathcal{A})$。

1.2 (初始化动作价值估计) $q(a) \leftarrow$ 任意值 $(a \in \mathcal{A})$。

1.3 (初始化策略)最优动作估计 $A \leftarrow$ 任意值。

2 (回合更新)对于每个回合执行以下操作：

2.1 (执行)执行动作 A，观测得到奖励 R。

2.2 (更新计数) $c(A) \leftarrow c(A)+1$。

2.3 (更新动作价值估计) $q(A) \leftarrow q(A)+\frac{1}{c(A)}[R-q(A)]$。

2.4 (更新策略)为每个动作 $a \in \mathcal{A}$ 计算额外量 $b(a)$。(例如，Bernoulli 奖励多臂赌博机的第一置信上界算法为 $b(a)=\sqrt{\frac{2\ln c(\mathcal{A})}{c(a)}}$，其中 $c(\mathcal{A})=\sum_{a \in \mathcal{A}} c(a)$ 。)计算置信上界 $u(a) \leftarrow q(a)+b(a)$。最优动作估计 $A \leftarrow \underset{a \in \mathcal{A}}{\operatorname{argmax}}\, u(a)$。

对于具有不同性质的多臂赌博机，额外量选取方法也不同。对于奖励空间 $\mathcal{R} \subseteq [0,1]$ 的多臂赌博机，可以选择额外量为

$$b(a)=\sqrt{\frac{2\ln c(\mathcal{A})}{c(a)}},$$

其中

$$c(\mathcal{A})=\sum_{a \in \mathcal{A}} c(a)。$$

这时的置信上界算法被称为**第一置信上界算法**(UCB1)。第一置信上界算法的遗憾值为

$$\text{regret}_{\leqslant k}=O(|\mathcal{A}| \ln k)。$$

本节的后续内容就来证明这个遗憾值。这个证明是遗憾值求解中最简单的证明之一，并且它涉及了遗憾值求解中的常用套路。为了获得遗憾的上界，常常考虑一个有很大概率出现的事件。总的遗憾可以分成事件不发生时的遗憾和事件发生时的遗憾这两个部分分别求上界。从探索/利用折中的角度看，事件不发生时相当于探索，这时虽然每个回合的遗憾可能比较大，但是我们可以用集中不等式(如 Hoeffding 不等式)来获得这个事件不发生的概率的上界，使得这部分的总遗憾不大。事件发生时相当于利用，每个回合的遗憾都是有限的，总利用遗憾有一个比较紧的上界。

知识卡片：概率论

Hoeffding 不等式

$X_i (0 \leqslant i < c)$ 是取值在 $[x_{i,\min}, x_{i,\max}]$ 之间独立的随机变量。记 $\bar{X}=\frac{1}{c}\sum_{i=0}^{c-1} X_i$ 。对任意

的 $\varepsilon>0$ 有

$$\Pr[\overline{X}-\mathrm{E}[\overline{X}]\geqslant\varepsilon]\leqslant\exp\left(-\frac{2c^2\varepsilon^2}{\sum\limits_{i=0}^{c-1}(x_{i,\max}-x_{i,\min})^2}\right),$$

$$\Pr[\overline{X}-\mathrm{E}[\overline{X}]\leqslant-\varepsilon]\leqslant\exp\left(-\frac{2c^2\varepsilon^2}{\sum\limits_{i=0}^{c-1}(x_{i,\max}-x_{i,\min})^2}\right)。$$

特别地，如果 X_i 均取值在区间[0,1]内，对任意的 $\varepsilon>0$ 有

$$\Pr[\overline{X}-\mathrm{E}[\overline{X}]\geqslant\varepsilon]\leqslant\exp(-2c\varepsilon^2),$$

$$\Pr[\overline{X}-\mathrm{E}[\overline{X}]\leqslant-\varepsilon]\leqslant\exp(-2c\varepsilon^2)。$$

用 Hoeffding 不等式可以得到下列结论：

- 记 $\tilde{q}_c(\mathsf{a})$ 为利用动作 a 得到的前 c 个奖励获得的动作价值估计。对于任意的正整数 $\kappa>0$，任意的 $\mathsf{a}\in\mathcal{A}$，任意的正整数 $c_\mathsf{a}>0$，有

  $$\Pr\left[q(\mathsf{a})+\sqrt{\frac{2\ln\kappa}{c_\mathsf{a}}}\leqslant\tilde{q}_{c_\mathsf{a}}(\mathsf{a})\right]\leqslant\frac{1}{\kappa^4}。$$

  （证明：显然 $\mathrm{E}[\tilde{q}_{c_\mathsf{a}}(\mathsf{a})]=q(\mathsf{a})$，所以对于 $\varepsilon=\sqrt{\frac{2\ln\kappa}{c_*}}>0$，有

  $$\Pr\left[\tilde{q}_{c_\mathsf{a}}(\mathsf{a})-q(\mathsf{a})\geqslant\sqrt{\frac{2\ln\kappa}{c_\mathsf{a}}}\right]\leqslant\exp\left(-2c_\mathsf{a}\left(\sqrt{\frac{2\ln\kappa}{c_\mathsf{a}}}\right)^2\right),$$

  化简得证。）
- 对于任意的正整数 $\kappa>0$ 和任意的正整数 $c_*>0$，有

  $$\Pr\left[\tilde{q}_{c_*}(\mathsf{a}_*)+\sqrt{\frac{2\ln\kappa}{c_*}}\leqslant q(\mathsf{a}_*)\right]\leqslant\frac{1}{\kappa^4}。$$

  （证明：这是上述命题取 $\mathsf{a}=\mathsf{a}_*$ 的特例。）

我们继续为证明做一些准备工作。

对于任意的正整数 $\kappa>0$ 和任意的动作 $\mathsf{a}\in\mathcal{A}$，可以定义 $\underline{c}_\kappa(\mathsf{a})=\frac{8\ln\kappa}{(q(\mathsf{a}_*)-q(\mathsf{a}))^2}$。对于任意的正整数 $c_\mathsf{a}\geqslant\underline{c}_\kappa(\mathsf{a})$，有 $q(\mathsf{a}_*)\leqslant q(\mathsf{a})+\sqrt{\frac{2\ln\kappa}{c_\mathsf{a}}}+\sqrt{\frac{2\ln\kappa}{c_\mathsf{a}}}$，进而 $\Pr\left[q(\mathsf{a}_*)\leqslant q(\mathsf{a})+\sqrt{\frac{2\ln\kappa}{c_\mathsf{a}}}+\sqrt{\frac{2\ln\kappa}{c_\mathsf{a}}}\right]=0$。

考虑到对于任意的正整数 $\kappa>0$，任意的 $\mathsf{a}\in\mathcal{A}$，任意的正整数 $c_*>0$，$c_\mathsf{a}\geqslant\underline{c}_\kappa(\mathsf{a})$，只要满足

$$\tilde{q}_{c_*}(\mathsf{a}_*)+\sqrt{\frac{2\ln\kappa}{c_*}}\leqslant\tilde{q}_{c_\mathsf{a}}(\mathsf{a})+\sqrt{\frac{2\ln\kappa}{c_\mathsf{a}}},$$

下列三个式子就必然有一个是成立的：

(1) $\tilde{q}_{c_*}(a_*) + \sqrt{\frac{2\ln\kappa}{c_*}} \leqslant q(a_*)$；

(2) $q(a_*) \leqslant q(a) + \sqrt{\frac{2\ln\kappa}{c_a}} + \sqrt{\frac{2\ln\kappa}{c_a}}$；

(3) $q(a) + \sqrt{\frac{2\ln\kappa}{c_a}} \leqslant \tilde{q}_{c_a}(a)$。

（可用反证法证明。如果这三个式子都不成立，则有

$$\tilde{q}_{c_*}(a_*) + \sqrt{\frac{2\ln\kappa}{c_*}} > q(a_*) > q(a) + \sqrt{\frac{2\ln\kappa}{c_a}} + \sqrt{\frac{2\ln\kappa}{c_a}} > \tilde{q}_{c_a}(a) + \sqrt{\frac{2\ln\kappa}{c_a}},$$

矛盾。）所以

$$\begin{aligned}
&\Pr\left[\tilde{q}_{c_*}(a_*) + \sqrt{\frac{2\ln\kappa}{c_*}} \leqslant \tilde{q}_{c_a}(a) + \sqrt{\frac{2\ln\kappa}{c_a}}\right] \\
&\leqslant \Pr\left[\tilde{q}_{c_*}(a_*) + \sqrt{\frac{2\ln\kappa}{c_*}} \leqslant q(a_*)\right] + \Pr\left[q(a_*) \leqslant q(a) + \sqrt{\frac{2\ln\kappa}{c_a}} + \sqrt{\frac{2\ln\kappa}{c_a}}\right] + \\
&\quad \Pr\left[q(a) + \sqrt{\frac{2\ln\kappa}{c_a}} \leqslant \tilde{q}_{c_a}(a)\right] \\
&\leqslant \frac{1}{\kappa^4} + 0 + \frac{1}{\kappa^4} \\
&= \frac{2}{\kappa^4}。
\end{aligned}$$

进而，对于任意的正整数 $\kappa>0$，任意的 $a \in \mathcal{A}$，记在前 κ 个回合中动作 a 出现的次数为 $c_\kappa(a)$次，则

$$\begin{aligned}
&\Pr\left[\tilde{q}_{c_\kappa(a_*)}(a_*) + \sqrt{\frac{2\ln\kappa}{c_\kappa(a_*)}} \leqslant \tilde{q}_{c_\kappa(a)}(a) + \sqrt{\frac{2\ln\kappa}{c_\kappa(a)}}, c_\kappa(a) \geqslant \underline{c}_\kappa(a)\right] \\
&\leqslant \Pr\left[\min_{1\leqslant c_*\leqslant\kappa} \tilde{q}_{c_*}(a_*) + \sqrt{\frac{2\ln\kappa}{c_*}} \leqslant \max_{\underline{c}_\kappa(a)\leqslant c_a\leqslant\kappa} \tilde{q}_{c_a}(a) + \sqrt{\frac{2\ln\kappa}{c_a}}\right] \\
&\leqslant \sum_{c_*=1}^{\kappa} \sum_{c_a=\underline{c}_\kappa(a)}^{\kappa} \Pr\left[\tilde{q}_{c_*}(a_*) + \sqrt{\frac{2\ln\kappa}{c_*}} \leqslant \tilde{q}_{c_a}(a) + \sqrt{\frac{2\ln\kappa}{c_a}}\right] \\
&\leqslant \kappa \cdot \kappa \cdot \frac{2}{\kappa^4} \\
&= \frac{2}{\kappa^2}。
\end{aligned}$$

由于 $A_\kappa = a$ 时必有 $\tilde{q}_{c_\kappa(a_*)}(a_*) + \sqrt{\frac{2\ln\kappa}{c_\kappa(a_*)}} \leqslant \tilde{q}_{c_\kappa(a)}(a) + \sqrt{\frac{2\ln\kappa}{c_\kappa(a)}}$，所以

$$
\begin{aligned}
&\Pr[A_\kappa = a, c_\kappa(a) > \underline{c}_\kappa(a)] \\
&\leqslant \Pr\left[\tilde{q}_{c_\kappa(a_*)}(a_*) + \sqrt{\frac{2\ln\kappa}{c_\kappa(a_*)}} \leqslant \tilde{q}_{c_\kappa(a)}(a) + \sqrt{\frac{2\ln\kappa}{c_\kappa(a)}}, c_\kappa(a) \geqslant \underline{c}_\kappa(a)\right] \\
&\leqslant \frac{2}{\kappa^2}。
\end{aligned}
$$

我们继续求解第一置信上界的遗憾。对于任意的正整数 $k>0$ 和任意的动作 $a \neq a_*$，我们可以把计数的期望分割成两个部分来求解：

$$
\begin{aligned}
&\mathrm{E}[c_k(a)] \\
&= \sum_{\kappa=1}^{k} \Pr[A_\kappa = a] \\
&= \sum_{\kappa=1}^{k} \Pr[A_\kappa = a, c_\kappa(a) \leqslant \underline{c}_k(a)] + \sum_{\kappa=1}^{k} \Pr[A_\kappa = a, c_\kappa(a) > \underline{c}_k(a)] \\
&\leqslant \underline{c}_k(a) + \sum_{\kappa=1}^{k} \frac{2}{\kappa^2} \\
&\leqslant \frac{8\ln k}{(q(a_*) - q(a))^2} + \frac{\pi^2}{3}。
\end{aligned}
$$

所以遗憾值

$$
\begin{aligned}
&\mathrm{regret}_{\leqslant k} \\
&= \sum_{\kappa=1}^{k} (q(a_*) - q(a_\kappa)) \\
&= \sum_{a \in \mathcal{A}, a \neq a_*} (q(a_*) - q(a)) \mathrm{E}[c_k(a)] \\
&\leqslant \sum_{a \in \mathcal{A}, a \neq a_*} (q(a_*) - q(a)) \left(\frac{8\ln k}{(q(a_*) - q(a))^2} + \frac{\pi^2}{3}\right) \\
&= \sum_{a \in \mathcal{A}, a \neq a_*} \frac{8}{q(a_*) - q(a)} \ln k + \frac{\pi^2}{3} \sum_{a \in \mathcal{A}} (q(a_*) - q(a)) \\
&\leqslant \frac{8}{\min\limits_{a \in \mathcal{A}, a \neq a_*} (q(a_*) - q(a))} |\mathcal{A}| \ln k + \frac{\pi^2}{3} \sum_{a \in \mathcal{A}} (q(a_*) - q(a))。
\end{aligned}
$$

至此，我们证明了遗憾为 $O(|\mathcal{A}| \ln k)$。

这个渐近遗憾中含有常系数 $8 \Big/ \min\limits_{a \in \mathcal{A}, a \neq a_*} (q(a_*) - q(a))$。如果最优动作价值和次优动作价值相差很小，那么这个常数可能会很大。

13.2.4 Bayesian 置信上界算法

我们已经知道，置信上界算法需要设计合适的置信上界的表达式 $u(a) = \tilde{q}(a) +$

$b(a)$，使得$u(a)>q(a)$的概率很小。Bayesian 置信上界算法是一种利用 Bayesian 原理确定置信上界的算法。

Bayesian 置信上界算法（Bayesian Upper Confidence Bound，Bayesian UCB）的原理如下：假设在摇动摇臂$a\in\mathcal{A}$时奖励服从参数为$\boldsymbol{\theta}(a)$的某种分布。利用这个分布及其参数可以确定出动作价值。如果参数$\boldsymbol{\theta}(a)$服从某种分布，那么动作价值也服从由参数$\boldsymbol{\theta}(a)$决定的某种分布。那么我就可以选择一个值（比如$\mu(\boldsymbol{\theta}(a))+3\sigma(\boldsymbol{\theta}(a))$，其中$\mu(\boldsymbol{\theta}(a))$和$\sigma(\boldsymbol{\theta}(a))$分别是以$\boldsymbol{\theta}(a)$为参数的分布的动作价值的均值和标准差），使得动作价值大于这个值的概率很小。随着得到越来越多的数据，动作价值满足的分布的方差不断减小，可以选择的值也就越来愈精确。

在实际使用 Bayesian 置信算法时，需要确定摇动摇臂时奖励服从的分布类型，并且通常假设参数的分布类型是上述似然分布的共轭分布。选择共轭分布的原因在于，在迭代过程中参数分布的分布形式是一致的，只需要更新分布的参数。下面给出一些共轭分布的例子。

知识卡片：概率论

共轭分布

在 Bayesian 概率论中，对于给定的似然分布$p(x\mid\theta)$（其中似然分布的参数为θ，数据为x），如果先验分布$p(\theta)$和后验分布$p(\theta\mid x)$具有相同的分布形式，那么这样的分布形式就称为似然分布的**共轭分布**（conjugate distribution）。

Beta 分布是二项分布的共轭分布。具体而言，给定似然分布为$X\sim\text{binomial}(n,\theta)$，其概率质量函数为$p(x\mid\theta)=\binom{n}{k}\theta^x(1-\theta)^{n-x}$。可让先验分布为$\Theta\sim\text{beta}(\alpha,\beta)$，其概率密度函数为

$$p(\theta)=\frac{\Gamma(\alpha+\beta)}{\Gamma(\alpha)\Gamma(\beta)}\theta^{\alpha-1}(1-\theta)^{\beta-1};$$

则后验概率分布为$\Theta\sim\text{beta}(\alpha+x,\ \beta+n-x)$，概率密度函数为

$$p(\theta\mid x)=\frac{\Gamma(\alpha+\beta+n)}{\Gamma(\alpha+x)\Gamma(\beta+n-x)}\theta^{\alpha+x-1}(1-\theta)^{\beta+n-x-1}。$$

先验概率和后验概率的形式一致，都是 Beta 分布。

Bernoulli 分布是二项分布的特例，所以 Beta 分布也是它的共轭分布。具体而言，似然分布为$X\sim\text{bernoulli}(\theta)$，其概率质量函数为$p(x\mid\theta)=\theta^x(1-\theta)^{n-x}$。可让先验分布为$\Theta\sim\text{beta}(\alpha,\beta)$，其概率密度函数为$p(\theta)=\frac{\Gamma(\alpha+\beta)}{\Gamma(\alpha)\Gamma(\beta)}\theta^{\alpha-1}(1-\theta)^{\beta-1}$；则后验概率分布为$\Theta\sim\text{beta}(\alpha+x,\beta+1-x)$，概率密度函数为$p(\theta\mid x)=\frac{\Gamma(\alpha+\beta+1)}{\Gamma(\alpha+x)\Gamma(\beta+1-x)}\theta^{\alpha+x-1}(1-\theta)^{\beta-x}$。先验概率和后验概率的形式一致，都是 Beta 分布。

正态分布是正态分布的共轭分布。具体而言，设似然分布为 $\text{normal}(\theta,\sigma^2_{似然})$，其概率密度函数为 $p(x\mid\theta)=\frac{1}{\sqrt{2\pi\sigma^2_{似然}}}\exp\left(-\frac{(x-\theta)^2}{2\sigma^2_{似然}}\right)$，其中 $\sigma^2_{似然}$ 是事先确定的已知量。可让先验分布为 $\text{normal}(\mu_{先验},\sigma^2_{先验})$，则后验分布为 $\text{normal}\left(\frac{\frac{\mu_{先验}}{\sigma^2_{先验}}+\frac{x}{\sigma^2_{似然}}}{\frac{1}{\sigma^2_{先验}}+\frac{1}{\sigma^2_{似然}}},\frac{1}{\frac{1}{\sigma^2_{先验}}+\frac{1}{\sigma^2_{似然}}}\right)$。先验概率和后验概率的形式一致，都是正态分布。

13.2.1 节提到了两种特殊的多臂赌博机：Bernoulli 奖励多臂赌博机和 Gaussian 奖励多臂赌博机。对于这两种赌博机，Bayesian 置信上界算法采用下列设置。

- Bernoulli 奖励多臂赌博机：当选取动作 $\mathsf{a}\in\mathcal{A}$ 时，奖励 R 服从分布 $R\sim\text{bernoulli}\ (q(\mathsf{a}))$，其中 $q(\mathsf{a})$ 是未知的参数。由于 Beta 分布是 Bernoulli 分布的共轭分布，所以 Bernoulli 奖励多臂赌博机常用 Beta 分布作为先验分布。
- Gaussian 奖励多臂赌博机：当选取动作 $\mathsf{a}\in\mathcal{A}$ 时，奖励 R 服从分布 $R\sim\text{normal}(q(\mathsf{a}),\sigma^2_{似然})$，其中 $q(\mathsf{a})$ 是未知的参数，而 $\sigma^2_{似然}$ 是实现确定的已知量。由于正态分布是正态分布的共轭分布，所以 Gaussian 奖励多臂赌博机常用正态分布作为先验分布。

Bayesian 置信上界算法见算法 13-3。其中特别标注了对 Bernoulli 奖励多臂赌博机和 Gaussian 奖励多臂赌博机的处理方法。

算法 13-3 Bayesian 置信上界算法

参数：奖励似然。如 Bernoulli 似然奖励、Gaussian 似然奖励。

1 初始化：

1.1 （初始化分布参数）对于 Bernoulli 奖励多臂赌博机的先验分布为 Beta 分布 $\text{beta}(\alpha(\mathsf{a}),\beta(\mathsf{a}))$，可初始化参数 $\alpha(\mathsf{a})\leftarrow1$，$\beta(\mathsf{a})\leftarrow1$；对于 Gaussian 奖励多臂赌博机先验分布为正态分布 $\text{normal}(\mu(\mathsf{a}),\sigma(\mathsf{a}))$，可初始化参数 $\mu(\mathsf{a})\leftarrow0$，$\sigma(\mathsf{a})\leftarrow1$。

1.2 （初始化策略）确定任意的动作 $\mathsf{A}\leftarrow$任意值。

2 （回合更新）对于每个回合执行一下操作：

2.1 （执行）执行动作 A，观测得到奖励 R。

2.2 （更新分布参数）对于 Beta 先验的 Bernoulli 奖励多臂赌博机：

$$\alpha(\mathsf{A})\leftarrow\alpha(\mathsf{A})+R,\ \beta(\mathsf{A})\leftarrow\beta(\mathsf{A})+1-R。$$

对于 Gaussian 先验并已知似然方差 $\sigma^2_{似然}$ 的 Gaussian 奖励多臂赌博机：

$$\mu(\mathsf{A})\leftarrow\left(\frac{\mu(\mathsf{A})}{\sigma^2(\mathsf{A})}+\frac{R}{\sigma^2_{似然}}\right)\bigg/\left(\frac{1}{\sigma^2(\mathsf{A})}+\frac{1}{\sigma^2_{似然}}\right),\ \sigma(\mathsf{A})\leftarrow1\bigg/\sqrt{\frac{1}{\sigma^2(\mathsf{A})}+\frac{1}{\sigma^2_{似然}}}。$$

2.3 （更新策略）计算每个动作 $\mathsf{a}\in\mathcal{A}$ 下分布的均值 $\mu(\mathsf{a})$ 和标准差 $\sigma(\mathsf{a})$。对于 Beta 分布，

$$\mu(\mathsf{a})\leftarrow\frac{\alpha(\mathsf{a})}{\alpha(\mathsf{a})+\beta(\mathsf{a})},\ \sigma(\mathsf{a})\leftarrow\frac{1}{\alpha(\mathsf{a})+\beta(\mathsf{a})}\sqrt{\frac{\alpha(\mathsf{a})\beta(\mathsf{a})}{\alpha(\mathsf{a})+\beta(\mathsf{a})+1}}。$$

对于 Gaussian 分布，均值和标准差本身就是参数。计算 Bayesian 置信上界 $u(a) \leftarrow \mu(a) + 3\sigma(a)$。选择动作

$$A \leftarrow \arg\max_{a \in \mathcal{A}} u(a)。$$

Bayesian 置信上界算法由于引入了参数的先验分布，所以它事实上试图最小化的是在先验分布下的遗憾值。

13.2.5 Thompson 采样算法

Thompson 采样算法是一种和 Bayesian 置信上界类似的算法。不过，它不直接从维护的参数分布里计算得到置信上界，而是直接对分布进行采样，利用采样得到的样本进行决策。这样的采样就起到了概率匹配(probability matching)的作用。

算法 13-4 给出了 Thompson 采样算法。它和 Bayesian 置信上界算法(算法 13-3)的区别仅在于 2.3 步决策方法的不同。

算法 13-4 Thompson 采样算法

参数：奖励似然。如 Bernoulli 似然奖励、Gaussian 似然奖励。

1 初始化：

1.1 (初始化分布参数)对于 Bernoulli 奖励多臂赌博机的先验分布为 Beta 分布 $\text{beta}(\alpha(a), \beta(a))$，可初始化参数 $\alpha(a) \leftarrow 0$，$\beta(a) \leftarrow 0$；对于 Gaussian 奖励多臂赌博机先验分布为正态分布 $\text{normal}(\mu(a), \sigma(a))$，可初始化参数 $\mu(a) \leftarrow 0$，$\sigma(a) \leftarrow 1$。

1.2 (初始化策略)确定任意的动作 $A \leftarrow$ 任意值。

2 (回合更新)对于每个回合执行一下操作：

2.1 (执行)执行动作 A，观测得到奖励 R。

2.2 (更新分布参数)对于 Beta 先验的 Bernoulli 奖励多臂赌博机：

$$\alpha(A) \leftarrow \alpha(A) + R,\ \beta(A) \leftarrow \beta(A) + 1 - R。$$

对于 Gaussian 先验并已知似然方差 $\sigma^2_{似然}$ 的 Gaussian 奖励多臂赌博机：

$$\mu(A) \leftarrow \left(\frac{\mu(A)}{\sigma^2(A)} + \frac{R}{\sigma^2_{似然}}\right) \Big/ \left(\frac{1}{\sigma^2(A)} + \frac{1}{\sigma^2_{似然}}\right),\ \sigma(A) \leftarrow 1 \Big/ \sqrt{\frac{1}{\sigma^2(A)} + \frac{1}{\sigma^2_{似然}}}。$$

2.3 (更新策略)根据分布进行采样，得到 $q(a)(a \in \mathcal{A})$。选择动作 $A \leftarrow \arg\max_{a \in \mathcal{A}} q(a)$。

Thompson 采样算法和 Bayesian 置信上界算法有着相同的渐近遗憾。

13.3 置信上界价值迭代

13.2 节考虑的多臂赌博机实际上是一类比较特殊的 Markov 决策过程：它只有一个状态，每个回合只有一步。这节考虑更加一般的有限 Markov 决策过程。

置信上界价值迭代(Upper Confidence Bound Value Iteration，UCBVI)算法是一个试图

最小化有限 Markov 决策过程遗憾的算法。置信上界价值迭代算法的思路是：为动作价值和状态价值都维护置信上界，使得动作价值置信上界小于真实动作价值的概率很小，使得状态价值置信上界小于真实状态价值的概率很小。当 Markov 决策过程的动力的数学模型不知道时，这个算法用历史上的访问频次来估计动力。所以，这是一种有模型的算法。算法 13-5 给出了这个算法。

算法 13-5　置信上界价值迭代算法

参数：回合回报范围 $[0, g_{\max}]$，回合最大步数 $t_{\max}$，迭代回合数 k，其他参数。

1 初始化：

1.1 （初始化计数值和转移概率估计）初始化 $c(s,a,s') \leftarrow 0\ (s \in \mathcal{S},\ a \in \mathcal{A},\ s' \in \mathcal{S}^+)$，$c(s,a) \leftarrow 0\ (s \in \mathcal{S}, a \in \mathcal{A})$。初始化转移概率估计 $p(s' \mid s,a) \leftarrow 1/|\mathcal{S}|\ (s \in \mathcal{S},\ a \in \mathcal{A},\ s' \in \mathcal{S}^+)$。

1.2 （初始化置信上界）初始化动作价值置信上界 $u^{(q)}(s,a) \leftarrow g_{\max}\ (s \in \mathcal{S},\ a \in \mathcal{A})$，初始化状态价值置信上界 $u^{(v)}(s) \leftarrow g_{\max}\ (s \in \mathcal{S})$。

2 （价值迭代）迭代 k 个回合，对每个回合执行以下操作：

2.1 （采样）用动作价值置信上界导出的策略生成轨迹 $S_0, A_0, R_1, S_1, \cdots, S_{T-1}, A_{T-1}, R_T, S_T$，其中 $T \leqslant t_{\max}$。

2.2 对 $t \leftarrow T-1, T-2, \cdots, 0$，执行以下步骤：

2.2.1 （更新计数值和转移概率估计）根据历史信息更新计数值 $c(S_t, A_t, S_{t+1}) \leftarrow c(S_t, A_t, S_{t+1}) + 1$，$c(S_t, A_t) \leftarrow c(S_t, A_t) + 1$，更新转移概率估计 $p(s' \mid S_t, A_t) \leftarrow \dfrac{c(S_t, A_t, s')}{c(S_t, A_t)}\ (s' \in \mathcal{S}^+)$。

2.2.2 （更新动作价值置信上界）$u^{(q)}(S_t, A_t) \leftarrow R_{t+1} + b(S_t, A_t) + \sum_{s' \in \mathcal{S}} p(s' \mid S_t, A_t) u^{(v)}(s')$（额外量可取 $b(S_t, A_t) \leftarrow 2g_{\max}\sqrt{\dfrac{\ln|\mathcal{S}||\mathcal{A}|k^2 t_{\max}^2}{c(S_t, A_t)}}$）。$u^{(q)}(S_t, A_t) \leftarrow \min\{u^{(q)}(S_t, A_t), g_{\max}\}$。

2.2.3 （更新状态价值置信上界）$u^{(v)}(S_t) \leftarrow \max_{a \in \mathcal{A}} u^{(q)}(S_t, a)$。

知识卡片：渐进复杂度

$\tilde{O}$ 记号

$\tilde{O}$ 记号（$\tilde{O}$ notation，读作 soft-O notation）：$f(x) = \tilde{O}(g(x))$ 表示存在 $n \in \mathbb{R}_+$，使得

$$f(x) = O(g(x) \ln^n g(x))。$$

对于某个 Markov 决策过程，记回合步数上界为 $t_{\max}$，回合回报上界为 $g_{\max}$。迭代 k 个回合的置信上界价值迭代算法中取额外量 $b(s,a) \leftarrow 2g_{\max}\sqrt{\dfrac{\ln|\mathcal{S}||\mathcal{A}|k^2 t_{\max}^2}{c(s,a)}}$ 后的遗憾满足

$$\text{regret}_{\leqslant k} < 8g_{\max}|\mathcal{S}|\sqrt{|\mathcal{A}|kt_{\max}\ln|\mathcal{S}||\mathcal{A}|k^2 t_{\max}^2} + 2\frac{g_{\max}}{t_{\max}},$$

用 $\tilde{O}$ 记号可简写为 $\tilde{O}(g_{\max}|\mathcal{S}|\sqrt{|\mathcal{A}|kt_{\max}})$。本节的后续内容就来证明这一结论。

在正式证明之前，我们先来看一些证明中需要的不等式。

知识卡片：不等式

Cauchy-Schwarz 不等式

Cauchy-Schwarz 不等式的一种形式如下：若 $\boldsymbol{p}=(p(x): x\in\mathcal{X})$ 和 $\boldsymbol{q}=(q(x): x\in\mathcal{X})$ 是两个实向量，则有

$$\left(\sum_{x\in\mathcal{X}}p(x)q(x)\right)^2\leqslant\left(\sum_{x\in\mathcal{X}}p^2(x)\right)\left(\sum_{x\in\mathcal{X}}q^2(x)\right)。$$

推论：

$$\sum_{x\in\mathcal{X}}|p(x)|\leqslant\sqrt{|\mathcal{X}|}\sqrt{\sum_{x\in\mathcal{X}}p^2(x)},$$

$$\sum_{x\in\mathcal{X}}\sqrt{|p(x)|}\leqslant\sqrt{|\mathcal{X}|}\sqrt{\sum_{x\in\mathcal{X}}|p(x)|}。$$

（证明：第一个式子令 $q(x)=1(x\in\mathcal{X})$ 再两边开根号即得。第二个式子用 $\sqrt{|p(x)|}$ 代替 $|p(x)|$ 即得。）

知识卡片：概率论

离散分布经验概率质量函数误差的集中不等式

考虑有限集 $\mathcal{X}$ 上的概率分布 $\boldsymbol{p}=(p(x): x\in\mathcal{X})$。现在利用这个概率分布独立采样得到 c 个样本 $X_0,X_1,\cdots,X_{c-1}$，得到经验分布 $\hat{\boldsymbol{p}}(X_0,X_1,\cdots,X_{c-1})=\frac{1}{c}\sum_{i=0}^{c-1}\hat{\boldsymbol{p}}_i(X_i)$，其中 $\hat{\boldsymbol{p}}_i(X_i)=\{1_{[X_i=x]}:x\in\mathcal{X}\}$，那么对于任意的 $\varepsilon>0$，有

$$\Pr\left[\|\hat{\boldsymbol{p}}(X_0,X_1,\cdots,X_{c-1})-\boldsymbol{p}\|_2\geqslant\frac{1}{\sqrt{c}}+\varepsilon\right]\leqslant\exp(-c\varepsilon^2)$$

$$\Pr\left[\|\hat{\boldsymbol{p}}(X_0,X_1,\cdots,X_{c-1})-\boldsymbol{p}\|_1\geqslant\sqrt{|\mathcal{X}|}\left(\frac{1}{\sqrt{c}}+\varepsilon\right)\right]\leqslant\exp(-c\varepsilon^2)。$$

证明这个结论需要用到 McDiarmid 不等式和 Cauchy-Schwarz 不等式。McDiarmid 不等式的内容如下：考虑各样本独立的 c 个随机变量 $X_0,X_1,\cdots,X_{c-1}(X_i\in\mathcal{X}_i,\ i=0,1,\cdots,c-1)$。对于函数 f: $\mathcal{X}_0\times\mathcal{X}_1\times\cdots\times\mathcal{X}_{c-1}$，如果存在一个实数组 $(b_i: i=0,1,\cdots,c-1)$，使得对于任意的 $(x_0,x_1,\cdots,x_{c-1})\in\mathcal{X}_0\times\mathcal{X}_1\times\cdots\times\mathcal{X}_{c-1}$，$j\in\{0,1,\cdots,c-1\}$，$x'_j\in\mathcal{X}_j$，均有

$$|f(x_0,x_1,\cdots,x_j,\cdots,x_{c-1})-f(x_0,x_1,\cdots,x'_j,\cdots,x_{c-1})|<b_j,$$

则对于任意的 $\varepsilon>0$，有

$$\Pr[|f(X_0,X_1,\cdots,X_{c-1})-\mathrm{E}[f(X_0,X_1,\cdots,X_{c-1})]|\geqslant\varepsilon]\leqslant\exp\left(-\frac{2\varepsilon^2}{\sum_{i=0}^{c-1}b_i^2}\right)。$$

接下来我们来证明离散分布概率质量函数误差的集中不等式。考虑函数 $f(x_0,x_1,\cdots,x_{c-1}) = \|\hat{\boldsymbol{p}}(x_0,x_1,\cdots,x_{c-1}) - \boldsymbol{p}\|_2((x_0,x_1,\cdots,x_{c-1}) \in \mathcal{X}_0 \times \mathcal{X}_1 \times \cdots \times \mathcal{X}_{c-1})$。可以验证，对于任意的$(x_0,x_1,\cdots,x_{c-1}) \in \mathcal{X}_0 \times \mathcal{X}_1 \times \cdots \times \mathcal{X}_{c-1}$，$j \in \{0,1,\cdots,c-1\}$，$x'_j \in \mathcal{X}_j$，均有

$$
\begin{aligned}
&|f(x_0,x_1,\cdots,x_j,\cdots,x_{c-1}) - f(x_0,x_1,\cdots,x'_j,\cdots,x_{c-1})| \\
&\quad = \|\hat{\boldsymbol{p}}(x_0,x_1,\cdots,x_j,\cdots,x_{c-1}) - \boldsymbol{p}\|_2 - \|\hat{\boldsymbol{p}}(x_0,x_1,\cdots,x'_j,\cdots,x_{c-1}) - \boldsymbol{p}\|_2 \\
&\quad \leqslant \|\hat{\boldsymbol{p}}(x_0,x_1,\cdots,x_j,\cdots,x_{c-1}) - \hat{\boldsymbol{p}}(x_0,x_1,\cdots,x'_j,\cdots,x_{c-1})\|_2 \\
&\quad = \left\|\frac{1}{c}(\hat{\boldsymbol{p}}_j(x_j) - \hat{\boldsymbol{p}}_j(x'_j))\right\|_2 \\
&\quad = \frac{\sqrt{2}}{c},
\end{aligned}
$$

这样就验证了 McDiarmid 不等式的条件，所以

$$\Pr[\,|\,\|\hat{\boldsymbol{p}}(X_0,X_1,\cdots,X_{c-1}) - \boldsymbol{p}\|_2 - \mathrm{E}[\|\hat{\boldsymbol{p}}(X_0,X_1,\cdots,X_{c-1}) - \boldsymbol{p}\|_2]\,| \geqslant \varepsilon] \leqslant \exp(-c\varepsilon^2),$$

即

$$\Pr[\,|\,\|\hat{\boldsymbol{p}}(X_0,X_1,\cdots,X_{c-1}) - \boldsymbol{p}\|_2\,| \geqslant \mathrm{E}[\|\hat{\boldsymbol{p}}(X_0,X_1,\cdots,X_{c-1}) - \boldsymbol{p}\|_2] + \varepsilon] \leqslant \exp(-c\varepsilon^2),$$

接下来我们来求 $\mathrm{E}[\|\hat{\boldsymbol{p}}(X_0,X_1,\cdots,X_{c-1}) - \boldsymbol{p}\|_2]$。考虑到 $\mathrm{E}[\hat{\boldsymbol{p}}_i(X_i)] = \boldsymbol{p}(i \in \{0,1,\cdots,c-1\})$有

$$
\begin{aligned}
\mathrm{E}[\|\hat{\boldsymbol{p}}_i(X_i) - \boldsymbol{p}\|_2^2] &\leqslant \mathrm{E}[\|\hat{\boldsymbol{p}}_i(X_i)\|_2^2 - 2(\hat{\boldsymbol{p}}_i(X_i))^{\mathrm{T}}\boldsymbol{p} + \|\boldsymbol{p}\|_2^2] \\
&= 1 - (\mathrm{E}[\hat{\boldsymbol{p}}_i(X_i)])^{\mathrm{T}}\boldsymbol{p} + \|\boldsymbol{p}\|_2^2 = 1 - \|\boldsymbol{p}\|_2^2 < 1,
\end{aligned}
$$

考虑到

$$
\begin{aligned}
&\mathrm{E}[\hat{\boldsymbol{p}}_i(X_i) - \boldsymbol{p}] = 0, \quad i \in \{0,1,\cdots,c-1\}, \\
&\mathrm{E}[(\hat{\boldsymbol{p}}_{i'}(X_{i'}) - \boldsymbol{p})^{\mathrm{T}}(\hat{\boldsymbol{p}}_{i''}(X_{i''}) - \boldsymbol{p})] = 0,\ i' \neq i'',
\end{aligned}
$$

有

$$
\begin{aligned}
\mathrm{E}\left[\left\|\frac{1}{c}\sum_{i=0}^{c-1}\hat{\boldsymbol{p}}_i(X_i) - \boldsymbol{p}\right\|_2^2\right] &= \frac{1}{c^2}\sum_{i=0}^{c-1}\mathrm{E}[\|\hat{\boldsymbol{p}}_i(X_i) - \boldsymbol{p}\|_2^2] \\
&= \frac{1}{c^2}\sum_{i=0}^{c-1}\mathrm{E}[\|\hat{\boldsymbol{p}}_i(X_i) - \boldsymbol{p}\|_2^2] \leqslant \frac{1}{c^2}\sum_{i=0}^{c-1}1 = \frac{1}{c}。
\end{aligned}
$$

再注意到

$$
\begin{aligned}
(\mathrm{E}[\|\hat{\boldsymbol{p}}(X_0,X_1,\cdots,X_{c-1}) - \boldsymbol{p}\|_2])^2 &\leqslant \mathrm{E}[\|\hat{\boldsymbol{p}}(X_0,X_1,\cdots,X_{c-1}) - \boldsymbol{p}\|_2^2] \\
&= \mathrm{E}\left[\left\|\frac{1}{c}\sum_{i=0}^{c-1}\hat{\boldsymbol{p}}_i(X_i) - \boldsymbol{p}\right\|_2^2\right],
\end{aligned}
$$

所以

$$\mathrm{E}[\|\hat{\boldsymbol{p}}(X_0,X_1,\cdots,X_{c-1}) - \boldsymbol{p}\|_2] \leqslant \sqrt{\mathrm{E}\left[\left\|\frac{1}{c}\sum_{i=0}^{c-1}\hat{\boldsymbol{p}}_i(X_i) - \boldsymbol{p}\right\|_2^2\right]} \leqslant \frac{1}{\sqrt{c}},$$

进而得到第一个不等式

$$\Pr\left[\ \|\hat{\boldsymbol{p}}(X_0,X_1,\cdots,X_{c-1})-\boldsymbol{p}\|_2\geqslant\frac{1}{\sqrt{c}}+\varepsilon\right]\leqslant\exp(-c\varepsilon^2),\ \varepsilon>0。$$

再利用 Cauchy-Schwarz 不等式的推论 $\|\hat{\boldsymbol{p}}(X_0,X_1,\cdots,X_{c-1})-\boldsymbol{p}\|_1\leqslant\sqrt{|\mathcal{X}|}\ \|\hat{\boldsymbol{p}}(X_0,X_1,\cdots,X_{c-1})-\boldsymbol{p}\|_2$ 可以得到第二个不等式。得证。

下面就来证明置信上界价值迭代算法遗憾界。

我们用 π_κ 表示生成 κ 个回合轨迹时使用的策略（$\kappa\in\{1,2,\cdots,k\}$）。用下标 κ，t 来表示第 κ 个回合第 t 步时各变量的值，例如在第 κ 个回合第 t 步计数值为 $c_{\kappa,t}(\mathsf{s},\mathsf{a})$（$\mathsf{s}\in\mathcal{S}$，$\mathsf{a}\in\mathcal{A}$）和 $c_{\kappa,t}(\mathsf{s},\mathsf{a},\mathsf{s}')$（$\mathsf{s}\in\mathcal{S}$，$\mathsf{a}\in\mathcal{A}$，$\mathsf{s}'\in\mathcal{S}^+$），转移概率估计为

$$p_{\kappa,t}(\mathsf{s}'|\mathsf{s},\mathsf{a})=\frac{c_{\kappa,t}(\mathsf{s},\mathsf{a},\mathsf{s}')}{c_{\kappa,t}(\mathsf{s},\mathsf{a})},\quad \mathsf{s}\in\mathcal{S},\ \mathsf{a}\in\mathcal{A},\ \mathsf{s}'\in\mathcal{S}^+。$$

与之相比，没有下标的 $p(\cdot|\cdot,\cdot)$ 表示真实的转移概率。

给定 $\mathsf{s}\in\mathcal{S}$，$\mathsf{a}\in\mathcal{A}$，$\kappa\in\{1,2,\cdots,k\}$，$t\in\{0,1,\cdots,t_{\max}-1\}$。由于

$$\mathrm{E}\left[\sum_{\mathsf{s}'}p_{\kappa,t}(\mathsf{s}'|\mathsf{s},\mathsf{a})v_*(\mathsf{s}')\right]=\sum_{\mathsf{s}'}p(\mathsf{s}'|\mathsf{s},\mathsf{a})v_*(\mathsf{s}'),\quad \mathsf{s}\in\mathcal{S},\ \mathsf{a}\in\mathcal{A},$$

并且 $\sum_{\mathsf{s}'}p_{\kappa,t}(\mathsf{s}'|\mathsf{s},\mathsf{a})v_*(\mathsf{s}')\in[0,g_{\max}]$，利用 Hoeffding 不等式可知对于 $\varepsilon>0$ 有

$$\Pr\left[\left|\sum_{\mathsf{s}'}p_{\kappa,t}(\mathsf{s}'|\mathsf{s},\mathsf{a})v_*(\mathsf{s}')-\sum_{\mathsf{s}'}p(\mathsf{s}'|\mathsf{s},\mathsf{a})v_*(\mathsf{s}')\right|\geqslant\varepsilon\right]\leqslant 2\exp\left(-\frac{2c_{\kappa,t}(\mathsf{s},\mathsf{a})\varepsilon^2}{g_{\max}^2}\right),$$

在上式中取 $\varepsilon=g_{\max}\sqrt{\frac{\ln 2|\mathcal{S}||\mathcal{A}|k^2t_{\max}^2}{2c_{\kappa,t}(\mathsf{s},\mathsf{a})}}$，有 $2\exp\left(-\frac{2c_{\kappa,t}(\mathsf{s},\mathsf{a})\varepsilon^2}{t_{\max}^2}\right)=\frac{1}{|\mathcal{S}||\mathcal{A}|k^2t_{\max}^2}$。所以

$$\Pr\left[\left|\sum_{\mathsf{s}'}p_{\kappa,t}(\mathsf{s}'|\mathsf{s},\mathsf{a})v_*(\mathsf{s}')-\sum_{\mathsf{s}'}p(\mathsf{s}'|\mathsf{s},\mathsf{a})v_*(\mathsf{s}')\right|\geqslant g_{\max}\sqrt{\frac{\ln 2|\mathcal{S}||\mathcal{A}|k^2t_{\max}^2}{c_{\kappa,t}(\mathsf{s},\mathsf{a})}}\right]\leqslant\frac{1}{|\mathcal{S}||\mathcal{A}|k^2t_{\max}^2}。$$

考虑到在 k 和 $t_{\max}$ 比较大时，$\sqrt{\ln 2|\mathcal{S}||\mathcal{A}|k^2t_{\max}^2}\leqslant 2\sqrt{\ln|\mathcal{S}||\mathcal{A}|k^2t_{\max}^2}$，可以得到

$$\Pr\left[\left|\sum_{\mathsf{s}'}p_{\kappa,t}(\mathsf{s}'|\mathsf{s},\mathsf{a})v_*(\mathsf{s}')-\sum_{\mathsf{s}'}p(\mathsf{s}'|\mathsf{s},\mathsf{a})v_*(\mathsf{s}')\right|\geqslant 2g_{\max}\sqrt{\frac{\ln|\mathcal{S}||\mathcal{A}|k^2t_{\max}^2}{c_{\kappa,t}(\mathsf{s},\mathsf{a})}}\right]\leqslant\frac{1}{|\mathcal{S}||\mathcal{A}|k^2t_{\max}^2}。$$

定义事件 v 为对于所有的 $\mathsf{s}\in\mathcal{S}$，$\mathsf{a}\in\mathcal{A}$，$\kappa\in\{1,2,\cdots,k\}$，$t\in\{0,1,\cdots,t_{\max}-1\}$ 不

等式

$$\left| \sum_{s'} p_{\kappa,t}(s' | s,a) v_*(s') - \sum_{s'} p(s' | s,a) v_*(s') \right| \leqslant 2g_{\max} \sqrt{\frac{\ln |\mathcal{S}||\mathcal{A}| k^2 t_{\max}^2}{c_{\kappa,t}(s,a)}}$$

均成立。用联合界可知事件 v 不成立的概率 $\Pr[V \neq v] \leqslant \frac{1}{kt_{\max}}$。

当事件 v 发生时，对于任意的 $s \in \mathcal{S}$，$a \in \mathcal{A}$，$\kappa \in \{1,2,\cdots,k\}$，$t \in \{0,1,\cdots,t_{\max}-1\}$，考虑到 $b_{\kappa,t}(s,a) = 2g_{\max}\sqrt{\frac{\ln |\mathcal{S}||\mathcal{A}| k^2 t_{\max}^2}{c_{\kappa,t}(s,a)}}$，有

$$\left| \sum_{s'} p_{\kappa,t}(s' | s,a) v_*(s') - \sum_{s'} p(s' | s,a) v_*(s') \right| \leqslant b_{\kappa,t}(s,a),$$

进而

$$b_{\kappa,t}(s,a) + \sum_{s'} p_{\kappa,t}(s' | s,a) v_*(s') - \sum_{s'} p(s' | s,a) v_*(s') \geqslant 0。$$

我们还可以进一步证明

$$u_{\kappa,t}^{(v)}(s) \geqslant v_*(s)。$$

这可以通过数学归纳法证明。对于终止状态，$u^{(v)}(s_{终止}) = 0$ 和 $v_*(s_{终止}) = 0$，所以成立。假设在第 $t+1$ 步以后都成立，进而有

$$\begin{aligned} & u_{\kappa,t}^{(q)}(s,a) - q_*(s,a) \\ & = b_{\kappa,t}(s,a) + \sum_{s'} p_{\kappa,t}(s' | s,a) u^{(v)}(s') - \sum_{s'} p(s' | s,a) v_*(s') \\ & \geqslant b_{\kappa,t}(s,a) + \sum_{s'} p_{\kappa,t}(s' | s,a) v_*(s') - \sum_{s'} p(s' | s,a) v_*(s') \\ & \geqslant 0, \quad s \in \mathcal{S}, \ a \in \mathcal{A}, \end{aligned}$$

上述第一个不等号用了递推关系，第二个不等号用了事件 v 发生时满足的不等式。再考虑 $v_*(s) = \max_{a \in \mathcal{A}} q_*(s,a)$，即得出归纳结果。

当事件 v 发生时，有

$$\begin{aligned} & \mathrm{E}_{\pi_\kappa}[v_*(S_{\kappa,0}) - v_{\pi_\kappa}(S_{\kappa,0}) | V = v] \\ & \leqslant \sum_{t=0}^{t_{\max}-1} \gamma^t \mathrm{E}_{\pi_\kappa}\Big[b_{\kappa,t}(S_{\kappa,t}, A_{\kappa,t}) + \gamma \sum_{s'} (p_{\kappa,t}(s' | S_{\kappa,t}, A_{\kappa,t}) - \\ & \quad p(s' | S_{\kappa,t}, A_{\kappa,t})) u_{\kappa,t}^{(v)}(s') \,|\, V = v \Big]。 \end{aligned}$$

（证明：当事件 v 发生时，有 $u_{\kappa,0}^{(v)}(s) \geqslant v_*(s)(s \in \mathcal{S})$，所以

$$\mathrm{E}_{\pi_\kappa}[v_*(S_{\kappa,0}) - v_{\pi_\kappa}(S_{\kappa,0}) | V = v] \leqslant \mathrm{E}_{\pi_\kappa}[u_{\kappa,0}^{(v)}(S_{\kappa,0}) - v_{\pi_\kappa}(S_{\kappa,0}) | V = v]。$$

接下来用递推法证明

$$
\begin{aligned}
&\mathrm{E}_{\pi_\kappa}[u_{\kappa,0}^{(v)}(S_{\kappa,0}) - v_{\pi_\kappa}(S_{\kappa,0}) \mid V=v] \\
&\leqslant \sum_{t=0}^{t_{\max}-1} \gamma^t \mathrm{E}_{\pi_\kappa}[b_{\kappa,t}(S_{\kappa,t},A_{\kappa,t}) + \gamma \sum_{s'} (p_{\kappa,t}(s' \mid S_{\kappa,t},A_{\kappa,t}) - \\
&\quad p(s' \mid S_{\kappa,t},A_{\kappa,t}))u_{\kappa,t}^{(v)}(s') \mid V=v]。
\end{aligned}
$$

为了简单这里强制令 $R_{\kappa,t+1} = r(S_{\kappa,t},\ A_{\kappa,t})$，得到

$$
u_{\kappa,t}^{(q)}(S_{\kappa,t},A_{\kappa,t}) = r(S_{\kappa,t},A_{\kappa,t}) + b_{\kappa,t}(S_{\kappa,t},A_{\kappa,t}) + \gamma \sum_{s'} p_{\kappa,t}(s' \mid S_{\kappa,t},A_{\kappa,t}) u_{\kappa,t}^{(v)}(s'),
$$

再减去

$$
q_{\pi_\kappa}(S_{\kappa,t},A_{\kappa,t}) = r(S_{\kappa,t},A_{\kappa,t}) - \gamma \sum_{s'} p(s' \mid S_{\kappa,t},A_{\kappa,t}) v_{\pi_\kappa}(s'),
$$

得到

$$
\begin{aligned}
&u_{\kappa,t}^{(q)}(S_{\kappa,t},A_{\kappa,t}) - q_{\pi_\kappa}(S_{\kappa,t},A_{\kappa,t}) \\
&= b_{\kappa,t}(S_{\kappa,t},A_{\kappa,t}) + \gamma \left(\sum_{s'} p_{\kappa,t}(s' \mid S_{\kappa,t},A_{\kappa,t}) u_{\kappa,t}^{(v)}(s') - \sum_{s'} p(s' \mid S_{\kappa,t},A_{\kappa,t}) u_{\kappa,t}^{(v)}(s') \right) \\
&= b_{\kappa,t}(S_{\kappa,t},A_{\kappa,t}) + \gamma \left(\sum_{s'} (p_{\kappa,t}(s' \mid S_{\kappa,t},A_{\kappa,t}) - p(s' \mid S_{\kappa,t},A_{\kappa,t})) u_{\kappa,t}^{(v)}(s') \right) + \\
&\quad \gamma \sum_{s'} p(s' \mid S_{\kappa,t},A_{\kappa,t}) (u_{\kappa,t}^{(v)}(s') - v_{\pi_{k\kappa}}(s'))
\end{aligned}
$$

由于 $A_{\kappa,t}$ 的选择方法，得到递推式

$$
\begin{aligned}
&u_{\kappa,t}^{(v)}(S_{\kappa,t}) - v_{\pi_\kappa}(S_{\kappa,t}) \\
&\leqslant b_{\kappa,t}(S_{\kappa,t},A_{\kappa,t}) + \gamma(\sum_{s'} (p_{\kappa,t}(s' \mid S_{\kappa,t},A_{\kappa,t}) - p(s' \mid S_{\kappa,t},A_{\kappa,t})) u_{\kappa,t}^{(v)}(s')) + \\
&\quad \gamma \sum_{s'} p(s' \mid S_{\kappa,t},A_{\kappa,t}) (u_{\kappa,t}^{(v)}(s') - v_{\pi_\kappa}(s'))。
\end{aligned}
$$

所以，

$$
\begin{aligned}
&\mathrm{E}_{\pi_\kappa}[u_{\kappa,0}^{(v)}(S_{\kappa,0}) - v_{\pi_\kappa}(S_{\kappa,0}) \mid V=v] \\
&\leqslant \sum_{t=0}^{t_{\max}-1} \gamma^t \mathrm{E}_{\pi_\kappa}[b_{\kappa,t}(S_{\kappa,t},A_{\kappa,t}) + \gamma \sum_{s'} (p_{\kappa,t}(s' \mid S_{\kappa,t},A_{\kappa,t}) - p(s' \mid S_{\kappa,t},A_{\kappa,t})) u_{\kappa,t}^{(v)}(s') \mid V=v]。
\end{aligned}
$$

得证。）

给定 $s \in \mathcal{S}$，$a \in \mathcal{A}$，$\kappa \in \{1,2,\cdots,k\}$，$t \in \{0,1,\cdots,t_{\max}-1\}$。利用离散分布的经验分布与累计分布距离的集中不等式可以知道对于 $\varepsilon > 0$ 有

$$
\Pr\left[\sum_{s'} |p_{\kappa,t}(s' \mid s,a) - p(s' \mid s,a)| \geqslant \sqrt{|\mathcal{S}|} \left(\frac{1}{\sqrt{c_{\kappa,t}(s,a)}} + \varepsilon \right) \right] \leqslant \exp(-c_{\kappa,t}(s,a)\varepsilon^2),
$$

在上式中取 $\varepsilon = \sqrt{\dfrac{\ln |\mathcal{S}||\mathcal{A}| k^2 t_{\max}^2}{c_{\kappa,t}(s,\ a)}}$，可得

$$
\Pr\left[\sum_{s'} |p_{\kappa,t}(s' \mid s,a) - p(s' \mid s,a)| \geqslant 2\sqrt{\frac{|\mathcal{S}| \ln |\mathcal{S}||\mathcal{A}| k^2 t_{\max}^2}{c_{\kappa,t}(s,a)}} \right] \leqslant \frac{1}{|\mathcal{S}||\mathcal{A}| k^2 t_{\max}^2}。
$$

定义事件 p 为对于所有的 $s\in\mathcal{S}$，$a\in\mathcal{A}$，$\kappa\in\{1,2,\cdots,k\}$，$t\in\{0,1,\cdots,t_{\max}-1\}$ 不等式

$$\sum_{s'}|p_{\kappa,t}(s'|s,a)-p(s'|s,a)|\leqslant 2\sqrt{\frac{|\mathcal{S}|\ln|\mathcal{S}||\mathcal{A}|k^2t_{\max}^2}{c_{\kappa,t}(s,a)}}$$

都成立。用联合界可知事件 p 不成立的概率 $\Pr[P\neq p]\leqslant\frac{1}{kt_{\max}}$。

当事件 p 发生时，对任意的 $s\in\mathcal{S}$，$a\in\mathcal{A}$，$\kappa\in\{1,2,\cdots,k\}$，$t\in\{0,1,\cdots,t_{\max}-1\}$，有

$$\begin{aligned}&\left|\sum_{s'}(p_{\kappa,t}(s'|s,a)-p(s'|s,a))u_{\kappa,t}^{(v)}(s')\right|\\&\leqslant\sum_{s'}\left|p_{\kappa,t}(s'|s,a)-p(s'|s,a)|\max_{s'}|u_{\kappa,t}^{(v)}(s')\right|\\&\leqslant 2\sqrt{\frac{|\mathcal{S}|\ln|\mathcal{S}||\mathcal{A}|k^2t_{\max}^2}{c_{\kappa,t}(s,a)}}g_{\max}\text{。}\end{aligned}$$

所以，当事件 v 和 p 同时发生时，对任意的 $\kappa\in\{1,2,\cdots,k\}$，有

$$\begin{aligned}&\mathrm{E}_{\pi_\kappa}[v_*(S_{\kappa,0})-v_{\pi_\kappa}(S_{\kappa,0})|V=v,P=p]\\&\leqslant\sum_{t=0}^{t_{\max}-1}\gamma^t\mathrm{E}_{\pi_\kappa}\left[b_{\kappa,t}(S_{\kappa,t},A_{\kappa,t})+\gamma\sum_{s'}(p_{\kappa,t}(s'|S_{\kappa,t},A_{\kappa,t})-p(s'|S_{\kappa,t},A_{\kappa,t}))u_{\kappa,t}^{(v)}(s')\,|\,V=v,P=p\right]\\&\leqslant\sum_{t=0}^{t_{\max}-1}\gamma^t\mathrm{E}_{\pi_\kappa}\left[2g_{\max}\sqrt{\frac{\ln|\mathcal{S}||\mathcal{A}|k^2t_{\max}^2}{c_{\kappa,t}(S_{\kappa,t},A_{\kappa,t})}}+\gamma 2g_{\max}\sqrt{\frac{|\mathcal{S}|\ln|\mathcal{S}||\mathcal{A}|k^2t_{\max}^2}{c_{\kappa,t}(S_{\kappa,t},A_{\kappa,t})}}\,|\,V=v,P=p\right]\\&\leqslant 4g_{\max}\sqrt{|\mathcal{S}|\ln|\mathcal{S}||\mathcal{A}|k^2t_{\max}^2}\,\mathrm{E}_{\pi_\kappa}\left[\sum_{t=0}^{t_{\max}-1}\sqrt{\frac{1}{c_{\kappa,t}(S_{\kappa,t},A_{\kappa,t})}}\,|\,V=v,P=p\right],\end{aligned}$$

进而

$$\begin{aligned}&\sum_{\kappa=1}^{k}\mathrm{E}_{\pi_\kappa}[v_*(S_{\kappa,0})-v_{\pi_k}(S_{\kappa,0})|V=v,P=p]\\&\qquad\leqslant 4g_{\max}\sqrt{|\mathcal{S}|\ln|\mathcal{S}||\mathcal{A}|k^2t_{\max}^2}\,\mathrm{E}_{\pi_\kappa}\left[\sum_{\kappa=1}^{k}\sum_{t=0}^{t_{\max}-1}\sqrt{\frac{1}{c_{\kappa,t}(S_{\kappa,t},A_{\kappa,t})}}\,|\,V=v,P=p\right]\text{。}\end{aligned}$$

考虑到对任意的正整数 n 有 $\sum_{i=1}^{n}\sqrt{\frac{1}{i}}\leqslant 2\sqrt{n}$，而表达式 $\sum_{\kappa=1}^{k}\sum_{t=0}^{t_{\max}-1}\sqrt{\frac{1}{c_{\kappa,t}(S_{\kappa,t},A_{\kappa,t})}}$ 无非就是对于每一步遇到的状态动作对 $(S_{\kappa,t},A_{\kappa,t})$ 所对应的计数值求和，所以

$$\sum_{\kappa=1}^{k}\sum_{t=0}^{t_{\max}-1}\sqrt{\frac{1}{c_{\kappa,t}(S_{\kappa,t},A_{\kappa,t})}}=\sum_{s\in\mathcal{S},a\in\mathcal{A}}\sum_{i=1}^{c_{k,t_{\max}-1}(s,a)}\sqrt{\frac{1}{i}}\leqslant\sum_{s\in\mathcal{S},a\in\mathcal{A}}2\sqrt{c_{k,t_{\max}}(s,a)}\text{。}$$

再考虑到 Cauchy-Schwarz 不等式的推论

$$\sum_{s\in\mathcal{S},a\in\mathcal{A}}\sqrt{c_{k,t_{\max}}(s,a)}\leqslant\sqrt{|\mathcal{S}||\mathcal{A}|\sum_{s\in\mathcal{S},a\in\mathcal{A}}c_{k,t_{\max}}(s,a)},$$

以及 $\sum_{s\in\mathcal{S},a\in\mathcal{A}} c_{k,t_{\max}}(s,a) = kt_{\max}$ 可得

$$\begin{aligned}&\sum_{\kappa=1}^{k}\sum_{t=0}^{t_{\max}-1}\sqrt{\frac{1}{c_{\kappa,t}(S_{\kappa,t},A_{\kappa,t})}}\\&\leqslant \sum_{s\in\mathcal{S},a\in\mathcal{A}}2\sqrt{c_{k,t_{\max}}(s,a)}\leqslant 2\sqrt{|\mathcal{S}||\mathcal{A}|\sum_{s\in\mathcal{S},a\in\mathcal{A}}c_{k,t_{\max}}(s,a)} = 2\sqrt{|\mathcal{S}||\mathcal{A}|kt_{\max}},\end{aligned}$$

所以

$$\begin{aligned}&\sum_{\kappa=1}^{k}\mathrm{E}_{\pi_\kappa}[v_*(S_{\kappa,0}) - v_{\pi_\kappa}(S_{\kappa,0})\,|\,V=v,P=p]\\&\leqslant 4g_{\max}\sqrt{|\mathcal{S}|\ln|\mathcal{S}||\mathcal{A}|k^2t_{\max}^2}\,\mathrm{E}\left[\sum_{\kappa=1}^{k}\sum_{t=0}^{t_{\max}-1}\sqrt{\frac{1}{c(S_{\kappa,t},A_{\kappa,t})}}\right]\\&\leqslant 4g_{\max}\sqrt{|\mathcal{S}|\ln|\mathcal{S}||\mathcal{A}|k^2t_{\max}^2}\,2\sqrt{|\mathcal{S}||\mathcal{A}|kt_{\max}}\\&= 8g_{\max}|\mathcal{S}|\sqrt{|\mathcal{A}|kt_{\max}\ln|\mathcal{S}||\mathcal{A}|k^2t_{\max}^2}。\end{aligned}$$

由于事件 v 不发生的概率小于等于 $1/kt_{\max}$，事件 p 不发生的概率小于等于 $1/kt_{\max}$，那么事件 v 或事件 p 不发生的概率小于等于 $2/kt_{\max}$。而无论事件 v 和事件 p 是否发生，均有

$$\sum_{\kappa=1}^{k}(v_*(S_0) - v_{\pi_\kappa}(S_0)) \leqslant \sum_{\kappa=1}^{k}v_*(S_0) \leqslant kg_{\max}。$$

所以

$$\begin{aligned}&\text{regret}_{\leqslant k}\\&= \sum_{\kappa=1}^{k}\mathrm{E}_{\pi_\kappa}[v_*(S_0) - v_{\pi_\kappa}(S_0)]\\&< 1\times 8g_{\max}|\mathcal{S}|\sqrt{|\mathcal{A}|kt_{\max}\ln|\mathcal{S}||\mathcal{A}|k^2t_{\max}^2} + \frac{2}{kt_{\max}}\times kg_{\max}\\&= 8g_{\max}|\mathcal{S}|\sqrt{|\mathcal{A}|kt_{\max}\ln|\mathcal{S}||\mathcal{A}|k^2t_{\max}^2} + 2\frac{g_{\max}}{t_{\max}}。\end{aligned}$$

证毕。

在证明的过程中，遗憾可以看作被分为了探索部分和利用部分分别求上界。事件 v 不成立或事件 p 不成立时，遗憾可以看作探索部分，这部分出现时遗憾可能比较大，但是它出现的概率比较小，所以探索遗憾有上界。事件 v 和事件 p 均成立时，遗憾可以看作利用部分，这部分出现的概率比较大，但是出现时每次遗憾都较小，所以利用遗憾也有上界。

13.4　案例：Bernoulli 奖励多臂赌博机

本节我们来实现并且求解 Bernoulli 奖励多臂赌博机环境。

13.4.1 创建自定义环境

在前几章中涉及的环境要么是Gym库自带的，要么是通过第三方库导入的。这节我们将从头开始写一个自己的环境。这个环境要适配Gym的接口，使得我们可以像用其他Gym库那样来使用这个环境。

通过Gym库的使用，我们可以知道要定义自定义环境需要满足以下几点：

- Gym库的使用需要通过gym.make()函数获取环境对象env，而每个环境对象的基类都是gym.Env类。所以，我们自定义的环境要定义为gym.Env类的扩展类，并且要以某种方式注册在Gym库里使得gym.make()函数可以找到。
- 对于环境对象env，可以通过env.observation_space得到观测空间，env.action_space得到动作空间。所以，自定义的环境类需要重写构造函数，并在构造函数里构造出self.observation_space和self.action_space。
- Gym库中环境的主要核心逻辑是回合内的逻辑，特别是env.reset()函数对应的初始化逻辑和env.step()函数对应的下一步逻辑。自定义的环境类当然要实现自己环境的逻辑。另外，我们也要相应实现函数env.render()以显示环境，实现函数env.close()以妥善释放资源。

综合以上分析，要扩展Gym库，我们是要实现一个gym.Env类的扩展类，重写构造函数并构造出观测空间observation_space和动作空间action_space，重写reset()函数和step()函数实现环境模型，重写render()函数实现可视化，重写close()函数释放资源。然后把这个类注册到Gym库里。

代码清单13-1给出了环境类BernoulliMABEnv的代码。Gym库API的环境需要从gym.Env类继承而来。在构造函数，需要指定状态空间和动作空间。需要实现成员函数step()。另外，可选择性的实现成员为reset()、close()、render()。这里只实现了reset()，没有实现close()和render()。

代码清单13-1 环境类BernoulliMABEnv

代码文件名：BernoulliMABEnv-v0_demo.ipynb。

```
class BernoulliMABEnv(gym.Env):
    """带Bernoulli奖励的多臂赌博机"""

    def __init__(self, n=10, means=None):
        super(BernoulliMABEnv, self).__init__()
        self.observation_space = spaces.Box(low=0, high=0, shape=(0,), dtype=float)
        self.action_space = spaces.Discrete(n)
        self.means = means or self.np_random.random(n)

    def reset(self, *, seed=None, options=None):
        super().reset(seed=seed)
        return np.empty(0, dtype=float), {}
```

```
    def step(self, action):
        mean = self.means[action]
        reward = self.np_random.binomial(1, mean)
        observation = np.empty(0, dtype=float)
        return observation, reward, True, False, {}
```

实现好环境类 BernoulliMABEnv 后，我们要把它注册到 Gym 库里，这样才可以被 gym.make() 函数识别。注册需要使用函数 gym.envs.registration.register()。gym.envs.registration.register() 函数有关键参数 id 和 entry_point 等。id 是 str 类型的参数，表示要用 gym.make() 得到环境时用的环境 ID。entry_point 则指向环境对应的环境类。代码清单 13-2 将环境类 BernoulliMABEnv 注册为任务 BernoulliMABEnv-v0。

代码清单 13-2　将环境类 BernoulliMABEnv 注册到 Gym 库里

代码文件名：BernoulliMABEnv-v0_demo.ipynb。

```
from gym.envs.registration import register
register(id='BernoulliMABEnv-v0', entry_point=BernoulliMABEnv)
```

至此，我们已经完全实现好环境了。

13.4.2　用 ε 贪心策略求解

本节用 ε 贪心策略来求解这个环境。智能体代码见代码清单 13-3。

代码清单 13-3　用 ε 贪心策略求解

代码文件名：BernoulliMABEnv-v0_demo.ipynb。

```
class EpsilonGreedyAgent:
    def __init__(self, env):
        self.epsilon = 0.1
        self.action_n = env.action_space.n
        self.counts = np.zeros(self.action_n, dtype=float)
        self.qs = np.zeros(self.action_n, dtype=float)

    def reset(self, mode=None):
        self.mode=mode

    def step(self, observation, reward, terminated):
        if np.random.rand() < self.epsilon:
            action = np.random.randint(self.action_n)
        else:
            action = self.qs.argmax()
        if self.mode == 'train':
            if terminated:
                self.reward = reward  # 保存奖励
            else:
                self.action = action  # 保存动作
        return action
```

```
    def close(self):
        if self.mode == 'train':
            self.counts[self.action] += 1
            self.qs[self.action] += (self.reward - self.qs[self.action]) / \
                    self.counts[self.action]
```

智能体和环境交互依然使用代码清单 1-3。

每次训练我们都能得到一个遗憾样本。如果要估计平均遗憾，则需要多次训练，对多个遗憾样本进行平均。代码清单 13-4 训练了 100 个智能体以估计平均遗憾。

代码清单 13-4 估计平均遗憾

代码文件名：BernoulliMABEnv-v0_demo.ipynb。

```
trial_regrets = []
for trial in range(100):
    # 每组实验都创建新的智能体。想要将智能体换成其他智能体可以改这里
    agent = EpsilonGreedyAgent(env)

    # 训练
    episode_rewards = []
    for episode in range(1000):
        episode_reward, elapsed_steps = play_episode(env, agent, seed=episode,
                mode='train')
        episode_rewards.append(episode_reward)
    regrets = env.means.max() - np.array(episode_rewards)
    trial_regret = regrets.sum()
    trial_regrets.append(trial_regret)

    # 测试
    episode_rewards = []
    for episode in range(100):
        episode_reward, elapsed_steps = play_episode(env, agent)
        episode_rewards.append(episode_reward)
    logging.info('实验%d: 平均回合奖励 = %.2f ± %.2f, 遗憾值 = %.2f',
            trial, np.mean(episode_rewards), np.std(episode_rewards),
            trial_regret)

logging.info('平均遗憾 = %.2f ± %.2f',
        np.mean(trial_regrets), np.std(trial_regrets))
```

13.4.3 用第一置信上界求解

由于 Bernoulli 奖励多臂赌博机的奖励范围在[0,1]内，所以可以使用第一置信上界算法求解。代码清单 13-5 给出了用第一置信上界求解的智能体。

代码清单 13-5 用第一置信上界求解

代码文件名：BernoulliMABEnv-v0_demo.ipynb。

```
class UCB1Agent:
    def __init__(self, env):
```

```
        self.action_n = env.action_space.n
        self.counts = np.zeros(self.action_n, dtype=float)
        self.qs = np.zeros(self.action_n, dtype=float)

    def reset(self, mode=None):
        self.mode = mode

    def step(self, observation, reward, terminated):
        total_count = max(self.counts.sum(), 1)  # 以1为下界
        sqrts = np.sqrt(2 * np.log(total_count) / self.counts.clip(min=0.01))
        ucbs = self.qs + sqrts
        action = ucbs.argmax()
        if self.mode == 'train':
            if terminated:
                self.reward = reward  # 保存奖励
            else:
                self.action = action  # 保存动作
        return action

    def close(self):
        if self.mode == 'train':
            self.counts[self.action] += 1
            self.qs[self.action] += (self.reward - self.qs[self.action]) / \
                    self.counts[self.action]
```

智能体和环境交互依然使用代码清单 1-3。想要估计平均遗憾可在代码清单 13-4 中替换智能体。

13.4.4 用 Bayesian 置信上界求解

代码清单 13-6 给出了 Bayesian 置信上界算法的实现。Bernoulli 奖励多臂赌博机设定先验分布为 Beta 分布，代码中维护了 Beta 分布的参数。最开始时先验分布为 beta(1,1)，等价于均匀分布 uniform[0,1]。

代码清单 13-6 用 Bayesian 置信上界求解

```
代码文件名:BernoulliMABEnv-v0_demo.ipynb。
class BayesianUCBAgent:
    def __init__(self, env):
        self.action_n = env.action_space.n
        self.alphas = np.ones(self.action_n, dtype=float)
        self.betas = np.ones(self.action_n, dtype=float)

    def reset(self, mode = None):
        self.mode = mode

    def step(self, observation, reward, terminated):
        means = stats.beta.mean(self.alphas, self.betas)
        stds = stats.beta.std(self.alphas, self.betas)
        ucbs = means + 3*stds
        action = ucbs.argmax()
```

```
        if self.mode == 'train':
            if terminated:
                self.reward = reward  # 保存奖励
            else:
                self.action = action  # 保存动作
        return action

    def close(self):
        if self.mode == 'train':
            self.alphas[self.action] += self.reward
            self.betas[self.action] += (1. - self.reward)
```

智能体和环境交互依然使用代码清单 1-3。想要估计平均遗憾可在代码清单 13-4 中替换智能体。

13.4.5　用 Thompson 采样求解

代码清单 13-7 实现了 Thompson 采样算法。类似地，最开始的先验分布设置为 beta(1,1)，等价于均匀分布 uniform[0,1]。

代码清单 13-7　用 Thompson 采样求解

代码文件名：BernoulliMABEnv-v0_demo.ipynb。

```
class ThompsonSamplingAgent:
    def __init__(self, env):
        self.action_n = env.action_space.n
        self.alphas = np.ones(self.action_n, dtype=float)
        self.betas = np.ones(self.action_n, dtype=float)

    def reset(self, mode = None):
        self.mode = mode

    def step(self, observation, reward, terminated):
        samples = [np.random.beta(max(alpha, 1e-6), max(beta, 1e-6))
                for alpha, beta in zip(self.alphas, self.betas)]
        action = np.argmax(samples)
        if self.mode == 'train':
            if terminated:
                self.reward = reward  # 保存奖励
            else:
                self.action = action  # 保存动作
        return action

    def close(self):
        if self.mode == 'train':
            self.alphas[self.action] += self.reward
            self.betas[self.action] += (1. - self.reward)
```

智能体和环境交互依然使用代码清单 1-3。想要估计平均遗憾可在代码清单 13-4 中替换智能体。

13.5　本章小结

本章引入了在线学习及其关键性能指标：遗憾。本章还讨论了探索和利用的折中，包括一些在探索和利用之间进行折中的算法。

本章要点

- 遗憾是在线强化学习的一个重要性能度量，定义为

$$\text{regret}_{\leqslant k} = \sum_{\kappa=1}^{k} \left(g_{\pi_*} - g_{\pi_\kappa} \right)。$$

- 多臂赌博机是一种单步的不分状态的强化学习任务。它的特例包括：Bernoulli 奖励多臂赌博机、Gaussien 奖励多臂赌博机。
- 最小化多臂赌博机问题遗憾的算法有置信上界算法、Bayesian 置信上界算法、Thompson 采样算法。
- 置信上界的形式为

$$\text{动作价值置信上界：} u^{(q)}(s,a) = \hat{q}(s,a) + b(s,a), \qquad s \in \mathcal{S}, a \in \mathcal{A},$$
$$\text{状态价值置信上界：} u^{(v)}(s) = \max_{a \in \mathcal{A}} u^{(q)}(s,a), \qquad s \in \mathcal{S}。$$

  其中 b 为额外量。
- 最小化有限状态 Markov 决策过程的算法有置信上界价值迭代算法。这是一种有模型的算法。
- 获得遗憾上界的常见方法：考虑一个很可能发生的事件。当事件不发生时，智能体在探索。用集中不等式可以知道总探索概率较小，所以总探索遗憾有上界。当事件发生时，智能体在利用。用集中不等式可以知道总利用遗憾有上界。
- 为 Gym 库增加自定义的环境：从 `gym.Env` 类继承；重载 `reset()`、`step()` 等接口函数；用 `gym.envs.registration.register()` 函数注册类。

13.6　练习与模拟面试

1. 单选题

(1) 以下哪个指标是在线强化学习特别关注的：（　　）。

A. 遗憾

B. 收敛速度

C. 样本复杂度

(2) 关于遗憾，下列说法正确的是(　　)。

A. 遗憾是在线学习算法的一个重要性能度量

B. 遗憾是离线学习算法的一个重要性能度量

C. 遗憾既是在线学习算法的一个重要性能度量，也是离线学习算法的一个重要性能度量

(3)关于置信上界算法，下列说法正确的是(　　)。

A. 置信上界算法只能用于奖励值有界的情况

B. 第一置信上界算法只能用于奖励值有界的情况

C. Bayesian 置信上界算法只能用于奖励值有界的情况

(4)下列哪个算法使用了 Bayesian 原理？(　　)。

A. ε 贪心算法

B. 置信上界算法

C. Bayesian 置信上界算法

(5)关于多臂赌博机问题，下列说法正确的是(　　)。

A. 多臂赌博机问题假设摇动每个摇臂后得到的奖励是独立同分布的

B. Bernoulli 奖励多臂赌博机的奖励总是在[0,1]范围内

C. 在用 Bayesian 置信上界求解 Bernoulli 奖励多臂赌博机问题时，一般假设参数的先验分布为 Bernoulli 分布

(6)关于用于有限 Markov 决策过程的置信上界价值迭代算法，下列说法正确的是(　　)。

A. 置信上界价值迭代算法需要实现知道环境动力

B. 置信上界价值迭代算法是一种有模型算法

C. 置信上界价值迭代算法用于有限 Markov 决策过程，可以保证遗憾值为 $O(g_{\max}|\mathcal{S}|\sqrt{|\mathcal{A}|kt_{\max}})$

2. 编程练习

实现 Gaussian 奖励多臂赌博机，并用本章介绍的方法进行求解。(答案参见：GaussianMABEnv_demo.ipynb。)

3. 模拟面试

(1)什么是遗憾？在线任务中为什么要考虑遗憾？

(2)什么是多臂赌博机问题？为什么要研究多臂赌博机问题？

(3)第一置信上界适用于什么样的任务？置信上界价值迭代算法适用于什么样的任务？这两者有何异同？

CHAPTER 14

第 14 章 树搜索

本章将学习以下内容。

- ❑ 树搜索算法。
- ❑ 穷尽式搜索。
- ❑ 启发式搜索。
- ❑ 回合更新树搜索。
- ❑ 用于树的置信上界算法。
- ❑ AlphaGo 算法。
- ❑ AlphaGo Zero 算法。
- ❑ AlphaZero 算法。
- ❑ MuZero 算法。

我们已经见过了许多利用环境模型求解 Markov 决策过程的算法，如第 2 章介绍的线性规划法，第 3 章介绍的动态规划法等。线性规划法和动态规划法需要给定的环境模型作为输入。在没有现成的环境数学模型的情况下，需要去估计环境的数学模型，再利用环境估计进行规划，比如第 13 章的置信上界算法和置信上界价值迭代算法。本章将延续第 13 章的内容，讨论对于一般的 Markov 决策过程，如何进行有模型的强化学习。

有模型的强化学习算法根据规划的时机可以分为以下两种类型：

- ❑ 事先规划，又称为**后台规划**(background planning)：智能体在和环境交互之前就考虑好了在所有可能的情况下应该进行何种决策。比如线性规划、动态规划就是如此。
- ❑ 决策时规划：智能体在和环境交互的过程中，边交互边规划。往往到了某个状态时，才特别关注当前状态，并对当前状态选择动作。

本章将关注决策时规划算法中的回合更新树搜索算法。

14.1　回合更新树搜索

对于决策时规划算法，在智能体到了一个状态后，开始为这个状态规划策略。从这个状态出发，我们可以把后续可能经过的状态绘制成一棵树，称为**搜索树**(search tree)。如图 14-1a 所示，搜索树的根节点就是当前状态，常记为 $s_{根}$。树里的每一层节点表示每和环境交互一次可能到达的节点。如果任务是连续性任务，那么树的深度是无穷的。每层上的多个节点表示可能到达的各种状态。如果状态空间有无穷多个状态，那么每层叶子节点就可能有无穷个节点。从根节点 $s_{根}$ 出发，考虑可能后续到达的状态及这个过程中可能获得的奖励，就是**树搜索**(tree search)算法。

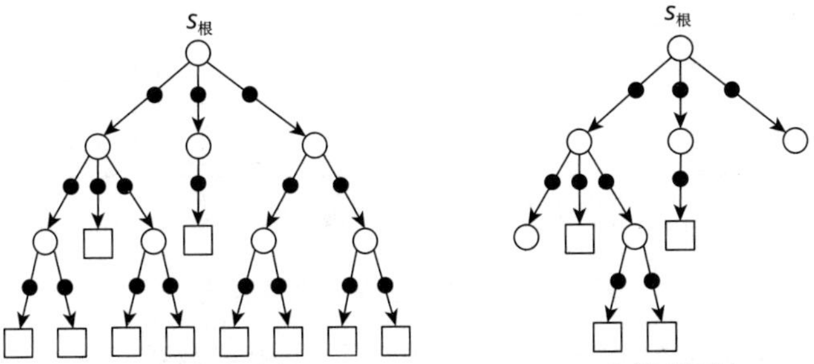

图 14-1　搜索树

穷尽式搜索(exhaustive search)是最简单的树搜索算法，它考虑了后续所有可能经过的状态，直到回合结束。穷尽式搜索最为全面，得到的信息最完整，结果最靠谱。但是这种算法不适合状态空间和动作空间特别大的情况。即使对于规模适中的有限 Markov 决策过程，它的计算量也不小。

为了解决穷尽式搜索中搜索空间过大的问题，可以考虑**启发式搜索**(heuristic search)。启发式搜索在搜索时按照启发式的规则选择动作，而不是遍历所有可能的动作。由于并没有遍历所有可能的动作，那么就可能没有遍历整个搜索树。这事实上就对搜索树进行了**剪枝**(pruning)。如图 14-1 所示，图 14-1a 是进行穷尽式搜索得到的搜索树，图 14-1b 是剪枝后的搜索树。图 14-1b 中的节点就比图 14-1a 的少。

下面我们来介绍一种具体的启发式搜索算法：**回合更新树搜索**(Monte Carlo Tree Search，MCTS)。它的步骤见算法 14-1。总的来说，当智能体在到达某个状态 $s_{根}$ 后，算法第 1 步和第 2 步试图构建以 $s_{根}$ 为根节点搜索树。在第 1 步，搜索树初始化为只有一个根节点的子树。在第 2 步，反复扩展搜索子树，使得搜索子树包括的节点越来越多。在第 2 步中，树搜索包括以下步骤(见图 14-2)：

- 选择：从根节点 $s_{根}$ 出发，在子树里采样轨迹，直到搜索子树外的叶子节点 $s_{叶}$。

- 扩展：为新找到的叶子节点 $s_{叶}$ 初始化后续的动作，使得后续的搜索可以基于此找到后续的状态。
- 评估：估计叶子节点 $s_{叶}$ 的后续动作的动作价值。
- 回溯：从叶子节点 $s_{叶}$ 开始往回遍历轨迹直到根节点 $s_{根}$，更新每个状态动作对的动作价值估计。

构建好搜索树后，第 3 步利用这个搜索树进行决策。

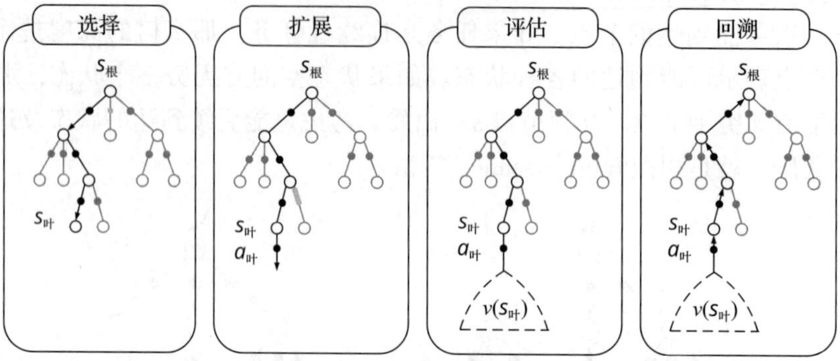

图 14-2　回合更新树搜索的步骤

算法 14-1　回合更新树搜索算法

输入：当前的状态 $s_{根}$、动力 p 或动力网络 $p(\boldsymbol{\phi})$，预测网络 $f(\boldsymbol{\theta})=(\pi(\boldsymbol{\theta}), v(\boldsymbol{\theta}))$。

输出：当前的状态下的最优策略估计 $\pi(\cdot|s_{根})$。

参数：应用于树的预测置信上界算法的改进形式用到的参数，限制树搜索次数的参数，经验回放用到的参数，最终决策时用到的参数 $k>0$。

1　（初始化搜索树）初始化搜索树为只有一个根节点 $s_{根}$ 的树。

2　（构建搜索树）进行多次树搜索以完善搜索树：

2.1　（选择）利用动力和应用于树的预测置信上界算法的改进形式进行选择，从根节点开始直到叶子节点。需要记录选择的轨迹 $s_{根}, a_{根}, \cdots, s_{叶}$ 以用于后续的回溯。如果是首次搜索，即搜索子树里只有根节点一个节点，那么轨迹里只有根节点一个状态，且 $s_{叶} \leftarrow s_{根}$。

2.2　（扩展和评估）初始化动作价值估计 $q(s_{叶}, a) \leftarrow 0 \ (a \in \mathcal{A}(s_{叶}))$，计数值 $c(s_{叶}, a) \leftarrow 0 \ (a \in \mathcal{A}(s_{叶}))$，并用预测网络计算先验概率和状态价值估计 $(\pi_{\text{PUCT}}(\cdot|s_{叶}), v(s_{叶})) \leftarrow f(s_{叶}; \boldsymbol{\theta})$。选择先验选择概率最大的动作 $a_{叶} \leftarrow \underset{a \in \mathcal{A}(s_{叶})}{\arg\max} \ \pi_{\text{PUCT}}(a|s_{叶})$。

2.3　（回溯）从节点 $s_{叶}$ 开始（含叶子节点 $s_{叶}$）到根节点 $s_{根}$ 结束，对每一个状态动作对使用增量法更新：$g \leftarrow \begin{cases} r+\gamma g, & s \neq s_{叶}, \\ v(s_{叶}), & s = s_{叶}, \end{cases}$　$c(s,a) \leftarrow c(s,a)+1$，$q(s,a) \leftarrow q(s,a) + \dfrac{1}{c(s,a)}[g - q(s,a)]$。

3　（利用搜索树进行决策）输出策略 $\pi(a|s_{根}) = \dfrac{[c(s_{根}, a)]^k}{\sum\limits_{\tilde{a} \in \mathcal{A}(s_{根})} [c(s_{根}, \tilde{a})]^k} \ (a \in \mathcal{A}(s_{根}))$。

这个算法有些复杂，后续小节会进一步说明这个算法。

14.1.1 选择

从这个小节开始，我们来逐一介绍回合更新树搜索的步骤。本小节介绍回合更新树搜索的第一个步骤：选择。

在回合更新树搜索算法中的**选择**(select)操作如下：根据某个策略，从根节点 $s_{根}$ 开始，不断选择动作并执行，直到某个叶子节点 $s_{叶}$。这里的叶子节点应该这么理解：在本次选择前，这个叶子节点本来是在搜索子树外的。在本次搜索时，由于选择了原来搜索子树里的某个节点的某个动作，使得这次选择选到了这个在搜索子树外的节点 $s_{叶}$。现在这个节点就纳入搜索子树中，成为搜索子树里的叶子节点。选择时用的策略称为**选择策略**(selection policy)，又称**树策略**(tree policy)。

在所有可能的选择策略中，最优的选择策略就是离散时间 Markov 决策过程的最优策略。但是，我们在训练时并不知道最优策略。回合更新树搜索算法从一个初始的选择策略开始不断改进选择策略以得到一个聪明的树策略。

树的置信上界算法(Upper Confidence bounds applied to Trees，UCT)是最常用的选择算法。第 13.2 节中，我们介绍了如何将置信上界用于多臂赌博机等任务，实现探索和利用的折中。多臂赌博机任务是一种非常简单的 Markov 决策过程，它的状态空间只有一个初始状态，回合步数总是只有一步。树的置信上界算法将置信上界算法用于搜索树中。用于树的置信上界算法原理如下：当搜索到某个状态节点 s 后，我们现在要从它的动作集合 $\mathcal{A}(\mathsf{s})$ 里选择合适的动作。我们记对于每个状态动作对(s,a)的访问次数为 $c(\mathsf{s},\mathsf{a})$，动作价值估计为 $q(\mathsf{s},\mathsf{a})$。利用访问次数和动作价值的估计值，可以计算出各个状态动作对的置信上界。比如，如果使用第一置信上界算法，则置信上界为

$$u(\mathsf{s},\mathsf{a})=q(\mathsf{s},\mathsf{a})+b(\mathsf{s},\mathsf{a})$$

其中额外量 $b(\mathsf{s},\mathsf{a})=\lambda_{\text{UCT}}\sqrt{\dfrac{\ln c(\mathsf{s},\mathsf{a})}{c(\mathsf{s})}}$，其中 $c(\mathsf{s})=\sum\limits_{\mathsf{a}\in\mathcal{A}(\mathsf{s})}c(\mathsf{s},\mathsf{a})$，$\lambda_{\text{UCT}}=\sqrt{2}$。

某个节点 s 被首次访问时，这个节点下的所有状态动作对(s,a)都没有被访问过，访问次数 $c(\mathsf{s},\mathsf{a})$都是 0，动作价值估计 $q(\mathsf{s},\mathsf{a})$也都是初始化的值(比如初始化全为 0)，置信上界 $u(\mathsf{s},\mathsf{a})$都相同，只能作随机选择。随着搜索的进行，每个状态 s 和其所有可能的动作 $\mathsf{a}\in\mathcal{A}(\mathsf{s})$组成的状态动作对$(\mathsf{s},\mathsf{a})$的访问次数和动作价值估计会不断变化，置信上界也不断变化，进而根据置信上界做出的动作选择也不断变化。这个变化是在回溯时做的，将在 14.1.3 节介绍。我们希望，在训练结束时，动作选择的分布和最优分布相同，选择策略达到 Markov 决策过程的最优策略。

前文提到，当一个状态 s 被首次访问时，所有状态动作对的访问次数和动作价值估计可以都是 0，动作是以均匀分布随机选择。如果我们可以根据状态的结构给出选择的一个合理的预测，则有机会使选择更加聪明。基于这个思想，**用于树的预测置信上界的变形**

(variant of Predictor-UCT, variant of PUCT)算法利用预测值来改变选择策略：它先采用某种方法预测每个状态动作对(s,a)的选择概率$\pi_{\text{PUCT}}(a|s)$，再利用这个选择概率计算额外量：

$$b(s,a)=\lambda_{\text{PUCT}}\pi_{\text{PUCT}}(a|s)\frac{\sqrt{c(s)}}{1+c(s,a)},$$

其中$c(s)=\sum_{a\in\mathcal{A}(s)}c(s,a)$，$\lambda_{\text{PUCT}}>0$是参数，然后可以得到置信上界$u(s,a)=q(s,a)+b(s,a)$。这里的选择概率预测$\pi_{\text{PUCT}}(a|s)$又称为先验选择概率，它会在扩展阶段决定。

在选择的过程中需要使用环境的动力来决定每个动作后引发的下一状态和奖励。如果动力p是事先给定的，那么直接使用即可。如果动力p并没有事先给定，那么就需要估计。一种可能的维护动力估计的方式是使用神经网络，形如$(s',r)=p(s,a;\boldsymbol{\phi})$，其中$\boldsymbol{\phi}$是神经网络的参数。这样的神经网络被称为**动力网络**(dynamics network)，它的输入是状态动作对，输出是下一状态和奖励。动力网络的训练与搜索树的构建过程相对独立，将在14.1.5节介绍。

14.1.2 扩展和评估

本节介绍回合更新树搜索的扩展和评估。

扩展(expand)的思想如下：在上一步选择过程中，我们已经找到了叶子节点$s_{\text{叶}}$。我们希望在后续的搜索中，有机会以这个叶子节点出发进行进一步的搜索得到更多的节点。所以，我们要维护在以后的搜索中，如何从这个节点开始进行选择。从树的预测置信上界的变形算法的表达式可以知道，树的预测置信上界的变形算法需要维护以下信息：

- 每个状态动作对(s,a)的访问次数$c(s,a)$；
- 每个状态动作对(s,a)的动作价值估计$q(s,a)$；
- 每个状态动作对(s,a)的先验选择概率$\pi_{\text{PUCT}}(a|s)$。

扩展对叶子节点$s_{\text{叶}}$初始化这些量。我们可以把动作价值估计和计数值都初始化为0，再用一个神经网络的输出来初始化先验选择概率。产生先验选择概率的神经网络被称为策略网络，记为$\pi_{\text{PUCT}}(s;\boldsymbol{\theta}_{\text{PUCT}})$，其中$\boldsymbol{\theta}_{\text{PUCT}}$是网络的参数。这个网络的设计和7.1.1节介绍的策略网络的设计相同：如果动作空间是离散的，网络的直接输出常为动作偏好向量；如果动作空间是连续的，网络的直接输出常是连续分布的参数。在用策略网络产生的先验选择概率后，我们还可以选择一个先验选择概率最大的动作，记为$a_{\text{叶}}$。

评估(evaluate)的思想如下：回顾穷尽式搜索算法，在遇到一个状态动作对(s,a)后，总是会继续在此基础上试图找到下一个状态直到表示终止状态的叶子节点，然后从叶子节点不断回溯倒算出根节点与其动作组合的动作价值估计和计数值(回溯过程后文会详细介绍)。但是，回合更新树搜索算法需要剪枝，不能无穷无尽地选择下去。所以，我们有了新的叶子节点$s_{\text{叶}}$及可能的动作$a_{\text{叶}}$后，需要采用其他方法来估计这个状态动作对的动作价值。估计价值的方法有许多，其中一种方法是用 $s_{叶}$ 为输入的神经网络来近似这个价值。理论上说，当然可以用$(s_{叶},a_{叶})$作为输入，不过 $a_{叶}$ 本来就是 $s_{叶}$ 通过神经网络确定的，所以本质上输入只有 $s_{叶}$。这样的神经网络称为状态价值网络，记为 $v(s_{叶};\mathbf{w})$，其中 $\mathbf{w}$ 是状态价值网络的参数。当然也有其他估计状态价值的方法，比如在 14.2.4 节会介绍 AlphaGo 算法采用了“引出”这一算法来进行评估。本节假设不使用引出。

扩展用到的策略网络 $\pi_{\text{PUCT}}(s_{叶};\boldsymbol{\theta}_{\text{PUCT}})$ 和评估用到的状态价值网络 $v(s_{叶};\mathbf{w})$ 输入都是叶子节点 $s_{叶}$。这两个网络输入相同，要提取的特征相同，所以可以用共同的部分来提取特征。所以，往往把这两个网络联合起来。联合起来的网络称为**预测网络**(prediction network)，记为

$$(\pi_{\text{PUCT}}(\cdot|s_{叶}),v(s_{叶}))=f(s_{叶};\boldsymbol{\theta}),$$

其中，

- 预测网络的参数是 $\boldsymbol{\theta}$;
- 预测网络的输入是叶子节点的状态 $s_{叶}$;
- 预测网络的输出是先验选择概率 $\pi_{\text{PUCT}}(a|s_{叶})(a\in\mathcal{A}(s_{叶}))$和状态价值估计 $v(s_{叶})$。

采用了预测网络后，扩展和评估就可以一起进行：将叶子节点 $s_{叶}$输入到预测网络$f(\boldsymbol{\theta})$得到输出$(\pi_{\text{PUCT}}(\cdot|s_{叶}),v(s_{叶}))$，然后用下列表达式进扩展叶子节点：

$$\begin{aligned}c(s_{叶},a)&=0, && a\in\mathcal{A}(s_{叶}),\\ q(s_{叶},a)&=0, && a\in\mathcal{A}(s_{叶}),\\ \pi_{\text{PUCT}}(a|s_{叶})&=\pi_{\text{PUCT}}(a|s_{叶};\boldsymbol{\theta}), && a\in\mathcal{A}(s_{叶}),\end{aligned}$$

再将 $v(s_{叶})$作为评估结果供下步回溯使用。

预测网络参数的训练是与搜索树的构建相对独立的过程，会在 14.1.5 节介绍。

14.1.3 回溯

选择策略需要用到计数值、动作价值估计和先验选择概率。这些量在扩展步骤中初始化，在回溯步骤更新。本节就来介绍构建回合更新树搜索的最后一个步骤：回溯。

回溯(backup)就是为轨迹上每个状态动作对更新动作价值估计和计数值的过程。先验选择概率不需要更新。之所以称这个过程为“回溯”，是因为更新的顺序一般是从叶子节点开始(含叶子节点 $s_{叶}$)一直逆着轨迹到根节点 $s_{根}$，以方便回报的计算。具体而言，之前的评估环节估计了状态动作对$(s_{叶},a_{叶})$的动作价值为 $v(s_{叶})$。这就可以看作状态动作对$(s_{叶},a_{叶})$的回报样本。然后，从叶子节点不断往回，用形如 $g\leftarrow r+\gamma g$ 的形式可以逐一计算选择轨迹上所有状态动作对(s,a)的回报样本 g。

得到轨迹上每个状态动作对(s,a)的回报样本 g 后，可以用增量法更新每个状态动作对(s,a)的动作价值估计 $q(s,a)$和计数值 $c(s,a)$。

回溯的计算可以表示为下列更新式：

$$
g \leftarrow \begin{cases} r+\gamma g, & s \neq s_{叶}, \\ v(s_{叶}), & s = s_{叶}, \end{cases}
$$

$$
c(s,a) \leftarrow c(s,a)+1,
$$

$$
q(s,a) \leftarrow q(s,a)+\frac{1}{c(s,a)}[g-q(s,a)]。
$$

反复进行回合更新树搜索，就会不断更新各节点(特别是根节点)的计数值。

14.1.4 决策

我们可以利用得到的搜索树进行决策。常见的决策方式是利用每个状态动作对的访问次数来决定策略，即在根节点 $s_{根}$ 处的策略为

$$
\pi(a \mid s_{根}) = \frac{[c(s_{根},a)]^k}{\sum\limits_{\tilde{a} \in \mathcal{A}(s_{根})} [c(s_{根},\tilde{a})]^k}, \quad a \in \mathcal{A}(s_{根}),
$$

其中 k 是进行探索和利用折中的参数。

注意：决策过程中只用根节点处的计数值进行决策，而不使用选择策略。选择策略只在回合更新树搜索的选择阶段使用。表 14-1 将选择策略和决策策略进行了比较。

表 14-1 选择策略和决策策略的比较

策略	何时使用	常见实现
选择策略	树搜索的选择，用于搜索子树内决策	应用于树的预测置信上界算法的变形 $\pi_{选择}(s)=\underset{a \in \mathcal{A}(s)}{\mathrm{argmax}}\left(q(s,a)+\lambda_{\mathrm{PUCT}}\pi_{\mathrm{PUCT}}(a \mid s)\frac{\sqrt{c(s)}}{1+c(s,a)}\right)$
决策策略	与真实环境交互	与各动作访问次数的幂次成正比 $\pi(a \mid s)=\frac{[c(s,a)]^k}{\sum_{\tilde{a} \in \mathcal{A}(s)}[c(s,\tilde{a})]^k}, \quad a \in \mathcal{A}(s)$

14.1.5 训练回合更新树搜索用到的神经网络

回合更新树搜索用到了预测网络。对于环境动力没有实现给出的任务中，回合更新树搜索还用到了动力网络。表 14-2 总结了在回合更新树搜索时用到的网络。本节就来介绍如何训练这些神经网络。

表 14-2 回合更新树搜索用到的神经网络

神经网络	输入	输出	在哪个步骤计算	备注
预测网络 $f(s;\boldsymbol{\theta})$	状态 s	先验选择概率 $\pi_{\mathrm{PUCT}}(\cdot \mid s)$、状态价值估计 $v(s)$	扩展和评估	—
动力网络 $p(s,a;\boldsymbol{\phi})$	状态动作对 (s,a)	下一状态 s' 和奖励 r	选择	仅在环境动力未知时使用

训练预测网络可以通过最小化策略的互熵损失和状态价值估计误差的 ℓ_2 损失实现。具体而言，考虑某个实际轨迹上的状态 S，其决策策略为 $\Pi(\cdot|S)$、回报为 G。将状态 S 输入预测网络，得到先验选择概率为 $\pi_{\mathrm{PUCT}}(\cdot|S)$，状态价值估计为 $v(S)$。在这个样本上的策略的互熵损失为

$$-\sum_{a\in\mathcal{A}(S)}\Pi(a|S)\log\pi_{\mathrm{PUCT}}(a|S),$$

状态价值 ℓ_2 损失为 $(G-v(S))^2$。除了试图最小化这两个损失外，还常常惩罚参数，比如使用 ℓ_2 惩罚最小化 $\|\boldsymbol{\theta}\|_2^2$。所以，这个样本的损失为

$$-\sum_{a\in\mathcal{A}(S)}\Pi(a|S)\log\pi_{\mathrm{PUCT}}(a|S)+(G-v(S))^2+\lambda_2\|\boldsymbol{\theta}\|_2^2,$$

其中 $\lambda_2>0$ 是参数。

算法 14-2 给出了包括训练预测网络的回合更新树搜索算法。这个算法要求输入环境的动力，不需要动力网络。它可以看作 AlphaZero 算法的单智能体版本。算法开始时初始化预测网络的参数 $\boldsymbol{\theta}$，然后和环境进行交互。在与环境交互的过程中，每到一个状态，都重新建立搜索树，再利用建立好的搜索树进行决策。在与环境交互的过程中会积累许多经验，将这些经验以 (S,Π,G) 的形式存储到经验库中用于预测网络的训练。

算法 14-2　AlphaZero 算法

输入： 动力 p。

输出： 最优策略估计。

参数： 回合更新树搜索的参数、训练预测网络的参数、经验回放的参数。

1 初始化：

  1.1 （初始化参数）初始化预测网络参数 $\boldsymbol{\theta}$。

  1.2 （初始化经验库）$\mathcal{D}\leftarrow\varnothing$。

2 逐回合执行以下操作：

  2.1 （积累经验）选择初始状态，然后不断用树搜索选择动作直到回合结束或达到预定的中断条件。将轨迹上的每个状态 S、每个状态上的决策策略 Π 和对应的回报值 G 以形式 (S,Π,G) 存入经验库中。

  2.2 （使用经验）执行一次或多次以下操作：

    2.2.1 （回放）从经验库 $\mathcal{D}$ 中选取一批经验 $\mathcal{B}$，每条经验的形式为 (S,Π,G)。

    2.2.2 （更新预测网络）更新参数 $\boldsymbol{\theta}$ 以最小化

$$\frac{1}{|\mathcal{B}|}\sum_{(S,\Pi,G)\in\mathcal{B}}\left[-\sum_{a\in\mathcal{A}(S)}\Pi(a|S)\log\pi_{\mathrm{PUCT}}(a|S)+(G-v(S))^2\right]+\lambda_2\|\boldsymbol{\theta}\|_2^2。$$

回合更新搜索树算法之所以称为回合更新，就是在于在更新状态价值网络时，采用的是没有自益的无偏估计，进行了回合更新。

在动力没有实现给出的情况下，需要引入动力网络。动力网络可以通过将预测的下一状

态和奖励与智能体和环境真实交互时的下一状态和奖励进行比较来进行训练。比如，在某个真实轨迹样本处，从状态动作对(S,A)转移到状态S'，奖励为R，而动力网络输出该转移的概率为$p_S(S'|S,A)$，奖励为$r(S,A)$，那么其状态转移部分的互熵损失为$-\ln p_S(S'|S,A)$，奖励部分的ℓ_2损失为$(R-r(s,a))^2$。当然也有其他可能的选项。例如，当状态空间$\mathcal{S}=\mathbb{R}^n$时，可以让动力网络输出确定性的某个状态，然后比较预测的状态和真实状态的ℓ_2损失。

算法 14-3 给出了回合更新树算法在输入中没有动力的数学模型的情况下所使用的方法。它的输入中没有动力的数学模型，只能和环境进行交互。所以，这个算法需要动力网络。为了训练动力网络，它需要存储交互过程(S,A,R,S',D')。这个算法可以看作 MuZero 算法的单智能体版本。

算法 14-3　MuZero 算法

输入：可用于交互的环境。

输出：最优策略估计。

参数：回合更新树搜索的参数、训练预测网络和动力网络的参数、经验回放的参数。

1 初始化：

1.1 （初始化参数）初始化预测网络参数$\boldsymbol{\theta}$和动力网络参数$\boldsymbol{\phi}$。

1.2 （初始化经验库）$\mathcal{D}\leftarrow\varnothing$。

2 逐回合执行以下操作：

2.1 （积累经验）选择初始状态，然后不断用树搜索选择动作直到回合结束或达到预定的中断条件。将轨迹上的每个状态S、决策策略Π、其后的动作A，下一状态S'、奖励R、回合结束指示D'和对应的回报值G以形式(S,Π,A,R,S',D',G)存入经验库中。

2.2 （使用经验）执行一次或多次以下操作：

2.2.1 （回放）从经验库$\mathcal{D}$中选取一批经验$\mathcal{B}$，每条经验的形式为(S,Π,A,R,S',D',G)。

2.2.2 （更新预测网络）利用经验中的(S,Π,G)部分更新参数$\boldsymbol{\theta}$。

2.2.3 （更新动力网络）利用经验中的(S,A,R,S',D')部分更新参数$\boldsymbol{\phi}$。

回合更新树搜索算法的优缺点如下。

- 优点：可以进行启发式的搜索，把计算资源集中在更重要的分支上，并且可以适应不同的计算资源要求，随时可以停止。
- 缺点：每到一个新的状态都要重新构建搜索树，而构建搜索树需要多次树搜索，耗费大量的计算资源。这已经成为限制回合更新树搜索应用的最主要问题。

由于回合更新树搜索算法需要耗费大量计算资源，所以往往树搜索是在多个计算资源上并行执行的。为了在并行计算的场景下更好地利用资源，往往将回合更新树搜索实现为**异步策略价值回合更新树搜索**(Asynchronous Policy and Value MCTS，APV-MCTS)。异步策略价值回合更新树搜索中的“异步”是神经网络的训练和树搜索可以在不同的设备上异步进行。对于训练神经网络的计算设备，它不需要关心当前是否在进行树搜索，它总是可以在经验库里采样经验并据此更新神经网络参数。对于执行树搜索的计算设备，它不需要关心是否有树搜索正在运行，它总是可以采用相对较新的神经网络参数。由于树搜索的计算量远大于神经网络训练的计算量，所以往往有多个设备在进行树搜索，而只有一台设备进行神经网络训练。

14.2 回合更新树搜索在棋盘游戏中的应用

回合更新树搜索在围棋等棋盘游戏上的应用引起了社会的广泛关注。本节将从棋盘游戏的特点出发，介绍在棋盘游戏中如何使用的回合更新树搜索算法。

14.2.1 棋盘游戏

棋盘游戏(board game)是在棋盘上落子或移动棋子的游戏。棋盘游戏多种多样：有些棋盘游戏是双人对战的，比如象棋、五子棋、围棋、将棋；有些棋盘游戏是多人对战的，例如多人跳棋、四国军棋。有些棋盘游戏具有随机性或玩家并没有掌握全部信息，例如飞行棋需要借助骰子；而有些棋盘游戏是确定的并且玩家掌握全部的信息，例如围棋、象棋。有些棋盘游戏中同一玩家只需要一种样子的棋子，例如围棋、五子棋、黑白棋、跳棋；有些棋盘游戏中同一个玩家需要不同样子的棋子表示不同的功能，比如象棋里面需要象、马、车等不同的棋子。

本节考虑一类双人零和确定性序贯博弈棋盘游戏。所谓双人零和确定性序贯博弈棋盘游戏，就是需要满足下列要求的游戏。

- 双人：游戏只有两个玩家。所以这个棋盘游戏环境是双智能体环境。
- 零和：两个玩家的结果是零和的。结果可以是其中一个玩家赢另外一个玩家输，也可以是两个玩家和棋。我们可以认为，不考虑折扣(即折扣因子 $\gamma=1$)，赢棋的玩家回合奖励为 $+1$，输棋的玩家回合奖励为 -1，和棋的时候两个玩家回合奖励均为0。所以，无论结果如何，两个玩家的回合奖励之和均为0。这一性质为把解决单智能体任务的算法用于双智能体的任务提供了可能性。
- 序贯：两个玩家下一次棋。先下棋的玩家称为黑棋；后下棋的玩家称为白棋。
- 确定性：两个玩家都掌握了目前棋局的全部信息，并且没有任何随机性。

除了以上条件外，本节只关注满足以下类型的游戏：

- 方形网格棋盘：棋盘是一个有很多网格的方形棋盘。
- 放置类：两个玩家依次在空闲的网格放棋子。
- 同质化的棋子：无论是黑棋还是白棋，都只有一种类型的棋子。

表14-3列出了一些游戏，虽然每个棋盘游戏的规则和难易程度不同，但是它们都满足以上所有特征。

表 14-3 一些双人零和确定性序贯博弈棋盘游戏

游戏	游戏类型	棋盘形状	最大可能回合步数	参考平均回合步数	是否已被完全解决	扩展后游戏的复杂度类型
井字棋	排列类	3×3	9	9	是(和棋)	PSPACE 完全
无约束五子棋	排列类	15×15	225	30	是(黑棋胜)	PSPACE 完全
黑白棋	争子类	8×8	60	58	否	PSPACE 完全
围棋	占地类	19×19	+∞	150	否	EXPTIME 完全

知识卡片：棋盘游戏

井字棋和五子棋

井字棋(Tic-Tac-Toe)和无约束五子棋(freestyle Gomoku)都是排列类的游戏。在学术上，它们都可以看作(m,n,k)连线游戏((m,n,k)game)的特殊情形。在(m,n,k)连线游戏中，两个玩家依次在$m\times n$的棋盘上放置自己的棋子，当某个玩家让自己的棋子在垂直方向、水平方向或对角方向中任意一个方向有$\geqslant k$个棋子连成一条线，则该玩家获胜。如果棋盘已满，但是没有任何一方获胜，则该回合为平局。井字棋就是(3,3,3)连线游戏。无约束五子棋就是(15,15,5)连线游戏。

根据Wikipedia上“m,n,k-game”的条目，目前已经证明，对于(m,n,k)连线游戏，在双方都采用最优策略的情况下，有以下结论：

- $k=1$和$k=2$：黑棋胜，除了(1,1,2)和(2,1,2)，它们是平局。
- $k=3$：井字棋(3,3,3)是平局，$\min\{m,n\}<3$也是平局，其他情况黑棋胜。实际上，对于$k\geqslant 3$且$k>\min\{m,n\}$的情况，都是平局。
- $k=4$：(5,5,4)和(6,6,5)是平局，(6,5,4)黑棋胜，$(m,4,4)$对于$m\geqslant 30$是黑棋胜，对于$m\leqslant 8$是平局。
- $k=5$：$(m,m,5)$在$m=6,7,8$的情况下是平局，对于无限制五子棋的情况($m=15$)是黑棋胜。
- $k=6,7,8$：$k=8$在无限大的棋盘上是平局，在有限大的情况下没有完全分析清楚。$k=6$或$k=7$在无限大的棋盘下也没有分析清楚。(9,6,6)和(7,7,6)是平局。
- $k\geqslant 9$是平局。

知识卡片：棋盘游戏

黑白棋

黑白棋(又称翻转棋，Reversi，Othello)是一种在8×8棋盘上进行的争子类游戏。刚开始，棋盘正中有4个黑白相隔的棋子，然后黑棋、白棋轮流落子。如果某个落子能和己方的另外一枚棋子在水平、垂直或对角方向夹住对方棋子，则可以将夹住的对方棋子变为己有；否则这个落子无效。当双方均不能下子时，游戏结束，子多的一方获胜。

如图14-3所示，一开始棋盘上的4个棋子如图14-3a所示，棋牌左边的数字和上面的数值表示各网格位置。这时候轮到黑棋下。黑棋可以在(2,4)、(3,5)、(4,2)、(5,3)这4个位置下棋，都可以夹住一个白棋。现在让黑棋走(2,4)这个位置。这时，位置(3,4)的白棋被夹住了，变成了黑棋，得到图14-3b。现在轮到白棋下。这时候白棋可以下在(2,3)、(2,5)、(4,5)这3个位置，这3个位置都能夹住一个黑棋。如果白棋下在(2,5)，那么就会得到图14-3c的局面。

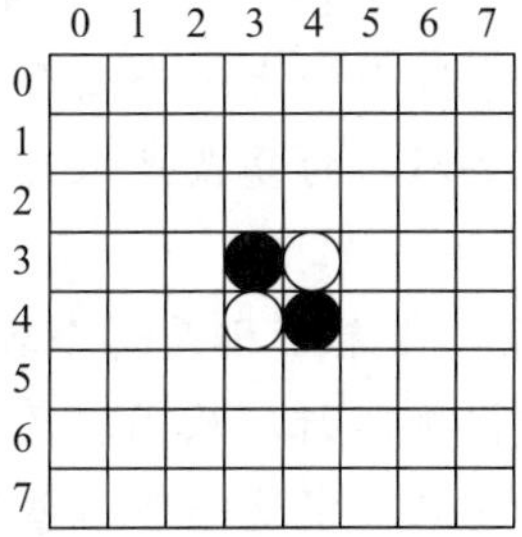

a) 回合开始时的棋盘

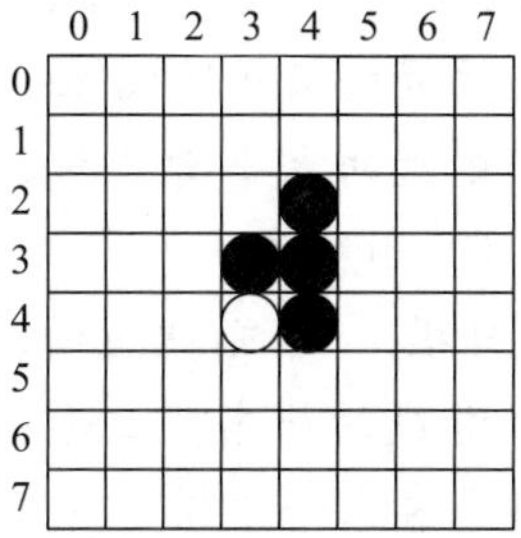

b) 黑棋下(2, 4)以后的棋盘

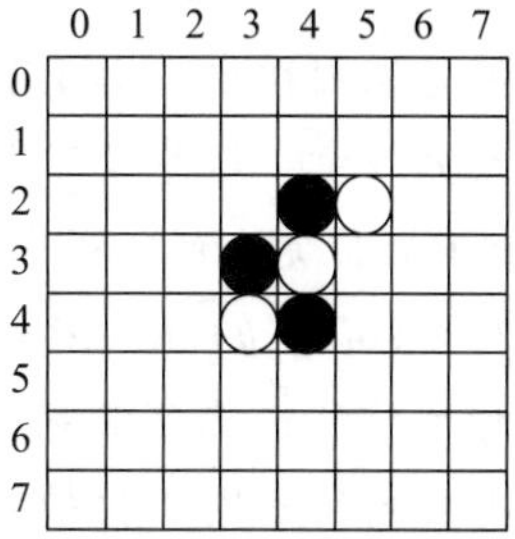

c) 白棋下(2, 5) 以后的棋盘

图14-3　黑白棋开局“烟囱”(Chimney)的前2步

如果将黑白棋扩展到 $n \times n$ 的棋盘，可以证明这个问题的是PSPACE完全问题(PSPACE-complete)。如果两个玩家都按最佳策略对弈，在 $n=4$ 或6时白棋获胜，在 $n=8$ 时未有关于结局的理论证明。目前大多数人认为在 $n=8$ 时应该是平局。

知识卡片：棋盘游戏

围棋

围棋(Go)是一种在19×19棋盘上进行的占地类游戏。它的规则如下：

- 四向相连：棋盘上的一个棋子可以在上下左右方向和同色棋子连成一片棋(对角线方向不可以)。
- 无气即死：一片棋子的气是其上下左右方向直接邻接的空白交叉点的个数。如果一片棋子没有气，那么它就是死棋，要从棋盘上拿走。
- 顺序下棋：黑棋、白棋轮流下棋，每次可以在一个空白网格上下子，但是需要满足某些条件。其中一个著名的规则是打劫：如果一方下棋刚刚用一个子杀死另一方一个子，另外一方不能马上在刚刚死子的那个地方下棋并杀死刚刚下的那个棋(但是如果能够杀死多个棋子则无此限制)。可能还有其他规则，例如静止自杀：如果一个棋子不能杀死对方任意一个棋子，那么就不能让自己刚刚下的那个子是死棋。
- 胜负计算：围棋有很多种胜负计算的规则。其中的中国规则(Chinese rule)基于双方占据棋盘网格数，当黑棋占据的网格数减去白棋占据的网格数大于规则给定的一个数值(例如3.75)时，黑棋获胜，否则白棋获胜。

围棋被认为是世界上最复杂的棋盘游戏之一，它比井字棋、五子棋与翻转棋都困难得多。最主要的原因是在于围棋的棋盘最大。另外，围棋的下列特点也增加了求解的难度：

- 在(m,n,k)连线游戏与翻转棋中，步数是有限的。因为棋盘上的位置数是事先确定的，每下一步就会占一个位置，所以步数不可能超过棋盘上的位置数。从这个角度看，如果将棋盘大小看作可以扩展的参数，问题的复杂度是 PSPACE 完全的。但是在围棋中，棋子被杀时位置就又被腾出来了，在导致理论上一个回合可以有无穷多步。这导致了如果将棋盘的大小看作参数，这个问题的复杂度很可能不是 PSPACE 完全的，而是 PSPACE 困难的。
- 对于(m,n,k)连线游戏与翻转棋，“当前棋盘的图案”和“当前下棋是哪个玩家”这两个信息，就可以完全表征游戏的状态，但是对于围棋则不行。原因在于，围棋有打劫的规则。打劫的规则依靠上一步棋子的死亡信息来决定这一步哪些地方可以下棋，哪些地方不能下棋。所以当前棋盘的图案不足以给出这个信息，而需要有更多步历史棋盘的信息来判定。
- 对于(m,n,k)连线游戏与翻转棋中，如果某个棋盘的结局的白棋胜，那么改变棋盘上全部棋子的颜色(即黑棋变白棋，白棋变黑棋)，就会变成黑棋胜；对于围棋则不一定。这是因为围棋是占地类游戏，可以设置一个阈值，要求黑棋的占地比白棋的占地超过阈值(比如3.75)。如果黑棋只比白棋多占很少的地方并且不超过胜利需要的阈值(例如黑棋只比白棋多0.5)，仍然是白棋胜。这时，如果改变全部棋子的颜色，那么白棋比黑棋多占地方，还是白棋胜。从这个意义上看，围棋对于双方具有某种不对称性。

因为围棋比井字棋、五子棋和翻转棋都复杂得多，所以开发围棋智能体需要比开发井字棋、五子棋和翻转棋的智能体多得多的资源。

组合博弈理论对于这些问题的求解进行了研究。

知识卡片：组合博弈

竞赛树

竞赛树(game tree)是组合博弈里用来表示双方可能遇到的状态的树。图 14-4 展示了井字棋的竞赛树。在开始状态，棋盘空的，轮到黑棋下棋。黑棋可能有多种可能的下法，而不同的下法会导致不同的下一状态。在不同的下一状态，白棋也会有多种可能的下法，而每种白棋的后续下法又对应多种黑棋的后续下法，以此类推。树中的每个节点代表着一种状态，它包括棋盘局面和轮到谁下棋这一信息。

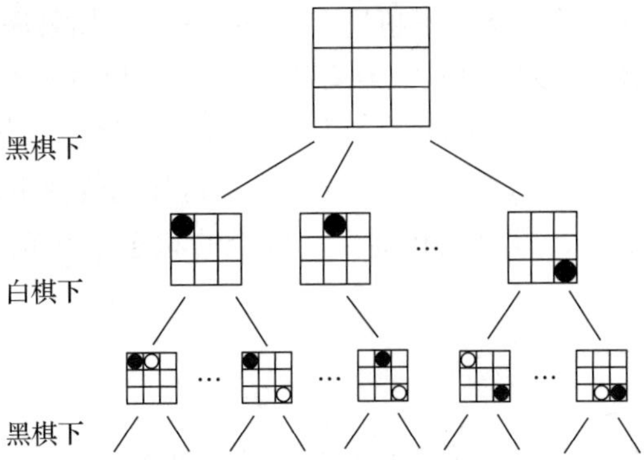

图 14-4　井字棋的竞赛树

知识卡片：组合博弈

极大极小和极小极大

极大极小(maximin)和**极小极大**(minimax)是一种针对双人零和博弈的策略。极大极小是针对奖励而言的，极小极大是针对损失而言的。它的思想如下：对于当前玩家而言，无论当前玩家如何选择动作，对方总是会在下一步最大化对方的利益，即最小化对方的损失。由于是零和游戏，所以对方的选择等价于最小化当前玩家的奖励，即最大化当前玩家的损失。而当前玩家在选择时，要在对方选择的基础上最大化利益或最小化损失。所以，当前玩家需要最大化最小奖励或最小化最大损失。

对于规模较小的棋盘游戏，可以进行穷尽式的搜索。穷尽式的搜索在当前状态出发，搜索所有可能的状态，一直搜索到可以判断出终局胜负的叶子节点。在这个基础上，玩家可以使用极大极小算法，从终局出发进行倒推，选择无论对方怎么下都对自己尽可能有利的做法。如图 14-5 所示，在井字棋游戏中，最上面的一行(下称第 0 行)的局面后续有其下的那一行(称为第 1 行)的多种情形，而黑棋按照最左边的那个分支走在(1,0)位置后，白棋无论怎么下，黑棋都能获胜。黑棋就利用树搜索和最大最小策略找到了在这种状态下的必胜下法。

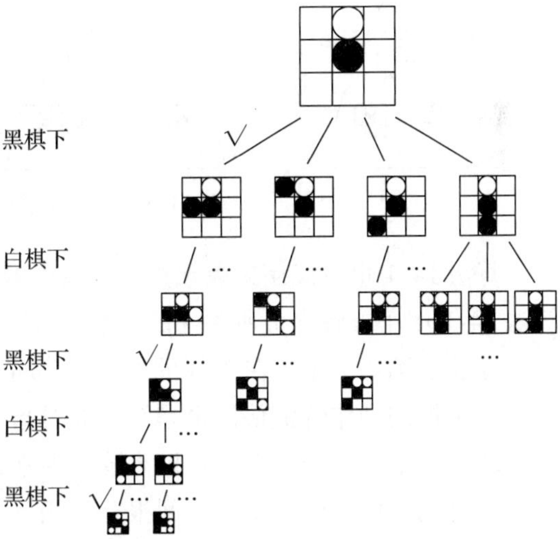

图 14-5　井字棋的极大极小决策

对于井字棋而言，可能的状态数不超过 $3^9 = 19683$ 个。如果仔细地刨除了不合理的状态(比如棋盘有 5 个黑棋但是没有白棋，或者棋盘上黑棋和白棋都有 3 个子连成线)，状态数为 5478。轨迹不超过 $9! = 362880$ 个。如果仔细地抛除了不合理的轨迹(比如有些时候≤8 步就分出了胜负)，轨迹数量为 255168 个。在这样的规模下，可以对井字棋进行穷尽的搜索。但是对于五子棋、黑白棋和围棋，可能的状态数和轨迹数就太大了，无法进行穷尽的搜索。

14.2.2　自我对弈

14.2.1 节提到，棋盘游戏规模可能比较大，没有办法穷尽地搜索。本节将考虑使用回合更新树搜索算法解决这类问题。

我们之前学习的回合更新树搜索是为单智能体设计的。但是在双人棋盘游戏中有两个玩家，怎么办呢？我们可以使用自我对弈来解决。**自我对弈**(self-play)指在游戏中两个玩家使用同一套参数、以相同的规则进行回合更新树搜索。图 14-6 演示了在棋盘游戏中进行回合更新树搜索的过程。在游戏进行过程中，无论现在轮到哪个玩家下棋，都开始从当前状态开始，用相同的预测网络(及可选的动力网络)进行回合更新树搜索，利用得到的搜索树进行决策。

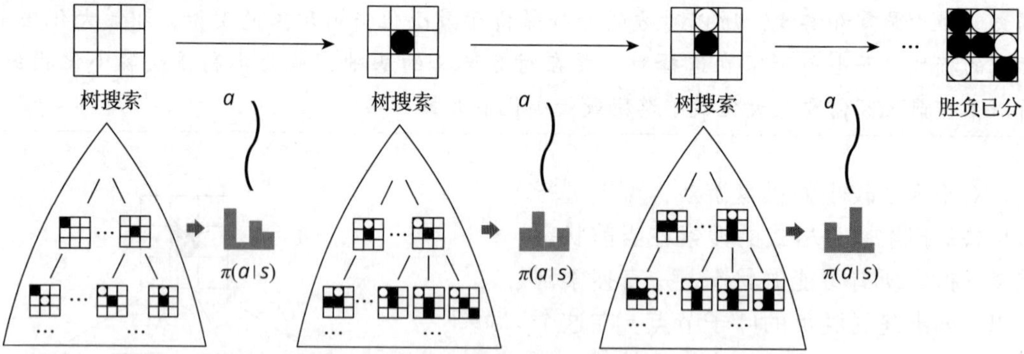

图 14-6　用回合更新树搜索进行自我对弈

算法 14-1 也可以用来表示用于棋盘游戏的带有自我对弈的回合更新树搜索算法。当算法 14-1 用于求解本节所关注的棋盘游戏时，应当注意以下两点：

- 关于第 2.1 步：在选择的过程中都是以面对当前状态的玩家的角度进行选择的，维护的动作价值估计也是针对面对当前状态的玩家而言的。
- 关于第 2.3 步：由于在棋盘游戏中常设置 $\gamma = 1$，且只有在到达终止状态时才会有奖励，而且两个玩家的回报互为相反数，所以回报更新表达式应当为

$$g \leftarrow \begin{cases} -g, & s \neq s_{\text{叶}}, \\ v(s_{\text{叶}}), & s = s_{\text{叶}}。\end{cases}$$

算法 14-2 和算法 14-3 也可以用来表示用于棋盘游戏的带有自我对弈的回合更新树搜索算法的神经网络的更新过程。其中要注意，两个玩家的经验都应该保存下来，而在训练神经网络的时候应该同时使用两个玩家的经验。

我们已经知道，在单智能体任务中采用回合更新树搜索算法，智能体每遇到一个新状态都要重新建树，十分耗资源。在棋盘游戏中使用带自我对弈的回合更新树搜索也是如此。如果能对已有自我对弈数据进行简单扩展而得到更多的对弈数据，就能显著加速训练数据的准备过程。下面介绍一个利用在棋盘游戏的对称性提升样本利用率的方法。

某些棋盘游戏有利用对称性复用样本的机会。例如，对于本节考虑的那些棋盘游戏，我们可以把整个棋盘及其相应的动作概率左右翻转、上下翻转或 90°旋转，就可以把一个交互经验扩展为 8 个交互经验(见表 14-4)。对于(m,n,k)连线游戏和黑白棋，还可以交换黑棋和白棋。这些操作都要基于对棋盘游戏的对称性的理解。

表 14-4　8 个等价的棋盘局面

旋转度数	直接旋转	转置后旋转
逆时针旋转 0°	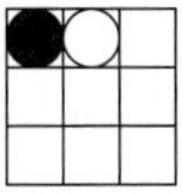 board	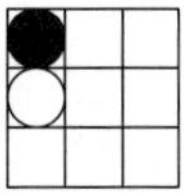 np.transpose(board)
逆时针旋转 90°	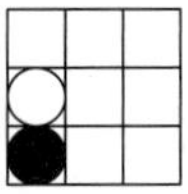 np.rot90(board)	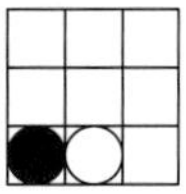 np.flipud(board)
逆时针旋转 180°	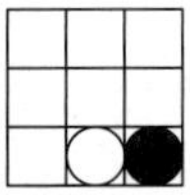 np.rot90(board, k=2)	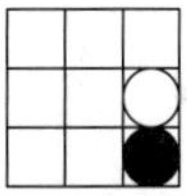 np.rot90(np.flipud(board))
逆时针旋转 270°	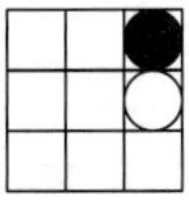 np.rot90(board, k=3)	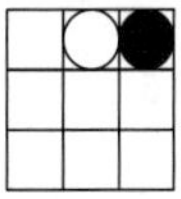 np.fliplr(board)

14.2.3　针对棋盘游戏的网络

14.1.5 节的表 14-2 总结了回合更新树搜索中运用的神经网络。本节就来介绍在棋盘游戏中如何设计这些神经网络。

首先我们来看神经网络的输入。神经网络的输入需要用到“规范化棋盘”这一概念。对于棋盘大小为 $n \times n$ 的棋盘游戏，规范化棋盘(canonical board)是形状为(n,n)的矩阵

($b_{i,j}$：$0 \leqslant i,j < n$)。矩阵上的每个元素取自{+1,0,-1}，其中

- ❑ $b_{i,j}=0$ 表示位置(i,j)上没有棋子；
- ❑ $b_{i,j}=+1$ 表示位置(i,j)上有一个棋子并且棋子的颜色就是当前要下棋的玩家的颜色；
- ❑ $b_{i,j}=-1$ 表示位置(i,j)上有一个棋子并且棋子的颜色就是当前要下棋的玩家的对手的颜色。

如图 14-7a 所示的棋盘，如果现在轮黑棋下，那么规范化棋盘是图 14-7a；如果现在轮白棋下，规范化棋盘是图 14-7b。对于井字棋、五子棋、黑白棋，只需要一张规范化棋盘就可以作为预测网络的输入，因为这张规范化棋盘完全决定了先验选择概率和状态价值估计。围棋由于有贴目和打劫的存在，也需要用一些额外的规范化棋盘来表示当前玩家和打劫情况。

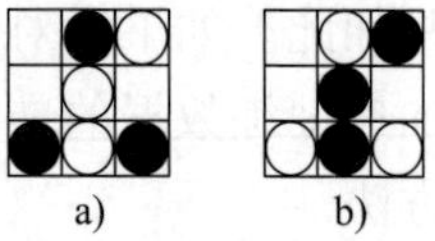

图 14-7　交换所有棋子颜色

棋盘可大可小。对于五子棋、围棋这样比较大的棋盘，常使用深度残差网络来提取特征。图 14-8 展示了一种用于围棋的预测网络的结构。在输入层组合之后，安排了 19 组深度残差网络来提取棋盘的特征。

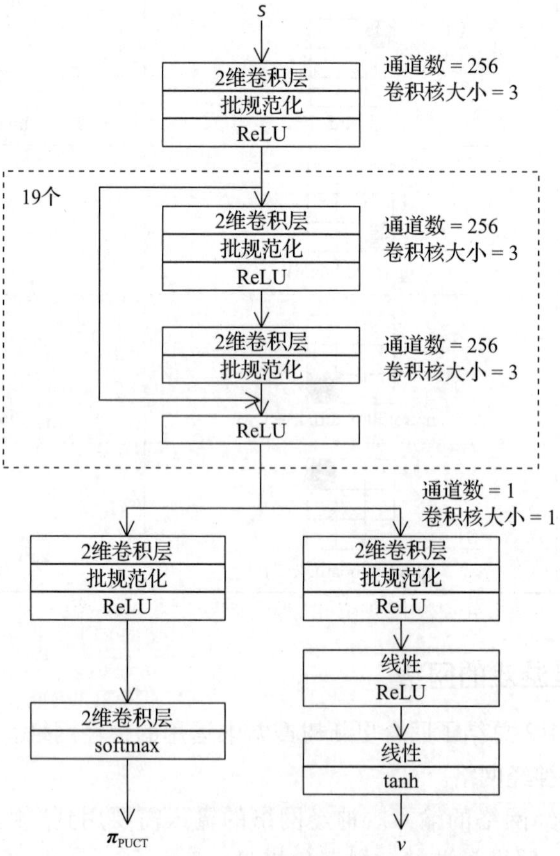

图 14-8　用于围棋的预测网络的示例结构

知识卡片：深度学习

残差网络

残差网络(Residual Network，ResNet)是一种卷积神经网络架构，它的常见形式如图 14-9 所示。它包括卷积层、批规范化层和激活层，另外从输入处还直接有跳层链接。批规范化(batch normalization)和跳层链接(shortcut)可以缓解训练较深的神经网络时出现的梯度弥散和推断退化问题。

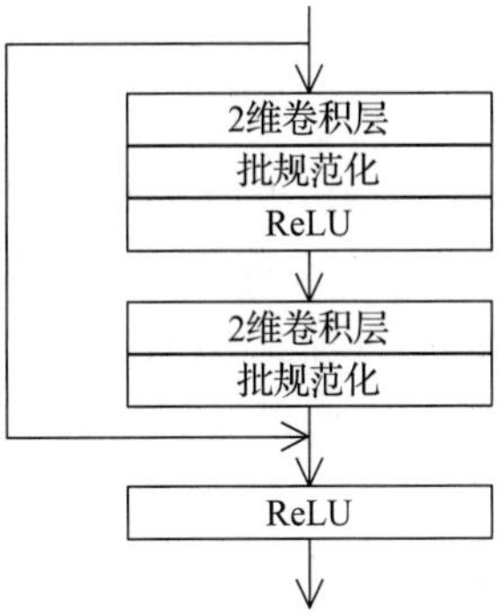

图 14-9 残差网络

注：本图片改编自论文“Deep residual learning for image recognition”。

14.2.4 从 AlphaGo 到 MuZero

用回合更新树搜索来求解双人零和棋盘游戏的深度强化算法包括 AlphaGo 算法、AlphaGo Zero 算法、AlphaZero 算法和 MuZero 算法(见表 14-5)。这些算法都采用了异步策略价值回合更新树搜索(选择策略使用预测置信上界的变形算法)、自我对弈和残差网络。不过，每个算法各有不同。AlphaGo 算法作为第一个发表的回合更新树搜索深度强化学习算法，它只能适用于围棋，并且在设计上走了一些弯路。后续的算法逐渐地正本清源，并逐渐扩展其适用范围。在 14.1 节介绍的算法 14-2 和算法 14-3 实际上是 AlphaZero 算法和 MuZero 算法。本小节将对这 4 个算法进行比较。

表 14-5 用于棋盘游戏的部分回合更新树搜索算法

算法名称	适用任务	算法输入	维护的神经网络	用于围棋的训练资源
AlphaGo 算法	围棋	环境模型(即游戏规则)、领域知识和专家策略的交互数据	策略网络、价值网络、行为克隆网络	(分布式版本)自我对弈：1202 个 CPU；训练神经网络：176 个 GPU
AlphaGo Zero 算法	围棋	环境模型(即游戏规则)	预测网络	自我对弈：64GPU；训练神经网络：4 个一代 TPU
AlphaZero 算法	围棋、国际象棋、将棋等双人零和完全信息博弈游戏	环境模型(即游戏规则)	预测网络	自我对弈：5000 个一代 TPU；训练神经网络：16 个二代 TPU
MuZero 算法	围棋、国际象棋、将棋等双人零和完全信息博弈游戏、Atari 游戏等单智能体任务	可用来交互的环境	表示网络、预测网络、动力网络	自我对弈：1000 个三代 TPU；训练神经网络：16 个三代 TPU

首先来看最著名的 **AlphaGo 算法**。在 AlphaGo 之前，已经有用回合更新树搜索求解

围棋的研究。AlphaGo 率先将深度学习引入了这套设定，使得智能体的棋力大增。AlphaGo 专为围棋设计，需要用围棋规则的数学模型作为输入。

AlphaGo 算法维护了三类神经网络：策略网络、状态价值网络和行为克隆网络。AlphaGo 没有把策略网络和状态价值网络联合成一个统一的预测网络，损失了性能。AlphaGo 利用了模仿学习中的行为克隆算法，所以它需要专家数据作为输入，并维护行为克隆网络，输出的策略作为回合更新树搜索中扩展步骤使用的策略。这个网络采用有监督学习的方法来训练。模仿学习和行为克隆算法会在第 15 章详细介绍。

AlphaGo 针对围棋这一任务针对性地设计了许多特征，比如当前的棋子有多少“气”的特征（“气”的定义见 14.2.1 节关于围棋的介绍）、当前是否是“征子”（围棋术语之一）的特征。

AlphaGo 算法在评估环节还使用了引出这一操作。**引出**（rollout 或 playout）操作如下：为了了解叶子节点之后的回报情况，使用某个策略，从叶子节点开始采样多条轨迹直到回合终止，并利用这些轨迹来估计叶子节点状态价值。如果使用了引出，那么评估环节也可以称为**仿真**（simulation）。在生成轨迹时使用的策略称为**引出策略**（rollout policy）。由于引出策略需要在评估环节需要大量调用引出策略，所以对引出策略的计算进行了简化，通过牺牲精确性使其运算更快。由于引出需要耗费大量计算资源，所以在后续的改进版中就不再使用了。

AlphaGo Zero 算法是 AlphaGo 算法的改进版。它去除了 AlphaGo 算法中很多不必要的设计，简化了实现和计算，得到更好的性能。AlphaGo Zero 的改进包括：

- 去除了模仿学习这一环节，所以不再需要专家数据，也不需要行为克隆网络的给定环境的数学表示。
- 去除了引出，省去了低效的计算，使得使用相同的计算资源能获得更好的结果。
- 将策略网络和价值网络合并成预测网络，提高样本利用率。

AlphaGo Zero 是首个公开报道使用了 TPU 的算法。根据论文，AlphaGo Zero 的自我对弈部分使用了 64 个 GPU，神经网络训练部分使用了 4 个一代 TPU。还有其他的资源用来评估智能体的性能。

AlphaZero 算法将应用场景从围棋扩展到更多棋类问题（国际象棋、将棋）中。它的特征设计更为通用。和围棋相比，国际象棋和将棋有自己的特点：

- 围棋只有一种棋子，而国际象棋和将棋有多种棋子。对于国际象棋和将棋，每种棋子都有自己的一个棋盘作为输入。这类似于对棋子类型进行了独热编码。
- 围棋棋盘可以 90°旋转，但是国际象棋和将棋棋盘不能 90°旋转，所以在围棋上使用的旋转方法就会失效。
- 围棋几乎不会和棋，玩家非胜即负，所以智能体试图最大化胜率。国际象棋和将棋更可能和棋，所以智能体事实上是最大化期望。

在 AlphaZero 论文里，训练围棋智能体用了 5000 个一代 TPU 来自我对弈，用了 16 个二代 TPU 来训练神经网络。

MuZero 算法进一步进行扩展，不再需要环境动力的数学模型作为输入。由于动力模型不再是输入，所以需要维护动力网络去估计动力。

在 MuZero 论文中，为了训练围棋智能体，用了 1000 个三代 TPU 来自我对弈，用 16 个三代 TPU 来训练神经网络。

另外，MuZero 论文还考虑了非完全可观测的任务。对于那样的任务，可以引入表示函数（representation function）h 把观测 o 映射到隐状态 $s \in \mathcal{S}$，其中 $\mathcal{S}$ 又称嵌入空间（embedding space），相当于状态空间。这个表示函数可实现为神经网络，称为表示网络。论文中给出了用带表示网络 MuZero 算法求解 Atari 电动游戏的结果。

14.3 案例：井字棋

本节实现一个用回合更新树搜索和自我对弈来训练棋盘游戏的例子。

回合更新树搜索算法需要使用大量的计算资源，并不适合在常规个人计算机上训练。为此，本节来考虑一个规模较小的棋盘游戏：井字棋。我们还对回合更新树搜索算法进行了一些简化，使其能在常见个人计算机上完成训练。

14.3.1 棋盘游戏环境 boardgame2

Gym 库的最新版本并没有内置棋盘游戏的环境。本节将开发棋盘游戏环境库 boardgame2，使得其中的棋盘游戏环境可以像 Gym 库中现有的环境那样使用。我们可以在下列 GitHub 地址下载到 boardgame2 的代码：

```
https://github.com/ZhiqingXiao/boardgame2/
```

将代码放在运行目录后可以直接运行这个库。

扩展库 boardgame2 有以下 Python 文件：

- `boardgame2/__init__.py`：这个文件将各环境类注册在 Gym 库中。
- `boardgame2/env.py`：这个文件实现了双人确定棋盘游戏环境的基类 `BoardGameEnv`，还实现了一些常量和一些辅助函数。
- `boardgame2/kinarow.py`：这个文件实现了连线游戏环境类 `KInARowEnv`。
- 其他文件：包括黑白棋环境类 `ReversiEnv` 等其他棋类环境的实现、测试代码、版本号。

在 boardgame2 库中，定义了以下概念：

- 玩家（`player`）：取值为{-1,1}的 `int` 型数值。+1 表示黑棋（定义为常量 `boardgame2.BLACK`），-1 表示白棋（定义为常量 `boardgame2.WHITE`）。这里把两个玩家定义为 +1 和 -1 是巧妙设计的，便于棋盘的翻转。
- 棋盘（`board`）：是一个 `np.array` 的对象。其中的每个元素是取自{-1,0,1}的

int 型数值，0 表示对应位置没有棋子，+1 和 -1 表示对应位置有相应玩家的棋子。

- 赢家(winner)：取值为{-1,0,1}的 int 型数值或 None。对于一个棋盘胜负已分，那么赢家取值自{-1,0,1}，表示白棋胜、平局或黑棋胜；如果一个棋盘胜负未分，那么就没有赢家，取值 None。
- 位置(location)，是一个形状为(2,)的 np.array 对象，它用下标的形式表示棋盘 board 上的某个交叉点。
- 有效棋盘(valid)：是一个 np.array 的对象。其中的每个元素是取自{0,1}的 int 型数值，0 表示对应位置是不可以下棋的，1 表示对应位置是可以下棋的。

利用上述概念，boardgame2 库将状态和动作定义如下：

- 状态，定义为由棋盘 board 和玩家 player 组成的 tuple 对象，表示在棋盘局面 board 与下一个要下棋的玩家 player。
- 动作，定义为一个位置。不过，它的元素取值可以不是棋盘的下标，这时候表示玩家想要跳过这步(定义为常量 env.PASS)或认输(定义为常量 env.RESIGN)。

现在我们已经了解了状态空间和动作空间分别是什么。这样就可以开始实现环境类。在 boardgame2 中，所有环境类的基类是 BoardGameEnv。代码清单 14-1 给出了 BoardGameEnv 类的构造函数。构造函数有下面四个参数：

- 控制棋盘大小的参数 board_shape，类型为 int 或由两个 int 组成的 tuple。当输入参数类型为 int 时，表示棋盘大小为变长为 board_shape 的正方形棋盘；当输入参数类型为 tuple[int, int]时，表示棋盘是长为 board_shape[0]、宽为 board_shape[1]的矩形。
- 控制当智能体输入的动作为无效动作时环境如何响应的参数 illegal_action_model，类型为 str。默认值'resign'表示智能体输入无效动作相当于认输。
- 控制可视化字符的参数 render_characters，类型为 str，长度为 3。三个字符分别表示棋盘网格空闲时、为黑棋时、为白棋时应当显示的字符。
- 控制是否允许跳过的参数 allow_pass，类型为 bool。默认值 True 表示运行玩家选择跳过某轮而不下棋。

构造函数的最后定义了观测空间和动作空间。观测空间是 spaces.Tuple 类型的，它有两个分量，分别表示棋盘局势和当前要下棋的玩家。对于某些类型的棋盘游戏(比如井字棋)，它能够完全表示状态。动作空间是 spaces.Box 类型的，有两个维度。动作表示表示要下棋的位置(2 维坐标)。

代码清单 14-1 BoardGameEnv 类的构造函数

代码地址：https://github.com/ZhiqingXiao/boardgame2/blob/master/boardgame2/env.py。

```
def __init__(self, board_shape: int | tuple[int, int],
        illegal_action_mode: str='resign',
```

```
        render_characters: str=' +ox', allow_pass: bool=True):
    self.allow_pass = allow_pass

    if illegal_action_mode == 'resign':
        self.illegal_equivalent_action = self.RESIGN
    elif illegal_action_mode == 'pass':
        self.illegal_equivalent_action = self.PASS
    else:
        raise ValueError()

    self.render_characters = {player : render_characters[player] for player \
            in [EMPTY, BLACK, WHITE]}

    if isinstance(board_shape, int):
        board_shape = (board_shape, board_shape)
    self.board = np.zeros(board_shape)

    observation_spaces = [
            spaces.Box(low= -1, high=1, shape=board_shape, dtype=np.int8),
            spaces.Box(low= -1, high=1, shape= (), dtype=np.int8)]
    self.observation_space = spaces.Tuple(observation_spaces)
    self.action_space = spaces.Box(low = -np.ones((2,)),
            high = np.array(board_shape) -1, dtype = np.int8)
```

为了让动力模型的回合更新树搜索算法这样需要环境动力的算法能够与扩展库 boardgame2 交互，boardgame2 需要提供了动力模型的接口。回顾在需要动力模型的回合更新树搜索算法中，回合更新树搜索需要能够知道每一个局面 s 是不是胜负已分的终局。如果胜负已分，那么这个局面对应的赢家是谁；如果胜负未分，则这个局面后有哪些合法动作 $a \in \mathcal{A}(s)$，并知道每个合法动作后对应的下一个局面是什么。表 14-6 给出了这些接口。

表 14-6 用来提供环境动力的接口

成员函数名	成员函数功能	输入参数	返回值
get_winner()	判断一个局面 s 是不是终局。如果是终局，赢家是谁	当前状态 s（但不使用其中的玩家信息）	赢家 winner（可以为 None）
get_valid()	求当前状态 s 下所有可能的动作 $a \in \mathcal{A}(s)$	当前状态 s	有效棋盘 valid
next_step()	求当前状态 s 下执行动作 $a \in \mathcal{A}(s)$ 后会达到哪一个状态 s'	状态动作对 (s,a)	下一状态、奖励、回合结束指示和 dict 对象

接下来来看这些接口的具体实现。代码清单 14-2 给出了与判断一个动作是不是有效动作相关的函数，包括下面三个函数。

- is_valid(state, action) -> bool：给定状态 s 和动作 a，判断 a 是否在 $\mathcal{A}(s)$ 里。对于井字棋在内的绝大多数棋盘游戏，要判断一个动作是不是合理的，只需要判断下标范围对不对（由 boardgame2.is_index(board, action) 实现），再判断要下棋的位置是不是空闲即可。

- has_valid(state) -> bool：给定状态 s，判断 $\mathcal{A}(s)$是否为空。
- get_valid (state)：给定状态 s，求出 $\mathcal{A}(s)$。返回值 valid 的类型是 np. array，其中每个元素表示每个位置是不是可行动作。

其中 has_valid()函数和 get_valid()函数是以 is_valid()为基础循环遍历得到的。

代码清单 14-2　BoardGameEnv 类的 is_valid( ) 函数、has_valid( ) 函数和 get_valid( ) 函数

代码地址：https://github.com/ZhiqingXiao/boardgame2/blob/master/boardgame2/env.py。

```
def is_valid(self, state, action) -> bool:
    board, _ = state
    if not is_index(board, action):
        return False
    x, y = action
    return board[x, y] == EMPTY

def get_valid(self, state):
    board, _ = state
    valid = np.zeros_like(board, dtype=np.int8)
    for x in range(board.shape[0]):
        for y in range(board.shape[1]):
            valid[x, y] = self.is_valid(state, np.array([x, y]))
    return valid

def has_valid(self, state) -> bool:
    board = state[0]
    for x in range(board.shape[0]):
        for y in range(board.shape[1]):
            if self.is_valid(state, np.array([x, y])):
                return True
return False
```

代码清单 14-3 给出了判断终局赢家的 get_winner()函数。对于井字棋对应的连线游戏类 KInARowEnv 类重载了基类 BoardGameEnv 类的这个成员。对于连线游戏，它以连线成功作为判断标准。函数 get_winner()的参数是观测 state。它有两个分量，分别表示棋盘局势和当前玩家。但是这个函数只需要第一个分量。返回值 winner 是赢家，如前所述，它可以是表示胜负未分的 None，也可能是表示胜负已分的 int 值。

代码清单 14-3　KInARowEnv 类的 get_winner( ) 函数

代码地址：https://github.com/ZhiqingXiao/boardgame2/blob/master/boardgame2/kinarow.py。

```
def get_winner(self, state):
    board, _ = state
    for player in [BLACK, WHITE]:
        for x in range(board.shape[0]):
            for y in range(board.shape[1]):
                for dx, dy in [(1, -1), (1, 0), (1, 1), (0, 1)]:  # 8个方向循环
                    xx, yy = x, y
                    for count in itertools.count():
```

```
                if not is_index(board, (xx, yy)) or \
                        board[xx, yy] != player:
                    break
                xx, yy = xx + dx, yy + dy
            if count >= self.target_length:
                return player
    for player in [BLACK, WHITE]:
        if self.has_valid((board, player)):
            return None
    return 0
```

代码清单 14-4 给出了获得下一个状态的 next_step()函数及其辅助函数 get_next_step()函数。get_next_step()函数的参数为状态 state 和动作 action，返回值为当前玩家下一个子并等待对手下棋时的状态 next_state。如果动作 action 不表示棋盘位置，则会抛出异常。next_step()函数对函数 next_step()进行进一步封装。它的参数依然是状态 state 和动作 action，但它的返回值为下一观测 next_state、奖励 reward、回合结束指示 terminated、总是为空字典的额外信息 info。在函数内部，它调用 next_step()计算对手会遇到的下一状态。如果下一状态下对手没有任何有效动作，则强制对手使用动作 PASS，再进一步考虑下一步。

代码清单 14-4 BoardGameEnv 类的 next_step( )函数及其辅助函数 get_next_state( )

代码地址：https://github.com/ZhiqingXiao/boardgame2/blob/master/boardgame2/env.py。

```
def get_next_state(self, state, action):
    board, player = state
    x, y = action
    if self.is_valid(state, action):
        board = copy.deepcopy(board)
        board[x, y] = player
    return board, -player

def next_step(self, state, action):
    if not self.is_valid(state, action):
        action = self.illegal_equivalent_action
    if np.array_equal(action, self.RESIGN):
        return state, -state[1], True, {}
    while True:
        state = self.get_next_state(state, action)
        winner = self.get_winner(state)
        if winner is not None:
            return state, winner, True, {}
        if self.has_valid(state):
            break
        action = self.PASS
    return state, 0., False, {}
```

为了让环境类能够通过 Gym 的接口使用，代码清单 14-5 重载了 reset()函数、step()函数和 render()函数。reset()函数将棋盘初始化为空棋盘，并确定先走的玩家。step()

函数通过调用访问环境动力的接口 next_step() 函数直接实现。render() 函数的参数 mode 支持两种参数'ansi'和'human'，mode 为'ansi'时返回字符串，mode 为'human'时将字符串打印到标准输出上。参数 mode 的可能取值记录在类的成员 metadata 里。棋盘转换为字符串的核心逻辑用 boardgame2.strfboard() 函数来实现。

代码清单 14-5 BoardGameEnv 类的 reset() 函数、step() 函数和 render() 函数

代码地址：https://github.com/ZhiqingXiao/boardgame2/blob/master/boardgame2/env.py。

```
def reset(self, *, seed=None, options=None):
    super().reset(seed=seed)
    self.board = np.zeros_like(self.board, dtype=np.int8)
    self.player = BLACK
    next_state = (self.board, self.player)
    return next_state, {}

def step(self, action):
    state = (self.board, self.player)
    next_state, reward, terminated, info = self.next_step(state, action)
    self.board, self.player = next_state
    return next_state, reward, terminated, False, info

metadata = {"render_modes": ["ansi", "human"]}

def render(self):
    mode = self.render_mode
    outfile = StringIO() if mode == 'ansi' else sys.stdout
    s = strfboard(self.board, self.render_characters)
    outfile.write(s)
    if mode ! = 'human':
        return outfile
```

至此，我们已经了解了棋盘游戏环境 boardgame2 中关于井字棋的实现。boardgame2 还实现了黑白棋等其他棋盘游戏。各环节的完整实现请查阅 GitHub 代码。

14.3.2 穷尽式搜索

本节使用穷尽式搜索来求解井字棋问题。井字棋问题规模较小，所以可以使用穷尽式搜索。

代码清单 14-6 实现了穷尽式搜索智能体。代码清单 14-7 实现了自我对弈。

代码清单 14-6 穷尽式搜索智能体

代码文件名：TicTacToe-v0_ExhaustiveSearch.ipynb。

```
class ExhaustiveSearchAgent:

    def __init__(self, env):
        self.env = env
        self.learn()
```

```
    def learn(self):
        self.winner = {}  # str(状态) - > 玩家
        self.policy = {}  # str(状态) - > 动作
        init_state = np.zeros_like(env.board, dtype=np.int8), BLACK
        self.search(init_state)

    def search(self, state):  # 递归地实现树搜索
        s = str(state)
        if s not in self.winner:  # 节点未被计算
            self.winner[s] = self.env.get_winner(state)
            if self.winner[s] is None:  # 没有直接的赢家
                # 尝试后续所有可行动作
                valid = self.env.get_valid(state)
                winner_actions = {}
                for x in range(valid.shape[0]):
                    for y in range(valid.shape[1]):
                        if valid[x, y]:
                            action = np.array([x, y])
                            next_state = self.env.get_next_state(state, action)
                            winner = self.search(next_state)
                            winner_actions[winner] = action

                # 选择最优动作
                _, player = state
                for winner in [player, EMPTY, -player]:
                    if winner in winner_actions:
                        action = winner_actions[winner]
                        self.policy[s] = action
                        self.winner[s] = winner
                        break
        return self.winner[s]

    def reset(self, mode=None):
        pass

    def step(self, observation, reward, terminated):
        s = str(observation)
        action = self.policy[s]
        return action

    def close(self):
        pass

agent = ExhaustiveSearchAgent(env=env)
```

代码清单 14-7　自我对弈

代码文件名：TicTacToe-v0_ExhaustiveSearch.ipynb。

```
def play_boardgame2_episode(env, agent, mode=None, verbose=False):
    observation, _ = env.reset()
    winner, terminated, truncatedn = 0, False, False
    agent.reset(mode=mode)
    elapsed_steps = 0
    while True:
```

```
        if verbose:
            board, player = observation
            print(boardgame2.strfboard(board))
        action = agent.step(observation, winner, terminated)
        if verbose:
            logging.info('步骤%d:玩家%d, 动作%s', elapsed_steps, player, action)
        observation, winner, terminated, truncated, _ = env.step(action)
        if terminated or truncated:
            if verbose:
                board, _ = observation
                print(boardgame2.strfboard(board))
            break
        elapsed_steps += 1
    agent.close()
    return winner, elapsed_steps

winner, elapsed_steps = play_boardgame2_episode(env, agent, mode='test',
        verbose = True)
logging.info('测试回合:赢家 = %d, 步骤 = %d', winner, elapsed_steps)
```

14.3.3 启发式搜索

本节选择 AlphaZero 算法来求解井字棋问题。代码清单 14-8 给出了经验回放的代码。代码清单 14-9 和代码清单 14-10 实现了神经网络，代码清单 14-11 和代码清单 14-12 实现了智能体。

代码清单 14-8　AlphaZero 智能体经验回放

代码文件名：TicTacToe-v0_AlphaZero_tf.ipynb。

```
class AlphaZeroReplayer:
    def __init__(self):
        self.fields = ['player', 'board', 'prob', 'winner']
        self.memory = pd.DataFrame(columns=self.fields)

    def store(self, df):
        self.memory = pd.concat([self.memory, df[self.fields]], ignore_index=True)

    def sample(self, size):
        indices = np.random.choice(self.memory.shape[0], size = size)
        return (np.stack(self.memory.loc[indices, field]) for field in
                self.fields)
```

代码清单 14-9　AlphaZero 用的网络(TensorFlow 版本)

代码文件名：TicTacToe-v0_AlphaZero_tf.ipynb。

```
class AlphaZeroNet(keras.Model):
    def __init__(self, input_shape, regularizer=regularizers.l2(1e-4)):
        super().__init__()

        # 公共网络
        self.input_net = keras.Sequential([
```

```
            layers.Reshape(input_shape + (1,)),
            layers.Conv2D(256, kernel_size=3, padding='same',
            kernel_regularizer=regularizer,
            bias_regularizer=regularizer),
            layers.BatchNormalization(), layers.ReLU()])
    self.residual_nets = [keras.Sequential([
            layers.Conv2D(256, kernel_size=3, padding='same',
            kernel_regularizer=regularizer,
            bias_regularizer=regularizer),
            layers.BatchNormalization()]) for _ in range(2)]

    # 概率网络
    self.prob_net = keras.Sequential([
            layers.Conv2D(256, kernel_size=3, padding='same',
            kernel_regularizer=regularizer,
            bias_regularizer=regularizer),
            layers.BatchNormalization(), layers.ReLU(),
            layers.Conv2D(1, kernel_size=3, padding='same',
            kernel_regularizer=regularizer,
            bias_regularizer=regularizer),
            layers.Flatten(), layers.Softmax(),
            layers.Reshape(input_shape)])

    # 价值网络
    self.value_net = keras.Sequential([
            layers.Conv2D(1, kernel_size=3, padding='same',
            kernel_regularizer=regularizer,
            bias_regularizer=regularizer),
            layers.BatchNormalization(), layers.ReLU(),
            layers.Flatten(),
            layers.Dense(1, activation=nn.tanh,
            kernel_regularizer=regularizer,
            bias_regularizer=regularizer)])

def call(self, board_tensor):
    # 公共网络
    x = self.input_net(board_tensor)
    for i_net, residual_net in enumerate(self.residual_nets):
        y = residual_net(x)
        if i_net == len(self.residual_nets) -1:
            y = y + x
        x = nn.relu(y)
    common_feature_tensor = x

    # 概率网络
    prob_tensor = self.prob_net(common_feature_tensor)

    # 价值网络
    v_tensor = self.value_net(common_feature_tensor)

    return prob_tensor, v_tensor
```

代码清单 14-10 AlphaZero 用的网络(PyTorch 版本)

代码文件名：TicTacToe-v0_AlphaZero_torch.ipynb。

```
class AlphaZeroNet(nn.Module):
    def __init__(self, input_shape):
        super().__init__()

        self.input_shape = input_shape

        # 公共网络
        self.input_net = nn.Sequential(
                nn.Conv2d(1, 256, kernel_size=3, padding="same"),
                nn.BatchNorm2d(256), nn.ReLU())
        self.residual_nets = [nn.Sequential(
                nn.Conv2d(256, 256, kernel_size=3, padding="same"),
                nn.BatchNorm2d(256)) for _ in range(2)]

        # 概率网络
        self.prob_net = nn.Sequential(
                nn.Conv2d(256, 256, kernel_size=3, padding="same"),
                nn.BatchNorm2d(256), nn.ReLU(),
                nn.Conv2d(256, 1, kernel_size=3, padding="same"))

        # 价值网络
        self.value_net0 = nn.Sequential(
                nn.Conv2d(256, 1, kernel_size=3, padding="same"),
                nn.BatchNorm2d(1), nn.ReLU())
        self.value_net1 = nn.Sequential(
                nn.Linear(np.prod(input_shape), 1), nn.Tanh())

    def forward(self, board_tensor):
        # 公共网络
        input_tensor = board_tensor.view(-1, 1,* self.input_shape)
        x = self.input_net(input_tensor)
        for i_net, residual_net in enumerate(self.residual_nets):
            y = residual_net(x)
            if i_net == len(self.residual_nets) -1:
                y = y+x
            x = torch.clamp(y, 0)
        common_feature_tensor = x

        # 概率网络
        logit_tensor = self.prob_net(common_feature_tensor)
        logit_flatten_tensor = logit_tensor.view(-1)
        prob_flatten_tensor = functional.softmax(logit_flatten_tensor, dim = -1)
        prob_tensor = prob_flatten_tensor.view(-1,* self.input_shape)

        # 价值网络
        v_feature_tensor = self.value_net0(common_feature_tensor)
        v_flatten_tensor = v_feature_tensor.view(-1, np.prod(self.input_shape))
        v_tensor = self.value_net1(v_flatten_tensor)

        return prob_tensor, v_tensor
```

代码清单 14-11 AlphaZero 智能体(TensorFlow 版本)

代码文件名:TicTacToe-v0_AlphaZero_tf.ipynb。

```
class AlphaZeroAgent:
    def __init__(self, env):
        self.env = env

        self.replayer = AlphaZeroReplayer()

        self.board = np.zeros_like(env.board)
        self.net = self.build_net()

        self.reset_mcts()

    def build_net(self, learning_rate=0.001):
        net = AlphaZeroNet(input_shape=self.board.shape)

        def categorical_crossentropy_2d(y_true, y_pred):
            labels = tf.reshape(y_true, [-1, self.board.size])
            preds = tf.reshape(y_pred, [-1, self.board.size])
            return losses.categorical_crossentropy(labels, preds)

        loss = [categorical_crossentropy_2d, losses.MSE]
        optimizer = optimizers.Adam(learning_rate)
        net.compile(loss=loss, optimizer=optimizer)
        return net

    def reset_mcts(self):
        def zero_board_factory(): # 用来构造 default_dict 对象
            return np.zeros_like(self.board, dtype=float)
        self.q = collections.defaultdict(zero_board_factory)
                # 动作价值估计:棋盘 -> 棋盘
        self.count = collections.defaultdict(zero_board_factory)
                # 动作访问计数:棋盘 -> 棋盘
        self.policy = {} # 策略:棋盘 -> 棋盘
        self.valid = {} # 可行位置:棋盘 -> 棋盘
        self.winner = {} # 赢家:棋盘 -> None 或 int

    def reset(self, mode):
        self.mode = mode
        if mode == "train":
            self.trajectory = []

    def step(self, observation, winner, _):
        board, player = observation
        canonical_board = player * board
        s = boardgame2.strfboard(canonical_board)
        while self.count[s].sum() < 200: # 回合更新树搜索 200 次
            self.search(canonical_board, prior_noise=True)
        prob = self.count[s] / self.count[s].sum()

        # sample
        location_index = np.random.choice(prob.size, p=prob.reshape(-1))
        action = np.unravel_index(location_index, prob.shape)
```

```
        if self.mode == 'train':
            self.trajectory += [player, board, prob, winner]
        return action

    def close(self):
        if self.mode == 'train':
            self.save_trajectory_to_replayer()
            if len(self.replayer.memory) >= 1000:
                for batch in range(2): # 学习多次
                    self.learn()
                self.replayer = AlphaZeroReplayer()  # 策略变化后清空
                self.reset_mcts()

    def save_trajectory_to_replayer(self):
        df = pd.DataFrame(
                np.array(self.trajectory, dtype=object).reshape(-1, 4),
                columns = ['player', 'board', 'prob', 'winner'], dtype=object)
        winner = self.trajectory[-1]
        df['winner'] = winner
        self.replayer.store(df)

    def search(self, board, prior_noise=False):  # 回合更新树搜索
        s = boardgame2.strfboard(board)

        if s not in self.winner:
            self.winner[s] = self.env.get_winner((board, BLACK))
        if self.winner[s] is not None:  # 如果有赢家
            return self.winner[s]

        if s not in self.policy:  # 还没有算策略的叶子节点
            boards = board[np.newaxis].astype(float)
            pis, vs = self.net.predict(boards, verbose=0)
            pi, v = pis[0], vs[0]
            valid = self.env.get_valid((board, BLACK))
            masked_pi = pi* valid
            total_masked_pi = np.sum(masked_pi)
            if total_masked_pi < = 0:
                # 如果所有可行动作都没有概率(这种情况很罕见)
                masked_pi = valid  # 变通
                total_masked_pi = np.sum(masked_pi)
            self.policy[s] = masked_pi / total_masked_pi
            self.valid[s] = valid
            return v

        # 预测置信上界的变形算法
        count_sum = self.count[s].sum()
        c_init = 1.25
        c_base = 19652.
        coef = (c_init + np.log1p((1 + count_sum) / c_base)) * \
                math.sqrt(count_sum) / (1. + self.count[s])
        if prior_noise:
            alpha = 1. / self.valid[s].sum()
            noise = np.random.gamma(alpha, 1., board.shape)
            noise *= self.valid[s]
            noise /= noise.sum()
```

```
            prior_exploration_fraction = 0.25
            prior = (1. - prior_exploration_fraction) * self.policy[s] \
                    + prior_exploration_fraction * noise
        else:
            prior = self.policy[s]
        ub = np.where(self.valid[s], self.q[s] + coef * prior, np.nan)
        location_index = np.nanargmax(ub)
        location = np.unravel_index(location_index, board.shape)

        (next_board, next_player), _, _, _ = self.env.next_step(
                (board, BLACK), np.array(location))
        next_canonical_board = next_player* next_board
        next_v = self.search(next_canonical_board)  # 递归搜索
        v = next_player * next_v

        self.count[s][location] += 1
        self.q[s][location] += (v - self.q[s][location]) / \
                self.count[s][location]
        return v

    def learn(self):
        players, boards, probs, winners = self.replayer.sample(64)
        canonical_boards = (players[:, np.newaxis, np.newaxis]* boards).astype(
                float)
        vs = (players * winners)[:, np.newaxis].astype(float)
        self.net.fit(canonical_boards, [probs, vs], verbose=0)

agent = AlphaZeroAgent(env=env)
```

代码清单 14-12 AlphaZero 智能体（PyTorch 版本）

代码文件名：TicTacToe-v0_AlphaZero_torch.ipynb。

```
class AlphaZeroAgent:
    def __init__(self, env):
        self.env = env
        self.board = np.zeros_like(env.board)
        self.reset_mcts()

        self.replayer = AlphaZeroReplayer()

        self.net = AlphaZeroNet(input_shape=self.board.shape)
        self.prob_loss = nn.BCELoss()
        self.v_loss = nn.MSELoss()
        self.optimizer = optim.Adam(self.net.parameters(), 1e-3,
                weight_decay=1e-4)

    def reset_mcts(self):
        def zero_board_factory():  # 用来构造 default_dict 对象
            return np.zeros_like(self.board, dtype=float)
        self.q = collections.defaultdict(zero_board_factory)
                # 动作价值估计:棋盘 -> 棋盘
        self.count = collections.defaultdict(zero_board_factory)
                # 动作访问计数:棋盘 -> 棋盘
        self.policy = {} # 策略:棋盘 -> 棋盘
        self.valid = {} # 可行位置:棋盘 -> 棋盘
        self.winner = {} # 赢家:棋盘 -> None 或 int
```

```
    def reset(self, mode):
        self.mode = mode
        if mode == "train":
            self.trajectory = []

    def step(self, observation, winner, _):
        board, player = observation
        canonical_board = player * board
        s = boardgame2.strfboard(canonical_board)
        while self.count[s].sum() < 200: # 回合更新树搜索 200 次
            self.search(canonical_board, prior_noise = True)
        prob = self.count[s] / self.count[s].sum()

        # sample
        location_index = np.random.choice(prob.size, p=prob.reshape(-1))
        action = np.unravel_index(location_index, prob.shape)

        if self.mode == 'train':
            self.trajectory += [player, board, prob, winner]
        return action

    def close(self):
        if self.mode == 'train':
            self.save_trajectory_to_replayer()
            if len(self.replayer.memory) >= 1000:
                for batch in range(2):  # 学习多次
                    self.learn()
                self.replayer = AlphaZeroReplayer()  # 策略变化后清空
                self.reset_mcts()

    def save_trajectory_to_replayer(self):
        df = pd.DataFrame(
                np.array(self.trajectory, dtype=object).reshape(-1, 4),
                columns = ['player', 'board', 'prob', 'winner'], dtype=object)
        winner = self.trajectory[-1]
        df['winner'] = winner
        self.replayer.store(df)

    def search(self, board, prior_noise=False):  # 回合更新树搜索
        s = boardgame2.strfboard(board)

        if s not in self.winner:
            self.winner[s] = self.env.get_winner((board, BLACK))
        if self.winner[s] is not None:  # 如果有赢家
            return self.winner[s]

        if s not in self.policy:  # 还没有算策略的叶子节点
            board_tensor = torch.as_tensor(board, dtype=torch.float).view(1, 1,
                    * self.board.shape)
            pi_tensor, v_tensor = self.net(board_tensor)
            pi = pi_tensor.detach().numpy()[0]
            v = v_tensor.detach().numpy()[0]
            valid = self.env.get_valid((board, BLACK))
            masked_pi = pi * valid
            total_masked_pi = np.sum(masked_pi)
            if total_masked_pi <= 0:
```

```
            # 如果所有可行动作都没有概率(这种情况很罕见)
            masked_pi = valid  # 变通
            total_masked_pi = np.sum(masked_pi)
        self.policy[s] = masked_pi / total_masked_pi
        self.valid[s] = valid
        return v

    # 预测置信上界的变形算法
    count_sum = self.count[s].sum()
    c_init = 1.25
    c_base = 19652.
    coef = (c_init + np.log1p((1 + count_sum) / c_base)) * \
            math.sqrt(count_sum) / (1. + self.count[s])
    if prior_noise:
        alpha = 1. / self.valid[s].sum()
        noise = np.random.gamma(alpha, 1., board.shape)
        noise *= self.valid[s]
        noise /= noise.sum()
        prior_exploration_fraction = 0.25
        prior = (1. - prior_exploration_fraction) * self.policy[s] \
                + prior_exploration_fraction * noise
    else:
        prior = self.policy[s]
    ub = np.where(self.valid[s], self.q[s] + coef * prior, np.nan)
    location_index = np.nanargmax(ub)
    location = np.unravel_index(location_index, board.shape)

    (next_board, next_player), _, _, _ = self.env.next_step(
            (board, BLACK), np.array(location))
    next_canonical_board = next_player* next_board
    next_v = self.search(next_canonical_board)  # 递归
    v = next_player * next_v

    self.count[s][location] += 1
    self.q[s][location] += (v - self.q[s][location]) / \
            self.count[s][location]
    return v

def learn(self):
    players, boards, probs, winners = self.replayer.sample(64)
    canonical_boards = players[:, np.newaxis, np.newaxis] * boards
    targets = (players * winners)[:, np.newaxis]

    target_prob_tensor = torch.as_tensor(probs, dtype=torch.float)
    canonical_board_tensor = torch.as_tensor(canonical_boards,
            dtype=torch.float)
    target_tensor = torch.as_tensor(targets, dtype=torch.float)

    prob_tensor, v_tensor = self.net(canonical_board_tensor)

    flatten_target_prob_tensor = target_prob_tensor.view(-1, self.board.size)
    flatten_prob_tensor = prob_tensor.view(-1, self.board.size)
    prob_loss_tensor = self.prob_loss(flatten_prob_tensor,
            flatten_target_prob_tensor)
    v_loss_tensor = self.v_loss(v_tensor, target_tensor)
    loss_tensor = prob_loss_tensor + v_loss_tensor
```

```
        self.optimizer.zero_grad()
        loss_tensor.backward()
        self.optimizer.step()

agent = AlphaZeroAgent(env=env)
```

14.4 本章小结

本章介绍树搜索算法，包括了大名鼎鼎的 AlphaGo 系列算法。至此，我们已经介绍完了用于离散时间 Markov 决策过程的强化学习算法。

本章要点

- 回合更新树搜索算法是启发式搜索算法。它维护着完整搜索树的一个子树。
- 回合更新树搜索的步骤包括选择、扩展、评估、回溯。
- 回合更新树搜索算法的选择过程常使用用于树的预测置信上界的变形版本，其额外量的形式为

$$b(s,a)=\lambda_{\mathrm{PUCT}}\pi_{\mathrm{PUCT}}(a|s)\frac{\sqrt{c(s)}}{1+c(s,a)},\quad s\in\mathcal{S},\ a\in\mathcal{A}(s)。$$

  它要求每个状态动作对维护以下信息：访问次数 $c(s,a)$，动作价值估计 $q(s,a)$，先验选择概率 $\pi_{\mathrm{PUCT}}(a|s)$。
- 回合更新树搜索算法的选择过程需要依赖环境动力模型。如果输入中没有动力模型，则可以维护动力网络来估计动力。动力网络的形式为

$$(s',r)=p(s,a;\boldsymbol{\phi})。$$

  训练动力网络需要利用的经验形式为(S,A,R,S',D')。
- 回合更新树搜索算法的扩展和评估需要使用预测网络。预测网络的形式为

$$(\boldsymbol{\pi}_{\mathrm{PUCT}},v)=f(s;\boldsymbol{\theta})。$$

  训练神经网络需要利用的经验形式为(S,Π,G)。
- 异步策略价值回合更新树搜索算法将树搜索和神经网络训练异步进行。
- 对于双人零和棋盘游戏，可以使用带自我对弈的回合更新树搜索算法求解。
- 对于棋盘游戏，智能体中神经网络的形式常使用残差网络。
- 用于围棋的回合更新树搜索算法包括：AlphaGo 算法、AlphaGo Zero 算法、AlphaZero 算法和 MuZero 算法。其中 AlphaGo 算法、AlphaGo Zero 算法和 AlphaZero 算法需要用动力模型作为输入，MuZero 算法不需要动力模型作为输入。

14.5 练习与模拟面试

1. 单选题

(1)下列哪个强化学习算法是无模型算法？(　　)。

A. 动态规划算法

B. 策略梯度算法

C. 回合更新树搜索算法

(2)下列哪个求解 Markov 决策过程算法不需要事先给定环境的数学模型？(　　)。

A. 动态规划法

B. 线性规划法

C. MuZero 算法

(3)回合更新树搜索使用了哪两个策略？(　　)。

A. 探索策略和利用策略

B. 搜索策略和扩展策略

C. 智能体策略和环境策略

(4)回合更新树搜索算法依次有哪些步骤？(　　)。

A. 选择、扩展、评估、回溯

B. 仿真、评估、选择、回溯

C. 选择、评估、备份、自益

(5)关于回合更新树搜索算法，当选择策略为用于树的预测置信上界的变形算法时，树上的每个节点需要维护哪些信息？(　　)。

A. 状态价值估计，计数值，先验选择概率

B. 动作价值估计，计数值，先验选择概率

C. 状态价值估计，动作价值估计，计数值，选择概率

(6)关于回合更新树搜索算法，正确的说法是(　　)。

A. 回合更新树搜索算法只能用来单智能体任务中，不能用在多智能体任务中

B. 回合更新树搜索算法不能用来单智能体任务中，只能用在多智能体任务中

C. 回合更新树搜索算法既能用来单智能体任务中，也能用在多智能体任务中

2. 编程练习

用 AlphaZero 算法和 MuZero 算法求解 Connect4 游戏。您需要自行实现 Connect4 游戏环境。

3. 模拟面试

(1)有哪些强化学习算法是有模型的算法？在这些算法中，哪些算法是深度强化学习算法？

(2)回合更新树搜索算法有哪些缺点？

(3)什么是 AlphaGo 算法？AlphaGo 算法有哪些高明之处？有哪些基于 AlphaGo 算法的改进算法？

CHAPTER 15

第 15 章

模仿学习和人类反馈强化学习

本章将学习以下内容。

- ❑ 模仿学习。
- ❑ 专家策略。
- ❑ 行为克隆。
- ❑ 复合误差。
- ❑ 生成对抗模仿学习。
- ❑ 逆强化模型。
- ❑ 奖励模型。
- ❑ 人类反馈强化学习。
- ❑ 生成性预训练变换模型。

许多实际应用并没有现成的奖励函数定义。但是，我们能感性判断怎样的策略是好的，怎样的策略是不好的。为了解决这类任务，可以为其定义合理的奖励函数。但是，并不是所有任务都能很容易地定义奖励函数。模仿学习和人类反馈强化学习就试图解决这一问题。

15.1 模仿学习

模仿学习(Imitation Learning，IL)是利用已有成功策略，或已有成功策略和环境的交互经验，试图模仿这个成功策略的策略来进行学习的做法。

模仿学习的一般设定如下：如图 15-1 所示，类似于智能体/环境接口，环境依然可以用初始分布 p_{S_0} 和转移概率 p 来驱动，但是环境不会给智能体发送奖励信号 R。智能体虽然不能获得环境提供的奖励信号，但是可以获得一些策略和环境的交互的记录，这些交互记录是由一个已经被认可的策略产生的，这个被认可的策略称为**专家策略**(expert policy)，记为 $\pi_{专家}$。交互记录里没有奖励信息，只有观测和动作。智能体不知道专家策略的数学表达式，只能利用专家策略和环境之间交互的记录，在不能从环境直接获得奖励信号的情况下，试图得到一个**模仿策略**(imitation policy)，使得模仿策略能够表现的像专家策略那样好。模仿策略常采用含参近似函数 $\pi(a|s;\boldsymbol{\theta})(s \in \mathcal{S},\ a \in \mathcal{A}(s))$ 来近似，其中 $\boldsymbol{\theta}$ 是策略参数，并且满足约束 $\sum_{a \in \mathcal{A}(s)} \pi(a|s;\boldsymbol{\theta}) = 1(s \in \mathcal{S})$。具体的近似函数的形式和 7.1 节介绍的策略函数近似形式完全相同。

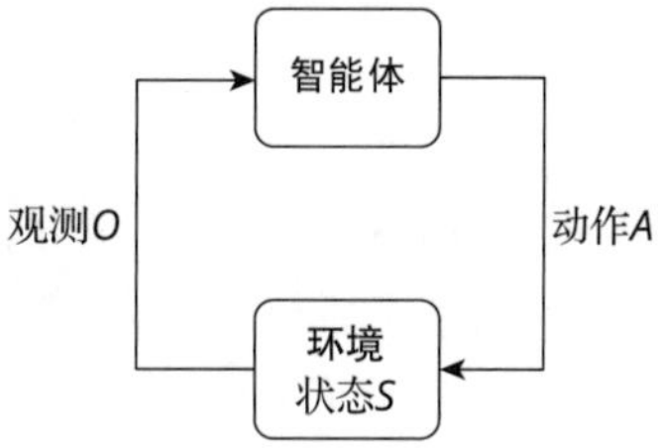

图 15-1　模仿学习的智能体/环境接口

严格来说，模仿学习任务并不是强化学习任务。模仿学习和强化学习的区别在于：模仿学习智能体在学习过程中不能得到奖励或损失信号，但是得到专家策略和环境的交互经验；而强化学习智能体在学习的过程中能够获得奖励或损失信号。

1.4.1 节介绍过离线强化学习和在线强化学习的概念。模仿学习也有离线模仿学习(offline IL)或在线模仿学习(online IL)这样的概念。离线模仿学习指智能体拿到的专家策略交互记录是固定的，以后不会再改变或增加。在线模仿学习指专家策略的交互记录是不断生成的，智能体可以利用不断生成的新交互记录来学习。这种情况下常考虑的性能指标是专家策略交互记录的样本复杂度。

模仿学习算法主要有两类：基于行为克隆的模仿学习和对抗式模仿学习。行为克隆算法试图减小模仿策略和专家策略的 KL 散度，对抗式模仿学习试图减小模仿策略和专家策略的 JS 散度。KL 散度和 JS 散度都是 f 散度。接下来，我们将介绍什么是 f 散度，以及为什么最小化 KL 散度和 JS 散度能实现模仿学习。

15.1.1　f 散度及其性质

本节介绍模仿学习的一些理论基础。我们先回顾信息论里面 f 散度的概念并介绍三种特殊的 f 散度：全变差距离、KL 散度和 JS 散度。然后证明最小化两个策略的期望回报之差受限于两个策略的全变差距离、KL 散度和 JS 散度。

知识卡片：信息论

f 散度

设两个概率分布 p 和 q 满足 $p \ll q$，给定凸函数 $f:(0,+\infty)\to\mathbb{R}$ 满足 $f(1)=0$，则从 p

到 q 的 f **散度**(f-divergence)定义为

$$d_f(p \parallel q)=\mathrm{E}_{X\sim q}\left[f\left(\frac{p(X)}{q(X)}\right)\right]。$$

- 当 $f(x)=\frac{1}{2}|x-1|$ 时的 f 散度称为**全变差距离**(Total Variation distance，TV-distance)：

$$d_{\mathrm{TV}}(p \parallel q)=\frac{1}{2}\sum_{x}|p(x)-q(x)|。$$

（证明：$d_{\mathrm{TV}}(p \parallel q)=\mathrm{E}_{X\sim q}\left[f_{\mathrm{TV}}\left(\frac{p(X)}{q(X)}\right)\right]=\sum_{x}q(x)\frac{1}{2}\left|\frac{p(x)}{q(x)}-1\right|=\frac{1}{2}\sum_{x}|p(x)-q(x)|$。）

- 当 $f_{\mathrm{KL}}(x)=x\ln x$ 时的 f 散度就是在 8.4.1 节提到的 KL 散度，可表示为

$$d_{\mathrm{KL}}(p \parallel q)=\mathrm{E}_{X\sim p}\left[\ln\left(\frac{p(X)}{q(X)}\right)\right]。$$

（证明：
$$d_{\mathrm{KL}}(p \parallel q)=\mathrm{E}_{X\sim q}\left[f_{\mathrm{KL}}\left(\frac{p(X)}{q(X)}\right)\right]=\sum_{x}q(x)\frac{p(x)}{q(x)}\ln\frac{p(x)}{q(x)}=\sum_{x}p(x)\ln\frac{p(x)}{q(x)}$$
$$=\mathrm{E}_{X\sim p}\left[\ln\left(\frac{p(X)}{q(X)}\right)\right]。）$$

- 当 $f_{\mathrm{JS}}(x)=x\ln x-(x+1)\ln\frac{x+1}{2}$ 时的 f 散度称为 **Jensen-Shannon 散度**，简称 JS 散度，记为 $d_{\mathrm{JS}}(p \parallel q)$。

f 散度的性质：可以验证

- $d_{\mathrm{TV}}\left(p\middle\|\frac{p+q}{2}\right)=d_{\mathrm{TV}}\left(q\middle\|\frac{p+q}{2}\right)=\frac{1}{2}d_{\mathrm{TV}}(p \parallel q)$。
- $f_{\mathrm{KL}}\left(p\middle\|\frac{p+q}{2}\right)=f_{\mathrm{KL}}(p \parallel p+q)+\ln 2$。

这些散度的关系如下：

- 用 KL 散度表示 JS 散度：

$$\begin{aligned}d_{\mathrm{JS}}(p \parallel q)&=d_{\mathrm{KL}}\left(p\middle\|\frac{p+q}{2}\right)+d_{\mathrm{KL}}\left(q\middle\|\frac{p+q}{2}\right)\\&=d_{\mathrm{KL}}(p \parallel p+q)+d_{\mathrm{KL}}(q \parallel p+q)+\ln 4。\end{aligned}$$

（证明：

$$
\begin{aligned}
& d_{\mathrm{JS}}(p \parallel q) \\
={}& \sum_X q(X)\left[\frac{p(X)}{q(X)}\ln\frac{p(X)}{q(X)} - \left(\frac{p(X)}{q(X)}+1\right)\ln\frac{\frac{p(X)}{q(X)}+1}{2}\right] \\
={}& \sum_X \left[p(X)\ln\frac{p(X)}{q(X)} - p(X)\ln\frac{\frac{p(X)+q(X)}{2}}{q(X)} - q(X)\ln\frac{\frac{p(X)+q(X)}{2}}{q(X)}\right] \\
={}& \sum_X p(X)\ln\frac{p(X)}{\frac{p(X)+q(X)}{2}} + \sum_X q(X)\ln\frac{q(X)}{\frac{p(X)+q(X)}{2}} \\
={}& d_{\mathrm{KL}}\left(p \,\middle\|\, \frac{p+q}{2}\right) + d_{\mathrm{KL}}\left(q \,\middle\|\, \frac{p+q}{2}\right)。
\end{aligned}
$$

得证。)

- 全变差距离和 KL 散度之间的不等式(Pinsker 不等式):

$$2d_{\mathrm{TV}}^2(p \parallel q) \leqslant d_{\mathrm{KL}}(p \parallel q)。$$

(证明：我们先考虑 p 和 q 都是二项分布的情况。设 p 为 $p(0)=p_0$，$p(1)=1-p_0$，$q(0)=q_0$，$q(1)=1-q_0$。有

$$d_{\mathrm{KL}}(p \parallel q) - 2d_{\mathrm{TV}}^2(p \parallel q) = p_0\ln\frac{p_0}{q_0} + (1-p_0)\ln\frac{1-p_0}{1-q_0} - 2\,(p_0-q_0)^2。$$

现在要证明上式恒为非负。固定任意 p_0，将上式对 q_0 求偏导得

$$\frac{\partial}{\partial q_0}[d_{\mathrm{KL}}(p \parallel q) - 2d_{\mathrm{TV}}^2(p \parallel q)] = -\frac{p_0}{q_0} + \frac{1-p_0}{1-q_0} + 4(p_0-q_0) = (p_0-q_0)\left[4 - \frac{1}{q_0(1-q_0)}\right],$$

考虑到 $q_0(1-q_0) \in \left[0, \frac{1}{4}\right]$，进而 $4 - \frac{1}{q_0(1-q_0)} \leqslant 0$。所以，当 $q_0 = p_0$ 时，$d_{\mathrm{KL}}(p \parallel q) - 2d_{\mathrm{TV}}^2(p \parallel q)$ 取到最小值，可以验证其值为 0。所以，$d_{\mathrm{KL}}(p \parallel q) - 2d_{\mathrm{TV}}^2(p \parallel q) \geqslant 0$。对于 p 和 q 不是二项分布的情况，考虑定义事件 e_0 为 $p(X) \leqslant q(X)$，事件 e_1 为 $p(X) > q(X)$。定义新的分布 p_E 和 q_E 为

$$
\begin{aligned}
p_E(e_0) &= \sum_{X:p(X) \leqslant q(X)} p(X), \\
p_E(e_1) &= \sum_{X:p(X) > q(X)} p(X), \\
q_E(e_0) &= \sum_{X:p(X) \leqslant q(X)} q(X), \\
q_E(e_1) &= \sum_{X:p(X) > q(X)} q(X)。
\end{aligned}
$$

可以验证

$$d_{\mathrm{TV}}(p \parallel q) = d_{\mathrm{TV}}(p_E \parallel q_E),$$

$$d_{\mathrm{KL}}(p \parallel q) \geqslant d_{\mathrm{KL}}(p_E \parallel q_E),$$

再利用 $2d_{\mathrm{TV}}^2(p_E \parallel q_E) \leqslant d_{\mathrm{KL}}(p_E \parallel q_E)$ 得证。)

- 全变差距离与 JS 散度之间的不等式：

$$d_{\mathrm{TV}}^2(p \parallel q) \leqslant d_{\mathrm{JS}}(p \parallel q)。$$

(证明：利用 JS 散度和 KL 散度之间的关系和 Pinsker 不等式可知

$$d_{\mathrm{JS}}(p \parallel q) = d_{\mathrm{KL}}\left(p \parallel \frac{p+q}{2}\right) + d_{\mathrm{KL}}\left(q \parallel \frac{p+q}{2}\right) \geqslant 2d_{\mathrm{TV}}^2\left(p \parallel \frac{p+q}{2}\right) + 2d_{\mathrm{TV}}^2\left(q \parallel \frac{p+q}{2}\right),$$

再利用全变差距离的性质易得证。)

接下来回顾 f 散度的变分表示。首先回顾凸共轭的概念。凸函数 $f:(0,+\infty)\to\mathbb{R}$ 的**凸共轭**(convex conjugate) f^* 定义为 $f^*(y) = \sup\limits_{x\in\mathbb{R}}[xy - f(x)]$。凸共轭的性质：①$f^*$ 也是凸的。②$(f^*)^* = f$。

例如，JS 散度的凸共轭是

$$f_{\mathrm{JS}}^*(y) = -\ln(2 - \mathrm{e}^y)。$$

(证明：$f_{\mathrm{JS}}^*(y) = \sup\limits_y[xy - f_{\mathrm{JS}}(x)]$。满足偏导数

$$\frac{\partial}{\partial x}(xy - f_{\mathrm{JS}}(x)) = y - \left((1+\ln x) - \left(1 + \ln\frac{x+1}{2}\right)\right) = y - \left(\ln x - \ln\frac{x+1}{2}\right)$$

为 0 的 (x_0, y_0) 满足 $y_0 = \ln x_0 - \ln\frac{x_0+1}{2}$，$\frac{x_0+1}{2} = \frac{1}{2-\mathrm{e}^{y_0}}$，

$$\begin{aligned} x_0y_0 - f_{\mathrm{JS}}(x_0) &= x_0\left(\ln x_0 - \ln\frac{x_0+1}{2}\right) - \left(x_0\ln x_0 - (x_0+1)\ln\frac{x_0+1}{2}\right) \\ &= \ln\frac{x_0+1}{2} = -\ln(2-\mathrm{e}^{y_0})。\end{aligned}$$

得证。)

f 散度的变分表示：

$$d_f(p \parallel q) = \mathrm{E}_{X\sim q}\left[f\left(\frac{p(X)}{q(X)}\right)\right] = \sup_{\psi:\mathcal{X}\to\mathbb{R}} \mathrm{E}_{X\sim p}[\psi(X)] - \mathrm{E}_{X\sim q}[f^*(\psi(X))]。$$

(证明：

$$\begin{aligned} & d_f(p \parallel q) \\ &= \sum_X q(X) f\left(\frac{p(X)}{q(X)}\right) \\ &= \sum_X q(X) \sup_{y\in\mathbb{R}}\left(y\frac{p(X)}{q(X)} - f^*(y)\right) \\ &\geqslant \sup_{\psi:\mathcal{X}\to\mathbb{R}} \sum_X q(X)\left(\psi(X)\frac{p(X)}{q(X)} - f^*(\psi(X))\right) \end{aligned}$$

$$= \sup_{\psi:\mathcal{X}\to\mathbb{R}} \sum_{x} p(x)\psi(x) - \sum_{x} q(x)f^*(\psi(x))$$
$$= \sup_{\psi:\mathcal{X}\to\mathbb{R}} \mathrm{E}_{X\sim p}[\psi(X)] - \mathrm{E}_{X\sim q}[f^*(\psi(X))]。$$

得证。)

例如，JS 散度可表示为

$$d_{\mathrm{JS}}(p\parallel q)=\sup_{\psi:\mathcal{X}\to\mathbb{R}} \mathrm{E}_{X\sim p}[\psi(X)]+\mathrm{E}_{X\sim q}[\ln(2-\exp\psi(X))]。$$

(证明：将 $f_{\mathrm{JS}}^*(y)=-\ln(2-\mathrm{e}^y)$ 代入即得。若取 $\phi(\cdot)=\exp\psi(\cdot)$，JS 散度还可以表示为

$$d_{\mathrm{JS}}(p\parallel q)=\sup_{\phi:\mathcal{X}\to(0,2)} \mathrm{E}_{X\sim p}[\ln\phi(X)]+\mathrm{E}_{X\sim q}[\ln(2-\phi(X))]。)$$

至此，我们已经复习了 f 散度及其性质。接下来我们来利用这些内容构建模仿学习的理论基础。

为了讨论方便，本节后续内容只考虑奖励有界的 Markov 决策过程，即存在正实数 r_{bound}，使得对于任意满足 $|r|\geqslant r_{\mathrm{bound}}$ 的 r，均满足 $p(s',r|s,a)=0$。

给定 Markov 决策过程，其奖励有界 r_{bound}。对任意的两个策略 π' 和 π'' 有

$$|g_{\pi'}-g_{\pi''}|\leqslant 2r_{\mathrm{bound}}d_{\mathrm{TV}}(\rho_{\pi'}(\cdot,\cdot)\parallel\rho_{\pi'}(\cdot,\cdot))。$$

(证明：考虑到对于策略 π 有

$$g_\pi = \mathrm{E}_{(S,A)\sim\rho_\pi}[r(S,A)] = \sum_{s,a} r(s,a)\rho_\pi(s,a),$$

所以，

$$\begin{aligned}
&|g_{\pi'}-g_{\pi''}| \\
&= \left|\sum_{s,a} r(s,a)(\rho_{\pi'}(s,a)-\rho_{\pi''}(s,a))\right| \\
&\leqslant r_{\mathrm{bound}}\sum_{s,a}|\rho_{\pi'}(s,a)-\rho_{\pi''}(s,a)| \\
&= 2r_{\mathrm{bound}}d_{\mathrm{TV}}(\rho_{\pi'}(\cdot,\cdot)\parallel\rho_{\pi'}(\cdot,\cdot))。
\end{aligned}$$

得证。)这说明了，只要两个策略带折扣的状态动作对的分布的全变差距离很小，那么这两个策略的回报期望的差别就会较小。

带折扣分布的全变差距离受限于策略的全变差距离。具体而言，给定 Markov 决策过程，对于给定的两个策略 π' 和 π''，它们带折扣的分布的全变差距离和策略的全变差距离满足以下关系：

- 带折扣的状态分布的全变差距离受限于策略的全变差距离：

$$d_{\mathrm{TV}}(\rho_{\pi'}(\cdot)\parallel\rho_{\pi''}(\cdot))\leqslant\frac{\gamma}{1-\gamma}\mathrm{E}_{S\sim\rho_{\pi''}}[d_{\mathrm{TV}}(\pi'(\cdot|S)\parallel\pi''(\cdot|S))]。$$

(证明：为了简单，只考虑有限 Markov 决策过程。回顾2.3.2 节介绍的带折扣的状

态分布的 Bellman 期望方程，即对于任意的策略 π，有

$$\boldsymbol{\rho}_\pi = \boldsymbol{p}_{S_0} + \gamma \boldsymbol{P}_\pi \boldsymbol{\rho}_\pi,$$

其中向量 $\boldsymbol{\rho}_\pi$ 表示带折扣的状态分布，用向量 $\boldsymbol{p}_{S_0}$ 表示初始状态 S_0 的概率质量，$\boldsymbol{P}_\pi$ 表示任意策略 π 的状态单步转移矩阵(其第(s,s')个元素为 $\sum_{r,a}\pi(a|s)p(s',r|s,a)$)。这个式子可以进一步得到

$$\boldsymbol{\rho}_\pi = (\boldsymbol{I} - \gamma \boldsymbol{P}_\pi)^{-1}\boldsymbol{p}_{S_0}。$$

所以两个策略 π' 和 π'' 的带折扣的状态分布 $\boldsymbol{\rho}_{\pi'}$ 和 $\boldsymbol{\rho}_{\pi''}$ 满足

$$\begin{aligned}
\boldsymbol{\rho}_{\pi'} - \boldsymbol{\rho}_{\pi''} &= (\boldsymbol{I} - \gamma \boldsymbol{P}_{\pi'})^{-1}\boldsymbol{p}_{S_0} - (\boldsymbol{I} - \gamma \boldsymbol{P}_{\pi''})^{-1}\boldsymbol{p}_{S_0} \\
&= \left[(\boldsymbol{I} - \gamma \boldsymbol{P}_{\pi'})^{-1} - (\boldsymbol{I} - \gamma \boldsymbol{P}_{\pi''})^{-1}\right]\boldsymbol{p}_{S_0} \\
&= (\boldsymbol{I} - \gamma \boldsymbol{P}_{\pi'})^{-1}\left[(\boldsymbol{I} - \gamma \boldsymbol{P}_{\pi''}) - (\boldsymbol{I} - \gamma \boldsymbol{P}_{\pi'})\right](\boldsymbol{I} - \gamma \boldsymbol{P}_{\pi''})^{-1}\boldsymbol{p}_{S_0} \\
&= (\boldsymbol{I} - \gamma \boldsymbol{P}_{\pi'})^{-1}\gamma(\boldsymbol{P}_{\pi'} - \boldsymbol{P}_{\pi''})\boldsymbol{\rho}_{\pi''}。
\end{aligned}$$

考虑到全变差的定义

$$d_{\text{TV}}(\rho_{\pi'}(\cdot)\,\|\,\rho_{\pi''}(\cdot)) = \frac{1}{2}\|\boldsymbol{\rho}_{\pi'} - \boldsymbol{\rho}_{\pi''}\|_1 = \frac{1}{2}\|(\boldsymbol{I} - \gamma \boldsymbol{P}_{\pi'})^{-1}\gamma(\boldsymbol{P}_{\pi'} - \boldsymbol{P}_{\pi''})\boldsymbol{\rho}_{\pi''}\|_1,$$

$$\text{E}_{S\sim\rho_{\pi''}}\left[d_{\text{TV}}(\pi'(\cdot|S)\,\|\,\pi''(\cdot|S))\right] = \frac{1}{2}\sum_s \rho_{\pi''}(s)\sum_a |\pi'(a|s) - \pi''(a|s)|,$$

并考虑到

$$\|(\boldsymbol{I} - \gamma \boldsymbol{P}_\pi)^{-1}\|_1 = \left\|\sum_{t=0}^{+\infty}\gamma^t \boldsymbol{P}_\pi^t\right\|_1 \leqslant \sum_{t=0}^{+\infty}\gamma^t\|\boldsymbol{P}_\pi\|_1^t \leqslant \sum_{t=0}^{+\infty}\gamma^t = \frac{1}{1-\gamma},$$

$$\begin{aligned}
&\|(\boldsymbol{P}_{\pi'} - \boldsymbol{P}_{\pi''})\boldsymbol{\rho}_{\pi''}\|_1 \\
&\leqslant \sum_{s,s'}\rho_{\pi''}(s)\,|p_{\pi'}(s'|s) - p_{\pi''}(s'|s)| \\
&= \sum_{s,s'}\rho_{\pi''}(s)\left|\sum_a p(s'|s,a)(\pi'(a|s) - \pi''(a|s))\right| \\
&\leqslant \sum_{s,s'}\rho_{\pi''}(s)\sum_a p(s'|s,a)\,|\pi'(a|s) - \pi''(a|s)| \\
&= \sum_s \rho_{\pi''}(s)\sum_a |\pi'(a|s) - \pi''(a|s)|,
\end{aligned}$$

易知

$$\begin{aligned}
&d_{\text{TV}}(\boldsymbol{\rho}_{\pi'}\,\|\,\boldsymbol{\rho}_{\pi''}) \\
&= \frac{1}{2}\|(\boldsymbol{I} - \gamma \boldsymbol{P}_{\pi'})^{-1}\gamma(\boldsymbol{P}_{\pi'} - \boldsymbol{P}_{\pi''})\boldsymbol{\rho}_{\pi''}\|_1 \\
&\leqslant \frac{1}{2}\|(\boldsymbol{I} - \gamma \boldsymbol{P}_{\pi'})^{-1}\|_1\gamma\|(\boldsymbol{P}_{\pi'} - \boldsymbol{P}_{\pi''})\boldsymbol{\rho}_{\pi''}\|_1
\end{aligned}$$

$$\leqslant \frac{1}{2}\frac{1}{1-\gamma}\gamma 2\mathrm{E}_{S\sim\rho_{\pi''}}\left[d_{\mathrm{TV}}\left(\pi'(\cdot|S)\parallel\pi''(\cdot|S)\right)\right]$$

$$=\frac{\gamma}{1-\gamma}\mathrm{E}_{S\sim\rho_{\pi''}}\left[d_{\mathrm{TV}}\left(\pi'(\cdot|S)\parallel\pi''(\cdot|S)\right)\right]。$$

得证。)

- 带折扣的状态动作对分布的全变差距离受限于策略的全变差距离：

$$d_{\mathrm{TV}}\left(\rho_{\pi'}(\cdot,\cdot)\parallel\rho_{\pi''}(\cdot,\cdot)\right)\leqslant\frac{\gamma}{1-\gamma}\mathrm{E}_{S\sim\rho_{\pi''}}\left[d_{\mathrm{TV}}\left(\pi'(\cdot|S)\parallel\pi''(\cdot|S)\right)\right]。$$

(证明：

$$\begin{aligned}
&d_{\mathrm{TV}}\left(\rho_{\pi'}(\cdot,\cdot)\parallel\rho_{\pi''}(\cdot,\cdot)\right)\\
&=\frac{1}{2}\sum_{s,a}\left|\rho_{\pi'}(s,a)-\rho_{\pi''}(s,a)\right|\\
&=\frac{1}{2}\sum_{s,a}\left|\rho_{\pi'}(s)\pi'(a|s)-\rho_{\pi''}(s)\pi''(a|s)\right|\\
&=\frac{1}{2}\sum_{s,a}\left|\left(\rho_{\pi'}(s)-\rho_{\pi''}(s)\right)\pi'(a|s)+\rho_{\pi''}(s)\left(\pi'(a|s)-\pi''(a|s)\right)\right|\\
&\leqslant\frac{1}{2}\sum_{s,a}\left|\left(\rho_{\pi'}(s)-\rho_{\pi''}(s)\right)\pi'(a|s)\right|+\frac{1}{2}\sum_{s,a}\left|\rho_{\pi''}(s)\left(\pi'(a|s)-\pi''(a|s)\right)\right|\\
&=d_{\mathrm{TV}}\left(\rho_{\pi'}(\cdot)\parallel\rho_{\pi''}(\cdot)\right)+\mathrm{E}_{S\sim\rho_{\pi''}}\left[d_{\mathrm{TV}}\left(\pi'(\cdot|S)\parallel\pi''(\cdot|S)\right)\right]。
\end{aligned}$$

再利用带折扣的状态分布满足的不等式得证。)

这些结论说明了，只要两个策略的全变差距离很小，那么两个策略带折扣的分布的全变差距离也就很小(系数为$\frac{\gamma}{1-\gamma}$或$\frac{1}{1-\gamma}$。)而前文已说明，只要两个策略带折扣的状态动作对的分布的全变差距离很小，那么这两个策略的回报期望的差别就会较小。所以，只要两个策略的全变差距离较小，那么两个策略的回报期望的差别就会较小。

考虑到全变差距离和 KL 散度的关系 $d_{\mathrm{TV}}^2(p\parallel q)\leqslant\frac{1}{2}d_{\mathrm{KL}}(p\parallel q)$和全变差距离与 JS 散度的关系 $d_{\mathrm{TV}}^2(p\parallel q)\leqslant d_{\mathrm{JS}}(p\parallel q)$，只要两个策略的 KL 散度或 JS 散度很小，那么两个策略全变差距离也会很小，进而回报期望的差距就会变小。所以，我们可以试图减小模仿策略和专家策略之间的 KL 散度和 JS 散度，就可以使得模仿策略的期望回报和专家策略的期望回报尽可能接近。这就是模仿学习的基本原理。

15.1.2 行为克隆

15.1.1 节告诉我们，最小化专家策略 $\pi_{专家}$和模仿策略 $\pi(\boldsymbol{\theta})$之间的 KL 散度，即

$$\underset{\boldsymbol{\theta}}{\text{minimize}}\quad\mathrm{E}_{S\sim\rho_{\pi_{专家}}}\left[d_{\mathrm{KL}}\left(\pi_{专家}(\cdot|S)\parallel\pi(\cdot|S;\boldsymbol{\theta})\right)\right],$$

可以起到模仿学习的效果。注意到

$$\begin{aligned}
&\mathrm{E}_{S\sim\rho_{\pi_{专家}}}\left[d_{\mathrm{KL}}\left(\pi_{专家}(\cdot|S)\,\|\,\pi(\cdot|S;\boldsymbol{\theta})\right)\right]\\
&=\mathrm{E}_{S\sim\rho_{\pi_{专家}}}\left[\mathrm{E}_{A\sim\pi_{专家}(\cdot|S)}\left[\ln\frac{\pi_{专家}(A|S)}{\pi(A|S;\boldsymbol{\theta})}\right]\right]\\
&=\mathrm{E}_{(S,A)\sim\rho_{\pi_{专家}}}\left[\ln\frac{\pi_{专家}(A|S)}{\pi(A|S;\boldsymbol{\theta})}\right]\\
&=\mathrm{E}_{(S,A)\sim\rho_{\pi_{专家}}}\left[\ln\pi_{专家}(A|S)\right]-\mathrm{E}_{(S,A)\sim\rho_{\pi_{专家}}}\left[\ln\pi(A|S;\boldsymbol{\theta})\right]。
\end{aligned}$$

上式也可以写为

$$\underset{\boldsymbol{\theta}}{\text{maximize}}\quad \mathrm{E}_{(S,A)\sim\rho_{\pi_{专家}}}\left[\ln\pi(A|S;\boldsymbol{\theta})\right]。$$

但是，我们通常不知道专家策略的数学表达式，只能通过专家经验数据 $\mathcal{D}_{专家}$ 尽可能地估计专家策略。所以，最小化专家策略估计和模仿策略之间的 KL 散度可以进一步地转化为极大似然估计，即

$$\underset{\boldsymbol{\theta}}{\text{maximize}}\quad \sum_{(S,A)\in\mathcal{D}_{专家}}\ln\pi(A|S;\boldsymbol{\theta}),$$

其中 $(S,A)\in\mathcal{D}_{专家}$ 表示专家经验数据的形式是存储着专家策略与环境交互时的状态动作对。这就是**行为克隆**(Behavior Cloning，BC)算法的思想。

对于常见的模仿策略形式，行为克隆算法可以用以下方法求解最大似然估计：

- 对于有限状态 Markov 决策过程，可以使用查找表来维护最优策略估计。毕竟查找表是含参近似的一个特例。这时的最优策略

$$\pi_*(a|s)=\frac{\sum_{(S,A)\in\mathcal{D}}1_{[S=s,A=a]}}{\sum_{(S,A)\in\mathcal{D}}1_{[S=s]}},\quad s\in\mathcal{S},\ a\in\mathcal{A}(s)。$$

  在上式中，如果某个 $s\in\mathcal{S}$ 对应的分母为 0，则对应状态 s 的策略不妨设置为均匀分布，即 $\pi_*(a|s)=1/|\mathcal{A}(s)|\ (a\in\mathcal{A}(s))$。

- 对于动作空间是离散空间的情况，其实就是多分类问题。具体而言，可以引入动作偏好 $h(s,a;\boldsymbol{\theta})\ (s\in\mathcal{S},\ a\in\mathcal{A}(s))$，将原优化问题可以转换为

$$\underset{\boldsymbol{\theta}}{\text{maximize}}\quad \sum_{(S,A)\in\mathcal{D}}h(A|S;\boldsymbol{\theta})-\underset{a\in\mathcal{A}(S)}{\text{logsumexp}}\,h(a|S;\boldsymbol{\theta})。$$

- 对于动作空间是连续空间的情况，可以限定策略的形式，如 Gaussian 策略等。如果我们将策略的形式限定为 Gaussian 策略，并且固定 Gaussian 分布的方差，那么最大似然问题就变成了回归问题：

$$\underset{\boldsymbol{\theta}}{\text{minimize}}\quad \sum_{(S,A)\in\mathcal{D}}\left[A-\mu(S;\boldsymbol{\theta})\right]^2,$$

  其中 $\mu(S;\boldsymbol{\theta})$ 是 Gaussian 分布的均值。

行为克隆算法的最大缺陷在于复合误差。**复合误差**(compounding error)的描述如下：由于模仿策略和专家策略不完全相同，所以模仿策略到达的状态可能会和专家策略到达

的状态不同。如果模仿策略到达了一个专家策略很少到达的状态，那么模仿策略得到的知识很少，可能会做出非常愚蠢的决策，进而导致性能的急剧恶化。例如，在图 15-2b 中，模仿策略可能刚开始只偏离可行策略一点，但是由于专家策略没有给出如何在偏离的情况下如何进行修复，导致模仿策略在偏离路线后无法返回合理路线。

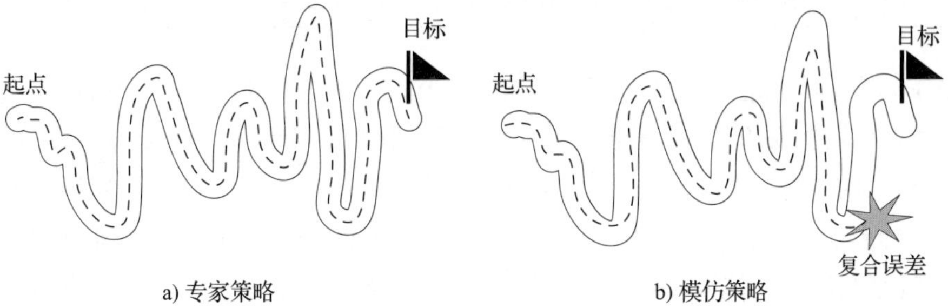

图 15-2　模仿策略的复合误差

行为克隆算法可以利用事先给定的数据集进行学习，所以它可以用于离线模仿学习任务。

15.1.3　生成对抗模仿学习

本节介绍模仿学习的另一类别：生成对抗模仿学习。生成对抗模仿学习的核心思想是借助于鉴别网络使得模仿策略的带折扣的分布和专家策略的带折扣的分布尽量接近。

知识卡片：机器学习

生成对抗网络

生成对抗网络(Generative Adversarial Network，GAN)是一种联合利用生成网络(generative network)和**鉴别网络**(discriminative network)生成数据的方法。其中，生成网络 $\pi(\boldsymbol{\theta})$ 将随机量 $Z\sim p_z$ 映射为生成数据 $X_{生成}=\pi(Z;\boldsymbol{\theta})$；鉴别网络 $\phi(\boldsymbol{\varphi})$ 是一个两分类器，用来判别数据是外部输入的数据 $X_{真实}\sim p_{真实}$ 还是由生成网络生成的数据 $X_{生成}$。训练过程轮流更新生成网络的参数 $\boldsymbol{\theta}$ 和鉴别网络的参数 $\boldsymbol{\varphi}$ 以达到最小最大的效果：

$$\underset{\boldsymbol{\theta}}{\text{minimize}}\quad \underset{\boldsymbol{\varphi}}{\text{maximize}}\quad \mathrm{E}_{X_{生成}\sim p_{生成}(\boldsymbol{\theta})}\left[\ln\phi(X_{生成};\boldsymbol{\varphi})\right]+\mathrm{E}_{X_{真实}\sim p_{真实}}\left[\ln(1-\phi(X_{真实};\boldsymbol{\varphi}))\right]。$$

其中 $p_{生成}(\boldsymbol{\theta})$ 是将分布 p_z 的样本通过生成网络 $\pi(\boldsymbol{\theta})$ 得到的分布。我们注意到 JS 散度的性质

$$\begin{aligned}
&d_{\mathrm{JS}}(p_{生成}\,\|\,p_{真实})\\
&=d_{\mathrm{KL}}(p_{生成}\,\|\,p_{生成}+p_{真实})+d_{\mathrm{KL}}(p_{真实}\,\|\,p_{生成}+p_{真实})+\ln 4\\
&=\mathrm{E}_{X_{生成}\sim p_{生成}}\left[\ln\frac{p_{生成}(X_{生成})}{p_{生成}(X_{生成})+p_{真实}(X_{生成})}\right]+\mathrm{E}_{X_{真实}\sim p_{真实}}\left[\ln\frac{p_{真实}(X_{真实})}{p_{生成}(X_{真实})+p_{真实}(X_{真实})}\right]+\ln 4。
\end{aligned}$$

如果记 $\phi(X)=\frac{p_{生成}(X)}{p_{生成}(X)+p_{真实}(X)}$，JS 散度的下列表示和生成对抗网络的目标表达式的核心部分只差一个常数 ln 4：

$$d_{\text{JS}}(p_{生成} \parallel p_{真实})=\text{E}_{X_{生成}\sim p_{生成}}[\ln \phi(X_{生成})]+\text{E}_{X_{真实}\sim p_{真实}}[\ln(1-\phi(X_{真实}))]+\ln 4。$$

所以，生成对抗网络的优化过程可以看作在试图优化 JS 散度。

对抗式模仿学习算法引入生成对抗网络里的鉴别网络。鉴别网络试图在输入专家策略经验时输出 0，在输入模仿策略经验时输出 1。这样，我们可以给出下列最小最大化问题：

$$\underset{\boldsymbol{\theta}}{\text{minimize}} \quad \underset{\boldsymbol{\varphi}}{\text{maximize}} \quad \text{E}_{(S,A)\sim\rho_{\pi(\boldsymbol{\theta})}}[\ln\phi(S,A;\boldsymbol{\varphi})]+\text{E}_{(S,A)\sim\rho_{\pi_{专家}}}[\ln(1-\phi(S,A;\boldsymbol{\varphi}))]。$$

这个形式和 JS 散度的变分形式十分相似(只有一个常数不同)。所以，近似地看，对抗式模仿学习就是在优化模仿策略带折扣的状态动作对分布 $\rho_{\pi(\boldsymbol{\theta})}$ 和专家策略带折扣的状态动作对分布 $\rho_{\pi_{专家}}$ 之间的 JS 散度。

对抗式模仿学习与行为克隆相比的好处在于：行为克隆只考虑每个给定状态下的动作分布。如果某个状态没有被访问过，它也会随机给出一个分布，而这个分布可能会使下一状态是另外一个没有被访问过的状态。所以，复合误差会比较大。对抗式模仿学习综合考虑整体状态动作对的带折扣分布，如果某个状态在专家策略的带折扣分布中没有访问或很少访问，那么智能体会让模仿策略的带折扣分布也尽量少访问这样的状态。所以，对抗式模仿学习更可能减小复合误差。

生成对抗模仿学习(Generative Adversarial Imitation Learning，GAIL)算法是最为著名的对抗式模仿学习算法。在这个算法中，鉴别网络提供奖励信号，把模仿学习问题转换成强化学习问题，使得可以用强化学习算法来更新策略。在论文原文中，生成对抗模仿学习算法是配合信任域策略优化算法使用，所以那样的算法又被称为生成对抗模仿学习信任域策略优化算法(GAIL-TRPO)。生成对抗模仿学习算法还可以和其他的算法联合使用。比如生成对抗模仿学习算法配合邻近策略优化使用称为生成对抗模仿学习邻近策略优化算法(GAIL-PPO)，算法描述见算法 15-1。读者可以将算法 15-1 和算法 8-6 进行比较，学习如何利用鉴别网络提供奖励信号。

算法 15-1　生成对抗模仿学习邻近策略优化算法

输入：环境(无数学描述，没有奖励信号)，专家策略 $\pi_{专家}$(无数学描述)或专家数据 $\mathcal{D}_{专家}$。

输出：最优策略估计 $\pi(\boldsymbol{\theta})$。

参数：策略更新时目标的限制参数 $\varepsilon(\varepsilon>0)$，优化器，折扣因子 γ，控制回合数和回合内步数的参数。

1　初始化：

　1.1　(初始化专家经验库)如果只有专家策略而没有专家数据，用专家策略 $\pi_{专家}$ 生成专家经验库 $\mathcal{D}_{专家}$，经验的形式为状态动作对 (S,A)。

　1.2　(初始化网络参数)初始化策略网络参数 $\boldsymbol{\theta}$、价值网络参数 $\boldsymbol{w}$ 和鉴别网络参数 $\boldsymbol{\varphi}$。

2　循环执行以下内容：

2.1 (初始化模仿经验库)$\mathcal{D} \leftarrow \varnothing$。

2.2 (积累经验)执行一个或多个回合:

2.2.1 (决策和采样)用策略 $\pi(\boldsymbol{\theta})$ 生成轨迹(轨迹中没有奖励)。

2.2.2 (计算奖励)用鉴别网络 $\psi(\boldsymbol{\varphi})$ 为轨迹中每一个状态动作对估计奖励

$$R_t \leftarrow -\ln\psi(S_t, A_t; \boldsymbol{\varphi})。$$

2.2.3 (计算旧优势)用生成的轨迹由 $\boldsymbol{w}$ 确定的价值估计优势函数估计。如

$$a(S_t, A_t) \leftarrow \sum_{\tau=t}^{T-1} (\gamma\lambda)^{\tau-t} [U_{\tau:\tau+1}^{(v)} - v(S_\tau; \boldsymbol{w})]。$$

2.2.4 (存储)将经验以$(S_t, A_t, \pi(A_t|S_t;\boldsymbol{\theta}),\ a(S_t, A_t; \boldsymbol{w}),\ G_t)$等形式存储在模仿经验库 $\mathcal{D}$ 里。

2.3 (使用经验训练鉴别网络)执行一次或多次操作:

2.3.1 (回放)用下列方式抽取经验构造两分类数据集:

2.3.1.1 从存储空间 $\mathcal{D}_{专家}$ 采样出一批经验 $\mathcal{B}_{专家}$,每条经验只需要状态动作对(S, A)即可。为这些状态动作对搭配分类标签 $L \leftarrow 0$,表示它们是专家经验。

2.3.1.2 从存储空间 $\mathcal{D}$ 采样出一批经验 $\mathcal{B}$,每条经验也只要状态动作对(S, A)即可。为这些状态动作对搭配分类标签 $L \leftarrow 1$,表示它们不是专家经验。

2.3.2 (更新鉴别网络参数)利用得到的两分类数据集,更新 $\boldsymbol{\varphi}$ 以减小互熵损失。

2.4 (使用模仿经验进行强化学习)执行一次或多次以下操作:

2.4.1 (回放)从存储空间 $\mathcal{D}$ 采样出一批经验 $\mathcal{B}$(也可以采用 2.3.1.2 步抽取的结果),每条经验的形式为$(S_i, A_i, \Pi_i, A_i, G_i)$。

2.4.2 (更新策略参数)更新 $\boldsymbol{\theta}$ 以增大 $\min\left(\dfrac{\pi(A_i|S_i;\boldsymbol{\theta})}{\Pi_i}A_i, A_i + \varepsilon|A_i|\right)$。

2.4.3 (更新价值参数)更新 $\boldsymbol{w}$ 以减小价值估计的误差(如最小化$[G_i - v(S_i;\boldsymbol{w})]^2$)。

15.1.4 逆强化学习

逆强化学习(Inverse Reinforcement Learning, IRL)是一类试图学习**奖励模型**(Reward Model, RM)的模仿学习算法。

学习奖励模型的困难之处有以下几点。

- 专家策略或其交互记录在理论上并不能确认出唯一的奖励模型。一方面,专家策略可能同时是多个不同奖励模型对应的最优策略。另一方面,专家策略或其交互也不一定是完全最优的,导致不存在使得最优策略是专家策略的奖励模型。
- 评估奖励模型优劣的计算量大。要证明一个奖励模型是个好的模型,需要证明专家策略能够比其他所有策略得到更大的期望回报。一种评估奖励模型优劣的直观方法如下:对于给定的奖励模型,用强化学习方法求出这个奖励模型下的最优策略,然后比较这个最优策略和专家策略的回报之差。回报差别越小,说明专家策略越好,奖励模型就越合理。如果回报差别为 0,说明专家策略确实是最优策略,这个奖励模型就是最优奖励模型。因为这样的评估方法需要对更新过程中的每个奖励模型都进行强化学习,以得到最优策略和最优回报,所以计算量大。

在生成对抗模仿学习中，鉴别网络可以勉强看作奖励模型。这样说，生成对抗模仿学习算法也可以看作一个逆强化学习算法。

还有其他逆强化学习算法，此处从略。

15.2 人类反馈强化学习和生成性预训练变换模型

在任务缺乏现有的奖励模型时，**人类反馈强化学习**(Reinforcement Learning with Human Feedback，RLHF)是一种利用人类反馈来获得奖励模型的方法。

很多类型的数据可以帮助获得奖励模型。由 15.1.4 节可知，采用逆强化学习算法，可以利用专家策略或专家策略的交互历史来获得奖励模型。人类还可以用除专家模型以外的其他方法来为奖励模型的构造提供数据。例如，人类可以去评价交互数据的好坏，给数据打分，以此作为奖励值，或给出多个数据好坏的相对评价来为奖励模型提供数据。

设计人类反馈强化学习算法的关键步骤之一是确定让人类反馈什么类型的数据。在设计过程中需要考虑以下几点。

- 反馈的可行性：反馈数据是否能够学成奖励模型，要有多大数据量、多么完备的数据才能学出奖励模型。
- 反馈的成本：标注数据是否困难，要花多少钱、多少时间、多少人才能完成标注。
- 反馈的一致性。对于同一份数据，不同的人在不同的时间标注的结果是否相同，标注的结果是否会收到各种主观因素的影响，会不会由于标注人的文化、宗教信仰等不同产生巨大差异。

生成性预训练变换模型(Generative Pre-trained Transformer，GPT)是一系列著名的语言模型，它包括各个版本的 GPT，以及为人熟知的问答应用 ChatGPT。GPT 的训练就用到了人类反馈强化学习。

GPT 可以看作智能体，我们为 GPT 输入的内容可以看作智能体的观测，而 GPT 的回复就可以看作它的动作。这个系统没有显式定义奖励模型。不过人类可以评价 GPT 的回复是不是有道理、是不是令人满意的，这里人类的满意程度就是隐含的奖励。

使用人类奖励强化模型训练生成性预训练变换模型的训练过程如下。

第一步，在观测空间中进行采样得到输入观测，让人类提供专家策略为这些输入给出示例动作。然后采用行为克隆算法改进智能体。如 15.1.2 节所述，这里的行为克隆算法也可以看作监督学习。这步完成后，智能体的输入就是大致有意义的。

第二步，在观测空间中进行采样，以得到更多输入观测，并用智能体为每个输入观测采样多个输出动作。然后人类来对这些输出动作的质量进行排序。用这些排序来训练奖励模型。这里采用排序的方法，因为排序比让人类直接给出绝对的打分容易得多。而且不同人的排序大同小异，不会太受人的主观差异影响。通过这步的训练，可以让奖励模型更满足人类的偏好(比如能够文明用语等)。

第三步，利用上一步得到的奖励模型，使用第 8 章介绍的邻近策略算法，进一步改进策略。

15.3 案例：机器人行走

本节我们考虑 PyBullet 里的机器人行走任务。

15.3.1 扩展库 PyBullet

Bullet(网站：https://pybullet.org)是一个物理动力开源库，它实现了三维物体的运动、碰撞检测、渲染绘制等功能。它的 Python API 称为 PyBullet。有许多游戏和电影是利用 Bullet 开发的。很多强化学习的研究也使用了 Bullet 和 PyBullet。

本节将介绍 PyBullet 的使用方法，并且利用 PyBullet 提供的环境训练智能体。

PyBullet 作为一个 Python 扩展库，是需要额外安装的。可以使用 pip 来安装 PyBullet：

```
pip install --upgrade pybullet
```

安装时会自动安装依赖库。

安装完 PyBullet 后，可以用下列语句导入它：

```
import gym
import pybullet_envs
```

注意这里要先导入 Gym 库，然后再导入 PyBullet，而且导入 PyBullet 时 import 是 pybullet_envs 而不是 pybullet。后续代码并不会显式用到 pybullet_envs 这个模块。但是，这个导入语句已经将相关的环境注册到 Gym 上了。所以，这句导入语句之后，我们可以用 gym.make()函数获取 PyBullet 里的环境，如：

```
env = gym.make('HumanoidBulletEnv-v0')
```

在没有使用 import pybullet_envs 之前，上述语句是无法使用的。import pybullet_envs 之后才可以使用。

您也许会疑惑：为什么不用 import pybullet 导入包呢？事实上，这个语句也能够运行，但是它有其他的用途。PyBullet 模块提供了许多 API，可以用来做精细的控制和渲染。如果我们只想利用 Gym 的 API 进行强化学习的训练，那么 import pybullet 不是必须的。如果我们要很好地演示和 PyBullet 交互的效果，那么就需要 import pybullet。在导入时，常将其导入为别名 p：

```
import pybullet as p
```

接下来演示如何和 PyBullet 进行交互，并显示交互结果。总的来说，一方面，PyBullet 环境支持 Gym 的 API，可以用 env.reset()、env.step()、env.close()来交互；另一方面，PyBullet 提供了与 Gym 不同的 API 来渲染交互过程，它的渲染自由度更高，但是使用起来也更困难。

下面以任务 HumanoidBulletEnv-v0 为例来演示交互和渲染。

任务 HumanoidBulletEnv-v0 中有个小人，我们希望它能够前进。采用经典的方法，我们可以容易得到它的观测空间为 Box(-inf, inf, (44,))，动作空间为 Box(-1, 1, (17,))，每个回合最多 1000 步，没有设定回合奖励的阈值。渲染模式有"human"和"rgb_array"两种。

在渲染时，我们使用"human"模式来渲染。与 Gym 的经典用法不同，在调用 env.reset()前先要调用 env.render(mode="human")以初始化相关资源，这时候会出现新窗口来显示图像。我们还可以用代码清单 15-1 来调整显示图像过程中摄像头的位置。代码清单 15-1 用到了返回值 part_name, robot_name = p.getBodyInfo(body_id)来获得每个部分，然后找到躯干对应的编号，进而获得躯干的位置 position。然后设置观测摄像头距离物体的距离为 2，偏航角 yaw 偏离角度为 0(表示正对着物体)，俯仰角 pitch 为 -20，表示略微俯视物体。

代码清单 15-1　调整摄像头

代码文件名：HumanoidBulletEnv-v0_ClosedForm_demo.ipynb。

```
def adjust_camera():
    distance, yaw, pitch = 2, 0, -20
    num_bodies = p.getNumBodies()
    torse_ids = [body_id for body_id in range(num_bodies) if
            p.getBodyInfo(body_id)[0].decode("ascii") == "torso"]
    torse_id = torse_ids[0]
    position, orientation = p.getBasePositionAndOrientation(torse_id)
    p.resetDebugVisualizerCamera(distance, yaw, pitch, position)
```

知识卡片：旋转运动学

三轴和 Euler 角

在旋转运动学中，运动体(或观察体)可以根据其朝向确定出三轴。对于运动体，比如走动或跑动的人、行驶中的车和飞机，我们可以把运动体看作一个面向运动方向的人，对于一个观察体，比如摄像头，可以把观察体看作一个面向特定方向的人。人的前后朝向可以定义为纵轴(longitudinal axis)，左右方向定义为横轴(lateral axis)，上下方向定义为垂直轴(vertical axis)(见图 15-3)。在此基础上，可以进一步定义 Euler 角来确定转动位置。一组 Euler 角包括偏航角(yaw)、俯仰角(pitch)和翻滚角(roll)三个分量。

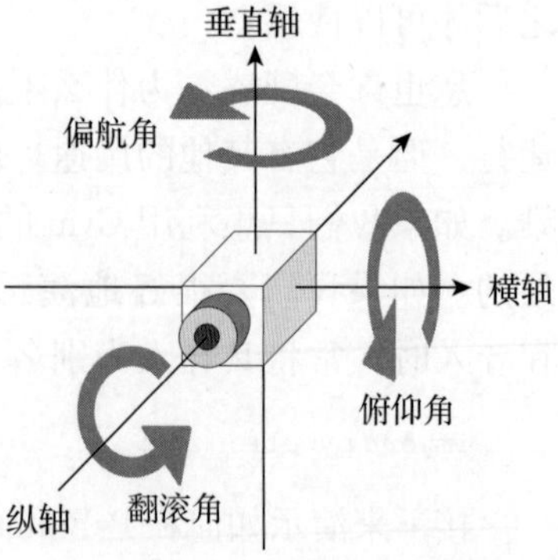

图 15-3　三轴和 Euler 角

代码清单 15-2 给出一个完整的交互和渲染的例子。在这个例子中，智能体是一个全连接神经网络。平均回合奖励大概是 3000 左右，小人能够有效行走。代码设置每两次交互之间暂停 0.02s，以在渲染时达到动画的效果。

代码清单 15-2　与环境交互并渲染

代码文件名：HumanoidBulletEnv-v0_ClosedForm_demo.ipynb。

```
def play_episode(env, agent, seed=None, mode=None, render=False):
    if render:
        env.render(mode="human")
    observation, _ = env.reset(seed=seed)
    reward, terminated, truncated = 0., False, False
    agent.reset(mode=mode)
    episode_reward, elapsed_steps = 0., 0
    while True:
        if render:
            adjust_camera()
            env.render(mode="human")
            time.sleep(0.02)
        action = agent.step(observation, reward, terminated)
        if terminated or truncated:
            break

        observation, reward, terminated, truncated, _ = env.step(action)
        episode_reward += reward
        elapsed_steps += 1
    agent.close()
    return episode_reward, elapsed_steps
```

15.3.2　用行为克隆模仿学习

本小节使用行为克隆算法进行模仿学习。由于动作空间是连续空间，我们可以把行为克隆算法转化为回归算法。训练的目标就是最小化均方误差。代码清单 15-3 实现了状态动作对的经验回放。智能体的实现见代码清单 15-4 和代码清单 15-5。

代码清单 15-3　状态动作对的经验回放

代码文件名：HumanoidBulletEnv-v0_BC_tf.ipynb。

```
class SAReplayer:
    def __init__(self):
        self.fields = ['state', 'action']
        self.data = {field: [] for field in self.fields}
        self.memory = pd.DataFrame()

    def store(self, *args):
        for field, arg in zip(self.fields, args):
            self.data[field].append(arg)

    def sample(self, size=None):
        if len(self.memory) < len(self.data[self.fields[0]]):
```

```
            self.memory = pd.DataFrame(self.data, columns=self.fields)
        if size is None:
            indices = self.memory.index
        else:
            indices = np.random.choice(self.memory.index, size=size)
        return (np.stack(self.memory.loc[indices, field]) for field in
                self.fields)
```

代码清单 15-4　行为克隆模仿学习智能体(TensorFlow 版本)

代码文件名：HumanoidBulletEnv-v0_BC_tf.ipynb。

```
class BCAgent:
    def __init__(self, env, expert_agent):
        self.expert_agent = expert_agent

        state_dim = env.observation_space.shape[0]
        action_dim = env.action_space.shape[0]

        self.net = self.build_net(input_size=state_dim,
                hidden_sizes=[256, 128], output_size=action_dim)

    def build_net(self, input_size=None, hidden_sizes=None, output_size=1,
                activation=nn.relu, output_activation=None,
                loss=losses.mse, learning_rate=0.001):
        model = keras.Sequential()
        for hidden_size in hidden_sizes:
            model.add(layers.Dense(units=hidden_size,
                    activation=activation))
        model.add(layers.Dense(units=output_size,
                activation=output_activation))
        optimizer = optimizers.Adam(learning_rate)
        model.compile(optimizer=optimizer, loss=loss)
        return model

    def reset(self, mode=None):
        self.mode = mode
        if self.mode == 'expert':
            self.expert_agent.reset(mode)
            self.expert_replayer = SAReplayer()

    def step(self, observation, reward, terminated):
        if self.mode == 'expert':
            action = expert_agent.step(observation, reward, terminated)
            self.expert_replayer.store(observation, action)
        else:
            action = self.net(observation[np.newaxis])[0]
        return action

    def close(self):
        if self.mode == 'expert':
            self.expert_agent.close()
            for _ in range(10):
                self.learn()
```

```
    def learn(self):
        states, actions = self.expert_replayer.sample(1024)
        self.net.fit(states, actions, verbose = 0)

agent = BCAgent(env, expert_agent)
```

代码清单 15-5 行为克隆模仿学习智能体(PyTorch 版本)

代码文件名：HumanoidBulletEnv-v0_BC_torch.ipynb。

```
class BCAgent:
    def __init__(self, env, expert_agent):
        self.expert_agent = expert_agent

        state_dim = env.observation_space.shape[0]
        action_dim = env.action_space.shape[0]

        self.net = self.build_net(input_size=state_dim,
                hidden_sizes=[256, 128], output_size=action_dim)
        self.loss = nn.MSELoss()
        self.optimizer = optim.Adam(self.net.parameters())

    def build_net(self, input_size, hidden_sizes, output_size=1,
            output_activator=None):
        layers = []
        for input_size, output_size in zip(
                [input_size,] + hidden_sizes, hidden_sizes + [output_size,]):
            layers.append(nn.Linear(input_size, output_size))
            layers.append(nn.ReLU())
        layers = layers[:-1]
        if output_activator:
            layers.append(output_activator)
        net = nn.Sequential(*layers)
        return net

    def reset(self, mode=None):
        self.mode = mode
        if self.mode == 'expert':
            self.expert_agent.reset(mode)
            self.expert_replayer = SAReplayer()

    def step(self, observation, reward, terminated):
        if self.mode == 'expert':
            action = expert_agent.step(observation, reward, terminated)
            self.expert_replayer.store(observation, action)
        else:
            state_tensor = torch.as_tensor(observation, dtype=torch.float
                    ).unsqueeze(0)
            action_tensor = self.net(state_tensor)
            action = action_tensor.detach().numpy()[0]
        return action

    def close(self):
        if self.mode == 'expert':
            self.expert_agent.close()
```

```
            for _ in range(10):
                self.learn()

    def learn(self):
        states, actions = self.expert_replayer.sample(1024)
        state_tensor = torch.as_tensor(states, dtype=torch.float)
        action_tensor = torch.as_tensor(actions, dtype=torch.float)

        pred_tensor = self.net(state_tensor)
        loss_tensor = self.loss(pred_tensor, action_tensor)
        self.optimizer.zero_grad()
        loss_tensor.backward()
        self.optimizer.step()

agent = BCAgent(env, expert_agent)
```

智能体和环境交互依然使用代码清单 1-3。

15.3.3 用生成对抗模仿学习

本节使用生成对抗模仿学习。代码清单 15-6 和代码清单 15-7 实现了生成对抗模仿学习邻近策略优化算法。读者可以把它们和代码清单 8-8 和代码清单 8-9 进行比较。它们都用了代码清单 8-7 中的经验回放类。本节的智能体有鉴别网络。

代码清单 15-6　生成对抗模仿学习邻近策略优化算法智能体(TensorFlow 版本)

代码文件名：HumanoidBulletEnv-v0_GAILPPO_tf.ipynb。

```
class GAILPPOAgent:
    def __init__(self, env, expert_agent):
        self.expert_agent = expert_agent

        self.expert_replayer = PPOReplayer()
        self.replayer = PPOReplayer()

        self.state_dim = env.observation_space.shape[0]
        self.action_dim = env.action_space.shape[0]
        self.gamma = 0.99
        self.max_kl = 0.01

        self.actor_net = self.build_net(input_size=self.state_dim,
                hidden_sizes=[256, 128], output_size=self.action_dim *2)
        self.critic_net = self.build_net(input_size=self.state_dim,
                hidden_sizes=[256, 128], output_size=1)
        self.discriminator_net = self.build_net(
                input_size=self.state_dim + self.action_dim,
                hidden_sizes=[256, 128], output_size=1,
                output_activation=nn.sigmoid, loss=losses.binary_crossentropy)

    def build_net(self, input_size=None, hidden_sizes=None, output_size=1,
                activation=nn.relu, output_activation=None,
                loss=losses.mse, learning_rate=0.001):
        model = keras.Sequential()
```

```
        for hidden_size in hidden_sizes:
            model.add(layers.Dense(units=hidden_size,
                    activation=activation))
        model.add(layers.Dense(units=output_size,
                activation=output_activation))
        optimizer = optimizers.Adam(learning_rate)
        model.compile(optimizer=optimizer, loss=loss)
        return model

    def get_ln_prob_tensor(self, state_tensor, action_tensor):
        mean_log_std_tensor = self.actor_net(state_tensor)
        mean_tensor, log_std_tensor = tf.split(mean_log_std_tensor, 2, axis=-1)
        std_tensor = tf.exp(log_std_tensor)
        normal = distributions.Normal(mean_tensor, std_tensor)
        log_prob_tensor = normal.log_prob(action_tensor)
        ln_prob_tensor = tf.reduce_sum(log_prob_tensor, axis=-1)
        return ln_prob_tensor

    def reset(self, mode=None):
        self.mode = mode
        if self.mode == 'expert':
            self.expert_agent.reset(mode)
        if self.mode in ['expert', 'train']:
            self.trajectory = []

    def step(self, observation, reward, terminated):
        if self.mode == 'expert':
            action = expert_agent.step(observation, reward, terminated)
        else:
            mean_ln_stds = self.actor_net.predict(observation[np.newaxis], verbose=0)
            means, ln_stds = np.split(mean_ln_stds, 2, axis= -1)
            if self.mode == 'train':
                stds = np.exp(ln_stds)
                actions = np.random.normal(means, stds)
            else:
                actions = means
            action = actions[0]
        if self.mode in ['train', 'expert']:
            self.trajectory += [observation, 0., terminated, action]  # 假装不知道奖励
        return action

    def close(self):
        if self.mode == 'expert':
            self.expert_agent.close()
        if self.mode in ['train', 'expert']:
            self.save_trajectory_to_replayer()
        if self.mode == 'train' and  len(self.replayer.memory) >= 2000:
            self.learn()
            self.replayer = PPOReplayer()  # 策略变化后清空

    def save_trajectory_to_replayer(self):
        df = pd.DataFrame(
                np.array(self.trajectory, dtype = object).reshape(-1, 4),
                columns = ['state', 'reward', 'terminated', 'action'])
        if self.mode == 'expert':
            df['ln_prob'] = float('nan')
```

```
            df['advantage'] = float('nan')
            df['return'] = float('nan')
            self.expert_replayer.store(df)
        elif self.mode == 'train':

            # 计算对数概率
            state_tensor = tf.convert_to_tensor(np.stack(df['state']),
                    dtype = tf.float32)
            action_tensor = tf.convert_to_tensor(np.stack(df['action']),
                    dtype = tf.float32)
            ln_prob_tensor = self.get_ln_prob_tensor(state_tensor, action_tensor)
            ln_probs = ln_prob_tensor.numpy()
            df['ln_prob'] = ln_probs

            # 计算回报
            state_action_tensor = tf.concat([state_tensor, action_tensor], axis=-1)
            discrim_tensor = self.discriminator_net(state_action_tensor)
            reward_tensor = -tf.math.log(discrim_tensor)
            rewards = reward_tensor.numpy().squeeze()
            df['reward'] = rewards
            df['return'] = signal.lfilter([1.,], [1., -self.gamma],
                    df['reward'][::-1])[::-1]

            # 计算优势
            v_tensor = self.critic_net(state_tensor)
            df['v'] = v_tensor.numpy()
            df['next_v'] = df['v'].shift(-1).fillna(0.)
            df['u'] = df['reward'] + self.gamma * df['next_v']
            df['delta'] = df['u'] - df['v']
            df['advantage'] = signal.lfilter([1.,], [1., -self.gamma],
                    df['delta'][::-1])[::-1]

            self.replayer.store(df)

    def learn(self):
        # 回放专家经验
        expert_states, expert_actions, _, _, _ = self.expert_replayer.sample()

        # 回放模仿策略经验
        states, actions, ln_old_probs, advantages, returns=self.replayer.sample()
        state_tensor = tf.convert_to_tensor(states, dtype=tf.float32)
        action_tensor = tf.convert_to_tensor(actions, dtype=tf.float32)
        ln_old_prob_tensor = tf.convert_to_tensor(ln_old_probs, dtype=tf.float32)
        advantage_tensor = tf.convert_to_tensor(advantages, dtype=tf.float32)

        # 标准化优势
        advantage_tensor = (advantage_tensor - tf.reduce_mean(
                advantage_tensor)) / tf.math.reduce_std(advantage_tensor)

        # 更新鉴别网络
        state_actions = np.concatenate([np.concatenate(
                [expert_states, expert_actions], axis=-1),
                np.concatenate([states, actions], axis=-1)], axis=0)
        expert_batch_size = expert_states.shape[0]
        batch_size = states.shape[0]
        labels = np.concatenate([np.zeros(expert_batch_size, dtype=int),
```

```
            np.ones(batch_size, dtype=int)])
    self.discriminator_net.fit(state_actions, labels, verbose=0)

    # 更新执行者
    with tf.GradientTape() as tape:
        ln_pi_tensor = self.get_ln_prob_tensor(state_tensor, action_tensor)
        surrogate_advantage_tensor = tf.exp(ln_pi_tensor -
                ln_old_prob_tensor) * advantage_tensor
        clip_times_advantage_tensor = 0.1 * surrogate_advantage_tensor
        max_surrogate_advantage_tensor = advantage_tensor + \
                tf.where(advantage_tensor > 0.,
                clip_times_advantage_tensor, -clip_times_advantage_tensor)
        clipped_surrogate_advantage_tensor = tf.minimum(
                surrogate_advantage_tensor, max_surrogate_advantage_tensor)
        loss_tensor = -tf.reduce_mean(clipped_surrogate_advantage_tensor)
    actor_grads = tape.gradient(loss_tensor, self.actor_net.variables)
    self.actor_net.optimizer.apply_gradients(
            zip(actor_grads, self.actor_net.variables))

    # 更新评论者
    self.critic_net.fit(states, returns, verbose=0)

agent = GAILPPOAgent(env, expert_agent)
```

代码清单 15-7　生成对抗模仿学习邻近策略优化算法智能体(PyTorch 版本)

代码文件名: HumanoidBulletEnv-v0_GAILPPO_torch.ipynb。

```
class GAILPPOAgent:
    def __init__(self, env, expert_agent):
        self.expert_agent = expert_agent

        self.expert_replayer = PPOReplayer()
        self.replayer = PPOReplayer()

        self.state_dim = env.observation_space.shape[0]
        self.action_dim = env.action_space.shape[0]
        self.gamma = 0.99
        self.max_kl = 0.01

        self.actor_net = self.build_net(input_size=self.state_dim,
                hidden_sizes=[256, 128], output_size=self.action_dim* 2)
        self.actor_optimizer = optim.Adam(self.actor_net.parameters(), 0.001)
        self.critic_net = self.build_net(input_size=self.state_dim,
                hidden_sizes=[256, 128], output_size=1)
        self.critic_loss = nn.MSELoss()
        self.critic_optimizer = optim.Adam(self.critic_net.parameters())
        self.discriminator_net = self.build_net(
                input_size=self.state_dim + self.action_dim,
                hidden_sizes=[256, 128], output_size=1,
                output_activator = nn.Sigmoid())
        self.discriminator_loss=nn.BCELoss()
        self.discriminator_optimizer = optim.Adam(
                self.discriminator_net.parameters())

    def build_net(self, input_size, hidden_sizes, output_size=1,
            output_activator=None):
```

```
        layers = []
        for input_size, output_size in zip(
                [input_size,] + hidden_sizes, hidden_sizes + [output_size,]):
            layers.append(nn.Linear(input_size, output_size))
            layers.append(nn.ReLU())
        layers = layers[:-1]
        if output_activator:
            layers.append(output_activator)
        net = nn.Sequential(*layers)
        return net

    def get_ln_prob_tensor(self, state_tensor, action_tensor):
        mean_log_std_tensor = self.actor_net(state_tensor)
        mean_tensor, log_std_tensor = torch.split(mean_log_std_tensor,
                self.action_dim, dim=-1)
        std_tensor = torch.exp(log_std_tensor)
        normal = distributions.Normal(mean_tensor, std_tensor)
        log_prob_tensor = normal.log_prob(action_tensor)
        ln_prob_tensor = log_prob_tensor.sum(-1)
        return ln_prob_tensor

    def reset(self, mode = None):
        self.mode = mode
        if self.mode == 'expert':
            self.expert_agent.reset(mode)
        if self.mode in ['expert', 'train']:
            self.trajectory = []

    def step(self, observation, reward, terminated):
        if self.mode == 'expert':
            action = expert_agent.step(observation, reward, terminated)
        else:
            state_tensor = torch.as_tensor(observation, dtype = torch.float
                    ).unsqueeze(0)
            mean_ln_std_tensor = self.actor_net(state_tensor)
            mean_tensor, ln_std_tensor = torch.split(mean_ln_std_tensor,
                    self.action_dim, dim=-1)
            if self.mode == 'train':
                std_tensor = torch.exp(ln_std_tensor)
                normal = distributions.Normal(mean_tensor, std_tensor)
                action_tensor = normal.rsample()
            else:
                action_tensor = mean_tensor
            action = action_tensor.detach().numpy()[0]
        if self.mode in ['train', 'expert']:
            self.trajectory += [observation, 0., terminated, action]  # 假装不知道奖励
        return action

    def close(self):
        if self.mode == 'expert':
            self.expert_agent.close()
        if self.mode in ['train', 'expert']:
            self.save_trajectory_to_replayer()
        if self.mode == 'train' and len(self.replayer.memory) >= 2000:
            self.learn()
            self.replayer = PPOReplayer()  # 策略变化后清空

    def save_trajectory_to_replayer(self):
```

```
        df = pd.DataFrame(
                np.array(self.trajectory, dtype=object).reshape(-1, 4),
                columns = ['state', 'reward', 'terminated', 'action'])
        if self.mode == 'expert':
            df['ln_prob'] = float('nan')
            df['advantage'] = float('nan')
            df['return'] = float('nan')
            self.expert_replayer.store(df)
        elif self.mode == 'train':

            # 计算对数概率
            state_tensor = torch.as_tensor(df['state'], dtype=torch.float)
            action_tensor = torch.as_tensor(df['action'], dtype=torch.float)
            ln_prob_tensor = self.get_ln_prob_tensor(state_tensor, action_tensor)
            ln_probs = ln_prob_tensor.detach().numpy()
            df['ln_prob'] = ln_probs

            # 计算回报
            state_action_tensor = torch.cat([state_tensor, action_tensor], dim=-1)
            discrim_tensor = self.discriminator_net(state_action_tensor)
            reward_tensor = -torch.log(discrim_tensor)
            rewards = reward_tensor.detach().numpy().squeeze()
            df['reward'] = rewards
            df['return'] = signal.lfilter([1.,], [1., -self.gamma],
                    df['reward'][::-1])[::-1]

        # 计算优势
            v_tensor = self.critic_net(state_tensor)
            df['v'] = v_tensor.detach().numpy()
            df['next_v'] = df['v'].shift(-1).fillna(0.)
            df['u'] = df['reward'] + self.gamma* df['next_v']
            df['delta'] = df['u'] - df['v']
            df['advantage'] = signal.lfilter([1.,], [1., -self.gamma],
                    df['delta'][::-1])[::-1]

            self.replayer.store(df)

    def learn(self):
        # 回放专家经验
        expert_states, expert_actions, _, _, _ = self.expert_replayer.sample()
        expert_state_tensor = torch.as_tensor(expert_states, dtype=torch.float)
        expert_action_tensor = torch.as_tensor(expert_actions, dtype=torch.float)

        # 回放模仿策略经验
        states, actions, ln_old_probs, advantages, returns = self.replayer.sample()
        state_tensor = torch.as_tensor(states, dtype=torch.float)
        action_tensor = torch.as_tensor(actions, dtype=torch.float)
        ln_old_prob_tensor = torch.as_tensor(ln_old_probs, dtype=torch.float)
        advantage_tensor = torch.as_tensor(advantages, dtype=torch.float)
        return_tensor = torch.as_tensor(returns, dtype=torch.float).unsqueeze(-1)

        # 标准化优势
        advantage_tensor = (advantage_tensor - advantage_tensor.mean()) / \
                advantage_tensor.std()

        # 更新鉴别网络
        expert_state_action_tensor = torch.cat(
                [expert_state_tensor, expert_action_tensor], dim=-1)
```

```
        novel_state_action_tensor = torch.cat(
                [state_tensor, action_tensor], dim=-1)
        expert_score_tensor = self.discriminator_net(expert_state_action_tensor)
        novel_score_tensor = self.discriminator_net(novel_state_action_tensor)
        expert_loss_tensor = self.discriminator_loss(
                expert_score_tensor, torch.zeros_like(expert_score_tensor))
        novel_loss_tensor = self.discriminator_loss(
                novel_score_tensor, torch.ones_like(novel_score_tensor))
        discriminator_loss_tensor = expert_loss_tensor + novel_loss_tensor
        self.discriminator_optimizer.zero_grad()
        discriminator_loss_tensor.backward()
        self.discriminator_optimizer.step()

        # update actor
        ln_pi_tensor = self.get_ln_prob_tensor(state_tensor, action_tensor)
        surrogate_advantage_tensor = torch.exp(ln_pi_tensor - ln_old_prob_tensor
                ) * advantage_tensor
        clip_times_advantage_tensor = 0.1 * surrogate_advantage_tensor
        max_surrogate_advantage_tensor = advantage_tensor + \
                torch.where(advantage_tensor > 0.,
                clip_times_advantage_tensor, -clip_times_advantage_tensor)
        clipped_surrogate_advantage_tensor = torch.min(
                surrogate_advantage_tensor, max_surrogate_advantage_tensor)
        actor_loss_tensor = -clipped_surrogate_advantage_tensor.mean()
        self.actor_optimizer.zero_grad()
        actor_loss_tensor.backward()
        self.actor_optimizer.step()

        # 更新评论者
        pred_tensor = self.critic_net(state_tensor)
        critic_loss_tensor = self.critic_loss(pred_tensor, return_tensor)
        self.critic_optimizer.zero_grad()
        critic_loss_tensor.backward()
        self.critic_optimizer.step()

agent = GAILPPOAgent(env, expert_agent)
```

智能体和环境交互依然使用代码清单 1-3。

15.4 本章小结

本章考虑了模仿学习。模仿学习虽然不是强化学习，但是它和强化学习有着千丝万缕的联系。本章重点考虑和离散时间 Markov 决策过程对应的模仿学习智能体/环境接口，并学习了用于其中的行为克隆算法和对抗式模仿学习算法。

本章要点

- 模仿学习没有直接的奖励信号，它从专家策略和环境的交互记录中学习。
- 行为克隆算法试图最大化专家数据似然值，它本质是试图最小化专家策略和模仿策略之间的 KL 散度。
- 对抗式模仿学习更可能减小复合误差。

- 生成对抗模仿学习算法引入了鉴别网络，它试图优化专家策略和模仿策略之间的 JS 散度。
- 逆强化学习是一类模仿学习方法。它学习奖励模型。
- 生成性预训练变换模型使用人类反馈强化学习进行训练。

15.5　练习与模拟面试

1. 单选题

(1)关于模仿学习，下列说法正确的是(　　)。

A. 在模仿学习中，智能体不能直接从环境得到奖励

B. 在模仿学习中，智能体不能直接从环境得到观测

C. 在模仿学习中，智能体不能直接从环境得到状态

(2)关于模仿学习，下列说法正确的是(　　)。

A. 行为克隆算法可以认为试图减小模仿策略和专家策略之间的全变差距离，对抗式模仿学习可以认为试图减小模仿策略和专家策略之间的 JS 散度

B. 行为克隆算法可以认为试图减小模仿策略和专家策略之间的 JS 散度，对抗式模仿学习可以认为试图减小模仿策略和专家策略之间的 KL 散度

C. 行为克隆算法可以认为试图减小模仿策略和专家策略之间的 KL 散度，对抗式模仿学习可以认为试图减小模仿策略和专家策略之间的 JS 散度

(3)关于行为克隆，下列说法正确的是(　　)。

A. 行为克隆算法需要能够获得环境动力的数学模型

B. 行为克隆算法需要能够获得专家策略的数学模型

C. 行为克隆算法需要能够获得专家策略与环境交互的经验

(4)关于生成对抗模仿学习，下列说法正确的是(　　)。

A. 生成对抗模仿学习引入了生成对抗网络里的生成网络

B. 生成对抗模仿学习引入了生成对抗网络里的鉴别网络

C. 生成对抗模仿学习引入了生成对抗网络里的生成网络和鉴别网络

2. 编程练习

用本章介绍的方法求解环境 PyBullet 环境 `Walker2DBulletEnv-v0`。由于求解过程中不能使用环境提供的奖励，本题不要求求解得到的回合奖励超过环境中预先设定的阈值。专家策略可参见 GitHub。

3. 模拟面试

(1)什么是模仿学习？模仿学习一般应用于什么样的任务？能举一个模仿学习的应用例子吗？

(2)什么是生成对抗模仿学习？它和生成对抗网络有何联系？

(3)人类反馈强化学习如何用来训练 GPT？

CHAPTER 16

第 16 章

更多智能体/环境接口模型

本章将学习以下内容。

- 平均奖励。
- 差分价值。
- 连续时间 Markov 决策过程。
- 非齐次 Markov 决策过程。
- 半 Markov 决策过程。
- 部分可观测 Markov 决策过程。
- 信念。
- 信念 Markov 决策过程。
- 信念价值。
- α 向量。
- 基于点的价值迭代。

数学模型往往是真实世界任务的简化。如果不对现实世界的任务进行简化抽象，那么现实世界的任务会过于复杂以至于无法求解，最终不能解决任务；但是如果过于简化，就可能抓不到任务中的主要矛盾，导致简化后问题的解答不能解决真实世界中的任务。带折扣的离散时间 Markov 决策过程是一种最流行且非常有效的模型，所以本书正文介绍的强化学习算法主要针对建模为离散时间折扣回报 Markov 决策过程的环境。但是，除了离散时间折扣回报 Markov 决策过程模型外，还有其他一些模型。这里列举一些其他模型。

16.1 平均奖励离散时间 Markov 决策过程

从第 2 章开始，我们一直在考虑带折扣的离散时间回报 Markov 决策过程，包括定义了带折扣的回报，引入了“价值”这一概念，并且介绍了线性规划法、数值迭代法、回合更新价值迭代、时序差分价值迭代等算法来试图最大化折扣回报的期望。那些讨论都是基于离散时间折扣回报 Markov 决策过程的。实际上，除了折扣回报的期望外，还有其他定义性能指标的方法。本节就来考虑另外一种性能指标——平均奖励。

16.1.1　平均奖励

对于给定初始概率、动力和策略的离散时间 Markov 决策过程，我们可以考虑用奖励导出以下指标作为回合奖励。

- 给定正整数 h，限定长度的总奖励期望为

$$g_\pi^{[h]} = \mathrm{E}_\pi\left[\sum_{\tau=1}^{h} R_\tau\right]。$$

- 给定折扣因子 $\gamma \in (0,1]$，折扣回报期望为

$$\bar{g}_\pi^{(\gamma)} = \mathrm{E}_\pi\left[\sum_{\tau=1}^{+\infty} \gamma^\tau R_\tau\right]$$

  或

$$g_\pi^{(\gamma)} = \mathrm{E}_\pi\left[\sum_{\tau=1}^{+\infty} \gamma^{\tau-1} R_\tau\right]。$$

  这两种定义方法相差一个 γ。本书之前的章节一直都采用第二种定义方法。

- **平均奖励**：最常见的定义方式为

$$\bar{r}_\pi = \lim_{h\to+\infty} \mathrm{E}_\pi\left[\frac{1}{h}\sum_{\tau=1}^{h} R_\tau\right]。$$

  它也有其他的定义方式，如上极限平均奖励 $\limsup\limits_{h\to+\infty} \mathrm{E}_\pi\left[\frac{1}{h}\sum_{\tau=1}^{h} R_\tau\right]$、下极限平均奖励 $\liminf\limits_{h\to+\infty} \mathrm{E}_\pi\left[\frac{1}{h}\sum_{\tau=1}^{h} R_\tau\right]$、折扣极限平均奖励 $\lim\limits_{\gamma\to1^-}\lim\limits_{h\to+\infty} \mathrm{E}_\pi\left[\frac{1}{h}\sum_{\tau=1}^{h} \gamma^{\tau-1}R_\tau\right]$ 等，它们往往比最常见的定义方法有更广的适用范围。本文为了简单，采用最常见的定义。

平均奖励一般用于连续性任务中。这个指标不含折扣因子，认为每个时刻的奖励对最终的贡献是相同的。和折扣因子为 $\gamma=1$ 的折扣回报期望相比，平均奖励更容易收敛。

对于回合型的任务，可以将多个回合首尾依次相连得到连续性任务。在这种情况下使用平均奖励，可以将回合长度纳入考虑范围。

对于以上每一种性能指标，都可以为其定义价值。

- 限定步数 h 的价值

$$状态价值：v_\pi^{[h]}(s) = \mathrm{E}_\pi\left[\sum_{\tau=1}^{h} R_{t+\tau} \middle| S_t = s\right], \qquad s \in \mathcal{S},$$

$$动作价值：q_\pi^{[h]}(s,a) = \mathrm{E}_\pi\left[\sum_{\tau=1}^{h} R_{t+\tau} \middle| S_t = s, A_t = a\right], s \in \mathcal{S}, a \in \mathcal{A}。$$

❑ 由折扣回报(折扣因子 $\gamma \in (0,1]$)导出的价值

$$\text{状态价值：} \bar{v}_\pi^{(\gamma)}(s) = \mathrm{E}_\pi\left[\sum_{\tau=1}^{+\infty}\gamma^\tau R_{t+\tau}\middle| S_t = s\right], \qquad s \in \mathcal{S},$$

$$\text{动作价值：} \bar{q}_\pi^{(\gamma)}(s,a) = \mathrm{E}_\pi\left[\sum_{\tau=1}^{+\infty}\gamma^\tau R_{t+\tau}\middle| S_t = s, A_t = a\right], \quad s \in \mathcal{S}, a \in \mathcal{A}。$$

或

$$\text{状态价值：} v_\pi^{(\gamma)}(s) = \mathrm{E}_\pi\left[\sum_{\tau=1}^{+\infty}\gamma^{\tau-1} R_{t+\tau}\middle| S_t = s\right], \qquad s \in \mathcal{S},$$

$$\text{动作价值：} q_\pi^{(\gamma)}(s,a) = \mathrm{E}_\pi\left[\sum_{\tau=1}^{+\infty}\gamma^{\tau-1} R_{t+\tau}\middle| S_t = s, A_t = a\right], s \in \mathcal{S}, a \in \mathcal{A}。$$

❑ 平均奖励导出的价值

$$\text{状态价值：} \bar{v}_\pi(s) = \lim_{h\to+\infty}\mathrm{E}_\pi\left[\frac{1}{h}\sum_{\tau=1}^{h} R_{t+\tau}\middle| S_t = s\right], \qquad s \in \mathcal{S},$$

$$\text{动作价值：} \bar{q}_\pi(s,a) = \lim_{h\to+\infty}\mathrm{E}_\pi\left[\frac{1}{h}\sum_{\tau=1}^{h} R_{t+\tau}\middle| S_t = s, A_t = a\right], s \in \mathcal{S}, a \in \mathcal{A}。$$

对于以上每一种性能指标，都可以为其定义访问频次。

❑ 限定步数 h 的访问频次

$$\rho_\pi^{[h]}(s) = \mathrm{E}_\pi\left[\sum_{\tau=0}^{h-1} 1_{[S_\tau = s]}\right] = \sum_{\tau=0}^{h-1}\Pr_\pi[S_\tau = s], \qquad s \in \mathcal{S},$$

$$\rho_\pi^{[h]}(s,a) = \mathrm{E}_\pi\left[\sum_{\tau=0}^{h-1} 1_{[S_\tau = s, A_\tau = a]}\right] = \sum_{\tau=0}^{h-1}\Pr_\pi[S_\tau = s, A_\tau = a], \qquad s \in \mathcal{S}, a \in \mathcal{A}。$$

❑ 由折扣回报(折扣因子 $\gamma \in (0,1]$)导出的访问频次

$$\rho_\pi^{(\gamma)}(s) = \mathrm{E}_\pi\left[\sum_{\tau=0}^{+\infty}\gamma^\tau 1_{[S_\tau = s]}\right] = \sum_{\tau=0}^{+\infty}\gamma^\tau \Pr_\pi[S_\tau = s], \qquad s \in \mathcal{S},$$

$$\rho_\pi^{(\gamma)}(s,a) = \mathrm{E}_\pi\left[\sum_{\tau=0}^{+\infty}\gamma^\tau 1_{[S_\tau = s, A_\tau = a]}\right] = \sum_{\tau=0}^{+\infty}\gamma^\tau \Pr_\pi[S_\tau = s, A_\tau = a], s \in \mathcal{S}, a \in \mathcal{A}。$$

也有其他的定义方式，比如在这个定义的基础上再乘以 $(1-\gamma)$。

❑ 平均奖励导出的访问频次

$$\bar{\rho}_\pi(s) = \lim_{h\to+\infty}\mathrm{E}_\pi\left[\frac{1}{h}\sum_{\tau=1}^{h} 1_{[S_\tau = s]}\right] = \lim_{h\to+\infty}\frac{1}{h}\sum_{\tau=0}^{h-1}\Pr_\pi[S_\tau = s], \qquad s \in \mathcal{S},$$

$$\begin{aligned}\bar{\rho}_\pi(s,a) &= \lim_{h\to+\infty}\mathrm{E}_\pi\left[\frac{1}{h}\sum_{\tau=1}^{h} 1_{[S_\tau = s, A_\tau = a]}\right] \\ &= \lim_{h\to+\infty}\frac{1}{h}\sum_{\tau=0}^{h-1}\Pr_\pi[S_\tau = s, A_\tau = a], \qquad s \in \mathcal{S}, a \in \mathcal{A}。\end{aligned}$$

这三个版本的价值和访问频次有下列关系。

$$\text{状态价值}: \bar{v}_\pi(s) = \lim_{h\to+\infty} \frac{1}{h} v_\pi^{[h]}(s) = \lim_{\gamma\to1^-} (1-\gamma) v_\pi^{(\gamma)}(s), \quad s\in\mathcal{S},$$

$$\text{动作价值}: \bar{q}_\pi(s,a) = \lim_{h\to+\infty} \frac{1}{h} q_\pi^{[h]}(s,a) = \lim_{\gamma\to1^-} (1-\gamma) q_\pi^{(\gamma)}(s,a), s\in\mathcal{S}, a\in\mathcal{A},$$

$$\text{状态分布}: \bar{\rho}_\pi(s) = \lim_{h\to+\infty} \frac{1}{h} \rho_\pi^{[h]}(s) = \lim_{\gamma\to1^-} (1-\gamma) \rho_\pi^{(\gamma)}(s), \quad s\in\mathcal{S},$$

$$\text{状态动作对分布}: \bar{\rho}_\pi(s,a) = \lim_{h\to+\infty} \frac{1}{h} \rho_\pi^{[h]}(s,a) = \lim_{\gamma\to1^-} (1-\gamma) \rho_\pi^{(\gamma)}(s,a), s\in\mathcal{S}, a\in\mathcal{A}\text{。}$$

（证明：要证明这些式子，只需要证明对于任一离散时间随机过程 $X_0, X_1, \cdots$，有

$$\lim_{h\to+\infty} \mathrm{E}_\pi\left[\frac{1}{h}\sum_{\tau=1}^{h} X_\tau\right] = \lim_{h\to+\infty} \frac{1}{h} \mathrm{E}_\pi\left[\sum_{\tau=1}^{h} X_\tau\right] = \lim_{\gamma\to1^-} (1-\gamma) \mathrm{E}_\pi\left[\sum_{\tau=1}^{+\infty} \gamma^{\tau-1} X_\tau\right]\text{。}$$

第一个等号我们直接认为它是成立的。第二个等号证明如下：

$$\begin{aligned}
&\lim_{h\to+\infty} \frac{1}{h} \mathrm{E}_\pi\left[\sum_{\tau=1}^{h} X_\tau\right] \\
&= \lim_{h\to+\infty} \frac{\lim_{\gamma\to1^-} \mathrm{E}_\pi\left[\sum_{\tau=1}^{h} \gamma^{\tau-1} X_\tau\right]}{\lim_{\gamma\to1^-} \sum_{\tau=1}^{h} \gamma^{\tau-1}} \\
&= \lim_{\gamma\to1^-} \frac{\lim_{h\to+\infty} \mathrm{E}_\pi\left[\sum_{\tau=1}^{h} \gamma^{\tau-1} X_\tau\right]}{\lim_{h\to+\infty} \sum_{\tau=1}^{h} \gamma^{\tau-1}} \\
&= \lim_{\gamma\to1^-} \frac{\mathrm{E}_\pi\left[\sum_{\tau=1}^{+\infty} \gamma^{\tau-1} X_\tau\right]}{\frac{1}{1-\gamma}} \\
&= \lim_{\gamma\to1^-} (1-\gamma) \mathrm{E}_\pi\left[\sum_{\tau=1}^{+\infty} \gamma^{\tau-1} X_\tau\right],
\end{aligned}$$

得证。）

第 2 章中在对带折扣的离散时间 Markov 决策过程进行分析时，利用折扣回报的递推式 $G_t = R_{t+1} + \gamma G_{t+1}$ 得到用状态价值表示动作价值的关系式，进而得到 Bellman 方程，发现了线性规划法、价值迭代算法等离散时间求解 Markov 决策过程的方法。但是，对于平均奖励 Markov 决策过程，平均奖励不再有那样的递推式，所以很难用平均奖励状态价值来表示平均奖励动作价值。从 16.1.2 节开始我们会介绍用其他方法来求平均奖励最优价值。

16.1.2　差分价值

为了求解平均奖励离散时间 Markov 决策过程，下面我们引入一个新的离散时间 Markov 决策过程：差分 Markov 决策过程。**差分 Markov 决策过程**(differential MDP)是由原平均奖励离散时间 Markov 决策过程及其平均奖励 $\bar{r}_\pi$ 导出的一个新的带折扣的离散时间 Markov 决策过程。我们用符号"~"表示它的各种量。

- 令其奖励为**差分奖励**(differential reward)

$$\tilde{R}_t = R_t - \bar{r}_\pi,$$

即在原 Markov 决策过程的奖励 R_t 的基础上减去平均奖励 $\bar{r}_\pi$。

- 令其回报形式为**差分回报**(differential return)

$$\tilde{G}_t = \sum_{\tau=1}^{+\infty} \tilde{R}_{t+\tau}。$$

这是折扣回报 Markov 决策的折扣中取折扣因子 $\gamma=1$ 得到的。

- 回合奖励指标为差分回报的期望

$$\tilde{g}_\pi = \mathrm{E}_\pi[\tilde{G}_0]。$$

其他量也相应进行调整，如动力记为 $\tilde{p}(s',\tilde{r}\mid s,a)$。

由于差分 Markov 决策过程是带折扣的离散时间 Markov 决策过程，所以第 2 章中定义的价值定义和价值之间的关系全部成立。

由差分回报导出的价值，称为**差分价值**(differential value)。

- 差分状态价值(differential state value)

$$\tilde{v}_\pi(s) = \mathrm{E}_\pi\left[\sum_{\tau=1}^{+\infty} \tilde{R}_{t+\tau} \middle| S_t = s\right], s \in \mathcal{S}。$$

- 差分动作价值(differential action value)

$$\tilde{q}_\pi(s,a) = \mathrm{E}_\pi\left[\sum_{\tau=1}^{+\infty} \tilde{R}_{t+\tau} \middle| S_t = s, A_t = a\right], s \in \mathcal{S}, a \in \mathcal{A}。$$

差分价值互相表示的情况如下。

- 用 t 时刻的差分动作价值表示 t 时刻的差分状态价值

$$\tilde{v}_\pi(s) = \sum_a \pi(a\mid s)\tilde{q}_\pi(s,a), s \in \mathcal{S}。$$

- 用 $t+1$ 时刻的差分状态价值表示 t 时刻的差分动作价值

$$\begin{aligned}\tilde{q}_\pi(s,a) &= \tilde{r}(s,a) + \sum_{s'} p(s'\mid s,a)\tilde{v}_\pi(s') \\ &= \sum_{s',\tilde{r}} \tilde{p}(s',\tilde{r}\mid s,a)[\tilde{r} + \gamma\tilde{v}_\pi(s')] \\ &= \sum_{s',r} p(s',r\mid s,a)[r - \bar{r}_\pi + \gamma\tilde{v}_\pi(s')], s \in \mathcal{S}, a \in \mathcal{A}。\end{aligned}$$

❑ 用 $t+1$ 时刻的差分状态价值表示 t 时刻的差分状态价值

$$\begin{aligned}\tilde{v}_\pi(s) &= \sum_a \pi(a|s)\left[\tilde{r}_\pi(s,a) + \sum_{s'} p(s'|s,a)\tilde{v}_\pi(s')\right] \\ &= \sum_a \pi(a|s)\sum_{s'} p(s'|s,a)\left[r(s,a,s') - \bar{r}_\pi + \tilde{v}_\pi(s')\right],\ s\in\mathcal{S}。\end{aligned}$$

❑ 用 $t+1$ 时刻的差分动作价值表示 t 时刻的差分动作价值

$$\begin{aligned}\tilde{q}_\pi(s,a) &= \sum_{s',r}\tilde{p}(s',\tilde{r}|s,a)\left[\tilde{r} + \sum_{a'}\pi(a'|s')\tilde{q}_\pi(s',a')\right] \\ &= \sum_{s',r} p(s',r|s,a)\sum_{a'}\pi(a'|s')\left(r - \bar{r}_\pi + \tilde{q}_\pi(s',a')\right),\ s\in\mathcal{S},\ a\in\mathcal{A}。\end{aligned}$$

差分价值与有限步长价值、折扣价值之间的关系如下：

$$\begin{aligned}\tilde{v}_\pi(s') - \tilde{v}_\pi(s'') &= \lim_{h\to+\infty}\left[v_\pi^{[h]}(s') - v_\pi^{[h]}(s'')\right] \\ &= \lim_{\gamma\to1^-}\left[v_\pi^{(\gamma)}(s') - v_\pi^{(\gamma)}(s'')\right],\ s',\ s''\in\mathcal{S}, \\ \tilde{q}_\pi(s',a') - \tilde{q}_\pi(s'',a'') &= \lim_{h\to+\infty}\left[q_\pi^{[h]}(s',a') - q_\pi^{[h]}(s'',a'')\right] \\ &= \lim_{\gamma\to1^-}\left[q_\pi^{(\gamma)}(s',a') - q_\pi^{(\gamma)}(s'',a'')\right],\ s',\ s''\in\mathcal{S},\ a',a''\in\mathcal{A}。\end{aligned}$$

这个关系告诉我们，差分价值最重要的价值是标注不同的状态或不同状态动作对之间的差别。这也是“差分”这个词的由来。

求得差分价值后，就能用差分价值求得平均奖励价值和平均奖励。

用差分价值表示平均奖励价值的关系式为

$$\bar{v}_\pi(s) = r_\pi(s) + \sum_{s'} p_\pi(s'|s)\left(\tilde{v}_\pi(s') - \tilde{v}_\pi(s)\right),\qquad s\in\mathcal{S},$$

$$\bar{q}_\pi(s,a) = r(s,a) + \sum_{s'} p_\pi(s'|s,a)\left(\tilde{q}_\pi(s',a') - \tilde{q}_\pi(s,a)\right),\ s\in\mathcal{S},\ a\in\mathcal{A}。$$

（证明：先考虑状态价值的关系式。考虑一个普通的折扣回报 Markov 决策过程，其用状态价值表示状态价值的表达式为

$$v_\pi^{(\gamma)}(s) = r_\pi(s) + \gamma\sum_{s'} p_\pi(s'|s)v_\pi^{(\gamma)}(s'),\ s\in\mathcal{S}。$$

现将其两边减去 $\gamma v_\pi^{(\gamma)}(s)$，有

$$(1-\gamma)v_\pi^{(\gamma)}(s) = r_\pi(s) + \gamma\sum_{s'} p_\pi(s'|s)\left(v_\pi^{(\gamma)}(s') - v_\pi^{(\gamma)}(s)\right),\ s\in\mathcal{S}。$$

两边取极限 $\gamma\to1^-$，并考虑到 $\bar{v}_\pi(s) = \lim_{\gamma\to1^-}(1-\gamma)v_\pi^{(\gamma)}(s)\ (s\in\mathcal{S})$ 和 $\tilde{v}_\pi(s') - \tilde{v}_\pi(s) = \lim_{\gamma\to1^-}\left[v_\pi^{(\gamma)}(s') - v_\pi^{(\gamma)}(s)\right](s,s'\in\mathcal{S})$，有

$$\bar{v}_\pi(s) = r_\pi(s) + \sum_{s'} p_\pi(s'|s)\left(\tilde{v}_\pi(s') - \tilde{v}_\pi(s)\right),\ s\in\mathcal{S}。$$

接下来考虑动作价值的表达式。考虑一个普通的折扣回报 Markov 决策过程，其用动作价值表示动作价值的表达式为

$$q_\pi^{(\gamma)}(s,a) = r(s,a) + \gamma \sum_{s'} p(s'|s,a) \sum_{a'} \pi(a'|s') q_\pi^{(\gamma)}(s',a'),\ s \in \mathcal{S},\ a \in \mathcal{A}。$$

现将其两边减去 $\gamma q_\pi^{(\gamma)}(s,a)$，再两边取极限 $\gamma \to 1^-$ 可得证。）

用差分价值表示平均奖励的方法为

$$\bar{r}_\pi = \sum_a \pi(a|s) \sum_{s'} p(s'|s,a)[r(s,a,s') - \tilde{v}_\pi(s) + \tilde{v}_\pi(s')],\ s \in \mathcal{S},$$

$$\bar{r}_\pi = \sum_{s',r} p(s',r|s,a) \sum_{a'} \pi(a'|s')[r - \tilde{q}_\pi(s,a) + \tilde{q}_\pi(s',a')],\ s \in \mathcal{S},\ a \in \mathcal{A}。$$

（证明：用 $t+1$ 时刻的差分状态价值表示 t 时刻的差分状态价值的关系式

$$\tilde{v}_\pi(s) = \sum_a \pi(a|s) \sum_{s'} p(s'|s,a)[r(s,a,s') - \bar{r}_\pi + \tilde{v}_\pi(s')],\ s \in \mathcal{S},$$

用 $t+1$ 时刻的差分状态价值表示 t 时刻的差分状态价值的关系式

$$\tilde{q}_\pi(s,a) = \sum_{s',r} p(s',r|s,a) \sum_{a'} \pi(a'|s')(r - \bar{r}_\pi + \tilde{q}_\pi(s',a')),\ s \in \mathcal{S},\ a \in \mathcal{A},$$

即得证。）上式可以简记为

$$\bar{r}_\pi = \mathrm{E}_\pi[R_{t+1} - \tilde{v}_\pi(S_t) + \tilde{v}_\pi(S_{t+1})],$$

$$\bar{r}_\pi = \mathrm{E}_\pi[R_{t+1} - \tilde{q}_\pi(S_t,A_t) + \tilde{q}_\pi(S_{t+1},A_{t+1})]。$$

在环境模型未知时，我们可以利用这个式子，采用随机近似来估计平均奖励。具体而言，可以通过采集样本 $R_{t+1} - \tilde{v}_\pi(S_t) + \tilde{v}_\pi(S_{t+1})$ 或 $R_{t+1} - \tilde{q}_\pi(S_t,A_t) + \tilde{q}_\pi(S_{t+1},A_{t+1})$ 来估计平均奖励 $\bar{r}_\pi$。

本节的最后介绍平均奖励状态价值具有的一个性质。这个性质和 Markov 决策过程的性质有关。

知识卡片：随机过程

Markov 过程

考虑某个 Markov 过程中的两个状态 s'，$s'' \in \mathcal{S}$，如果存在某个时间指标 t，使得从状态 s' 到状态 s'' 的转移概率 $p_t(s''|s') > 0$，则称状态 s'' 对于状态 s' 是可达的（accessible）。

考虑某个 Markov 过程中的两个状态 $s', s'' \in \mathcal{S}$，如果状态 s' 对状态 s'' 可达，且状态 s'' 对于状态 s' 可达，则称状态 s'' 和状态 s' 互通（communicate）。

考虑某个 Markov 过程中的某个状态 $s \in \mathcal{S}$，如果存在某个时间指标 t，使得从状态 s 到状态 s 的转移概率 $p_t(s|s) > 0$，那么称状态 s 可重现（recurrent）。

对于某个 Markov 过程，如果它的所有可重现状态都互通，那么这个 Markov 过程是单链（unichain）的。否则，这个 Markov 过程是多链的（multichain）。

在通常情况下，在同一个链内所有状态的平均奖励价值 $\bar{v}_\pi(s)$ 都相同。这是因为，从同一条链中的任意状态出发，我们总可以在一定的步数内到达某个可重现的状态，而这在长期平均后可以忽略不计。如果某个 Markov 决策过程是单链的，那么所有状态的平均

奖励状态价值都等于平均奖励。

16.1.3　最优策略

利用价值，我们可以定义最优价值。

- 给定正整数 h，我们有

$$\text{状态价值}: v_*^{[h]}(s) = \sup_\pi v_\pi^{[h]}(s), \quad s \in \mathcal{S},$$

$$\text{动作价值}: q_*^{[h]}(s,a) = \sup_\pi q_\pi^{[h]}(s,a), \quad s \in \mathcal{S}, a \in \mathcal{A}。$$

- 给定折扣因子 $\gamma \in (0,1]$，我们有带折扣的最优价值

$$\text{状态价值}: \bar{v}_*^{(\gamma)}(s) = \sup_\pi \bar{v}_\pi^{(\gamma)}(s), \quad s \in \mathcal{S},$$

$$\text{动作价值}: \bar{q}_*^{(\gamma)}(s,a) = \sup_\pi \bar{q}_\pi^{(\gamma)}(s,a), \quad s \in \mathcal{S}, a \in \mathcal{A}。$$

或

$$\text{状态价值}: v_*^{(\gamma)}(s) = \sup_\pi v_\pi^{(\gamma)}(s), \quad s \in \mathcal{S},$$

$$\text{动作价值}: q_*^{(\gamma)}(s,a) = \sup_\pi q_\pi^{(\gamma)}(s,a), \quad s \in \mathcal{S}, a \in \mathcal{A}。$$

- 平均奖励最优价值

$$\text{状态价值}: \bar{v}_*(s) = \sup_\pi \bar{v}_\pi^{(\gamma)}(s), \quad s \in \mathcal{S},$$

$$\text{动作价值}: \bar{q}_*(s,a) = \sup_\pi \bar{q}_\pi^{(\gamma)}(s,a), \quad s \in \mathcal{S}, a \in \mathcal{A}。$$

ε 最优策略是价值和最优策略只差 ε 的策略。最优策略是价值为最优价值的策略。为了简单，总是假设最优价值存在。

与带折扣的离散时间 Markov 决策过程类似，我们也可以用线性规划法、价值迭代法、时序差分更新法等多种方法来为平均奖励离散时间 Markov 决策过程求解最优策略。由于篇幅关系，我们不加证明地给出一些算法。

线性规划法：主问题为

$$\begin{aligned}
\underset{\substack{\bar{v}(s): s \in \mathcal{S} \\ \tilde{v}(s): s \in \mathcal{S}}}{\text{minimize}} \quad & \sum_{s \in \mathcal{S}} c(s)\bar{v}(s) \\
\text{s.t.} \quad & \bar{v}(s) \geqslant \sum_{s'} p(s' \mid s,a)\bar{v}(s'), & s \in \mathcal{S},\ a \in \mathcal{A}(s), \\
& \bar{v}(s) \geqslant r(s,a) + \sum_{s'} p(s' \mid s,a)\tilde{v}(s') - \tilde{v}(s), & s \in \mathcal{S},\ a \in \mathcal{A}(s)。
\end{aligned}$$

其中 $c(s) > 0 (s \in \mathcal{S})$，可以求得最优平均奖励状态价值和最优差分状态价值。它的对偶问题为

$$\begin{aligned}
\underset{\substack{\bar{\rho}(s,a):s\in\mathcal{S},a\in\mathcal{A}(s)\\ \rho(s,a):s\in\mathcal{S},a\in\mathcal{A}(s)}}{\text{maximize}} \quad & \sum_{s\in\mathcal{S},a\in\mathcal{A}(s)} r(s,a)\bar{\rho}(s,a) \\
\text{s. t.} \quad & \sum_{a'\in\mathcal{A}(s')} \bar{\rho}(s',a') - \sum_{s\in\mathcal{S},a\in\mathcal{A}(s)} p(s'|s,a)\bar{\rho}(s,a) = 0, \quad s'\in\mathcal{S}, \\
& \sum_{a'\in\mathcal{A}(s')} \bar{\rho}(s',a') + \sum_{a'\in\mathcal{A}(s')} \rho(s',a') - \\
& \qquad \sum_{s\in\mathcal{S},a\in\mathcal{A}(s)} p(s'|s,a)\rho(s,a) = c(s'), \quad s'\in\mathcal{S}, \\
& \bar{\rho}(s,a) \geqslant 0, \quad s\in\mathcal{S}, a\in\mathcal{A}(s), \\
& \rho(s,a) \geqslant 0, \quad s\in\mathcal{S}, a\in\mathcal{A}(s)。
\end{aligned}$$

对于单链的 Markov 决策过程，所有状态都有相同的平均奖励状态价值。所以，主问题退化为

$$\begin{aligned}
\underset{\bar{r}\in\mathbb{R},\tilde{v}(s):s\in\mathcal{S}}{\text{minimize}} \quad & \bar{r} \\
\text{s. t.} \quad & \bar{r} \geqslant r(s,a) + \sum_{s'} p(s'|s,a)\tilde{v}(s') - \tilde{v}(s), \quad s\in\mathcal{S}, a\in\mathcal{A}。
\end{aligned}$$

得到的决策变量 $\bar{r}$ 就是最优平均奖励，$\tilde{v}$ 就是最优差分状态价值。对偶问题为

$$\begin{aligned}
\underset{\rho(s,a):s\in\mathcal{S},a\in\mathcal{A}(s)}{\text{maximize}} \quad & \sum_{s\in\mathcal{S},a\in\mathcal{A}(s)} r(s,a)\rho(s,a) \\
\text{s. t.} \quad & \sum_{a'\in\mathcal{A}(s')} \rho(s',a') - \sum_{s\in\mathcal{S},a\in\mathcal{A}(s)} p(s'|s,a)\rho(s,a) = 0, \quad s'\in\mathcal{S}, \\
& \sum_{a'\in\mathcal{A}(s')} \rho(s',a') = 1, \quad s'\in\mathcal{S}, \\
& \rho(s,a) \geqslant 0, \quad s\in\mathcal{S}, a\in\mathcal{A}(s)。
\end{aligned}$$

相对价值迭代算法(relative VI)：由于差分价值只有相对意义，所以可以固定某个状态 $s_{固定}\in\mathcal{S}$，考虑其相对值

$$\tilde{v}_{k+1}(s) \leftarrow \max_a\left(r(s,a) + \sum_{s'} p(s'|s,a)\tilde{v}(s')\right) - \max_a\left(r(s_{固定},a) + \sum_{s'} p(s'|s_{固定},a)\tilde{v}(s')\right)。$$

时序差分更新：算法 16-1 给出了采用差分半梯度下降算法估计动作价值或用差分 SARSA 算法求最优策略的算法。算法 16-2 给出了半梯度下降差分期望 SARSA 算法或差分 Q 学习算法。在这些算法中，既要学习差分动作价值，也要学习平均奖励。差分动作价值采用函数近似方法，在算法中标为 $\tilde{q}(S,A;\boldsymbol{w})$，需要更新的量为参数 $\boldsymbol{w}$；平均奖励在算法中标为 $\bar{R}$。在上文中我们已经知道，平均奖励可以通过采集 $R_{t+1}-\tilde{q}_\pi(S_t, A_t)+\tilde{q}_\pi(S_{t+1}, A_{t+1})(1-D')$ 样本来估计。在用增量法更新平均奖励时，可以用更新式：

$$\bar{R}\leftarrow\bar{R}+\alpha^{(r)}\left[R+\tilde{q}(S',A';\boldsymbol{w})(1-D')-\tilde{q}(S,A)-\bar{R}\right]。$$

同时，注意到时序差分的表达式 $\tilde{\Delta}=\tilde{U}-\tilde{q}(S,A;\boldsymbol{w})=\tilde{R}+\tilde{q}(S',A';\boldsymbol{w})(1-D')-$

$\tilde{q}(S,A;\mathbf{w})$，所以可以把上述更新式简写为

$$\bar{R} \leftarrow \bar{R} + \alpha^{(r)}\tilde{\Delta}。$$

算法 16-1 用差分半梯度下降算法估计动作价值或用差分 SARSA 算法求最优策略

参数：优化器（隐含学习率 $\alpha^{(\mathbf{w})}$，$\alpha^{(r)}$），控制回合数和回合内步数的参数。

1 初始化参数：

  1.1 （初始化差分动作价值参数）$\mathbf{w} \leftarrow$ 任意值。

  1.2 （初始化平均奖励估计）$\bar{R} \leftarrow$ 任意值。

2 逐回合执行以下操作：

  2.1 （初始化状态动作对）选择状态 S。

  如果是策略评估，则用输入策略 $\pi(\cdot|S)$ 确定动作 A；如果是寻找最优策略，则用当前差分动作价值估计 $\tilde{q}(S,\cdot;\mathbf{w})$ 导出的策略（如 ε 柔性策略），从而确定动作 A。

  2.2 如果回合未结束，执行以下操作。

    2.2.1 （采样）执行动作 A，观测得到奖励 R、新状态 S'、回合结束指示 D'。

    2.2.2 （决策）如果是策略评估，则用输入策略 $\pi(\cdot|S')$ 确定动作 A'；如果是寻找最优策略，则用当前差分动作价值估计 $\tilde{q}(S',\cdot;\mathbf{w})$ 导出的策略（如 ε 贪心策略）确定动作 A'。（如果 $D'=1$，动作可任取。）

    2.2.3 （计算差分奖励）$\tilde{R} \leftarrow R - \bar{R}$。

    2.2.4 （计算差分回报的估计值）$\tilde{U} \leftarrow \tilde{R} + \tilde{q}(S',A';\mathbf{w})(1-D')$。

    2.2.5 （计算差分时序差分估计值）$\tilde{\Delta} \leftarrow \tilde{U} - \tilde{q}(S,A;\mathbf{w})$。

    2.2.6 （更新差分动作价值参数）更新参数 $\mathbf{w}$ 以减小 $[\tilde{U}-\tilde{q}(S,A;\mathbf{w})]^2$（如 $\mathbf{w} \leftarrow \mathbf{w} + \alpha^{(\mathbf{w})}\tilde{\Delta}\nabla q(S,A;\mathbf{w})$）。注意此步不可以重新计算 $\tilde{U}$，也不能计算 $\tilde{U}$ 对 $\mathbf{w}$ 的导数。

    2.2.7 （更新平均奖励估计值）更新 $\bar{R}$ 以减小 $[(R-\tilde{q}(S,A;\mathbf{w})+\tilde{q}(S',A';\mathbf{w})(1-D'))-\bar{R}]^2$。（如增量法更新为 $\bar{R} \leftarrow \bar{R} + \alpha^{(r)}\tilde{\Delta}$。）

    2.2.8 $S \leftarrow S'$，$A \leftarrow A'$。

算法 16-2 半梯度下降差分期望 SARSA 算法或差分 Q 学习

参数：优化器（隐含学习率 $\alpha^{(\mathbf{w})}$，$\alpha^{(r)}$），控制回合数和回合内步数的参数。

1 初始化参数：

  1.1 （初始化差分价值）$\mathbf{w} \leftarrow$ 任意值。

  1.2 （初始化平均奖励）$\bar{R} \leftarrow$ 任意值。

2 逐回合执行以下操作：

  2.1 （初始化状态）选择状态 S。

  2.2 如果回合未结束，执行以下操作。

2.2.1 （决策）用当前差分动作价值估计 $\tilde{q}(S,\cdot;\boldsymbol{w})$ 导出的策略（如 ε 柔性策略），从而确定动作 A。

2.2.2 （采样）执行动作 A，观测得到奖励 R、新状态 S'、回合结束指示 D'。

2.2.3 （计算差分奖励）$\tilde{R}\leftarrow R-\overline{R}$。

2.2.4 （计算差分回报）如果是期望 SARSA 算法，则 $\tilde{U}\leftarrow\tilde{R}+\gamma\sum_a\pi(a|S';\boldsymbol{w})\tilde{q}(S',a;\boldsymbol{w})(1-D')$，其中 $\pi(\cdot|S';\boldsymbol{w})$ 是 $\tilde{q}(S',\cdot;\boldsymbol{w})$ 确定的策略（如 ε 贪心策略）。若是 Q 学习，则 $\tilde{U}\leftarrow\tilde{R}+\gamma\max_a\tilde{q}(S',a;\boldsymbol{w})(1-D')$。

2.2.5 （计算差分时序差分估计值）$\tilde{\Delta}\leftarrow\tilde{U}-\tilde{q}(S,A;\boldsymbol{w})$。

2.2.6 （更新差分动作价值参数）更新参数 $\boldsymbol{w}$ 以减小 $[\tilde{U}-\tilde{q}(S,A;\boldsymbol{w})]^2$（如 $\boldsymbol{w}\leftarrow\boldsymbol{w}+\alpha^{(\boldsymbol{w})}\tilde{\Delta}\nabla\tilde{q}(S,A;\boldsymbol{w})$）。注意此步不可以重新计算 $\tilde{U}$。

2.2.7 （更新平均奖励估计值）更新 $\overline{R}$ 以减小 $[(R-\tilde{q}(S,A;\boldsymbol{w})+\tilde{q}(S',A';\boldsymbol{w})(1-D'))-\overline{R}]^2$。（如增量法更新为 $\overline{R}\leftarrow\overline{R}+\alpha^{(r)}\tilde{\Delta}$。）

2.2.8 $S\leftarrow S'$。

16.2 连续时间 Markov 决策过程

本书之前的内容主要考虑离散的时间指标。不过，时间指标不一定是离散的。例如，时间指标是实数集或其连续子集的 Markov 决策过程称为**连续时间 Markov 决策过程**（Continuous-Time Markov Decision Process，CTMDP）。本节就来讨论连续时间 Markov 决策过程。

知识卡片：随机过程

连续时间 Markov 过程

2.1.1 节提到过随机过程领域内的连续时间 Markov 过程，这里进一步讨论连续时间 Markov 过程的性质。

为了简单，我们总是假定转移概率满足连续性条件：

$$\lim_{\tau\to 0}p^{[\tau]}(s'|s)=p^{[0]}(s'|s),\quad s,s'\in\mathcal{S},$$

写成矩阵形式为

$$\lim_{\tau\to 0}\boldsymbol{P}^{[\tau]}=\boldsymbol{P}^{[0]}。$$

考虑有一个 $|\mathcal{S}|\times|\mathcal{S}|$ 矩阵 $\boldsymbol{Q}=(q(s'|s):s,s'\in\mathcal{S})$，若其满足性质

$$\begin{aligned}&-\infty\leqslant q(s|s)\leqslant 0, && s\in\mathcal{S},\\ &-\infty<q(s'|s)<+\infty, && s,s'\in\mathcal{S},\end{aligned}$$

$$\sum_{s' \in \mathcal{S}} q(s' \mid s) \leqslant 0, \quad s \in \mathcal{S},$$

称这个矩阵为Q矩阵(Q matrix)。如果Q矩阵进一步满足性质

$$\sum_{s' \in \mathcal{S}} q(s' \mid s) = 0, \quad s \in \mathcal{S},$$

则称这个矩阵是保守Q矩阵(conservative Q matrix)。

定义转移率矩阵为

$$\boldsymbol{Q} = \lim_{\tau \to 0^+} \frac{1}{\tau} (\boldsymbol{P}^{[\tau]} - \boldsymbol{I}),$$

其中$\boldsymbol{P}^{[\tau]}$是τ步转移概率矩阵，$\boldsymbol{I}$是单位矩阵，极限是对矩阵逐元素运算。可以证明，转移率矩阵是一个Q矩阵，如果状态空间是有限集，转移率矩阵一定是保守的。为了简单，我们假设转移率矩阵总是保守的。

连续时间Markov决策过程中抛去动作就是连续时间Markov奖励过程，连续时间Markov奖励过程中抛去奖励就是连续时间Markov过程。所以，连续时间Markov过程的状态转移可以用转移率(transition rate)来刻画，形式为$q(s' \mid s,a)$($s \in \mathcal{S}, a \in \mathcal{A}, s' \in \mathcal{S}$)。

无论状态、动作还是累积奖励，都可能在离散的空间里取值，也可能在连续的空间里取值。这些量在随时间变化的过程中，可以缓慢变化(例如对时间的导数是有限的数值)，也可能在某个时刻跳变(jump)。

和离散时间的情况类似，连续时间Markov决策过程也可以有折扣回报和平均奖励等设定。

- 采用折扣回报的设定：折扣回报是奖励率在时间上的积分。对于回合制任务，折扣回报可写为$G_t = \int_t^T \gamma^{\tau-t} \mathrm{d}R_\tau + \gamma^{\tau-t} G_T$，其中$G_T = F_g(T, X_T)$是与终止状态有关的随机变量，奖励率$\frac{\mathrm{d}R_t}{\mathrm{d}t}$与状态$S_t$和动作$A_t$都有关。由于回报可以跳变，奖励率$\frac{\mathrm{d}R_t}{\mathrm{d}t}$的取值不一定是在$(-\infty, +\infty)$范围内。对于连续性任务，折扣回报可写为$G_t = \int_t^{+\infty} \gamma^{\tau-t} \mathrm{d}R_\tau$。其中，奖励率$\frac{\mathrm{d}R_t}{\mathrm{d}t}$与状态$S_t$和动作$A_t$都有关。我们也可以将这两种情况合起来用$G_t = \int_t^{+\infty} \gamma^{\tau-t} \mathrm{d}R_\tau$统一表示。折扣回报的期望为

$$\bar{g}_\pi^{(\gamma)} = \mathrm{E}_\pi \left[\int_0^{+\infty} \gamma^\tau \mathrm{d}R_\tau \right]。$$

- 采用平均奖励的设定：平均奖励可以定义为

$$\bar{r}_\pi = \lim_{h \to +\infty} \mathrm{E}_\pi \left[\frac{1}{h} \int_0^h \mathrm{d}R_\tau \right]。$$

当然还有用上极限、下极限、折扣极限定义的平均奖励。

从折扣回报期望和平均奖励出发，还可以定义价值。

❑ 带折扣的价值(折扣因子 $\gamma \in (0,1]$)

状态价值：$\bar{v}_\pi^{(\gamma)}(s) = \mathrm{E}_\pi\left[\int_0^{+\infty} \gamma^\tau \mathrm{d}R_{t+\tau} \middle| S_t = s\right], \qquad s \in \mathcal{S},$

动作价值：$\bar{q}_\pi^{(\gamma)}(s,a) = \mathrm{E}_\pi\left[\int_0^{+\infty} \gamma^\tau \mathrm{d}R_{t+\tau} \middle| S_t = s, A_t = a\right], \qquad s \in \mathcal{S}, a \in \mathcal{A}$。

❑ 平均奖励价值

状态价值：$\bar{v}_\pi(s) = \lim_{h\to+\infty} \mathrm{E}_\pi\left[\frac{1}{h}\int_0^h \mathrm{d}R_{t+\tau} \middle| S_t = s\right], \qquad s \in \mathcal{S},$

动作价值：$\bar{q}_\pi(s,a) = \lim_{h\to+\infty} \mathrm{E}_\pi\left[\frac{1}{h}\int_0^h \mathrm{d}R_{t+\tau} \middle| S_t = s, A_t = a\right], \quad s \in \mathcal{S}, a \in \mathcal{A}$。

我们可以进一步定义最优价值：

❑ 带折扣的最优价值(折扣因子 $\gamma \in (0,1]$)

状态价值：$\bar{v}_*^{(\gamma)}(s) = \sup_\pi \bar{v}_\pi^{(\gamma)}(s), \qquad s \in \mathcal{S},$

动作价值：$\bar{q}_*^{(\gamma)}(s,a) = \sup_\pi \bar{q}_\pi^{(\gamma)}(s,a), \quad s \in \mathcal{S}, a \in \mathcal{A}$。

❑ 平均奖励最优价值

状态价值：$\bar{v}_*(s) = \sup_\pi \bar{v}_\pi(s), \qquad s \in \mathcal{S},$

动作价值：$\bar{q}_*(s,a) = \sup_\pi \bar{q}_\pi(s,a), \qquad s \in \mathcal{S}, a \in \mathcal{A}$。

ε 最优策略是价值和最优价值差距 $\leqslant \varepsilon$ 的策略。最优策略是价值为最优价值的策略。

连续时间的分析比离散时间更加烦琐，但是往往能获得形式类似的结论。注意，转移率矩阵的定义 $q(s'|s,a)$ 在 $s=s'$ 处和 $s\neq s'$ 处差了一个 1。

例如，在奖励率为确定值 $r(s,a)$ 的情况下，用线性规划法求解平均奖励连续时间 Markov 决策过程的主问题为

$$
\begin{aligned}
\underset{\substack{\bar{v}(s):s\in\mathcal{S}\\ \tilde{v}(s):s\in\mathcal{S}}}{\text{minimize}} \quad & \sum_{s\in\mathcal{S}} c(s)\bar{v}(s) \\
\text{s. t.} \quad & 0 \geqslant \sum_{s'} q(s'|s,a)\bar{v}(s'), && s \in \mathcal{S}, a \in \mathcal{A}(s), \\
& \bar{v}(s) \geqslant r(s,a) + \sum_{s'} q(s'|s,a)\tilde{v}(s'), && s \in \mathcal{S}, a \in \mathcal{A}(s)。
\end{aligned}
$$

其中 $c(s)>0(s\in\mathcal{S})$，可以求得最优平均奖励状态价值和最优差分状态价值。它的对偶问题为

$$\begin{aligned}
\underset{\substack{\bar{\rho}(s,a):s\in\mathcal{S},a\in\mathcal{A}(s)\\ \rho(s,a):s\in\mathcal{S},a\in\mathcal{A}(s)}}{\text{maximize}}\quad & \sum_{s\in\mathcal{S},a\in\mathcal{A}(s)} r(s,a)\bar{\rho}(s,a)\\
\text{s. t.}\quad & \sum_{s\in\mathcal{S},a\in\mathcal{A}(s)} q(s'|s,a)\bar{\rho}(s,a)=0,\quad s'\in\mathcal{S},\\
& \sum_{a'\in\mathcal{A}(s')}\bar{\rho}(s',a')-\sum_{s\in\mathcal{S},a\in\mathcal{A}(s)} q(s'|s,a)\rho(s,a)=c(s'),\quad s'\in\mathcal{S},\\
& \bar{\rho}(s,a)\geqslant 0,\quad s\in\mathcal{S},\ a\in\mathcal{A}(s),\\
& \rho(s,a)\geqslant 0,\quad s\in\mathcal{S},\ a\in\mathcal{A}(s)。
\end{aligned}$$

对于单链的 Markov 决策过程，所有状态都有相同的平均奖励状态价值。所以，主问题退化为

$$\begin{aligned}
\underset{\bar{r}\in\mathbb{R},\tilde{v}(s):s\in\mathcal{S}}{\text{minimize}}\quad & \bar{r}\\
\text{s. t.}\quad & \bar{r}\geqslant r(s,a)+\sum_{s'} q(s'|s,a)\tilde{v}(s'),\quad s\in\mathcal{S},\ a\in\mathcal{A}。
\end{aligned}$$

对偶问题退化为

$$\begin{aligned}
\underset{\rho(s,a):s\in\mathcal{S},a\in\mathcal{A}(s)}{\text{maximize}}\quad & \sum_{s\in\mathcal{S},a\in\mathcal{A}(s)} r(s,a)\rho(s,a)\\
\text{s. t.}\quad & \sum_{s\in\mathcal{S},a\in\mathcal{A}(s)} q(s'|s,a)\rho(s,a)=0,\quad s'\in\mathcal{S},\\
& \sum_{a'\in\mathcal{A}(s')}\rho(s',a')=1,\quad s'\in\mathcal{S},\\
& \rho(s,a)\geqslant 0,\quad s\in\mathcal{S},\ a\in\mathcal{A}(s)。
\end{aligned}$$

利用价值之间关系的相似性，将连续时间 Markov 决策过程表示为离散时间 Markov 决策过程的形式，称为一致化技巧(uniformization technique)。比如，将平均奖励连续时间 Markov 决策过程转化为带折扣的离散时间 Markov 决策过程后得到的带折扣的离散时间 Markov 决策过程的动力 $\breve{p}$、奖励 $\breve{r}$、折扣因子 $\breve{\gamma}$ 为

$$\breve{r}(s,a)=\frac{r(s,a)}{1+q_{\max}},\qquad s\in\mathcal{S},\ a\in\mathcal{A},$$

$$\breve{p}(s'|s,a)=\frac{q(s'|s,a)}{1+q_{\max}},\quad s\in\mathcal{S},\ a\in\mathcal{A},\ s'\in\mathcal{S},$$

$$\breve{\gamma}=\frac{q_{\max}}{1+q_{\max}},$$

其中 $q_{\max}=\sup\limits_{s,a}|q(s|s,a)|$。

16.3 非齐次 Markov 决策过程

Markov 决策过程不一定是齐次的，也可能是非齐次的。本节学习非齐次的 Markov 决策过程。

16.3.1 非齐次状态表示

本节考虑智能体/环境接口中状态的另一种表示方式。

从第 1 章起，我们就一直在讨论智能体/环境接口。其中，我们将状态记为 $S_t \in \mathcal{S}$。这个状态里可能包括时间指标 t 的信息，也可能不包括时间指标 t 的信息。如果状态里包括了时间指标 t 的信息，那么状态 S_t 还可以写为 $S_t=(t,X_t)$，其中 $X_t \in \mathcal{X}$ 需要包括时间指标外的所有信息。之后，我们就可以把状态空间 $\mathcal{S}$ 也相应分离为 $\mathcal{S}=\bigcup_{t\in\mathcal{T}}\{t\}\times\mathcal{X}_t$，其中 $\mathcal{T}$ 是时间指标集，$\mathcal{X}_t$ 是 t 时刻的状态空间，$\{t\}\times\mathcal{X}_t$ 表示将每个时刻 t 和 $\mathcal{X}_t$ 中的每个元素配对成 $(t,x_t)(x_t\in\mathcal{X}_t)$。含有终止状态的状态空间记为 $\mathcal{X}_t^+$。如果在时刻 t 可以达到终止状态，那么 $\mathcal{X}_t^+=\mathcal{X}_t\cup\{x_{终止}\}$；否则 $\mathcal{X}_t^+=\mathcal{X}_t$。

如果 Markov 决策过程(包括 $\mathcal{X}_t$、$\mathcal{A}_t$、$\mathcal{R}_t$、$\mathcal{X}_t^+$、p_t 和 π_t)都不随时间变化，那么我们称这样的 Markov 决策过程是齐次的。如果 Markov 决策过程是齐次的，那么 X_t 事实上可以完全替代 $S_t=(t,X_t)$ 的功能，或者说状态 S_t 里并不需要包括时间信息，所以不需要采用划分 $S_t=(t,X_t)$。即使 Markov 决策过程不是非齐次的，我们还是可以通过 $S_t=(t,X_t)$ 这样的形式把时间指标嵌入状态中，把问题转换为齐次的 Markov 决策过程。

例如，考虑一个动力确定的非齐次连续时间的 Markov 决策过程，其带折扣的最优价值 $v_{*,t}$ 满足的 Hamilton-Jacobi-Bellman 方程(HJB 方程)：

$$\dot{v}_{*,t}(X_t)+\max_a\left\{\nabla v_{*,t}(X_t)\frac{\mathrm{d}X_t}{\mathrm{d}t}+\frac{\mathrm{d}R_t}{\mathrm{d}t}\right\}=0,$$

其中，$\dot{v}_{*,t}(\cdot)$ 表示将 $v_{*,t}(\cdot)$ 对下标 t 作偏微分计算，$\nabla v_{*,t}(\cdot)$ 表示将价值 $v_{*,t}(\cdot)$ 对括号内的变量进行偏微分。

(证明：把 Tayler 展开

$$v_{*,t+\mathrm{d}t}(X_{t+\mathrm{d}t})=v_{*,t}(X_t)+\dot{v}_{*,t}(X_t)+\nabla v_{*,t}(X_t)\mathrm{d}X_t+o(\mathrm{d}t)$$

$$\int_t^{t+\mathrm{d}t}\gamma^{\tau-t}\mathrm{d}R_\tau=\mathrm{d}R_t+o(\mathrm{d}t)$$

代入对最优价值的递推关系

$$v_{*,t}(X_t)=\max_a\left\{v_{*,t+\mathrm{d}t}(X_{t+\mathrm{d}t})+\int_t^{t+\mathrm{d}t}\gamma^{\tau-t}\mathrm{d}R_\tau\right\},$$

有

$$v_{*,t}(X_t)=\max_a\{v_{*,t}(X_t)+\dot{v}_{*,t}(X_t)\mathrm{d}t+\nabla v_{*,t}(X_t)\mathrm{d}X_t+o(\mathrm{d}t)+\mathrm{d}R_t+o(\mathrm{d}t)\}。$$

化简得到

$$\dot{v}_{*,t}(X_t)+\max_a\left\{\nabla v_{*,t}(X_t)\frac{\mathrm{d}X_t}{\mathrm{d}t}+\frac{\mathrm{d}R_t}{\mathrm{d}t}+\frac{o(\mathrm{d}t)}{\mathrm{d}t}\right\}=0。$$

令 $\mathrm{d}t\to0^+$ 即得证。)

16.3.2 时间指标有界的情况

对于用 X_t 作为状态的 Markov 决策过程，如果它的时间指标集 $\mathcal{T}$ 是有界的，那么这个 Markov 决策过程就一定不是齐次 Markov 决策过程。以时间指标为有限集 $\mathcal{T}=\{0,1,\cdots,t_{\max}\}$ 的情况为例，当 $t<t_{\max}$ 时，状态空间 $\mathcal{X}_t$ 内有很多状态；当 $t=t_{\max}$ 时，状态空间 $\mathcal{X}_t$ 内只有终止状态 $x_{终止}$。所以这个 Markov 决策过程不是齐次的。当然，我们可以将 t 和 X_t 组合为 $S_t=(t,X_t)$，成为齐次 Markov 决策过程的状态。这个齐次 Markov 决策状态空间需要表示为

$$\mathcal{S}=\{(t,x):\ t\in\mathcal{T},\ x\in\mathcal{X}_t\},$$

会比每个 $\mathcal{X}_t$ 都要大得多。所以，用 X_t 的形式处理这类问题，可能比用 S_t 的形式处理更好。

对于时间有界的情况，可以定义回报为

$$G_t = \sum_{\tau\in\mathcal{T}:\tau>t} R_\tau。$$

对于连续时间指标集，这里的求和应当理解为积分。这个回报可以理解为折扣因子 $\gamma=1$ 的折扣回报。策略的性能可以用总奖励的期望来表征

$$\bar{g}_{0,\pi}=\mathrm{E}_\pi[G_0]。$$

基于此，我们可以定义价值

$$\text{状态价值：}v_{t,\pi}(x)=\mathrm{E}_\pi\left[\sum_{\tau>0:t+\tau\in\mathcal{T}} R_{t+\tau}\middle|X_t=x\right],\qquad t\in\mathcal{T},x\in\mathcal{X}_t,$$

$$\text{动作价值：}q_{t,\pi}(x,a)=\mathrm{E}_\pi\left[\sum_{\tau>0:t+\tau\in\mathcal{T}} R_{t+\tau}\middle|X_t=x,A_t=a\right],\quad t\in\mathcal{T},x\in\mathcal{X}_t,a\in\mathcal{A}_t。$$

从价值的定义出发还能定义最优价值

$$\text{状态价值：}v_{t,*}(x)=\sup_\pi v_{t,\pi}(x),\qquad t\in\mathcal{T},x\in\mathcal{X}_t,$$

$$\text{动作价值：}q_{t,*}(x,a)=\sup_\pi q_{t,\pi}(x,a),\quad t\in\mathcal{T},x\in\mathcal{X}_t,a\in\mathcal{A}_t。$$

进一步，我们可以考虑时间有界的有限 Markov 决策过程的动态规划。在第 3 章中介绍了用动态规划的方法估计齐次离散时间 Markov 决策过程的最优价值。对于时间指标集为 $\mathcal{T}=\{0,1,\cdots,t_{\max}\}$ 的非齐次离散时间 Markov 决策过程，我们也可以用动态规划的方法，以 $t=t_{\max}$，$t_{\max}-1,\cdots,0$ 的顺序得到精确的最优价值，见算法 16-3。相比之下，如果采用 3.3 节介绍的用于齐次 Markov 决策过程的方法，状态空间大得多，运算量也会更大。

算法 16-3 回合长度确定的有模型价值迭代算法

输入：回合步数 $t_{\max}$，动力 $p_t(0\leqslant t<t_{\max})$。

输出：最优状态价值估计 $v_t(0\leqslant t<t_{\max})$ 和最优策略估计 $\pi_t(0\leqslant t<t_{\max})$。

1 （初始化）$v_{t_{\max}}(x_{终止})\leftarrow 0$。

2 （迭代）对于 $t\leftarrow t_{\max}-1$，$t_{\max}-2,\cdots,1$，0，执行以下步骤：

2.1 （更新最优动作价值估计）$q_t(x,a) \leftarrow r_t(x,a) + \gamma \sum_{x' \in \mathcal{X}_{t+1}} p_t(x'|x,a) v_{t+1}(x')\ (x \in \mathcal{X}_t,\ a \in \mathcal{A}_t(x))$。

2.2 （更新最优策略估计）$\pi_t(x) \leftarrow \mathop{\arg\max}_{a \in \mathcal{A}_t(x)} q_t(x,a)\ (x \in \mathcal{X}_t)$。

2.3 （更新最优状态估计）$v_t(x) \leftarrow \max_{a \in \mathcal{A}_t(x)} q_t(x,a)\ (x \in \mathcal{X}_t)$。

16.3.3 时间指标无界的情况

当时间指标无界时，我们可以定义以时间为参数的下列指标。

- 由折扣回报期望（折扣因子 $\gamma \in (0,1]$）

$$\bar{g}_{t,\pi}^{(\gamma)} = \mathrm{E}_\pi\left[\sum_{\tau > 0} \gamma^\tau R_{t+\tau}\right], \quad t \in \mathcal{T}。$$

对于离散时间的情形还有相差 γ 的定义，从略。

- 平均奖励

$$\bar{r}_{t,\pi} = \lim_{h \to +\infty} \mathrm{E}_\pi\left[\frac{1}{h} \sum_{0 < \tau \leqslant h} \gamma^\tau R_{t+\tau}\right], \quad t \in \mathcal{T}。$$

还有其他形式的平均奖励定义，从略。

这两个指标同时适用于离散时间 Markov 决策过程和连续时间 Markov 决策过程。对于连续时间，求和实际上就是在求积分。一般情况下，我们要最大化这些指标在 $t=0$ 时的值。

从这两个指标出发，可以进一步定义价值。

- 带折扣的价值

状态价值：$$\bar{v}_{t,\pi}^{(\gamma)}(x) = \mathrm{E}_\pi\left[\sum_{\tau > 0} \gamma^\tau R_{t+\tau} \middle| X_t = x\right], \qquad t \in \mathcal{T},\ x \in \mathcal{X}_t,$$

动作价值：$$\bar{q}_{t,\pi}^{(\gamma)}(x,a) = \mathrm{E}_\pi\left[\sum_{\tau > 0} \gamma^\tau R_{t+\tau} \middle| X_t = x, A_t = a\right], \quad t \in \mathcal{T},\ x \in \mathcal{X}_t,\ a \in \mathcal{A}_t。$$

- 平均奖励价值

状态价值：$$\bar{v}_{t,\pi}(x) = \mathrm{E}_\pi\left[\frac{1}{h} \sum_{0 < \tau \leqslant h} \gamma^\tau R_{t+\tau} \middle| X_t = x\right], \quad t \in \mathcal{T},\ x \in \mathcal{X}_t,$$

动作价值：$$\bar{q}_{t,\pi}(x,a) = \mathrm{E}_\pi\left[\frac{1}{h} \sum_{0 < \tau \leqslant h} \gamma^\tau R_{t+\tau} \middle| X_t = x, A_t = a\right], \quad t \in \mathcal{T},\ x \in \mathcal{X}_t,\ a \in \mathcal{A}_t。$$

从价值的定义出发还能定义最优价值。

- 带折扣的最优价值

状态价值：$$\bar{v}_{t,*}^{(\gamma)}(x) = \sup_\pi \bar{v}_{t,\pi}^{(\gamma)}(x), \qquad t \in \mathcal{T},\ x \in \mathcal{X}_t,$$

动作价值：$$\bar{q}_{t,*}^{(\gamma)}(x,a) = \sup_\pi \bar{q}_{t,\pi}^{(\gamma)}(x,a), \quad t \in \mathcal{T},\ x \in \mathcal{X}_t,\ a \in \mathcal{A}_t。$$

- 平均奖励最优价值

状态价值：$\bar{v}_{t,*}(x)=\sup\limits_{\pi}\bar{v}_{t,\pi}(x)$，　　$t\in\mathcal{T}, x\in\mathcal{X}_t$，

动作价值：$\bar{q}_{t,*}(x,a)=\sup\limits_{\pi}\bar{q}_{t,\pi}(x,a)$，　$t\in\mathcal{T}, x\in\mathcal{X}_t, a\in\mathcal{A}_t$。

16.4 半 Markov 决策过程

本节学习半 Markov 决策过程(Semi-MDP，SMDP)。

16.4.1 半 Markov 决策过程及其价值

2.1.1 节曾介绍过，Markov 决策过程中刨去动作就变成了 Markov 奖励过程，Markov 奖励过程中刨去奖励就成为 Markov 过程。对于半 Markov 决策过程也是如此。半 Markov 决策过程中刨去动作就成为半 Markov 奖励过程，半 Markov 奖励过程刨去奖励就成为半 Markov 过程。

对于一个半 Markov 决策过程，如果它的时间指标是整数集或其子集，这样的半 Markov 决策过程称为离散时间半 Markov 决策过程；如果它的时间指标是实数集或其连续子集，这样的半 Markov 决策过程称为连续时间半 Markov 决策过程。

知识卡片：随机过程

半 Markov 过程

半 Markov 过程(Semi Markov Process，SMP)中，状态只在某些随机的时刻切换。记第 i 次($i\in\mathbb{N}$)切换的时刻为 T_i，切换后的状态记为 $\hat{S}_i$。初始切换时刻 $T_0=0$，初始状态为 $\hat{S}_0$。两个切换时刻的差称为**逗留时间**(Sojourn time)$\tau_i=T_{i+1}-T_i$，它也是随机变量。半 Markov 过程中 t 时刻的状态为

$$S_t=\hat{S}_i,\ T_i\leqslant t<T_{i+1}。$$

无论半 Markov 过程是离散时间半 Markov 过程还是连续时间半 Markov 过程，由于切换是离散事件，所以随机过程($\hat{S}_i:i\in\mathbb{N}$)总是离散时间 Markov 过程。由半 Markov 过程导出的离散时间 Markov 过程的轨迹可以表示为

$$\hat{S}_0,\hat{S}_1,\cdots。$$

对于一个半 Markov 过程，无论是离散时间半 Markov 过程还是连续时间 Markov 过程，它的轨迹都可以用带逗留时间的离散 Markov 过程的轨迹来表示：

$$\hat{S}_0,\tau_0,\hat{S}_1,\tau_1,\cdots。$$

注意：考虑到希腊字母 τ 和拉丁字母 t 的大写字母都是 T，这里用大写的 τ 表示逗留时间随机变量。

和半 Markov 过程的情况类似，对半 Markov 决策过程在切换时间处进行采样，可以得到离散时间 Markov 决策过程。半 Markov 决策过程只在切换处使用策略决策，得到的动作 A_{T_i}就是离散时间 Markov 决策过程的动作 $\widehat{A}_i$。半 Markov 决策过程可能在整个时间上都有奖励，包括非切换时刻。对应的离散时间 Markov 决策过程的奖励 $\widehat{R}_{i+1}$应该包括在时间$(T_i,T_{i+1}]$这段时间内的总奖励。如果半 Markov 决策过程是带折扣的，那么 $\widehat{R}_{i+1}$是这段时间里带折扣的总奖励。

注意：对于带折扣的半 Markov 决策过程，对应离散时间 Markov 决策过程的奖励和折扣因子有关。

由半 Markov 决策过程导出的离散时间 Markov 决策过程的轨迹可以表示为

$$\widehat{S}_0,\widehat{A}_0,\widehat{R}_1,\widehat{S}_1,\widehat{A}_1,\widehat{R}_2,\cdots。$$

无论半 Markov 决策过程是连续时间半 Markov 过程还是离散时间半 Markov 决策过程，它的轨迹都可以用带逗留时间的离散 Markov 决策过程的轨迹来表示：

$$\widehat{S}_0,\widehat{A}_0,\tau_0,\widehat{R}_1,\widehat{S}_1,\widehat{A}_1,\tau_1,\widehat{R}_2,\cdots。$$

带逗留时间的离散时间 Markov 决策过程的环境数学模型可以由初始状态分布 $p_{S_0}(s)$和带逗留时间的动力得到，其中带逗留时间的动力为

$$\widehat{p}(\tau,s,r\mid s,a) = \Pr[\tau_i = \tau,\widehat{S}_{i+1} = s',\widehat{R}_{i+1} = r\mid\widehat{S}_i = s,\widehat{A}_i = a],$$
$$s\in\mathcal{S},a\in\mathcal{A},r\in\mathcal{R},\tau\in\mathcal{T},s'\in\mathcal{S},a'\in\mathcal{A}。$$

半 Markov 决策过程的例子：Atari 游戏里不带 `Deterministic` 字样的环境，每次随机跳过 τ 帧，其中 τ 在$\{2,3,4\}$中随机取值。这就是一个离散时间半 Markov 决策过程。

利用带逗留时间的动力，可以导出以下量。

- 给定状态动作对的逗留时间期望

$$\tau(s,a)=\mathrm{E}[\tau_i\mid\widehat{S}_i=s,\widehat{A}_i=a],\quad s\in\mathcal{S},\ a\in\mathcal{A}。$$

- 给定状态动作对的单步奖励期望

$$\widehat{r}(s,\ a)=\mathrm{E}[\widehat{R}_{i+1}\mid\widehat{S}_i=s,\widehat{A}_i=a],\quad s\in\mathcal{S},\ a\in\mathcal{A}。$$

半 Markov 决策过程的长期奖励同样可以用折扣回报期望或平均奖励刻画。

- 给定折扣因子 $\gamma\in(0,1]$的折扣回报期望

$$g_\pi^{(\gamma)} = \mathrm{E}_\pi\left[\sum_{\tau>0}\gamma^\tau R_\tau\right] = \mathrm{E}_\pi\left[\sum_{\iota=1}^{+\infty}\gamma^{T_\iota}\widehat{R}_\iota\right]。$$

对于离散时间半 Markov 决策过程的定义可能差一个 γ。不过这不重要，本节后面就采用这种形式。对于连续时间半 Markov 决策过程，对 $\tau>0$ 求和就是在做积分。

- 平均奖励

$$\bar{r}_\pi = \lim_{h\to+\infty} \mathrm{E}_\pi\left[\frac{1}{h}\sum_{0<\tau\leqslant h} R_\tau\right] = \lim_{h\to+\infty} \mathrm{E}_\pi\left[\frac{1}{T_h}\sum_{\iota=1}^{h} \widehat{R}_\iota\right]。$$

由这些指标导出的价值如下。

❑ 由折扣回报(折扣因子 $\gamma\in(0,1]$)导出的价值

$$\begin{aligned}\text{状态价值：} v_\pi^{(\gamma)}(s) &= \mathrm{E}_\pi\left[\sum_{\tau>0}\gamma^\tau R_{T_i+\tau}\,\middle|\, S_{T_i}=s\right]\\ &= \mathrm{E}_\pi\left[\sum_{\iota=1}^{+\infty}\gamma^{T_{i+\iota}-T_i}\widehat{R}_{i+\iota}\,\middle|\,\widehat{S}_i=s\right], \qquad s\in\mathcal{S},\end{aligned}$$

$$\begin{aligned}\text{动作价值：} q_\pi^{(\gamma)}(s,a) &= \mathrm{E}_\pi\left[\sum_{\tau>0}\gamma^\tau R_{T_i+\tau}\,\middle|\, S_{T_i}=s, A_{T_i}=a\right]\\ &= \mathrm{E}_\pi\left[\sum_{\iota=1}^{+\infty}\gamma^{T_{i+\iota}-T_i}\widehat{R}_{i+\iota}\,\middle|\,\widehat{S}_i=s,\widehat{A}_i=a\right], \quad s\in\mathcal{S},\ a\in\mathcal{A}。\end{aligned}$$

❑ 平均奖励导出的价值

$$\begin{aligned}\text{状态价值：} \bar{v}_\pi(s) &= \lim_{h\to+\infty}\mathrm{E}_\pi\left[\frac{1}{h}\sum_{0<\tau\leqslant h} R_{t+\tau}\,\middle|\, S_t=s\right]\\ &= \lim_{h\to+\infty}\mathrm{E}_\pi\left[\frac{1}{T_h-T_i}\sum_{\iota=1}^{h}\widehat{R}_{i+\iota}\,\middle|\,\widehat{S}_i=s\right], \qquad s\in\mathcal{S},\end{aligned}$$

$$\begin{aligned}\text{动作价值：} \bar{q}_\pi(s,a) &= \lim_{h\to+\infty}\mathrm{E}_\pi\left[\frac{1}{h}\sum_{0<\tau\leqslant h} R_{t+\tau}\,\middle|\, S_t=s, A_t=a\right]\\ &= \lim_{h\to+\infty}\mathrm{E}_\pi\left[\frac{1}{T_h-T_i}\sum_{\iota=1}^{h}\widehat{R}_{i+\iota}\,\middle|\,\widehat{S}_i=s,\widehat{A}_i=a\right], \quad s\in\mathcal{S},\ a\in\mathcal{A}。\end{aligned}$$

由这些指标导出的访问频次如下。

❑ 由折扣回报(折扣因子 $\gamma\in(0,1]$)导出的访问频次

$$\text{状态分布：} \rho_\pi^{(\gamma)}(s) = \mathrm{E}_\pi\left[\sum_{t\geqslant 0}\gamma^t 1_{[S_t=s]}\right], \qquad s\in\mathcal{S},$$

$$\text{状态动作对分布：} \rho_\pi^{(\gamma)}(s,a) = \mathrm{E}_\pi\left[\sum_{t\geqslant 0}\gamma^t 1_{[S_t=s,A_t=a]}\right], \qquad s\in\mathcal{S},\ a\in\mathcal{A}。$$

❑ 平均奖励导出的访问频次：

$$\text{状态分布：} \bar{\rho}_\pi(s) = \lim_{h\to+\infty}\mathrm{E}_\pi\left[\frac{1}{h}\sum_{0\leqslant t<h}\gamma^t 1_{[S_t=s]}\right], \qquad s\in\mathcal{S},$$

$$\text{状态动作对分布：} \bar{\rho}_\pi(s,a) = \lim_{h\to+\infty}\mathrm{E}_\pi\left[\frac{1}{h}\sum_{0\leqslant t<h}\gamma^t 1_{[S_t=s,A_t=a]}\right], \quad s\in\mathcal{S},\ a\in\mathcal{A}。$$

16.4.2 最优策略求解

本节介绍带折扣的半 Markov 决策过程的最优策略的求解。平均奖励半 Markov 决策过程的求解更加烦琐，需要引入差分半 Markov 决策过程，这里从略。

对于带折扣的半 Markov 决策过程，它的带折扣的回报满足递推式：

$$G_{T_i} = \widehat{R}_{i+1} + \gamma^{\tau_i} G_{T_{i+1}}。$$

与离散时间 Markov 决策过程的带折扣的回报满足的递推式 $G_t = R_{t+1} + \gamma G_{t+1}$ 相比，折扣因子的幂次是随机变量。

给定策略 π，可以知道带折扣的价值之间的关系如下。

- 用 t 时刻的动作价值表示 t 时刻的状态价值：

$$v_\pi(s) = \sum_a \pi(a|s) q_\pi(s,a), \quad s \in \mathcal{S}。$$

- 用 $t+1$ 时刻的状态价值表示 t 时刻的动作价值：

$$\begin{aligned} q_\pi(s,a) &= \widehat{r}(s,a) + \sum_{s',\tau} \gamma^\tau \widehat{p}(s',\tau|s,a) v_\pi(s') \\ &= \sum_{s',\widehat{r},\tau} \widehat{p}(s',\widehat{r},\tau|s,a)[r + \gamma^\tau v_\pi(s')], \quad s \in \mathcal{S}, \quad a \in \mathcal{A}。\end{aligned}$$

类似的，我们可以定义带折扣的最优价值，并且带折扣的最优价值之间也有类似的关系。

- 用 t 时刻的最优动作价值表示 t 时刻的最优状态价值：

$$v_*(s) = \max_a q_*(s,a), \quad s \in \mathcal{S}。$$

- 用 $t+1$ 时刻的最优状态价值表示 t 时刻的最优动作价值：

$$\begin{aligned} q_*(s,a) &= \widehat{r}(s,a) + \sum_{s',\tau} \gamma^\tau \widehat{p}(s',\tau|s,a) v_*(s') \\ &= \sum_{s',\widehat{r},\tau} \widehat{p}(s',\widehat{r},\tau|s,a)[r + \gamma^\tau v_*(s')], \quad s \in \mathcal{S}, \quad a \in \mathcal{A}。\end{aligned}$$

利用这个关系就可以设计线性规划、价值迭代、时序差分更新等算法。

比如在 SARSA 算法和 Q 学习算法中，我们可以将逗留时间引入时序差分更新目标 $\widehat{U}_i$ 的计算中。

- SARSA 算法的更新目标的形式为 $\widehat{U}_i = \widehat{R}_{i+1} + \gamma^{\tau_i} q(\widehat{S}_{i+1}, \widehat{A}_{i+1})(1 - \widehat{D}_{i+1})$。
- Q 学习的更新目标的形式为 $\widehat{U}_i = \widehat{R}_{i+1} + \gamma^{\tau_i} \max_a q(\widehat{S}_{i+1}, a)(1 - \widehat{D}_{i+1})$。

然后利用适用于离散时间 Markov 决策过程的 SARSA 算法和 Q 学习算法学习动作价值。

16.4.3 分层强化学习

分层强化学习是一种求解强化学习的思想，它的理论基础就是半 Markov 决策过程。

分层强化学习（Hierarchical Reinforcement Learning，HRL）的思想如下：考虑某个要实现困难目标的任务，我们可以对这个任务进行分解，得到一些子目标，然后按照某种顺序去实现这些子目标。例如，某个任务要控制机器手把冰淇淋放入冰箱。我们可以把这个目标分成几个子目标：先打开冰箱门，然后把冰淇淋放进去，然后再合上冰箱门。这样三个子目标也可以看作更高层的动作，又称为选项(option)。我们可以将这个强化学习任务分层考虑：高层在子目标中作选择，比如先打开冰箱门，再把冰淇淋放进去，然后再关上冰箱门；低层是在选定子目标后，确定如何实现那些子目标。

分层强化学习有以下好处：

- 无论对于高层决策还是低层决策，这些子决策都比总的决策问题更加简单，有效降低了任务的复杂程度。
- 智能体和环境交互时，可以知道正在进行哪个子目标，使得我们能更好地解释策略。

分层强化学习有以下坏处：

- 对一个任务进行分层处理，相当于对策略的空间进行了限制。原任务的最优策略可能就不再在分层搜索空间中。
- 对总的目标分解出的子目标可能不是最合适的。比如有些子目标可以同时进行，但是高层决策时的选项空间没有考虑到同时兼顾两个子目标的情况。

分层强化学习的高层决策实际上就是半 Markov 决策过程。原因在于，在执行高层动作(即选项)后，再次进行高层决策的时机可长可短，是随机变量。

16.5　部分可观测 Markov 决策过程

1.3 节中曾经提到，在智能体/环境接口中，智能体可以观察环境得到观测 O_t。对于 Markov 决策过程而言，可以从观测 O_t 中完全恢复出状态 S_t。如果观测 O_t 并没有包括状态 S_t 的全部信息，则称这个环境是部分可观测的。对于一个部分可观测的决策过程，如果其状态过程是 Markov 过程，则称这个过程为**部分可观测 Markov 决策过程**(Partially Observable MDP, POMDP)。

16.5.1　离散时间部分可观测 Markov 决策过程

本节考虑离散时间部分可观测 Markov 决策过程(Discrete-Time POMDP, DTPOMDP)。对于离散时间部分可观测 Markov 决策过程，环境看到的轨迹为：$R_0, S_0, O_0, A_0, R_1, S_1, O_1, A_1, R_2, \cdots$。Markov 性使得对于 $t \geqslant 0$ 有

$$\Pr[R_{t+1}, S_{t+1} | R_0, S_0, O_0, A_0, \cdots, R_t, S_t, O_t, A_t] = \Pr[R_{t+1}, S_{t+1} | S_t, A_t]$$

$$\Pr[O_{t+1} | R_0, S_0, O_0, A_0, \cdots, R_t, S_t, O_t, A_t, R_{t+1}, S_{t+1}] = \Pr[O_{t+1} | A_t, S_{t+1}]$$

离散时间部分可观测 Markov 决策过程的环境可以用下列量刻画：记奖励空间为 $\mathcal{R}$、状态空间为 $\mathcal{S}$、观测空间为 $\mathcal{O}$、动作空间为 $\mathcal{A}$，则

- 初始分布，包括奖励状态分布

$$p_{S_0,R_0}(s,r) = \Pr[S_0 = s, R_0 = r], \quad s \in \mathcal{S},\ r \in \mathcal{R}$$

和初始观测概率

$$o_0(o \mid s')=\Pr[O_0=o \mid S_0=s'], \quad s'\in\mathcal{S},\ o\in\mathcal{O}。$$

- 动力，包括从状态动作到奖励状态的转移概率

$$p(s',r \mid s,a)=\Pr[S_{t+1}=s',R_{t+1}=r \mid S_t=s,A_t=a], \quad s\in\mathcal{S},\ a\in\mathcal{A},\ r\in\mathcal{R},\ s'\in\mathcal{S}^+$$

和从动作下一状态到下一观测的转移概率

$$o(o \mid a,s')=\Pr[O_{t+1}=o \mid A_t=a,S_{t+1}=s'], \quad a\in\mathcal{A},\ s'\in\mathcal{S},\ o\in\mathcal{O}。$$

在许多情况下，初始奖励R_0总是为0。这时可以不考虑R_0，而将R_0刨除出轨迹。这时初始分布就退化为初始概率分布$p_{S_0}(s)(s\in\mathcal{S})$。有时初始观测$O_0$是平凡的（比如智能体在首次动作前不观测或没有有意义的观测），那么可以不考虑O_0，而把O_0刨除出轨迹。这时就不需要初始观测概率了。

“老虎”(Tiger)是最著名的部分可观测任务之一。这个任务是这样的。一个人面对着左右两扇门。打开其中一扇门可以获得宝藏，打开另外一扇门则会有老虎出现造成伤害。这两扇门哪一扇是宝藏、哪一扇是老虎是等概率的。一个人可以选择以下三种操作之一：打开左边的门，打开右边的门，听声音。选择打开门的话，如果打开的是宝藏的门，则回合奖励为+10，如果打开是老虎的门，则获得回合奖励−100，并且回合立即结束。如果选择听声音，有85%的可能性会听到老虎从藏有老虎的门处传来声音或者有15%的可能性会听到老虎从藏有宝藏的门处传来声音；同时，该步奖励−1，回合继续，该人可以继续作选择。任务“老虎”的状态转移图如图16-1所示。这个例子就可以建模为部分可观测Markov决策过程。这个过程涉及的空间如下：

- 奖励空间$\mathcal{R}=\{0,-1,+10,-100\}$。其中奖励值0仅用于初始奖励$R_0$，如果不考虑$R_0$则奖励空间为$\mathcal{R}=\{-1,+10,-100\}$。
- 状态空间$\mathcal{S}=\{s_{左},s_{右}\}$，带终止状态的状态空间$\mathcal{S}^+=\{s_{左},s_{右},s_{终止}\}$。
- 动作空间$\mathcal{A}=\{a_{左},a_{右},a_{听}\}$。
- 观测空间$\mathcal{O}=\{o_{开始},o_{左},o_{右}\}$。其中$o_{开始}$仅用于初始观测$O_0$。如果不考虑$O_0$，则观测空间为$\mathcal{O}=\{o_{左},o_{右}\}$。

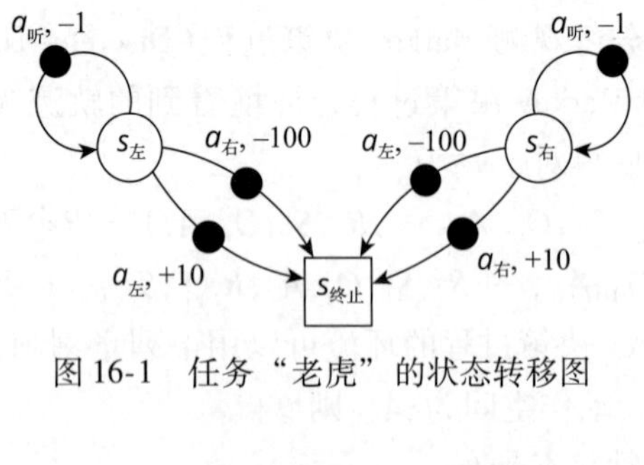

图16-1　任务“老虎”的状态转移图

注：观测没有画在图中。

初始概率见表16-1和表16-2，动力见表16-3和表16-4。

表 16-1　任务“老虎”的初始概率（考虑到初始奖励不具有随机性，可以删去奖励一列）

奖励 r	状态 s	初始概率 $p_{S_0,R_0}(s,r)$
0	$s_{左}$	0.5
0	$s_{右}$	0.5
其他		0

表 16-2　任务“老虎”的初始观测概率（考虑到初始观测不具有随机性，可以略去该表）

状态 s'	观测 o	初始观测概率 $o_0(o \mid s')$
$s_{左}$	$o_{开始}$	1
$s_{右}$	$o_{开始}$	1
其他		0

表 16-3　任务“老虎”的动力（如果不考虑奖励，则删去奖励那行即可）

状态 s	动作 a	奖励 r	下一状态 s'	动力 $p(s',r \mid s,a)$
$s_{左}$	$a_{左}$	+10	$s_{终止}$	1
$s_{左}$	$a_{右}$	−100	$s_{终止}$	1
$s_{左}$	$a_{听}$	−1	$s_{左}$	1
$s_{右}$	$a_{左}$	−100	$s_{终止}$	1
$s_{右}$	$a_{右}$	+10	$s_{终止}$	1
$s_{右}$	$a_{听}$	−1	$s_{右}$	1
其他				0

表 16-4　任务“老虎”的观测概率

动作 a	下一状态 s'	下一观测 o	观测概率 $o(o \mid a,s')$
$a_{听}$	$s_{左}$	$o_{左}$	0.85
$a_{听}$	$s_{左}$	$o_{右}$	0.15
$a_{听}$	$s_{右}$	$o_{左}$	0.15
$a_{听}$	$s_{右}$	$o_{右}$	0.85
其他			0

16.5.2　信念

在部分可观测 Markov 决策过程中，智能体无法直接观测状态，它只能通过观测猜测状态。如果智能体可以在交互时观测到奖励，那么奖励信息也会出现在观测中，进而用来估计状态。在有些任务中，智能体并不能及时观测到奖励（比如奖励可能要到回合结束时才能知道），那么智能体就不能利用奖励信息猜测状态。

信念（belief）$B_t \in \mathcal{B}$ 用来表示智能体在时刻 t 对状态 S_t 的猜测，其中 $\mathcal{B}$ 称为**信念空间**

(belief space)。引入信念后，离散时间任务中智能体维护的轨迹为

$$R_0, O_0, B_0, A_0, R_1, O_1, B_1, A_1, R_2, \cdots。$$

其中，如果 R_0 和 O_0 是平凡的，可以略去。对于回合制任务，当状态到达终止状态 $s_{终止}$ 后，智能体的信念变成终止信念 $b_{终止}$。带终止信念的信念空间为 $\mathcal{B}^+ = \mathcal{B} \cup \{b_{终止}\}$。

图 16-2 为对环境和智能体维护的轨迹的示意图。这个图分为三个区域：

- ❑ 只有环境轨迹维护的区域，包括状态 S_t。
- ❑ 只有智能体轨迹维护的区域，包括信念 B_t。
- ❑ 环境和智能体轨迹都维护的区域，包括观测 O_t、动作 A_t 和奖励 R_t。

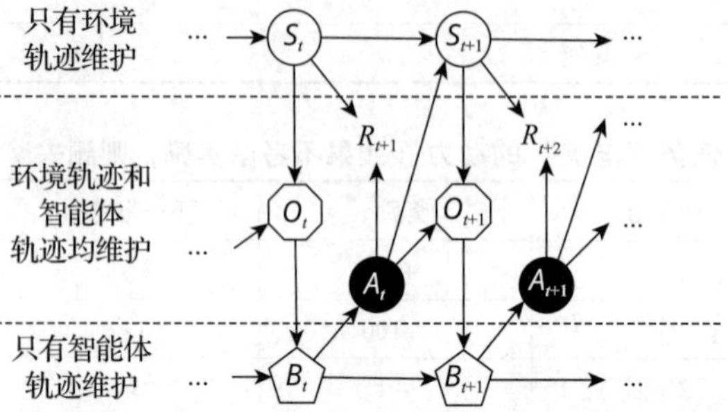

图 16-2　部分可观测 Markov 决策过程中环境和智能体维护的轨迹示意

注：其中"→"表示概率依赖。

虽然智能体的轨迹维护了奖励，但是智能体不一定能够利用奖励来更新信念。例如在有些任务中，奖励是在回合结束时才给出的，那么这个奖励就不能用来更新信念。智能体能不能利用奖励来更新信念，可以分为以下两种设定：

- ❑ 把智能体可以观测并利用奖励信息更新信念的设定简记为"利用奖励"的设定。在这种设定下，信念 B_{t+1} 由信念 B_t、动作 A_t、奖励 R_{t+1} 和观测 O_{t+1} 完全确定。
- ❑ 把智能体不能利用奖励信息更新信念的设定简记为"不用奖励"的设定。在这种设定下，信念 B_{t+1} 由信念 B_t、动作 A_t 和观测 O_{t+1} 完全确定。

信念一般用状态空间 $\mathcal{S}$ 上的条件概率分布来表示。定义在 t 时刻、状态空间 $\mathcal{S}$ 上的条件概率分布 b_t：$\mathcal{S} \rightarrow \mathbb{R}$。

利用奖励：$b_t(s) = \Pr[S_t = s \mid R_0, O_0, A_0, \cdots, R_{t-1}, O_{t-1}, A_{t-1}, R_t, O_t]$，　$s \in \mathcal{S}$，

不用奖励：$b_t(s) = \Pr[S_t = s \mid O_0, A_0, \cdots, O_{t-1}, A_{t-1}, O_t]$，　$s \in \mathcal{S}$。

如果用向量表示，也可以表示为 $\boldsymbol{b}_t = (b_t(s): s \in \mathcal{S})^{\mathrm{T}}$。另外，回合制任务的终止信念 $b_{终止} \in \mathcal{B}^+ \setminus \mathcal{B}$ 依然是抽象的，不是向量。

注意：信念不一定要定义为状态的概率。后续将给出一个用其他方式定义信念的例子。在本章中，如果信念定义为条件概率分布，那么用衬线字体以作区别。

将信念用条件概率表示后，我们可以进一步定义以信念和动作为条件的条件概率 ω。

❑ 利用奖励：

$$
\begin{aligned}
&\omega(r,s',o|b,a)\\
&= \Pr[R_{t+1}=r,S_{t+1}=s',O_{t+1}=o|B_t=b,A_t=a]\\
&= \Pr[O_{t+1}=o|B_t=b,A_t=a,R_{t+1}=r,S_{t+1}=s']\Pr[R_{t+1}=r,S_{t+1}=s'|B_t=b,A_t=a]\\
&= \Pr[O_{t+1}=o|A_t=a,S_{t+1}=s']\sum_s \Pr[S_t=s,R_{t+1}=r,S_{t+1}=s'|B_t=b,A_t=a]\\
&= \Pr[O_{t+1}=o|A_t=a,S_{t+1}=s']\\
&\quad \sum_s \Pr[R_{t+1}=r,S_{t+1}=s'|S_t=s,B_t=b,A_t=a]\Pr[S_t=s|B_t=b,A_t=a]\\
&= o(o|a,s')\sum_s p(r,s'|s,a)b(s),\quad b\in\mathcal{B},\ a\in\mathcal{A},\ r\in\mathcal{R},\ s'\in\mathcal{S}^+,\ o\in\mathcal{O}。
\end{aligned}
$$

不用奖励：

$$
\begin{aligned}
&\omega(s',o|b,a)\\
&= \Pr[S_{t+1}=s',O_{t+1}=o|B_t=b,A_t=a]\\
&= \Pr[O_{t+1}=o|B_t=b,A_t=a,S_{t+1}=s']\Pr[S_{t+1}=s'|B_t=b,A_t=a]\\
&= \Pr[O_{t+1}=o|A_t=a,S_{t+1}=s']\sum_s \Pr[S_t=s,S_{t+1}=s'|B_t=b,A_t=a]\\
&= \Pr[O_{t+1}=o|A_t=a,S_{t+1}=s']\\
&\quad \sum_s \Pr[S_{t+1}=s'|S_t=s,B_t=b,A_t=a]\Pr[S_t=s|B_t=b,A_t=a]\\
&= o(o|a,s')\sum_s p(s'|s,a)b(s),\quad b\in\mathcal{B},\ a\in\mathcal{A},\ s'\in\mathcal{S}^+,\ o\in\mathcal{O}。
\end{aligned}
$$

❑ 利用奖励：

$$
\begin{aligned}
\omega(r,o|b,a) &= \Pr[R_{t+1}=r,O_{t+1}=o|B_t=b,A_t=a]\\
&= \sum_{s'} \Pr[R_{t+1}=r,S_{t+1}=s',O_{t+1}=o|B_t=b,A_t=a]\\
&= \sum_{s'} \omega(r,s',o|b,a),\ b\in\mathcal{B},\ a\in\mathcal{A},\ r\in\mathcal{R},\ o\in\mathcal{O}。
\end{aligned}
$$

不用奖励：

$$
\begin{aligned}
\omega(o|b,a) &= \Pr[O_{t+1}=o|B_t=b,A_t=a]\\
&= \sum_{s'} \Pr[S_{t+1}=s',O_{t+1}=o|B_t=b,A_t=a]\\
&= \sum_{s'} \omega(s',o|b,a),\quad b\in\mathcal{B},\ a\in\mathcal{A},\ o\in\mathcal{O}。
\end{aligned}
$$

我们已经知道，下一信念 B_{t+1} 由信念 B_t、动作 A_t、（奖励 R_{t+1}）和观测 O_{t+1} 完全确定。所以，可以定义信念更新算子 $\mathfrak{u}$。

$$\text{利用奖励：}\mathfrak{u}:\mathcal{B}\times\mathcal{A}\times\mathcal{R}\times\mathcal{O}\to\mathcal{B}\text{。}$$
$$\text{不用奖励：}\mathfrak{u}:\mathcal{B}\times\mathcal{A}\times\mathcal{O}\to\mathcal{B}\text{。}$$

如下：

- 利用奖励 $b'=\mathfrak{u}(b,a,r,o)$：

$$\begin{aligned}
&\mathfrak{u}(b,a,r,o)(s')\\
&=\Pr[S_{t+1}=s'|B_t=b,A_t=a,R_{t+1}=r,O_{t+1}=o]\\
&=\frac{\Pr[R_{t+1}=r,S_{t+1}=s',O_{t+1}=o|B_t=b,A_t=a]}{\Pr[R_{t+1}=r,O_{t+1}=o|B_t=b,A_t=a]}\\
&=\frac{\omega(r,s',o|b,a)}{\omega(r,o|b,a)}\\
&=\frac{o(o|a,s')\sum_s p(s',r|s,a)b(s)}{\sum_{s''}o(o|a,s'')\sum_s p(s'',r|s,a)b(s)},\quad b\in\mathcal{B},\ a\in\mathcal{A},\ r\in\mathcal{R},\ o\in\mathcal{O},\ s'\in\mathcal{S}^+\text{。}
\end{aligned}$$

- 不用奖励 $b'=u(b,a,o)$：

$$\begin{aligned}
&\mathfrak{u}(b,a,o)(s')\\
&=\Pr[S_{t+1}=s'|B_t=b,A_t=a,O_{t+1}=o]\\
&=\frac{\Pr[S_{t+1}=s',O_{t+1}=o|B_t=b,A_t=a]}{\Pr[O_{t+1}=o|B_t=b,A_t=a]}\\
&=\frac{\omega(s',o|b,a)}{\omega(o|b,a)}\\
&=\frac{o(o|a,s')\sum_s p(s'|s,a)b(s)}{\sum_{s''}o(o|a,s'')\sum_s p(s''|s,a)b(s)},\quad b\in\mathcal{B},\ a\in\mathcal{A},\ o\in\mathcal{O},\ s'\in\mathcal{S}^+\text{。}
\end{aligned}$$

例如，在“老虎”这个任务中，状态空间 $\mathcal{S}=\{s_{左},s_{右}\}$ 有两个元素，所以信念 $b=(b(s_{左}),\ b(s_{右}))^{\mathrm{T}}\in\mathcal{B}$ 可以表示为一个二维向量，两个维度分别表示状态为 $s_{左}$ 和 $s_{右}$ 的概率。在不致混淆的情况下，我们把信念简记为 $(b_{左},b_{右})^{\mathrm{T}}$。从环境动力可以导出表 16-5、表 16-6 和信念的递推式表 16-7。

表 16-5　任务“老虎”的导出概率 $\omega(r,s',o|b,a)$（含奖励；如果不含奖励，则删去奖励那列）

信念 b	动作 a	奖励 r	下一状态 s'	观测 o	导出的概率 $\omega(r,s',o\|b,a)$
$(b_{左},\ b_{右})^{\mathrm{T}}$	$a_{听}$	-1	$s_{左}$	$o_{左}$	$0.85b_{左}$
$(b_{左},\ b_{右})^{\mathrm{T}}$	$a_{听}$	-1	$s_{左}$	$o_{右}$	$0.15b_{右}$
$(b_{左},\ b_{右})^{\mathrm{T}}$	$a_{听}$	-1	$s_{右}$	$o_{左}$	$0.15b_{左}$
$(b_{左},\ b_{右})^{\mathrm{T}}$	$a_{听}$	-1	$s_{右}$	$o_{右}$	$0.85b_{右}$
其他					0

表 16-6　任务“老虎”的导出概率 $\omega(r,o|b,a)$（含奖励；如果不含奖励，则删去奖励那列）

信念 b	动作 a	奖励 r	观测 o	导出的概率 $\omega(r,o|b,a)$
$(b_{左}, b_{右})^{\mathrm{T}}$	$a_{听}$	-1	$o_{左}$	$0.85b_{左}+0.15b_{右}$
$(b_{左}, b_{右})^{\mathrm{T}}$	$a_{听}$	-1	$o_{右}$	$0.15b_{左}+0.85b_{右}$
其他				0

表 16-7　任务“老虎”的信念递推（含奖励；如果不含奖励，则删去奖励那列）

信念 b	动作 a	奖励 r	观测 o	下一信念 $u(b,a,r,o)$
$\begin{pmatrix}b_{左}\\b_{右}\end{pmatrix}$	$a_{听}$	-1	$o_{左}$	$\dfrac{1}{0.85b_{左}+0.15b_{右}}\begin{pmatrix}0.85b_{左}\\0.15b_{右}\end{pmatrix}$
$\begin{pmatrix}b_{左}\\b_{右}\end{pmatrix}$	$a_{听}$	-1	$o_{右}$	$\dfrac{1}{0.15b_{左}+0.85b_{右}}\begin{pmatrix}0.15b_{左}\\0.85b_{右}\end{pmatrix}$

16.5.3　信念 Markov 决策过程

考虑智能体维护的轨迹，我们可以把信念当作智能体维护的状态，那么智能体维护的决策过程就是以信念为状态的完全可观测 Markov 决策过程。所以，这样的 Markov 决策过程称为**信念 Markov 决策过程**（belief MDP），信念 Markov 决策过程里的状态又称为信念状态。

利用原部分可观测 Markov 决策过程的初始概率和动力，可以得到信念 Markov 决策过程的初始概率和动力如下。

- 初始信念状态分布 $p_{B_0}(b)$：这是一个单点分布，取值为 b_0。利用奖励时 b_0 为

$$\begin{aligned}
b_0(s) &= \Pr[S_0=s|R_0=r,O_0=o]\\
&=\frac{\Pr[S_0=s,R_0=r,O_0=o]}{\Pr[R_0=r,O_0=o]}\\
&=\frac{\Pr[S_0=s,R_0=r,O_0=o]}{\sum_{s''}\Pr[S_0=s'',R_0=r,O_0=o]}\\
&=\frac{\Pr[O_0=o|S_0=s,R_0=r]\Pr[S_0=s,R_0=r]}{\sum_{s''}\Pr[O_0=o|S_0=s'',R_0=r]\Pr[S_0=s'',R_0=r]}\\
&=\frac{o_0(o|s)p_{S_0,R}(s,r)}{\sum_{s''}o_0(o|s'')p_{S_0,R}(s'',r)},
\end{aligned}$$

不用奖励时 b_0 为

$$\begin{aligned}
b_0(s) &= \Pr[S_0=s|O_0=o]\\
&=\frac{\Pr[S_0=s,O_0=o]}{\Pr[O_0=o]}=\frac{\Pr[S_0=s,O_0=o]}{\sum_{s''}\Pr[S_0=s'',O_0=o]}
\end{aligned}$$

$$= \frac{\Pr[O_0 = o|S_0 = s]\Pr[S_0 = s]}{\sum_{s''}\Pr[O_0 = o|S_0 = s'']\Pr[S_0 = s'']}$$

$$= \frac{o_0(o|s)p_{S_0}(s)}{\sum_{s''}o_0(o|s'')p_{S_0}(s'')}。$$

如果初始奖励 R_0 和初始观测 O_0 都是平凡的，那么初始信念状态分布 b_0 就等于初始状态 S_0 的分布。否则，可以从 R_0 和 O_0 获得初始信息。

- 动力：利用奖励的转移概率

$$\begin{aligned}
&\Pr[R_{t+1} = r, B_{t+1} = b'|B_t = b, A_t = a] \\
&= \sum_o \Pr[R_{t+1} = r, B_{t+1} = b', O_{t+1} = o|B_t = b, A_t = a] \\
&= \sum_o \Pr[B_{t+1} = b'|B_t = b, A_t = a, R_{t+1} = r, O_{t+1} = o], \\
&\qquad \Pr[R_{t+1} = r, O_{t+1} = o|B_t = b, A_t = a] \\
&= \sum_o 1_{[b' = \mathfrak{u}(b,a,r,o)]}\omega(r,o|b,a) \\
&= \sum_{o\in\mathcal{O}:b' = \mathfrak{u}(b,a,r,o)} \omega(r,o|b,a) \\
&= \sum_{o\in\mathcal{O}:b' = \mathfrak{u}(b,a,r,o)} \sum_{s'} o(o|a,s')\sum_s p(r,s'|s,a)b(s), \quad b\in\mathcal{B}, a\in\mathcal{A}, r\in\mathcal{R}, b'\in\mathcal{B}^+。
\end{aligned}$$

不用奖励的转移概率

$$\begin{aligned}
&\Pr[B_{t+1} = b'|B_t = b, A_t = a] \\
&= \sum_o \Pr[B_{t+1} = b', O_{t+1} = o|B_t = b, A_t = a] \\
&= \sum_o \Pr[B_{t+1} = b'|B_t = b, A_t = a, O_{t+1} = o]\Pr[O_{t+1} = o|B_t = b, A_t = a] \\
&= \sum_o 1_{[b' = \mathfrak{u}(b,a,o)]}\omega(o|b,a) \\
&= \sum_{o\in\mathcal{O}:b' = \mathfrak{u}(b,a,o)} \omega(o|b,a) \\
&= \sum_{o\in\mathcal{O}:b' = \mathfrak{u}(b,a,o)} \sum_{s'} o(o|a,s')\sum_s p(s'|s,a)b(s), \quad b\in\mathcal{B}, a\in\mathcal{A}, b'\in\mathcal{B}^+。
\end{aligned}$$

还可以进一步得到其他衍生量，如

$$r(b,a) = \mathrm{E}_\pi[R_{t+1}|B_t = b, A_t = a] = \sum_{s\in\mathcal{S}} r(s,a)b(s), \quad b\in\mathcal{B}, a\in\mathcal{A}。$$

在“老虎”这个例子中，可以导出表16-8。

表 16-8　任务“老虎”的 $r(b,a)$

信念 b	动作 a	导出量 $r(b,a)$
$(b_{左},\ b_{右})^{\mathrm{T}}$	$a_{听}$	$+10b_{左}-100b_{右}$
$(b_{左},\ b_{右})^{\mathrm{T}}$	$a_{听}$	$-100b_{左}+10b_{右}$
$(b_{左},\ b_{右})^{\mathrm{T}}$	$a_{听}$	-1

可以证明，如果到回合的某一步一共观测了 $c_{左}$ 个 $o_{左}$、$c_{右}$ 个 $o_{右}$，则信念为

$$\frac{1}{0.85^{\Delta c}+0.15^{\Delta c}}\begin{pmatrix}0.85^{\Delta c}\\0.15^{\Delta c}\end{pmatrix},$$

其中 $\Delta c=c_{左}-c_{右}$。

（证明：可以用数学归纳法。一开始，$c_{左}=c_{右}=0$，可以验证初始信念为 $(0.5,0.5)^{\mathrm{T}}$ 符合假设。现假设到某步后信念为 $\begin{pmatrix}b_{左}\\b_{右}\end{pmatrix}=\frac{1}{0.85^{\Delta c}+0.15^{\Delta c}}\begin{pmatrix}0.85^{\Delta c}\\0.15^{\Delta c}\end{pmatrix}$，如果下一观测为 $o_{左}$，则信念更新为

$$\begin{aligned}&\frac{1}{0.85b_{左}+0.15b_{右}}\begin{pmatrix}0.85b_{左}\\0.15b_{右}\end{pmatrix}\\&=\frac{1}{0.85\times0.85^{\Delta c}+0.15\times0.15^{\Delta c}}\begin{pmatrix}0.85\times0.85^{\Delta c}\\0.15\times0.15^{\Delta c}\end{pmatrix}\\&=\frac{1}{0.85^{\Delta c+1}+0.15^{\Delta c+1}}\begin{pmatrix}0.85^{\Delta c+1}\\0.15^{\Delta c+1}\end{pmatrix},\end{aligned}$$

符合归纳假设。如果下一观测为 $o_{右}$，则信念更新为

$$\begin{aligned}&\frac{1}{0.15b_{左}+0.85b_{右}}\begin{pmatrix}0.15b_{左}\\0.85b_{右}\end{pmatrix}\\&=\frac{1}{0.15\times0.85^{\Delta c}+0.85\times0.15^{\Delta c}}\begin{pmatrix}0.15\times0.85^{\Delta c}\\0.85\times0.15^{\Delta c}\end{pmatrix}\\&=\frac{1}{0.85^{\Delta c-1}+0.15^{\Delta c-1}}\begin{pmatrix}0.85^{\Delta c-1}\\0.15^{\Delta c-1}\end{pmatrix},\end{aligned}$$

也符合归纳假设。得证。）

在“老虎”这个任务中，智能体对状态的猜测可以由 Δc 完全确定。所以，我们也可以用 Δc 来表示信念。这样信念的取值就是一个整数，信念空间 $\mathcal{B}$ 就是整数集。采用这样的信念定义后，信念 Markov 决策过程可以用算法 16-3 表示，如图 16-3 所示。

在信念 Markov 决策过程中，智能体根据信念决定动作。智能体的策略形式为 π：$\mathcal{B}\times\mathcal{A}\rightarrow\mathbb{R}$

$$\pi(a\mid b)=\Pr[A_t=a\mid B_t=b],\ b\in\mathcal{B},\ a\in\mathcal{A}。$$

为了简单，后文就只介绍不用奖励更新信念的版本。

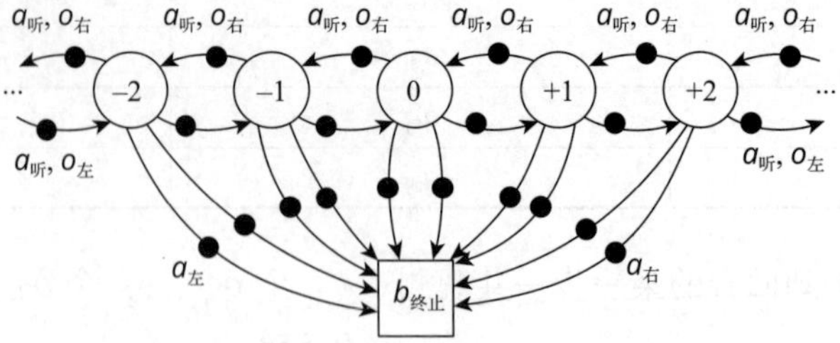

图 16-3　任务"老虎"的信念 Markov 决策过程

注：其中信念状态内标注的是 Δc 的值。奖励没有标注在图上。

16.5.4 信念价值

信念 Markov 决策过程当然有它的状态价值和动作价值。以采用折扣回报的设定为例，给定策略 $\pi:\mathcal{B}\rightarrow\mathcal{A}$，可以定义折扣回报信念价值如下。

❑ 信念状态价值 $v_\pi(b)$：

$$v_\pi(b)=\mathrm{E}_\pi[G_t|B_t=b],\quad b\in\mathcal{B}。$$

❑ 信念动作价值 $q_\pi(b,a)$：

$$q_\pi(b,a)=\mathrm{E}_\pi[G_t|B_t=b,A_t=a],\quad b\in\mathcal{B},\ a\in\mathcal{A}。$$

由于策略 π 也是原部分可观测 Markov 决策过程的策略，所以这里的信念状态价值和信念动作价值也可以认为是原部分可观测 Markov 决策过程的信念状态价值和信念动作价值。

信念价值之间有以下关系。

❑ 用 t 时刻的信念动作价值表示 t 时刻的信念状态价值：

$$v_\pi(b)=\sum_a \pi(a|b)q_\pi(b,a),\quad b\in\mathcal{B}。$$

（证明：

$$\begin{aligned}
v_\pi(b)&=\mathrm{E}_\pi[G_t|B_t=b]\\
&=\sum_g g\Pr[G_t=g|B_t=b]\\
&=\sum_g g\sum_a \Pr[G_t=g,A_t=a|B_t=b]\\
&=\sum_g g\sum_a \Pr[A_t=a|B_t=b]\Pr[G_t=g|B_t=b,A_t=a]\\
&=\sum_a \Pr[A_t=a|B_t=b]\sum_g g\Pr[G_t=g|B_t=b,A_t=a]\\
&=\sum_a \Pr[A_t=a|B_t=b]\mathrm{E}_\pi[G_t|B_t=b,A_t=a]\\
&=\sum_a \pi(a|b)q_\pi(b,a)。
\end{aligned}$$

这样就得到了结果。)

❑ 用 $t+1$ 时刻的信念状态价值表示 t 时刻的信念动作价值:

$$q_\pi(b,a)=r(b,a)+\gamma\sum_{o}\omega(o|b,a)v_\pi(u(b,a,o)),\quad b\in\mathcal{B},\ a\in\mathcal{A}。$$

(证明:

$$\begin{aligned}
&\mathrm{E}_\pi[G_{t+1}|B_t=b,A_t=a]\\
&=\sum_g g\Pr[G_{t+1}=g|B_t=b,A_t=a]\\
&=\sum_g g\sum_{o,b'}\Pr[B_{t+1}=b',O_{t+1}=o,G_{t+1}=g|B_t=b,A_t=a]\\
&=\sum_g g\sum_{o,b'}\Pr[B_{t+1}=b'|B_t=b,A_t=a,O_{t+1}=o]\Pr[O_{t+1}=o|B_t=b,A_t=a]\\
&\qquad\Pr[G_{t+1}=g|B_t=b,A_t=a,B_{t+1}=b',O_{t+1}=o]\\
&=\sum_{o,b'}\Pr[B_{t+1}=b'|B_t=b,A_t=a,O_{t+1}=o]\Pr[O_{t+1}=o|B_t=b,A_t=a]\\
&\quad\sum_g g\Pr[G_{t+1}=g|B_t=b,A_t=a,B_{t+1}=b',O_{t+1}=o]\\
&=\sum_{o,b'}1_{[b'=\mathfrak{u}(b,a,o)]}\Pr[O_{t+1}=o|B_t=b,A_t=a]\\
&\quad\sum_g g\Pr[G_{t+1}=g|B_t=b,A_t=a,B_{t+1}=b',O_{t+1}=o]。
\end{aligned}$$

注意到 $\Pr[G_{t+1}=g|B_t=b,A_t=a,B_{t+1}=b',O_{t+1}=o]=\Pr[G_{t+1}=g|B_{t+1}=b']$ 且求和项仅在 $b'=\mathfrak{u}(b,a,o)$ 时非 0，所以

$$\begin{aligned}
&\mathrm{E}_\pi[G_{t+1}|B_t=b,A_t=a]\\
&=\sum_o\Pr[O_{t+1}=o|B_t=b,A_t=a]\sum_g g\Pr[G_{t+1}=g|B_{t+1}=\mathfrak{u}(b,a,o)]\\
&=\sum_o\omega(o|b,a)v_\pi(\mathfrak{u}(b,a,o))。
\end{aligned}$$

进而

$$\begin{aligned}
q_\pi(b,a)&=\mathrm{E}_\pi[R_{t+1}|B_t=b,A_t=a]+\gamma\mathrm{E}_\pi[G_{t+1}|B_t=b,A_t=a]\\
&=r(b,a)+\gamma\sum_o\omega(o|b,a)v_\pi(\mathfrak{u}(b,a,o)),
\end{aligned}$$

这样就得到了结果。)

❑ 用 $t+1$ 时刻的信念状态价值表示 t 时刻的信念状态价值:

$$v_\pi(b)=\sum_a\pi(a|b)\left[r(b,a)+\gamma\sum_o\omega(o|b,a)v_\pi(\mathfrak{u}(b,a,o))\right],\quad b\in\mathcal{B}。$$

❑ 用 $t+1$ 时刻的信念动作价值表示 t 时刻的信念动作价值:

$$q_\pi(b,a)=r(b,a)+\gamma\sum_o\omega(o|b,a)\sum_{a'}\pi(a'|\mathfrak{u}(b,a,o))$$

$$q_\pi(\mathrm{u}(b,a,o),a'),\quad b\in\mathcal{B},\ a\in\mathcal{A}。$$

进一步，我们可以定义最优策略和最优信念价值。

- 最优信念状态价值

$$v_*(b)=\sup_\pi v_\pi(b),\quad b\in\mathcal{B}。$$

- 最优信念动作价值

$$q_*(b,a)=\sup_\pi q_\pi(b,a),\quad b\in\mathcal{B},\ a\in\mathcal{A}。$$

为了简单，我们假设最优信念价值总是存在的。

最优策略：

$$\pi_*(b)=\underset{a\in\mathcal{A}}{\operatorname{argmax}}\, q_*(b,a),\quad b\in\mathcal{B}。$$

为了简单，我们假设最优策略总是存在的。

最优信念价值之间的关系如下。

- 用 t 时刻的最优信念动作价值表示 t 时刻的最优信念状态价值：

$$v_*(b)=\max_{a\in\mathcal{A}} q_*(b,a),\quad b\in\mathcal{B}。$$

- 用 $t+1$ 时刻的最优信念状态价值表示 t 时刻的最优信念动作价值：

$$q_*(b,a)=r(b,a)+\gamma\sum_o \omega(o|b,a)v_*(u(b,a,o)),\quad b\in\mathcal{B},\ a\in\mathcal{A}。$$

- 用 $t+1$ 时刻的最优信念状态价值表示 t 时刻的最优信念状态价值：

$$v_*(b)=\max_{a\in A}\left[r(b,a)+\gamma\sum_o \omega(o|b,a)v_*(u(b,a,o))\right],\quad b\in\mathcal{B}。$$

- 用 $t+1$ 时刻的最优信念动作价值表示 t 时刻的最优信念动作价值：

$$q_*(b,a)=r(b,a)+\gamma\sum_o \omega(o|b,a)\max_{a'\in\mathcal{A}} q_*(u(b,a,o),a'),\quad b\in\mathcal{B},\ a\in\mathcal{A}。$$

在“老虎”这个例子中，取折扣因子 $\gamma=1$，使用价值迭代的方法(在 16.6.2 节实现)，我们可以求得这个问题里的最优信念价值和最优策略，见表 16-9。

表 16-9　任务“老虎”的带折扣的最优信念价值和最优策略

信念 Δc	信念 b	最优信念动作价值 $q_*(b,a_{左})$	最优信念动作价值 $q_*(b,a_{右})$	最优信念动作价值 $q_*(b,a_{听})$	最优信念状态价值 $v_*(b)$	最优动作 $\pi_*(b)$
⋮	⋮	⋮	⋮	⋮	⋮	⋮
-3	(≈0.01，≈0.99)	≈-99.40	≈9.40	≈8.58	≈9.40	$a_{右}$
-2	(≈0.03，≈0.97)	≈-96.68	≈6.68	≈7.84	≈7.84	$a_{听}$
-1	(0.15，0.85)	-83.5	-6.5	≈6.16	≈6.16	$a_{听}$
0	(0.5，0.5)	-45	-45	≈5.16	≈5.16	$a_{听}$
1	(0.85，0.15)	-6.5	-83.5	≈6.16	≈6.16	$a_{听}$
2	(≈0.97，≈0.03)	≈6.68	≈-96.68	≈7.84	≈7.84	$a_{听}$
3	(≈0.99，≈0.01)	≈9.40	≈-99.40	≈8.58	≈9.40	$a_{左}$
⋮	⋮	⋮	⋮	⋮	⋮	⋮

从表 16-9 可知，智能体如果采用最优策略，根本不可能出现 $|\Delta c|>3$ 的情况。所以，我们可以让智能体的信念空间为一个只有 7 个元素的空间，按 Δc 的取值为 $\{\leqslant -3, -2, -1, 0, 1, 2, \geqslant 3\}$。这样的智能体一样也能找到最优策略。这就是一个信念空间为有限集的例子。

16.5.5　有限部分可观测 Markov 决策过程的信念价值

本节讨论回合步数确定的有限部分可观测 Markov 决策过程。状态采用 16.3.1 节介绍的不含时间的形式，将状态表示为 $\mathsf{x}_t \in \mathcal{X}_t$。回合步数为 $t_{\max}$。我们将用价值迭代方法求解最优价值。

16.3.2 节中提到，价值迭代算法为每个状态存储价值估计。但是信任空间往往有无穷多个元素，不可能为每个信任状态都存储价值估计。幸运的是，在状态空间、动作空间、观测空间都是有限集的情况下，最优信念状态价值可以用有限个超平面的最大值表示。这能够大大简化最优信念状态价值的表示。

用数学语言描述，这个结论是这样的：在 t 时刻，存在一些 $|\mathcal{X}_t|$ 维的超平面的集合 $\mathcal{L}_t=\{\alpha_l: 0\leqslant l<|\mathcal{L}_t|\}$，使得最优信念状态价值可以表示为

$$v_{*,t}(b)=\max_{\alpha\in\mathcal{L}_t}\sum_{\mathsf{x}\in\mathcal{X}_t}\alpha(\mathsf{x})b(\mathsf{x}),\quad b\in\mathcal{B}_t。$$

由于超平面可以用向量表示，所以每个 α_l 又称为 α 向量（α-vector）。（用数学归纳法证明：假设这个部分可观测 Markov 决策过程有 $t_{\max}$ 步。在第 $t_{\max}$ 步，有

$$v_{*,t_{\max}}(b_{终止})=0,$$

我们可以认为 $\mathcal{L}_{t_{\max}}$ 中只有一个全零的 α 向量，满足归纳假设。假设 $t+1$ 时刻，$v_{*,t+1}$ 可以用

$$v_{*,t+1}(b)=\max_{\alpha\in\mathcal{L}_{t+1}}\sum_{\mathsf{x}\in\mathcal{X}_{t+1}}\alpha(\mathsf{x})b(\mathsf{x}),\ b\in\mathcal{B}_{t+1}$$

表示，其中 $\mathcal{L}_{t+1}$ 中有 $|\mathcal{L}_{t+1}|$ 个 α 向量。我们可用下列方法找到 $\mathcal{L}_t$，使得 $v_{*,t}(b)$ 能满足归纳法所期望的形式。观察 Bellman 方程

$$v_{*,t}(b)=\max_{\mathsf{a}\in\mathcal{A}_t}\left[r_t(b,\mathsf{a})+\sum_{\mathsf{o}\in\mathcal{O}_t}\omega_t(\mathsf{o}|b,\mathsf{a})v_{*,t+1}(u(b,\mathsf{a},\mathsf{o}))\right],\ b\in\mathcal{B}_t,$$

最外面的运算是 $\max\limits_{\mathsf{a}\in\mathcal{A}_t}$，所以我们可以试图为每一个动作 $\mathsf{a}\in\mathcal{A}_t$ 找到一个 $\mathcal{L}_t$ 的子集 $\mathcal{L}_t(\mathsf{a})$，然后得到

$$\mathcal{L}_t=\bigcup_{\mathsf{a}\in\mathcal{A}_t}\mathcal{L}_t(\mathsf{a})。$$

为了找到 $\mathcal{L}_t(\mathsf{a})$，看 max 运算里面的部分，它是 $1+|\mathcal{O}_t|$ 个元素相加的形式。那么我们就要为每个部分找到一个 α 向量集合。比如，我们记 $r(b,\mathsf{a})$ 对应的部分为 $\mathcal{L}_r(\mathsf{a})$，任一观测 $\mathsf{o}\in\mathcal{O}_t$ 对应部分为 $\mathcal{L}_t(\mathsf{a},\mathsf{o})$，那么 $\mathcal{L}_t(\mathsf{a})$ 就可以表示为它们的元素和，即

$$\mathcal{L}_t(a)=\mathcal{L}_r(a)+\sum_{o\in\mathcal{O}_t}\mathcal{L}_t(a,o)=\left\{\alpha_r+\sum_{o\in\mathcal{O}_t}\alpha_o:\alpha_r\in\mathcal{L}_r(a),\alpha_o\in\mathcal{L}_t(a,o)\text{ for }\forall o\in\mathcal{O}_t\right\}。$$

接下来看 $\mathcal{L}_r(a)$ 和 $\mathcal{L}_t(a,o)$。显然 $\mathcal{L}_r(a)$ 里只有一个元素 $(r_t(x,a):x\in\mathcal{X}_t)^{\mathrm{T}}$，而 $\mathcal{L}_t(a,o)$ 里有 $|\mathcal{L}_{t+1}|$ 个元素，对于每一个 $\alpha_{t+1}\in\mathcal{L}_{t+1}$，都可以构造出一个 α 向量：

$$\left(\gamma\sum_{x'}o_t(o|a,x')p_t(x'|x,a)\alpha_{t+1}(x'):x\in\mathcal{X}_t\right)^{\mathrm{T}},$$

所以，

$$\mathcal{L}_t(a,o)=\left\{\left(\gamma\sum_{x'}o_t(o|a,x')p_t(x'|x,a)\alpha_{t+1}(x'):x\in\mathcal{X}_t\right)^{\mathrm{T}}:\ \alpha_{t+1}\in\mathcal{L}_{t+1}\right\}。$$

这样我们就得到了 $\mathcal{L}_r(a)$ 和 $\mathcal{L}_t(a,o)$。$\mathcal{L}_r(a)$ 里有 1 个元素，$\mathcal{L}_t(a,o)$ 里有 $|\mathcal{L}_{t+1}|$ 个元素。进而可以得到 $\mathcal{L}_t(a)$，它里面有 $|\mathcal{L}_{t+1}|^{|\mathcal{O}_t|}$ 个元素。再进而得到 $\mathcal{L}_t$，它里面有 $|\mathcal{A}_t||\mathcal{L}_{t+1}|^{|\mathcal{O}_t|}$ 个元素。不难验证 $\mathcal{L}_t$ 满足要求。这样就完成了归纳证明。）

数学归纳法证明过程告诉我们以下两个结论。

- 可以用下面的迭代式计算集合 $\mathcal{L}_t$：

$$\mathcal{L}_r(a)\leftarrow\{(r_t(x,a):\ x\in\mathcal{X}_t)^{\mathrm{T}}\},\qquad a\in\mathcal{A}_t,$$

$$\mathcal{L}_t(a,o)\leftarrow\left\{\left(\gamma\sum_{x'}o_t(o|a,x')p_t(x'|x,a)\alpha_{t+1}(x'):x\in\mathcal{X}_t\right)^{\mathrm{T}}:\alpha_{t+1}\in\mathcal{L}_{t+1}\right\},\ a\in\mathcal{A}_t,\ o\in\mathcal{O}_t,$$

$$\mathcal{L}_t(a)\leftarrow\mathcal{L}_r(a)+\sum_{o\in\mathcal{O}_t}\mathcal{L}_t(a,o),\qquad a\in\mathcal{A}_t,$$

$$\mathcal{L}_t\leftarrow\bigcup_{a\in\mathcal{A}_t}\mathcal{L}_t(a)。$$

- 超平面的个数满足以下递推式：

$$|\mathcal{L}_t|=1,\ t=t_{\max},$$
$$|\mathcal{L}_t|=|\mathcal{A}_t||\mathcal{L}_{t+1}|^{|\mathcal{O}_t|},\quad t<t_{\max}。$$

消去递推可得

$$|\mathcal{L}_t|=\prod_{\tau=t}^{t_{\max}-1}|\mathcal{A}_\tau|^{\prod_{\tau'=\tau}^{t-1}|\mathcal{O}_{\tau'}|},\quad t=0,1,\cdots,t_{\max}-1。$$

特别的，如果在 $t<t_{\max}$ 时状态空间、动作空间、观测空间都相同，那么上式中可以略去下标 t，简写为

$$|\mathcal{L}_t|=|\mathcal{A}|^{\sum_{\tau=0}^{t_{\max}-1}|\mathcal{O}|^\tau},\quad t=0,1,\cdots,t_{\max}-1。$$

超平面的个数非常多。对于大多数的任务，这样的计算复杂度过高了。所以，可以考虑做出一些牺牲，少计算一些 α 向量。但是由于 α 向量变少了，那么得到的信念状态价值估计就不再是最优信念状态价值，而只是最优信念价值的下界。

基于样本的算法就是这样一类算法。这些算法采样出一些信念样本，只考虑那些信念采样处的价值。下面就来介绍其中一个算法：基于点的价值迭代。**基于点的价值迭代算法**(Point-Based Value Iteration，PBVI)选定一些信念样本 $\mathcal{B}_t$(这里的 $\mathcal{B}_t$ 是采样以后的有限集)，然后为每个信念样本估计一个 α 向量。估计的方法如下：

$$\alpha_t(a,o,\alpha_{t+1}) \leftarrow \left(\gamma\sum_{s'} o(o\mid a,x')p(x'\mid x,a)\alpha_{t+1}(x'):x \in \mathcal{X}_t\right)^{\mathrm{T}},$$

$$a \in \mathcal{A}_t,\ o \in \mathcal{O}_t,\ \alpha_{t+1} \in \mathcal{L}_{t+1},$$

$$\alpha_t(b,a) \leftarrow (r_t(x,a):x \in \mathcal{X}_t)^{\mathrm{T}} + \gamma\sum_{o\in\mathcal{O}_t}\underset{\alpha_{t+1}\in\mathcal{L}_{t+1}}{\mathrm{argmax}}\sum_{s\in\mathcal{S}_t}\alpha_t(s;a,o,\alpha_{t+1})b(s),\quad b \in \mathcal{B}_t,\ a \in \mathcal{A}_t,$$

$$\alpha_t(b) \leftarrow \underset{a\in\mathcal{A}_t}{\mathrm{argmax}}\sum_{s\in\mathcal{S}_t}\alpha_t(s;b,a)b(s),\quad b \in \mathcal{B}_t。$$

这样得到的信念价值不大于最优信念价值，是最优信念价值的下界。

我们还可以用其他方法得到最优信念价值的上界：在原部分可观测 Markov 决策过程中，如果我们修改观测函数 $o_t(o\mid a,x')$，使得对于所有的 t 都可以从观测 O_t 完全恢复出状态 X_t，那么修改得到的 Markov 决策过程的最优价值比对应的部分可观测的 Markov 决策过程的最优信念价值更优。这是显然的，因为修改后的智能体能够更好地了解当前状态，所以它能做出更聪明的决策，得到更多的奖励。所以，我们只要求出修改后的 Markov 决策过程的最优价值，那么它就是最优信念价值的上界。由于修改后的 Markov 决策过程就是一个普通的 Markov 决策过程，它可以用 16.3.2 节介绍的价值迭代方法求解得到，所以我们能够获得一些信念的价值上界。

16.5.6 使用记忆

本节介绍用记忆的方法求解部分可观测 Markov 决策过程。

在 12.6 节的 Pong 游戏中，我们注意到单帧的画面观测不能完全确定球和拍的运动状态。为了能够从观测恢复出状态，包装类 `AtariPreprocessing` 类一次运行 4 帧，然后将 4 帧图像一起输入到神经网络，以获得运动信息。但是，这种做法只能对实现给定长度的历史观测进行处理，而不能解决需要任意长度的历史观测来估计状态的情况。

在深度学习，特别是自然语言处理的应用中，已经研发了包括循环神经网络、注意力等方法进行序列信息的存储和记忆。这些方法可以和现有的求解 Markov 决策过程模型的算法结合。

例如，**深度循环 Q 网络**(Deep Recurrent Q Network，DRQN)算法将循环神经网络中的长短期记忆网络和深度 Q 网络算法结合，利用长短期记忆网络从历史观测中估计当前状态。

16.6 案例：老虎

本节我们看实现“老虎”这个例子。“老虎”的数学模型在16.5节中已介绍了，这里不再重复。

16.6.1 带折扣回报期望与平均奖励的比较

任务“老虎”是回合制任务。当智能体选择动作为 $a_{左}$ 或 $a_{右}$ 时，回合结束。对于这样的回合制任务，往往用折扣因子为 $\gamma=1$ 的回报期望来表征性能。

任务“老虎”中，回合的步数是随机变量，其取值可取所有正整数。如果我们还想考虑回合的长度，希望能够在尽量短的步数内获得尽可能多的正奖励，那么我们也可以将这个回合制任务首尾相接得到连续性任务，再计算这个连续性任务的平均奖励。

代码清单16-1实现了这个环境。环境类 `TigerEnv` 的构造函数有个参数 `episodic`。当参数 `episodic` 为 `True` 时，这个环境为回合制任务；当参数 `episodic` 为 `False` 时，这个环境为连续性任务。

代码清单16-1　任务“老虎”环境类 TigerEnv

代码文件名：Tiger-v0_CloseForm.ipynb。

```
class Observation:
    LEFT, RIGHT, START = range(3)

class Action:
    LEFT, RIGHT, LISTEN = range(3)

class TigerEnv(gym.Env):

    def __init__(self, episodic=True):
        self.action_space = spaces.Discrete(3)
        self.observation_space = spaces.Discrete(2)
        self.episodic = episodic

    def reset(self, * , seed=None, options=None):
        super().reset(seed=seed)
        self.state = np.random.choice(2)
        return Observation.START, {}  # 不代表实际观测的观测量

    def step(self, action):
        if action == Action.LISTEN:
            if np.random.rand() > 0.85:
                observation = 1 - self.state
            else:
                observation = self.state
            reward = -1
            terminated = False
        else:
```

```
        observation = self.state
        if action == self.state:
            reward = 10.
        else:
            reward = -100.
        if self.episodic:
            terminated = True
        else:
            terminated = False
            observation = self.reset()
    return observation, reward, terminated, False, {}
```

代码清单 16-2 将环境注册到 Gym 库里。这里注册了两个版本：一个是回合制的 `TigerEnv-v0`，另外一个是模仿连续性任务的环境 `TigerEnv200-v0`。对于连续性任务，我们也不可能交互无数次。所以我们设定了最大交互步数为一个很大的数(比如 200)。得到的平均奖励就是回合总奖励除以步数。

代码清单 16-2　注册环境类 TigerEnv

代码文件名：Tiger-v0_CloseForm.ipynb。

```
from gym.envs.registration import register
register(id="Tiger-v0", entry_point=TigerEnv, kwargs={"episodic": True})
register(id="Tiger200-v0", entry_point=TigerEnv, kwargs={"episodic": False},
        max_episode_steps=200)
```

16.5.4 节求得了对于带折扣的回报期望在 $\gamma=1$ 时的最优策略。代码清单 16-3 实现了这一最优策略。用这个最优策略和环境交互，带折扣的回报期望约为 5，平均奖励约为 1。

代码清单 16-3　折扣因子 $\gamma=1$ 时的最优策略

代码文件名：Tiger-v0_CloseForm.ipynb。

```
class Agent:
    def __init__(self, env=None):
        pass

    def reset(self, mode = None):
        self.count = 0

    def step(self, observation, reward, terminated):
        if observation == Observation.LEFT:
            self.count += 1
        elif observation == Observation.RIGHT:
            self.count -= 1
        else:  # observation == Observation.START
            self.count = 0

        if self.count > 2:
            action = Action.LEFT
        elif self.count < -2:
            action = Action.RIGHT
        else:
```

```
            action = Action.LISTEN
        return action

    def close(self):
        pass

agent = Agent(env)
```

16.6.2 信念 Markov 决策过程

16.5.3 节介绍了如何将“老虎”这个任务构造为具有离散信念空间的信念 Markov 决策过程。本节将用价值迭代的方式求最优状态价值。

代码清单 16-4 实现了信念价值迭代。这个算法用 pd.DataFrame 对象来维护所有结果。它的指标是 Δc 的值，取值为 $-4,-3,\cdots,0,\cdots,3,4$。我们并没有取所有的整数，因为那不可能。价值迭代结果表明，这样的选取最终不会对结果有负面影响。然后，计算了每个 Δc 对应的 $b=(b(s_{左}),b(s_{右}))^{\mathrm{T}}$、$(o(o_{左}|b,a_{听}),o(o_{右}|b,a_{听}))^{\mathrm{T}}$ 和 $(r(b,a_{左}),r(b,a_{右}),r(b,a_{听}))^{\mathrm{T}}$，并迭代计算最优价值估计。最后，利用求得的最优价值估计得到最优策略估计。

代码清单 16-4　信念价值迭代

代码文件名：Tiger-v0_Plan_demo.ipynb。

```
discount = 1.
df = pd.DataFrame(0., index=range(-4, 5), columns = [])
df["h(left)"] = 0.85 ** df.index.to_series()  # 状态“左”的偏好
df["h(right)"] = 0.15 ** df.index.to_series()  # 状态“右”的偏好
df["p(left)"] = df["h(left)"] / (df["h(left)"] + df["h(right)"])  # b(左)
df["p(right)"] = df["h(right)"] / (df["h(left)"] + df["h(right)"])  # b(右)
df["omega(left)"] = 0.85 * df["p(left)"] + 0.15 * df["p(right)"]  # ω(左,听)
df["omega(right)"] = 0.15 * df["p(left)"] + 0.85 * df["p(right)"]  # ω(右,听)
df["r(left)"] = 10. * df["p(left)"] - 100.* df["p(right)"]  # r(b,左)
df["r(right)"] = -100. * df["p(left)"] + 10.* df["p(right)"]  # r(b,右)
df["r(listen)"] = -1. # r(b,听)

df[["q(left)", "q(right)", "q(listen)", "v"]] = 0.  # 价值估计
for i in range(300):
    df["q(left)"] = df["r(left)"]
    df["q(right)"] = df["r(right)"]
    df["q(listen)"] = df["r(listen)"] + discount * (
            df["omega(left)"] * df["v"].shift(-1).fillna(10) +
            df["omega(right)"] * df["v"].shift(1).fillna(10))
    df["v"] = df[["q(left)", "q(right)", "q(listen)"]].max(axis=1)

df["action"] = df[["q(left)", "q(right)", "q(listen)"]].values.argmax(axis=1)
df
```

16.6.3　非齐次的信念状态价值

代码清单 16-5 实现了基于点的价值迭代算法。使用基于点的价值迭代算法需要事先确定回合的步数，这里设置回合步数为 $t_{max}=10$。这事实上和回合步数无穷的情况非常接近了。首先在信念空间中均匀选取 15 个信念样本点，然后直接代入迭代式进行计算，求得了在每个时刻上的最优信念状态价值。

代码清单 16-5　用基于点的价值迭代求解

代码文件名：Tiger-v0_Plan_demo.ipynb。

```
class State:
    LEFT, RIGHT = range(2)  # 不包括终止状态
state_count = 2
states = range(state_count)

class Action:
    LEFT, RIGHT, LISTEN = range(3)
action_count = 3
actions = range(action_count)

class Observation:
    LEFT, RIGHT = range(2)
observation_count = 2
observations = range(observation_count)

# r(S,A):状态 x 动作 -> 奖励
rewards = np.zeros((state_count, action_count))
rewards[State.LEFT, Action.LEFT] = 10.
rewards[State.LEFT, Action.RIGHT] = -100.
rewards[State.RIGHT, Action.LEFT] = -100.
rewards[State.RIGHT, Action.RIGHT] = 10.
rewards[:, Action.LISTEN] = -1.

# p(S'|S,A):状态 x 动作 x 下一状态 -> 概率
transitions = np.zeros((state_count, action_count, state_count))
transitions[State.LEFT, :, State.LEFT] = 1.
transitions[State.RIGHT, :, State.RIGHT] = 1.

# o(O|A,S'):动作 x 下一状态 x 下一状态 -> 概率
observes = np.zeros((action_count, state_count, observation_count))
observes[Action.LISTEN, Action.LEFT, Observation.LEFT] = 0.85
observes[Action.LISTEN, Action.LEFT, Observation.RIGHT] = 0.15
observes[Action.LISTEN, Action.RIGHT, Observation.LEFT] = 0.15
observes[Action.LISTEN, Action.RIGHT, Observation.RIGHT] = 0.85

# 采样信念
belief_count = 15
beliefs = list(np.array([p, 1 - p]) for p in np.linspace(0, 1, belief_count))

action_alphas = {action: rewards[:, action] for action in actions}

horizon = 10
```

```
# 初始化α向量
alphas = [np.zeros(state_count)]
ss_state_value = {}

for t in reversed(range(horizon)):
    logging.info("t = %d", t)

    # 为每个 (动作, 观测, α) 计算α向量
    action_observation_alpha_alphas = {}
    for action in actions:
        for observation in observations:
            for alpha_idx, alpha in enumerate(alphas):
                action_observation_alpha_alphas \
                        [(action, observation, alpha_idx)] = \
                        discount* np.dot(transitions[:, action, :], \
                        observes[action, :, observation]* alpha)

    # 为每个 (信念, 动作) 计算α向量
    belief_action_alphas = {}
    for belief_idx, belief in enumerate(beliefs):
        for action in actions:
            belief_action_alphas[(belief_idx, action)] = \
                    action_alphas[action].copy()
            def dot_belief(x):
                return np.dot(x, belief)
            for observation in observations:
                belief_action_observation_vector = max([
                        action_observation_alpha_alphas[
                        (action, observation, alpha_idx)]
                        for alpha_idx, _ in enumerate(alphas)], key = dot_belief)
                belief_action_alphas[(belief_idx, action)] += \
                        belief_action_observation_vector

    # 为每个信念计算α向量
    belief_alphas = {}
    for belief_idx, belief in enumerate(beliefs):
        def dot_belief(x):
            return np.dot(x, belief)
        belief_alphas[belief_idx] = max([
                belief_action_alphas[(belief_idx, action)]
                for action in actions], key=dot_belief)

    alphas = belief_alphas.values()

    # 导出状态价值(仅用于显示)
    df_belief = pd.DataFrame(beliefs, index=range(belief_count), columns=states)
    df_alpha = pd.DataFrame(alphas, index=range(belief_count), columns=states)
    ss_state_value[t] = (df_belief * df_alpha).sum(axis = 1)

logging.info("状态价值 = ")
pd.DataFrame(ss_state_value)
```

另外，代码清单 16-5 和代码清单 16-1 的观察空间实现有所不同。代码清单 16-1 中的 `Observation` 类包括表示第一个无意义的观测 `START`，而代码清单 16-5 中的 `Observation` 类不包括这个元素。

16.7　本章小结

强化学习任务不一定建模为折扣回报离散时间 Markov 决策过程。本章介绍了除折扣回报离散时间 Markov 决策过程以外的强化学习模型，包括平均奖励模型、连续时间模型、非齐次模型、半 Markov 决策过程模型、部分可观测 Markov 决策过程模型。希望本章能帮助你开阔视野，对强化学习有更全面的了解。

本章要点

- 平均奖励的定义为：

$$\bar{r}_\pi = \lim_{h\to+\infty} \mathrm{E}_\pi\left[\frac{1}{h}\sum_{\tau=1}^{h} R_\tau\right]。$$

- 平均奖励导出的价值：

状态价值：$$\bar{v}_\pi(s) = \lim_{h\to+\infty} \mathrm{E}_\pi\left[\frac{1}{h}\sum_{\tau=1}^{h} R_{t+\tau}\middle| S_t = s\right], \quad s\in\mathcal{S},$$

动作价值：$$\bar{q}_\pi(s,a) = \lim_{h\to+\infty} \mathrm{E}_\pi\left[\frac{1}{h}\sum_{\tau=1}^{h} R_{t+\tau}\middle| S_t = s, A_t = a\right], \quad s\in\mathcal{S}, a\in\mathcal{A}。$$

- 平均奖励导出的访问频次：

$$\bar{\rho}_\pi(s) = \lim_{h\to+\infty} \mathrm{E}_\pi\left[\frac{1}{h}\sum_{\tau=1}^{h} 1_{[S_\tau=s]}\right] = \lim_{h\to+\infty}\frac{1}{h}\sum_{\tau=0}^{h-1}\Pr_\pi[S_\tau = s], \quad s\in\mathcal{S},$$

$$\begin{aligned}\bar{\rho}_\pi(s,a) &= \lim_{h\to+\infty} \mathrm{E}_\pi\left[\frac{1}{h}\sum_{\tau=1}^{h} 1_{[S_\tau=s,A_\tau=a]}\right] \\ &= \lim_{h\to+\infty}\frac{1}{h}\sum_{\tau=0}^{h-1}\Pr_\pi[S_\tau = s, A_\tau = a], \quad s\in\mathcal{S}, a\in\mathcal{A}。\end{aligned}$$

- 差分 Markov 决策过程使用差分奖励：

$$\tilde{R}_t = R_t - \bar{r}_\pi,$$

且折扣 $\gamma = 1$。

- 差分价值：

状态价值：$$\tilde{v}_\pi(s) = \lim_{h\to+\infty} \mathrm{E}_\pi\left[\sum_{\tau=1}^{h} \tilde{R}_{t+\tau}\middle| S_t = s\right], \quad s\in\mathcal{S},$$

动作价值：$$\tilde{q}_\pi(s,a) = \lim_{h\to+\infty} \mathrm{E}_\pi\left[\sum_{\tau=1}^{h} \tilde{R}_{t+\tau}\middle| S_t = s, A_t = a\right], \quad s\in\mathcal{S}, a\in\mathcal{A}。$$

- 用差分价值表示平均奖励价值：

$$\bar{v}_\pi(s) = r_\pi(s) + \sum_{s'} p_\pi(s'|s)(\tilde{v}_\pi(s') - \tilde{v}_\pi(s)), \qquad s \in \mathcal{S},$$

$$\bar{q}_\pi(s,a) = r(s,a) + \sum_{s'} p_\pi(s'|s,a)(\tilde{q}_\pi(s',a') - \tilde{q}_\pi(s,a)), \quad s \in \mathcal{S}, a \in \mathcal{A}。$$

- 线性规划法求最优平均奖励状态价值：

$$\begin{aligned} \underset{\substack{\bar{v}(s):s\in\mathcal{S} \\ \tilde{v}(s):s\in\mathcal{S}}}{\text{minimize}} \quad & \sum_{s\in\mathcal{S}} c(s)\bar{v}(s) \\ \text{s. t.} \quad & \bar{v}(s) \geqslant \sum_{s'} p(s'|s,a)\bar{v}(s'), \qquad s \in \mathcal{S}, a \in \mathcal{A}(s), \\ & \bar{v}(s) \geqslant r(s,a) + \sum_{s'} p(s'|s,a)\tilde{v}(s') - \tilde{v}(s), \quad s \in \mathcal{S}, a \in \mathcal{A}(s)。 \end{aligned}$$

- 用相对价值迭代算法求最优差分状态价值。固定某个状态 $s_{固定} \in \mathcal{S}$，再用下式更新：

$$\tilde{v}_{k+1}(s) \leftarrow \max_a \left(r(s,a) + \sum_{s'} p(s'|s,a)\tilde{v}(s') \right) - \max_a \left(r(s_{固定},a) + \sum_{s'} p(s'|s_{固定},a)\tilde{v}(s')\right), s \in \mathcal{S}。$$

- 时序差分更新平均奖励的方法可以为

$$\bar{R} \leftarrow \bar{R} + \alpha^{(r)}\tilde{\Delta}。$$

- 连续时间 Markov 决策过程的转移率为 $q(s'|s,a)(s\in\mathcal{S},\ a\in\mathcal{A},\ s'\in\mathcal{S})$。
- Markov 过程中的状态 S_t 可以进一步分解为 $S_t = (t, X_t)$。X_t 形式的状态常用于非齐次的决策过程。
- 半 Markov 决策过程的逗留时间是一个随机变量。
- 离散时间部分可观测 Markov 决策过程的环境可以用初始分布

$$p_{S_0,R_0}(s,r) = \Pr[S_0 = s, R_0 = r], \qquad r \in \mathcal{R}, s \in \mathcal{S},$$

$$o_0(o|s') = \Pr[O_0 = o|S_0 = s'], \quad s' \in \mathcal{S}, o \in \mathcal{O}$$

和动力

$$p(s',r|s,a) = \Pr[S_{t+1} = s', R_{t+1} = r|S_t = s, A_t = a], \quad s \in \mathcal{S}, a \in \mathcal{A}, r \in \mathcal{R}, s' \in \mathcal{S}^+,$$

$$o(o|a,s') = \Pr[O_{t+1} = o|A_t = a, S_{t+1} = s'], \qquad a \in \mathcal{A}, s' \in \mathcal{S}, o \in \mathcal{O}$$

表示。

- 信念是对状态的猜测，常用状态的概率表示。
- 信念的更新式：

$$利用奖励\ \mathfrak{u}(b,a,r,o)(s') = \frac{o(o|a,s')\sum_s p(s',r|s,a)b(s)}{\sum_{s''} o(o|a,s'')\sum_s p(s'',r|s,a)b(s)},$$

$$b \in \mathcal{B}, a \in \mathcal{A}, r \in \mathcal{R}, o \in \mathcal{O}, s' \in \mathcal{S}^+,$$

$$\text{不用奖励}\ \mathfrak{u}(b,a,o)(s') = \frac{o(o|a,s')\sum_{s} p(s'|s,a)b(s)}{\sum_{s''} o(o|a,s'')\sum_{s} p(s''|s,a)b(s)},$$

$$b \in \mathcal{B},\ a \in \mathcal{A},\ o \in \mathcal{O},\ s' \in \mathcal{S}^{+}。$$

- 对于有限部分可观测 Markov 决策过程，信任状态是分段线性凸的，可以表示为

$$v_{*,t}(b) = \max_{\alpha \in \mathcal{L}_t} \sum_{x \in \mathcal{X}_t} \alpha(x)b(x),\ b \in \mathcal{B}_t,$$

其中集合 $\mathcal{L}_t = \{\alpha_l: 0 \leqslant l < |\mathcal{L}_t|\}$ 中的元素是 $|\mathcal{X}_t|$ 维的 α 向量。

- 基于点的价值迭代算法对信念进行采样，只更新有限个信念上的价值，减小了计算量。

16.8　练习与模拟面试

1. 单选题

(1) 在离散时间 Markov 决策过程中，关于用 $t+1$ 时刻的状态价值来表示 t 时刻的动作价值，下面说法正确的是(　　)。

A. 带折扣的价值($0<\gamma<1$)满足关系 $v_\pi^{(\gamma)}(s) = r_\pi(s) + \sum_{s'} p_\pi(s'|s)v_\pi^{(\gamma)}(s')\ (s \in \mathcal{S})$

B. 平均奖励价值满足关系 $\bar{v}_\pi(s) = r_\pi(s) + \sum_{s'} p_\pi(s'|s)\bar{v}_\pi(s')(s \in \mathcal{S})$

C. 差分价值满足关系 $\tilde{v}_\pi(s) = \tilde{r}_\pi(s) + \sum_{s'} p_\pi(s'|s)\tilde{v}_\pi(s')(s \in \mathcal{S})$

(2) 关于单链 Markov 过程，给定策略 π，哪个说法是正确的？(　　)。

A. 所有状态的有限步数价值 $v_\pi^{[h]}(s)(s \in \mathcal{S})$ 都相同

B. 所有状态的带折扣价值 $v_\pi^{(\gamma)}(s)(s \in \mathcal{S})$ 都相同

C. 所有状态的平均奖励价值 $\bar{v}_\pi(s)(s \in \mathcal{S})$ 都相同

(3) 记某个 Markov 决策过程的时间指标集为 $\mathcal{T}$。当 $\mathcal{T}$ 取下面哪个集合时，Markov 决策过程一定是非齐次的？(　　)。

A. $\{0,1,\cdots,t_{\max}\}$，其中 $t_{\max}$ 是一个正整数

B. 自然数集 $\mathbb{N}$

C. 非负实数集 $[0,+\infty)$

(4) 分层强化学习中，高层决策可以看作(　　)。

A. 差分 Markov 决策过程

B. 连续时间 Markov 决策过程

C. 半 Markov 决策过程

(5) 给定部分可观测 Markov 决策过程，我们可以修改观测概率，使得修改后得到一个完全可观测的 Markov 决策过程。下列说法正确的是（　　）。

A. 部分可观测 Markov 决策过程的最优价值不小于对应完全可观测 Markov 决策过程的最优价值

B. 部分可观测 Markov 决策过程的最优价值等于对应完全可观测 Markov 决策过程的最优价值

C. 部分可观测 Markov 决策过程的最优价值不大于对应完全可观测 Markov 决策过程的最优价值

2. 编程练习

环境 `GuessingGame-v0` 是扩展库 `gym_toytext` 库里一个部分可观测 Markov 决策过程任务。这个任务中，环境的状态是一个在 0 ~ 200 范围内的数值。回合开始时返回观测 0 作为平凡的值。后续每步智能体可以猜测一个数字。如果猜测的数字比状态小，则得到观测 1；如果猜测的数字和状态一样大，则得到观测 2；如果猜测的数字比状态大，则得到观测 3。当猜测的数字和真实数字差距不超过 1% 时，得到奖励 1，回合结束；否则得到奖励 0，回合继续。请设计一个能够最大化平均奖励的策略。这个策略的信念空间是什么？请编程求出这个策略的平均奖励。（参考 `GuessingGame-v0_CloseForm.ipynb`。）

3. 模拟面试

(1) 带折扣的 Markov 决策过程和平均奖励 Markov 决策过程有何异同？

(2) 如何将非齐次的 Markov 决策过程转化为齐次的 Markov 决策过程？

(3) 什么是半 Markov 决策过程？

(4) 为什么深度循环 Q 网络算法能够解决部分可观测问题？